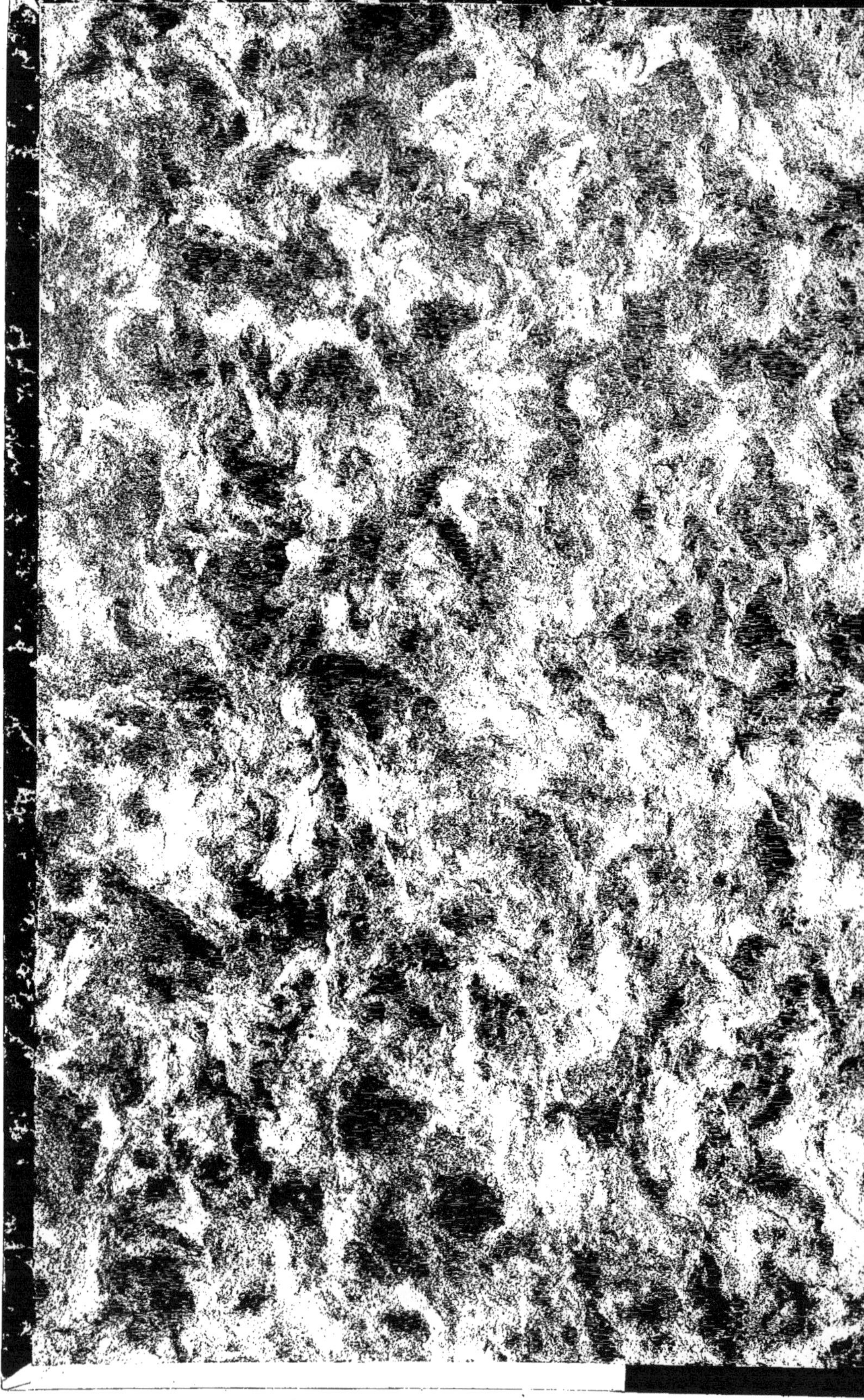

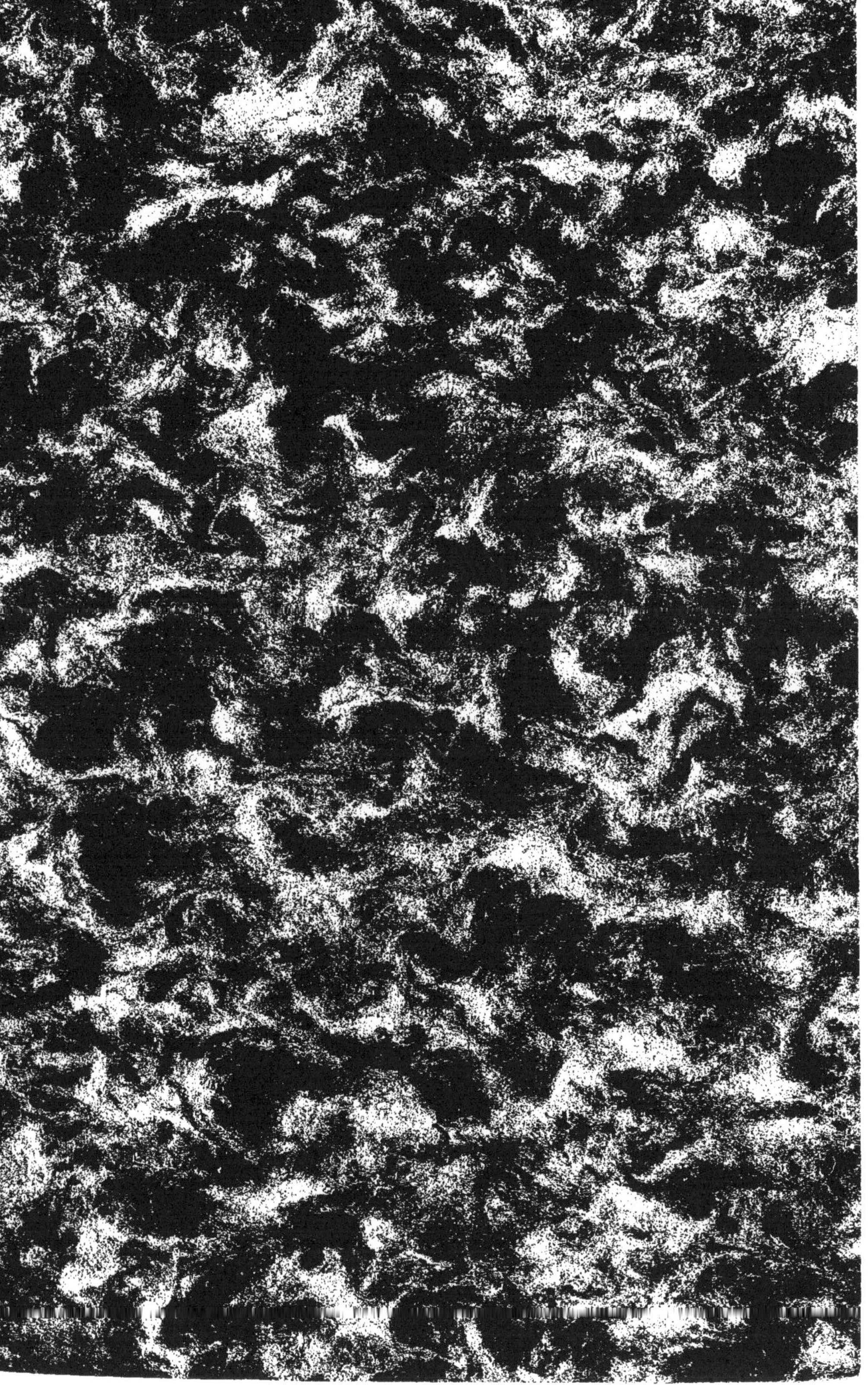

ŒUVRES COMPLÈTES

DE BUFFON

XIII

CORRESPONDANCE

I

PARIS. — IMPRIMERIE Vve P. LAROUSSE ET Cie
19, RUE MONTPARNASSE, 19

ŒUVRES
COMPLÈTES
DE BUFFON

NOUVELLE ÉDITION

ANNOTÉE ET PRÉCÉDÉE D'UNE INTRODUCTION SUR BUFFON

ET SUR LES PROGRÈS DES SCIENCES NATURELLES DEPUIS SON ÉPOQUE

PAR J.-L. DE LANESSAN

Professeur agrégé d'histoire naturelle à la Faculté de médecine de Paris

SUIVIE DE LA

CORRESPONDANCE GÉNÉRALE DE BUFFON

RECUEILLIE ET ANNOTÉE PAR M. NADAULT DE BUFFON

OUVRAGE ILLUSTRÉ

DE 160 PLANCHES GRAVÉES SUR ACIER ET COLORIÉES A LA MAIN

ET DE 8 PORTRAITS GRAVÉS SUR ACIER

TOME TREIZIÈME

CORRESPONDANCE

I

PARIS

LIBRAIRIE ABEL PILON

A. LE VASSEUR, SUCC^{R}, ÉDITEUR

33, RUE DE FLEURUS, 33

PRÉFACE

La Correspondance de Buffon a été recueillie avec un soin pieux par son arrière-petit-neveu, M. H. Nadault de Buffon. Il la publia, en 1860, en une très belle édition, illustrée des portraits de Buffon, de sa femme, de son fils, de sa sœur, etc., et enrichie de notes du plus grand intérêt sur les personnes avec lesquelles Buffon s'était trouvé en relations, sur celles dont il parle dans sa Correspondance, et sur les événements auxquels il fut mêlé.

Mort à un âge très avancé, après avoir vécu dans le monde de la cour comme dans celui de la science, dans celui de la philosophie et dans celui de la littérature, Buffon avait échangé des lettres avec tous les hommes célèbres de son temps. Sa Correspondance pouvait donc aisément devenir le pivot d'une sorte d'histoire anecdotique du XVIIIe siècle. C'est ainsi que M. Nadault de Buffon comprit l'annotation des lettres de son ancêtre. Mais, à mesure que les documents s'accumulaient entre ses mains, il se faisait un devoir de mettre en relief les qualités morales du naturaliste et de réduire à néant les calomnies accumulées par les haines et les envies associées d'ennemis appartenant aux cercles les plus différents du XVIIIe siècle.

Établi dans de telles conditions, le recueil des lettres de Buffon ne pouvait manquer d'obtenir un important succès. Il fut salué par Sainte-Beuve dans les termes les plus flatteurs : « La Correspondance que nous annonçons, écrivait en 1861 le délicat et spirituel critique, est publiée et annotée par M. Nadault de Buffon, qui appartient, comme son nom l'indique, à la famille du grand écrivain et qui est son arrière-petit-neveu. Le jeune magistrat, fort instruit des choses littéraires, a pris à cœur cette gloire domestique dont il relève, et s'est fait une piété et une ambition d'y ajouter. Il aura du moins réussi à faire valoir en Buffon et à mettre de plus en plus en lumière l'honnête homme, l'homme de cœur, de sagesse et de sens. Les notes et éclaircissements qu'il a joints à l'édition sont assez considérables et mériteraient un examen à part (1)... »

Malgré le succès qu'obtint parmi les lettrés et les délicats cette belle édition, elle n'apporta pas de changement bien sensible dans l'opinion qu'on avait du caractère et de la valeur scientifique de Buffon. Les savants, égarés par Cuvier et son école, en étaient venus à dédaigner les grandes et justes vues scientifiques de Buffon au point de se faire en quelque sorte gloire de les ignorer. Quant au grand public, il ne connaissait Buffon que par les témoignages suspects de quelques biographes de la fin du siècle dernier.

Buffon restait, aux yeux des premiers, le « grand phrasier » qu'il était pour son ennemi d'Alembert ; les seconds ne voyaient en lui que l'égoïste et le sceptique pomponné, dépeint par Hérault de Séchelles dans un pamphlet (2) où, cependant, la confiance naïve et la bonté du naturaliste me frappent beaucoup plus que les défauts mis en relief par le narrateur.

Peu de gens, d'ailleurs, avaient pu lire le récit d'Hérault de Séchelles ; la plupart ne le connaissaient que par ouï-dire, ou plutôt n'avaient d'autre base de leur jugement que la légende issue du *Voyage à Montbard.* Mais les esprits vulgaires et médiocres trouvent de si grandes jouissances dans la contemplation des petits vices des grands hommes, que cette légende devint vite une histoire, et que les plus belles qualités de Buffon disparurent, éclipsées par les défauts mesquins et ridicules dont Hérault de Séchelles avait affublé son hôte.

Je me demande même si ceux qui connaissaient, pour l'avoir lu, *le Voyage à Montbard,* n'ont pas exagéré beaucoup la portée des historiettes du narrateur, et si Hérault de Séchelles a mis dans le récit de son séjour chez l'illustre naturaliste l'intention malveillante qu'on y a voulu voir.

Ce n'est pas que je considère Buffon comme un saint personnage. Cette sorte d'hommes a été rare de tout temps, et ce n'est point

(1) *Causeries du lundi,* 1861, t. XIV, p. 337.

(2) *Voyage fait à Montbard, en 1785, par Hérault Séchelles ;* publié pour la première fois, complet, en 1795, dans le *Magazin encyclopédique*

dans les salons du XVIIIe siècle qu'il faudrait la chercher. Buffon, — ce n'était un secret pour aucun de ses contemporains, — aimait quelque peu les flatteries; mais il avait tout droit de les croire sincères, sa solitude de Montbard n'étant pas assez isolée du reste du monde pour qu'il pût ignorer et le bruit fait par son *Histoire naturelle*, et l'immense popularité qui entourait son nom. Il aimait les femmes non moins que les compliments; mais n'avait-il pas une excuse de ses faiblesses dans les succès qu'il obtenait auprès d'elles? N'était-il pas, selon le mot de Mme de Pompadour, un des plus « jolis garçons », et, en même temps, l'un des plus beaux hommes de son temps? N'était-il pas un agréable causeur, éloquent en plus d'une occasion, et d'autant plus séduisant que les charmes de sa personne, ses grands yeux ombragés d'épais sourcils, son front vaste et admirablement modelé, ses lèvres sensuelles, étaient relevés par une science aussi aimable et familière qu'étendue et profonde?

Il aimait la table, à la fois, pour la bonne chère qu'il y faisait, ayant un des meilleurs cuisiniers de France, et parce qu'il y trouvait l'occasion de délasser son esprit. Son langage, dit-on, était alors, parfois, si leste et si trivial que les dames en étaient fort embarrassées. Mais qui donc, au siècle dernier, lui pouvait faire un crime de cela? Étaient-ce les lecteurs de *Candide* et de *la Pucelle*, ou bien ceux des *Bijoux indiscrets?* Les dames pour lesquelles Voltaire et Diderot avaient écrit ces livres étaient-elles si farouches que la conversation d'un naturaliste rabelaisien pût les troubler au point de les contraindre à quitter la salle, ainsi que le raconte Hérault de Séchelles? D'ailleurs, la raison du succès immense que l'*Histoire naturelle* obtint parmi les gens du monde n'était-elle pas un peu dans les descriptions si pittoresques, si vivantes et si neuves des mœurs plus libres que chastes des animaux?

Mais tout cela n'était rien. Buffon avait un vice autrement détestable : il aimait les rubans, les habits brodés et les manchettes, et il allait à la messe en habit de gala. Comment avec cela pouvait-il être un grand naturaliste et un penseur profond? Et depuis cent ans la postérité imbécile fait ce raisonnement singulier, sans se donner la peine de lire de Buffon autre chose que les premières pages de ses histoires du cheval et du lion. La science profonde du naturaliste, la puissante intuition du penseur, la bonté inépuisable de l'homme, la générosité de l'administrateur qui consacre plus de trois cent mille livres de sa fortune à l'amélioration du Jardin des Plantes, tout cela disparaissait voilé par les « manchettes » de Buffon.

Je dois avouer que moi-même, héritier des préjugés de mes maîtres, je me trouvai fort embarrassé lorsque mon ami Le Vasseur me demanda de m'associer à la publication d'une nouvelle édition des œuvres de Buffon. J'ignorais en Buffon et l'homme et le savant ; j'en fais l'aveu sincère. Je sollicitai le temps de faire plus ample connaissance avec l'un et avec l'autre.

Je m'empresse d'ajouter que mon hésitation ne fut pas de longue durée. La lecture des admirables discours sur « la manière d'étudier l'histoire naturelle », sur la « théorie de la terre », sur « la génération des animaux », sur les « Époques de la nature » ; la lecture de tous ces discours, aussi profonds qu'éloquents, me révéla les motifs secrets de l'hostilité manifestée par Cuvier et son école à l'égard des « vues de l'esprit » si admirables, mais en même temps si destructives de la vieille métaphysique, qui emplissent l'œuvre de Buffon. Quant à la sérénité de son esprit, à la bonté de son cœur, à la délicatesse de ses sentiments et à la grandeur de son caractère, je les trouvai marquées à chaque page de la Correspondance.

Plein d'admiration pour le savant, je me sentis bientôt pris d'une réelle affection pour l'homme et je considérai comme un devoir de joindre aux œuvres scientifiques de Buffon, que j'allais publier, la Correspondance qui avait été recueillie avec tant de zèle par son arrière-petit neveu.

Précisément, à l'époque où je commençai l'annotation de l'*Histoire naturelle,* l'édition de la Correspondance publiée en 1860 venait d'être épuisée. Je sollicitai de M. Nadault de Buffon la faveur de joindre celle qu'il préparait à mon édition des œuvres scientifiques, et je fus assez heureux pour être aidé dans cette démarche par mon ami Le Vasseur.

M. Nadault de Buffon s'associa volontiers à mon entreprise ; il se chargea de revoir les notes de la première édition ; il m'apporta près de deux cents lettres inédites et une série considérable de documents qu'il avait entassés depuis vingt-cinq ans. Je me trouvai ainsi en mesure d'offrir au public scientifique et littéraire une édition définitive et aussi complète que possible de tout ce qu'a écrit un homme que je considère comme l'un des plus grands de notre pays.

Ainsi que je l'ai fait remarquer dans mon Introduction, les lettres de Buffon n'ont pas été rédigées pour la postérité. Il y règne une simplicité et un franc-parler qui témoignent de l'abandon avec lequel elles ont été faites ; mais elles n'en sont, par cela même, que plus aptes à donner une idée juste du caractère de celui qui les a écrites.

On n'y lit pas, il est vrai, les grandes pensées qu'il a semées avec tant de profusion dans son *Histoire naturelle.* Celles-là, il ne les confiait au papier que quand elles avaient pris la forme majestueuse et précise qu'il s'attachait à leur imposer avant de les livrer à la postérité. Ce n'est pas dans des lettres écrites à la hâte, à un ami pour lui rendre ou lui demander un service, à un collaborateur pour lui indiquer un sujet de travail, qu'il faut chercher le Buffon penseur et savant. Mais on y trouve simplement exprimés la bienveillance presque respectueuse qu'il accorde au moindre de ses auxiliaires, la fidèle et constante affection qu'il a pour ses amis, l'amour dont il entoure sa femme, son fils, les amies de ses vieilles années. A chaque ligne éclatent la sereine tranquillité de son caractère, son mépris des mesquines querelles que la jalousie et l'envie font naître entre les savants, les philosophes et les littérateurs, son indépendance d'esprit et son ardente passion pour les progrès d'une science à laquelle il fait faire les premiers pas.

Trois phases distinctes apparaissent dans le cours si prolongé de son existence. La première est marquée par le bouillonnement d'une jeunesse ardente. Les femmes, le jeu, le duel en dissipent les années ; mais, même dans ses plaisirs, il est le grand seigneur qu'il restera toute sa vie ; c'est de haut qu'il voit ses vices, aussi bien que ceux des autres ; il ne leur livre qu'une partie de son corps, gardant sa tête libre. Il aimait, raconte Hérault de Séchelles, les petites filles, mais il les renvoyait de très bonne heure, pour ne pas manquer l'instant matinal de son travail. Les amis de sa jeunesse ne sont pas les premiers venus. C'est Charles de Brosses, que ses *Lettres d'Italie* devaient rendre célèbre, qui, dans sa *Mécanique du langage*, devait poser les bases de la linguistique moderne, et dont Buffon disait « que la supériorité de son esprit et la finesse de son discernement l'avaient porté de très bonne heure au plus haut point de la métaphysique des sciences » ; c'est Richard de Ruffey, qui fut président à la Cour de Bourgogne, homme d'esprit et de littérature, aimant les vers avec passion, « même les siens, » disait de Brosses; c'est l'abbé Le Blanc, littérateur de troisième ordre pour la postérité, causeur infatigable et peut-être fatigant, mais homme d'un esprit ouvert et d'un jugement droit, celui qui a le mieux étudié les Anglais du dernier siècle; c'est Daubenton, avocat au Parlement de Bourgogne, frère de celui qui fut plus tard le collaborateur de l'*Histoire naturelle*, grand amateur d'horticulture et fondateur de l'une des plus belles pépinières du temps; c'est le jeune duc de Kingston qui l'introduisit dans les salons de l'aristocratie anglaise, c'est aussi le métaphysicien naturaliste et grand fumeur de pipes Hinckman, qui lui donna le goût des sciences naturelles.

De cette première partie de la vie de Buffon, la Correspondance renferme peu de traces. Seules, les lettres écrites pendant le voyage de Nantes à Bordeaux, à Montauban, à Rome, dont j'ai parlé dans mon Introduction, nous permettent de juger ce que pouvait alors être l'homme. Nous le voyons élégant, spirituel, fort sceptique à l'égard des plaisirs qui remplissent sa vie, et prêt à les abandonner sans regret le jour où quelque passion plus noble animera son cœur.

De bonne heure, du reste, il aima l'étude. Les curieuses pièces découvertes par M. Nadault de Buffon et ajoutées à notre édition de la Correspondance le montrent étudiant d'abord le droit et se faisant recevoir licencié à Dijon, puis allant étudier la médecine à Angers, où, avec le père de Landreville et un jeune homme de son âge, Berthelot du Paty, il fait des herborisations importantes, sans doute, et étendues, car des mulets chargés de vivres accompagnent les excursionnistes.

Mais c'est, si je ne me trompe, en Angleterre, que l'évolution de son esprit dans la direction scientifique dut s'achever. Il y avait été attiré par Hinckman et par le jeune duc de Kingston. Il en revint avec la traduction du livre de Hales sur la statique des végétaux et l'analyse de l'air, et avec celle de la méthode des fluxions et des suites infinies d'Isaac Newton. Les Anglais, alors pleins d'orgueil d'avoir produit Newton, l'avaient initié aux principes de la méthode expérimentale, comme ils devaient plus tard en donner le goût à Voltaire lui-même, l'homme le moins capable peut-être d'en saisir la portée.

A partir de ce jour, Buffon ne s'occupe plus que de physique, d'astronomie, d'horticulture; il se produit dans le milieu scientifique, et, en 1733, n'ayant encore que vingt-six ans, il est nommé membre de l'Académie des sciences.

En 1737, ce sont les questions de physique qui le préoccupent particulièrement, si j'en juge par la lecture d'une lettre écrite de Montbard à un ami inconnu qui habite Paris, et auquel il demande pêle-mêle : « Les œuvres de Puffendorf; la chimie de Boerhave; Mariotte, *De la nature de l'air;* Bayle, *De ratione inter ignem et flammam ;* un bon fusil, une bonne gibecière, une paire de grandes boucles de diamants pour souliers, des boucles à diamants pour jarretières, une montre à répétition, un compas, vingt livres de poudre de senteur, une bouteille d'essence au jasmin, deux immenses pots de pommade à la fleur d'orange, deux houppes à poudre, un très bon couteau, un télescope, une loupe, trois éponges fines, trois balais, deux rames de papier ministre, douze bâtons de cire d'Espagne à l'esprit-de-vin et une sphère copernicienne, un verre ardent des plus grands, deux globes, deux thermomètres, deux pinces de toilette, trois paires de pantoufles bien fourrées, une douzaine de bas de soie et les livres de Belon. »

Vers la même époque, il fait allusion, dans une lettre à un autre ami, à ses expériences sur la force des bois.

En 1739, il se pose en botaniste. Il écrit à M. Hellot, son collègue de l'Académie des sciences, pour lui manifester son désir de succéder au « pauvre Dufay, » qui vient de mourir, « qui a fait des choses étonnantes pour le Jardin du Roi, et qui l'a mis sur un si bon pied qu'il y aurait grand plaisir à lui succéder dans cette place. » Il imagine que l'intendance du Jardin du Roi sera très convoitée; quand il aurait plus de raisons d'y prétendre qu'un autre, il se garderait bien de la demander, mais il ajoute : « Je prierai mes amis de parler pour moi, de dire hautement que je conviens à cette place ; c'est tout ce que j'ai de raisonnable à faire, quant à présent. » Et un peu plus loin : « Marquez-moi si vous entendez nommer quelqu'un ; en un mot, dites-moi ce que vous saurez... Il y a bien des choses pour moi ; mais il y en a bien contre, et surtout mon âge ; et cependant, si on faisait réflexion, on sentirait que l'intendance du Jardin du Roi demande un jeune homme actif qui puisse braver le soleil, qui se connaisse en plantes et qui sache la manière de les multiplier, qui soit un peu connaisseur dans tous les genres qu'on y demande, et par-dessus tout qui entende les bâtiments, de sorte qu'en moi-même il me paraît que je suis bien leur fait. »

Il eut la place, et il devint le plus grand naturaliste de notre pays, apportant ainsi son propre exemple à l'appui de ce principe, formulé pour la première fois par lui-même, que les qualités de tous les êtres, sans en excepter l'homme, sont la résultante du milieu dans lequel ils vivent.

Il est alors définitivement entré dans la seconde phase de sa vie. Désormais, l'*Histoire naturelle* et le Jardin du Roi feront l'objet de la plupart de ses lettres. Il se met en relation avec tous les voyageurs, avec tous les savants, avec tous ceux qui peuvent être utiles à l'établissement dont il a pris la direction. En 1742, il annonce à un médecin de Cayenne, pour le remercier d'une caisse de curiosités, l'augmentation de ses appointements, et il ajoute, pour réchauffer son zèle : « Il (M. de Maurepas) protège immédiatement notre cabinet d'histoire naturelle, qui est actuellement arrangé et dans un très bel ordre; vous lui ferez bien votre cour si vous voulez bien, monsieur, m'adresser toutes les curiosités que vous pourrez ramasser. »

Cinq ans plus tard, il écrit au même correspondant : « Je vous ai recommandé et vous fais recommander par mes amis, et je vous assure que je l'ai fait avec la vivacité qu'inspire le désir sincère d'obliger. » Lui parlant d'un autre médecin, il ajoute : « S'il m'eût envoyé quelque chose, j'aurais peut-être obtenu quelques légers appointements pour lui. Ce sont surtout des animaux que nous désirons beaucoup, et je voudrais bien qu'il nous en envoyât... ». Puis, il marque en détail tout ce qu'il désirerait avoir de Cayenne, tous les renseignements qu'il voudrait obtenir sur ce pays : « S'il y a quelques pierres fossilisées et d'autres pétrifications à Cayenne, je souhaiterais fort en avoir, aussi bien que des échantillons des pierres à bâtir et autres de ce pays. Vous me feriez grand plaisir aussi de me dire si les montagnes de la Guyane sont fort considérables, et si le grand lac de Parime, qu'on appelait le lac d'Or, est connu; si quelqu'un y a été nouvellement, et si en effet il est d'une étendue si considérable, et s'il ne reçoit aucun fleuve. Faites-moi l'amitié de me marquer quelles sont les espèces de poissons les plus communes sur vos côtes et dans les rivières de cette partie des Indes. Je vous demande grâce pour toutes ces questions, et je suis persuadé que vous voudrez bien répondre ce que vous en savez. Il y a encore un fait sur lequel je voudrais bien être éclairci, c'est de savoir s'il n'y a point de coquilles pétrifiées dans les Cordilières au

Pérou. M. de La Condamine prétend en avoir cherché inutilement. Si par hasard vous trouvez quelqu'un qui puisse vous instruire sur cela, je vous en serai infiniment obligé. Faites-moi, monsieur, l'honneur de m'écrire aussi souvent que vous le pourrez, et ne doutez pas de l'attachement avec lequel je suis, monsieur, votre très humble et très obéissant serviteur. »

Il est regrettable que nous n'ayons pas un plus grand nombre de ces lettres que Buffon écrivait aux voyageurs, aux officiers de notre marine, aux médecins de nos colonies, pour solliciter l'envoi de « curiosités », c'est-à-dire d'objets d'histoire naturelle, et demander des renseignements sur telle ou telle question qui faisait l'objet de ses études. Ces lettres contiennent le secret de la prospérité dont ne tarda pas à jouir, sous sa direction, le Cabinet du Roi. Amabilités de toutes sortes, promesses de faveurs ministérielles, tous les moyens lui paraissent bons pour augmenter les collections dont il a la charge.

Quant au grand ouvrage que déjà il prépare, nous en trouvons la première mention dans une lettre adressée au géomètre Gabriel Cramer, de Genève, lettre curieuse, parce que Buffon y trace lui-même les caractères de sa Correspondance. « J'entretiendrai avec vous un commerce de lettres aussi régulier que vous le voudrez, et vous serez le premier pour qui j'aurai voulu et à qui j'aurai tenu parole. Je ne sais pourquoi, mais je n'ai jamais su prendre sur moi d'écrire régulièrement par politesse à quelqu'un ; il faut, pour m'y déterminer, les sentiments d'estime et de la tendre amitié, et je les ai pour vous, mon cher monsieur. » Et un peu plus loin : « Il y a déjà près de la moitié d'un volume de mon *Histoire naturelle* d'imprimée ; on en aura certainement deux volumes au mois de décembre, et tous les ans deux autres volumes. »

Buffon datait cette lettre du Jardin du Roi, le 30 mai 1748. Le premier volume de l'*Histoire naturelle* parut en 1749.

Le 4 janvier 1750, il écrit à Gabriel Cramer pour lui annoncer les trois premiers volumes : « Vous aurez peut-être été surpris de recevoir les trois volumes de notre ouvrage, brochés, coupés, en un mot très mal équipés ; mais je vous dirai, mon cher monsieur, que l'empressement que j'avais de vous le donner ne m'a pas permis d'attendre la distribution qu'on en doit faire par ordre du ministre. C'est mon exemplaire, celui qui était à mon usage, que je vous ai envoyé. » Il lui donne des nouvelles de la façon dont ces volumes ont été accueillis : « On a dit à Paris encore plus de bien et de mal de cet ouvrage qu'on n'a pu en dire à Genève ; le succès en a cependant été prodigieux, car l'édition a été épuisée en six semaines. On en fait actuellement deux autres, dont l'une in-quarto, toute semblable à la première, paraîtra avant la fin du mois, et l'autre, in-douze, au commencement de mars. Il est déjà traduit en anglais, en hollandais et en allemand, et les premiers volumes de ces traductions paraissent déjà à Londres, à La Haye et à Leipsick. En voilà plus qu'il n'en faut pour que je sois content. Il y a eu beaucoup de clabauderies, et cependant pas un mot de critique écrite. »

Il est très occupé de l'accueil fait par ses amis à son ouvrage. Il écrit à Richard de Ruffey : « J'ai été extrêmement flatté de ce que mon livre ne vous a pas déplu. Je fais un cas infini de votre manière de penser, et votre suffrage m'a fait un véritable plaisir ; d'ailleurs, il est d'accord avec celui du public. La première édition de l'ouvrage, quoique tirée en grand nombre, a été entièrement épuisée en six semaines ; on en a fait une seconde et une troisième, dont l'une paraîtra dans huit ou dix jours, et l'autre dans un mois. Elles sont toutes les deux entièrement semblables à la première, à l'exception de la troisième, qui est in-douze. L'ouvrage est aussi déjà traduit en allemand, en anglais et en hollandais. Je ne vous fais tout ce détail que parce que je ne puis ignorer que votre amitié pour moi ne vous fasse prendre part à tout ce qui peut m'intéresser...

« Notre quatrième volume, qui contient un traité de l'*Économie animale* de ma façon et l'*Histoire des animaux domestiques*, par M. Daubenton, paraîtra au mois de juillet ; le cinquième et le sixième, qui contiennent un *Traité sur les mulets*, et un autre sur les *Monstres*, avec l'histoire de tous les animaux quadrupèdes, sauvages et étrangers, paraîtront au mois de mai de l'année prochaine. »

Le 16 février, c'est à un autre ami de sa jeunesse, le président de Brosses, qu'il écrit : « Le jugement que vous avez porté de mon ouvrage ne peut que me flatter beaucoup ; je crois connaître si bien votre esprit et votre goût, et je fais tant de cas de l'un et de l'autre que j'eusse été très mortifié si mon livre vous eût déplu. » Cependant, de Brosses a fait quelques observations qui ont vivement touché l'auteur ; il essaye de ramener son ami : « Quoique vous m'ayez accordé votre suffrage en général, il me semble que vous me le refusez pour deux choses que je regarde comme ce qu'il y a de mieux prouvé dans tout l'ouvrage : je veux parler de ma théorie sur la génération et de la cause de la couleur des nègres, que j'attribue aux effets du vent d'est.

« Si vous prenez la peine d'en lire ce que je dis avec un globe sous les yeux, je crois que vous ne douterez pas plus que moi de tout ce que j'ai avancé sur les différentes couleurs des hommes.

« A l'égard de la génération, je ne sache aucune difficulté que j'aie dissimulée et aucune, du moins, qui soit réelle et générale, à laquelle je n'aie pas répondu. »

Il lui fait part du succès et des critiques : « Tout l'ouvrage a eu un grand succès ; mais cette partie du second volume a plus encore réussi que tout le reste.

« Il n'y a eu que quelques glapissements de la part de quelques gens que j'ai cru devoir mépriser. Je savais d'avance que mon ouvrage, contenant des idées neuves, ne pouvait manquer d'effaroucher les faibles et de révolter les orgueilleux; aussi je me suis très peu soucié de leurs clabauderies. »

Le 21 mars 1750, c'est au tour de l'abbé Le Blanc de recevoir les confidences du naturaliste. Les critiques ont pris la forme du pamphlet; Buffon est piqué, mais il ne répondra pas à ses ennemis : « Chacun a sa délicatesse d'amour-propre; la mienne va jusqu'à croire que de certaines gens ne peuvent pas même m'offenser. ».

Il est aisé de juger, au ton général de ces lettres, que si Buffon attachait un grand prix au jugement de ses amis, que s'il était très enorgueilli de l'immense succès de son ouvrage, il n'en traitait que de plus haut les « clabauderies » de ses détracteurs.

Nous trouvons encore la preuve de ce sentiment dans une lettre à son ami Richard de Ruffey, qui lui avait remis le manuscrit d'un travail consacré à l'éloge de l'*Histoire naturelle :* « Je vous renvoie, monsieur et très cher ami, l'écrit que vous m'avez communiqué. Je le trouverais bon si je n'en étais pas l'objet; mais j'y suis loué beaucoup plus que je ne mérite, et cela suffit pour m'engager à vous supplier de ne le pas faire imprimer; car, du reste, vous avez très bien saisi le fond des systèmes et les circonstances des hypothèses, et la manière dont vous les défendez est fort bonne, fort simple et fort naturelle. Il n'y a que le commencement et la fin de votre ouvrage que je regarde comme peu utiles à la question. »

Après son élection à l'Académie française, qu'il n'avait pas sollicitée, il écrit au même compagnon de jeunesse, en remerciement de ses félicitations : « Je ne doute pas, monsieur et cher ami, de l'intérêt que vous prenez à ce qui me regarde, et c'est avec autant de plaisir que de reconnaissance que je reçois les nouvelles marques d'amitié que vous me donnez au sujet de mon élection à l'Académie française. C'est la première fois que quelqu'un a été élu sans avoir fait ni aucune visite ni aucune démarche, et j'ai été plus flatté de la manière agréable et distinguée dont cela s'est fait que de la chose même, que je ne désirais en aucune façon. »

La Correspondance de Buffon offre de nombreuses preuves de l'habitude qu'il avait de consulter ses amis au sujet de ses ouvrages et de tenir compte de leurs observations, même pour les détails les plus minimes.

Il avait soumis à Richard de Ruffey le manuscrit de son discours de réception à l'Académie, ce *Discours sur le style* qui, aux yeux de beaucoup de gens, constitue son plus grand titre de gloire. Succédant à un évêque dont toute la littérature tenait dans un éloge de Marie Alacoque, il ne faisait allusion à son prédécesseur que dans une dernière phrase, où il montrait la religion pleurant « un prélat aussi considéré dans l'Église que vous l'aviez rendu considérable dans les lettres. » Richard de Ruffey lui présenta sans doute quelque critique de cette phrase, car il lui écrit le 7 août 1753 : « J'ai fait quelques changements à mon discours, et, entre autres, j'ai ôté le considéré et considérable dont, *en effet*, on pouvait faire une mauvaise épigramme. »

C'est à Richard de Ruffey qu'il écrivait six semaines avant de prononcer son discours : « Je ne sais pas encore ce que je leur dirai ; mais il me viendra peut-être quelque inspiration comme à Marie Alacoque, et je ne parlerai pas d'elle de peur de coq-à-l'âne. »

Il est rare que Buffon discute dans ses lettres, comme cela se faisait beaucoup de son temps, soit les opinions, soit la forme littéraire de ses contemporains. Quand cela lui arrive, c'est en passant, en quelques mots ou en quelques lignes, et sa critique est presque toujours plutôt bienveillante que sévère.

Il est rare aussi qu'il expose des idées scientifiques. On remarquera cependant sa description du paratonnerre qu'il venait d'inventer et qu'il avait mis au-dessus de sa maison (1), et cette page très belle à propos d'un *Mémoire* sur les prétendus miracles du diacre Pâris, qui faisaient alors grand bruit : « Il n'y a que deux espèces de convulsionnaires : les uns sont des fanatiques à qui l'enthousiasme fait supporter la douleur sans se plaindre et quelquefois sans la sentir ; les autres sont des mercenaires qui la souffrent pour de l'argent.

« La terre dont vous me parlez n'a pas plus de propriété que de la boue, et personne n'ajoute foi aux vertus imaginaires que les gens de parti lui attribuent. Ces gens sont des polissons méprisés de toutes les personnes sages, et personne ne connaît ici le *Mémoire* à consulter dont vous me parlez, ou du moins personne ne s'en occupe. La police a pris le bon parti de mépriser ces espèces de folies sans les persécuter. Elles tomberont, en effet, d'elles-mêmes, peut-être pour être remplacées par d'autres, parce que dans tous les temps le peuple sera toujours plus ou moins superstitieux. Rien n'est donc plus naturel que tous ces effets prétendus surnaturels. Nous avons des exemples, dans la catalepsie, la léthargie et d'autres maladies, d'une insensibilité totale et d'une privation absolue de tous mouvements et de toutes facultés des sens. Nous avons parmi les Pénitents indiens des exemples de ce que peut la chaleur de la tête ; ils font vœu de tenir toujours un bras en l'air, ils le tiennent en effet dans cette situation si constamment et si longtemps par la seule force de la volonté qu'il s'en raidit et devient inflexible pour tout le reste de la vie.

« Nos charlatans n'en font pas tant parce que, dans ce climat moins chaud, nos fous ne sont pas des fous aussi chauds qu'aux Indes ; ils en sont seulement plus méprisables, parce que la plupart ne sont pas de bonne foi et qu'on ne peut pas même les plaindre. »

On ne trouve aussi dans sa Correspondance que peu de traits indiquant qu'il attachât de l'importance aux dissertations philosophiques de ses contemporains. Sans discuter sur la meilleure morale ou le meilleur procédé d'atteindre le bonheur, il admet une sorte de fatalité des choses contre laquelle il ne pense pas qu'il soit utile de se dresser : « Le vrai bonheur, c'est la tranquillité, écrit-il à Guyton de Morveau en mars de 1762 ; le premier moyen de se la procurer est de la donner aux autres, et de laisser, comme disent les moines,

(1) Voyez tome Ier de la *Correspondance*, p. 81.

mundum ire quomodo vadit. Au lieu que, sous le prétexte et même dans la vue de faire plus de bien, on fait nécessairement mille fois plus de mouvement qu'on n'en ferait, et c'est le mouvement qui trouble et perd tout. »

Ce qui domine dans la Correspondance de Buffon, c'est la tranquillité d'esprit faite par cette douce philosophie, la préoccupation d'éviter les chocs de l'extérieur, la fidélité de son amitié, la chaleur de son affection.

Il ne manque pas une seule occasion de féliciter ses amis lorsqu'ils ont mis au jour quelque œuvre importante, et ses louanges partent d'un esprit élevé; elles ne portent jamais la moindre trace des jalousies sourdes qu'on trouve d'habitude dans ces sortes de compliments.

Il écrit à son ami de Brosses au sujet de ses *Dissertations sur les dieux fétiches* : « Vous avez pris le bon parti en faisant imprimer en pays étranger. Jamais ouvrage, quelque excellent qu'il soit, n'aura l'approbation entière d'une compagnie de gens de lettres : la vérité, fût-elle de la dernière évidence, n'y sera jamais admise dès qu'elle choquera les préjugés généraux qui font pour ainsi dire la religion de la compagnie; mais je ne doute pas que le public ne vous rende justice, et j'espère que j'en serai bientôt informé et j'apprendrai avec grand plaisir le succès de votre ouvrage, quoique, à vous dire le vrai, l'année n'est pas bonne pour la métaphysique et pour la philosophie, puisque non content des persécutions contre Helvétius, l'*Encyclopédie*, etc., on a permis de les jouer publiquement sur le théâtre de la comédie. Vous avez donc bien fait d'user de correctif, et vous ferez bien encore, mon cher Président, d'être très attentif à votre *Genèse des Phéniciens* que je voudrais lire avec vous avant de la voir imprimée.

« Je trouve qu'indépendamment des grandes occupations de votre métier, vous travaillez et écrivez beaucoup ; j'en suis fort aise parce que tout ce que vous faites est très bon.

« Votre Saluste vous fera beaucoup d'honneur et moins de querelles qu'aucune autre chose. Vous devriez donc l'achever et laisser passer le temps climatérique de la philosophie avant de donner cette nouvelle Écriture sainte.

« Pour moi, j'écris très peu et je ne pense guère plus. Cependant mes yeux se rétablissent un peu; mais j'attends tranquillement qu'ils le soient en entier. »

Nous sommes alors en 1760 ; les années commencent à s'accumuler sur la tête des deux amis, mais il semble que leurs cœurs se réchauffent à mesure que leurs têtes blanchissent.

Quelques mois après la lettre qui précède, ayant lu les *Dissertations* du Président de Brosses, il s'empresse de lui envoyer des félicitations dont la cordialité frappe d'autant plus qu'elles sont accompagnées de critiques non moins amicales :

« Enfin, mon cher Président, j'ai conversé tout à mon aise avec les *dieux fétiches* et je me trouve à merveille de leur conversation.

« Je vous fais mon compliment sur le succès qu'a eu et qu'aura cet ouvrage, qui ne peut que vous faire beaucoup d'honneur; il suppose une prodigieuse lecture, des recherches immenses et, ce qui est plus rare, un discernement exquis pour mettre en œuvre les matériaux utiles que vous avez tirés de cet affreux amas de ruines et de décombres.

« Le fond de vos idées me paraît juste et vrai; il m'a seulement semblé que vous avez été quelquefois embarrassé pour les mettre dans leur plein jour, par les raisons qui nous embarrassent tous lorsque nous voulons dire la vérité.

« On ne pourra donc que vous louer de cette prudence, en même temps que l'on regrettera les choses excellentes qu'elle vous a fait supprimer ; il me paraît encore que vous auriez peut-être mieux fait de fondre cet ouvrage dans celui de vos *Terres australes*, où vous auriez pu tout dire en présentant votre opinion non pas comme un système raisonné, mais comme des idées qui vous étaient venues en comparant les pratiques de superstition des différents peuples. Souvent l'on fait passer dans un in-quarto des choses que l'on ne peut dire en in-douze ; ce n'est pas que je trouve votre ouvrage trop serré, il a la juste étendue qu'il demande, il est bien et gravement écrit, et je ne crois pas que messieurs des belles-lettres qui ont fait semblant de ne vous pas approuver n'en pensent pas bien dans le fond, puisque vous avez porté la lumière sur des objets que jusqu'à présent ils n'avaient aperçus que dans les ténèbres. »

Vers le même temps, il écrit à son ami : « Si Montfalcon n'était qu'à dix lieues de Montbard, je serais souvent auprès de vous; j'aime votre conversation autant qu'un bon livre et votre personne autant que j'aimais autrefois une jolie femme. »

Quelques années plus tard, Buffon, dans son histoire du phoque, ayant froissé par mégarde l'amour-propre de son ami : « J'ai des excuses à vous faire, lui écrit-il ; je vous avoue mon étourderie, qui n'est pas pardonnable et que tout autre que vous aurait eu raison de ne pas me pardonner..... Rien n'est plus honnête et plus vrai que la manière dont vous vous plaignez de cette sotte inadvertance de ma part, et j'en ai été pénétré. Je ne puis que vous remercier en vous embrassant bien tendrement et de tout mon cœur. »

A la même époque, de Brosses ayant perdu son fils unique, Buffon lui écrit : « Je crois connaître votre cœur, et je me suis peint toute son affliction. Je la partage bien sincèrement ; car je vous suis depuis longtemps et pour toujours bien tendrement attaché... Je regrette souvent de ne pas être à portée de vivre avec vous, et de vous dire combien je vous aime et combien je désire que vous m'aimiez aussi. » Il écrit à leur ami commun, le président de Ruffey : « Je suis bien fâché de tous les malheurs qui sont arrivés à notre ami le président de Brosses ; il mérite bien d'être heureux, et, s'il est raisonnable, il prendra pour consolation le succès de son ouvrage sur le langage. Il a été goûté de tous les gens qui savent penser, et, en mon particulier, je l'ai lu d'un bout à l'autre avec autant de plaisir que d'instruction. »

Beaucoup plus tard, en 1777, Buffon dit à son « illustre et respectable ami » de Brosses : « Personne ne vous aime et ne vous estime plus que moi, parce que personne ne vous connaît autant dans toute votre étendue. »

A mesure que Buffon avance en âge, le ton général de sa Correspondance devient de plus en plus affectueux ; mais il est souvent empreint de préciosité. Ce défaut se trouve surtout dans les lettres à Mme Daubenton, non pas celle, maintenant vieillie, dont il disait, en 1736 : « La Daubenton est jolie et a bien les plus beaux tetons du monde, » mais à une jeune femme de vingt-six ans qui, en 1772, épousa Georges-Louis Daubenton, filleul de Buffon ; elle était fort jolie aussi et paraît avoir fait assez mauvais ménage avec son mari.

En 1773, Buffon lui écrivait : « Bonne amie, vous écrivez comme un amour et pensez comme un ange. Je vous lis presque avec autant de plaisir que je vous vois, si bien vous savez peindre.

« J'ai un peu tardé à vous donner de mes nouvelles, parce que j'aurais voulu ne vous pas dire que depuis neuf jours je n'ai cessé de tousser et que je n'ai pas quitté le coin du feu. C'est la maudite coqueluche et je vois que la vôtre ne vous traite pas mieux. Cela n'est pas fait pour suspendre la mienne ; elles pourraient bien toutes deux durer tant qu'il ne fera pas chaud. Encore si nous pouvions les confondre, il n'y aurait que demi-mal ; mais à soixante lieues on ne s'entend pas tousser.

« On va commencer à imprimer les *Oiseaux* du cher oncle et les *Éléments* de votre bon ami.

« Ce nom m'est bien précieux et fait plus de plaisir à mon cœur que tous les titres ou les éloges qu'on pourrait me donner. »

Vers la même époque, il lui écrit : « Vous ne partez donc que le 15, belle amie ; cela achève de me déterminer à partir le 10 ; j'aurai du moins trois ou quatre jours à vous voir, et cette douce espérance me tient lieu de tout autre plaisir... J'ai bien peu de temps, charmante amie, d'ici à huit jours, et j'ai encore des affaires sans nombre ; mais je suis décidé à laisser ce que je ne pourrai pas faire. Vous voir me tient plus au cœur que tout posséder. Adieu, chère belle amie, adieu jusqu'au dimanche 11, jour de fête, pour moi la plus sacrée de ma religion. »

Le dernier jour de l'année 1773, à l'annonce d'une petite boîte qui « arrivera mardi 4, par le carrosse, dans laquelle vous trouverez du rouge et la boîte pour le mettre, avec quelques petits pots de pommade de Rome, » il ajoute : « Ame candide, personne nette et fraîche n'a pas besoin de parfums, mais le petit nez si fin les aime, et j'espère qu'il les agréera. Vous y trouverez encore un petit cabaret en porcelaine, dont le service sera, je pense, de votre goût. J'y joins pour votre cœur l'hommage, le don de tout le mien, aujourd'hui fin, demain commencement de l'an, et pour toutes les fins et tous les commencements des jours et des ans, qui s'épuiseront plutôt que mes sentiments pour vous, la plus digne et la plus aimable des amies. »

A partir de l'année 1774, la Correspondance nous livre les relations de Buffon avec la belle Mme Necker, qui restera l'amie du naturaliste jusqu'à son dernier jour, qui l'entourera de ses soins pendant sa dernière maladie et qui fermera ses paupières pour le sommeil dont on ne se réveille pas.

Les lettres de Buffon à Mme Necker sont presque les seules, parmi celles qui ont pu être recueillies, où se trouvent des discussions littéraires. Quelques-unes contiennent des traits remarquables ; celui-ci par exemple : « Il faut bien qu'il y ait plus de grands écrivains que de penseurs profonds, puisque tous les jours on écrit excellemment sur des choses superficielles. Fénelon, Voltaire et Jean-Jacques ne feraient pas un sillon d'une ligne de profondeur sur la tête massive des pensées des Bacon, des Newton, des Montesquieu. » (2 janvier 1778.)

Buffon se laisse naïvement aller à discuter avec Mme Necker les odes qu'on fait à sa louange ; il l'aide à rédiger les épitaphes les plus flatteuses pour ses bustes et ses portraits ; il s'enivre de l'encens que son amie brûle devant sa gloire.

Il est aisé de juger, au ton des lettres qu'il adresse aux dames, que bien loin sont les années où il provoquait les haussements d'épaule de la Pompadour en affirmant que « de l'amour le physique seul a du bon. » Elles sont bien lointaines ces années de pleine vigueur corporelle et intellectuelle où il n'allait voir « sa petite maîtresse, » pourtant adorée, qu'après l'heure fixée pour le terme de son travail, au risque de ne plus la trouver, et où il préférait les petites filles aux grandes dames, parce qu'elles lui faisaient perdre moins de temps.

Ses lettres à la comtesse Paolina Secco Suardo Grismondi sont des sonnets aussi éthérés que précieux : « L'apparition de Mme de Grismondi lui a paru un phénomène céleste revêtu de toutes les grâces de la nature humaine, » et son « plaisir le plus délicieux serait d'occuper quelquefois sa pensée et de recevoir de ses nouvelles de temps en temps. »

A Mme Necker, il écrit : « Quelle joie, mon adorable amie !

« Une lettre de votre main dans le temps que je vous croyais trop faible pour écrire !

« Quel saisissement de plaisir en la lisant ! Je la porte de mes lèvres à mon cœur, cette charmante lettre ; je lui donne sans nombre ce que votre bonté m'accorde quelquefois ; et ces expressions si touchantes sur ma santé, sur la durée de mes jours, raniment en moi le désir de vivre pour toujours vous aimer...

« ... J'irai donc dans quinze jours jouir de tout mon bien en vous voyant, et vous protestant, ma tendre et très respectable amie, que toute mon existence est à vous. »

Mais, à côté de ces lettres, aussi précieuses que dithyrambiques, la Correspondance des dernières années de Buffon contient des pages d'une élévation remarquable et porte les traces de la constance avec laquelle il poursuivit son travail jusqu'à la dernière minute de sa vie. Ses lettres à l'abbé Bexon témoignent du désir qu'il avait de terminer son œuvre avant de mourir. Ses conseils au jeune comte de Buffon pour la conduite de la vie sont d'un père qui a sondé toutes les petitesses du cœur humain, mais auquel quatre-vingts ans passés dans les milieux les plus viciés n'ont ôté ni l'amour des grandes et belles choses, ni la force de caractère qui les fait accomplir, en dépit des obstacles et de la malveillance des envieux.

Parmi ses lettres à Mme Necker, il en est plus d'une où brillent les plus nobles sentiments et la plus haute distinction. « Je ne cherche point la gloire, écrit-il à son amie ; je ne l'ai jamais cherchée et, depuis qu'elle est venue me trouver, elle me plaît moins qu'elle ne m'incommode. Elle finirait par me tuer, pour peu qu'elle augmente. Ce sont des lettres sans fin et de tout l'univers, des questions à répondre, des mémoires à examiner. J'ai passé mes journées hier et avant-hier à faire des observations sur un long projet présenté au Roi pour les plantations de cent mille sapins pour la mâture de la marine. Je n'aurais pas regret à mon temps si mes avis pouvaient être utiles ; mais, dans ce haut pays où vous n'avez pas voulu rester, on consulte quelquefois les gens instruits, et on se détermine toujours par l'avis des ignorants.

« N'en parlons plus ; mon cœur se repose en conversant avec vous. »

Trois lignes d'une lettre à M. Necker nous révèlent le secret de la tranquille existence et du bonheur dont il dut jouir : « J'étais content dans ma solitude et même heureux comme je l'ai toujours été depuis que je me suis accoutumé à souffrir de sang-froid les accidents de la vie, et à mépriser, peut-être par orgueil, les contrariétés que l'on regarde comme des événements malheureux. »

Terminons par le jugement qu'il porte, à un âge déjà fort avancé, sur la mort qui le menace : « La mort n'est pas aussi terrible que nous nous l'imaginons ; nous la jugeons mal de loin : c'est un spectre qui nous épouvante à une certaine distance, et qui disparaît lorsqu'on vient à en approcher de près. »

Nous croyons inutile de pousser plus loin cette analyse. Elle nous paraît suffisante pour inspirer au lecteur le désir de lire avec l'attention qu'elle le mérite cette Correspondance familière d'un grand homme et d'un honnête homme.

Écrites par le plus grand naturaliste de ce pays, par un homme qui connut toutes les satisfactions de la gloire, qui recueillit de son vivant tous les hommages rendus au génie, les lettres que la piété de son arrière-petit-neveu a recueillies pour la postérité révèlent en Buffon autant de simplicité que de fierté, autant de tendresse et d'amitié pour ceux qui gagnaient son cœur, que d'indifférence pour la haine et l'envie de ses adversaires, un amour du travail et de la science qui ne s'éteignit qu'avec sa vie, un dévouement inébranlable aux progrès de l'humanité, un esprit d'une rare indépendance, et, par-dessus tout, un caractère qui, jusque dans ses faiblesses, resta grand.

J.-L. DE LANESSAN.

Paris, le 24 décembre 1884.

CORRESPONDANCE

ANNOTÉE

DE BUFFON

(1729 à 1779)

LETTRE PREMIÈRE

A M. RICHARD DE RUFFEY (1).

....1729 (2).

J'aurais répondu depuis longtemps, monsieur, à la lettre dont vous m'avez honoré, si plusieurs incidents malheureux ne m'en eussent empêché. Il ne s'en est rien fallu que je n'aie fait voyage en l'autre monde, par la méprise d'un garçon apothicaire qui me fit avaler, en guise de quinquina, six cents

(1) Gilles-Germain Richard de Ruffey, né en 1706, un an avant Buffon, conseiller maître à la chambre des comptes de Bourgogne, à la place de son père, le 10 mai 1730; lui succéda, le 20 janvier 1735, dans sa charge de président. Il avait été autorisé, comme lui, à conserver l'office d'élu du roi aux états généraux de la province depuis plus de cent cinquante ans dans la famille. Il résigna en 1757 et mourut en 1794. Le président de Ruffey a beaucoup écrit en vers et en prose. Il aimait les vers avec passion, « même les siens, » disait malicieusement le président de Brosses.

Il épousa, le 5 mai 1739, Anne-Claude de la Forest, fille de Frédéric de la Forest, chevalier de Saint-Louis, ancien commandant de bataillon au régiment de la Chenelaye, baron de Montfort, dont le château, une vieille forteresse du moyen âge, était à une très petite distance de Montbard.

La branche aînée de cette famille est aujourd'hui représentée par M. le comte de Vesvrotte.

(2) Cette première lettre de Buffon le prend étudiant à Angers, à vingt-deux ans. La dernière lettre de ce recueil adressée par Buffon à Mme Necker porte celle de 1788. Il est âgé de quatre-vingt-un ans, près d'achever sa glorieuse carrière, et a à peine la force de signer.

Dans cet intervalle de près de soixante ans, la correspondance suit Buffon pas à pas, d'année en année à travers sa gloire, ses succès et ses travaux; elle pénètre dans les événements intimes de sa vie, et on le voit tour à tour penser, souffrir, travailler et agir. Rarement on a pu présenter au public un tel ensemble sur la vie d'un grand homme.

La première édition de la correspondance inédite et annotée de Buffon renferme un assez grand nombre de notes biographiques, littéraires et historiques, dont l'importante biographie placée par M. le docteur de Lanessan, en tête de cette nouvelle édition des *Œuvres de Buffon*, a motivé la suppression afin d'éviter des redites et des doubles emplois. On trouvera ces notes dans la première édition de la *Correspondance inédite et annotée de Buffon* (Paris, Hachette, 1860. 2 forts volumes in-8°).

grains d'ipécacuanha, ce qui fait environ vingt-cinq fois la dose ordinaire. Vous pouvez aisément juger à quel excès de faiblesse ce quiproquo m'a réduit; il a été tel que je ne peux depuis deux mois reprendre mes forces ni m'appliquer à quoi que ce soit.

Il fallait que ce fût une déesse, même au-dessus de Vénus, puisqu'il semble dans votre ouvrage que vous en fassiez une divinité différente de cette reine des Grâces; mais peut-être avez-vous fait comme Phidias (1) : vous aurez, dans vos plaisirs vagabonds, pris une pièce de l'une, une grâce de l'autre, un trait d'une troisième, et du tout ensemble vous aurez formé votre ode; car elle est belle partout, et en cela différente de presque toutes les beautés d'à présent. Ce qui me ferait soupçonner que j'aurais deviné juste, c'est qu'à Paris un homme de votre humeur se pique rarement de constance et peut, dans la diversité des objets, trouver plus de plaisir que dans un attachement unique.

Les amusements moins variés de la province vous ennuient et vous causent des regrets, cela est bien naturel; mais pourtant, à parler vrai, vous n'avez pas grand tort de trouver Dijon peu amusant. Je suis ici (2) d'une façon si gracieuse, et je trouve tant de différence entre le savoir-vivre de cette ville et celui de notre bonne patrie, que je puis vous assurer de ne la pas regretter de sitôt. Si vous aviez comme moi séjourné un an dans des provinces différentes de la vôtre, et où vous n'auriez pas été noyé dans la multi-

(1) Phidias, le grand statuaire grec contemporain de Périclès, et avec lui décorateur d'Athènes, né en 498, mort en prison en 431 av. J.-C.

(2) Après avoir achevé ses études au collège des Gaudrans de Dijon tenu par les Jésuites, où il avait eu pour professeur de rhétorique le P. Oudin, antiquaire, numismate, théologien et critique, traducteur de l'*Iliade*, commentateur de Virgile, de Cicéron, d'Horace et de saint Paul, Buffon fit son droit à la Faculté de cette ville avec trois amis de collège, les futurs présidents de Brosses, de Ruffey et Jacques Varenne, dont les noms reviendront fréquemment dans sa correspondance.

Jusqu'ici aucun des biographes de Buffon n'a encore rapporté qu'il était licencié en droit. Les anciens registres de la Faculté de Dijon renferment sur lui les notes suivantes qu'il nous paraît intéressant de faire connaître.

Registre des extraits de baptême.

« Georges-Louis, fils de M. Benjamin-François Leclerc, conseiller au parlement de Bourgogne, né et baptisé le 7e de septembre 1707, en l'église Saint-Urse, de Montbard. »

Registre des inscriptions.

« 1er volume. On y lit successivement, de trois mois en trois mois, les douze inscriptions de Buffon prises pour obtenir le grade de licencié.

Ego infrà inscriptus Georgius-Ludovicus Leclerc, Divioneus, excipio lectiones publicas DD Bret et Fromageot; die 29 9bris 1723.

LECLERC.

Ego... id... (mêmes professeurs), pro secunda inscriptione die vigesima febriarii 1724.

LECLERC.

Ego... id... die 21 maii. anno 1724. LECLERC.

tude comme à Paris, vous diriez à coup sûr qu'il ne faut que sortir de chez soi pour valoir quelque chose, et être estimé et aimé au niveau de son mérite.

Ego... id... pro 4ª inscriptione die vigesima julii, anno 1724.

Georgius Ludovicus LECLERC.

2e ANNÉE.

Ego infrà inscriptus Georgius Ludovicus Leclerc, Divionens excipio lectiones publicas DD Bannelier et Fromageot, pro quintà inscriptione, die 21 9bris 1724. LECLERC.

Id... pro 6ª inscriptione, die 21 januarii 1725. LECLERC.

Id... pro 7ª inscr., die 21 aprilis 1725. LECLERC.

Id..., pro 8ª inscr., die 21 julii 1725. LECLERC.

3e ANNÉE.

Ego... DD. Delussense et Davot, pro 9ª inscr., die 19 9bris 1725. LECLERC.

Id... pro 10ª inscr., 14 januarii 1726. LECLERC.

Id... pro undecima inscriptione, die 21 aprilis, anno 1726. LECLERC.

Id... die 5 julii 1726 (sans indiquer le nº d'ordre). LECLERC.

Charles de Brosses, qui prenait ses inscriptions en même temps que Buffon, indiquait sa dernière inscription par ces mots : *pro ultima inscriptione.* »

Registre du Codex supplicationum.

« Die Sabbati 3ª febri 1725 supplicar pro bacc. Georgius Ludovicus Leclerc, Divione caput 3, X de clericis conjug.

L. 3, cod. qui numero liberorum.

P. D. Fromageot.

Ex DD. Bannelier, Fromageot, Crevoisier et Boisot.

Die sabbati 21 julii 1725, supplicar pro licent. Georgius Lud. Leclerc, Divion. caput 3, X de Decimis.

L. 3, cod. de Locato conducto. »

Du contrat de louage.

« P. D. Fromageot, ex DD. Bret, Fromageot, Crevoisier et Calon.

M. Georges-Louis Leclerc sera examiné sur le droit français; président : M. Davot; Exrs : MM. Bannelier, Delussens, Boirot, Calon. »

Registre des admissions ad gradum.

« Die Sabbati 18 augusti 1725. D. Georgius Ludovicus Leclerc, Divionens, admissus fuit ad grad. bacc. (folio 9, verso).

Die Sabbati 13 julii 1726. D. Lud. Georgius Leclerc, Divion. admissus fuit ad grad. lic. (folio 13, recto).

Du mercredi 17 juillet 1726, M. George Louis Leclerc, de Dijon, a été examiné sur le droit français et trouvé capable (folio 13, recto). »

Buffon, licencié en droit, voulait être docteur en médecine, et c'est dans ce but qu'il avait quitté, en 1728, Dijon pour Angers, dont la Faculté était en grand renom ainsi que son académie d'équitation, et où l'appelait l'amitié du père de Landreville, de l'Oratoire, son premier conseil et son premier ami.

Pour moi, je ferai mon possible pour me tenir hors de Dijon aussi longtemps que je pourrai, et si quelque chose m'y ramène jamais avec plaisir, ce sera l'envie seule d'y voir un petit nombre de ceux pour qui je conserve de l'estime. Vous êtes un de ceux, monsieur, pour qui j'en ai et qui en mérite davantage. Quel plaisir aurais-je si j'étais sûr de votre souvenir pendant mon absence, et si vous receviez avec satisfaction les assurances du respect avec lequel je suis, monsieur, votre très humble et très obéissant serviteur.

LECLERC.

En cas que vous soyez toujours sur le même pied avec M. Le Belin (1), j'ose vous supplier de lui faire agréer mes respects. S'il y avait dans ce pays quelque chose pour votre service et celui de vos amis, ne m'épargnez pas.

(De la collection du comte de Vesvrotte.)

LETTRE II

AU MÊME.

Angers, le 25 juin 1730.

Voulez-vous bien, monsieur, recevoir mes félicitations sur votre nouvelle dignité (2)? L'amitié dont vous m'avez toujours honoré me fait espérer que vous agréerez toute la part que j'y prends. Je suis charmé qu'une occasion de cette sorte se soit présentée pour vous demander de vos nouvelles. Il y a quelque temps que je pensai déjà en saisir une qui ne vous était pas moins glorieuse, quoique peut-être moins utile : c'était un compliment que je voulais vous faire sur la belle ode dont vous avez enrichi le *Mercure* au sujet de la naissance de Mgr le Dauphin (3); mais, comme j'ignorais si vous étiez à Dijon ou à Paris, je ne pus satisfaire à mon envie. Recevez-les donc aujourd'hui tous deux, et soyez persuadé que je vois vos progrès de toute espèce avec le plaisir le plus sensible; heureux si, dans les grandes affaires qui vont vous occuper, je pouvais vous dérober quelques moments où vous voudriez bien

(1) André Le Belin, seigneur de Monteulot, où Lamartine a écrit ses premières méditations, maître à la chambre des comptes de Bourgogne, de 1729 à 1759, en remplacement de son père, et en même temps que son frère, Anselme Le Belin.

(2) La charge de conseiller maître à la chambre des comptes de Dijon, dont il avait été pourvu, à la place de son père, le 10 mai précédent.

(3) L'ode sur la naissance du Dauphin, que Buffon loue avec complaisance pour un ami, n'a rien de remarquable. Ceux qui seraient curieux de la lire la trouveront dans le *Mercure* de mai 1729, page 231. Elle a été imprimée la même année à Dijon en une brochure in-4°.

me donner de vos nouvelles et de celles des Muses. Je vous le demande, monsieur, avec instance, et vous prie de me croire avec respect, monsieur, votre très humble et très obéissant serviteur,

LECLERC.

M. Leclerc, chez Mme Claveau la veuve (1).

(Appartient au comte de Vesvrotte.)

LETTRE III

AU MÊME.

Nantes, le 5 novembre 1730 (2).

J'aurais eu l'honneur de vous répondre bien plus tôt, monsieur, si ma santé me l'eût permis ; mais, depuis ma dernière lettre, à peine ai-je eu un moment favorable. Les fièvres de toute espèce m'ont attaqué successivement avec tant de furie et d'opiniâtreté, que je n'en suis pas encore remis. Il me semble qu'à présent je pourrais faire une ode sur leurs fureurs, tant je les ai senties. L'habitude et la grande familiarité que j'ai eues avec elles me vaudraient un Apollon, et j'écrirais par réplétion de mon sujet et de l'abondance du cœur. Vous qui les avez si bien décrites, ne les avez-vous pas aussi trop senties? Quelle drogue! Je crois que c'était celle qui précédait l'Espérance

(1) A son arrivée à Angers, Buffon était descendu à l'hôtel du *Cheval blanc*, alors comme aujourd'hui, le plus renommé de la ville. Mais il n'avait pas tardé à aller habiter rue de la Croix-Blanche, 28, l'hôtel de Mme Claveau, née Allard, fille d'un maire d'Angers, dont le fils devint maire à son tour.

Buffon avait ajouté à l'intimité du père de Landreville celle d'un étudiant de son âge, Berthelot du Paty, botaniste distingué qui dédiait à Buffon, en 1745, son discours de réception à l'Académie d'Angers sur l'*Utilité de l'étude de l'histoire naturelle.*

(2) Buffon venait de quitter Angers. S'il n'avait guère vu, d'abord, que le père de Landreville et Berthelot du Paty, ayant pour seules distractions leurs excursions d'herborisation durant lesquelles les jeunes botanistes se faisaient accompagner de chevaux et de mulets abondamment pourvus de vivres, il n'avait pas tardé à faire d'autres connaissances à l'académie d'équitation fréquentée par les représentants des plus grands noms de France, et à l'*assemblée*, le *cercle* d'aujourd'hui. Remarquable écuyer, une intrigue d'amour l'avait fait le rival d'un officier de royal cravates ou croates, qui tenait garnison à Angers. Un duel s'en suivit. La rencontre eut lieu le soir, à la lueur des lanternes, dans la *rue Basse*, proche les remparts. Buffon tua son adversaire; et pendant que l'autorité militaire, le lieutenant criminel et la Faculté hésitaient sur le parti à prendre, il avait quitté Angers pour Nantes.

Dans tous les cas, si une intrigue d'amour et un duel n'eussent pas interrompu à l'improviste ses études à Angers, Buffon fût probablement devenu médecin et botaniste. C'est en se prévalant de ses premières études qu'il put, en 1733, se faire recevoir dans la section de botanique de l'Académie des sciences et invoquer, en 1739, les mêmes titres à l'appui de sa candidature à l'intendance du Jardin du Roi.

dans la boîte de Pandore; car je m'imagine que, des maux qui doivent tourmenter notre espèce, les petits sortirent les premiers. L'égratignure vint avant le coup d'épée (1); autrement on ne l'aurait pas sentie, et ce malheureux bahutier n'avait garde de ne nous pas débiter toute sa marchandise. Quoi qu'il en soit, je les lui ai renvoyées et m'en suis défait à force de quinquina, et quand même leur exil serait sujet à retour sans rappel, j'ai lieu d'attendre qu'il durera autant que mon voyage. Je le commençai avant-hier (2), et je dois aller à Bordeaux, où je ne compte être que dans quinzaine, à cause des séjours que je ferai ici, à la Rochelle et à Rochefort. J'étais déjà venu l'an passé dans cette ville : elle peut passer pour une des plus peuplées du royaume; l'on y fait grand'chère, l'on y boit d'excellent vin; mais tout est excessivement cher. Paris même, en comparaison, est un lieu de bon marché; les habitants sont tous marchands, gens grossiers, si méprisés dans notre patrie, mais dont la façon de vivre me paraît la plus raisonnable. Ils ne font point de façons de préférer un ordinaire à une pistole par tête à des habits galonnés ou à un carrosse à six chevaux, et aiment mieux l'abondance dans la bourgeoisie que la disette dans la noblesse. Qu'en pensez-vous? Pour moi, je ne peux leur donner le tort. Il y a ici bonne comédie, concert à dix pistoles par souscription; tout s'y sent de la richesse que produit le commerce, au lieu qu'à Angers, comme à Dijon, tout y est maigre, épargné. L'on y fait plus qu'on ne peut; orgueil et gueuserie y marchent ensemble, filles légitimes du mépris ridicule que l'on y a pour le négoce. Je n'avais pas mauvaise opinion de ma patrie avant que d'en être hors; mais, depuis que j'en juge par comparaison et que je suis dans le point de vue d'où l'on doit la considérer, je ne peux m'empêcher de voir les défauts du tableau, et je ne mets pas en problème si c'est la faute de mes yeux ou celle de la peinture, puisque, avant que d'être devenu connaisseur par l'expérience, ils lui étaient favorables. Appuyé par votre autorité, je conclus donc contre elle, et cela sans réserve. Si elle ne vous possédait pas, je n'y ai ni ne me soucie d'y avoir aucun commerce, et vous êtes le seul à qui je me fais gloire de conserver le respect et l'estime; vous en êtes trop digne pour que cela ne vous soit pas dû partout, à plus forte raison dans un pays où la sottise des autres relève le mérite. J'ose vous demander en revanche un peu de part dans votre souvenir, et de vos nouvelles à vos heures de loisir; je tâcherai de mériter ces faveurs par le sincère et respectueux attachement avec lequel je serai toute ma vie, monsieur, votre très humble et très obéissant serviteur.

LECLERC.

(1) Comparaison toute naturelle à celui qui venait, quelques semaines auparavant, de risquer sa vie dans un duel. A en croire le P. Ignace, Buffon aurait eu deux autres duels pendant son séjour en Angleterre, et dans l'un d'eux, avec un parent du duc de Kingston, il aurait eu la cuisse traversée de deux coups d'épée et une légère blessure au bras.

(2) Cette indication donne la date exacte du départ de Buffon d'Angers.

Adressez à M. Leclerc, chez milord duc de Kingston (1), à l'adresse de M. Alexandre Gordon (2), négociant à Bordeaux.

(Appartient au comte de Vesvrotte.)

LETTRE IV

AU MÊME.

Bordeaux, le 22 janvier 1731.

Je n'aurais pas tant tardé, monsieur, à vous offrir tous les vœux que j'ai formés pour vous au renouvellement de l'année, si le mauvais état de ma santé m'eût permis d'avoir les mains aussi libres et aussi empressées que le cœur. Mais il a fallu malgré moi prendre patience, et retarder jusqu'à ce jour pour vous assurer que personne au monde n'a fait plus de souhaits pour tout ce qui pouvait vous être agréable et avantageux, que personne n'est plus jaloux de votre amitié que moi, et je m'efforcerai toujours de la mériter par le retour le plus ferme et l'estime la plus parfaite. Après ces protestations, qui partent du cœur, vous pouvez juger de l'empressement avec lequel je vous les aurais témoignées, s'il m'eût été permis de le faire ; mais j'ai eu le malheur de retomber, à mon arrivée dans cette ville, dans toutes sortes de maux : la fièvre, devenue vrai Protée pour moi, m'attaque sous mille formes différentes, et je ne suis point encore sûr, à beaucoup près, d'avoir conjuré toutes ses métamorphoses. Je m'aperçois seulement de celle qu'elle a faite chez moi, en ne me laissant que la peau et les os, et à peine assez de forces pour les traîner ; la rigueur de la saison ne contribue pas à me les rendre plus portatifs, et je n'augure bien de ma guérison qu'au printemps.

Votre dernière lettre me fit un plaisir sensible. Je ne doute point du tout de vos bontés et de votre amitié, puisqu'au milieu d'un chaos d'affaires et d'occupations sérieuses, vous vous êtes souvenu de moi et avez bien voulu me donner une partie d'un temps si précieux.

Ce que vous me dites de la stérilité des plaisirs à Dijon ne m'étonne point.

(1) Ce fut à Nantes et non à Dijon, ainsi que l'ont rapporté ses biographes et que nous l'avons écrit nous-mêmes dans la première édition de la *Correspondance*, que Buffon fit la rencontre du duc de Kingston et de son gouverneur allemand, Hinckman. La liaison se fit vite, et Buffon, qui n'avait pas encore pris un parti, se laissa facilement persuader d'accompagner ses nouveaux amis dans leur voyage dans le midi de la France et en Italie. Ce voyage, le seul qu'ait jamais entrepris celui qui devait écrire l'histoire de la terre, dura presque deux ans; et ce fut à Rome, au commencement de 1732, que Buffon, qui venait seulement d'apprendre la mort de sa mère, arrivée à Dijon le 1er août 1731, se sépara de ses amis pour rentrer en France.

Hinckman, d'une nature contemplative rendue rêveuse par l'usage abusif de la pipe, et épris de la nature, fut, pour Buffon, après Berthelot du Paty, la seconde influence destinée à préparer sa vocation.

(2) De la famille de lord Gordon, membre de la Chambre des communes, homme politique anglais, établi à Bordeaux et en relation d'amitié avec la famille du duc de Kingston.

C'est souvent qu'on est réduit à passer le carnaval sans comédie ni bal. Il y en avait une italienne, fort bonne, dans cette ville. Francisque et sa troupe (1) y représentaient, avec un succès et un applaudissement infinis ; mais malheureusement le feu prit, il y eut hier huit jours, au bâtiment qui servait aux représentations, et le consuma avec huit autres maisons ; il fut mis par un feu d'artifice allumé sous le théâtre pour brûler don Juan dans le *Festin de Pierre*. Les pauvres comédiens ont perdu toutes leurs hardes ; à peine Francisque put-il se sauver en robe de chambre. Pour surcroît de malheur, on voulait les poursuivre et leur faire payer, par la prison ou autrement, le dommage du feu ; mais tant de gens se sont intéressés pour eux, on leur a fait tant de présents par les quêtes, qu'on dit qu'ils seront bientôt en état de représenter encore dans la salle du concert, qu'on leur donnera pour rien. C'est là l'action la plus sage que j'ai vu faire en ce pays, où la moitié des gens sont grossiers, et l'autre petits-maîtres, mais petits-maîtres de cent cinquante lieues de Paris, c'est-à-dire bien manqués. Vous ririez de les voir, avec des talons rouges et sans épée, marcher dans les rues où la boue couvre toujours les pavés de deux ou trois pouces, sur la pointe de leurs pieds, et de là, à l'aide d'un décrotteur, passer sur un théâtre où jamais ils ne sont que comtes ou marquis, quand même ils ne posséderaient qu'un champ ou une métairie, et qu'ils ne seraient que chevaliers d'industrie. Comme il y en a un grand nombre qui s'empressent auprès des étrangers, nous n'avons pas manqué d'en être assaillis ; mais heureusement ils n'ont pas assez d'esprit pour faire des dupes. Le jeu est ici la seule occupation, le seul plaisir de tous ces gens ; on le joue gros et, en ce temps de carnaval, sous le masque. Le jeu ordinaire est *les trois dés ;* mais ce qu'il y a de plus singulier, c'est que chaque masque apporte ses dés et son cornet. Il faut être bien bête pour donner dans un pareil panneau. Nous comptons partir de cette ville dans huit ou dix jours ; supposé que vous me fassiez l'honneur de m'écrire, ne laissez pas que d'y adresser votre lettre : elle me sera envoyée à Montauban, où nous comptons faire quelque séjour. Adieu, monsieur ; faites-moi toujours la grâce de m'aimer ; peu de personnes sentiront aussi bien le prix de votre amitié ; personne au monde ne s'empressera plus à la conserver. Je suis, avec quels termes il vous plaira, et dans quels termes vous voudrez, monsieur, votre très humble et très obéissant serviteur.

LECLERC.

(De la collection du comte de Vesvrotte.)

(1) Francisque était directeur du théâtre de la Foire Saint-Laurent. Comme Nicolet et Audinot, dont la renommée dépassa la sienne, Francisque commença par un théâtre de marionnettes, et finit par avoir une des meilleures troupes de Paris. Piron travailla longtemps avec Lesage pour le théâtre de la Foire, et, après leur entrée au Théâtre-Français, il leur arriva plus d'une fois de regretter leurs débuts. En 1722, à Lyon, le feu ayant pris au théâtre, Francisque faillit périr ; il courut le même danger en 1731, à Bordeaux.

LETTRE V

AU MÊME.

Montpellier, le 2 avril 1731.

Monsieur,

J'ai reçu à Montauban, et longtemps après sa date, la lettre que vous m'aviez adressée à Bordeaux. J'y aurais cependant répondu bien plus tôt si, depuis ce temps, je n'avais pas été toujours sur les grands chemins. L'amitié ne se plaît pas comme l'amour dans une vie de dissipation, et je trouve qu'un peu de recueillement nous fait penser à nos amis avec plus de plaisir; aussi ai-je attendu mon arrivée dans cette ville pour vous entretenir de la mienne, et pour vous faire mes remercîments de l'intérêt que vous prenez à ma santé. Elle est, Dieu merci, parfaitement rétablie depuis deux mois, et je n'ai maintenant à me plaindre que d'en avoir trop pour un garçon, et surtout un garçon voyageur qui n'a pas les mêmes facilités que vous, messieurs, citoyens permanents d'une bonne ville, de faire évanouir son superflu. Puisque nous sommes sur cet article, mandez-moi comment vont les plaisirs de cette espèce. L'on m'a dit que Malteste (1) avait pour maîtresse une des plus jolies dames qu'il y ait à Dijon. Ne pensez-vous pas avec moi que les Danaé sont maintenant bien communes, et Cupidon si aveugle qu'il ne peut plus rien distinguer que le brillant de l'or?

Je reçois souvent des lettres de l'abbé le Blanc (2) qui m'a même envoyé son recueil d'élégies; mais, comme il l'a adressé à Bordeaux, il n'a pas encore eu le temps de venir jusqu'à moi. Je sais que cet ouvrage fait du bruit, même dans les provinces, et qu'il s'en fait à Paris un débit considérable. L'adresse de l'auteur est à la *Croix de fer*, rue de Savoie, faubourg Saint-Germain. Il faut qu'il ait eu des raisons bien pressantes pour se priver du plaisir de vous écrire; je sais le cas qu'il fait de l'honneur de votre correspondance.

Depuis mon départ de Bordeaux, j'ai séjourné plus d'un mois à Montau-

(1) Jean-Louis Malteste de Villey, né le 25 mars 1709, mort en 1785, conseiller au parlement le 15 décembre 1727, a écrit des ouvrages de polémique et un volume de *Mélanges*, publié à Londres, et à Lausanne en 1784, avec le portrait de l'auteur. *Œuvres diverses d'un ancien magistrat; Esprit de l'esprit des lois* (in-4° et in-8°, 1749); *Remontrances du parlement au roi touchant l'affaire Varenne, en collaboration avec le président de Brosses* (in-12, 1762).

(2) L'abbé Jean-Bernard Le Blanc, né la même année que Buffon, le 4 décembre 1707, mort à soixante-quatorze ans, en 1781, ami intime de Buffon. Élevé avec lui aux Jésuites, l'abbé quitta de bonne heure Dijon et vint chercher fortune à Paris. Un poème qu'il fit paraître, en 1726, en l'honneur des grands hommes de sa province, lui valut la protection du comte de Nocé, ancien favori du régent, qui le prit comme chapelain. Mais le comte de Nocé ayant été obligé de vendre son hôtel, l'abbé passa, sans changer de quartier, à l'auberge de la *Croix de fer*. L'abbé Le Blanc a écrit des pièces pour le théâtre, des morceaux

ban. La ville est petite, mais charmante par sa situation, sa bâtisse et l'air pur qu'on y respire. Les habitants y sont tout à fait polis, grands joueurs de piquet et d'hombre, presque ennemis du quadrille, amateurs des promenades, où ils passent une partie de la journée à parler gascon et à admirer les environs de leur ville qui réellement sont tout à fait agréables. Ils peuvent se flatter de manger les meilleures volailles de France et de faire très bonne chère à très bon marché.

Toulouse est une grande et belle ville; son étendue est immense. On la croit plus vaste que Lyon; ce qu'il y a de vrai, c'est qu'elle est au moins six fois aussi grande que Dijon. Le sexe y est tout à fait beau, et, excepté les vieilles, je ne me souviens pas y avoir vu une laide femme. Les maisons y sont superbement bâties, quoique un peu à l'antique; les rues bien percées, le nombre des carrosses immenses. J'aurais fort souhaité que mon séjour ne se fût pas borné à quatre jours. Je n'ai point vu de ville dont le coup d'œil fût plus flatteur. Nous en sortîmes pour aller à Carcassonne, Béziers, Narbonne, où rien ne me choqua que les rues sombres et si étroites qu'à peine trois personnes de front y peuvent passer à leur aise. Je remarquai avec surprise dans tous les cabarets de grands éventails mobiles sur des poulies, qui servent à rafraîchir les hôtes, qui sont obligés d'y dîner en chemise, et qui, malgré ces précautions, ne laissent pas que d'y suer à grosses gouttes. Les chaleurs ne sont pas tout à fait si grandes ici, où règne un vent périodique depuis le midi jusqu'au soir, qui rafraîchit et corrige les ardeurs permanentes d'un soleil brûlant, et que l'on ne peut éviter qu'en restant toute l'après-dînée chez soi. La ville est assez belle, mais pleine d'inégalités, de hauts, de bas; on peut l'appeler un magasin mal rangé de belles maisons. L'on n'y a ni beurre, ni bœuf, ni veau, ni volailles qui vaillent; mais, en récompense, l'on y boit de bons vins de liqueur et l'on y respire le meilleur air de France. Il n'y a que huit jours que nous y sommes, et nous y avons déjà un logement magnifique. Milord en donne cinquante livres par mois. Il y a ici quelques habiles gens qui composent, comme vous le savez, une académie (1) qui fait partie de celle des sciences de Paris.

Que direz-vous, monsieur, de la liberté avec laquelle je vous fais de si longues et peut-être de si ennuyeuses narrations? Il faut, je vous l'avoue, se flatter d'être bien de vos amis pour en user ainsi. Mais, en vérité, si vous êtes ennuyé, c'est un peu la faute de votre politesse; il ne fallait pas me

divers et un recueil d'élégies. C'était un parleur intarissable, et Piron avait composé cette inscription pour son portrait par La Tour :

La Tour va trop loin, ce me semble,
Quand il nous peint l'abbé Le Blanc.
N'est-ce pas assez qu'il ressemble,
Faut-il encor qu'il soit *parlant?*

(1) L'Académie de Montpellier, fondée en 1706, n'avait, avec l'Académie des sciences de Paris, que des relations officieuses.

permettre de vous entretenir de mes voyages, et mes lettres se seraient bornées à vous assurer d'une estime et d'un attachement éternels. Agréez donc, malgré la longueur de mon épître, les assurances que j'ose vous en offrir, et croyez-moi, dans ces sentiments, monsieur, votre très humble et très obéissant serviteur.

LECLERC.

Adressez à M. Leclerc, en compagnie de milord duc de Kingston, à l'adresse de M. Bascou, négociant à Montpellier.

(Appartient au comte de Vesvrotte.)

LETTRE VI

AU MÊME.

Rome, le 20 janvier 1732.

J'apprends, monsieur, par une lettre de mon père (1), que vous vous plaignez de mon silence, et j'entreprends avec bien du plaisir de me justifier auprès de vous. Mais, avant que de vous faire mes excuses, trouvez bon que je vous remercie de votre souvenir; il est d'autant plus flatteur pour moi, puisque vous m'en trouvez digne dans le temps même que vous aviez quelque raison de m'accuser de négligence. Ce ne sera cependant jamais mon vice, et surtout à votre égard; je vous suis trop attaché, mon cher monsieur, et vous êtes trop digne des sentiments que j'ai pour vous, pour que je ne fasse pas tous mes efforts pour mériter l'amitié dont vous voulez bien m'honorer. Cessez donc de m'accuser, monsieur, et prenez-vous-en au dieu des flots, qui, comme je l'ai appris depuis, a fait boire outre mesure trois courriers dans leur passage de Livourne à Gênes; car je vous ai écrit de cette première ville une longue lettre il y a environ deux mois. Je vous faisais mes excuses d'avoir tardé si longtemps à vous demander de vos nouvelles; ces excuses étaient prises de mon long séjour sur les grands chemins,

(1) Benjamin-François Leclerc, seigneur de Buffon, né à Montbard le 6 mars 1683, mort le 23 avril 1775, à quatre-vingt-douze ans, conseiller au parlement de Bourgogne du 14 juin 1720 au 13 novembre 1742; il avait épousé, le 9 août 1706, Anne-Christine Marlin, morte à Dijon le 1er août 1731, femme d'un esprit supérieur de laquelle il eut cinq enfants, 1° Georges-Louis Leclerc de Buffon, le naturaliste, né à Montbard le 7 septembre 1707, qui était l'aîné; 2° Jean Marc, né le 17 octobre 1708, mort le 22 janvier 1731, à 23 ans, prieur de l'abbaye de Flacey, au diocèse de Sens, ordre de Cîteaux; 3° Jeanne, née le 18 janvier 1710, morte supérieure du couvent des Ursulines de Montbard, le 2 mars 1781, à 71 ans; 4° Anne Madeleine, née le 23 mars 1711, morte le 28 novembre 1731, à 20 ans; 5° Charles-Benjamin, né le 22 juillet 1712, mort le 14 novembre 1782, à l'âge de 70 ans, successivement prieur du petit Cîteaux, vicaire général de son ordre et abbé de l'abbaye du Rivet, ordre de Cîteaux, au diocèse de Bordeaux.

des occupations et des distractions inséparables du voyage, enfin du mouvement perpétuel où je me suis trouvé depuis mon départ de Dijon. Mes excuses faites, je vous suppliais de m'honorer de vos commissions dans ce pays-ci. Je vous demandais si vous n'agréeriez pas que je vous en rapportasse des pommades et des fleurs, choses si convenables pour accompagner un sonnet chez la déesse de vos chansons ; je vous questionnais sur cette aimable enfant, et je vous demandais si la pluie d'or l'emportait sur Apollon, ou, pour parler plus chrétiennement, si saint Mathieu était toujours son évangéliste ; enfin je prenais part à vos plaisirs, et, comme vous voyez, à tout ce qui pouvait même les intéresser. Le hasard a voulu que vous ayez tout ignoré, et j'ai été puni, sans l'avoir mérité, par le long silence que vous avez été obligé de garder à mon égard. Faites-y donc trêve aujourd'hui, monsieur, et faites-moi la grâce de me répondre aussitôt que vous aurez reçu ma lettre, et ajoutez-y celle de ne me pas traiter comme un serviteur inutile dans un pays si abondant en choses curieuses, dont quelques-unes peuvent être de votre goût. Mon séjour n'y sera pas de longue durée, et même je compte quitter cette sainte ville avant trois semaines. Ainsi, ayez la bonté d'adresser votre réponse chez M. Tomasso Baldi, banchiere, à Florence, où je retourne en sortant d'ici. Le duc de Saint-Aignan (1), ambassadeur de France, n'y est pas encore arrivé ; il reste, à ce que l'on dit, auprès de Gênes, sans qu'on puisse deviner pourquoi. L'on a fait ici de magnifiques préparatifs pour le recevoir. Rome est à cette heure dans son brillant ; le carnaval est commencé depuis quinze jours ; quatre opéras magnifiques et autant de comédies, sans compter plusieurs petits théâtres, y font les plaisirs ordinaires et je vous avoue qu'ils sont extraordinaires pour moi par l'excellence de la musique et le ridicule des danses, par la magnificence des décorations et la métamorphose des eunuques qui y jouent tous les rôles des femmes (2) ; car l'on n'en voit pas une sur tous ces théâtres, et cette différence est si peu sensible pour

(1) Paul-Hippolyte de Beauvilliers, duc de Saint-Aignan, né en 1684, mort le 22 janvier 1776, membre de l'Académie française. A la mort du prince de Condé, il devint gouverneur de Bourgogne pendant la minorité du duc de Bourbon. Le président de Brosses, qui le vit à Rome en 1739, a dit de lui : « C'est un homme d'esprit, d'une conversation douce, qui a des connaissances et des lettres. Il aime à conter, et s'en acquitte agréablement. A le voir, on le croirait plus jeune ; encore moins se douterait-on qu'il fût le père du vieux duc de Beauvilliers, gouverneur du roi d'Espagne et fils de cet ancien paladin qui figurait dans le tournoi de *la Princesse d'Élide*, au temps du mariage de Louis XIV. »

(2) « Ces messieurs les châtrés, dit le président de Brosses, sont de petits-maîtres fort jolis, fort suffisants, qui ne donnent pas leurs effets pour rien... Quand on les rencontre dans une assemblée, on est tout étonné, lorsqu'ils parlent, d'entendre sortir de ces colosses une petite voix d'enfant... » Les chanteurs castrats apparurent en Italie vers la fin du XIIe siècle, et furent introduits dans la chapelle papale vers la fin du XVIe pour y remplacer les enfants. Peu répandus d'abord, ils devinrent par la suite si communs que, vers le milieu du XVIIIe siècle, on pouvait lire sur l'enseigne d'un barbier :

« Que si castra ad un pezzo ragionevolo. »
Ici l'on fait des castrats à un prix raisonnable.

le peuple romain, qu'il a coutume de lorgner et de parler de la beauté de ces hongres de la même façon que nous raisonnerions de celle d'une jolie actrice, tant ils ont conservé le goût de leurs ancêtres, dont ils ont si fort dégénéré pour toute autre chose. Il fait ici un temps charmant, et ce janvier est un avril de France, où je pense qu'il doit faire bien de la neige, puisque le dernier courrier de Paris a retardé de quatorze jours (1). Quoiqu'il y en ait vingt de passés depuis le commencement de la nouvelle année, vous voudrez bien cependant me permettre de prendre cette occasion pour vous offrir tous les vœux que je fais pour votre prospérité : ils ne pourraient que vous être agréables, si vous saviez avec combien de sincérité et de dévouement j'ai l'honneur d'être, monsieur, votre très humble et très obéissant serviteur.

LECLERC DE BUFFON (2).

(Appartient au comte de Vesvrotte.)

LETTRE VII

AU MÊME.

Paris, le 9 août 1732.

J'aurais, monsieur, bien des excuses à vous faire sur le long temps que j'ai passé sans vous demander de vos nouvelles; mais j'ose espérer que vous m'en dispenserez en faveur des distractions inséparables, comme vous le savez, des premiers temps que l'on passe en cette ville. Maintenant que le chaos est débrouillé, et que je puis vous offrir mes services un peu moins à l'aveugle qu'auparavant, trouvez bon, monsieur, que je vous supplie de les agréer, et de m'en donner des marques en me chargeant de toutes vos commissions. Rien ne me prouvera davantage que vous ne m'avez pas tout à fait oublié, et je vous promets de mériter par mon zèle la même amitié dont vous avez bien voulu m'honorer jusqu'à présent.

Faites-moi le plaisir de me dire s'il est vrai que vous ayez fait un voyage à Genève, et en ce cas si vous auriez remis à M. Crâmer (3) un livre, de la

(1) Le retard des courriers fut cause que Buffon n'apprit que tardivement la mort de sa mère arrivée à Dijon. A cette nouvelle il interrompit brusquement son voyage, se sépara du duc de Kingston et de son compagnon, et rentra en France.

(2) C'est la première fois que Buffon ajoute à son nom patronymique le nom de la terre qu'il devait illustrer. Son père, Benjamin Leclerc, avait acheté la terre de Buffon, à une lieue de Montbard, aux héritiers du président Jacob, parmi lesquels se trouvaient le président Bouhier, qui porta quelque temps le nom de seigneur de Buffon. On verra désormais Buffon signer tour à tour Leclerc de Buffon, Leclerc, comte de Buffon, Buffon.

(3) Gabriel Crâmer, géomètre, né à Genève en 1704, mort en 1752, libraire de Voltaire, qui l'appelait tantôt le *beau Crâmer* et tantôt le *marquis,* tandis qu'il désignait sous le nom de prince son frère, Philibert Crâmer, né en 1727, mort en 1779, membre du conseil de la république de Genève en 1767. Buffon aurait connu Gabriel Crâmer dans un voyage

part de M. de Gemeaux (1). Vous excuserez, monsieur, cette curiosité, quand je vous dirai que c'est pour savoir des nouvelles de M. Crâmer, à qui nous avons écrit tous deux sans avoir eu réponse.

On représente à l'Opéra le ballet des Sens (2) avec un nouvel acte aussi mauvais que les autres. Il fait une chaleur excessive. Le parlement se rebrouille et avec la cour et avec lui-même. Les princesses vont voir les jeunes gens nager, à la porte Saint-Bernard (3), et la loterie ou la *friponnerie* de Saint-Sulpice va toujours son train (4). C'est à peu près là tout ce que je sais de nouvelles, excepté celles du café (5); mais on y en débite tant de fausses qu'il y aurait conscience à les écrire; et après cela, je les crois moins intéressantes que celles que l'on débite à Dijon dans vos cercles. Donnez-m'en de bonnes de votre santé, et faites-moi le plaisir de me dire s'il n'y aurait point d'espérance de vous revoir ici. Je parle d'une espérance prochaine;

en Suisse dont nous n'avons pas retrouvé la trace, et où il lui aurait donné la solution d'un problème mathématique rapporté dans son *Traité d'arithmétique morale*. Mais il est certain qu'il a existé une correspondance scientifique et littéraire importante entre Buffon et Gabriel Crâmer, dont nous avons jusqu'ici vainement cherché la trace, avec le concours obligeant de M. Ernest Crâmer.

(1) Charles-Catherine Loppin de Gemeaux, né le 13 novembre 1714, mort le 25 octobre 1805, avocat général au parlement de Bourgogne.

(2) Le ballet-opéra des *Sens*, en cinq actes, paroles de Roy, musique de Mouret, représenté pour la première fois le 5 juin 1732. Un acte de ce ballet : *la Vue*, a été joué devant le roi, le 28 mars 1748. Une seconde représentation eut lieu à l'Opéra, le 2 décembre 1751, une troisième à Versailles, le 23 janvier 1755.

(3) « Tout le monde, dit La Bruyère, au chapitre VII de ses *Caractères*, connaît cette longue levée qui borne et qui resserre le lit de la Seine du côté où elle entre à Paris avec la Marne, qu'elle vient de recevoir. Les hommes s'y baignent au pied pendant les chaleurs de la canicule; on les voit de fort près se jeter dans l'eau, on les en voit sortir, c'est un amusement. Quand cette saison n'est pas venue, les femmes de la ville ne s'y promènent pas encore; et quand elle est passée, elles ne s'y promènent plus. »

Les pamphlets du temps n'ont pas épargné la promenade de la porte Saint-Bernard. Une comédie représentée au Théâtre-Italien en 1696 a pour titre : *Les Bains de la porte Saint-Bernard.*

(4) Les mémoires du temps font connaître les expédients auxquels eut recours le curé de Saint-Sulpice, Languet de Gergy, pour la construction de son église, dont Louis Leveau avait donné les plans. La reine Anne d'Autriche en avait posé la première pierre en 1646; mais, en 1718, l'édifice s'élevait à peine au niveau du sol. Le curé Languet ayant fait exposer dans les rues de Paris, avec des troncs de souscription, les pierres destinées à son église, des dons volontaires, accrus d'une loterie, ne tardèrent pas à produire des ressources suffisantes. Le chevalier Servandoni fut chargé de l'achèvement de l'édifice, inauguré le 30 juin 1745. L'abbé Languet, qui désirait une statue de la Vierge en argent massif, avait pris l'habitude de mettre son couvert dans sa poche dans les maisons où on l'invitait. Adrienne Lecouvreur, à qui il devait par reconnaissance donner la sépulture chrétienne alors refusée aux comédiens, lui avait envoyé sa vaisselle plate, ce qui fit donner à la Vierge de Saint-Sulpice le surnom de *Notre-Dame de Vieille-Vaisselle*. Les marbres ont été offerts par le duc d'Orléans; les deux grandes coquilles des bénitiers proviennent du muséum d'histoire naturelle.

Le curé de Saint-Sulpice, Jean-Baptiste-Joseph Languet de Gergy, né à Dijon le 6 mai 1675, mort le 11 octobre 1750, curé de la paroisse Saint-Sulpice, de 1714 à 1748, refusa plusieurs évêchés et fit d'abondantes aumônes, évaluées à un milion par an.

(5) Il est piquant de trouver le nom de Buffon associé aux *nouvelles de café*.

car je ne doute pas que vous n'y reveniez dans quelque temps, et je suis persuadé que vous connaissez trop Paris, sa liberté et ses plaisirs, pour ne pas venir encore en jouir. Adieu, monsieur; jusqu'à cet heureux temps honorez-moi de votre souvenir, et croyez-moi toujours, avec le plus respectueux attachement, monsieur, votre très humble et très obéissant serviteur.

LECLERC DE BUFFON.

Mon adresse est chez M. Boulduc, apothicaire du roi, faubourg Saint-Germain.

(Appartient au comte de Vesvrotte.)

LETTRE VIII

AU MÊME.

Buffon (1), près Montbard, le 27 septembre 1732.

Je suis au désespoir, mon cher monsieur, d'une négligence dont cependant je ne suis point cause. Imaginez-vous que mon père, ayant reçu votre lettre dans son temps, crut apparemment me l'avoir envoyée, et point du tout. Je l'ai trouvée aujourd'hui en fouillant des papiers. J'étais fort étonné aussi, à Paris, quand M. de La Bastide (2) vint me voir de votre part et me dire que, si j'avais acheté des livres, je pouvais les lui remettre, parce qu'il comptait passer à Dijon dans peu et vous les porter. Je répondis à M. de La Bastide que j'avais eu l'honneur de vous écrire, mais que vous ne m'aviez pas fait réponse, et que je ne pouvais comprendre de quels livres il voulait parler. Enfin j'ai été sur cela et sur votre santé, sur vos voyages et sur vos plaisirs, jusqu'à aujourd'hui, plus ignorant que la part que j'y prends ne me permettait de l'être. Aussi me préparais-je à vous écrire de nouveau quand j'ai trouvé votre lettre. Recevez donc, monsieur, à présent ma réponse, et ne m'imputez pas, je vous supplie, le silence qui lui a succédé. Je ne suis ici que pour six semaines, et je vous assure que je ne serai pas de retour à Paris que je ferai toutes vos commissions avec zèle ; c'est leur retard qui me fâche, et je suis prêt à me vouloir mal d'un contretemps de pur hasard, qui m'ôte le plaisir de vous servir pour la première fois. Mettez-moi, je vous sup-

(1) Courtépée décrit ainsi le village de Buffon dans son *Histoire du duché de Bourgogne :* « Godefroy, évêque de Langres, donne à l'abbaye de Moutier-Saint-Jean l'église de Belfontis en 1147. L'église vient d'être réparée et augmentée par les soins du R. P. Ignace Bougot, desservant. En 1270, Jacques de Buffon permet aux moines de Fontenet de prendre de la pierre en sa carrière; Guillaume et Pierre de Buffon étaient sous la bannière de Pierre de l'Espinasse à la montre d'Avallon en 1358. »

(2) Chiniac de la Bastide, littérateur et érudit, frère de Mathieu, de Pierre et de Jean-Baptiste de la Bastide, qui ont tous trois laissés des ouvrages estimés.

plie, monsieur, dans l'occasion de m'en venger, et ne m'épargnez pas où je pourrai vous être bon à quelque chose. Il n'y a que quinze jours que j'ai quitté Paris. On m'a dit, à Montbard, que MM. Lebault (1) et de Brosses (2) y avaient passé pour retourner à Dijon ; je crois que ce dernier, du moins il me l'a dit, reviendra cet hiver à Paris. Mais vous, monsieur, n'aurons-nous point d'espérance de vous y voir, et êtes-vous fait pour la province? Malgré les liens qui vous y attachent, je ne désespère pas de vous voir à Paris; vous l'avez goûté, et j'ai l'honneur de vous connaître assez pour croire que vous vous y plaisez beaucoup. Pour moi, qui n'y ai encore passé que trois ou quatre mois, je ne puis en connaître tous les plaisirs. Après cela, je suis de ces gens un peu extraordinaires pour le goût dans les plaisirs; je n'en ai, par exemple, point trouvé aux spectacles, qui me paraissent languir de froideur. La tragédie de *Zaïre* (3), de Voltaire (4), a pourtant eu cinq ou six chaudes représentations; mais j'aimais mieux en sortir que d'y être étouffé. Je verrai dans *le Mercure*, avec grand plaisir, la pièce de votre façon dont vous me parlez. J'ai reçu, hier, une lettre de M. le président Bouhier (5) ; il me dit de

(1) Antoine-Jean-Gabriel Lebault, conseiller au parlement de Dijon le 28 mars 1728, président en 1771.

(2) Charles de Brosses, comte de Tournay, baron de Montfalcon, historien, philologue et érudit, né à Dijon le 7 février 1709, deux ans après Buffon, mort à Paris le 7 mai 1777; ami de Buffon au collège et à l'école de droit; conseiller au parlement le 3 février 1730, président le 30 juin 1740, premier président le 22 juin 1775, membre de l'Académie des inscriptions et belles-lettres en 1746.

Buffon a tracé ce portrait de son ami : « Ce fut un de ceux qui peuvent, suivant les circonstances, devenir les premiers des hommes en tous genres, et qui, également capables de comparer des idées, de les généraliser, d'en former de nouvelles combinaisons, manifestent leur génie par des productions nouvelles, toujours différentes de celles des autres, et souvent plus parfaites. » Il dit encore : « Ce qui lui donnait cette avidité pour tous les genres de connaissances, quelque élevés, quelque obscurs, quelque difficiles qu'ils fussent, c'était la supériorité de son esprit, la finesse de son discernement, qui, de très bonne heure, l'avaient porté au plus haut point de la métaphysique des sciences. Il en avait saisi toutes les sommités, et sa vue s'étendait d'en haut, presque sur les plus petits détails, au point de ne laisser échapper aucun de ces rapports fugitifs que le coup d'œil du génie peut seul apercevoir. »

(3) *Zaïre*, que Voltaire composa en vingt-deux jours, fut jouée pour la première fois aux Français le 13 août 1732. Elle figura longtemps au répertoire avec le titre de *Tragédie chrétienne.*

(4) François-Marie Arouet de Voltaire, le plus fécond écrivain du XVIIIe siècle, poète, romancier, historien, auteur dramatique, polémiste et philosophe, né en 1694, mort le 30 mai 1778, élève des Jésuites à Louis-le-Grand, légataire de Ninon, gentilhomme de la chambre du roi, historiographe de la couronne, chambellan du roi de Prusse, élu à l'Académie française en 1746, trois fois enfermé à la Bastille, auteur des poèmes de *la Henriade* et de *Fontenoy*, du *Siècle de Louis XIV*, de l'*Essai sur les mœurs*, des *Lettres philosophiques*, de *Contes* qui n'ont pas trouvé d'imitateurs et d'un nombre considérable de tragédies, de pièces et de comédies.

Voltaire, qui a exercé pendant plus de soixante ans une véritable dictature sur les lettres, a rempli le XVIIIe siècle de son nom.

(5) Jean Bouhier, jurisconsulte, historien, philologue et littérateur, né à Dijon le 16 mars 1673, mort le 17 mars 1746, président à mortier au parlement en 1704, de l'Académie française en 1727. Goutteux et infirme, il réunissait un jour par semaine les érudits et les lettrés

mettre sous votre enveloppe, qui est franche, un catalogue de livres que je dois lui envoyer. Vous voulez bien permettre que cela soit ainsi? mais ce ne sera qu'à mon retour à Paris. Je compte vous en écrire souvent, et réparer en quelque façon l'accident arrivé à votre lettre, par mon empressement à exécuter vos ordres. Je suis, avec le plus sincère attachement, monsieur, votre très humble et très obéissant serviteur.

LECLERC DE BUFFON.

(Appartient au comte de Vesvrotte.)

LETTRE IX

AU MÊME.

Buffon, près Montbard, le 25 octobre 1732.

Je vous envoie ci-joint, monsieur, un catalogue de livres italiens que je vous supplie de faire remettre à M. le président Bouhier; il vient de m'arriver de Paris, où je ne compte plus retourner si tôt que je vous l'avais dit. Vous ne devineriez pas, monsieur, ce qui me retient ici, et vous ne vous seriez pas douté que mon père, à l'âge de cinquante ans, pût devenir assez amoureux, ou, pour mieux dire, assez fou pour me faire craindre un second mariage (1), et cela avec une fille de vingt-deux ans, qui n'a presque pour elle

de Dijon dans sa vaste bibliothèque qui ne comprenait pas moins de 35,000 volumes et 2,000 manuscrits. Étant mort sans enfant mâle, sa bibliothèque passa à son gendre, Chartraire de Bourbonne, président au parlement. A la mort du fils de ce dernier, en 1781, elle échut au comte d'Avaux, son gendre, qui la vendit cent trente-cinq mille livres à dom Rocourt, abbé de Clairvaux. Le jour où la bibliothèque du président Bouhier quitta Dijon, Bernard Piron, neveu de l'auteur de la *Métromanie*, fit cette épigramme :

Adieu, riche bibliothèque,
Dépôt du génie et de l'art;
Du grand prophète de la Mecque
Va trouver les fils chez Bernard.
Sur tes ballots je veux qu'on lise,
N'en déplaise au fripier d'Avaux :
« Trésor livré par la sottise
A l'ignorance de Clairvaux. »

Un décret de 1792 ordonna le transfèrement de la bibliothèque du président Bouhier de Clairvaux à Troyes.

(1) Malgré le mécontentement de son fils, Benjamin Leclerc de Buffon, veuf depuis près de deux ans d'Anne-Christine Marlin, épousa, le 31 décembre 1732, Antoinette Nadault, sa parente, fille de Jean Nadault, seigneur des Berges, conseiller du roi, maire perpétuel de Montbard, élu aux états généraux de la province, et de Jeanne Colas, de la famille de Jacques Colas, comte de La Fère, vice-sénéchal de Montélimar, grand prévôt de France, qui joua un rôle important au temps de la Ligue. De ce second mariage sont issus deux enfants : Pierre-Alexandre Leclerc, chevalier de Buffon, né le 23 juin 1734, mort maréchal de camp le 23 avril 1825, à l'âge de quatre-vingt-onze ans, et Catherine-Antoinette, née le 29 mai 1746, mariée le 24 juillet 1770 à Benjamin-Edme Nadault, son cousin germain, morte le 21 juin 1832,

que sa jeunesse (1). Vous sentez, monsieur, le tort que me ferait cette affaire; aussi vous pouvez juger de toute la force avec laquelle je m'y oppose. Comme j'ai des espérances de réussir, je vous prie de tenir ceci secret. Pour moi, monsieur, je me fais un plaisir de n'en point avoir pour vous; l'amitié dont vous voulez bien m'honorer, et l'estime que j'ai pour vous, ne le permettraient pas. Il y a plus, c'est une convenance entre la situation où je me trouve et celle où je vous ai vu quelquefois; je veux parler du mécontentement d'un fils bien né, causé par un père (2) ou dur ou passionné. Toutes ces choses ensemble me font trouver un grand plaisir à vous faire part des peines de ma situation; je voudrais avoir mérité que vous y prissiez quelque part.

On débite ici comme une nouvelle que M. le comte de Tavannes (3) est nommé à l'ambassade de Portugal; je serais bien aise de savoir si elle est vraie.

Permettez-moi de vous prier de m'aider à vendre ou à louer notre maison à Dijon (4); en cas que vous connussiez quelqu'un à qui elle pût convenir, vous me ferez, monsieur, un grand plaisir de me le procurer. J'ai l'honneur d'être, avec le plus respectueux attachement, monsieur, votre très humble et très obéissant serviteur.

LECLERC DE BUFFON.

à l'âge de quatre-vingt-six ans, dont on donnera les notices lorsque leurs noms paraîtront dans la correspondance.

(1) Buffon, dans son mécontentement, faisait sa future belle-mère plus jeune de deux ans. En effet Antoinette Nadault, née le 27 mai 1709, avait alors vingt-quatre ans et non vingt-deux ans, et le père de Buffon n'avait que quarante-neuf ans; il avait eu Buffon, son fils aîné, à vingt-quatre ans.

Le second mariage du père de Buffon fut un mariage heureux; et Buffon, après s'être quelque temps éloigné de son père et après avoir eu avec lui des démêlés d'intérêt, se rapprocha de lui et de sa belle-mère, dont il n'avait pas tardé à apprécier l'intelligence, les vertus et le caractère.

(2) Germain-Richard de Ruffey, père de l'ami de Buffon, né le 30 septembre 1668, mort le 3 juillet 1734. Élu du roi en 1691, président à la chambre des comptes le 10 mai 1730.

(3) Charles-Henri de Saulx-Tavannes, menin du Dauphin, commandant en chef la province de Bourgogne, dont le prince de Condé était gouverneur, ne fut pas nommé à l'ambassade de Portugal. « Il est à remarquer, dit à son sujet Courtépée, que les Tavanne ont toujours joint la gloire des lettres à celle des armes. »

(4) L'hôtel de la famille de Buffon, que Buffon habita pendant qu'il faisait son droit à Dijon, était rue du *Grand-Pôtel*, aujourd'hui rue Buffon. Le conseil municipal y a fait placer une plaque avec cette inscription :

G[es] L[is] LECLERC
DE BUFFON,
né le 7 septembre 1707,
habita cet hôtel
de 1717 à 1742.

La municipalité d'Angers a demandé qu'une inscription fut placée sur la façade de l'hôtel Claveau, rue de la Croix-Blanche, 28, afin de rappeler le séjour de Buffon dans cette ville. Le conseil municipal de Paris, qui a fait enlever la statue de Buffon de la façade de l'Hôtel de ville, n'a pas encore songé à faire placer une plaque rue de Buffon, sur l'hôtel que Buffon a habité et où il est mort.

M. le président Bouhier a eu la bonté de m'écrire qu'il parlerait de notre maison à M. le marquis de Vienne (1), qui en cherche une à louer.

(Appartient au comte de Vesvrotte.)

LETTRE X

AU MÊME.

Dijon, le 29 janvier 1733.

J'eus, monsieur, l'honneur hier de voir Mme votre mère (2), et demain j'aurai celui de dîner avec elle et votre bon ami, le président Folin (3). Vous pouvez vous imaginer, monsieur, si vous eûtes bonne part à notre conversation d'hier ; elle me demanda beaucoup comment vous vous amusiez à Paris, s'il était vrai que vous fussiez lié d'amitié avec Milord Duc (4). Je lui répondis à tout cela comme si je l'eusse parfaitement su et comme si je l'avais vu de mes yeux. Ainsi n'allez pas me démentir auprès d'elle. Que vous seriez heureux, mon cher monsieur, si vous aviez un père aussi tendre que l'est cette bonne maman ! Je suis persuadé que le séjour de Paris vous en deviendrait encore plus gracieux. Celui de cette ville me plairait davantage si je n'étais obligé de plaider avec mon père pour retirer d'entre ses mains le bien qui m'appartient (5). Voici les nouvelles du pays : il y a quelques jours que de jeunes

(1) Louis, marquis de Vienne de Commarin, baron de Châteauneuf, après avoir servi d'abord avec distinction dans les dragons, fut pourvu, le 29 juin 1697, d'une charge de chevalier d'honneur au parlement de Bourgogne, et député de la noblesse, en 1721, aux états généraux de la province.

(2) Marie-Anne Durand de Chaumont, fille d'un président à la chambre des comptes de Bourgogne et de Philiberte Brunet.

(3) Jean Folin, marquis de Folin, d'une ancienne famille parlementaire, conseiller au parlement le 11 janvier 1715, en même temps que d'autres membres de sa famille.

(4) Le duc de Kingston s'était, à son retour d'Italie, arrêté à Paris, où il menait grand train et où il devait nouer, avec Mme de La Touche, une intrigue suivie d'un enlèvement et d'un procès scandaleux.

(5) A la suite du second mariage de son père, Buffon lui avait demandé compte du bien de Christine Marlin, sa mère. Ce bien consistait en une donation de Georges Blaisot, maître à la chambre des comptes de Chambéry, oncle de Christine Marlin, et en une autre donation faite, le 21 novembre 1714, directement à Buffon par Jeanne Paisselier, « veuve de Georges Blaisot, seigneur de Saint-Étienne et de Marigny, conseiller-maître auditeur en la cour souveraine des comptes de Savoie, directeur des fermes du roi de Sicile. » Cette donation comprenait des contrats de rente pour 78,000 livres.

Le président Bouhier écrivait au président de Ruffey à cette date du 29 janvier 1733 : « Nous avons depuis peu ici M. Leclerc de Buffon, votre ami, qui se trouve tristement engagé à entrer en procès avec M. son père par le sot mariage que vient de faire ce dernier. » Le procès n'eut pas lieu ; mais la terre de Buffon, vendue en 1729 par Benjamin Leclerc à M. de Mauroy, fut rétrocédée à son fils.

A trente années d'intervalle, en 1771, un nouveau traité de famille intervint, et Buffon prit chez lui son père, qui avait quatre-vingt-neuf ans.

éveillés jouèrent au bal à *la cloche fondue* et donnèrent le fouet à M. de la Mare le fils (1); la mère, qui était présente, se démasqua et voulut faire du bruit; on lui répondit en se moquant, qu'elle avait tort, et que tout cela n'était qu'une *foutaise*. Au concert de dimanche, le conseiller Malteste (2) rencontra Mme Le Jolivet (3) sur l'escalier, et lui mit, à ce qu'on dit, quoi? direz-vous, la main dans la gorge jusqu'au nombril. Elle se retourna, et, justement courroucée, elle donna un soufflet sanglant. Celui-ci répondit par des injures atroces; l'on ne sait encore comment tout cela tournera. Mme Le Jolivet a remercié au concert, parce qu'on voulait l'obliger à chanter dans les chœurs. Autre aventure : un jeune trésorier, que bien vous connaissez (4), eut, dimanche, un soufflet au bal, qu'on dit qu'il reçut bénignement; il n'y avait heureusement que deux dames et cinq p..... Les deux premières furent obligées d'en sortir, parce qu'on exploitait les autres derrière leur dos.

Adieu, monsieur; faites-moi l'honneur de m'aimer un peu et la justice de me croire, avec le plus respectueux devouement, monsieur, votre très humble et très obéissant serviteur.

LECLERC DE BUFFON.

Si vous me faites l'honneur de m'écrire, ayez la bonté, monsieur, d'adresser vos lettres à Montbard.

(De la collection de M. le comte de Vesvrotte.)

LETTRE XI

A M. DAUBENTON,

AVOCAT AU PARLEMENT (5).

Paris, le 28 janvier 1734.

J'ai reçu, monsieur, toutes vos lettres, auxquelles je répondrai par détail dans la suite; car je n'ai qu'un instant pour vous dire aujourd'hui que j'ai

(1) Philippe de La Mare, fils de Pierre de La Mare, conseiller au parlement, neveu du président Jean-Baptiste de La Mare, né le 31 mars 1713, mort le 2 novembre 1773; conseiller au parlement le 24 octobre 1738. Cette famille est éteinte.

(2) Jean-Louis Malteste de Villey, conseiller au parlement de Dijon de 1727 à 1785.

(3) Son fils, Charles-Joseph Le Jolivet, architecte du roi, des états de Bourgogne et voyer de la ville de Dijon en 1784, a construit le palais des états dans cette ville.

(4) Chartraire de Montigny, trésorier des états de Bourgogne. La charge de trésorier des états est restée pendant plus de deux cents ans dans cette famille. La seigneurie de Montigny avait été érigée en comté en 1706, en faveur de François Chartraire de Montigny, conseiller au parlement, trésorier des états. Le château de Montigny était une des plus belles résidences de la province.

(5) Pierre Daubenton, frère du collaborateur de Buffon Louis-Jean-Marie Daubenton, né à Montbard le 10 avril 1703, mort le 14 septembre 1776, avocat au parlement, maire de Montbard depuis 1756 à 1768 et de 1772 à 1776; il prenait dans les actes privés et publics

vu M. de Montigny (1), et que vous devez être sûr que je ne négligerai rien pour l'engager à nous tenir parole. Il me l'a nouvellement promis encore, et m'a assuré que, sans qu'il le sût, l'on ne pouvait lever les charges (2), en me réitérant que les affaires des charges municipales ferait finir la vôtre. Je le verrai souvent; il est encore ici pour un mois, et vous pouvez compter qu'il faudra bien qu'il le fasse. Retirez du carrosse et mettez, je vous supplie, sur le mémoire de mon grand-père (3) le port d'une boîte à son adresse, où il trouvera les pièces d'étain qu'il m'a demandées. Adieu, monsieur; je suis plus que je ne puis vous le dire votre très humble et très obéissant serviteur.

BUFFON.

(Collection Nadault de Buffon.)

LETTRE XII

A L'ABBÉ LE BLANC.

Montbard, le 13 juin 1735

Je ne vous ferai pas, mon cher ami, le détail ennuyeux des occupations forcées et des sottes affaires qui jusqu'ici m'ont empêché de vous écrire; je vous prierai seulement de me pardonner ce retardement, en vous assurant qu'il a été indispensable. S'il m'avait été possible de jouir d'un instant, je n'aurais pas manqué de vous témoigner combien j'ai été sensible à votre sou-

les titres suivants : maire et châtelain, lieutenant général de police de la ville de Montbard, subdélégué de l'intendance de Dijon au département de la même ville, colonel des armes de ladite ville, capitaine de l'exercice de l'arquebuse; membre des Académies de Lyon et Dijon, des Sociétés littéraires d'Auxerre et d'agriculture de Rouen, membre honoraire de la Société économique de Berne. Après la suppression de la pépinière établie par les états, à la demande de Buffon, à Montbard, il en fonda une en 1760 qui ne tarda pas à acquérir une grande réputation. Il est le grand-père de Betsy Daubenton, seconde comtesse de Buffon dont on retrouvera souvent le nom dans cette correspondance.

(1) Chartraire de Montigny, sous les ordres duquel était Pierre Daubenton, en sa qualité de subdélégué de l'intendance.

(2) Pierre Daubenton avait affermé, moyennant un abonnement fixe, la perception de certains impôts qui devaient être versés dans la caisse des états; mais il s'était trompé dans ses prévisions, ce qui avait rendu sa situation précaire, et il avait recouru à l'entremise de Buffon près du trésorier des états.

(3) Louis Leclerc, écuyer, procureur du roi, syndic au grenier à sel, bailli de Fontenet, juge-prévôt de la châtellenie de Montbard, conseiller-secrétaire du roi près la chancellerie de Dijon, né à Montbard le 11 novembre 1646, mort le 1er mars 1734, à quatre-vingt-huit ans. Louis Leclerc avait été maire et gouverneur de Montbard, de 1695 à 1697, pendant la minorité de Jean Nadault, son parent, titulaire de cet office. La longévité était héréditaire dans la famille de Buffon; son père est mort à quatre-vingt-douze ans, son frère, le chevalier de Buffon, à quatre-vingt-onze ans; sa sœur, Mme Nadault, à quatre-vingt-six ans, et lui-même à quatre-vingt-un ans.

venir, à votre succès et à celui de votre pièce à la cour (1). Les petits vers que vous adressez à M. votre père sont tout à fait bien tournés; puissent-ils aussi bien réussir auprès de lui qu'auprès des connaisseurs! Mais je doute fort qu'ils vous produisent quelque chose de plus qu'un compliment ou un remercîment. Je n'ai pas rencontré l'abbé Fleury aux États (2); je crois qu'il avait suivi M. de Dijon (3) dans sa disgrâce. Vous avez su sans doute qu'il eut ordre de sortir de la ville, pendant la tenue des états, pour avoir refusé d'y siéger après l'évêque d'Autun (4). Si je n'ai pas vu vos parents, j'ai en revanche vu beaucoup de vos amis. Ruffey me demanda si vous ne viendriez pas, et il me dit qu'il vous avait écrit pour vous offrir un appartement chez lui; il me parut un peu mortifié de votre silence. Le président Bouhier me fit bien des questions sur votre compte; il vous aime assurément beaucoup; si vous veniez à Dijon, vous y seriez accueilli, recherché de tout le monde. Ne croyez pas, mon cher, que je vous le dise ainsi parce que Montbard est sur le passage, et que vous ne pourriez vous dispenser d'y séjourner. Je vous assure que je le souhaite beaucoup; mais la vérité est que l'on vous loue beaucoup dans votre patrie. J'ai en mon particulier bien lieu de m'en louer; je m'y suis réjoui à merveille, et monsieur le duc (5) m'a fait la grâce de me parler très souvent et de m'accorder une pépinière (6) à Montbard, aux frais

(1) *Aben-Saïd, empereur des Mogols*, tragédie de l'abbé Le Blanc en cinq actes et en vers, représentée pour la première fois, le 6 juin 1735, au Théâtre-Français et à la cour; imprimée l'année suivante, elle soutint à la lecture le succès qu'elle avait obtenu au théâtre. (Paris, 1735, in-8°.)

(2) La Bourgogne, *pays d'états*, avait le privilège de la répartition de l'impôt. Les états se réunissaient tous les trois ans, sous la présidence du prince de Condé, gouverneur de la province. Les trois ordres, la noblessse, le clergé et le tiers état y étaient représentés. L'évêque d'Autun, président-né de la chambre du clergé, avait le pas sur tous les autres évêques. Le maire de Dijon était le président-né du tiers état. La session durait un mois environ, et une commission composée de trois membres, pris dans chacun des trois ordres, administrait, jusqu'à la nouvelle assemblée, sous le nom de *Chambre des élus*. Les élus rendaient leurs comptes aux alcades délégués des états.

(3) Jean Bouhier, frère du président, évêque de Dijon le 16 septembre 1732, se démit en 1743, et mourut le 15 octobre 1745.

(4) Gaspard de Thomas de La Valette, pourvu en 1733 de l'évêché d'Autun, remplacé en 1748 par Antoine de Malvin de Montazet, depuis archevêque de Lyon, membre de l'Académie française.

(5) Louis-Henri, duc de Bourbon, prince de Condé, connu sous le nom de *Monsieur le duc*, né en 1692, mort le 27 janvier 1750, chef du conseil de régence durant la minorité de Louis XV, premier ministre à la mort du duc d'Orléans en 1723, gouverneur de la province de Bourgogne. Compromis en 1726 par les intrigues de la marquise de Prie et du financier Pâris Duverney, il fut exilé à Chantilly, et remplacé par le cardinal de Fleury. Il présida les états de Bourgogne en 1735 et rendit visite à Buffon à Montbard. L'année suivante, il eut un fils, Louis-Joseph, prince de Condé, qui devait être le chef de l'émigration, et dont Buffon, seigneur de Montbard, célébra la naissance par une fête dont le *Mercure* a rendu compte, et dont on trouvera plus loin le récit.

(6) Pépinière de la province établie en 1736, agrandie en 1741, supprimée en 1777. Autre pépinière d'arbres et arbrisseaux étrangers, formée en 1760, par feu Pierre Daubenton, maire, et continuée par son fils, maire et subdélégué. (COURTÉPÉE, *Description du duché de Bourgogne.*)

Vue du Château de Montbard, lorsque Buffon en devint propriétaire.
1742.

de la province. Je suis actuellement très occupé de sa construction et de mes bâtiments (1), dont l'embarras augmente au lieu de diminuer. J'ai demandé à

(1) Buffon, né à Montbard, avait résolu de bonne heure de faire de cette résidence son principal séjour. En 1734, l'abbé Le Blanc était à Montbard, « *fumant comme un grenadier*, » et dirigeant les ouvriers, car l'abbé, qui entendait le commandement, avait des connaissances en bâtiments.

Les maisons voisines furent abattues. La maison paternelle s'agrandit et devint château. Telle qu'elle est aujourd'hui, elle est sans vue, privée de soleil, resserrée par le coteau, ayant sa façade sur la place publique. Buffon pouvait la placer, à moins de frais, au sommet de la colline, en face de la vallée, du côté du soleil, mais il n'y songea même pas. C'était la maison paternelle; son aïeul, son père y étaient morts; il y était né.

« C'est au retour de ses voyages d'Italie et d'Angleterre, dit le P. Ignace, qu'il a fait la création de ses immenses et superbes jardins, dont il a enlevé plus de quatre-vingt mille tombereaux de déblais, et qui ne présentaient auparavant que l'aspect d'un coteau rocailleux. Il a employé quarante années à donner à ces jardins cette forme qui fait l'admiration des curieux, et il a été inspiré dans cette création bien davantage par le désir de faire travailler les malheureux que pour la gloire d'avoir créé de si superbes ouvrages, et il n'a cessé de me répéter pendant vingt ans : « Je ne sais pas pour qui je travaille, car mon fils ne m'ai- » mera certainement pas assez pour entretenir mes jardins. »

Les jardins de Montbard, dont Buffon, l'abbé Le Blanc et Benjamin Nadault, beau-frère de Buffon, furent les seuls dessinateurs, rappellent, en effet, par leur disposition, les terrasses de l'Isola Bella des princes Borromée sur le lac Majeur.

Un mamelon isolé à l'extrémité d'une vallée resserrée par de rapides coteaux, de vieux remparts, un donjon intact et quelques tours découronnées dominant les ruines, tel était Montbard avant Buffon.

Il rasa le château, un des plus vastes de la province, forteresse des ducs habitée et embellie par eux. Les murs, le donjon et une seule tour restèrent debout. Les cours et préaux furent comblés, les matériaux enfouis dans l'enceinte et le sol exhaussé à la hauteur des murs formèrent une vaste plate-forme qui domine au loin la campagne. Buffon plaça son cabinet de travail comme un sanctuaire au sommet. Autour de cette plate-forme se groupèrent quatorze terrasses qui y conduisaient par des pentes boisées et plantées en avenues.

Ce furent là de dispendieux travaux, et, à vrai dire, ils ne furent jamais achevés : car, chaque fois que l'année était mauvaise et que le travail manquait, il y avait toujours de l'ouvrage au château. « C'est, disait Buffon, une manière de faire l'aumône sans encourager la paresse. » « On couvrirait mes jardins de pièces de six francs, disait-il encore à Mme Nadault, sa sœur, que ce ne serait rien au prix de ce qu'ils m'ont coûté ! » Benjamin Nadault lui ayant fait savoir un jour que les ouvriers perdaient leur temps. « Laissez-les faire, lui répondit Buffon, et n'oubliez pas que mes jardins ne sont qu'un prétexte pour faire l'aumône. » Il lui écrivait encore, au sujet d'un terrain dont on demandait un prix exagéré : « Il y a des gens qui n'osent demander et à qui on n'ose offrir, espèce de pauvres honteux; il faut, quand leur bien nous peut convenir, le payer bien au delà de sa valeur; car on n'a alors ni à rougir de son aumône, ni à les en faire rougir, et on leur laisse l'estime d'eux-mêmes. »

Cet autre passage de la notice déjà citée du P. Ignace témoigne que Buffon ne s'en tenait pas aux paroles : « Sa superbe maison de Montbard a été bâtie pendant trente ans; il achetait les maisons voisines du vivant de leur propriétaire, et à leur mort il les démolissait pour continuer l'exécution de son plan. Il payait les choses à sa convenance le double de leur valeur; aussi chacun désirait-il avoir des héritages proches à sa convenance. Il en fixait lui-même le prix, toujours au delà de sa valeur, et, lorsqu'il avait affaire à de pauvres gens, il se faisait un plaisir de leur donner plus que le prix convenu. S'il achetait beaucoup, c'était surtout pour le plaisir de faire travailler. »

Buffon ne choisissait pas ses travailleurs parmi les plus robustes, mais il prenait les plus nécessiteux. Au témoignage du P. Ignace, on peut ajouter celui de Mlle Blesseau, gouvernante de sa maison : « Son grand plaisir était d'employer deux à trois cents pau-

Dijon des nouvelles de votre critique ; on me dit que Michault (1) pourrissait dans la poussière de son greffe, pour tâcher d'en tirer de quoi faire les frais de l'impression, et le livre pourrit aussi chez le libraire. Savez-vous qu'il doit s'établir à Dijon une académie des sciences. Vous connaissez peut-être le vieux bonhomme Pouffier (2), doyen du Parlement? il a laissé des sommes considérables pour cet établissement, et l'on y travaille actuellement.

Voilà bien des nouvelles de province ; donnez-m'en de Paris, et surtout des vôtres. Adieu, mon cher ami ; je suis plus que personne au monde votre très dévoué et très affectionné serviteur.

BUFFON.

(British Museum.)

vres manouvriers à travailler dans son château à des travaux de pur agrément et de faire du bien à de pauvres gens qui, sans lui, seraient restés très malheureux. Très souvent, les après-midi, il s'amusait à les voir travailler et prenait plaisir à se faire rendre compte des plus misérables, disant que c'était une manière de faire l'aumône sans nourrir les paresseux, et que c'était une grande satisfaction pour lui que de pouvoir soulager tant de pauvres qui, autrement, seraient dans la misère. » Pour donner du travail à un plus grand nombre de bras, il avait voulu que la terre végétale fût transportée à dos d'homme, dans des hottes, à la manière bourguignonne, et il recommandait *que les hottes fussent petites*. N'est-ce pas là un trait touchant de l'humanité et de la bienfaisance de Buffon sur lesquelles nous aurons fréquemment l'occasion de revenir?

« Les jardins de Montbard, dit Hérault de Séchelles qui les visita en 1785, sont formés de quatorze terrasses d'où l'on découvre une vue immense, de magnifiques aspects, des prairies coupées par des rivières, des vignobles, des coteaux brillants de culture et toute la ville de Montbard. Ces jardins sont mêlés de plantations, de quinconces, de pins, de platanes, de sycomores, de charmilles, — et toujours des fleurs parmi les arbres. Je vis de grandes volières où Buffon élevait des oiseaux étrangers. Je vis aussi la place d'une fosse qu'il avait comblée et où il avait nourri des lions et des ours. »

(1) Jean-Bernard Michault, né à Dijon le 18 janvier 1707, mort le 16 novembre 1770, contrôleur ordinaire des guerres de Bourgogne. Son père était procureur au parlement, lui-même occupa quelque temps une charge de greffier. Il a écrit une réfutation parfois assez vive du livre de l'abbé Le Blanc : *Réflexions critiques sur l'Elégie* (1734, in-8°).

(2) Hector-Bernard Pouffier, seigneur d'Aiseray, né en 1657, mort le 17 mars 1736 à soixante-dix-neuf ans; doyen de sa compagnie, reçu conseiller au parlement de Dijon le 20 novembre 1681, avait fondé, en 1737, l'Académie des sciences, arts et belles-lettres de Dijon, autorisée par lettres patentes de juin 1740. Buffon en fut élu membre le 1er juillet suivant. La vanité du conseiller Pouffier égalait son goût pour les lettres, ce qui a permis à un lettré de son académie de lui composer cette épitaphe :

HIC JACET
HECTOR BERNARDUS PUFIERUS,
STULTORUM STULTISSIMUS,
LIBIDINOSA VOLUPTATE SALACISSIMUS,
INANIS GLORIÆ CUPIDISSIMUS.

LETTRE XIII

AU MÊME.

Montbard, le 26 septembre 1736.

Mon cher ami, j'ai reçu dans leur temps les deux lettres que vous m'avez fait le plaisir de m'écrire. Vous parlez si bon anglais dans la dernière, que j'aurais deviné vos études de Londres; mais, depuis votre retour à Thoresby (1), vous n'avez plus de maîtresse de langue, et je crois bien que c'est le seul meuble que vous regrettiez de tous ceux de cette grande ville. Je suis charmé des descriptions que vous me faites; sûr de votre goût, j'ai un vrai plaisir à juger d'après vous. Vous faites un assez long séjour en Angleterre pour vous mettre au fait de toute la nation; je vous invite de prendre là le canevas de quelque ouvrage (2). Vous avez le coup d'œil bon, et j'imagine que le bon et le mauvais, le convenable et le ridicule de ce pays, ne sont pas difficiles à saisir.

Que vous m'avez fait plaisir de m'apprendre que notre cher Hinckman (3) se ménage sur la pipe! Continuez vos efforts, et tâchez de l'éteindre absolument; sa santé nous est trop chère pour qu'on puisse la comparer avec un plaisir aussi peu aimable. Embrassez-le pour moi, et dites-lui que je l'aimerai toute ma vie de tout mon cœur.

Le 5 octobre.

Ce commencement de lettre est, comme vous voyez, de bien vieille date. J'ai été obligé de faire un petit voyage; à mon retour, je l'ai trouvée sur mon bureau avec la lettre toute pleine d'amitié que vous m'avez écrite. Soyez persuadé, mon cher ami, que je sens combien je mérite les reproches que vous me faites; il ne s'en faut guère que je ne sois aussi paresseux qu'Hinckman. C'est une partie de pipe ou de chasse qui lui ôte le temps d'écrire, et c'est une plantation ou une démolition (4) qui fait ici la même chose; mais

(1) L'abbé Le Blanc séjourna, en Angleterre, tantôt à Londres et tantôt à Thoresby, de 1736 à 1738. La terre de Thoresby est sortie de la famille de Kingston, qui paraît aujourd'hui éteinte.

(2) L'abbé suivit le conseil que lui donnait Buffon, et, à son retour en France, il publia les lettres qu'il lui avait adressées de Londres; en ajouta d'autres et fit paraître, en 1743: *Lettres d'un Français sur les Anglais*, 3 volumes in-8°. Il y a quatre-vingt-douze lettres, dont dix-neuf adressées à Buffon. Le style en est correct et élégant; elles renferment des aperçus fins et délicats. Les *Lettres d'un Français*, qui furent très goûtées, ont eu cinq éditions. Elles ont été traduites en anglais et en italien.

(3) L'ancien gouverneur du duc de Kingston, compagnon de Buffon pendant leur voyage en Italie.

(4) Les travaux entrepris par Buffon, à Montbard, pour la métamorphose du château des ducs de Bourgogne en jardins, étaient alors dans leur plus grande activité, et il passait en effet son temps à démolir et à planter.

dorénavant je serai plus exact, et surtout dès que je serai de retour à Paris, à la Saint-Martin.

Je vous prie d'assurer milord duc de mes respects et de mon zèle. Je ferai sa commission de vin, du mieux qu'il me sera possible, et j'ai déjà écrit pour cela. J'irai exprès à Dijon pour être plus sûr de la qualité du vin et du climat; enfin je ne négligerai rien pour qu'il ait du bon et du meilleur; mais je vous prie de me marquer s'il souhaite des vins prêts à boire ou seulement des vins de cette dernière récolte. Si j'osais lui dire ce que je pense à cet égard, je serais d'avis d'en prendre deux pièces de vieux et quatre de nouveau. Un fort roulier conduira trois queues ou six pièces, et, pendant que vous boiriez les deux premières, les autres se feront. On assure que les vins de cette année seront bons ; ainsi je choisirais, dans les meilleures années de Nuits ou de Vougeot, le vin le plus ferme, le plus rosé et le plus propre à résister au mouvement de la mer (1). D'ailleurs il serait fort difficile d'en trouver de très bons en vieux ; il n'en reste que quelques pièces dans la cave de quelques particuliers, et il est extrêmement cher. Je ne laisserai pas, en attendant votre réponse, que de faire mes diligences pour avoir ce qu'il y aura de meilleur en vins prêts à boire ; mais je n'en prendrai que deux pièces jusqu'à ce que j'aie de nouveaux ordres. A l'égard de la voiture, je ne manquerai pas d'envoyer un de mes domestiques avec le roulier ; il faut un attelage de six ou sept bons chevaux. Il coûtera beaucoup moins d'envoyer beaucoup par une seule voiture que d'envoyer la même quantité par deux petites voitures. On compte qu'une queue contient cinq cents bouteilles ; les trois queues feront quinze cents bouteilles. Faites-moi savoir si cela conviendra et si ce n'est pas trop. Je pourrais profiter du retour du roulier pour me faire venir du vin de Bordeaux ; demandez, je vous supplie, à Hinckman combien il coûte à Boulogne. J'ai encore un plaisir à vous demander : c'est de m'envoyer un *Horace*, gravé (2), et de me dire si les seconds volumes sont achevés de graver ; si le livre de M. de Moivre (3), pour lequel j'ai trois souscriptions, est achevé d'imprimer, je vous enverrais les quittances, et vous joindriez ces trois exemplaires à l'*Horace* gravé. Nous chantons votre chanson de la chasse, qui est assurément très jolie. Ces demoi-

(1) Buffon, en vrai Bourguignon, était un bon appréciateur des vins, richesse de sa province.

(2) La belle et rare édition d'Horace, publiée à Londres en 1733 sous le titre de : *Q. Horatii Flacci opera omnia. Londini, æneis tabulis incidit Joan. Pine*. Elle a été rééditée à Paris en 1733 (in-16) et à Londres en 1736 (édition J. Jones, in-8°).

(3) Abraham de Moivre, mathématicien et géomètre, né en 1667, mort le 27 novembre 1754, membre de l'Académie des sciences et de la Société royale de Londres, collaborateur d'Halley et Newton. L'ouvrage que demande Buffon a pour titre : *Miscellanea analytica de seriebus et quadraturis*, et renferme les découvertes faites par de Moivre et les méthodes par lui employées pour y parvenir. Il est divisée en huit livres qui parurent d'année en année ; le premier volume est de 1730 (in-4°).

selles vous font mille compliments. *Baniche* (1) se marie dans huit jours avec Daubenton; si vous n'étiez pas si loin, on vous enverrait du *fricot*. La grande fille pourrait bien aussi se marier dans peu; mais son amant ne l'a encore vu qu'une fois, et elle n'en est pas empressée. La Daubenton est jolie et a bien les plus beaux tetons du monde. Le dessous de votre tour est peint en porcelaine (2). Voilà bien de bonnes raisons pour vous rappeler l'année prochaine; mais j'imagine que vous ne quitterez pas aisément et de si tôt la bonne maison et les bonnes gens chez qui vous vivez. Je vous souhaite toujours bien des plaisirs.

Adieu; écrivez-moi au plus tôt.

Vous pouvez dire au duc que le président Rigoley (3) est en famille; sa femme (4) vient d'accoucher d'une fille (5). Dites à Hinckman que Mlle de Roncère est mariée à un homme de vingt-quatre ans; c'est apparemment

(1) *Baniche*, terme familier, diminutif de Bernarde. Il s'agit de Bernarde Amyot, fille de Benoît-Charles Amyot, avocat au parlement, et de Marie Lorrain, d'une ancienne famille de Montbard, alliée aux Leclerc. Bernarde Amyot épousa, en effet, le 22 octobre 1736, Pierre Daubenton, maire de Montbard, frère du docteur Daubenton, collaborateur de Buffon, dont il a été précédemment question.

(2) La tour *Saint-Louis*, que l'abbé Le Blanc habita lors de son séjour à Montbard pendant l'automne de 1734, se voit à côté de la tour de l'Aubespin, donjon de l'ancien château inscrit aux monuments historiques. Buffon a habité quelque temps la tour Saint-Louis, dont il fit successivement son cabinet de travail et sa bibliothèque, ainsi qu'en témoignent ce passage de la notice du père Ignace, une citation de l'histoire de la chevèche dans l'*Histoire naturelle* et Hérault de Séchelles : « Dans les premières années de son long travail, dit le père Ignace, il habitait une ancienne tour dans ses jardins de Montbard, où il jouissait d'une grande liberté. »

« Étant couché dans une des vieilles tours du château de Montbard, — dit Buffon, — une chevèche vint se poser, un peu avant le jour, à trois heures du matin, sur la tablette de la fenêtre de ma chambre et m'éveilla par son cri, *hémè! édmè!* Comme je prêtais l'oreille à cette voix qui me parût d'abord d'autant plus singulière qu'elle était tout près de moi, j'entendis un de mes gens, qui était couché dans la chambre au-dessus de la mienne, ouvrir sa fenêtre, et, trompé par la ressemblance du son bien articulé *édmè*, répondre à l'oiseau : « Qui entre là-bas, je ne m'appelle pas *édmè*, je m'appelle Pierre. » Il croyait, en effet, que c'était un homme qui en appelait un autre, tant la voix de la chevèche ressemble à la voix humaine et articule distinctement ce mot. »

« Le cabinet où travaille ce grand homme, dit Hérault de Séchelles, est dans la tour Saint-Louis; on monte un escalier, on entre par une porte verte à deux battants; mais on est fort étonné de voir la simplicité du laboratoire. Sous une voûte assez haute, à peu près semblable aux voûtes des églises et des anciennes chapelles dont les murailles sont peintes en vert, il a fait porter un mauvais secrétaire au milieu de la salle qui est carrelée; devant le secrétaire est un fauteuil, voilà tout. Pas un livre, pas un papier; mais il n'y va guère que dans la grande chaleur de l'été, parce que l'endroit est extrêmement froid. »

(3) Jean-François Rigoley de Puligny, né en 1693, mort en 1759. Entra au parlement le 4 janvier 1716 et résigna, le 14 juin 1720, en faveur de Benjamin-François Leclerc de Buffon, qui transmit à son tour sa charge, le 13 novembre 1724, à François Samuel Rigoley de Parcey. Jean François Rigoley de Puligny passa à la première présidence de la chambre des comptes de Bourgogne.

(4) Née Philiberte-Françoise de Sivry.

(5) Anne-Marie-Françoise-Thérèse Rigoley de Puligny, mariée à Marc-Antoine-Claude de Pradier d'Agrain.

pour réparer le temps perdu. Je n'ai point reçu de nouvelles de Maupertuis (1), ni de Clairaut (2).

BUFFON.

(British Museum.)

LETTRE XIV

AU PRÉSIDENT BOUHIER.

Paris, le 23 décembre 1736.

Je viens, monsieur, d'apprendre avec une grande joie le mariage de Mlle votre fille (3). Je vous suis trop attaché et à tout ce qui vous touche, monsieur, pour ne pas prendre une très grande part à cette heureuse nouvelle. Permettez-moi donc de vous en faire mon compliment et de vous offrir en même temps mes sentiments et mes vœux. J'ai reçu la lettre dont vous m'avez honoré, monsieur, et M. l'abbé Le Blanc m'a lu celle où vous avez la bonté de vous souvenir de moi. Je lirai votre nouvel ouvrage (4), monsieur, avec cette ardeur que je me sens pour toutes les excellentes choses ; mais j'ai bien peur que cette matière ne soit bien éloignée de toutes celles que je pourrais lire avec quelque connaissance. J'admire, je vous l'avoue, votre fécondité, et, sans compliments, je ne puis m'étonner assez du grand nombre de bonnes choses que vous nous donnez, quoique je sache à merveille que vous nous en cachez encore davantage.

Il paraît une nouvelle épître de Voltaire sur la philosophie de Newton (5),

(1) Pierre-Louis Moreau de Maupertuis, géomètre et philosophe, né à Saint-Malô, le 17 juillet 1698, mort le 27 juillet 1759. Membre de l'Académie des Sciences à vingt-cinq ans, et de l'Académie française en 1743, président de l'Académie de Berlin en 1740. Sa querelle avec Voltaire et son livre de la *Vénus physique* ont eu un grand retentissement. Chef de l'expédition polaire en 1736, il s'est fait connaître par l'originalité de son caractère au moins autant que par ses découvertes.

(2) Alexis-Claude Clairault, géomètre, né le 7 mai 1713, mort le 17 mai 1755, présenta à douze ans ses premiers mémoires à l'Académie des sciences, où il entra à dix-huit ans. Il accompagna Maupertuis en Laponie, lors de son expédition au cercle polaire, et occupa le monde savant de sa querelle avec d'Alembert en même temps que Maupertuis de ses démêlés avec Voltaire. Il fut, avec Euler et d'Alembert, le commentateur de Newton.

(3) Jeanne-Guillemette Bouhier de Savigny, fille du président Bouhier, mariée le 7 janvier 1737, à Jean-François-Gabriel-Benigne Chartraire de Bourbonne, né le 8 avril 1713, mort le 24 novembre 1760, conseiller au parlement le 24 mai 1734, président le 4 août 1735.

La seconde fille du président Bouhier épousa, en 1740, Philibert-André Fleutelot de Marlieu, conseiller au parlement.

(4) *Traité de la dissolution du mariage pour cause d'impuissance* (Luxembourg, 1735, in-8°); réimprimé en 1736 avec les *Principes sur la nullité du mariage*, par Boucher d'Argis.

(5) Isaac Newton, avec Leibniz, un des plus grands génies de l'humanité, né en 1642, mort en 1727, mathématicien, physicien et astronome, auteur du *binôme* qui porte son nom, du

dédiée à Mme du Chastelet (1). C'est assurément un très beau morceau de poésie, mais qui déplaît en quelques endroits par des traits outrés contre Rousseau (2).

Permettez-moi, monsieur, d'assurer Mme Bouhier (3) et Mlle votre fille de mes respects très humbles. J'ai l'honneur d'être, avec un dévouement entier, monsieur, votre très humble et très obéissant serviteur.

BUFFON.

(Bibliothèque nationale.)

LETTRE XV

FRAGMENT DE LETTRE A N...

... 1737.

..... Achetez-moi un pâté, des pralines, des dragées; pour douze ou quinze francs de joujoux d'enfants; une compote de marrons glacés, une boîte de cachou, six bouteilles d'eau à la reine de Hongrie, six bouteilles d'essence à

calcul infinitésimal qu'il nomme le *calcul des fluxions*, traduit par Buffon, et de la *loi de la gravitation*, créateur de la *philosophie naturelle*. Newton compte parmi ses traducteurs français Mme du Châtelet et Marat. Buffon professait une admiration respectueuse pour Newton, dont il avait le portrait dans son cabinet de travail.

« A vingt ans, M. de Buffon avait découvert le binôme de Newton, sans savoir qu'il eût été découvert par Newton, et cet homme vain ne l'a imprimé nulle part; j'étais bien aise d'en savoir la raison. « C'est que, me répondit-il, personne n'eût été obligé de me croire. » (HÉRAULT DE SÉCHELLES, *Voyage à Montbard*, 1785.)

« ... Les *Éléments d'Euclide* fixèrent ses premiers regards; ils étaient son livre de prédilection, et il partage avec Pascal la gloire d'avoir été digne de l'entendre dans un âge où l'on commence à peine à savoir lire. » (Le chevalier AUDE, *Vie privée du comte de Buffon*, 1788.)

(1) Gabrielle-Émilie Le Tounelier de Breteuil, marquise du Châtelet, née en 1706, morte en 1749, savante en géométrie, en astronomie et en physique, a laissé une traduction inachevée de Virgile.

Le marquis du Châtelet, lieutenant général des armées du roi, était grand bailli de Semur; sa charge l'obligeait à des séjours dans cette ville toute proche de Montbard et le voisinage n'avait pas tardé à établir entre Buffon et la marquise du Châtelet des rapports qui devinrent l'origine d'une solide amitié.

(2) Jean-Jacques Rousseau, philosophe, musicien et romancier, né en 1712, mort le 3 juillet 1778, qui ne partageait pas la jalousie de Voltaire contre Buffon, a dit de lui : « Je lui crois des égaux parmi ses contemporains, en qualité de penseur et de philosophe ; mais en qualité d'écrivain, je ne lui en connais aucun. C'est la plus belle plume de son siècle. »

Buffon, de son côté, n'a ménagé à Rousseau ni l'éloge ni les témoignages de sa sympathie, et on trouvera dans la suite de cette correspondance de nombreuses manifestations des sentiments réciproques de Buffon et de Rousseau. En 1749 et en 1753 Buffon, membre de l'Académie de Dijon, donna sa voix à Jean-Jacques pour le prix sur la question de savoir si « *Le progrès des sciences et des arts a contribué à corrompre ou à épurer les mœurs*, » et pour celui qu'il n'obtint pas à cause de la hardiesse de ses opinions sur « *l'Origine de l'inégalité parmi les hommes* ».

(3) Claude-Marie Bouhier de Lantenay, cousine germaine de son mari.

la bergamote, deux bouteilles de gouttes d'Angleterre, un flacon d'eau de luce au scarabée, un petit pot de pommade de concombres, un bâton d'ébène pour servir de manche à ma bassinoire d'argent.

Je vous demande en même temps les œuvres de Puffendorf (1); la chimie de Boerhaave (2); Mariote (3), *de la Nature de l'air;* Bayle (4), *De ratione inter ignem et flammam; un bon fusil, une jolie gibecière, une paire de grandes boucles de diamants pour souliers, des boucles à diamants pour jarretières*, une montre à répétition, un compas, *vingt livres de poudre de senteur, une bouteille d'essence au jasmin, deux énormes pots de pommade à la fleur d'orange, deux houppes à poudres*, un très bon couteau, un télescope, une loupe, *trois éponges fines*, trois balais, deux rames de papier ministre, douze bâtons de cire d'Espagne à l'esprit-de-vin, et *une sphère copernicienne* (5), *un verre ardent* (6) *des plus grands, deux*

(1) Samuel, baron de Puffendorf, jurisconsulte et historien, né en 1632, mort en 1694, professeur aux universités de Heidelberg et de Lund, a publié de nombreux traités de jurisprudence, de droit, d'histoire et de philosophie en latin. Les œuvres de Puffendorf forment une collection de 10 forts volumes in-folio.

(2) Hermann Boerhaave, savant, chimiste et botaniste, né en 1668, mort en 1738. Professeur à l'université de Leyde, correspondant de l'Académie des sciences de Paris, a fait de nombreuses découvertes en chimie et en médecine.

(3) Edme Mariotte, physicien et mathématicien, né à Dijon en 1620, mort le 25 mai 1684, membre de l'Académie des sciences, a écrit sur la physique, sur l'hydrostatique, sur la vision, sur l'air, la mécanique, les plantes, etc. L'ouvrage que demande Buffon, compatriote de Mariotte, a été publié en 1697 sous le titre : *Manière de connaître quel vent règne dans l'air et de prévoir quel temps il doit faire le lendemain et deux ou trois jours après.*

(4) Pierre Bayle, savant et philosophe, né en 1647, mort en 1706, fondateur en 1684 des *Nouvelles de la République des lettres*, auteur du grand *Dictionnaire historique et critique* qui porte son nom (2 forts volumes in-folio ; 1re édition en 1697, 2e édition en 1702).

(5) D'après le système de Copernic.

(6) Pour ses premières expériences sur les miroirs ardents d'Archimède.

Les expériences de Buffon sont toutes empreintes d'un caractère spécial de grandeur.

Dans sa découverte des miroirs ardents, il fait fondre sa vaisselle plate à leur foyer et incendie à de grandes distances des bâtiments dont il paye généreusement le prix.

Dans ses expériences sur la force des bois, il opère sur des forêts entières. Ses expériences sur la chaleur et le refroidissement ont eu pour laboratoire les immenses fourneaux de ses forges, et ce caractère de puissance et d'audace n'a pas peu contribué à la renommée précoce du savant.

Buffon qui a rendu compte de son invention des miroirs ardents dans plusieurs communications et mémoires à l'Académie des sciences, dont il était membre depuis 1733, y revient à vingt-cinq années d'intervalle dans une lettre à Guyton de Morveau et dans l'*Histoire naturelle des minéraux*, et en particulier de l'*Argent* (partie expérimentale, 6e mémoire, art. Ier).

Descartes avait nié les miroirs d'Archimède, Buffon résolut d'en prouver l'existence. « Les miroirs d'Archimède étaient si décriés — écrit-il dans l'histoire des minéraux — qu'il ne paraissait plus possible d'en rétablir la réputation; car, pour appeler du jugement de Descartes, il fallait quelque chose de plus fort que des raisons, et il ne restait qu'un moyen sûr et décisif, à la vérité, mais difficile et hardi, c'était d'entreprendre de trouver les miroirs, c'est-à-dire d'en faire qui pussent produire les mêmes effets. » « J'en avais conçu depuis longtemps l'idée, et j'avouerai volontiers que le plus difficile de la chose était de la voir possible puisque, dans l'exécution, j'ai réussi au delà même de mes espérances..... les miroirs d'Archimède peuvent servir, en effet, à mettre le feu dans des voiles de vaisseaux et même

globes (1), *deux thermomètres, deux pinces de toilette, trois paires de pantoufles bien fourrées, une douzaine de bas de soie et les livres de Belon* (2).

Au premier ordinaire, je vous écrirai pour vous envoyer une autre liste de commissions, puisque vous les faites si bien.

BUFFON.

(Publiée en 1860, par Jules Janin, dans l'*Indépendance belge.*)

LETTRE XVI

A M...

Montbard, le 19 juin 1737.

Je ne suis, mon cher ami, ni gai ni joyeux, je suis incommodé d'une douleur de reins qui me permet à peine de me remuer : j'en avais senti les premières atteintes à Paris quelques jours avant mon départ, le voyage a augmenté le mal qui n'a fait que s'accroître jusqu'à présent. Comme je sais qu'il

dans le bois goudronné, à plus de 150 pieds de distance. On pourrait s'en servir aussi contre les ennemis en brûlant les blés et les autres productions de la terre. Cet effet, qui serait assez prompt, serait très dommageable. Mais ne nous occupons pas des moyens de faire du mal, et ne pensons qu'à ceux qui peuvent procurer quelque bien à l'humanité. »

En offrant à Guyton de Morveau de lui remettre, en 1772, ce qui lui restait des montures de ses miroirs, il lui dit : « C'est ce qui me reste de 300 que j'avais fait faire... Je suis trop âgé, j'ai les yeux trop affaiblis pour que je puisse jamais faire de nouvelles expériences en ce genre ; il y en a néanmoins auxquelles j'ai grand regret... » « On s'en est servi utilement pour l'évaporation des sels. »

On trouvera dans cette lettre du 26 juin 1772 à Guyton de Morveau d'intéressants détails sur les expériences qui ont eu lieu pour la première fois en 1737 et les années suivantes au château de la Muette devant Louis XV, à qui Buffon avait fait présent du miroir et de la glace dont il s'était servi. On les vit longtemps à la Muette jusqu'au jour où ils ont été transportés au cabinet du roi.

Les amis de Buffon, le président Ruffey et Guéneau de Montbeillard, ont célébré en vers sa découverte, et Voltaire, lui écrivant en 1774, le nomme Archimède second; mais Buffon, qui ne voulait pas être en reste, répondait à *Voltaire premier* qu'on ne dirait jamais Voltaire second.

(1) Ces globes, qui ont servi à Buffon pour la *Théorie de la terre* et les *Époques de la nature*, figurent à l'inventaire de sa bibliothèque de Montbard.

On y lisait cette inscription :

Globus terr. aqueus omnes regiones hactenus exploratus exibens secundum nuperas observationes astronomicas et navigantium ac itinerantum fide dignorum relationes confectus opera Johan. Senex R. S. S.

Jusqu'à la mort, en 1852, de la comtesse de Buffon née Daubenton, ces globes se voyaient dans la galerie de l'aile nord du château de Montbard, décorée des peintures des oiseaux de l'*Histoire naturelle.*

Buffon en parle dans une lettre à Faujas de Saint-Fonds du 2 août 1783.

(2) Paul Belon, naturaliste et voyageur, né en 1518, mort en 1564 assassiné au bois de Boulogne, a publié en 1553 son voyage en Grèce et en Asie et a écrit en latin sur l'*Histoire naturelle des Poissons*, 1551, et *des Oiseaux*, 1555. Buffon faisait grand cas de Belon qu'il cite avec éloge dans l'Histoire naturelle.

me vient de m'être trop échauffé, je vais me rafraîchir, me baigner et tâcher de recouvrer ma santé sans laquelle je me trouverais encore plus mal à Montbard qu'à Paris. Je suis bien aise que le Maréchal (1) se soit souvenu de vous, je ne doute pas un instant que vous ne soyez bientôt de ses amis, il se connaît trop bien en homme pour ignorer longtemps ce que vous valez. Je lui ai écrit aujourd'hui deux mots au sujet de l'accueil qu'il vous a fait et aussi pour me renouveler un peu auprès de lui.

J'enrage d'être retenu dans ma chambre et de ne pouvoir abattre du bois et faire des expériences (2), il n'y a que l'espérance d'être bientôt quitte de mon mal qui puisse me consoler un peu. Quand vous verrez M. Turne et M. Fiolkes je vous prie de leur bien faire des compliments de ma part; j'écrirai dans quelques jours à M. Turne pour causer des lotes avec lui et pour le prier d'envoyer une lettre à M. Surin. Je suis charmé que M. votre père ait enfin quitté sa charge; vous pouvez compter comme dans toute autre occasion sur tout ce qui dépendra de moi lorsqu'il conviendra de parler pour lui; ce sont les élus qui font les impositions des tailles, vous connaissez l'abbé de Grosbois, Richard de Ruffey, et nous trouverons quelqu'un auprès des autres. Je vous suis bien obligé d'avoir pensé à moi pour le tableau de dévotion dont je vous avais parlé; prenez celui que vous me dites, je ne le trouve pas cher à cent louis et il est précisément de la grandeur qui convient. J'aurai aussi envie d'avoir une autre drogue mais qui ne passera pas six ou sept francs et qui fût à meilleur marché si cela se pouvait, c'est une bordure pour mettre à un mauvais tableau de 2 pieds et demi trois lignes de hauteur sur 2 pieds trois lignes de largeur.....

BUFFON.

(Inédite. — De la collection du comte Cosilla, syndic de la ville de Turin.)

LETTRE XVII

A L'ABBÉ LE BLANC, A LONDRES (3)

Montbard, le 31 octobre 1737.

On croit aisément ce qui flatte, et j'avais tant de joie à m'imaginer Hinckman séparé de sa pipe qu'il ne me restait pas même l'envie d'en douter. Ainsi,

(1) Louis-Antoine de Gontaut, duc de Biron, maréchal de France, né en 1700, mort en 1788, fils du maréchal Charles-Armand, duc de Biron, se distingua pendant les guerres d'Italie, de Bohême et de Flandre. Nous le verrons se lier par la suite avec Buffon et protéger, comme colonel des gardes françaises et gouverneur de l'arsenal, les débuts de la carrière militaire des fils de Buffon.

(2) Ses expériences sur la force des bois au moyen du trempage et de l'écorcement.

(3) L'abbé Le Blanc avait suivi en Angleterre le duc de Kingston dans sa fuite avec

sans me plaindre de ma crédulité, je plains sa faiblesse et sa mauvaise habitude; je la crains pour les idées noires que j'ai quelquefois vu naître à la suite de cinq ou six raisonnements métaphysiques et d'une douzaine de pipes. Je ne puis donc m'empêcher de le recommander à votre gaieté naturelle, que je crois à l'épreuve du temps et des vents.

(Catalogues d'autographes.)

LETTRE XVIII

A L'ABBÉ LE BLANC.

Paris, le 22 février 1738.

Vous êtes donc à Londres, mon cher ami, pour jusqu'à Pâques? Que je souhaiterais pouvoir vous y aller joindre! Mais je commence à désespérer de notre voyage. M. Mac-Donnel m'écrit que ses forces reviennent si lentement qu'il n'a pu être du voyage de M. le duc à Paris, et qu'il se retire dans son ermitage pour se tranquilliser. Cela n'annonce guère un voyage prochain, et j'en suis fâché pour le plaisir seul que je me promettais de vous voir vous et mes amis. J'ai prié Dufay (1) d'écrire au duc de Richemont (2); il m'a assuré qu'il le ferait, et il a en effet écrit de Versailles. Ainsi je n'ai pu voir la lettre, mais je suis persuadé qu'il a parlé de vous comme vous pouvez le souhaiter. Je m'imaginais que, si nous avions été vous voir, nous aurions pu vous ramener. Mais vous auriez cependant grand tort de quitter, si vous vous trouvez bien, et vous ne pouvez manquer de vous bien trouver, si vous avez appris à aimer la chasse et les courses.

Il s'en faut bien que nous jouissions ici de la même douceur de saison que vous autres habitants du nord de l'Angleterre; actuellement il gèle bien fort, et avant cette gelée le ciel a toujours été couvert, quoique l'air fût assez tempéré.

Je suis charmé quand je pense que vous vous levez tous les jours avant

Mme de La Touche, et l'ancien chapelain du comte de Nocé, un roué de la régence, était devenu, à Thoresby, le chapelain du ravisseur de Mme de La Touche. Buffon fut indirectement mêlé à cette intrigue par ses relations avec le duc de Kingston et l'abbé Le Blanc.

(1) Charles-François de Cisternay Dufay, né le 14 septembre 1698, mort le 16 juillet 1739, fut le prédécesseur de Buffon au Jardin du Roi. D'une famille qui avait depuis longtemps charge à la cour, Dufay choisit la carrière des armes; mais attiré par son goût naturel pour les sciences, il avait quitté de bonne heure le service. Appelé en 1734 à succéder à François Chicoisneau, gendre de Chirac, dans l'intendance du Jardin du Roi, il visita en Angleterre et en Hollande les établissements analogues; mais une mort prématurée l'empêcha de réaliser ses plans. A son lit de mort, Buffon cite son nom avec éloge dans le compte rendu de ses expériences sur les miroirs ardents d'Archimède.

(2) Charles Lenox, duc de Richemond, fils naturel de Charles II et de la duchesse de Portsmouth.

l'aurore; je voudrais bien vous imiter; mais la malheureuse vie de Paris est bien contraire à ces plaisirs. J'ai soupé hier fort tard, et on m'a retenu jusqu'à deux heures après minuit. Le moyen de se lever avant huit heures du matin (1), et encore n'a-t-on pas la tête bien nette après ces six heures de repos! Je soupire pour la tranquillité de la campagne. Paris est un enfer, et je ne l'ai jamais vu si plein et si fourré. Je suis fâché de n'avoir pas de goût pour les beaux embarras; à tout moment il s'en trouve qui ne finissent point. J'aimerais mieux passer mon temps à faire couler de l'eau et à planter des houblons que de le perdre ici en courses inutiles, et à faire encore plus inutilement sa cour. Je compte bien mettre à profit vos avis: nous planterons des houblons, nous ferons de la bière, et, si nous ne pouvons la faire bonne, nous nous vengerons sur du bon vin.

Votre bonne amie (2) ne se porte pas aussi bien que je le voudrais. Je

(1) « Lorsqu'il était jeune il rentrait quelquefois des soupers de Paris à deux heures après minuit; et, à cinq heures du matin, un Savoyard venait le tirer par les pieds, et le mettre sur le carreau, avec ordre de lui faire violence, dût-il même se fâcher » (Hérault de Séchelles).

« Il se levait avec le soleil et voici comment il racontait lui-même s'être habitué à sortir si matin de son lit; je crois avoir retenu ses propres paroles: « J'aimais beaucoup le som- » meil dans ma première jeunesse; il m'enlevait beaucoup de temps. Mon pauvre Joseph, » — c'est le nom d'un domestique qui l'a servi soixante-quinze ans, — me fut d'une bien » grande utilité; je lui promis un écu toutes les fois qu'il m'aurait fait lever avant six heures; » il ne manqua pas le lendemain de m'éveiller, de me tourmenter; je lui répondis par des » injures; il vint le jour d'après, je le menaçai: Tu n'as rien gagné, mon pauvre Joseph, et » j'ai perdu mon temps, — lui disais-je à midi; — tu ne sais pas t'y prendre; ne pense qu'à » la récompense et n'écoute pas mes menaces. Il ne manqua pas son coup le jour suivant; » il employa la force; je le suppliai; je lui donnai son compte, je voulus le chasser, il s'ob- » stina, je me levai et il fut dédommagé chaque jour de mon humeur au moment du réveil » par mes remercîments et mon écu qu'il recevait une heure après: je dois au pauvre Joseph » dix à douze volumes de mes œuvres. » (Le chevalier Aude.)

« Dans ma première jeunesse, disait M. de Buffon, j'aimais le sommeil avec excès; il m'enlevait la meilleure partie de mon temps; mon fidèle Joseph me fut d'un grand secours pour vaincre cette mauvaise habitude. Un jour, mécontent de moi-même, je le fis venir et je lui promis un écu chaque fois qu'il m'aurait fait lever avant six heures. Le lendemain, il ne manqua pas de m'éveiller, je lui répondis par des injures: il revint le jour d'après: je le menaçai. « Tu n'as rien gagné, mon pauvre Joseph, lui dis-je, lorsqu'il vint me servir mon » déjeuner, et moi j'ai perdu mon temps. Tu ne sais pas t'y prendre; ne pense qu'à la récom- » pense et ne te préoccupe ni de ma colère ni de mes menaces. » Le lendemain, il vint à l'heure convenue, insista; je le suppliai, je lui dis que je le chassais, qu'il n'était plus à mon service. Sans se laisser intimider, il recourut à la force et me contraignit à me lever. » Un matin, le valet eut beau faire, le maître ne voulut pas se lever. A bout de ressources, il découvrit de force le lit de M. de Buffon, lui lança une cuvette d'eau et sortit précipitamment. Un instant après, la sonnette de son maître le rappela; il obéit en tremblant. « Donne-moi » du linge, lui dit avec calme M. de Buffon, mais à l'avenir tâchons de ne plus nous brouiller. » (*Mémoires d'Humbert Bazile*, publiés en 1863, par M. Nadault de Buffon.)

(2) Antoinette Nadault, mariée en seconde noces, le 30 décembre 1732, à Benjamin-François Leclerc de Buffon. Buffon, qui avait d'abord manifesté un très vif mécontentement de ce second mariage, s'était rapproché de sa belle-mère, à laquelle il n'avait pas tardé de témoigner un sincère attachement. Antoinette Nadault était de deux ans plus jeune que lui, et la conformité des goûts nobles et élevés qu'ils avaient tous deux fit promptement dispa-

m'aperçois qu'elle a trop de confiance ou de facilité pour la médecine. On l'a bourrée de remèdes, et je suis bien surpris de ce que son tempérament est encore assez bon pour se soutenir. Je crois que la santé demande plutôt un régime doux et uniforme qu'une suite de remèdes qui ne peut manquer de produire quelque chose de violent. Je n'ai pu voir encore M. Baudot (1); mais j'ai dit à votre ami que j'avais de l'argent à lui remettre de votre part, et je ne manquerai pas de le faire la première fois que je pourrai le joindre.

Les affaires de Mme de La Touche (2) sont en bon train et donnent quelque espérance bien fondée. Nous avons fait une grande information contre le vilain petit homme (3); il y a déjà plus de vingt témoins d'entendus, dont plusieurs déposent de faits très favorables pour nous, de sorte qu'il y a lieu d'espérer que cette information, une fois bien faite, pourra faire tomber l'autre, ou du moins en diminuer si fort les charges qu'elles ne seront plus assez grosses pour faire prononcer un jugement infamant. Vous pouvez bien penser, mon cher ami, que je fais et ferai de mon mieux. M. d'Arty (4) pourra rendre compte de mon zèle et de mes empressements.

Je serais bien mortifié si, après les soins que je me suis donnés pour le vin, il se trouvait gâté ou même médiocre. Apprenez-m'en des nouvelles dès que vous en saurez. Dites-moi aussi quand milord Waldergrave (5) revient; je crains fort qu'il ne soit pas assez longtemps à Londres pour que vous puissiez y profiter de son séjour. Dites à Hinckman que ses *courtilières* et ses couleurs partiront demain, et que j'écris à M. Smith de les lui envoyer d'abord. Adieu, mon cher ami. Je vous souhaite toujours bien de la gaieté et de la santé; la mienne est un peu dérangée depuis un mois. Je vous embrasse et suis, de tout mon cœur, votre très humble serviteur.

BUFFON.

(Collection Victor Cousin.)

raître chez Buffon ses premières préventions. L'abbé Le Blanc, depuis longtemps reçu dans la famille, avait su plaire à Mme Nadault, dont il se montra l'ami le plus constant et le plus dévoué. Il ne fut pas étranger au rapprochement qui réunit Buffon à son père, ni au changement qui s'était fait dans son esprit.

(1) Benigne-Jérôme Baudot, substitut du procureur général au parlement de Bourgogne. Pierre-Louis Baudot, son fils, a laissé des travaux sur l'archéologie.

(2) Mme de La Touche, mariée jeune à un homme qu'elle n'aimait pas, que Buffon n'aimait sans doute pas non plus, puisqu'on le voit, en 1738, s'intéresser à l'enquête faite contre lui, avait fui en Angleterre avec le duc de Kingston et l'abbé Le Blanc (voir lettre XVe, p. 22). Le mari avait porté plainte au criminel contre sa femme et son ravisseur. Le procès fut long, nous en ignorons les résultats.

(3) M. de La Touche.

(4) M. d'Arty, attaché à la maison du prince de Conti, avait épousé la sœur de Mme de La Touche. Il était entièrement dévoué à sa belle-sœur, et cherchait avec Buffon les moyens de la soustraire aux conséquences de sa fuite. Mme d'Arty devait être indulgente, car elle était la maîtresse du prince de Conti.

(5) James de Waldergrave créé comte en 1729, en récompense de services diplomatiques. Le comte de Waldergrave, son fils, favori de George III, fut gouverneur du prince de Galles.

LETTRE XIX

AU MÊME.

Paris, le 4 mars 1738.

Ne soyez pas surpris, mon cher ami, si je ne vous ai pas écrit en anglais (1); je crains tout ce qui me fait perdre du temps, et je n'aime guère ce qui mortifie l'amour-propre. Vous parlez cette langue à merveille, et je n'ai garde de vous en faire compliment en la parlant mal; j'aime mieux vous dire la vérité que de vous la faire sentir en vous ennuyant d'un jargon qui n'aurait d'autre mérite que de vous convaincre de votre supériorité, et qui m'ôterait auprès de vous celui de la reconnaître. Je sors de chez Mme Denis (2), à qui j'ai lu votre lettre en français; j'y ai trouvé votre ami M. Baudot, auquel j'ai remis un paquet qu'Eustache m'a donné de votre part. Nous sommes tous très charmés de vous savoir à Londres, et je vous souhaite de mon particulier bien des plaisirs dans cette grande ville; je crains fort ou, pour tout dire, je ne puis espérer de pouvoir vous y aller joindre (3). Le pauvre Mac-Donnel a eu un second accès de goutte aussi violent que le premier: il y a près d'un mois que je ne l'ai vu; il est à sa campagne, où il ne peut manquer de s'ennuyer; je lui ai écrit et il n'a pu me répondre. La goutte a pris les pieds et les mains. Quand même il aurait le bonheur d'en être quitte bientôt, il lui faudra bien du temps pour que ses forces reviennent; enfin je regarde cette partie de voyage comme désespérée, ce dont je suis très fâché, aussi bien que vos bons amis, qui comptaient sur votre retour avec le nôtre. Je vais différer d'acheter le velours que vous me demandez pour Milord Duc, parce que, selon toutes apparences, ce ne sera pas moi qui le lui porterai, et qu'il faut que je sache si cette marchandise n'est pas de contrebande, et si je puis la lui envoyer par la voie de M. Smith (4), à Boulogne. Marquez-moi par le premier ordinaire s'il faut l'envoyer à M. Smith. Je vais demain faire passer une boîte où il y a des drogues pour M. Hinckman, des peignes, des insectes dans de l'esprit-de-vin, la *Metromanie* (5) imprimée, etc. J'ai donné à M. Baudot les 50 francs que

(1) Bien qu'il s'en défendit, Buffon, traducteur de Halls et de Newton, parlait aussi bien l'anglais que le français.

(2) La nièce de Voltaire.

(3) Buffon se rendit en Angleterre vers la fin de 1738 et y séjourna jusqu'en 1739. Il prit dans ses rapports avec l'aristocratie anglaise l'attitude un peu hautaine et les habitudes solennelles qui faisaient dire à Hume qu'il donnait plutôt l'idée d'un maréchal de France que d'un homme de lettres.

(4) Robert Smith, physicien et géomètre, né en 1689, mort en 1768, professeur à l'université de Cambridge, avec le célèbre Cotes, son parent, à répandre la philosophie de Newton.

(5) La *Métromanie* de Piron représentée pour la première fois, au Théâtre-Français, le 7 janvier 1738. Elle eut vingt-trois représentations. Cependant les comédiens du Roi

vous m'avez marqués. J'ai écrit à M. Murdoch (1), pour qui j'ai fait ici quelques avances, de vous les remettre ; il s'agit de soixante et quelques livres. Je souhaiterais fort de pouvoir faire venir plusieurs livres anglais dont j'ai besoin ; mais je crains que cela ne vous dérange d'avancer tant d'argent ; je vous enverrai toujours mon mémoire, et, quand je saurai la somme qu'ils me coûteront, je chercherai quelque voie pour vous la faire tenir. J'écrirai à Hinckman de vous la faire compter, et je la mettrai en recette sur leur mémoire. J'ai été à la première représentation d'une pièce qui a très bien pris ; c'est *Maximien* (2), tragédie de M. La Chaussée (3). Je crois qu'elle ne mérite pas absolument toutes les claques qu'on lui a prodiguées ; cependant il faut avouer qu'elle est bien conduite et que les caractères en sont beaux et bien soutenus. Adieu, mon cher ami ; faites-moi promptement réponse au sujet du velours. S'il venait quelque espérance pour notre voyage, vous en seriez d'abord instruit. Je serai toute ma vie votre ami le plus attaché.

BUFFON

M. de Brosses loge avec moi et vous fait des compliments.

(Collection Jules Janin.)

LETTRE XX

AU MÊME.

Montbard, 5 octobre 1738.

... Je compte aller dans peu faire un tour à Dijon. Bien des gens me demanderont de vos nouvelles ; je vous supplie, mon cher ami, de m'en donner souvent. Il n'y en a point dans ce pays ; tout y est sur le même ton qu'il y a deux ans (4).

Nous parlons souvent de vous ; nous buvons quelquefois à votre santé à la fontaine Sainte-Barbe (5).

avaient hésité à la jouer, et, à en croire Piron, il aurait fallu que Maurepas, à qui la pièce était dédiée, la fit représenter d'autorité. Voltaire, dont la pièce de Piron rappelle une des plus piquantes mésaventures littéraires, écrivait, le 25 janvier 1738, à Thiriot : « Je suis bien aise que Piron gagne quelque chose à me tourner en ridicule. L'aventure de la Malcrais-Maillard est assez plaisante. Elle prouve au moins que nous sommes très galants ; car, lorsque Maillard nous écrivait, nous ne lisions pas ses vers ; quand Mlle de Lavigne nous écrivait, nous lui fîmes des déclarations. »

(1) Murdoch, éditeur de Mac-Laurin.

(2) *Maximien*, par La Chaussée, sujet traité avant lui par Corneille, obtint en effet un succès dont témoignent vingt-deux représentations ; cependant *Maximien* n'est pas resté au théâtre.

(3) Pierre-Claude Nivelle de La Chaussée, auteur dramatique, né en 1692, mort le 14 mai 1754, membre de l'Académie française, a donné de nombreuses pièces au théâtre.

(4) Époque ou l'abbé Le Blanc était à Montbard.

(5) « L'ermitage de Sainte-Barbe, un des plus anciens du diocèse de Langres, est éloigné de Montbard d'environ une demi-lieue ; il est situé sur le penchant d'une montagne assez

Le vieux avare que votre bon appétit pensa faire mourir, est crevé cet hiver, sans avoir voulu faire de testament. J'ai bien pensé que Voltaire réussirait fort mal à commenter Newton, et je ne crains pas que le public en appelle du jugement de M. de Moivre.

Je voudrais bien, mon cher, que vous fussiez ici; nous avons un endroit charmant pour planter des houblons (1).

Adieu; je vous embrasse et suis, de tout mon cœur, votre très dévoué et très affectionné serviteur.

BUFFON.

(De la collection Victor Cousin.)

LETTRE XXI

AU PRÉSIDENT BOUHIER.

Paris, le 8 février 1739.

A toutes les bontés dont vous m'honorez, monsieur, à la part que vous daignez prendre à ce qui me regarde, je ne puis répondre que par des sentiments de la plus vive et de la plus sincère reconnaissance. On m'a fait ici mille fois plus d'honneur que je ne mérite; on a hâté la vacance de la place que je remplis à l'Académie (2); on m'a préféré à des concurrents distingués. Tous ces avantages, dont je me sens si peu digne, n'auraient peut-être pas trouvé grâce à des yeux aussi éclairés que les vôtres; aussi je tâchais de les supprimer, au hasard d'être grondé, comme vous l'avez fait. Permettez-moi

élevée, dans la forêt de Chaumour. On trouve, dans le chemin qui conduit à cet ermitage, une fontaine qui sort du pied d'un rocher, dont l'eau est de la plus grande pureté et ne tarit jamais; elle est si abondante, qu'après avoir traversé le chemin par un aqueduc et serpenté le long de la colline, elle va former un étang dans le vallon à cinq cents pas de sa source. Depuis cette fontaine jusqu'à l'ermitage il n'y a qu'un très petit trajet; et dès qu'on a gravi une colline assez escarpée, on aperçoit une allée de charmille, toujours bien entretenue, à l'extrémité de laquelle est la chapelle et la porte de l'ermitage. On y conserve le souvenir du frère Jacques-Jérôme Chevreteau, mort en odeur de sainteté le 7 avril 1711. » (*Mémoires pour servir à l'histoire de la ville de Montbard*, par Jean Nadault, de l'Académie des sciences (1750-1776), publiés en 1882 par Louis Malard et Nadault de Buffon. La fontaine Sainte-Barbe et les étangs de Saint-Michel et du Pâtis.)

(1) On a déjà entendu Buffon parler de plantations de houblons à l'abbé Le Blanc. Il s'occupait alors de botanique, d'acclimatation, d'horticulture et d'arboriculture; était en correspondance avec le botaniste Berthelot du Paty, d'Angers, cherchait à acclimater le houblon en Bourgogne à côté de la vigne, et obtenait du prince de Condé la création d'une pépinière près de Montbard. Nous recueillons ce témoignage des préoccupations de Buffon dans cette première période de sa vie scientifique.

(2) Buffon, qui avait été élu membre adjoint de l'Académie des sciences le 3 juin 1733, à vingt-six ans, dans la section de mécanique et qui quelques années plus tard avait remplacé Bernard de Jussieu comme membre titulaire dans la section de botanique, venait d'être nommé secrétaire, titre qu'il échangea le 24 janvier 1744 contre celui de trésorier perpétuel avec l'académicien Tillet comme adjoint, à cause de ses longues absences de Paris.

de vous remercier, monsieur, de ces bons sentiments, et de vous supplier de me les conserver.

Je vous rends grâces de la quittance que vous avez eu la bonté de m'envoyer. Vous trouverez, monsieur, ci-jointe la quittance de M. Bailly (1) pour toucher ce qui reste de l'année de gages. Je comptais vous envoyer en même temps l'argent que je dois recevoir au premier jour des gages de secrétaire, et que l'on m'a promis de me faire toucher ici; mais on me remet de jour en jour. Le prix du loyer de ma maison a été employé, ce premier semestre, à payer quelques dettes que j'avais à Dijon; mais dans la suite, nous nous arrangerons à cet égard. Ce qu'il y a, c'est que je reçois mon loyer à deux termes, et que par conséquent je ne pourrais m'empêcher de vous supplier d'attendre une partie de votre rente pendant six mois (2), au cas que je chargeasse M. le procureur général (3) de votre payement. Le libraire s'était trompé d'abord en ne demandant que 25 livres pour les trois derniers volumes de l'*Histoire généalogique* (4); ils en coûtent 33. Je vous envoie ci-jointe la quittance du libraire; on les a remis depuis longtemps chez le sieur Martin. J'ai déjà fait partir la note des trois livres d'Angleterre que vous souhaitez, monsieur; car on attend toujours trop longtemps les livres de ce pays-là. Si nous n'avons pas guerre avec ses compatriotes (5), milord duc de Kingston restera à Paris au moins un an (6). Je vous enverrais dès demain les mémoires de Pétersbourg (7); mais, comme j'étudie quelques questions qu'ils contiennent, auriez-vous la bonté de les attendre jusqu'au printemps?

(1) Jacques Bailly, garde des tableaux du roi, né en 1701, mort le 18 novembre 1768, père de l'infortuné Jean-Sylvain Bailly, maire de Paris, élève et ami de Buffon, qui s'éloigna de l'Académie française le jour où elle lui préféra Condorcet.

(2) La rente payée par Buffon au président Bouhier était garantie par la terre de Buffon. Le président en jouissait à titre d'héritier du président Jacob, mort à Dijon le 8 octobre 1704. En 1733, on voit encore le président Bouhier figurer sur les états du parlement avec le titre de *seigneur de Buffon;* « Jean Bouhier, chevalier, seigneur de Pouilly-lez-Dijon et Buffon, conseiller du roi en ses conseils, président à mortier. » (*Histoire du parlement de Bourgogne*, par Petitot.)

(3) Le procureur général près le parlement de Dijon était alors Louis Quarré de Quintin, qui exerça de 1724 à 1750. Il avait succédé à François Quarré de Quintin son père, et fut remplacé par Jean-Claude Perreney de Grosbois.

(4) Le savant ouvrage du P. Anselme dont la meilleure édition, revue par les P. Ange Simplicien, parut en 1727 sous le titre d'*Histoire généalogique et chronologique de la maison royale de France, des Pairs, grands officiers de la Couronne et de la maison du Roy, et des anciens barons du royaume; avec les qualitez, l'origine, le progrès et les armes de leurs familles: ensemble les statuts et le catalogue des chevaliers, commandeurs et officiers de l'ordre du Saint-Esprit. Le tout dressé sur titres originaux, sur les registres des chartes du Roy, du Parlement, de la Chambre des comptes, et du Châtelet de Paris, cartulaires, manuscrits de la bibliothèque du Roy et d'autres cabinets curieux*. Par le P. Anselme, augustin déchaussé; continuée par du Fourny.

(5) On commençait à parler d'une guerre entre la France et l'Angleterre à propos de l'Amérique.

(6) Il était venu y retrouver Buffon et y mener la vie de grand seigneur.

(7) Mémoires de l'Académie de Saint-Pétersbourg dont Buffon devait être élu membre le 10 janvier 1877, en même temps que de la Société royale de Londres, de l'Académie de Berlin.

Comme nous ne convenons pas des faits, M. Bourguet (1) et moi, je pense qu'il est inutile de lui répliquer; mais je suis étonné qu'il assure les animalcules dans la semence des femelles, et d'autres choses de cette espèce, qui sont toutes reconnues différentes de ce qu'il avance, par des expériences réitérées.

Il paraît depuis quinze jours un petit écrit en forme de gazette, ou plutôt de feuilles du *Spectateur,* intitulé le *Cabinet du philosophe* (2). On n'a pas goûté cet ouvrage.

M. Marivaux (3) a donné aussi une brochure qui fait le second tome de la *Vie de Marianne.* Les petits esprits et les précieux admireront les réflexions et le style. La pièce de Voltaire ne peut se soutenir et ne se soutient pas, avec tous les raccommodages qu'il y a faits (4). Enfin, pour finir, j'aurai l'honneur de vous dire que je vais, au premier jour, faire imprimer une traduction, avec des notes, d'un ouvrage anglais de physique qui a paru nouvellement, et dont les découvertes m'ont tellement frappé et sont si fort au-dessus de ce que l'on voit en ce genre, que je n'ai pu me refuser le plaisir de les donner en notre langue au public : c'est un in-4° d'environ trois cents pages (5).

Adieu, monsieur. Honorez-moi toujours de vos bontés, et croyez-moi, avec l'attachement le plus respectueux, monsieur, votre très humble et très obéissant serviteur.

BUFFON.

(Bibliothèque nationale.)

(1) Louis Bourguet, né le 23 avril 1678, mort le 31 décembre 1742, avait quitté la France pour la Suisse à la révocation de l'édit de Nantes. Il a écrit de nombreux ouvrages sur la métallurgie et l'histoire naturelle, notamment *Lettres philosophiques sur la formation des sels et des cristaux, et sur la génération organique des plantes et des animaux, à l'occasion de la pierre bélemnite et de la pierre lenticulaire, avec un mémoire sur la théorie de la terre* (Amsterdam, 1729 et 1762, in-12). Cette publication, qui ne devait être que la préface d'un ouvrage plus considérable, traite de la génération. Buffon dont le *système sur la génération* s'écarte entièrement de celui de Bourguet avait, néanmoins, consulté son ouvrage, de même que ses observations *sur la disposition des montagnes.*

(2) *Le Cabinet du philosophe,* dont il existe un exemplaire à la Bibliothèque nationale, n'a que onze feuilles, ce qui justifie le jugement de Buffon : *On n'a pas goûté cet ouvrage.*

(3) Pierre Carlet de Chamblain de Marivaux, né en 1688, mort le 12 février 1763, de l'Académie française en 1743, auteur du roman inachevé de *Marianne.* Dans la *Vie de Marianne,* que Buffon juge sévèrement, on trouve cependant au milieu d'un style maniéré des situations intéressantes et dramatiques. Le style de Marivaux a donné naissance au mot *marivaudage.*

(4) *Adélaïde du Guesclin,* représentée au Théâtre-Français le 18 janvier 1734. La pièce n'eut pas de succès. Voltaire la remit au théâtre en 1739, après y avoir fait des changements importants; elle ne réussit pas davantage, mais au théâtre, en 1752, sous le titre du *Duc de Foix.*

(5) *Méthode des fluxions et des suites infinies, par M. le Chevalier Newton, précédée d'un discours préliminaire sur la géométrie de l'infini et l'histoire de la découverte des infiniment petits* (Paris, de Bure l'aîné, libraire, quai des Augustins, à Saint-Paul, 1740, in-4°). L'introduction de Buffon qui commença à le faire connaître comme savant philosophe et écrivain, comprend 148 pages in-4°. Trois années auparavant, Buffon avait publié : *Statistique*

LETTRE XXII

A M. HELLOT,

DE L'ACADÉMIE DES SCIENCES (1).

Montbard, le 23 juillet 1739.

J'allais, mon cher ami, répondre à votre première lettre, quand j'ai reçu la seconde. Je savais déjà la mort du pauvre Dufay (2), qui m'avait véritablement affligé. Nous perdons beaucoup à l'Académie : car, outre l'honneur qu'il faisait au corps par son mérite, il était si fort répandu dans le monde et à la cour qu'il obtenait bien des choses et épargnait aux autres bien des affaires; il a fait des choses étonnantes pour le Jardin du Roi, et je vous avoue qu'il l'a mis sur un si bon pied, qu'il y aurait grand plaisir à lui succéder dans cette place; mais je m'imagine qu'elle sera bien convoitée. Quand j'aurais plus de raisons d'y prétendre qu'un autre, je me donnerais bien garde de la demander; je connais assez M. de Maurepas (3), et j'en suis assez connu, pour qu'il me la donne sans sollicitations de ma part. Je prierai mes amis de parler pour moi, de dire hautement que je conviens à cette place; c'est tout ce que j'ai de raisonnable à faire quant à présent. A l'égard de ce que vous me dites, que M. de Maurepas est déterminé à conserver le Jardin du Roi dans l'Académie (4), je n'ai pas de peine à le croire; mais, quand même il n'aurait pas pris en guignon Maupertuis, je ne crois pas qu'il lui donnât cette place. Mais il y a d'autres gens à l'Académie. Marquez-moi si vous entendez nommer quelqu'un; en un mot, dites-moi tout ce que vous saurez.

des végétaux. — L'Analyse de l'air. — Expériences nouvelles lues à la Société royale de Londres par M. Hales, membre de cette société (Paris, de Bure l'aîné, 1735, in-4°). On peut consulter sur ces premiers travaux de Buffon le *Journal des savants* du mois d'août 1735, p. 1363 (édit. in-12), et de novembre de la même année, p. 1881; et *le Mercure* d'avril 1735, p. 729; elle est de 148 pages in-4°, sous ce titre : *La méthode des fluxions et des suites infinies par M. le chevalier Newton.* (A Paris, chez de Bure l'aîné, libraire, quai des Augustins, à Saint-Paul, 1740.)

(1) Jean Hellot, né le 20 novembre 1685, mort le 15 février 1766, membre de l'Académie des sciences a enrichi la chimie d'utiles et nombreux travaux.

(2) Arrivée le 16 du même mois à l'âge de quarante et un ans.

(3) Jean-Frédéric Phélippeaux, comte de Maurepas, né en 1701, mort le 21 novembre 1781, fut ministre à vingt-quatre ans et resta aux affaires près de trente ans. Il passa vingt années en exil et mourut au pouvoir. Le Jardin du Roi rentrait dans son département.

Avant la Révolution, alors que les ministres étaient en très petit nombre, les grandes administrations publiques étaient réparties entre eux sans règle fixe, à l'exception des ministères spéciaux de la guerre et de la marine. Les ministères les plus chargés d'attributions étaient le ministère de la maison du Roi ou de Paris et le Contrôle général des finances. Le Jardin du Roi, l'imprimerie royale et les Académies rentraient dans le ministère de la Maison du Roi, en même temps que l'Opéra et les théâtres.

(4) Le Jardin du Roi, ou plutôt des plantes médicinales, avait été jusqu'à Dufay entre les mains de vieillards, les médecins du roi.

Vous pourrez bien lâcher quelques mots des vœux de M. le comte de Caylus (1) à M. de Maurepas. Il y a des choses pour moi; mais il y en a bien contre, et surtout mon âge (2); et cependant, si on faisait réflexion, on sentirait que l'intendance du Jardin du Roi demande un jeune homme actif qui puisse braver le soleil, qui se connaisse en plantes (3) et qui sache la manière de les multiplier, qui soit un peu connaisseur dans tous les genres qu'on y demande, et par-dessus tout qui entende les bâtiments (4), de sorte qu'en moi-même il me paraît que je suis bien leur fait (5); mais je n'ai pas encore grande espérance, et par conséquent je n'aurai pas grand regret de voir cette place remplie par un autre.

Je ne puis pas me résoudre à perdre l'espérance de vous posséder ici. Helvétius (6) vient de m'écrire qu'il me tiendrait parole au mois de septembre.

(1) Anne-Claude-Philippe de Levi, comte de Caylus, protecteur des arts et des lettres, né le 31 octobre 1692, mort le 3 septembre 1765, membre de l'Académie de peinture et de l'Académie des inscriptions.

(2) Buffon était âgé de trente-deux ans.

(3) Avant la note 1 de la page 5 de cette édition de la Correspondance de Buffon, personne n'avait encore fait connaître ses études de botanique à Angers avec Berthelot du Paty.

(4) Buffon a été un grand constructeur. A cette date il avait déjà construit le château et les jardins de Montbard, et il commençait les constructions des forges de Buffon.

(5) Dufay avait désigné Buffon pour son successeur. Cependant sa survivance était promise à du Hamel du Monteeau, confrère de Dufay, d'Hellot et de Buffon à l'Académie des sciences. Pendant la maladie de Dufay, du Hamel était hors de France, faisant en Angleterre des expériences sur les bois de construction; mais les deux de Jussieu avaient pris soin de rappeler son nom à Dufay. En une heure tout changea. Hellot, qui est le véritable auteur de la nomination de Buffon, alla trouver Dufay. L'obstacle paraissait insurmontable, car Dufay et Buffon avaient été divisés par des démêlés scientifiques, et il y avait un successeur de désigné. Mais Hellot, entièrement dévoué à Buffon et persuadé que lui seul était capable de continuer l'œuvre de Dufay, n'en conçut pas moins le projet hardi d'obtenir la nomination de Buffon, de Dufay lui-même. Il prépara une lettre par laquelle celui-ci demandait Buffon pour son successeur, la lui porta, lui fit partager ses vues, et Dufay, mourant, eut encore la force de signer. Lorsque M. de Denainvillers, frère de du Hamel du Monceau, vint rappeler sa parole au ministre, Maurepas lui répondit qu'il venait de nommer Buffon et que son frère recevrait une compensation qui fut la charge d'inspecteur général de la marine.

Buffon fut nommé intendant du Jardin et du Cabinet du Roi, le 1er août 1739. En apprenant cette nomination, le président de Brosses, son ami de collège et d'école, écrit le 8 octobre de Florence : « Que dites-vous de l'aventure de Buffon? Je lui ai écrit de Venise et j'attends avec impatience de ses nouvelles. Je ne sache pas d'avoir eu de plus grande joie que celle que m'a causée sa bonne fortune, quand je songe au plaisir que lui a fait ce Jardin du Roi. Combien nous en avons parlé ensemble! Combien il le souhaitait et combien il était peu probable qu'il l'eût jamais à l'âge qu'avait Dufay! »

Si, suivant l'expression du président de Brosses, la nomination de Buffon au Jardin du Roi, à trente-deux ans en remplacement d'un homme de quarante et un ans, dont la survivance était depuis longtemps promise, fut une véritable *aventure*, elle fut en même temps une bonne fortune pour le génie de Buffon, auquel elle ouvrit la carrière, pour la France et l'humanité.

(6) Claude-Adrien Helvétius, philosophe et encyclopédiste, né le 10 janvier 1715, mort le 26 décembre 1771, fils d'un médecin de Louis XIV, frère d'un médecin de Louis XV, fermier général connu par sa grande fortune, par sa libéralité, par son salon que fréquentaient les philosophes, et par son livre de *l'Esprit*, qui lui valut une longue persécution au lieu du fauteuil académique. Helvétius était de l'intimité de Buffon, qu'il

Tâchez, mon cher ami, de venir dans le même temps; vous ferez votre voyage aussi court ou aussi long que vous jugerez à propos, et assurément on n'aura pas droit de crier contre vous, si, par exemple, vous ne vous absentez que pendant un mois. Adieu; je vous embrasse de tout mon cœur, et je vous remercie. Écrivez-moi tout ce que vous saurez du Jardin du Roi.

BUFFON.

(Collection de M. de Châteaugiron.)

LETTRE XXIII

A L'ABBÉ LE BLANC.

Montbard, le 23 juillet 1739.

... Je vous prie de vous occuper de cette affaire (1). Je me crois autant de droits qu'un autre de prétendre à cette place. M. le comte de Maurepas, que je connais, peut me la donner sans sollicitation de ma part. Bien qu'il désire conserver cet emploi à un membre de l'Académie des sciences, il n'est pas probable qu'il le donne à Maupertuis qu'il a pris en guignon. Quelques mots du comte de Caylus pourraient grandement me servir...

Il y a des choses pour moi, mais il y en a bien contre, et surtout mon âge. Et cependant, si l'on y faisait réflexion, on sentirait que l'intendance du Jardin du Roi demande un jeune homme actif, qui puisse braver le soleil, qui se connaisse en plantes, et qui sache la manière de les multiplier.

Je dois recevoir Helvétius, et je vous invite à venir avec lui.

(Catalogues d'autographes.)

vint souvent visiter à Montbard et à qui il n'en voulut pas de son appréciation sur son livre. Buffon, après l'avoir lu, s'était contenté de lui dire : « Vous eussiez mieux fait de faire un livre de moins et un bail de plus dans les fermes du Roi. »

(1) Sa candidature à l'intendance du Jardin du Roi. Il n'est pas sans intérêt de relever cette circonstance que deux événements importants de la vie de Buffon ont eu lieu pendant son absence de Paris, sa nomination à l'intendance du Jardin du Roi et son élection à l'Académie française. Ce fragment de lettre à l'abbé Le Blanc portant la même date que celle du 23 juillet 1739 à Hellot, et dans laquelle on trouve sous la plume de Buffon les mêmes arguments reproduits dans les mêmes termes, témoignent à la fois de son ardent désir d'obtenir la succession de Dufay, et qu'il s'était tenu parole à lui-même lorsqu'il écrivait à Hellot le même jour : « Je prierai mes amis de parler pour moi et de dire hautement que je conviens à cette place. »

Les amis de Buffon, l'abbé Le Blanc, Richard de Ruffey, Charles de Brosses, se rejouirent d'autant plus de sa nomination qu'elle était inattendue; et que, suivant l'heureuse expression du président de Brosses, c'était une véritable aventure.

LETTRE XXIV

AU PRÉSIDENT DE RUFFEY.

Montbard, le 5 décembre 1740.

Permettez-moi, mon cher monsieur, de vous envoyer toutes mes paperasses, et de vous supplier de toucher pour moi les 1,026 livres 18 sous d'une part, et les 698 livres d'autre part, qui sont portés pour mon remboursement par les ordonnances de MM. les Élus. Si vous voulez me faire le plaisir tout entier, vous m'enverrez une rescription de ces deux sommes sur M. Doublot (1), receveur des crues à Montbard, que vous prendrez chez M. Edme Seguin, receveur général des crues, à qui vous remettrez cet argent.

J'ai déjà fait distribuer une grande partie des arbres aux particuliers dénommés dans l'état envoyé par MM. les Élus (2). Je fais mettre les reçus de chacun en marge, et quand le tout sera distribué, je renverrai cet état ainsi signé pour ma décharge. Comme cette ordonnance de distribution ne comprend pas, à beaucoup près, tous les arbres qu'on peut donner cette année, et qui sont portés dans le mémoire que j'en ai envoyé, j'ai cru que MM. les Élus voudraient bien permettre de les donner à d'autres particuliers,

(1) Edme Doublot, avocat au Parlement, contrôleur du grenier à sel et receveur des crues, successivement maire et prévôt royal de Montbard, de 1728 à 1756, élu aux états généraux de la province de 1748, avait épousé le 17 septembre 1732, Edmée-Chatherine Nadault, fille de Jean IV Nadault, maire de Montbard, de 1695 à 1709, élu aux états généraux de 1712. Edme Doublot mourut sans postérité le 14 février 1756, et sa femme, dont le nom figure parmi les bienfaitrices de l'hôpital de Montbard, le 9 janvier 1767.

(2) Buffon qui avait obtenu en 1735, du duc de Bourbon, prince de Condé, la formation à Montbard d'une pépinière de la province dont les états lui avaient confié la direction, écrivait le 13 juin à l'abbé Le Blanc : « M. le duc m'a fait la grâce de m'accorder une pépinière à Montbard, aux frais de la province, et je suis actuellement très occupé de sa construction. » Des lettres écrites en 1747, au sujet de cette pépinière, par dom Andoche Pernot, abbé de Cîteaux, à Anne-Claude de Tiard, marquis de Bissy, témoignent de son importance et de l'action qu'exerçait sur le vote des Élus d'une province le désir d'un ministre :

« Dijon, 8 février 1747. — Vous avez entendu les raisons de chacun de MM. de la Chambre, sur lesquelles on appuie le refus qu'on fit à M. de Buffon, lorsqu'on y proposa l'augmentation qu'il demandait pour la pépinière de Montbard, dont il a soin ; vous savez qu'on allégua que ses honoraires allaient au double de ceux qu'on donnait à tous ceux qui étaient pareillement chargés des autres pépinières, et que, dans les conjectures où la province faisait des dépenses extraordinaires pour les troupes, on croyait qu'il convenait de remettre à un autre temps la gratification que pouvait mériter particulièrement M. de Buffon. On ignorait sûrement les intentions de M. le comte de Saint-Florentin ; vous pensez bien qu'au premier signe de ce ministre à la Chambre, toutes les raisons de refus tomberont, et qu'elle ne balancera point à souscrire à ses désirs.

« 28 mars. — Il a été arrêté qu'on augmenterait les appointements de M. de Buffon de 300 livres pour sa vie, en reconnaissance des attentions particulières qu'il a sur la pépinière de Montbard. »

qui sont venus en grand nombre en demander lorsqu'ils ont appris la première distribution. J'enverrai un état de ces particuliers avec leurs quittances en marge, pour qu'on puisse ratifier cet état. Les ormilles y seront aussi comprises; on m'en demande jusqu'à Châlon-sur-Saône. A l'égard des frênes et des ormes que la Chambre a réservés pour les grands chemins (1), on n'en a donné aucun. J'exécuterai ponctuellement les ordres de MM. les Élus pour les faire planter, et je me suis fait donner un dénombrement des terres depuis Montbard, en allant du côté de Saint-Remy, et je distribuerai à chaque possesseur de ces terres le nombre d'arbres nécessaire pour planter l'extrémité de leur terrain qui aboutit au grand chemin, à six pieds du fossé et à la distance de trente pieds chaque arbre. Je dois vous observer, monsieur, qu'il y a beaucoup de terrains où l'orme et le frêne ne peuvent réussir et où le noyer réussira. J'aurai soin de ne mettre les ormes et les frênes que dans des terrains convenables. L'année prochaine, s'il plaît à MM. les Élus de réserver aussi les noyers, on pourra planter sans interruption plus de trois lieues de chemin. Vous me donnerez vos ordres à cet égard, et j'aurai grande attention à ce que ces plantations soient bien faites. J'ai l'honneur d'être, mon cher monsieur, dans les sentiments de la plus tendre amitié et du respect le mieux fondé, votre très humble et très obéissant serviteur.

BUFFON.

J'attendrai que cette plantation des chemins soit faite pour aller à Paris.

(Inédite. — Collection du comte de Vesvrotte.)

LETTRE XXV

A M. LANTIN,

DOYEN DU PARLEMENT (2).

Montbard, le 26 septembre 1741.

J'ai toujours différé, monsieur, de répondre à la lettre que vous m'avez fait l'honneur de m'écrire au sujet de la médaille de l'Académie de

(1) On aime à voir Buffon, constamment préoccupé de l'intérêt public, prendre avant Turgot, l'initiative des plantations d'arbres forestiers le long des chemins, routes et canaux. Un statisticien a évalué à plus de 80,000,000 de francs la valeur que ces plantations ajouteraient à la richesse nationale. A cette date de 1740, Buffon, qui en est encore à la première partie de sa carrière scientifique, s'occupe d'arboriculture, de sylviculture, d'horticulture et d'économie rurale. Les platanes de ses jardins de Montbard sont les premiers qui aient été introduits en France. Buffon a fait avant Daubenton de la sélection et de l'acclimatation.

(2) Jean-Baptiste Lantin, de Damercy, né en 1680, mort le 21 septembre 1756, entra au parlement de Bourgogne le 4 mai 1692 et eut pour successeur, le 20 novembre 1748, Bonnard

Dijon (1), parce que j'attendais une réponse de M. le comte de Caylus, à qui je m'étais adressé pour connaître les meilleurs ouvriers et pour savoir comment il fallait en faire l'inscription et la gravure. Il vient de me répondre que M. de Boze (2), de l'Académie des inscriptions, décidera de l'exergue de la légende; que Bouchardon (3) dessinera et que Marteau gravera ; il ajoute que, comme l'Académie de Dijon ne lui paraît pas décidée, il lui faut un mémoire instructif auquel il répondra, soit pour le prix des coins, soit pour le marché du balancier. Si vous me permettez de vous faire mes observations à ce sujet, je vous dirai qu'il serait fort inutile de faire faire cette médaille à Genève, parce qu'elle serait très certainement sujette à être arrêtée et confisquée. Il ne convient point aussi de mettre le portrait du fondateur (4) ; cela ne s'est jamais fait pour une médaille qui doit servir de prix ; c'est tout au plus si on met son nom dans l'exergue. A l'égard du prix, on assure qu'il ne montera pas aussi haut que vous le craignez. M. de Boze ne prendra rien pour l'inscription ; Bouchardon ne prendra point d'argent, et on en sera quitte pour lui envoyer une feuillette de vin de Bourgogne. Quand l'inscription sera décidée, vous saurez tout aussitôt les prix des coins et du balancier ; cela dépend du dessin, selon qu'il est plus ou moins chargé. Quand vous m'aurez, monsieur, marqué vos intentions, j'écrirai à M. de Caylus, qui a bien voulu se charger de cette affaire, et qui, assurément, est plus en état que personne de la bien faire. J'ai l'honneur d'être, avec un respectueux attachement, monsieur, votre très humble et très obéissant serviteur.

BUFFON.

(Académie de Dijon.)

de Clugny, et mourut doyen de sa compagnie après avoir fait partie des dix-huit juges qui, en couronnant le 9 juillet 1750 Jean-Jacques Rousseau, révélèrent à la France son talent d'écrivain; il a laissé des éloges de Rabelais, Pouffier, et un *supplément au Glossaire du Roman de La Rose*, 1737, in-12.

(1) La médaille que l'Académie décernait en récompense des ouvrages qui avaient remporté le prix. D'un côté étaient les armes du fondateur, avec cette inscription : HECT. BERN. POUFFIER. SEN. DIVION. PRIMIC. ; de l'autre Minerve appuyée sur un bouclier aux armes de Dijon, distribuant trois couronnes : d'olivier, de chêne et de laurier, avec un sablier, un miroir et le bâton d'Esculape comme attributs, et ce vers d'Horace :

CERTAT TERGEMINIS TOLLERE HONORIBUS, ACADEMIA DIVIONENSIS. MDCCXI.

(2) Claude Gros de Boze, antiquaire, né le 20 janvier 1680, mort le 16 septembre 1753, membre de l'Académie française, secrétaire perpétuel de l'Académie des inscriptions et belles-lettres, garde des médailles en 1719.

(3) Edme Bouchardon, sculpteur, né à Chaumont en novembre 1698, mort le 27 juillet 1762, en laissant inachevé le monument érigé à Louis XV, par la ville de Paris, sur la place de ce nom, aujourd'hui place de la Concorde. Bouchardon désigna Pigalle pour continuer son œuvre.

(4) Bernard Pouffier, doyen du parlement.

LETTRE XXVI

A M. ARTHUR,

MÉDECIN DU ROI, A CAYENNE (1).

Au Jardin du Roi, le 4 janvier 1742.

J'ai reçu, monsieur, la caisse de curiosités que vous avez bien voulu m'adresser (2) par la voie de M. Bélamy, et je vous en fais mes remerciements. M. de Jussieu (3) s'est chargé de vous écrire en détail sur ce qu'elle contenait. Je serais très fâché que vous pussiez, monsieur, vous dégoûter de rendre service au Jardin du Roi. J'ai renouvelé mes représentations au sujet de vos appointements (4), et l'on vous a accordé encore une augmentation de trois cents livres; c'est tout ce que nous avons pu faire. Vous avez obligation à M. de La Porte (5), qui s'est porté de fort bonne grâce à faire valoir vos raisons et les miennes auprès de M. le comte de Maurepas. Comme il protège immédiatement notre Cabinet d'histoire naturelle, qui est actuellement arrangé et dans un très bel ordre (6), vous lui ferez bien votre cour, si vous voulez bien, monsieur, m'adresser toutes les curiosités que vous pourrez ramasser. J'ai l'honneur d'être bien sincèrement, monsieur, votre très humble et très obéissant serviteur.

BUFFON.

(Communiquée par M. le docteur Tessereau.)

(1) Le docteur Arthur, correspondant de l'Académie des sciences, connu par son goût pour les sciences naturelles et son zèle pour leur avancement, fut un des premiers correspondants du Jardin du Roi. C'était un moyen ingénieux qu'avait trouvé Buffon pour faire affluer les richesses naturelles à l'établissement dont il avait la direction depuis trois ans à peine. Le brevet de *Correspondant du Jardin du Roi et du Cabinet d'histoire naturelle*, créé à la sollicitation de Buffon par Maurepas, fut tour à tour porté par Poivre, Commerson, Dombey, Sonnini, etc. C'est assez dire de quelle utilité il a été à la science.

(2) Buffon était à peine installé au Jardin du Roi que déjà les envois y affluaient.

(3) Bernard de Jussieu, botaniste, né en 1699, mort le 6 novembre 1777, le plus célèbre des membres de cette illustre famille. Il enseigna la botanique au Jardin du Roi comme l'avait fait avant lui Antoine de Jussieu, et comme devaient le faire après lui Antoine-Laurent et Adrien de Jussieu.

(4) Les appointements de médecin du Roi à Cayenne.

(5) Arnaud de La Porte, gouverneur des colonies, s'est signalé dans l'exercice de sa charge, dont plusieurs de ses ancêtres avaient été revêtus. Son fils fut intendant général de la marine et ministre de la Maison du Roi.

(6) On était déjà loin du temps où le Cabinet du Roi n'ouvrait au public que deux salles, une pour le droguier, l'autre pour les herbiers. Buffon avait supprimé les appartements particuliers des médecins pour les convertir en galeries. Il avait appelé à lui son compatriote, le docteur Daubenton, dont il avait su apprécier la patience, l'ordre et la méthode, et tous deux avaient commencé à réunir, à classer et à exposer aux yeux du public un ensemble de richesses naturelles que la gloire de Buffon a sans cesse accrues pendant cinquante années.

LETTRE XXVII

AU PRÉSIDENT DE RUFFEY.

Paris, le 25 janvier 1743.

Je vous aurais, mon cher et aimable Ruffey, répondu plus tôt, et même je vous aurais prévenu, si, depuis un mois que je suis de retour à Paris, je n'avais pas été très incommodé d'une grande fluxion qui n'est dissipée que depuis très peu de jours. Je suis plus sensible que je ne puis vous le dire aux marques de votre souvenir et de votre amitié, et je ne crois pas que le retour de toute la mienne suffise à ma reconnaissance et aux sentiments que vous méritez et que je vous ai voués. Je vous supplie de me continuer les vôtres, qui sont si flatteurs pour moi, et je ferai toujours tout ce que je pourrai pour m'en rendre digne.

Je vous renvoie vos questions sur l'ormille (1) apostillées. Si on désire quelque chose de plus à cet égard, je le ferai avec grand plaisir; mais comme cette culture est aisée, il y en a tout autant qu'il en faut pour mettre au fait un jardinier.

Toutes les comédiennes ont des rhumes, des fluxions ou des ch...... p..... Cela nous prive de la représentation des pièces nouvelles. Piron (2) attend l'hiver prochain pour donner *Montézuma* (3), à cause de Mlle Gaussin (4), qui a une ou deux de ces incommodités.

(1) Ormille, très petit ormeau, plant de petits ormes. « J'ai fait planter de jeunes chênes, de l'ormille. » Buffon, *Expériences sur les végétaux*, 2e mémoire. (*Dictionnaire* de Littré.) Trois ans auparavant, le 5 décembre 1740, Buffon écrivait au président de Ruffey : « On me demande des ormilles jusqu'à Châlons-sur-Saône. » Il en a fait un ingénieux usage dans la décoration de ses jardins où on voit, sous les voûtes des grands arbres, des ormilles taillées en galeries et bosquets.

(2) Alexis Piron, poète et auteur dramatique, né à Dijon le 9 juillet 1689, mort à Paris le 21 janvier 1773. Buffon, qui l'aimait, s'efforça de lui ouvrir les portes de l'Académie et alla jusqu'à retirer sa candidature pour ne pas faire concurrence à la sienne. Il disait : « Je voyais souvent Piron; j'étais témoin de ses anxiétés la veille des premières représentations de ses pièces; mais qu'est-ce qu'un jour d'attente? Les premières représentations des miennes durent des années ! »

(3) *Montézuma*, représenté le 6 janvier 1744, ne réussit pas à la scène. Rigoley de Juvigny a inséré cette pièce dans les Œuvres complètes de Piron sous le titre de *Fernand Cortez*.

Piron, à qui on demandait de faire des coupures à sa pièce en lui citant l'exemple de Voltaire, répondit : « Il y a cette différence, entre M. de Voltaire et moi, qu'il travaille en marqueterie tandis que coule un bronze. »

(4) Jeanne-Catherine Gaussin, née le 25 décembre 1711, morte le 6 juin 1767, débuta aux Français en 1731, et quitta la scène en 1763 avec Mlle d'Angeville. Comme on citait un jour devant elle la liste, assez chargée, de ses amants, elle répondit : « Que voulez-vous? cela leur fait tant de plaisir, et il m'en coûte si peu ! »

M. le cardinal est toujours très mal, et tout le monde croit que nous sommes à la veille de le perdre (1).

On parle d'une trêve et de quelques arrangements pour une future paix (2); il est à souhaiter que cet avenir ne se fasse pas attendre. Adieu, mon cher Ruffey; je vous embrasse de tout mon cœur.

Quand plaira-t-il à votre vieil oncle de vous sommer, par son testament, de venir faire un tour dans le cabinet du Jardin du Roi, où il y a une petite caisse de curiosités qui vous attend, et que je vous enverrai s'il ne se détermine pas bientôt?

BUFFON.

(Collection de M. le comte de Vesvrotte.)

LETTRE XXVIII

AU PRÉSIDENT DE BROSSES.

Paris, ce 20 janvier 1740.

Comme je ne t'ai point écrit (3), mon cher président, tu peux t'imaginer que je ne me suis guère intéressé à ce qui t'est arrivé, tu te tromperais cependant beaucoup; mon cher ami, les tracasseries qu'on t'a faites, suivies de cette belle promenade qu'on t'a forcé de faire pour des affaires d'une si grande importance, tout cela m'a beaucoup déplu, mais ce n'est rien en comparaison de ce qui est arrivé depuis; l'histoire des actions (4) m'a chagriné véritablement et uniquement à cause de toi; tu peux sur tout cela avoir de forts bons avis, mais j'aurais crû manquer à l'amitié et à l'attachement que je t'ai voués pour toujours si je ne te marquais pas d'abord ma sensibilité et ensuite les choses qu'il est bon que tu saches et dont j'ai pris grand soin de m'informer afin de te les faire savoir. Je te dirai donc qu'on procède dans cette affaire de deux façons, les uns, qui sûrement ne seront pas les mieux traités, suivent uniment et publiquement les idées qu'ils proposent et qu'on

(1) André-Hercule de Fleury, cardinal et premier ministre mourut, en effet, quelques jours après, le 29 janvier 1743; il était né le 22 juillet 1653.

(2) Le traité d'Aix-la-Chapelle, signé en 1748, mit fin à la guerre d'une façon peu glorieuse pour la France.

(3) Cette lettre est la seule de Buffon au président de Brosses dans laquelle il tutoie son camarade de collège et d'école. Dans les lettres suivantes, l'âge, l'éloignement et le temps, mais surtout l'usage de la société dans laquelle vivaient Buffon et de Brosses substituèrent insensiblement le *vous* au *tu* sans que toutefois la cordiale intimité des deux amis en ait subi aucune atteinte.

(4) Les actions du Mississipi. La famille de la femme du président de Brosses s'était intéressée à la Compagnie des Indes et avait compromis sa fortune dans le système de Law.

leur donne aux assemblées qu'on tient et qui ne paraissent aux gens sensés qu'un leurre pour empêcher de crier. Les autres, plus instruits et surtout plus protégés, vont par des intrigues secrètes et sont de concert avec les actionnaires les plus puissants, et se tireront apparemment d'affaire aux dépens des autres. Ainsi, mon cher ami, quoique *les Saint-Pierre* (1) soient à la suite de ceci tant pour leur compte que pour le tien, je te conseillerai cependant de venir faire un tour ici le plus tôt que tu pourras; je t'offrirais même un logement si je n'étais actuellement dans l'*embarras des bâtiments* (2) et tu trouveras qu'à peine je suis logé moi-même. Adieu, mon cher président, aime-moi toujours un peu; je t'embrasse bien tendrement et de tout mon cœur.

BUFFON.

(Inédite, appartient au comte de Brosses.)

LETTRE XXIX

A M. ARTHUR.

Paris, le 10 février 1747.

Je n'ai pas reçu, monsieur, les lettres que vous m'avez fait l'honneur de m'écrire, et il y a environ deux ans que j'ai reçu votre avant-dernière lettre (3). Cela ne m'a pas fait oublier, monsieur, les services que vous avez bien voulu nous faire pour le Jardin et pour le Cabinet, et j'en ai parlé plus d'une fois à M. le comte de Maurepas et à M. de La Porte (4); mais la guerre fait la réponse à tout. J'espère cependant qu'au moyen d'un changement qui doit se faire dans les officiers de votre colonie, vous aurez lieu dans la suite d'être plus content.

Je vous ai recommandé et vous fais recommander par mes amis, et je vous assure que je l'ai fait avec la vivacité qu'inspire le désir sincère d'obliger.

Je suis bien aise que vous ayez pris quelque affection pour Buvée; c'est un honnête garçon, courageux, et qui mérite qu'on s'intéresse à ce qui le regarde. S'il m'eût envoyé quelque chose, j'eusse peut-être obtenu quelques légers appointements pour lui. Ce sont surtout des animaux que nous dési-

(1) Le président de Brosses avait épousé, le 23 novembre 1742, Françoise Castel de Saint-Pierre, petite-nièce de l'abbé de Saint-Pierre, l'auteur de la *Paix perpétuelle*, fille du marquis de Crèvecœur, écuyer de la duchesse d'Orléans, parent du maréchal de Villars.

(2) Le commencement des constructions du Jardin du Roi.

(3) Cependant les corsaires, qui ne respectaient pas les envois à l'adresse du roi d'Espagne, faisaient fidèlement parvenir à Buffon, au Jardin du Roi, les lettres, caisses et papiers portant son nom.

(4) Gouverneur de Cayenne déjà nommé.

rons beaucoup, et je voudrais bien qu'il nous en envoyât; et s'il y a quelques pierres figurées et d'autres pétrifications à Cayenne, je souhaiterais fort en avoir, aussi bien que des échantillons des pierres à bâtir et autres de ce pays.

Vous me feriez grand plaisir aussi de me dire si les montagnes de la Guyane sont fort considérables, et si le grand lac de Parime (1), qu'on appelait le lac d'Or, est connu: si quelqu'un y a été nouvellement, et si en effet il est d'une étendue si considérable, et s'il ne reçoit aucun fleuve.

Faites-moi l'amitié de me marquer quelles sont les espèces de poissons les plus communes sur vos côtes et dans les rivières de cette partie des Indes. Je vous demande grâce pour toutes ces questions, et je suis persuadé que vous voudrez bien répondre ce que vous en savez. Il y a encore un fait sur lequel je voudrais bien être éclairci, c'est de savoir s'il n'y a point de coquilles pétrifiées dans les Cordillères au Pérou. M. de La Condamine (2) prétend en avoir cherché inutilement. Si par hasard vous trouvez quelqu'un qui puisse vous instruire sur cela, je vous en serai infiniment obligé. Faites-moi, monsieur, l'honneur de m'écrire aussi souvent que vous le pourrez, et ne doutez pas de l'attachement avec lequel je suis, monsieur, votre très humble et très obéissant serviteur.

BUFFON.

(Communiquée par le docteur Tessereau.)

LETTRE XXX

A M. DE L'ISLE (3).

Montbard, 2 octobre 1747.

Nous avons, monsieur, à vous féliciter tous de ce qu'après une aussi longue

(1) Le prétendu lac Parime n'a jamais existé. Les inondations temporaires des savanes de la Guyane avaient donné lieu à cette erreur géographique. Don Solano, gouverneur de Caracas, a signalé le premier le lac Parime, reconnu après lui par don Antonio Santos. Mais un voyageur moderne, M. Schomburgh, a constaté que ce prétendu lac n'est que le produit des débordements du lac Amven dans la saison des pluies. Dans le mois de décembre et de janvier, époque à laquelle M. Schomburgh le visita, le lac Parime avait à peine une lieue de long et était entièrement couvert de joncs.

(2) Charles-Marie de La Condamine, savant, voyageur et écrivain, né le 28 janvier 1701, mort le 4 février 1774, de la pierre comme Buffon, fut chargé par l'Académie des sciences, avec Bouguer et Godin, de déterminer la grandeur et la figure de la terre. Membre de l'Académie des sciences et de l'Académie française, il était de l'intimité de Buffon, qui l'aimait à l'égal de ses amis les présidents de Brosses et de Ruffey, Guéneau de Montbéliard et Varenne. « M. de Buffon fut visiter M. de La Condamine à ses derniers moments, — dit le manuscrit du P. Ignace déjà cité, — et jamais un ami n'a reçu de son ami mourant de telles marques d'attachement. M. de Buffon m'a répété avec émotion tout ce que lui a dit d'affectueux et de touchant M. de La Condamine avant d'expirer. »

(3) Joseph-Nicolas de l'Isle, astronome, fils de l'historien Claude Delille, frère du géographe du même nom, né le 4 avril 1688, mort le 11 septembre 1768, membre de l'Académie

absence (1), vous êtes enfin rendu à votre patrie et à l'Académie. Vous avez dû y retrouver des amis que le temps ne peut changer, je veux dire tous ceux qui connaissent votre mérite. Permettez-moi, monsieur, d'être de ce nombre, et de vous marquer la joie que j'ai de votre retour. J'ai aussi des compliments à vous faire pour le Cabinet du Jardin du Roi. J'ai reçu plusieurs caisses de curiosités, que vous avez eu la bonté d'envoyer; mais comme on nous annonçait que vous alliez arriver, je les ai mises à part, et vous les trouverez entières, et je prendrai à cet égard les arrangements que vous désirerez. On ne peut être avec plus d'estime et plus d'attachement que je le suis, monsieur, votre très humble et très obéissant serviteur.

BUFFON.

Mille très humbles compliments à mademoiselle votre sœur.

(Inédite. — Communiquée par M. Étienne Charavay.)

LETTRE XXXI

A L'ABBÉ LE BLANC.

Montbard, le 16 octobre 1747.

Vous trouverez, mon cher ami, que j'ai beaucoup tardé à vous faire réponse. Ce n'est pas que je n'eusse voulu vous donner sur-le-champ toute la consolation que vous pouvez attendre de moi; mais j'ai été dans les embarras et dans l'inquiétude, et, quoique mes peines ne soient rien en comparaison des vôtres, je n'ai pas eu le loisir de vous marquer plus tôt combien j'ai été touché de tout ce qui vous est arrivé (2). Le récit que m'en a fait M. Daubenton m'a indigné (3); il y a bien de la noirceur dans le pays que vous habitez : il y a bien du courage à y être homme, puisqu'on est presque sûr d'être la victime des méchants. Cependant vous ne

des sciences en 1714, géographe de la marine, professeur au Collège de France à sa fondation, maître de Lalande et Messier. La lettre de Buffon porte la suscription suivante : « *A M. de l'Isle, de l'Académie des sciences chez M. Buache, premier géographe du Roi, quai de l'Horloge, à Paris.*

(1) Delille, après un voyage scientifique en Angleterre en 1724, s'était rendu, en 1726, à Saint-Pétersbourg, à l'appel de Catherine II, et y avait installé et dirigé un observatoire. Il ne rentra en France qu'en 1747.

(2) Nous ignorons de quel malheur l'abbé Le Blanc avait été frappé.

(3) Louis-Jean-Marie Daubenton, anatomiste et naturaliste, né à Montbard le 29 mai 1716, mort à Paris le 31 décembre 1799, fils de Jean Daubenton, conseiller du Roi, grenetier du grenier à sel de Montbard, notaire, bailli de l'abbaye de Fontenet, juge prévôt de la châtellenie de Quincy; et de Marie Picheur, fille de Jean Picheur, bourgeois de Montbard, et d'Antoinette Lorain, d'une famille alliée aux Leclerc. De sept frères et sœurs il ne lui restait qu'un frère, Pierre Daubenton, aïeul de la seconde comtesse de Buffon. Il n'a pas eu d'enfants de son mariage, contracté le 21 octobre 1754 avec Marguerite Daubenton, sa cousine-germaine. Les Daubenton, qui appartiennent à une ancienne famille originaire de la petite

devez pas être entièrement abattu ; il n'y a que la mauvaise conscience qui puisse nous mener au désespoir. Consolez-vous donc, mon cher ami, consolez-vous dans votre vertu ; lorsque votre âme sera tranquille, il vous sera facile de pourvoir aux autres besoins. Je crois que, malgré vos malheurs, vous pouvez compter sur un certain nombre de personnes qui s'intéressent véritablement à vous; je mets M. Trudaine (1) du nombre, et vous pouvez compter que, si je vais à Montigny, j'emploierai tout auprès de lui pour l'engager à vous rendre service. Je garde votre lettre pour en faire usage dans ce temps. Ne prenez point de parti extrême jusqu'à ce que nous nous

ville d'Aubenton, en Picardie, ont fourni, au XIVe siècle, des chambellans à la cour des ducs de Bourgogne.

Dès son arrivée au Jardin du Roi, Buffon y avait appelé son compatriote, depuis 1741 docteur en médecine à la Faculté de Reims, et l'avait fait nommer, en 1745, *garde et démonstrateur du Cabinet d'Histoire naturelle.* On connait la nature de la collaboration de Daubenton à l'*Histoire naturelle*, et dans quelles conditions elle cessa à propos d'une édition in-16, ce que nous nommerions aujourd'hui une *édition populaire*, qu'avait donné Panckoucke en supprimant la partie anatomique, que le public nommait *les tripailles de M. Daubenton.* Il ne consentit jamais à se rapprocher de Buffon, sans cependant que leurs rapports eussent cessé d'être cordiaux et fréquents.

Daubenton, médecin, a découvert les vertus thérapeutiques de l'ipécachuana; comme naturaliste, il a été le premier à démontrer anatomiquement la différence qui sépare l'homme du singe; comme acclimatateur, il a acclimaté en France le mouton mérinos et autres animaux, ce qui lui a valu, le 13 novembre 1864, l'honneur d'une statue au Jardin d'Acclimatation. Camper disait de Daubenton qu'il ne savait pas lui-même de combien de découvertes il était l'inventeur. Membre de l'Académie des sciences en 1744; professeur de minéralogie au Muséum en 1783; professeur d'Histoire naturelle au Collège de France et à l'École normale (1795) ; professeur d'économie rurale à l'École d'Alfort, il a beaucoup écrit et professé. Lisant un jour à un cours de l'École normale l'histoire du lion par Buffon : « Non, dit-il en s'interrompant, le lion n'est pas le roi des animaux, il n'y a pas de rois dans la nature, » ce qui valut au professeur une ovation de son auditoire. Son *Instruction pour les bergers* (1778), qui lui avait fait attribuer le nom du *berger Daubenton*, protégea ses jours pendant la Terreur et lui permit de vivre sans être inquiété, entre Marguerite Daubenton, sa femme, et Betzy Daubenton, sa petite-nièce, veuve à dix-huit ans du fils de Buffon, décapité trois jours avant le 9 thermidor.

Le *berger Daubenton*, nommé sénateur à la fondation du Sénat en 1799, mourut au retour de la première séance. Une délibération des professeurs du Muséum, en date du 11 nivôse an 8, décida que Daubenton aurait sa sépulture au Jardin des Plantes, où on la voit sur la butte du labyrinthe, et émit le vœu que la cendre de Buffon lui fut réunie.

La correspondance de Buffon avec Daubenton qui a appartenu à un de ses alliés, M. le docteur Vaussin, d'Orléans, a été égarée.

Le rédacteur de ces notes a remis en 1876, à la Société d'acclimation, dont il est un des fondateurs, l'herbier de Daubenton. (*Bulletin* de la Société de juin 1876, p. 389.)

(1) Daniel-Charles Trudaine, né le 3 janvier 1703, mort le 29 janvier 1769, conseiller d'État, intendant général des finances, membre de l'Académie des sciences. Trudaine de Montigny, son fils, né le 8 août 1747, mort en 1782, membre honoraire de l'Académie des sciences, intendant des finances, grand voyer de la généralité de Paris, commissaire du conseil au département des ponts et chaussées.

Le marquis de Chastellux a dit des deux Trudaine, dans son livre *De la Félicité publique :* « M. de Trudaine a été le premier qui ait affranchi le commerce. Il n'a pas laissé, en mourant, la liberté de commerce sans défenseur, car ce qu'il a pensé son fils l'a osé, et le commerce doit à celui-ci sa liberté la plus chère, celle de l'exportation des grains. » (Édition de 1822, chapitre IX.)

soyons vus. Je serai à Paris, au plus tard, au 20 novembre. Vous êtes trop injustement opprimé pour que tous les honnêtes gens ne réclament pas pour vous. C'est là le cas de parler haut; mais il faut que ce soient vos amis et non pas vous qui parliez. Vous ne sauriez mieux faire que de garder le silence quant à présent; mais je vous conseille de retourner peu à peu dans les maisons où vous alliez. Je suis persuadé, par exemple, que M. Trudaine sera bien aise de vous voir, car, en effet, il vous a plaint et il a été très fâché de vos malheurs. Je ne puis vous dire combien j'y ai été sensible moi-même; encore actuellement, je n'en entends pas parler de sang-froid. Comptez donc toujours, mon cher ami, sur tous les sentiments que vous pouvez désirer de moi, et soyez sûr que personne ne vous est plus essentiellement attaché que je ne le suis.

BUFFON.

(British Museum.)

PIÈCE XXXII

Paris, 17 mai 1748.

Le 9 février 1746, j'ai commencé un *Traité sur la Génération* (1), qui est maintenant entièrement achevé. Ce Traité est divisé en plusieurs chapitres, et il fait partie de mon *Histoire naturelle des animaux*.

Dans le chapitre Ier, qui a pour titre : *Comparaison des animaux et des végétaux*, je prouve que, par rapport à la nature, les animaux et les végétaux sont des êtres à peu près du même ordre. Le chapitre II a pour titre : *De la Reproduction en général.*

Je prouve dans ce chapitre que ce qui a empêché jusqu'à présent qu'on ait donné un bon système et une bonne explication au sujet de la génération, c'est qu'on s'est toujours attaché à une seule espèce de génération, et que la méthode que je donne conduira sûrement à une explication plus vraisemblable que tout ce qu'on avait dit auparavant.

Dans le chapitre III, j'explique la nutrition et le développement d'une manière toute nouvelle et toute différente de la manière ordinaire dont les physiciens l'expliquent, et je prouve que cette manière de l'expliquer est la seule vraie.

Dans le chapitre IV, j'explique la génération de la même manière, et je prouve que la nutrition, le développement et la génération se font toutes par la même cause; je rends raison de tous les phénomènes.

(1) Cette déclaration de Buffon, sur ses expériences concernant la génération, a été trouvée en 1860 par M. Nadault de Buffon dans un carton du secrétariat de l'Institut où sa présence était ignorée. L'enveloppe était fermée par cinq cachets de cire rouge intacts aux armes de Buffon.

Ce pli a été communiqué à l'Académie des sciences par M. Flourens, son secrétaire perpétuel, ouvert et lu à la séance du 18 juin 1860 et son contenu inséré au procès-verbal et au Bulletin de l'Institut.

Dans le chapitre V, je parle de la liqueur séminale. *J'ai trouvé que les animaux spermatiques ont un développement dans la liqueur séminale qui n'a pas été observé; que ces animaux ne sont pas des animaux, mais des parties organiques en mouvement; que les queues que Leuwenhoeck* (1) *et d'autres donnent à ces animaux ne sont que des restes de leur développement et des filets qu'ils traînent et qui les embarrassent beaucoup, et dont ils viennent enfin à se débarrasser, et que ce n'est qu'alors qu'ils ont tout leur mouvement, qui n'est point celui d'un animal.* Je rapporte un grand nombre d'observations que j'ai faites sur ce sujet.

Dans le chapitre VI, je traite de la semence des femelles. Je fais voir évidemment l'erreur de ceux qui donnent des œufs aux femelles vivipares. *J'ai trouvé l'endroit où est cette semence; et je suis en état de démontrer aux anatomistes que c'est dans la cavité du corps glanduleux qui croît à la surface des testicules des femelles. J'ai de plus trouvé dans cette liqueur séminale des femelles les mêmes animaux spermatiques que dans celle des mâles et le même développement dans ces animaux, qui ne sont que des parties organiques, et non pas de véritables animaux.* Je rapporte un grand nombre d'expériences sur les vaches, les brebis, les chiennes, etc., que j'ai fait disséquer.

Dans le chapitre VII, je traite des parties organiques en particulier, et je fais voir que c'est par une voie qu'on n'avait nullement soupçonnée que la nature des êtres organisés se compose et se décompose.

J'ai prouvé par des expériences réitérées pendant trois mois que les germes d'amande, de noix et de toutes les plantes contiennent, comme la semence des animaux mâles et femelles, des animaux spermatiques, ou plutôt des parties organiques en mouvement. J'ai trouvé la même chose sur les gelées de viande, sur les infusions de la chair et du sang des animaux et sur celles des feuilles, des écorces, etc., des plantes. Je tire de là des preuves convaincantes pour le système de la génération que j'établis.

Dans le chapitre VIII, j'explique la formation du fœtus, les monstres, les môles, etc., et je satisfais aux questions.

Dans le chapitre IX, qui est fort long, je rapporte tous les systèmes et toutes les expériences que l'on a faites depuis Hippocrate jusqu'à nous sur le sujet de la génération. Je fais voir où l'on en était resté. Je donne ce que j'y ai ajouté, et en même temps je fais une récapitulation des vues qui m'ont conduit dans cette recherche et des découvertes intéressantes que j'y ai faites (*).

(1) Antoine Leuwenhoecke, naturaliste et micrographe, né à Delft en 1632, mort en 1723, a inventé un microscope qui lui a permis de reconnaître la composition du sang, les animalcules spermatiques, etc., a écrit : *Arcana naturæ detecta* (1699, 4 vol. in-4°).

(*) Voyez pour les opinions de Buffon sur la génération, l'Introduction de M. le Dr de Lanessan.

Je remets ce papier cacheté entre les mains de M. de Fouchy, secrétaire de l'Académie (1), pour conserver la date de mes découvertes, dont quelques-unes ont déjà transpiré, parce que j'ai été obligé de me faire aider par plusieurs personnes dans la longue suite de mes expériences.

BUFFON.

(Archives de l'Institut. — Publiée au compte rendu de l'Académie des sciences.)

LETTRE XXXIII

A GABRIEL CRAMER.

Du Jardin du Roi, le 30 mai 1748.

On ne peut et on ne doit vous accuser de rien, mon cher monsieur, vous n'êtes ni paresseux ni indifférent et moins encore ingrat ou peu reconnaissant; vous êtes fait pour être aimé et personne ne l'est plus et plus généralement que vous l'êtes, vous regrettant autant que je le fais (2), je suis bien aise de voir beaucoup d'autres personnes vous regretter aussi, je ne suis même en aucune façon jaloux des préférences en amitié et quoique nous ne nous soyons pas vus aussi souvent que je l'eusse désiré, les sentiments d'estime et d'attachement que j'avais pour vous se sont assez fortifiés pour durer autant que ma vie. J'entretiendrai avec vous un commerce de lettres aussi régulier que vous le voudrez et vous serez le premier pour qui je l'aurai voulu et à qui j'aurai tenu parole, je ne sais pourquoi mais je n'ai jamais su prendre sur moi d'écrire régulièrement par politesse (3) à quelqu'un, il faut pour m'y déterminer les sentiments d'estime et de la tendre amitié, et je les ai pour vous, mon cher monsieur.

J'ai pris part au plaisir que vous avez eu de vous retrouver chez vous dans votre famille avec vos amis, j'ai compté que dans la foule de ces sentiments vous retrouveriez toujours ceux que vous avez bien voulu m'accorder, les assurances que vous m'en donnez par votre lettre m'ont fait un extrême plaisir.

(1) Sur l'enveloppe est écrit : « Le 18 mai 1748, M. de Buffon m'a remis le présent cacheté pour être déposé au secrétariat. » DEFOUCHY.

(2) Gabriel Cramer venait de faire un assez long séjour à Paris, et les mémoires du temps sont unanimes à constater le succès qu'il y avait obtenu par son esprit et son bon ton.

(3) Il est intéressant d'entendre Buffon définir lui-même le caractère de sa correspondance. En effet, sauf deux ou trois lettres, on n'en trouve aucune qui ait été écrite pour le public. Ce sont des lettres d'affaires ou d'amitié qui font connaître Buffon tel qu'il fut réellement et non plus tel que l'avaient représenté ses panégyristes ou ses détracteurs.

Je suis, en effet, bien content de ce que nous avons la paix (1) et j'espère que le jardin du roi et les lettres en général pourront y gagner beaucoup; savez-vous que la reine de Hongrie (2) a accédé au traité, on en est sûr à Paris; mais ce que vous savez peut-être moins c'est que l'Espagne est on ne peut pas plus mécontente, le peuple de Madrid a brûlé en effigie notre ministre des affaires étrangères, les Anglais au contraire veulent élever une statue à notre digne roi (3).

Il y a déjà près de la moitié d'un volume de mon *Histoire naturelle* d'imprimée, on en aura certainement deux volumes au mois de décembre (4) et tous les ans deux autres volumes. On m'a écrit de Londres au sujet de l'ouvrage de M. Kilb, et par le petit détail qu'on m'en a donné je vois qu'il commence par où je finirai, ce qui m'a fait grand plaisir parce que je pourrai profiter de ce qu'il donnera, ses premiers volumes sont sur les minéraux. La traduction qu'il nous a donnée du *Traité de Théophraste* (5) sur les pierres précieuses me donne assez bonne opinion de sa capacité, cependant il me reste des incertitudes à bien des égards et j'ai une grande impatience de voir comment il aura traité cette matière sur laquelle depuis Pline (6) personne n'a rien écrit, rien du moins qui ne soit très imparfait comme le *Boece de Boot*, etc.

Il n'y a encore rien de nouveau au sujet des places d'étrangers vacantes à l'Académie, on attend que je sois parti et je pars en effet dans huit jours, on ne veut pas que j'aie le plaisir de vous donner ma voix; votre mémoire et ma lettre ont été rendus à M. Kolkes et j'espère que j'aurai réponse dans peu. Ce sera probablement à la Saint-André que vous serez reçu à la Société royale (7). Je vous envoie ci-joint une lettre de M. Murdoch, j'ai le livre de M. Maclaurin (8) qu'il m'a envoyé pour vous, marquez-moi à qui vous voulez que je le

(1) La paix venait d'être signée à Aix-la-Chapelle. Par le traité d'Aix-la-Chapelle de 1748, bien différent du traité signé dans cette même ville en 1668 par lequel l'Espagne abandonnait les Flandres à Louis XIV, la France abandonnait ses conquêtes des Pays-Bas et de la Savoie moyennant la concession des duchés de Parme et de Plaisance à l'infant don Philippe, gendre de Louis XV.

(2) Marie-Thérèse d'Autriche, née en 1717, morte en 1780, connue par son énergie dans les deux guerres auxquelles la France fut mêlée, et par la sagesse de son gouvernement; mère de l'infortunée Marie-Antoinette.

(3) Louis XV alors âgé de trente-huit ans.

(4) Les trois premiers volumes de l'*Histoire naturelle* parurent en effet l'année suivante. Ils avaient été annoncés cette même année dans le *Journal des savants*, page 639. (Voir la 1re édition de la *Correspondance de Buffon* et sa *Biographie*, par M. le Dr de Lanessan.

(5) Théophraste, émule de Caton, élève d'Aristote, né en l'an 322, mort en 247 avant J.-C., a écrit l'*Histoire des plantes*, un traité sur les *Pierres*, etc., et les *Caractères*, qui ont inspiré La Bruyère comme les *Fables d'Ésope* ont inspiré La Fontaine.

(6) Pline le naturaliste, né en l'an 23, mort en l'an 79 après J.-C. victime de son amour pour la science dans l'éruption du Vésuve qui a enfoui Herculanum et Pompéi. Il a écrit la *Théorie de la terre* avant Buffon, dont le style rappelle le sien et que l'on a surnommé le *Pline français*.

(7) La Société royale de Londres.

(8) Colin Mac Laurin, né en 1698, mort en 1746, mathématicien, émule de Newton.

remette pour vous le faire tenir, il est trop gros pour que je puisse vous l'adresser par la poste sous contre-seing (1). Je voudrais cependant que vous l'eussiez promptement parce qu'il y est traité de la matière même de l'ouvrage que vous allez faire imprimer. Le jeune prince de Saxe est à la campagne et les leçons d'histoire naturelle sont interrompues pour jusqu'à son retour, M. Daubenton s'était affectionné à ce jeune seigneur au point qu'il a été très fâché de cette interruption pendant laquelle il ne peut manquer d'oublier ce qu'il avait très aisément appris; M. Daubenton est bien sensible aux marques de votre souvenir et il me charge de vous faire ses très humbles compliments. Mme du Resmain vous adore toujours, elle ne parle que de son philosophe, elle vous écrit souvent et vous devez bien savoir les nouvelles. L'abbé Sallier (2) vous remercie de votre bon souvenir et il m'a dit de vous assurer de son respectueux attachement, il pourra bien s'adresser à vous pour quelques livres imprimés à Genève. Adieu, mon cher ami, soyez persuadé que personne ne vous est plus sincèrement et plus tendrement attaché que je le suis.

BUFFON.

(Inédite. — Communiquée par M. Gabriel Charavay.)

LETTRE XXXIV

A L'ABBÉ LE BLANC.

Montbard, le 10 août 1749.

J'ai appris, mon cher ami, de très bonne part, qu'il était beaucoup question de vous pour la place à l'Académie (3). Je m'en réjouis avec vous, et je

Nous possédons la lettre par laquelle il annonçait à Buffon, le 6 août 1745, son élection à la Société philosophique d'Édimbourg.

(1) Buffon s'était arrangé de manière à avoir, par le contre-seing ministériel, la franchise avec ses nombreux correspondants, ce qui lui fut facilité par la présence à la tête de l'administration des postes du Bourguignon Rigoley d'Ogny, frère de Rigoley de Juvigny, éditeur de Piron.

(2) L'abbé Claude Sallier, philologue, traducteur et savant, né à Saulieu le 4 avril 1685, mort à Paris le 10 janvier 1761, secrétaire et interprète du duc d'Orléans, garde des imprimés de la Bibliothèque du Roi en 1721, lecteur et professeur de langue hébraïque au collège royal, où il avait succédé à Sarrazin en 1719, de l'Académie des inscriptions et belles-lettres en 1715, et de l'Académie française le 30 juin 1729, auteur de plusieurs glossaires, éditeur de l'*Histoire de saint Louis* par Joinville, et de 1739 à 1753, de 6 vol. in-folio du Catalogue de la Bibliothèque du Roi, ouvrage resté inachevé.

Mme de Monconseil fut pour l'abbé Sallier ce qu'avait été Mme de La Sablière pour La Fontaine. L'abbé Sallier, qui avait été mis en rapport avec Buffon par l'abbé Le Blanc, son ami, devait à Buffon deux bénéfices.

(3) L'abbé Le Blanc, candidat perpétuel à l'Académie française, constamment évincé malgré l'appui de Buffon et de la marquise de Pompadour.

vous écris pour vous demander si je ne pourrais pas vous servir auprès de quelqu'un par mes sollicitations.

On dit que vous n'avez d'autre compétiteur que l'abbé Trublet (1). Cela me donne de grandes espérances ; car, quelque appuyé qu'il soit par les Tencin (2), si vos amis d'un certain ordre agissent, vous serez certainement préféré, et d'ailleurs vous méritez si fort de l'être !

M. le comte d'Argenson (3) ne m'a pas encore envoyé la liste des personnes auxquelles on donnera le livre de l'Histoire naturelle (4) ; mais j'espère que cela ne retardera que de quelques jours encore. Avez-vous eu occasion d'en parler à M. de Voyer (5) ? Donnez-moi, je vous supplie, de vos

(1) Nicolas-Joseph Trublet, archidiacre de Saint-Malo, né en 1697, mort au mois de mars 1770, entra à l'Académie française en 1761, par la protection de Mme de Tencin, dont il disait cependant un jour que l'on vantait devant lui son caractère et sa douceur : « Si elle avait intérêt à vous empoisonner, elle choisirait le poison le plus doux. » L'abbé Trublet est surtout connu par les sarcasmes de Voltaire, qui disait de lui dans un vers demeuré fameux :

Il compilait, compilait, compilait.

(2) Pierre Guérin de Tencin, né le 22 août 1680, mort le 2 mars 1758, conclaviste en 1731, cardinal en 1739, archevêque de Lyon depuis 1740 ; et Claudine-Alexandrine de Tencin, née en 1671, morte le 4 décembre 1749. La sœur avait fait la fortune du frère par ses relations avec le duc d'Orléans et le cardinal Dubois, et le crédit que lui donnaient sa beauté, son esprit et son salon où elle recevait les illustrations de son temps, qu'elle désignait sous le nom de sa *ménagerie*. Elle avait commencé par être religieuse et chanoinesse, avait fait une grande fortune en jouant sur les actions du Mississipi avec Law, dont son frère le cardinal avait reçu l'abjuration. Le suicide d'un gentilhomme dans son salon et la naissance d'un fils naturel qui fut d'Alembert ont signalé sa vie de femme ; le *Comte de Comminges* et le *Siège de Calais* sont les principaux ouvrages de l'écrivain.

(3) Marc-Pierre de Voyer, comte d'Argenson, né le 16 août 1696, mort le 22 août 1764, fils de Marc-René d'Argenson, lieutenant général de police de 1694 à 1715, garde des sceaux en 1718, opposé au système de Law, de l'Académie française, de l'Académie des sciences et de celle des Inscriptions, frère de René-Louis, marquis d'Argenson, ministre des affaires étrangères de 1744 à 1747, auteur des *Mémoires*. Marc-Pierre, après avoir succédé à son père comme lieutenant de police en 1720, et avoir quitté sa charge à cause de son opposition à Law, fut placé, en 1737, par le chancelier d'Aguesseau, à la tête de la librairie. Il remplaça, en 1743, le marquis de Breteuil au ministère de la guerre et fonda, en 1751, l'École militaire. Il réunit, en 1749, au portefeuille de la guerre le département de Paris, les Académies et l'imprimerie royale. Les premiers volumes de l'*Encyclopédie*, parus en 1751, lui furent dédiés.

(4) Il résulte de cette communication de Buffon à l'abbé Le Blanc qu'à cette date (10 août 1749), les trois premiers volumes de l'*Histoire naturelle* n'avaient pas encore été mis en vente. Il fallait l'autorisation du directeur de la librairie et du lieutenant général de police pour mettre en vente un nouvel ouvrage, alors même qu'il avait été imprimé à l'imprimerie royale. Cette autorisation n'était donnée qu'après que l'auteur s'était mis en règle avec la censure et la chambre syndicale des libraires de Paris, et quand l'ouvrage était imprimé à l'imprimerie royale, après que le Roi et la famille royale, les princes et princesses du sang, les ministres et les principaux personnages de la cour avaient reçu des exemplaires richement reliés. On trouvera aux notes de cette correspondance d'intéressants détails à propos de l'ouvrage de botanique du chevalier de Lamark.

(5) Marc-René, marquis de Voyer, fils du précédent, né le 20 septembre 1722, mort en 1782, lieutenant général, a attaché son nom, comme gouverneur de la Saintonge, à l'assainissement des marais de Rochefort, et s'est signalé pendant la guerre de Sept ans. Il avait épousé la fille du maréchal de Mailly.

nouvelles, et surtout de celles de votre affaire de l'Académie. Vous savez combien je m'intéresse à ce qui vous regarde, et combien je vous suis attaché.

BUFFON.

(*Mélanges* des Bibliophiles français.)

LETTRE XXXV

AU COMTE DE SAINT-FLORENTIN (1).

Montbard, le 13 octobre 1749.

Monseigneur,

J'ai reçu la patte d'écrevisse que vous avez eu la bonté de m'envoyer, et qui est en effet assez singulière pour que nous la conservions avec soin dans le Cabinet du Roi. Toutes les extrémités des pattes des écrevisses de mer ont du poil par-dessous ; mais celle-ci est peut-être la première qu'on ait vue qui en soit entièrement couverte. Je ne puis, Monseigneur, que vous faire mes très humbles remerciements de vos bontés et de votre attention pour le progrès de notre histoire naturelle, et vous assurer du dévouement et du respect avec lesquels je suis,

Monseigneur,

Votre très humble et très obéissant serviteur

BUFFON.

(Inédite. — Collection de M. Chasles, de l'Institut.)

LETTRE XXXVI

A GABRIEL CRAMER.

Au Jardin du Roi, le 4 janvier 1750.

Je vous envoie, mon cher monsieur, le reçu de MM. Lullin (2), auxquels

(1) Louis Phelyppeaux, comte de Saint-Florentin, puis duc de La Vrillère en 1770, né en 1705, mort en 1777, d'une famille qui a donné des ministres à la France pendant près de deux siècles sous les noms de Phelyppeaux, Pontchartrain, La Vrillère et Maurepas son beau-frère. Le comte de Saint-Florentin avait succédé en 1725, à 21 ans, au duc de La Vrillère son père. Ministre pendant 52 ans; il était, en 1749, ministre de la maison du Roi et portait un vif intérêt au Jardin du Roi, qui rentrait dans ses attributions. A son nom, qu'il a laissé à une rue de Paris, comme son père, se rattache la triste renommée des lettres de cachet. Membre de l'Académie des sciences en 1740, et de l'Académie des belles-lettres en 1757. Le jour où Diderot vint lui annoncer son voyage en Russie : « J'espère, monseigneur, dit-il en prenant congé du ministre, que Sa Majesté ne le trouvera point mauvais. — Soyez-en sûr, répondit le duc; on vous autorise même à y rester. »

On lui a fait cette épitaphe :

Ci-gît un petit homme à l'air assez commun,
Ayant porté trois noms et n'en laissant aucun.

(2) Amédée Lullin, né à Genève en 1695, professeur d'histoire ecclésiastique en 1737,

j'ai remis, il y a déjà quelque temps, les 156 livres que vous avez eu la bonté d'avancer pour moi.

Mes livres sont encore à Dijon, et je me suis trompé lorsque j'ai cru que je pourrais éviter, par cette route, les frais et l'embarras de la chambre syndicale (1). Il faut que ces livres viennent à Paris pour y être visités. J'ignorais ce règlement, qui en effet est nouveau et n'a lieu que depuis environ deux ans. Une autre fois je vous supplierai de m'adresser les livres à Lyon, où il y a comme à Paris une chambre syndicale.

Vous aurez peut-être été surpris de recevoir les trois volumes de notre ouvrage, brochés, coupés, en un mot très mal équipés; mais je vous dirai, mon cher monsieur, que l'empressement que j'avais de vous le donner ne m'a pas permis d'attendre la distribution qu'on en doit faire par ordre du ministre. C'est mon exemplaire, celui qui était à mon usage, que je vous ai envoyé. Je compte le remplacer incessamment par un autre, qui sera relié, et, comme j'ai mis M. Jallabert (2) sur ma liste, j'espère de votre amitié que vous voudrez bien faire relier ce premier exemplaire à l'instar de celui que je vous enverrai, et que vous le lui remettrez. Cette précaution pour l'uniformité des reliures est nécessaire, à cause des volumes suivants. Je compte que le quatrième paraîtra au mois de septembre. On a dit à Paris encore plus de bien et de mal de cet ouvrage qu'on n'a pu en dire à Genève; le succès en a cependant été prodigieux (3), car l'édition a été

mort en 1756. On a de lui un recueil de sermons publié en 1770. Michel Lullin, son frère, né à Genève en 1696, mort en 1781, auteur des *Expériences sur la culture des terres*, fut, à plusieurs reprises, premier syndic de la république.

(1) Les frères Cramer étaient libraires à Genève et leur maison, fort ancienne était en relations suivies avec la Hollande où s'imprimaient les ouvrages interdits ou censurés.

Voici, d'après l'*Almanach royal*, quelles étaient les attributions et les priviléges de la *Chambre royale et syndicale de la librairie et imprimerie* :

« C'est dans cette chambre que les syndic et adjoints font, en présence des inspecteurs de la librairie, la visite des livres qui viennent des pays étrangers ou des provinces du royaume en cette ville... L'on y doit apporter aussi les priviléges et permissions qui s'obtiennent en la grande chancellerie pour l'impression des livres, à l'effet d'être registrés, suivant ce qui est prescrit par lesdits priviléges, qui ordonnent que cet enregistrement sera fait dans les trois mois du jour de leur obtention, à peine de nullité.

» Les permissions de M. le lieutenant général de police doivent être pareillement registrées en cette chambre, avant la publication des ouvrages imprimés en vertu de ces permissions.

» Les syndic et adjoints sont encore préposés pour la visite des bibliothèques et cabinets de livres, dont la vente ne peut être faite en gros ou en détail qu'après cette visite, conformément aux règlements.

» Les libraires et imprimeurs sont membres et suppôts de l'Université de Paris, et ont la qualité de *libraires jurés;* en conséquence, ils jouissent des priviléges, exemptions et immunités attribués à l'Université et à ses suppôts, qui leur ont été confirmés par leurs règlements.

« Les officiers qui composent cette chambre sont les syndic et adjoints en charge, avec les anciens syndics et adjoints. »

(2) Jean Jallabert, né à Genève en 1711, mort en 1763, a laissé des travaux sur la philosophie, les mathématiques et l'électricité.

(3) D'Argenson écrivait un mois auparavant dans son journal : « Le sieur Buffon, auteur

épuisée en six semaines. On en fait actuellement deux autres, dont l'une in-quarto, toute semblable à la première, paraîtra avant la fin du mois, et l'autre in-douze au commencement de mars (1). Il est déjà traduit en anglais, en hollandais et en allemand, et les premiers volumes de ces traductions paraissent déjà à Londres, à la Haye et à Leipsick.

En voilà plus qu'il n'en faut pour que je sois content. Il y a eu beaucoup de clabauderies, et cependant pas un mot de critique écrite.

Mme du Rumain, chez qui j'ai dîné aujourd'hui avec M. l'abbé Sallier, m'a chargé aussi bien que lui de vous faire mille compliments. J'y joindrais volontiers les miens, à cause du commencement de l'année, si je n'étais persuadé que vous voulez d'autres marques de mon amitié que celles qui sont d'un usage commun. Je vous embrasse donc, mon cher monsieur, et

» de l'*Histoire naturelle*, a la tête tournée du chagrin que lui donne le succès de son livre. Les » dévots sont furieux et veulent le faire brûler par la main du bourreau. Véritablement il » contredit la Genèse en tout. » (Mémoires de d'Argenson, 2 décembre 1749.)

(1) Les éditions simultanées de l'*Histoire naturelle* témoignent de son immense succès. Elles sont toutes de l'imprimerie royale sauf le dernier volume des éditions in-4° et in-12 des *Minéraux* exécutées à l'imprimerie du Louvre dite *des bâtiments du Roi*. Voici au surplus l'indication des trois éditions in-folio et in-quarto et des deux éditions in-12 données du vivant de Buffon.

La plus estimée est la grande édition princeps de 1749 à 1789 en 36 volumes in-4° avec atlas, sous le titre de *Histoire naturelle générale et particulière, avec la description du Cabinet du Roi*, par MM. de Buffon, de Montbeillard et Daubenton.

La première partie comprenant l'*Histoire générale et les Quadrupèdes* en 15 volumes a paru de 1749 à 1767;

La seconde, qui renferme l'*Histoire des Oiseaux*, a été publiée en 9 volumes, de 1770 à 1783;

Les cinq volumes des *Minéraux* composant la troisième partie de l'ouvrage, ont été imprimés de 1783 à 1788;

La quatrième partie formées de *suppléments* a été donnée, de 1774 à 1789, concurremment avec les volumes des autres parties de l'ouvrage. Le dernier volume des *suppléments* a été publié par Lacépède. Une seconde édition in-4°, dans laquelle les volumes des suppléments ont été refondus et mis à leur place a été commencée en 1774, sous le titre d'*Œuvres complètes de M. de Buffon*. Cette édition donne en 14 volumes les 15 volumes de la première partie, d'où les descriptions anatomiques de Daubenton ont été retranchées. Les 6 premiers volumes ont paru, de 1774 à 1779, sous le titre d'*Histoire générale*; les 7 autres, de 1777 à 1788, sous le titre d'*Histoire des Quadrupèdes*. Le huitième volume a été publié par Lacépède après la mort de Buffon.

Il a été donné, de 1771 à 1786, une édition de luxe en 10 volumes in-folio de l'*Histoire naturelle des oiseaux*, avec planches coloriées.

Concurremment à la grande édition princeps in-4°, parut une édition in-12 en 72 volumes qui en est la reproduction exacte. La première partie comprend l'*Histoire générale et les Quadrupèdes* en 32 volumes. Les 6 premiers volumes de cette édition in-12, bien que tirés à un nombre considérable d'exemplaires, ont été réimprimés en 1750, 1751 et 1752 sous la désignation de troisième, quatrième et cinquième édition; une sixième édition a été commencée en 1759. Les autres volumes de cette première partie, publiés de 1753 à 1758, n'ont été imprimés qu'une fois; la seconde partie, comprenant les *Oiseaux*, a paru en 18 volumes, de 1770 à 1785, et n'a été également imprimée qu'une fois; la troisième partie, *Histoire des Minéraux*, en 9 volumes, a été publiée de 1783 à 1789; les *suppléments*, en 14 volumes, formant la quatrième partie ont été imprimés de 1774 à 1789.

En 1770 parut une nouvelle édition in-12 de la première partie de l'*Histoire naturelle*, réduite de 31 volumes à 13 par la suppression du travail de Daubenton.

vous supplie de croire qu'on ne peut vous être plus sincèrement attaché que je ne le suis.

BUFFON.

(Inédite. — Collection de M. L. Gilbert.)

LETTRE XXXVII

AU PRÉSIDENT DE RUFFEY.

Le 14 février 1750.

Il faut que vous me pardonniez, mon cher monsieur, d'avoir passé tant de temps sans répondre à la lettre obligeante et remplie d'amitié que vous m'avez écrite au commencement de l'année. J'ai été incommodé pendant quelque temps; j'ai eu aussi beaucoup d'occupation; je n'ai donc pu vous répondre plus tôt; mais je n'en ai pas été moins sensible aux marques de votre souvenir, et j'ai été extrêmement flatté de ce que mon livre ne vous a pas déplu. Je fais un cas infini de votre manière de penser, et votre suffrage m'a fait un véritable plaisir; d'ailleurs il est d'accord avec celui du public. La première édition de l'ouvrage, quoique tirée en grand nombre, a été entièrement épuisée en six semaines; on en a fait une seconde et une troisième, dont l'une paraîtra dans huit ou dix jours, et l'autre dans un mois. Elles sont toutes les deux entièrement semblables à la première, à l'exception de la troisième qui est in-douze. L'ouvrage est aussi déjà traduit en allemand, en anglais et en hollandais. Je ne vous fais tout ce détail que parce que je ne puis ignorer que votre amitié pour moi ne vous fasse prendre part à tout ce qui peut m'intéresser.

Il a dû, en effet, vous paraître singulier qu'après toutes les découvertes de nos disséqueurs d'insectes (1), après tous les efforts des physiciens modernes pour rayer à jamais cet axiome de philosophie : *Corruptio unius generatio alterius* (*), j'aie entrepris de le rétablir. Cependant ce n'est point un projet; c'est chose faite et que je puis prouver, non seulement par les observations que j'ai déjà rapportées, mais encore par beaucoup d'autres que j'ai réservées pour l'histoire des animaux ou prétendus animaux microscopiques, que je donnerai après celle de tous les autres animaux.

Notre quatrième volume, qui contient un traité de l'économie animale de ma façon et l'histoire des animaux domestiques par M. Daubenton, paraîtra

(1) Allusion à Réaumur.

(*) Buffon fait allusion à sa théorie de la génération spontanée. Il admettait que tout être vivant est composé de molécules organiques mélangées à des molécules inorganiques. Après la mort, les molécules organiques se réunissaient pour produire des êtres différents. Voyez son *Mémoire de la génération*, et l'*Introduction* à ses œuvres, de M. le Dr de Lanessan.

au mois de juillet; le cinquième et le sixième, qui contiennent un traité sur les mulets, et un autre sur les monstres, avec l'histoire de tous les animaux quadrupèdes, sauvages et étrangers, paraîtront au mois de mai de l'année prochaine.

Destouches (1), après plusieurs années d'interruption, vient de reparaître au théâtre et de donner une nouvelle pièce (2) dont on ne dit pas grand mal; c'est beaucoup dans un temps où l'on est si difficile et si fort porté à la critique.

Ne viendrez-vous pas bientôt faire un tour ici? Je le désirerais beaucoup. Comptez, je vous supplie, mon cher monsieur, sur tous mes sentiments et sur l'inviolable attachement avec lequel j'ai l'honneur d'être votre très humble et très obéissant serviteur.

BUFFON.

(Appartient au comte de Vesvrotte.)

LETTRE XXXVIII

AU PRÉSIDENT DE BROSSES.

Le 16 février 1750.

Vous serez sans doute étonné, mon cher Président, de ce qu'après m'avoir écrit les choses les plus obligeantes, j'aie passé tant de temps sans vous faire réponse.

Je vous dirai bien, et avec vérité, que je suis dans le même cas avec bien d'autres; mais cette raison, si elle était seule, ne vaudrait rien pour vous et serait mauvaise pour moi.

Vous saurez donc que j'ai été incommodé pendant un temps assez long, et que depuis j'ai été chargé de petites affaires et de grandes occupations.

Le jugement que vous avez porté de mon ouvrage n'a pu que me flatter beaucoup; je crois connaître si bien votre esprit et votre goût, et je fais tant de cas de l'un et de l'autre, que j'eusse été très mortifié si mon livre vous eût déplu.

Cependant, quoique vous m'ayez accordé votre suffrage en général, il me semble que vous me le refusez pour deux choses que je regarde comme ce qu'il y a de mieux prouvé dans tout l'ouvrage : je veux parler de ma théorie sur la génération et de la cause de la couleur des nègres, que j'attribue aux effets du vent d'est.

(1) Philippe Néricault-Destouches, poète et auteur dramatique, né en 1680, mort le 4 juillet 1754, membre de l'Académie française le 25 août 1723. *Le Philosophe marié*, en 1727, et *le Glorieux*, en 1732, tous deux en cinq actes et en vers, sont ses chefs-d'œuvre. Le héros de la pièce, le *glorieux*, se nomme le *comte de Tuffière*, nom qu'avaient attribué à Buffon d'Alembert et les encyclopédistes, mécontents de sa réserve.

(2) *La Force du naturel*, comédie en cinq actes, de Destouches, n'a obtenu qu'un succès d'estime.

Si vous prenez la peine d'en lire ce que je dis avec un globe sous les yeux, je crois que vous ne douterez pas plus que moi de tout ce que j'ai avancé sur les différentes couleurs des hommes (1).

A l'égard de la génération, je ne sache aucune difficulté que j'aie dissimulée et aucune, du moins qui soit réelle et générale, à laquelle je n'aie pas répondu.

Tout l'ouvrage a eu un grand succès; mais cette partie du second volume a plus encore réussi que tout le reste.

Il n'y a eu que quelques glapissements de la part de quelques gens que j'ai cru devoir mépriser (2). Je savais d'avance que mon ouvrage, contenant des idées neuves, ne pouvait manquer d'effaroucher les faibles et de révolter les orgueilleux; aussi je me suis très peu soucié de leurs clabauderies.

J'ai été aussi fâché que vous de ce que nous n'avons pu nous joindre l'année dernière. J'ai été vous chercher deux ou trois fois; vous êtes venu aussi plus d'une fois au Jardin du Roi; mais vous connaissez assez Paris pour savoir que c'est le pays où l'on voit le moins les gens qu'on aime et le plus ceux dont on ne se soucie guère.

J'entendis très bien parler dans le temps de votre mémoire lu à la rentrée de votre Académie (3). Je n'étais pas encore de retour, car autrement j'aurais eu probablement le plaisir de l'entendre. Je ne doute pas qu'en rassemblant avec exactitude et discernement les passages des anciens on ne puisse venir à bout de faire remonter l'histoire beaucoup plus haut qu'on ne l'a fait jusqu'ici, et je désirerais beaucoup que vous pussiez vous occuper sérieusement de ce projet (4). Mais les affaires et les occupations de votre état s'accordent peu avec de pareilles études, qui demandent beaucoup de suite et de combinaisons difficiles à ordonner; je vous y exhorte cependant, et je vous recommande Platon (5) comme une source dans laquelle vous trouverez bien de l'abondance à tous égards.

J'espère que vous continuerez à me donner quelquefois de vos nouvelles; je serai toujours également sensible aux marques de votre amitié, et éga-

(1) L'unité de la race humaine est une des plus grandes découvertes de Buffon.

(2) Le silence fut sa réponse à ses détracteurs.

(3) *Vie de Scaurus, prince du sénat*, lue à l'Académie des inscriptions le 15 décembre 1750, imprimée dans les Mémoires de l'Académie, refondue dans l'*Histoire de la République romaine*.

(4) Le projet relatif aux œuvres de Salluste, dont le président de Brosses avait depuis longtemps projeté de réunir les fragments épars, en suppléant à ceux qui manquaient à l'aide de documents authentiques. L'édition complète des œuvres de Salluste, par le président de Brosses, parut seulement en 1777, chez Frantin, à Dijon, sous le titre : « *Histoire de la République romaine dans le cours du* VIIe *siècle*, par Salluste : en partie traduite du latin sur l'original; en partie rétablie et composée sur les fragments qui sont restés de ses livres perdus, remis en ordre dans leur place véritable ou la plus vraisemblable. »

(5) Platon, né en 429, mort en 348 avant J.-C., élève de Socrate, plus grand que son maître. Buffon, qui faisait d'Aristote et de Platon ses lectures favorites, nommait Platon un *peintre d'idées*, expression qu'on lui a appliquée à lui-même.

lement empressé à vous donner des preuves des sentiments par lesquels je vous suis attaché.

BUFFON.

(Appartient au comte de Brosses.)

LETTRE XXXIX

A L'ABBÉ LE BLANC.

Montbard, le 21 mars 1750.

J'ai été, mon cher ami, depuis votre départ, fort incommodé d'une chute que j'ai faite en allant à Versailles (1), et ensuite j'ai eu des occupations si pressées que je n'ai pu vous écrire plus tôt.

Je commence par vous dire que ce que vous me marquez au sujet de votre santé m'étonne et m'inquiète. Comment se fait-il que vous n'ayez pas encore pu oublier les sujets de chagrin qu'on vous a donnés si mal à propos, et qui n'ont fait tout au plus qu'une impression passagère sur l'esprit des autres?

Vous avez triomphé de vos ennemis; vous êtes mieux du côté de la fortune que vous ne l'avez été jusqu'ici; vous voyagez avec un homme que vous aimez (2), dans un pays où vous pouvez trouver à tout moment des objets de votre goût. Tout cela me ferait croire que vous devriez être heureux, et, si vous l'étiez, votre santé se rétablirait bientôt. Il n'y a, ce me semble, qu'une seule précaution à prendre, et que l'état où vous êtes et le climat que vous habitez paraît exiger, c'est que vous mangiez peu (3).

Bien des gens me demandent de vos nouvelles, M. Guéneau (4), M. Dau-

(1) Cette chute eut de fâcheuses conséquences sur la santé de Buffon. Il faillit être étouffé sous le poids de deux personnes qui se trouvaient dans la même voiture,

(2) L'abbé Le Blanc, qui avait obtenu la faveur de la marquise de Pompadour par des vers à son adresse et avait reçu le titre d'historiographe des bâtiments du Roi, commençait un voyage en Italie en compagnie du marquis de Vandières, frère de la favorite, directeur général des bâtiments. Soufflot et Cochin étaient du voyage que le marquis d'Argenson annonce ainsi dans son journal : « M. de Vandières, frère de la marquise et reçu en survivance de M. de Tournehem, part enfin vendredi pour son grand voyage d'Italie, où il doit aller se former le goût, pour nous faire de belles choses en France. Mais ce voyage doit coûter cher à l'État. On lui donne des historiographes des bâtiments (l'abbé Le Blanc), des conseils, des gouverneurs, des dessinateurs. Enfin ne verra-t-on que folie sur folie, et rien de salutaire au peuple! »

(3) L'abbé Le Blanc était aussi gros mangeur que grand parleur.

(4) Philibert Guéneau de Montbéliard, né à Semur le 2 avril 1720, mort le 28 novembre 1785, voisin et ami de Buffon, collaborateur à l'*Histoire naturelle des animaux et des oiseaux*, précédemment connu par une grande entreprise provinciale. La *Collection académique*, fondée à Dijon en 1754, par le docteur Berryat, dix ans avant l'*Encyclopédie* (18 vol. in-4°). Guéneau de Montbéliard a eu pour collaborateurs dans cette vaste entreprise les deux Daubenton, l'avocat général Jean Nadault, correspondant de l'Académie des sciences, les deux frères de Buffon, le chevalier de Buffon et le prieur de Cîteaux, Potot de Montbéliard et sa sœur, émule de Mme Dacier, le marquis de Tyard, le chevalier de Bonnard, l'abbé Berthier, Lar-

benton (1), M. Nicole (2), M. Dupré (3), M. de la Popelinière (4), et bien d'autres. J'en ai dit à M. Trudaine, et il m'a paru sensible à votre souvenir. Tout le monde parle bien de votre voyage, et vos ennemis sont dans le silence. L'un de ceux qui vous ont fait le plus tort, l'abbé (5) que vous me citez, me paraît tomber tous les jours de plus en plus dans le mépris. Pourquoi donc ne vous tranquillisez-vous pas, mon cher ami? Reposez-vous sur nous de tout ce qui peut regarder votre réputation.

J'aimerais mieux combattre pour cette cause que pour la mienne, contre les jansénistes, dont le gazetier m'a attaqué (6) aussi vivement, mais un peu moins malhonnêtement qu'il n'a fait pour le président Montesquieu (7). Il a répondu par une brochure assez épaisse et du meilleur ton (8). Sa réponse

cher, etc. Ayant abandonné la *Collection académique*, il a donné des articles à l'*Encyclopédie*. On connaît de lui deux discours sur l'inoculation et la peine de mort.

Le nom de Guéneau de Montbéliard reviendra désormais fréquemment dans la correspondance de Buffon.

« Il y avait vingt-cinq ans, dit le P. Ignace, que M. de Buffon connaissait M. Guéneau de Montbéliard, et ce n'est que huit ans après leur connaissance qu'ils se sont liés de la plus étroite amitié. Depuis environ treize ans ils ont travaillé ensemble. »

(1) Louis-Jean-Marie Daubenton, collaborateur de Buffon, précédemment cité.

(2) François Nicole, mathématicien, né le 23 décembre 1683, mort le 8 janvier 1758, membre de l'Académie des sciences, auteur de tables et de calculs destinés à démontrer la fausseté de la quadrature du cercle, question qui occupait alors l'Académie.

(3) Dupré de Saint-Maur, né en 1695, mort en 1774, de l'Académie française en 1733, auteur d'une table de mortalité, insérée par Buffon dans son *Histoire de l'Homme*. Montesquieu est mort chez lui.

(4) Alexandre-Jean-Joseph Le Riche de La Popelinière, fermier général, né en 1692, mort le 5 décembre 1762, le Mécène des hommes de lettres et des artistes; son accueil, son luxe, son salon et ses dîners étaient renommés. Sa mort donna lieu à cet impromptu :

Sous ce tombeau repose un financier,
Qui fut de son état l'honneur et la critique;
Vertueux, bienfaisant, mais toujours singulier,
Il soulagea la misère publique :
Passants, priez pour lui, car il fut le premier.

(5) L'abbé Trublet, candidat perpétuel à l'Académie française comme l'abbé Le Blanc, et cette fois son concurrent heureux.

(6) Buffon avait été, en effet, attaqué violemment dans les numéros des 6 et 18 février 1750 de la feuille janséniste *les Nouvelles ecclésiastiques*. Le même journal avait, l'année précédente, dénoncé l'*Esprit des lois* dans deux articles des 9 et 16 octobre 1749.

(7) Charles de Secondat, baron de Montesquieu, magistrat, écrivain et philosophe, né en 1689, mort en 1755, auteur des *Lettres persanes* (1721), des *Considérations sur la cause de la grandeur et de la décadence des Romains* (1734), de l'*Esprit des lois* (1748). Montesquieu s'est montré d'une extrême réserve vis-à-vis de Buffon; il dit de lui dans sa correspondance : « M. de Buffon vient de publier trois volumes qui seront suivis de douze autres; les trois premiers contiennent des idées générales; M. de Buffon a, parmi les savants de ce pays-ci, un très grand nombre d'ennemis, et la voix prépondérante des savants emportera, à ce que je crois, la balance pour bien du temps : pour moi, qui y trouve de belles choses, j'attendrai avec tranquillité et modestie la décision des savants étrangers. Je n'ai pourtant vu personne à qui je n'aie entendu dire qu'il y avait beaucoup d'utilité à le lire. » (Lettre à Mgr Cerati.) Buffon a imité la réserve de Montesquieu, et c'est à peine si on trouve son nom cité deux ou trois fois dans sa correspondance.

(8) La réponse de Montesquieu, *Apologie de l'Esprit des lois, ou Réponse aux obser-*

a parfaitement réussi; malgré cet exemple, je crois que j'agirai différemment et que je ne répondrai pas un seul mot (1). Chacun a sa délicatesse d'amour-propre; la mienne va jusqu'à croire que de certaines gens ne peuvent pas même m'offenser.

J'aurai occasion de voir un de ces jours Mme la marquise de Pompadour (2), et je chercherai à lui parler de vous.

Comptez que je ferai de même toutes les fois que je verrai M. de Tournehem (3) et M. de Voyer (4). Je vous suis bien obligé des remarques d'histoire naturelle que vous me faites dans vos lettres, et j'en ferai usage. J'attends que vous soyez établi à Rome pour un peu de temps; je vous enverrai alors un petit mémoire sur ce que je souhaiterais avoir.

Je ne sais guère de nouvelles autres que celles que la Gazette peut vous apprendre.

Nous avons reçu à l'Académie M. de Malesherbes (5) à la place de M. le

vations de l'abbé Delaporte, par M. B. (1751. Brochure de 140 pages), est elle-même une œuvre capitale.

(1) Buffon se tint parole; il ne fit aucune réponse sinon celles à la Sorbonne, lorsqu'elle le menaça de sa censure. Il observa constamment la même réserve pendant tout le cours de la publication de ses ouvrages en interdisant à ses amis, les présidents de Ruffey et de Brosses, Guéneau de Montbéliard et Panckoucke, de répondre. Il estimait que c'était perdre son temps. Il garda le même silence à propos des *Époques de la nature*, dont la publication renouvela les attaques dirigées contre la *Théorie de la terre*, et se contenta cette fois de charger l'abbé Bexon de répondre à la Sorbonne. Ce projet de réponse, retrouvé dans les papiers de l'abbé Bexon, a été publié en 1860 par M. Flourens dans son volume des *Manuscrits de Buffon*.

(2) Jeanne-Antoinette Poisson, marquise de Pompadour, née en 1722, morte le 14 avril 1764, à quarante-deux ans, reprochait à Buffon d'avoir parlé mal de l'amour et de ne pas venir lui faire sa cour à Versailles, bien qu'il eût les petites entrées de la chambre. Cependant elle lui témoigna constamment les plus grands égards. Buffon lui dut de nombreuses faveurs pour ses amis, et la favorite lui envoya, quelque temps avant sa mort, par un caprice envié des plus grands seigneurs, son carlin, son perroquet et son sapajou, qui sont morts à Montbard.

(3) Lenormand de Tournehem, d'abord fermier général, et ensuite directeur et ordonnateur des bâtiments du Roi. La marquise de Pompadour, élevée dans sa maison, avait épousé son neveu, Lenormand d'Etioles.

(4) Marc-René, marquis de Voyer, fils de Marc-Pierre, comte d'Argenson, déjà nommé.

(5) Chrétien-Guillaume de Lamoignon de Malesherbes, ministre et défenseur de Louis XVI, né le 6 décembre 1721, mort sur l'échafaud révolutionnaire le 22 avril 1794 à soixante-douze ans, de l'Académie des sciences en 1750, de celle des inscriptions en 1759, de l'Académie française le 16 février 1775. Il avait succédé, en 1750, dans la présidence de la cour des aides, à son père Guillaume de Lamoignon, promu chancelier, et avait, ainsi qu'on le verra plus loin, adressé en cette qualité de sévères remontrances à Jacques Varennes, ami de Buffon. Lorsqu'à l'apparition des premiers volumes de l'*Encyclopédie* Diderot fut enfermé à Vincennes, Malesherbes, directeur de la librairie, sauva les manuscrits qu'il était chargé de détruire. Lorsque l'*Emile* fut brûlé par la main du bourreau, les épreuves de l'ouvrage qui s'imprimait en Hollande entraient en France sous le couvert du directeur de la librairie.

« Le président de Malesherbes, qui conduit aujourd'hui la direction des privilèges du Roi et la censure des livres sous son père le chancelier de Lamoignon, écrit le marquis d'Argenson dans son journal à la date du 11 mars 1753, s'y prend fort joliment. Il laisse passer tout ce qui se présente, disant qu'il vaut mieux garder notre argent dans le royaume que de

duc d'Aiguillon (1), qui est mort il y a six semaines. Je reçois souvent des lettres de Maupertuis, et j'ai envie de lui faire vos compliments.

On donnera après Pâques une pièce de Marmontel (2), *Cléopâtre* (3) ; quelques-uns en disent beaucoup de bien. *Aristomène* (4) est tombé à l'impression. Nous aurons aussi, à ce qu'on prétend, *Rome sauvée*, de Voltaire (5). Il dit dans le monde que Mme la duchesse du Maine (6) a exigé qu'il la donnât au public.

La seconde édition de notre livre sera en vente au 1er avril, et la troisième, qui est in-douze, le sera à la fin du même mois.

le laisser passer à l'étranger. Puis, quand les ordres d'en haut surviennent pour prohiber, il les publie et revient à sa tolérance d'une façon qu'elle reste et règne plus dans la littérature que l'intolérance. » Exilé par Louis XV, il devint en 1775 ministre de Louis XVI en même temps que Turgot, son ami, et se retira avec lui en 1776. Rappelé en 1787, il ne passa que quelque temps aux affaires. Malesherbes, collègue de Buffon à l'Académie des sciences et à l'Académie française, se montra toujours son ami, bien qu'il ait laissé une critique posthume assez sévère de l'*Histoire naturelle*, critique écrite en 1750 à l'âge de vingt-huit ans.

(1) Armand-Louis de Vigneron Duplessis, duc d'Aiguillon, né en 1683, mort le 21 janvier 1750, père du duc d'Aiguillon, dont la querelle avec le Parlement devint le signal de l'opposition de la magistrature. Le père du duc d'Aiguillon ne joua aucun rôle politique ; il vécut à l'écart, en cultivant les lettres et les sciences. On a de lui des écrits qui lui ont ouvert les portes de l'Académie française.

(2) J.-François Marmontel, poète, auteur dramatique et moraliste, né en 1723, mort en 1799. Tour à tour favori de la cour et frappé de disgrâce, la marquise de Pompadour le faisait nommer, en 1753, secrétaire des bâtiments du Roi, et lui faisait obtenir, en 1758, le fructueux privilège du *Mercure*, où il publia les *Contes moraux;* mais, au bout de deux ans, le *Mercure* lui était retiré et il était enfermé à la Bastille. Son roman de *Bélisaire*, en 1767, lui attira la censure de la Sorbonne, mais, en 1771, il était nommé historiographe du Roi. Marmontel a écrit des opéras comiques avec Grétry et des opéras. Il a laissé des mémoires dans lesquels il ne ménage pas Buffon, que ses étroites relations avec le parti encyclopédique ne lui avait pas appris à aimer, bien qu'il fût, comme lui, de l'intimité de Necker. Marmontel, comme La Harpe, survécut à la Révolution et parut un instant, en 1797, au Conseil des Anciens.

(3) *Cléopâtre* fut représentée cette même année. On avait fait de grands frais pour la mise en scène. Vaucanson avait fabriqué un aspic automate qui sifflait en s'agitant. Lorsqu'après la pièce on demanda au foyer son opinion au marquis de Louvois, il répondit : « Je suis, messieurs, de l'avis de l'aspic. »

(4) *Aristomène*, représentée au Théâtre-Français le 30 avril 1749. C'était le début de Marmontel qui n'avait encore donné au théâtre que *Denys le Tyran* le 5 février 1748. Le public applaudit avec enthousiasme des vers où il voyait une allusion aux prodigalités de la cour :

> Tributs qu'au bien public consacraient nos ancêtres,
> Et qui ne servent plus qu'à l'orgueil de nos maîtres.

Ces vers ayant disparu aux autres représentations et à l'impression, le succès de la pièce ne se soutint pas.

(5) *Rome sauvée*, représentée pour la première fois à Paris le 8 juin 1750, sur un théâtre particulier. Voltaire y remplit le rôle de Cicéron. Le 22 juin on la joua à Sceaux, chez la duchesse du Maine ; mais ce ne fut que le 24 février 1752, pendant le séjour de Voltaire en Prusse, qu'elle fut donnée au Théâtre-Français.

(6) Anne-Louise-Bénédicte de Bourbon, duchesse du Maine, née en 1676, morte en 1753, a fait de sa vie deux parts : la première, pour la politique et l'ambition ; la seconde, pour les lettres dans sa retraite de Sceaux, au milieu d'un cercle de beaux esprits qui témoignaient leur reconnaissance à leur bienfaitrice en célébrant de confiance ses vertus.

M. votre père (1) m'a écrit une lettre de politesse et d'amitié à laquelle j'ai répondu de mon mieux.

Adieu, mon cher ami ; continuez à me donner de vos nouvelles souvent, et comptez, je vous prie, sur les sentiments les plus sincères et les plus inviolables. N'oubliez pas de gagner le grand jubilé, pour vous et pour vos amis (2).

BUFFON.

(*Mélanges* des Bibliophiles français.)

LETTRE XL

AU MÊME.

Montbard, le 23 juin 1750.

Je vous écris directement, mon cher ami, parce qu'il y a huit jours que je suis à Montbard, et je n'ai pas cru qu'il convînt d'envoyer ma lettre par la poste à M. Perrier (3). Je vous suis très sensiblement obligé des services que vous m'avez rendus au sujet de mon livre.

J'ai pris la liberté d'écrire à M. le duc de Nivernais (4), qui m'a répondu de la manière du monde la plus polie et la plus obligeante. J'espère donc qu'il ne sera pas question de le mettre à l'index, et, en vérité, j'ai tout fait pour ne pas mériter et pour éviter les tracasseries théologiques, que je crains beaucoup plus que les critiques des physiciens ou des géomètres.

(1) On avait fait passer l'abbé Le Blanc pour être fils d'un geôlier, et ce bruit, auquel d'Argenson attribue les insuccès académiques de l'abbé Le Blanc, est peut-être la cause du grand chagrin dont Buffon s'efforce de le consoler. Cependant il résulterait des recherches de M. Louis de Cissey, à qui on doit d'intéressantes études sur les familles bourguignonnes, que celle de l'abbé Le Blanc, originaire de Beaune, remonterait à Louis le Gros, en justifiant de services rendus à l'armée et à l'église, de services municipaux et de vertus héréditaires.

(2) On lit dans les mémoires du marquis d'Argenson :

« Le jubilé est arrivé ; le nonce l'a remis à MM. le chancelier et de Puysieux. On prétend qu'il est fatal aux appelants et opposants à la constitution (*la bulle Unigenitus*). Le pape l'avait d'abord envoyé pur et simple ; on l'a renvoyé pour qu'il fût plus constitutionnaire. On aurait mieux fait de le copier sur celui de 1745, auquel j'eus beaucoup de part, et dont on fut généralement satisfait ; du moins ne causa-t-il aucun trouble. »

« 2 février 1751. — On assure que le Roi gagnera son jubilé et fera ses Pâques. La marquise dit qu'il n'y a plus que de l'amitié entre le Roi et elle, et que l'on mettra quinze jours de retraite et de trêve à cette même amitié. Aussi se fait-elle faire pour Bellevue une statue où elle est représentée en *déesse de l'amitié*.

« 10 avril 1751. — Le jubilé du Roi n'a pas lieu. »

(3) Fils de François Perrier, substitut du procureur général près le parlement de Dijon, qui a laissé des travaux de jurisprudence.

(4) Louis-Jules Barbon Mancini de Mazarin, duc de Nivernais, né le 16 décembre 1706, mort le 15 février 1798, successeur de Massillon à l'Académie française, fit partie du Conseil sous le ministère du comte de Vergennes.

La troisième édition de cet ouvrage vient de paraître, et se débite avec autant de rapidité que la première et la seconde.

Je partage avec vous la satisfaction que vous avez eue de voir vos ouvrages goûtés par tout ce que nous avons de plus respectable dans l'Église, et je suis charmé que vous les ayez présentés à Sa Sainteté, et que vous ayez eu son approbation. J'ai fait voir cet article de votre lettre à quelques personnes, et j'imagine qu'à votre retour vous obtiendrez le privilège que vous demandez, et qu'il est en effet très injuste de vous refuser. Le P. Jacquier (1) est un homme d'un grand mérite, et je suis charmé que vous soyez de ses amis. Je vous serai bien obligé si vous voulez bien l'assurer de ma part que personne ne peut l'estimer et l'honorer plus que je ne le fais.

Dans la dispute que j'eus il y a plus de deux ans avec Clairaut (2), au sujet du mouvement de l'apogée de la lune, je défendis Newton (3) et ses commentateurs; mais Clairaut s'étant depuis rétracté, et ayant supprimé les parties de son mémoire qui attaquaient directement les commentateurs, j'ai été obligé aussi de supprimer ce que j'avais écrit pour maintenir cette théorie, et il n'y a d'imprimé dans le volume de 1745 que ce qui regarde en général la loi de l'attraction. Je vous écris ceci pour que le R. P. Jacquier voie que je désire beaucoup une part dans ses amitiés.

J'écrirai au premier jour à Maupertuis, et je tâcherai de lui proposer d'une manière efficace les choses que vous souhaitez. Au reste, je ne réponds plus de rien. Maupertuis est en effet un honnête homme; mais il se grippe quelquefois, et je ne sais s'il n'est pas toujours piqué. Quoi qu'il en soit, je lui écrirai, et je lui écrirai pressamment, surtout pour que vous soyez de l'Académie.

Je retourne à Paris dans trois semaines. Je suis venu passer ici le temps du voyage de Compiègne (4). On vous aura peut-être écrit que Voltaire fait

(1) François Jacquier, né le 7 juin 1711, mort le 3 juillet 1788, correspondant de l'Académie des sciences, a publié à vingt-huit ans, avec le P. Lesueur, un commentaire de Newton. Fixé à Rome, il y occupa plusieurs chaires de mathématiques, et fut professeur à l'Université de Turin. Le président de Brosses l'ayant rencontré, dans son voyage en Italie, à la bibliothèque de la Trinité-du-Mont, écrivait : « J'y ai trouvé un P. Jacquier, très habile géomètre, qui travaille avec un sien compagnon à un commentaire en quatre volumes in-4° sur les principes de la philosophie de Newton. Les premiers volumes s'impriment actuellement à Genève. J'ai ouï dire beaucoup de bien de cet ouvrage. Vous savez ce que disait Malebranche, que Newton était monté au plus haut de la tour et avait tiré l'échelle après lui. Le P. Jacquier fabrique une nouvelle échelle pour pouvoir l'atteindre. Je lui reprochai, en riant, son ingratitude d'avoir préféré la méthode newtonienne à celle de Wolff, qui a si bien mérité de l'ordre des Minimes par son traité *de Minimis et Maximis* : mauvaise pointe... »

(2) A la suite de mémoires lus à l'Académie des sciences, en 1747, Clairaut avait fait paraître sa *Théorie de la lune*. Buffon et d'Alembert l'avaient combattu; mais Clairaut s'étant rétracté, Buffon ne crut pas devoir rappeler la discussion dans sa *Théorie de la terre*.

(3) Isaac Newton, déjà nommé.

(4) Le séjour de Louis XV à Compiègne pendant l'été de 1750. C'était la première fois que le Roi ne passait pas par Paris, dans la crainte d'être insulté par la populace : « Eh quoi, aurait-il dit, je me montrerais à ce vilain peuple qui a dit de moi que je suis son Hérode ! »

jouer chez lui toutes les pièces que les comédiens ont refusées. J'entends faire à quelques-uns des éloges de sa *Rome sauvée ;* l'abbé Sallier (1), qui l'a vu représenter, m'en a dit du bien. Vous avez bien fait de lui écrire; il m'a demandé souvent de vos nouvelles (2). Mme Dupré m'a aussi chargé de vous dire bien des choses de sa part. J'ai souvent parlé de vous chez elle et chez M. Trudaine (3), et il ne m'a pas paru qu'ils aient, comme vous vous le persuadiez, changé de manière de penser sur votre sujet. Oubliez, mon cher ami, les chagrins que vous avez eus; les autres ont déjà oublié les calomnies qui les ont occasionnés. Soyez donc tranquille; portez-vous bien et continuez à me donner souvent de vos nouvelles. Personne ne vous est plus essentiellement attaché que je le suis.

BUFFON.

(Collection du baron Feuillet de Conches.)

LETTRE XLI

AU MÊME.

Montbard, le 22 octobre 1750.

.... Maupertuis me marque que Voltaire doit rester en Prusse, et que c'est une grande acquisition pour un roi qui a autant de talent que de goût (4). Entre nous, je crois que la présence de Voltaire plaira moins à Maupertuis qu'à tout autre; ces deux hommes ne sont pas faits pour demeurer ensemble dans la même chambre (5).

Les affaires du clergé font aujourd'hui grand bruit. Tous les honnêtes gens admirent la bonté du roi et crient contre l'orgueil et la désobéissance des prêtres, qui ont refusé nettement de donner la déclaration des biens qu'ils

« Lorsque, pour les voyages de Compiègne, le Roi craignait de passer par Paris pour ne pas être témoin de la misère du peuple, la première couchée de la cour était à Saint-Ouen, au *Duc de Gesvres.* » (Mémoires du marquis d'Argenson.)

(1) L'abbé Claude Sallier précédemment nommé.

(2) Ce passage de la lettre de Buffon à l'abbé Le Blanc témoigne de la fréquence et de la cordialité des rapports qui existaient à cette date entre Buffon et Voltaire.

(3) Daniel-Charles Trudaine, déjà nommé.

(4) Frédéric II dit le Grand, né en 1712, mort en 1786, fondateur de la puissance militaire et politique de la Prusse, grand général, grand homme d'État, grand écrivain, vainqueur de l'Autriche à Friedberg en 1745 et de la France à Rosbach en 1757, correspondant et familier de Voltaire, Diderot, d'Alembert, Maupertuis et Buffon, a écrit dans notre langue en vers et en prose de manière à prendre place au premier rang des écrivains français.

(5) Buffon avait deviné juste. Le séjour de Voltaire à Berlin devait brouiller Voltaire avec Maupertuis, président de l'Académie. Maupertuis n'avait pas tardé, en effet, à prendre ombrage de la faveur dont jouissait Voltaire près du Roi, et ses sourdes manœuvres finirent par amener une rupture. Voltaire se vengea en couvrant Maupertuis de ridicule dans la *Diatribe du docteur Akakia, médecin du pape.* L'orgueil de Maupertuis en reçut un coup mortel. Il devint sombre et taciturne, et mourut sans avoir pardonné.

possèdent (1). Heureusement on tient ferme, et on leur a déjà fait sentir qu'on les y forcerait. Ils sont tous renvoyés retenus dans leurs diocèses, et comme le Roi est à Fontainebleau, diocèse de Sens, l'archevêque (2) a cru qu'il lui serait permis d'aller comme à l'ordinaire faire sa cour; mais il a reçu ordre de rester à son archevêché. Je tiens cette nouvelle de son neveu, dont je suis voisin (3).

BUFFON.

(*Mélanges* des Bibliophiles français.)

LETTRE XLII

A SAMUEL FORMEY (4).

Paris, le 6 décembre 1750.

J'ai, monsieur, des excuses sans nombre à vous faire. Quelque bonté et quelque indulgence que vous ayez, je ne sais ce que vous devez penser de

(1) Le contrôleur général Machault, garde des sceaux, avait demandé au clergé un état des biens ecclésiastiques. Trois ans auparavant, en 1747, soutenu par d'Aguesseau, dont ce fut le dernier acte d'administration, il avait obtenu du Conseil un arrêt : « Défendant tout nouvel établissement de chapitre, collège, séminaire, maison religieuse ou hôpital, sans permission du Roi, et lettres patentes expédiées et enregistrées dans les cours souveraines; révoquant tous établissements faits sans cette autorisation; interdisant à tous les gens de main-morte d'acquérir, recevoir ou posséder aucun fonds, maison ou rente, sans autorisation. »

Le clergé protesta en présentant au Roi des doléances :

« Nous connaissons la justice et la magnanimité de Votre Majesté. Elle ne trouvera point mauvais que le clergé ne consente jamais à donner comme un tribut d'obéissance ce qu'il a toujours donné comme une preuve d'amour et de respect. »

Le clergé offrit des dons volontaires, et l'État, à bout de ressources, dut accepter. « Cependant, disent les Mémoires d'Argenson, le Roi n'entend pas raillerie sur le refus du clergé. On renvoie tous les évêques que l'on trouve à Paris, et Sa Majesté dit à ceux qu'il voit à sa cour : « Monsieur, pourquoi n'êtes-vous pas dans votre diocèse ? » Ce qui les fait partir sur-le-champ. C'est ce qui vient d'arriver à l'évêque de Saint-Brieuc. C'est certainement un grand bien que de les obliger à la résidence. »

Le clergé n'en continua pas moins sa résistance. Louis XV, qui se faisait vieux, redoutait l'excommunication, et la marquise de Pompadour, appréhendant le sort de la duchesse de Châteauroux, ralentit le zèle du garde des sceaux.

(2) L'archevêque de Sens était Jean-Joseph Languet de Gergy, né à Dijon le 25 août 1677, mort le 11 mai 1753, frère du curé de Saint-Sulpice, à propos duquel Buffon, écrivant à l'abbé Le Blanc le 9 août 1732, employait le mot de *friponnerie*. J.-J. Languet de Gergy, successivement aumônier de la Dauphine, vicaire général de Moulins, abbé de Coëtmaloën en 1709, et de Saint-Just en 1723, évêque de Soissons en 1715, archevêque de Sens depuis 1730, membre depuis le 6 juillet 1721 de l'Académie française où il devait avoir Buffon pour successeur, polémiste ardent comme Mgr Dupanloup, un des défenseurs les plus convaincus de la bulle *Unigenitus* et de la dévotion au Sacré-Cœur. Ses œuvres ont été recueillies en 1753 en deux volumes in-folio. Le Parlement en avait interdit la vente.

(3) Louis Cardevac, marquis d'Avrincourt, marié à Antoinette Languet, neveu par alliance de l'archevêque de Sens et du curé de Saint-Sulpice.

(4) Jean-Henri-Samuel Formey, philosophe et littérateur, né le 31 mai 1711 de parents

moi, d'abord de ne vous avoir pas remercié de toutes les attentions obligeantes que vous m'avez témoignées, et ensuite d'avoir même oublié de vous marquer ma reconnaissance des présents (1) que vous m'avez faits.

J'avais envie de prendre un médiateur auprès de vous. Je voulais écrire à M. le président Maupertuis de vous demander grâce pour moi. Il aurait pu vous dire en même temps l'estime particulière que j'ai conçue pour vous, monsieur, et le cas que je fais depuis longtemps des productions de votre esprit.

Vous pensez avec une facilité et une fécondité qui me charment, et vous écrivez comme vous pensez. J'ai lu *les Songes*, *l'Existence de Dieu* (2), etc., avec bien du plaisir, et je voudrais bien voir ce que vous avez écrit au sujet de mon livre d'histoire naturelle (3). Mais aucun de nos libraires ne connaît la *Bibliothèque impartiale* (4). J'ai remis à leur destination les livres que vous venez de m'envoyer et ceux que vous m'aviez envoyés précédemment.

Le projet du *Dictionnaire encyclopédique* (5) paraît ici depuis quelques jours. Vous êtes nommé, monsieur, avec des éloges qui vous sont dus, et non seulement comme auteur, mais comme un galant homme, qui sacrifie son bien particulier à l'avantage public. Au reste, cet ouvrage, dont les auteurs (6) m'ont communiqué plusieurs articles, sera bon.

On réimprime ici l'*Astronomie nautique* (7) et la *Vénus physique* (8) de

français, mort le 8 mars 1797, membre de l'Académie de Berlin à sa fondation. Adjoint, en 1746, à de Jarriges, secrétaire de la classe de philosophie, il lui succéda en 1748; il était, en outre, conseiller privé. Nous avons publié, dans la première édition de la *Correspondance*, une lettre par laquelle il annonce à Buffon, le 10 juin 1746, son élection à l'Académie de Berlin. (Voir la *Biographie de Buffon*, par M. le Dr de Lanessan.)

(1) Un envoi d'échantillons d'histoire naturelle offert personnellement à Buffon, et remis par lui, comme d'habitude, au Cabinet du Roi.

(2) Chapitres de l'ouvrage de Samuel Formey : *Traité des dieux et du monde, par Salluste le philosophe, traduit du grec, avec des réflexions philosophiques et critiques* (1748 et 1808, in-8°).

(3) Samuel Formey a donné dans *la France littéraire, ou Dictionnaire des auteurs français vivants*, une analyse étendue de l'*Histoire naturelle*.

(4) La *Bibliothèque germanique*, commencée, en 1720, par Beausobre, continuée jusqu'en 1742 par Formey et Mauclerc. Formey fonda alors la *Nouvelle bibliothèque germanique*, dite *Bibliothèque impartiale*, qui comprend vingt-cinq volumes.

(5) Les deux premiers volumes de l'*Encyclopédie*, dédiés au comte d'Argenson, parurent l'année suivante, en 1751. Un arrêt du Conseil, du 7 février 1752, les supprima et suspendit l'impression; mais les éditeurs ne tardèrent pas à obtenir le retrait de l'arrêt, et il parut cinq nouveaux volumes; un second arrêt du Conseil, du 8 mars 1759, retira le privilège; mais grâce à la protection du duc de Choiseul et à la complicité de Malesherbes, directeur de la librairie, le privilège fut rendu, et l'*Encyclopédie* put désormais paraître sans avoir à craindre la censure.

(6) D'Alembert et Diderot.

(7) L'*Astronomie nautique* de Maupertuis, imprimée à l'imprimerie royale, en 1743, et envoyée dans tous les ports par ordre du Roi, en 1751.

(8) La *Vénus physique*, imprimée pour la première fois en 1745, renferme une théorie sur la génération différente de celle de Buffon. C'est celui des ouvrages de Maupertuis qui a fait le plus de bruit autour de son nom, mais qui lui a valu le plus de contradictions et d'attaques.

M. de Maupertuis. J'aurai l'honneur de lui écrire bientôt et de lui en donner des nouvelles.

Je vous offre, monsieur, mes services en ce pays-ci, et je vous supplie d'être persuadé de la sincérité de mes sentiments et du désir que j'aurais de vous en donner des preuves. J'ai l'honneur d'être avec la parfaite estime, monsieur, votre très humble et très obéisssant serviteur.

BUFFON.

(Bibliothèque nationale, collection Matter.)

LETTRE XLIII

A M. ARTHUR.

Au Jardin du Roi, le 17 février 1751.

J'ai reçu, monsieur, la caisse de curiosités et les échantillons que je vous avais demandés et que vous avez bien voulu m'envoyer pour le Cabinet du Roi; je vous en fais, monsieur, tous mes remercîments et j'aurai soin d'en informer le ministre aussi bien que M. de La Porte.

Je désirerais fort qu'on voulût se prêter à reconnaître un peu votre zèle et vos services déjà anciens dans la colonie.

Vous ne pouviez nous faire plus de plaisir que de nous envoyer des oiseaux, la suite que nous avons n'étant pas complète, à beaucoup près. J'ai l'honneur d'être, avec un parfait attachement, monsieur, votre très humble et très obéissant serviteur.

BUFFON.

(Appartient au docteur Tessereau.)

LETTRE XLIV

A MM. LES DÉPUTÉS ET SYNDIC

DE LA FACULTÉ DE THÉOLOGIE.

Le 12 mars 1751.

Messieurs,

J'ai reçu la lettre que vous m'avez fait l'honneur de m'écrire, avec les propositions qui ont été extraites de mon livre (1), et je vous remercie de m'avoir mis à portée de les expliquer d'une manière qui ne laisse aucun doute ni aucune incertitude sur la droiture de mes intentions ; et si vous le désirez,

(1) On trouvera cette lettre et les propositions de la Sorbonne à la page 263 du tome Ier de la première édition de la *Correspondance annotée* de Buffon.

messieurs, je publierai bien volontiers, dans le premier volume de mon ouvrage qui paraîtra, les explications que j'ai l'honneur de vous envoyer (1).

Je suis avec respect, messieurs, votre très humble et très obéissant serviteur.

BUFFON.

(Publiée dans les Suppléments à l'*Histoire naturelle.*)

LETTRE XLV

A L'ABBÉ LE BLANC.

Au Jardin du Roi, le 24 avril 1751.

Je viens de recevoir votre lettre datée de Florence, 1er avril, et je suis charmé, mon cher ami, de voir que vous commencez à vous rapprocher de nous. Le temps où vous devez revenir en effet ne doit plus être éloigné (2), et j'aurais voulu que vous m'en eussiez dit quelque chose.

Comme vous ne me dites rien non plus de votre santé, je suppose qu'elle est bonne. La mienne n'est pas parfaite; j'ai depuis près de cinq mois un rhume qui m'incommode beaucoup. Quantité de gens sont dans le même cas; cet hiver a été terrible par les maladies que l'humidité continuelle a produites. Encore actuellement, il pleut, et depuis plus de deux mois il n'y a pas eu un seul jour sans pluie. Il y a eu à Paris deux inondations, toutes deux fort grandes; vous en aurez une idée en vous disant que le terrain qui termine le Jardin du Roi était inondé, et qu'il y avait par conséquent sept ou huit pieds d'eau dans les marais voisins; ils sont encore couverts de plus d'un pied partout. Mon premier soin, en arrivant à Paris, sera de demander de vos nouvelles; je dis: en arrivant à Paris, parce qu'il n'y a que quelques jours que je suis de retour de Montbard, où j'ai passé près de deux mois. Baudot me dit que vous aviez écrit de Florence, et il suppose, comme moi, que vous ne devez pas tarder à revenir. Tous vos amis le désirent; il y a près de seize mois que vous êtes parti!

Je dînai avant-hier avec M. de La Popelinière; il vous aime, et nous parlâmes beaucoup de vous. J'ai vu aussi M. le marquis de L'Hopital (3) chez

(1) La réponse de Buffon à la Sorbonne a paru dans les *Suppléments à l'Histoire naturelle.* Nous l'avons reproduite à la page 264 de la première édition de la *Correspondance* de Buffon. On la trouvera pareillement au tome XI de l'édition de M. le Dr de Lanessan.

(2) Cette lettre est adressée *A monsieur l'abbé Le Blanc, Historiographe des Bâtiments de Sa Majesté très chrétienne, en compagnie de M. de Vandière, Directeur Général des Bâtiments, à Florence.* On a lu précédemment une lettre écrite par Buffon à l'abbé Le Blanc le 21 mars 1750, lors de son départ; à la date de celle-ci, après plus d'un an d'absence, le marquis de Vandières, l'abbé Le Blanc, Soufflot et Cochin étaient sur le point de rentrer en France.

(3) Fils de Guillaume-François-Antoine, marquis de L'Hopital, né en 1661, mort en 1704,

M. Boulongne (1), et j'ai pris jour pour l'aller voir chez lui et causer de vous à mon aise. Il parle de vous aussi bien que vous et vos amis pouvez le désirer. J'avais lu à M. et Mme de Boulongne l'article de votre lettre datée de Naples où vous faisiez l'éloge de cet honnête ambassadeur; il me parut qu'ils en étaient très flattés. J'ai aussi fait voir à plusieurs personnes votre description du Vésuve (2). Comme je l'ai trouvée parfaitement bien faite, j'ai eu du plaisir à la lire à un grand nombre de personnes, et entre autres à M. Trudaine et à Mme Dupré. J'ai aussi quelquefois entendu parler de vous pour l'Académie française, et je suis fâché que M. de La Chaussée, pour exclure Piron (3), ait tourné les vues de l'Académie sur le marquis de Bissy (4), qui comme vous le savez, a eu la dernière place vacante; car il me

après avoir puissamment contribué à propager Leibnitz et Newton, connu par des travaux considérables sur la géométrie. « M. de Buffon m'a dit, rapporte Hérault de Séchelles dans son voyage à Montbard, qu'il avait étudié de bonne heure les mathématiques dans les écrits d'Euclide et dans ceux du marquis de l'Hopital. »

(1) Boulongne de Préminville, maître des requêtes en 1750, conseiller d'état en 1757, membre du conseil des finances, un instant contrôleur général. Fréron lui écrivait :

Des millions de vers me passent par les mains;
Des millions d'écus vont passer par les vôtres.
(*Année littéraire*, 1757, t. VI, p. 147.)

(2) Le président de Brosses avait envoyé à Buffon avant l'abbé Le Blanc, le 30 novembre 1739, une description du Vésuve.

(3) Buffon s'était retiré devant Piron, qui échoua par les manœuvres de La Chaussée. Le marquis d'Argenson rend compte de l'échec de Piron :

« La marquise de Pompadour avait donné parole à Piron pour la première place vacante à l'Académie française ; à présent le Roi la lui refuse. L'ancien évêque de Mirepoix a montré au Roi l'ode à Priape, œuvre de la jeunesse de Piron, et c'est ce qui a motivé son exclusion. Buffon et d'Alembert se retirent de la place vacante, pour ne pas encourir à leur tour quelque note infamante de ce genre, le premier ayant contredit la *Genèse*. Il ne reste que des plats-pieds à élire. Je sais encore Bougainville, qui est soupçonné d'être janséniste; Condillac, métaphysicien qui a trop parlé de l'âme. Cette exclusion à tous propos est une indiscrétion de souveraineté. Le feu Roi ne l'a employée qu'une fois dans sa vie. Plus les prêtres sont haïs, plus ils travaillent à se rendre haïssables. »

Piron reçut, en dédommagement de son échec, une pension de 1,000 livres. La marquise de Pompadour l'avait obtenue du Roi à la demande du comte de Montesquiou, directeur de l'Académie. L'Académie, de son côté, fit complimenter Piron, qui se consola par cette épigraphe placée au-dessous de son buste au musée de Dijon :

Ci-gît Piron qui ne fut rien,
Pas même académicien.

Il est piquant de rapprocher, dans l'édition complète de ses œuvres donnée, en 1776, en 7 volumes in-8° par Rigoley de Juvigny, de la *Pironiana* et de l'*Ode à Priape* qui lui valut les remontrances du procureur général près du parlement de Dijon et son exclusion de l'Académie française, ses poésies sacrées et la traduction en vers des *Sept Psaumes de la pénitence*.

(4) Claude de Thiard, marquis, puis comte de Bissy, né le 13 octobre 1721, mort le 26 septembre 1810, lieutenant général, gouverneur du Languedoc et du château des Tuileries, d'une ancienne famille bourguignonne connue dans les armes et dans les lettres, n'a publié que quelques écrits, mais s'est fait une situation dans le monde littéraire par ses prévenances envers les gens de lettres. « M. de Bissy, dit le comte d'Argenson, a été élu tout d'une voix pour remplacer l'abbé Terrasson. »

paraît qu'on désire Piron, et il aurait mieux valu pour vous qu'il y fût entré que d'avoir à y entrer. Je rencontrai hier le marquis de Senneterre l'aveugle (1) chez M. d'Ancezune (2); il parla beaucoup et parla bien de vous, aussi bien que le bonhomme duc de Caderousse.

La nouvelle édition de vos lettres (3) a bien fait dans le monde; la réputation que cet ouvrage mérite s'affermit tous les jours.

J'ai dîné aujourd'hui à la Bibliothèque du Roi avec Duclos (4), qui, comme vous le savez, est devenu un homme de la cour. Il vient de donner un ouvrage qui essuie bien des jugements divers; pour moi, je le trouve bon et très bon, quoiqu'il y ait quelques défauts. Beaucoup d'esprit, peu de modestie, peut-être faute d'hypocrisie, un logement au Louvre, la place d'historiographe, et surtout la faveur de Mme la marquise de Pompadour, en voilà plus qu'il n'en faut pour avoir des ennemis, aussi M. Duclos en a-t-il beaucoup. Je trouve que son livre est l'ouvrage d'un homme d'esprit et d'un honnête homme (5). Nous parlâmes de vous; il en dit beaucoup de bien, et je crois que vous pouvez compter sur lui. Je dis à M. l'abbé Sallier que vous lui faisiez des compliments par ma lettre; il m'a chargé de vous en remercier. M. Daubenton m'a prié de la même chose. Je n'ai pas encore vu M. Doussin; mais je sais qu'il se porte bien, et nous savons tous deux que c'est un homme excellent.

On a écrit de Berlin que Maupertuis (6) crache le sang et qu'il est dangereusement attaqué; j'en suis véritablement affligé.

Il paraît une critique (7) aussi amère que mauvaise contre le livre du

(1) De la famille du maréchal de La Ferté-Senneterre, connu par son esprit, son grand usage du monde et la philosophie avec laquelle il supportait sa cruelle infirmité.

(2) André-Joseph d'Ancezune, duc de Caderousse, mort en 1767.

(3) Les *Lettres d'un Français à un Anglais*, publiées pour la première fois en 1745, réimprimées en 1749, le furent de nouveau en 1751. La cinquième édition parut à Lyon, en 1758, sous le nom de l'auteur. Elles ont été traduites en anglais et ont eu des éditions à Londres et à Amsterdam. On se souvient que sur 92 lettres dont se compose ce recueil 19 sont adressées à Buffon.

(4) Charles Pinau Duclos, historien et moraliste, né à Dinan en 1704, mort le 26 mars 1772, de l'Académie des inscriptions en 1739, et de l'Académie française en 1747, dont il devint secrétaire perpétuel en 1755. Son *Histoire de Louis XI*, en 1745, lui valut la place d'historiographe de France, que la retraite de Voltaire en Prusse avait rendue vacante. « C'est, dit le chancelier d'Aguesseau, après avoir lu le livre de Duclos, un ouvrage composé d'aujourd'hui avec l'érudition d'hier. »

(5) Les *Considérations sur les mœurs*, qui venaient de paraître et dont la lecture fit dire à Louis XV comme à Buffon : « C'est l'ouvrage d'un honnête homme. »

(6) Pierre-Louis Moreau de Maupertuis, précédemment nommé, ne mourut cependant que huit ans après, le 27 juillet 1759. Louis-Jean-Marie Daubenton annonçait ainsi, à cette date, sa mort au président Richard de Ruffey : « Il est décédé chez Bernouilly. M. de Buffon est son exécuteur testamentaire. L'enterrement a eu lieu à Bâle avec distinction. Le comte de Tressan lui fait élever un mausolée en marbre, avec des inscriptions de sa façon en diverses langues. Sa mort laisse un siège vacant à l'Académie française. Les candidats sont La Condamine et Le Franc de Pompignan. »

(7) *Observations sur le livre de l'Esprit des lois*, attribuées au fermier général Dupin.

président de Montesquieu. Il n'est pas non plus encore hors d'affaire avec la Sorbonne; pour moi, j'en suis quitte à ma très grande satisfaction. De cent vingt docteurs assemblés, j'en ai eu cent quinze, et leur délibération contient même des éloges auxquels je ne m'attendais pas. Je vous remercie, mon cher ami, de tout ce que vous avez eu la bonté de faire pour moi. Je ne savais pas que j'eusse été reçu à l'Académie de Bologne (1); si cela est, je vous en ai l'entière obligation, et j'écrirai au P. Jacquier pour lui marquer aussi la reconnaissance que je lui dois; mais je n'ai point encore reçu de lettre d'avis.

Il m'est venu il y a trois jours, par la voie de M. le cardinal de Tencin, une lettre de M. Zanotti (2), par laquelle il me remercie au nom de l'Académie. Je lui ai envoyé mon livre, mais il ne parle pas de ma nomination. Je vous prie même de vous en informer plus particulièrement.

Nous n'avons pas voulu vous charger de commissions pour le Cabinet, lorsque vous serez de retour, nous nous servirons bien volontiers de vos amis et de vos connaissances en Italie, et nous demanderons par votre moyen les choses qui nous manquent. J'aurai soin de retirer ici la caisse que vous m'annoncez, et de conserver pour vous la petite lampe, et nous distribuerons les graines suivant vos intentions.

On est ici fort occupé du jubilé. L'affaire du clergé pour le vingtième n'est point encore finie; l'archevêque de Sens (3) et l'évêque d'Auxerre (4) se sont traités comme des fiacres dans leurs mandements.

M. de Malesherbes, qui a la librairie, en est fort en train et la mène bien. Le *Dictionnaire encyclopédique* entrepris par MM. d'Alembert (5) et Dide-

(1) La lettre du premier portrait de Buffon d'après Drouet, gravé par C. Baron et placé en tête de la grande édition de l'*Histoire naturelle*, lui attribue les titres académiques suivants : « des Académies française et des sciences, et de celles de Londres, d'Édimbourg et de Berlin. » D'autres portraits ajoutent à cette nomenclature : « et de presque toutes celles de l'Europe. » L'abbé Le Blanc, profitant de son voyage en Italie pour récolter des titres académiques, s'était fait recevoir des Académies de la Crusca, de Cortone, des Arcades de Rome, de la Société des Apatistes et du dessin de Florence, de l'Institut de Bologne, dont un membre, J. Griselini, a donné, en 1753, une traduction italienne de ses *Lettres*.

(2) François-Marie Zanotti, astronome et savant, né en 1709, mort en 1782, professeur d'astronomie, secrétaire de l'Institut de Bologne, a laissé des mémoires et des travaux sur les comètes.

(3) Languet de Gergy, de l'Académie française, déjà cité, un des plus ardents champions de la bulle *Unigenitus*.

(4) Charles-Daniel-Gabriel de Pestel, de Livi, de Thubières de Caylus, né en 1669, mort le 3 avril 1754, évêque d'Auxerre le 18 août 1704, chef du parti janséniste. Ses ouvrages ont été publiés en 10 volumes in-12. Sa vie a été écrite par l'abbé Detay.

(5) Jean Lerond d'Alembert, géomètre, mathématicien, philosophe et littérateur, né en 1717, mort en 1783 de la pierre, comme La Condamine et Buffon; de l'Académie des sciences en 1741 et de l'Académie française en 1754, dont il devint le secrétaire perpétuel en 1772.

Ses découvertes en géométrie et en mathématiques ont fait la réputation du savant, la publication avec Diderot de l'*Encyclopédie*, et surtout le discours préliminaire, on fait la réputation du philosophe, les *Eloges académiques* celle de l'écrivain.

D'une nature ombrageuse et irritable, il fit toutefois preuve d'une grande dignité de carac-

rot (1) va bien (2); il y a déjà plus de mille souscriptions de reçues. Le premier volume est presque achevé d'imprimer. Je l'ai parcouru ; c'est un très bon ouvrage.

Adieu, mon cher ami. Je vous embrasse et j'espère que vous viendrez bientôt.

BUFFON.

(British Museum.)

LETTRE XLVI

A M. FEUILLET,

MAIRE ET SUBDÉLÉGUÉ A LA FÈRE, EN PICARDIE.

Montbard, le 29 septembre 1751.

Vous me faites, monsieur, beaucoup d'honneur de me consulter au sujet de votre entreprise (3), et je suis très flatté des politesses dont votre lettre est remplie; mais vous me supposez peut-être plus de lumière que je n'en ai sur cet objet, et je ne crois pas, monsieur, que je puisse rien dire que vous n'ayez pensé vous-même.

Je connais comme vous, monsieur, la machine dont vous vous servez et les effets qu'on en peut attendre; je viens même d'acheter tout nouvellement celle qui était au Raincy (4), près le Bourget, pour l'envoyer à MM. les élus de

tère en refusant au roi de Prusse la présidence de l'Académie de Berlin, et à l'impératrice Catherine II de se charger de l'éducation de son fils. La vie privée de d'Alembert a été remplie par son attachement pour Mlle de l'Espinasse, dont il habita trente ans la maison, et par sa reconnaissance, peut-être un peu affectée, pour la femme du peuple, Mme Rousseau, qui l'avait recueilli sur les marches de l'église Saint-Jean. Lerond l'avait élevé rue Michel-le-Comte. Le jour où Mme de Tencin voulut reconnaître son fils devenu célèbre, d'Alembert répondit : « Je ne connais qu'une mère, Mme Rousseau. » D'Alembert n'aimait pas Buffon, qu'il se plaisait à critiquer et même à contrefaire.

(1) Denis Diderot, philosophe et romancier, né à Langres en 1712, mort en 1784, est le véritable auteur de l'*Encyclopédie*, dont il a conçu la pensée et réuni les éléments. La lutte qu'il a soutenue lui a valu plusieurs emprisonnements à la Bastille et à Vincennes, d'où il passait à la cour de Catherine II. Pendant que Voltaire séjournait en Prusse et que d'Alembert et Buffon refusaient d'aller en Russie, Diderot partait avec Grimm pour Saint-Pétersbourg, où il passait plusieurs mois près de l'impératrice, sa bienfaitrice, qui, après avoir acheté sa bibliothèque 50,000 francs en lui en laissant l'usage, avait assuré son sort. A différence de d'Alembert, Diderot ne parlait de Buffon qu'avec admiration, sympathie et respect. Il le voyait souvent durant ses séjours à Paris, et il a certainement existé entre Buffon et Diderot une correspondance que nous avons inutilement cherchée avec M. Maurice Tourneux, éditeur de ses œuvres complètes, et qui a publié une lettre de Diderot au gouverneur de Vincennes, réclamant deux cahiers d'observations sur l'*Histoire naturelle*, que Diderot voulait offrir à Buffon.

(2) L'*Encyclopédie* parut de 1751 à 1772 en 28 volumes in-folio, 17 de texte et 11 de planches. Un arrêt du conseil du 7 février 1752 ayant ordonné la suppression des deux premiers volumes, l'impression des volumes suivants fut arrêtée pendant dix-huit mois.

(3) Le forage des premiers puits artésiens.

(4) Le Raincy appartenait au duc d'Orléans.

Bourgogne, qui veulent s'en servir pour trouver du charbon de terre. L'entreprise de Mme de Lailly, à qui cette machine appartenait, n'a pas réussi; elle a trouvé des sables mouvants et des roches presque impénétrables; elle a été forcée d'abandonner son entreprise après avoir eu de l'eau (1) d'abord à soixante et dix pieds. Comme il s'en fallait de cinq pieds que cette eau ne montât au niveau de la surface du terrain, elle a voulu forer plus profondément et jusqu'à deux cent cinquante pieds, ce qui n'a servi qu'à faire perdre la première eau sans en trouver d'autre. Le succès de ces opérations est donc incertain et dépend beaucoup du hasard. Il n'y a pas des veines d'eau partout, et, plus on descend, plus la probabilité d'en trouver diminue. Cependant, puisque vous me demandez mon avis, je vous dirai, monsieur, que je ne voudrais pas que vous abandonnassiez encore votre entreprise, et que vous ne devez pas encore perdre toute espérance. Je connais la matière de la couche que vous percez, on m'en a envoyé plusieurs échantillons; c'est une vraie marne, c'est-à-dire une poussière de pierre à chaux, et cette marne est mêlée de débris de plantes dans lesquelles celle qu'on appelle vulgairement la *queue du renard* est la plus abondante. Cette couche de matière ne contient point de coquilles de mer, et, quoiqu'elle soit très anciennement déposée dans le lieu où vous la trouvez, elle est cependant beaucoup moins ancienne que les couches ordinaires du globe qui contiennent des coquilles, et toutes sont fondées sur la glaise ou sur le sable. Je présume donc qu'au-dessous de cette énorme épaisseur de marne vous devez trouver de la glaise ou du sable : j'entends par glaise la matière dont on fait les tuiles et les briques.

Je vous conseille donc, monsieur, de ne point abandonner votre entreprise jusqu'à ce que vous ayez percé en entier le lit de marne. Vous n'aurez point d'eau tant qu'il durera; mais, si la glaise est dessous, vous aurez de l'eau dès que vous y serez arrivé, et si malheureusement vous ne trouvez que du sable, vous abandonnerez alors; car il n'y aura plus aucune espérance. Si la matière de la couche vient à changer, envoyez-m'en un échantillon, et

(1) Il existe aux archives d'Ille-et-Vilaine une lettre attribuée par le catalogue à Buffon, adressée de Rennes, le 13 septembre 1764, au gouverneur de Bretagne, Louis-Jean-Marie de Bourbon, duc de Penthièvre; elle est relative à l'analyse et à la captation d'eau de source voisine de Rennes et destinée à l'alimentation de la ville, projet repris en 1870 par l'ingénieur hydraulicien Nadault de Buffon et non exécuté. L'examen attentif de cette lettre du 13 septembre 1764 et d'une autre du 18 juillet 1769 adressées au duc de Penthièvre, gouverneur de Bretagne, nous a permis de reconnaître qu'elles sont de Julien Busson, médecin et savant, né à Dinan en 1717, mort le 7 janvier 1781, frère de l'ingénieur Busson-Descars, né en 1764, successivement docteur-régent de la Faculté de médecine de Paris, médecin de la duchesse du Maine, du duc d'Aiguillon et de la comtesse d'Artois, secrétaire de la Société d'agriculture, du commerce et des arts de Bretagne, traducteur d'un dictionnaire de médecine anglais en six volumes in-folio.

La manière dont le docteur Busson fait ses *s* a fait confondre sa signature avec celle de Buffon. Nous n'avons pas été jusqu'ici aussi heureux à l'égard de dom Buffon, grand prieur de l'abbaye de Saint-Germain-des-Prés de Paris, dont le nom figure en 1764 entre ceux de

je vous dirai ultérieurement mon avis. Au reste, je ne crois pas que vous foriez longtemps sans trouver la fin de cet amas prodigieux de marne, et vous êtes en droit d'espérer de l'eau tant qu'il ne sera pas percé tout entier.

Je ne vous dirai rien pour vous, monsieur; c'est louer votre zèle que de l'encourager. J'ai l'honneur d'être, avec tous les sentiments qui vous sont dus, monsieur, votre très humble et très obéissant serviteur.

BUFFON.

(Bibliothèque de Dijon.)

LETTRE XLVII

A D'ALEMBERT (1).

Le 20 juin 1751.

Je viens, mon cher monsieur, d'achever de lire votre discours (2). Il est grand, très bien écrit et encore mieux raisonné. C'est la quintessence des connaissances humaines, mais ce suc n'est pas fait pour tous les estomacs, et je crois que vous n'aurez d'abord que l'admiration des gens de beaucoup d'esprit, et qu'il faudra vous passer pour quelque temps du suffrage des autres. Les pédants surtout feront la grimace, et les sots, même les demi-sots, parleront beaucoup et ne vous entendront pas. Avec tout cela, ce morceau ne peut manquer d'avoir le plus grand succès.

Pour moi, j'en suis enchanté, et très flatté de la manière dont vous m'avez traité.

Si je n'avais pas l'honneur d'être de vos amis (3), je vois par votre éloge que je serais digne de l'être, et c'est ce qui pouvait me toucher davantage.

Buffon et de Daubenton sur le premier bulletin de la Société royale d'agriculture de la Généralité de Paris.

Buffon n'a eu que deux frères dans les ordres et ce ne pouvait être ni dom Jean-Marc Leclerc de Buffon, prieur de Flacey, ordre de Cîteaux, mort le 22 janvier 1731 à 23 ans, ni dom Charles-Benjamin Leclerc de Buffon, alors prieur et vicaire général de Cîteaux et, le 15 juin 1779, abbé commandataire de la petite abbaye du Rivet, diocèse de Bouleaux.

(1) La suscription de la lettre porte : « A M. d'Alembert, des Académies des sciences de Paris et de Berlin, de la Société royale de Londres, etc., rue Michel-le-Comte, à Paris.

(2) Le discours préliminaire de l'*Encyclopédie*.

(3) Cependant d'Alembert ne se montra jamais l'ami de Buffon, qu'il attaquait et critiquait, et dont il combattait tour à tour ouvertement ou sourdement l'influence à l'Académie. Beaucoup de candidats patronnés par Buffon, notamment le président de Brosses, Piron, l'abbé Le Blanc et Bailly, n'ont dû leur échec qu'à d'Alembert. Comme Voltaire, d'Holbach, Naigeon, Marmontel et les principaux encyclopédistes, à l'exception de Diderot, d'Alembert ne pardonnait pas à Buffon sa réserve vis-à-vis de son parti, lui reprochant, avec Marmontel, d'avoir quitté par orgueil les salons philosophiques. Il le plaisantait sur la pompe de son style et sur ce qu'il nommait les grands airs du comte de Tuffières.

Recevez, monsieur, mes remercîments très humbles et mon compliment. Il est aussi sincère que les sentiments avec lesquels je serai toute ma vie, monsieur, votre très humble et très obéissant serviteur.

BUFFON.

(Communiquée par M. Étienne Charavay.)

LETTRE XLVIII

A M. DOUSSIN,

ARCHITECTE.

Montbard, 27 juillet 1751.

... Vous avez dû entendre parler d'une critique fort vive des premiers volumes de mon *Histoire naturelle* (1), critique que j'attribue à un moine de l'Oratoire, aidé d'un pédant de l'Académie (2), et à laquelle je suis dans l'intention de ne pas répondre, parce qu'elle ne m'a point affecté, et que d'ailleurs j'ai beaucoup plus d'indifférence qu'on ne suppose pour le succès de mes opinions.

BUFFON.

(Catalogues d'autographes.)

LETTRE XLIX

AU PRÉSIDENT DE RUFFEY.

Le 22 juillet 1752.

Je vous envoie ci-joint, mon très cher Ruffey, une rescription de 658 livres, et je vous supplie de me faire le service de toucher cet argent et de payer pour moi 657 liv. 6 s. 6 d. que je dois au procureur Regnault l'aîné, vis-à-vis le palais, pour deux années d'arrérages. Ne manquez pas, je vous en prie, de tirer quittance de ces deux années échues au 1er janvier dernier, et

(1) *Lettres à un Américain sur l'Histoire naturelle générale et particulière de M. de Buffon et sur les observations microscopiques de M. Needham.* Autre titre : *Lettres à un Américain, neuf lettres sur l'Histoire naturelle de M. de Buffon.* (Hambourg, 1651, 2 volumes in-12.)

« Le véritable auteur est M. de Réaumur, de la même Académie des sciences que M. de Buffon, grand ennemi de celui-ci, envieux et jaloux de ses travaux et de ses récompenses..... Cette critique a assez de succès dans le monde..... Réaumur s'est adjoint un petit père de l'Oratoire (l'abbé Lignac), qui a rédigé l'ouvrage. » (Mémoires de d'Argenson.) — Voir *Biographie de Buffon,* par M. le Dr de Lanessan.

(2) L'abbé de Condillac, de l'Académie des inscriptions en 1749 et de l'Académie française en 1768.

envoyez-moi cette quittance; car il faut être en règle, surtout quand on a affaire à un procureur (1).

M. Durand m'a dit vous avoir envoyé vos livres.

Nous faisons tous les jours de belles expériences sur le tonnerre (2). C'est moi qui les ai fait connaître et exécuter le premier. Si vous avez dessein de les répéter, vous n'avez qu'à faire élever dans votre jardin une perche de vingt ou trente pieds de hauteur, sceller avec du plâtre un cul de bouteille cassée au-dessus de la perche, en sorte que le creux soit en haut, poser sur ce creux une verge en fer longue d'un pied ou deux et très pointue, et la maintenir par un contre-poids, comme l'on tient en équilibre un marmouset d'ivoire sur un petit guéridon; ensuite attacher à la verge de fer un long fil d'archal dont vous conduirez l'extrémité dans votre galerie d'assemblée; vous ferez avec ce fil de fer, lorsqu'il y aura de l'orage, toutes les épreuves que l'on fait avec les machines électriques. J'oubliais de vous dire que, pour empêcher le creux de la bouteille de se remplir d'eau (ce qui détruirait l'effet), il faut mettre par-dessus un entonnoir en fer-blanc.

Mais je ne pense pas que vous êtes trop habile pour vous faire tant de détail. Les nuées sont souvent électriques sans tonnerre, et le moment où il y a le plus d'électricité, c'est lorsque l'éclair brille. L'abbé Nollet meurt de chagrin de tout cela (3).

Adieu, mon cher monsieur, donnez-moi de vos nouvelles et aimez-moi toujours.

BUFFON.

(Appartient au comte de Vesvrotte.)

(1) Buffon a eu de nombreux procès par suite de sa grande fortune et de ses forges; il avait pour procureur, à Paris, Me Duchemin. Il serait intéressant de connaître le titulaire actuel de cette étude, car nous avons retrouvé dans l'étude de Me Pascal, troisième successeur de Me Boursier, notaire de Buffon à Paris, rue Grenier-Saint-Lazare, d'intéressants documents et notamment le manuscrit de l'*Art d'écrire*.

(2) Buffon avait fait placer des paratonnerres sur son habitation; tous les journaux du temps en ont rendu compte. Ce fut le 19 mai 1752 que furent faites les premières expériences de Buffon sur l'électricité. Celles de Dalibard ont eu lieu à Marly, le 12 du même mois, et ce ne fut que le 22 juin de la même année qu'eut lieu la fameuse expérience de Franklin au moyen d'un cerf-volant. Cependant, en 1783, à Arras, un particulier, Vizery de Boisvalé, était obligé de recourir à l'autorité du parlement pour conserver un paratonnerre sur sa maison. L'avocat qui gagna la cause du paratonnerre se nommait Maximilien de Robespierre. Les expériences de Buffon sur l'électricité ont été oubliées par ses biographes et ses panégyristes.

(3) L'abbé Nollet, physicien, né en 1700, mort le 24 avril 1770, membre de l'Académie des sciences en 1739, s'occupa, à l'exemple de l'abbé Le Noble, avec Dufay et Réaumur, d'expériences sur l'électricité. Son principal ouvrage, *Leçons de physique expérimentale*, a paru en 1743.

La plupart des instruments de physique qui composaient son cabinet sont conservés à la la Faculté des sciences de Montpellier.

LETTRE L

AU MÊME.

15 août 1752.

Je vous remercie et vous remercie encore, mon cher Ruffey, de votre bonté, de votre amitié et de la quittance que vous m'avez envoyée.

Il n'y a rien à craindre, et au contraire, à mettre la barre de fer au-dessus de la maison. J'en ai une ici au-dessus de mon logement; mais j'aurais préféré la mettre dans le jardin, s'il n'eût été public (1); et, pourvu que la pointe de la verge surpasse de deux ou trois pieds la hauteur des bâtiments qui environnent votre jardin, elle ne manquera jamais de réussir. Je crois seulement avoir oublié une circonstance : c'est qu'il faut mettre au-dessus de la perche une boîte de six pouces et carrée, remplie de résine, dans laquelle résine, au lieu de plâtre, vous fixerez le cul de la bouteille cassée; et ne pas oublier l'entonnoir renversé pour couvrir le cul de la bouteille et la boîte; il faut, en effet, que le fil de fer que vous attacherez au-dessus de l'entonnoir à la verge de fer, et que vous amènerez dans votre galerie, ne touche à rien et soit maintenu par des cordons de soie. Si, au lieu d'une pointe de fer, vous mettez une pointe d'argent, vous verrez que le feu électrique des nuages rendra cette pointe d'un beau jaune doré. Voilà, comme vous voyez, une singulière façon de faire du vermeil; mais, sans plaisanterie, cette expérience est jolie, et prouve que le feu du tonnerre n'est pas tout à fait du soufre; car le soufre rend l'argent noir.

Il y aurait aussi une belle expérience à tenter, mais je n'en ai pas le temps : ce serait de savoir si l'électricité ne serait pas le phlogistique (2) des chimistes. Pour cela il faudrait faire fondre du plomb dans un vaisseau de verre, le remuer jusqu'à ce qu'il fût calciné en poussière jaune, et ensuite l'électriser continuellement, pour voir si l'on ne viendrait pas à le revivifier en métal par le moyen de l'électricité; j'en doute, mais cependant cela vaut la peine d'être tenté.

Piron, que j'ai rencontré hier, n'a refusé d'être de votre société que parce qu'il a cru que cela l'engageait à quelque thème en vers ou en prose; je lui ai

(1) Les vastes jardins créés par Buffon à Montbard sont au centre de la ville, qui est dépourvue de promenades. Buffon les avait libéralement ouverts au public à l'exception de la haute terrasse, au sommet de laquelle il avait placé son cabinet de travail, et qui était interdite aux promeneurs et aux visiteurs, même les plus illustres, princes et souverains, à ses heures de travail. Les notes de la première édition de la *Correspondance* renferment des comptes rendus du temps de plusieurs fêtes populaires données par Buffon dans les jardins de Montbard.

(2) Voir la note 2 de la page 276 du tome Ier de la première édition de la *Correspondance* de Buffon.

dit que non, et il m'a dit qu'en ce cas il consentait à être mis sur la liste (1); mais il ne faut pas non plus oublier l'abbé Le Blanc (2). Il ne m'en a pas parlé, et c'est de moi-même que je pense à lui; et, comme vous avez quelque amitié pour lui, vous devez y penser aussi, et à l'abbé Sallier, comme étant de la province; car il me semble que le plan de votre société est bien vaste: 1° la ville; 2° la province; 3° le royaume; 4° toutes les nations. Adieu, mon cher monsieur, vous pouvez être sûr des tendres et respectueux sentiments qui m'attachent à vous pour la vie.

BUFFON.

(Appartient au comte de Vesvrotte.)

LETTRE LI

A GUÉNEAU DE MONTBEILLARD (3).

Au Jardin du Roi, lundi 18 septembre 1752.

Je vous ai, mon très cher monsieur, tout autant d'obligation que si vous m'eussiez envoyé la dispense; votre avis est aussi sûr. L'évêque (4) est arrivé vendredi soir; samedi matin j'ai eu la dispense (5), non pas sans peine, mais enfin je l'ai, et nous partons demain mardi pour aller coucher à Sens. Le mercredi nous coucherons à Cussy-les-Forges, jeudi nous serons à la Maison-Neuve, entre sept et huit, et je serai comblé de joie si je vous y trouve (6). N'oubliez pas d'envoyer le perruquier à la Villeneuve, où nous irons coucher

(1) Piron fut reçu, en 1762, dans la Société littéraire fondée à Dijon par le président de Ruffey à la mort du président Bouhier. (Voir la lettre de remercîment de Piron à la note 3 de la page 276 du tome Ier de la 1re édition de la *Correspondance.*) Elle tint sa première séance le 19 avril 1752 et se fondit, en 1762, dans l'Académie de Dijon.

(2) On a précédemment vu, par l'énumération des brevets rapportés par l'abbé Le Blanc de son voyage en Italie, qu'il était friand de titres académiques.

(3) Précédemment nommé.

(4) Gilbert de Montmorin de Saint-Hérem, pair de France, commandeur de l'ordre du Saint-Esprit, évêque de Langres, frère du comte de Montmorin Saint-Hérem, ministre des affaires étrangères de Louis XVI.

(5) La dispense pour les publications du mariage de Buffon.

(6) Guéneau de Montbeillard s'y trouva, en effet, et il fut avec Daubenton le témoin de Buffon. Leur présence et leurs qualités sont ainsi mentionnées au contrat : « En présence de M. Louis-Jean-Marie Daubenton, docteur en médecine, des Académies royales de Paris et de Berlin, garde démonstrateur du Cabinet d'histoire naturelle du Jardin du Roi, demeurant à Paris au même Jardin, paroisse Saint-Médard, et de Philibert Guéneau, écuyer, demeurant à Paris, paroisse Saint-Sulpice. »

Il existait entre la famille Guéneau, originaire de Semur et de Montbard, et la famille Leclerc d'anciens rapports d'alliance et d'amitié, dont Buffon n'a fait que continuer la tradition en se liant avec Guéneau de Montbeillard. En effet, Philibert Guéneau, châtelain royal de Semur, assistait, en 1706, avec son frère, Joseph-Philibert Guéneau, procureur au présidial d'Auxois, au mariage de Benjamin-François Leclerc avec Anne-Christine Marlin, mère de Buffon.

LA COMTESSE DE BUFFON

(Marie-Françoise de St Belin Malain)

1752 – 1752

Imp. Ch. Chardon aîné Paris.

le jeudi, et j'espère que le vendredi matin la cérémonie sera faite (1) et que nous reviendrons à Montbard le même jour, et vous verrez, mon cher monsieur, que je me soucierai encore moins des critiques de mon mariage que de celles de mon livre. J'ai marqué à Mlle de Malain (2) les obligations qu'elle vous a. Adieu, à jeudi, sept ou huit heures à la Maison-Neuve. Je vous embrasse bien tendrement, mon très cher monsieur.

J'emporte votre habit dans ma malle.

BUFFON.

(Bibliothèque de Semur.)

LETTRE LII

A LA CONDAMINE (3).

Montbard, 4 décembre 1752.

Je n'ai reçu, mon cher monsieur, que depuis peu votre dernier ou-

(1) Le mariage eut lieu le 21 septembre 1752, à Fontaine-en-Duesmois (Haute-Marne), dans la terre de François-Henri de Saint-Belin Malain « chevalier, seigneur dudit Fontaine, » Dampierre et autres lieux, » père de Marie-Françoise de Saint-Belin, dont la mère, Marie-Anne de Roze, était de l'ancienne maison des marquis de Roze. Buffon est ainsi qualifié dans son contrat de mariage, reçu Me Nicolas Gillot, notaire royal, à Villaine en Duesmois : « Messire Georges-Louis Leclerc, chevalier, seigneur de Buffon, Montbard, la Mai» rie et autres lieux, intendant du Jardin royal des Plantes, à Paris, trésorier perpétuel de » l'Académie royale des sciences et des Académies de Londres, de Berlin, etc., fils majeur » de messire Benjamin-François Leclerc de Buffon, conseiller honoraire au parlement de » Bourgogne, et de dame Anne-Christine Marlin, ledit seigneur de Montbard, demeurant » habituellement en la ville de Paris, en son hôtel, au Jardin du Roi, paroisse Saint» Médard. » On remarquera que le père de Buffon n'assista pas au mariage de son fils.

(2) Marie-Françoise de Saint-Belin-Malain, née le 11 juillet 1732, avait vingt ans, Buffon en avait quarante-cinq. Le mariage de Buffon fut un mariage heureux. Il avait connu Mlle de Saint-Belin au couvent des Ursulines de Montbard, où elle était pensionnaire, et dont Jeanne Leclerc, sœur de Buffon, en religion mère Saint-Paul, était supérieure. Mlle de Saint-Belin-Malain, qui appartenait à une des plus grandes maisons de Bourgogne, était sans fortune. Les témoignages qu'ont laissé d'elle les contemporains Aude, Hérault de Séchelles, Humbert, Bazille, son éloge par Lebrun et Condorcet, l'immense douleur que sa perte prématurée causa à Buffon, nous la présentent comme joignant à une grande beauté et à une éducation parfaite les dons de l'intelligence et du cœur.

« Elle était reléguée dans un couvent de Montbard : de bonne naissance, mais sans fortune. Buffon lui fit la cour pendant deux ans, et, au bout de ce temps, il l'épousa malgré son père, qui vivait encore, et qui, étant ruiné, s'opposait au mariage de son fils par des vues d'intérêt. Ce fut une femme charmante dont il a toujours été adoré. » (Hérault de Séchelles.)

« Mme de Buffon aima son mari d'un amour auquel se mêlaient l'admiration et le respect... Elle était régulièrement belle, elle avait un esprit cultivé et une grande distinction... Douce et indulgente, elle avait une grande égalité de caractère; oublieuse d'elle-même, elle était sans cesse occupée des autres, d'une extrême douceur elle inspira un vif attachement à tous ceux qui l'approchèrent. Elle ne laissait échapper aucune occasion de faire le bien... (Humbert Bazille.)

« Belle et sensible, elle réunissait à la force du caractère, à la délicatesse de l'esprit, ce que la physionomie et les grâces ont de plus attachant et de plus doux... Elle était l'honneur de son sexe comme il fut l'honneur du sien. » (Le chevalier Aude.)

(3) La Condamine, chargé par l'Académie des sciences de déterminer la grandeur et la

vrage (1), vous me l'aviez fait adresser à Dijon et j'en demeure à quinze lieues, ce qui l'a retardé de quinze jours. Votre préface est écrite singulièrement bien, le reste est aussi très bon, très raisonnable, très modéré, j'ai seulement quelque regret à la dernière page, ou plutôt à une phrase un peu trop conclusive, par laquelle il paraît que vous voulez mettre Godin (2) et Bouguer (3) aux prises; mais cette remarque est peu de chose et je ne vous la fais que parce que j'ai assez de confiance en votre amitié pour vous dire tout ce que je pense.

Mme de Buffon, qui connaît la vôtre pour moi, me charge de mille compliments pour vous, elle ne viendra point cet hiver à Paris (4); j'y retourne incessamment, et vous devez être sûr, mon cher monsieur, que vous êtes bien du petit nombre de ceux que je serai le plus aise de retrouver.

BUFFON.

(Inédite. — Appartient à M. Portalis.)

LETTRE LIII

AU PRÉSIDENT DE RUFFEY.

Montbard, le 12 décembre 1752.

Je vous renvoie, monsieur et très cher ami, l'écrit que vous m'avez communiqué. Je le trouverais bon si je n'en étais pas l'objet; mais j'y suis loué beaucoup plus que je ne mérite, et cela suffit pour m'engager à vous supplier de ne le pas faire imprimer; car du reste vous avez très bien saisi le fond

figure de la terre était parti, en 1736, avec Godin et Bouguer pour l'Équateur. Leur voyage avait duré dix ans; à leur retour les savants se brouillèrent, et La Condamine publia seul, en 1745 : *Voyage dans l'intérieur de l'Amérique méridionale*, et en 1749 avec Bouguer, *la Figure de la Terre*.

C'était l'homme le plus distrait de son temps, et les mémoires contemporains sont remplis du récit de ses distractions. Ami d'enfance de Buffon, il le resta jusqu'à sa mort, et celui-ci eut la satisfaction de lui ouvrir les portes de l'Académie française et de l'y recevoir.

(1) *Journal du voyage fait par ordre du Roi à l'Equateur*, paru l'année précédente.

(2) Louis Godin, astronome, né en 1704, mort en 1740, compagnon de La Condamine en 1736 dans son voyage au Pérou pour déterminer la figure de la terre, fut témoin des tremblements de terre de Lima en 1746 et de Lisbonne en 1755, membre de l'Académie des sciences, il en a écrit l'histoire de 1680 à 1699.

(3) Pierre Bouguer, hydrographe, né au Croisic en 1698, mort en 1758, membre de l'Académie des sciences, second compagnon de La Condamine, publia avec lui, en 1749, le *Traité de la figure de la Terre*. Il s'est principalement occupé des questions maritimes.

(4) Ce mot de Buffon est un hommage rendu à la simplicité et aux vertus domestiques de la jeune femme qu'il avait épousée deux mois auparavant. Elle était la femme d'un homme déjà célèbre, en relation avec toutes les notabilités de son temps, reçu avec empressement à la cour et à la ville; elle était jeune, jolie, elle avait vingt ans; elle ne connaissait pas Paris, car elle était sortie du couvent pour entrer dans le mariage; et cependant cette jeune femme n'usait pas de son empire sur son mari pour obtenir qu'il l'emmenât, dans ce premier voyage, à Paris.

des systèmes et les circonstances des hypothèses, et la manière dont vous les défendez est fort bonne, fort simple et fort naturelle. Il n'y a que le commencement et la fin de votre ouvrage que je regarde comme peu utiles à la question.

Je n'avais pas besoin, mon cher ami, de cette nouvelle preuve de votre amitié et de vos sentiments pour moi; je vous en remercie cependant de tout mon cœur, et je vous supplie d'être bien persuadé de tout l'attachement et de l'amitié sincère avec lesquels je serai toute ma vie votre très humble et tres obéissant serviteur.

BUFFON

Je pars après-demain pour Paris. Donnez-moi, je vous en prie, de temps en temps de vos nouvelles.

(Collection du comte de Vesvrotte.)

LETTRE LIV

AU MÊME.

Montbard, le 25 mars 1753.

Je vous envoie, mon cher Président, une lettre de M. Pagny (1), qui a grande envie d'aller à Dijon faire un cours de physique, et je crois que vous le favoriserez volontiers en lui donnant votre belle salle pour faire des expériences, et même un logement, si cela ne vous incommodait pas. Vous pourriez, mon cher ami, lui procurer aussi des leçons en ville. Si rien ne s'oppose à ce projet, ayez la bonté de lui écrire vous-même; son adresse est dans sa lettre.

Comme Mme de Ruffey (2) est venue à Montfort (3), nous avons espéré pendant quelque temps d'avoir l'honneur et le plaisir de vous voir à Montbard; mais elle est partie, et elle a emporté avec elle toutes nos espérances. Adieu, mon très cher monsieur; je vous suis toujours plus inviolablement attaché que personne.

BUFFON.

(Appartient au comte de Vesvrotte.)

(1) Nicolas Pagny, physicien distingué.

(2) Le président de Ruffey avait épousé, le 5 mai 1739, Anne-Clande de La Forest, fille de Frédéric de La Forest, baron de Montfort, chevalier de Saint-Louis, ancien commandant au régiment de La Chesnelaye, mort en 1752.

(3) Le château de Montfort, dont les ruines pittoresques dominent la route de Montbard à Semur, a longtemps appartenu à la grande maison de ce nom et un instant à Louvois. Il était possédé en dernier lieu par Françoise Nadault, veuve de Henri-Sylvestre de La Forest, baron de Montfort, conseiller au présidial de Semur, maire de Montbard de 1710 à 1722, élu aux états généraux de 1725 à la place de Jean Nadault, son beau-frère, mort à trente-sept ans avant d'avoir pris séance.

LETTRE LV

AU MÊME.

Montbard, le 4 juillet 1753.

Je ne doute pas, monsieur et cher ami, de l'intérêt que vous prenez à ce qui me regarde, et c'est avec autant de plaisir que de reconnaissance que je reçois les nouvelles marques d'amitié que vous me donnez au sujet de mon élection à l'Académie française (1). C'est la première fois que quelqu'un a été élu sans avoir fait ni aucune visite (2) ni aucune démarche, et j'ai été plus flatté de la manière agréable et distinguée dont cela s'est fait que de la chose même, que je ne désirais en aucune façon.

Je suis bien fâché d'avoir des compliments bien différents à vous faire sur la mort de M. de Vesvrotte (3) et sur celle de la pauvre Mme de Chomel (4). Je sais que Mme de La Forest (5) est bien affligée et qu'elle revient au premier jour à Montfort. Vous viendrez peut-être la consoler. En ce cas, je me flatte

(1) Quatre jours auparavant, le 1er juillet, Grimm racontait ainsi l'élection de Buffon et les incidents qu'y s'y rattachent : « La place vacante à l'Académie par la mort de l'archevêque de Sens vient d'être remplie par M. de Buffon..... qui ne peut que faire honneur à l'Académie, comme son génie en fait depuis longtemps à la nation. M. de Buffon est allé faire un tour en Bourgogne, d'où il reviendra dans peu avec son discours de réception..... Cette place était d'abord destinée à M. Piron..... Mais deux jours avant l'élection, le Roi fit mander M. le président de Montesquieu, que le sort avait fait directeur, et lui déclara que sachant que M. Piron était l'auteur de plusieurs écrits licencieux, il souhaitait que l'Académie choisît un autre sujet..... Piron dit que c'est un coup de crosse qu'il a reçu de M. l'ancien évêque de Mirepoix, qui s'est reconnu dans le mot *flasque*, qui se trouve dans le quatrième vers de la fameuse ode..... M. le maréchal de Richelieu proposa de différer l'élection de dix jours pour avoir le temps de chercher un autre sujet digne de remplir cette place. Cet avis fut suivi à la pluralité des voix..... Dix jours après, M. de Buffon fut élu à la pluralité des suffrages. M. de Bougainville, secrétaire de l'Académie des inscriptions et belles-lettres, qui a fait une traduction de l'*Anti-Lucrèce* du cardinal de Polignac, que personne n'a lue, et un *Parallèle entre Alexandre et Thomas Koulikan*, que personne n'a pu lire, a osé briguer cette place en concurrence avec M. Piron, M. de Buffon, M. d'Alembert et plusieurs autres hommes d'un mérite supérieur. »

(2) L'usage des visites académiques s'est continué à l'Académie française et à l'Institut, et aucun candidat n'en est dispensé. L'Académie avait pris cette décision à la suite de l'élection de l'avocat général de Lamoignon, élection suivie de son refus.

(3) Richard de Vesvrotte, frère du président Richard de Ruffey, comme son père et son frère président de la chambre des comptes, élu du Roi aux états généraux de la province.

Son fils, Charles-Richard de Vesvrotte, devint à son tour président de la chambre des comptes de Dijon du 17 mars 1784 jusqu'à la suppression de cette Compagnie.

La branche des Richard de Vesvrotte a obtenu sous la Restauration un majorat avec le titre de comte. Elle est actuellement représentée, ainsi que la branche des Richard d'Ivry.

(4) Mme de Chomel, fille de Mme de La Forest, belle-sœur du président de Ruffey, morte jeune.

(5) Anne-Thérèse Feuillet, baronne de La Forest, veuve de Frédéric de La Forest de Montfort, ancien lieutenant-colonel d'infanterie, mort en 1752, mourut en 1775, en laissant trois filles. L'aînée avait épousé le président de Ruffey.

que j'aurais le plaisir de vous voir, et Mme de Buffon vous en prie avec autant de sincérité que d'empressement. Je suis à Montbard pour jusqu'au 15 août, que je retournerai à Paris pour ma réception.

Je ne sais pas trop encore ce que je leur dirai (1) ; mais il me viendra peut-être quelques inspirations comme à Marie Alacoque (2), et je ne parlerai pas d'elle de peur du coq-à-l'âne.

Je vous prie d'assurer Mme de Ruffey de tout mon respect. Vous connaissez, monsieur et cher ami, tous les sentiments du tendre et inviolable attachement avec lesquels je suis votre très humble et très obéissant serviteur.

BUFFON.

(Appartient au comte de Vesvrotte.)

LETTRE LVI

A LA SOCIÉTÉ LITTÉRAIRE DE DIJON (3).

Montbard, le 8 juillet 1753

Messieurs,

Le compliment que vous avez la bonté de me faire est un nouveau suffrage aussi précieux pour moi que celui d'aucune autre compagnie.

Il est des temps où les honneurs sont plus doux, et c'est quand on voudrait honorer une Société qui nous honore. J'étais dans ce cas, et je suis très satisfait d'avoir au moins un titre à vous offrir, et quelque chose à joindre aux sentiments de respect avec lesquels je suis, messieurs, votre très humble et très obéissant serviteur.

BUFFON.

(De la collection du comte de Vesvrotte.)

(1) C'est six semaines seulement avant sa réception que Buffon écrit à son ami qu' « *il ne sait pas encore ce qu'il leur dira* ». Cet aveu est bon à retenir dans la bouche de Buffon lorsqu'il s'agit d'une œuvre classique : *le Discours sur le style.*

(2) Marguerite-Marie Alacoque, née le 22 juillet 1647, morte le 17 avril 1690, religieuse de la Visitation de Paray-le-Monial, est l'origine de la dévotion au Sacré-Cœur solennellement reconnue dans l'assemblée générale du clergé de 1765, et qui a donné lieu à un vœu fameux pendant la peste de Marseille. Marie Alacoque a été canonisée le 15 septembre 1864. Elle avait écrit la *Dévotion au cœur de Jésus.* L'archevêque de Sens, Languet de Gergy, à qui Buffon succédait à l'Académie française, avait fait paraître en 1729 : *Vie de la vénérable mère Marguerite-Marie Alacoque, religieuse de la Visitation de Sainte-Marie du monastère de Paray-le-Monial, morte en odeur de sainteté en* 1690. 1 vol. in-4°.

(3) Cette Société, fondée à Dijon en 1752 par le président Richard de Ruffey, recueillit les membres épars de la Société du président Bouhier, tint sa première séance le 19 avril de la même année, et se fondit, en 1759, dans l'Académie créée à Dijon par Hector Pouffier en 1740.

LETTRE LVII

A MM. DE L'ACADÉMIE DE DIJON (1).

Montbard, le 16 juillet 1753.

Messieurs et illustres confrères,

C'est avec autant de respect que de sensibilité que je reçois le complimen que vous avez la bonté de me faire au sujet de mon élection à l'Académi française (2).

J'aurais été bien fâché de ne pouvoir compter votre suffrage parmi ceu dont on a bien voulu m'honorer, et je ne puis, messieurs, vous en faire me remercîments autrement que par les assurances de mon zèle, de ma recon naissance et de mon dévouement. C'est dans tous ces sentiments que j'a l'honneur d'être,

Messieurs et illustres confrères,

Votre très humble et très obéissant serviteur.

BUFFON.

(Publiée en 1819 par C. X. Girault.)

LETTRE LVIII

AU PRÉSIDENT DE RUFFEY.

7 août 1753.

J'ai reçu, mon cher Président, la petite rescription de 290 livres, et lorsqu je serai à Paris (3), je demanderai un livre d'explication sur l'usage du micro scope pour vous l'envoyer.

(1) La brièveté de ces deux remercîments laisse deviner un homme pressé de répondre une avalanche de compliments.

(2) Le 5 novembre de cette même année, le président de Ruffey lisait à une séance pub que de l'Académie de Dijon une lettre fort applaudie sur le discours de réception de Buffo

(3) Buffon était de retour à Paris le 15 août, et le 25 avait lieu sa réception, dont Grim rend compte : « Le 25 août 1753, à trois heures après midi, l'Académie tint son assembl publique. Après la lecture d'une mauvaise pièce en vers qui avait remporté le prix de poés M. de Buffon fit son discours d'entrée, auquel M. de Moncriff répondit comme directeu M. de Buffon ne s'est point borné à nous rappeler que le chancelier Séguier était un gra homme, que le cardinal de Richelieu était un très grand homme, que les rois Louis XI et Louis XV étaient de très grands hommes aussi ; que M. l'archevêque de Sens éta aussi un grand homme, et qu'enfin tous les Quarante étaient de grands hommes. Cet homn célèbre, dédaignant les éloges fades et pesants qui font ordinairement le sujet de ces sort de discours, a jugé à propos de traiter une matière digne de sa plume et digne de l'Acad mie. Ce sont des idées sur le style, et l'on a dit à ce sujet que l'Académie avait pris maître à écrire. On pourrait ajouter, après avoir lu la réponse de M. de Moncriff, qu'elle

J'ai fait quelques changements à mon discours (1), et entre autres, j'ai ôté le *considéré* et *considérable* dont, en effet, on pouvait faire une mauvaise épigramme. Je vous embrasse bien sincèrement, et je vous suis attaché pour ma vie.

BUFFON.

(De la collection du comte de Vesvrotte.)

bien fait et qu'elle en avait besoin. Le discours de M. de Buffon, qui vient d'être imprimé, fut interrompu à l'assemblée de l'Académie trois ou quatre fois par les applaudissements du public. Celui de M. de Moncriff donna au public le temps de reprendre une assiette plus tranquille. (*Correspondance littéraire* de Grimm, 1er septembre 1753.)

(1) Entre le 4 juillet et le 7 août Buffon a composé son discours, qu'il soumet à la critique de son ami. On trouve dans les papiers du président de Ruffey : *Extrait du discours que M. de Buffon doit prononcer à sa réception à l'Académie française.* Le mot fameux : « Le style, c'est l'homme, » dont l'authenticité a récemment donné lieu à un pari considérable entre des savants d'Amérique et d'Angleterre, ne s'y trouve pas. Il nous a paru intéressant de mettre en regard l'un de l'autre le projet de discours et le discours lui-même.

DISCOURS COMMUNIQUÉ AU PRÉSIDENT DE RUFFEY.	DISCOURS PRONONCÉ DEVANT L'ACADÉMIE.
Rien n'est plus contraire à la lumière, qui doit faire un corps et se répandre uniformément dans un écrit, que ces étincelles d'esprit qu'on ne tire que par force en choquant les mots les uns contre les autres, et qui ne vous éblouissent un instant que pour vous laisser ensuite dans les ténèbres.	Rien ne s'oppose plus à la chaleur que le désir de mettre partout des traits saillants; rien n'est plus contraire à la lumière, qui doit faire un corps et se répandre uniformément dans un écrit, que ces étincelles qu'on ne tire que par force en choquant les mots les uns contre les autres, et qui ne vous éblouissent pendant quelques instants que pour vous laisser ensuite dans les ténèbres.
... A moins que cet esprit ne soit lui-même le fond du sujet et que l'écrivain n'ait pas eu d'autre objet que la plaisanterie, l'art de dire des riens étant souvent moins aisé que celui de dire des choses.	... A moins que cet esprit ne soit lui-même le fond du sujet, et que l'écrivain n'ait pas eu d'autre objet que la plaisanterie; alors l'art de dire de petites choses devient peut-être plus difficile que l'art d'en dire de grandes.
... Ce défaut est celui des esprits cultivés, mais stériles : ils ont des mots et point d'idées; ils s'imaginent avoir combiné des idées parce qu'ils ont arrangé des phrases, et avoir perfectionné la langue, quoiqu'ils n'aient fait que du jargon.	... Ce défaut est celui des esprits cultivés, mais stériles : ils ont des mots en abondance, point d'idées; ils travaillent donc sur les mots, et s'imaginent avoir combiné des idées, parce qu'ils ont arrangé des phrases, et avoir épuré le langage, quand ils l'ont corrompu en détournant les acceptions.
... Pour bien écrire, il faut donc posséder pleinement son sujet, voir l'ordre de ses pensées et en former une seule chaîne dont chaque point représente une idée, conduire la plume sur cette ligne sans lui permettre de s'en écarter, sans l'appuyer ni la mouvoir trop inégalement.	... Pour bien écrire, il faut donc posséder pleinement son sujet; il faut y réfléchir assez pour voir clairement l'ordre de ses pensées, et en former une suite, une chaîne continue, dont chaque point représente une idée; lorsqu'on aura pris la plume, il faudra la conduire successivement sur ce premier trait, sans lui permettre de s'en écarter, sans l'appuyer trop inégalement, sans lui donner d'autre mouvement que celui qui sera déterminé par l'espace qu'elle doit parcourir.

DISCOURS

COMMUNIQUÉ AU PRÉSIDENT DE RUFFEY.

(Suite.)

.. Mais ces règles ne sont que pour ceux qui ont du génie; car bien écrire et bien penser, bien sentir et bien rendre, c'est avoir de l'esprit, de l'âme et du goût. Les idées seules forment le fond du style; l'harmonie des paroles n'en est que le vernis et ne dépend que de la sensibilité des organes, qui sont choqués par les dissonances.

... Le ton n'est que la convenance du style avec la nature du sujet : il ne doit jamais être forcé, et doit naître naturellement du fond de la chose : si l'on s'est élevé à des idées générales, si l'objet est grand en lui-même, le ton pourra s'élever à la même hauteur : si, en le soutenant à cette élévation, le génie fournit assez pour donner à chaque objet une forte couleur; si l'on peut représenter chaque idée par une image vive et bien terminée, et chaque suite d'idées par un tableau harmonieux et mouvant, le ton sera non seulement élevé, mais sublime.

Les ouvrages bien écrits seront les seuls qui passeront à la postérité. La singularité des faits, la nouveauté des découvertes ne suffisent pas pour faire vivre un livre, s'il est écrit sans goût, sans noblesse et sans génie, et s'il roule sur de petites choses, parce que les faits et les découvertes s'enlèvent et gagnent à être transportés d'un livre mal écrit dans un ouvrage bien fait; le style, au contraire, ne peut ni s'enlever ni s'altérer.

... Que de grands objets frappent mes yeux! L'élite des hommes est assemblée, la Sagesse est à leur tête; la Gloire, assise au milieu d'eux, lance des rayons sur chacun et

DISCOURS

PRONONCÉ DEVANT L'ACADÉMIE.

(Suite.)

... Les règles, disiez-vous encore, ne peuvent suppléer au génie; s'il manque, elles seront inutiles. Bien écrire, c'est tout à la fois bien penser, bien sentir et bien rendre; c'est avoir en même temps de l'esprit, de l'âme et du goût. Le style suppose la réunion et l'exercice de toutes les facultés intellectuelles; les idées seules forment le fond du style; l'harmonie des paroles n'en est que l'accessoire, et ne dépend que de la sensibilité des organes; il suffit d'avoir un peu d'oreille pour éviter les dissonances, et de l'avoir exercée, perfectionnée par la lecture des poètes et des orateurs, pour que mécaniquement on soit porté à l'imitation de la cadence poétique et des tours oratoires.

.. Le ton n'est que la convenance du style à la nature du sujet; il ne doit jamais être forcé; il naîtra naturellement du fond même de la chose, et dépendra beaucoup du point de généralité auquel on aura porté ses pensées. Si l'on s'est élevé aux idées les plus générales, et si l'objet en lui-même est grand, le ton paraîtra s'élever à la même hauteur; et si, en le soutenant à cette élévation, le génie fournit assez pour donner à chaque objet une forte lumière; si l'on peut ajouter la beauté du coloris à l'énergie du dessin; si l'on peut, en un mot, représenter chaque idée par une image vive et bien terminée, et former de chaque suite d'idées un tableau harmonieux et mouvant, le ton sera non seulement élevé, mais sublime.

... Les ouvrages bien écrits seront les seuls qui passeront à la postérité. La quantité des connaissances, la singularité des faits, la nouveauté même des découvertes, ne sont pas de sûrs garants de l'immortalité. Si les ouvrages qui les contiennent ne roulent que sur de petits objets, s'ils sont écrits sans goût, sans noblesse et sans génie, ils périront, parce que les connaissances, les faits et les découvertes s'enlèvent aisément, se transportent, et gagnent même à être mis en œuvre par des mains plus habiles. *Ces choses sont hors de l'homme, le style est l'homme même.* Le style ne peut donc ni s'enlever, ni se transporter, ni s'altérer.

... Que de grands objets, messieurs, frappent ici mes yeux! Et quel style et quel ton faudrait-il employer pour les peindre et les représenter dignement? L'élite des hommes

DISCOURS

COMMUNIQUÉ AU PRÉSIDENT DE RUFFEY.

(Suite.)

les couvre tous de son éclat. Des traits d'une lumière plus vive encore partent de sa couronne et vont se réfléchir sur le front auguste du plus puissant et du meilleur des rois.

... Quelle autre scène de grands objets dans le lointain du tableau! le génie de la France qui parle à Richelieu, et lui dicte à la fois l'art d'éclairer les hommes et de faire régner les rois; la Justice et la Science qui conduisent Séguier et l'élèvent de concert à la première place de leurs tribunaux; le dieu de la Victoire qui s'avance à grands pas et précède le char triomphal des Bourbons, où Louis le Grand, assis sur un trône de trophées, d'une main offre la paix aux nations vaincues, et de l'autre vous donne la clef de son palais. Et près de moi quel autre objet intéressant! La Religion en pleurs, qui regarde le vide de la place que je vais occuper; mais c'est à vous, messieurs, à qui il est réservé de louer un prélat aussi *considéré* dans l'Église que vous l'aviez rendu *considérable* dans les lettres.

DISCOURS

PRONONCÉ DEVANT L'ACADÉMIE.

(Suite.)

est assemblée, la Sagesse est à leur tête; la Gloire, assise au milieu d'eux, répand ses rayons sur chacun et les couvre tous d'un éclat toujours le même et toujours renaissant. Des traits d'une lumière plus vive encore partent de sa couronne immortelle, et vont se réunir sur le front auguste du plus puissant et du meilleur des rois.

. Dans le lointain, quelle autre scène de grands objets! le génie de la France qui parle à Richelieu, et lui dicte à la fois l'art d'éclairer les hommes et de faire régner les rois; la Justice et la Science qui conduisent Séguier, et l'élèvent de concert à la première place de leurs tribunaux; la Victoire, qui s'avance à grands pas et précède le char triomphal de nos rois, où Louis le Grand, assis sur des trophées, d'une main donne la paix aux nations vaincues, et de l'autre rassemble dans ce palais les Muses dispersées! Et près de moi, messieurs, quel autre objet intéressant! La Religion en pleurs, qui vient emprunter l'organe de l'éloquence pour exprimer sa douleur, et semble m'accuser de suspendre trop longtemps vos regrets sur une perte que nous devons tous ressentir avec elle.

A plus de trente années d'intervalle, Buffon, revenant sur le même sujet, écrivait de sa main ce morceau interrompu par la mort.

DE L'ART D'ÉCRIRE.

« Pour bien écrire il faut que la chaleur du cœur se réunisse à la lumière de l'esprit. L'âme, recevant à la fois ces deux impressions, ne peut manquer de se mouvoir avec plaisir vers l'objet présenté; elle l'atteint, le saisit, l'embrasse, et ce n'est qu'après en avoir pleinement joui, qu'elle est en état d'en faire jouir les autres par l'expression de ses pensées. La main lui obéira pour les tracer, et tout lecteur attentif partagera les jouissances spirituelles de l'écrivain; si les objets sont simples, il n'a besoin que de l'art de peindre; mais s'ils sont compliqués, il lui faut de plus l'art de combiner, c'est-à-dire l'art de penser par ordre, de réfléchir avec patience, de comparer avec justesse, en réunissant les idées éparses pour en en former une chaîne continue qui présente successivement à l'esprit toutes les faces de l'objet.

» Selon les différents sujets, la manière d'écrire doit donc être très différente; et pour ceux même qui paraissent les plus simples, le style, en conservant le caractère de simplicité, ne doit cependant pas être le même. Un grand écrivain ne doit point avoir de cachet; l'impression du même sceau sur des productions diverses décèle le manque de génie; mais ce qui annonce encore plus cette pauvreté du génie, c'est cet emprunt d'esprit, étranger au sujet qui seul doit le fournir. Mettre de l'esprit partout, c'est la manie de nos jeunes auteurs: ils ne voient pas que cet esprit, à moins qu'il ne soit tiré du fond du sujet, ne peut qu'en gâter la représentation; que semer mal à propos des fleurs, c'est planter des épines. Avec plus de génie, ils trouveraient dans le sujet même tout l'esprit qu'ils doivent employer. S'ils eussent formé leur goût sur de bons modèles, ils rejetteraient non seulement cet esprit étranger à la chose, mais ils n'auraient pas même l'idée de le rechercher. Ce même goût les porterait à éviter toute expression obscure, toute sentence déplacée, dans des sujets qu'il suffit de peindre pour les bien présenter. Le sujet n'est dans ce cas qu'un objet dont il faut tracer l'image par un dessin fidèle, des couleurs assorties.

» Peindre ou décrire sont deux choses différentes : l'une ne suppose que des yeux, l'autre exige du génie. Quoique toutes deux tendent au même but, elles ne peuvent aller ensemble. La description présente successivement et froidement toutes les parties de l'objet; plus elle est détaillée, moins elle fait d'effet. La peinture au contraire, ne saisissant d'abord que les traits les plus saillants, garde l'empreinte de l'objet et lui donne de la vie. Pour bien décrire, il suffit de voir froidement; mais pour peindre, il faut l'emploi de tous les sens. Voir, entendre, palper, sentir, ce sont autant de caractères que l'écrivain doit sentir et rendre par des traits énergiques. Il doit joindre la finesse des couleurs à la vigueur du pinceau, les nuancer, les condenser ou les fondre; former enfin un ensemble vivant, dont la description ne peut présenter que des parties mortes et détachées.

» Est-il possible, dira-t-on, de tracer un dessin avec des phrases et de présenter des couleurs avec des mots? Oui, et même, si l'écrivain a du génie, du tact et du goût, son style, ses phrases et ses mots feront plus d'effet que le pinceau et les couleurs du peintre. Quelle est l'impression que reçoit un amateur lorsqu'il voit un beau tableau? Il l'admire d'autant plus qu'il le contemple plus longtemps; il en saisit toutes les beautés, tous les rayons, toutes les couleurs. L'écrivain qui veut peindre doit se mettre à la place de l'amateur, recueillir les mêmes impressions, les faire passer à son lecteur dans le même ordre que l'amateur les reçoit en examinant son tableau.

» Tous les objets que nous présente la nature, et en particulier tous les êtres vivants, sont autant de sujets dont l'écrivain doit faire non seulement le portrait en repos, mais le tableau mouvant, dans lequel toutes les formes se développeront, tous les traits du portrait paraîtront animés, et présenteront ensemble tous les caractères extérieurs de l'objet.

» A génie égal, l'écrivain a sur le peintre le grand avantage de disposer du temps et de faire succéder les scènes, tandis que le peintre ne peut présenter que l'action du moment; il ne peut donc produire qu'un étonnement subit, une admiration instantanée, qui s'évanouit dès que l'objet disparaît. Le grand écrivain peut non seulement produire ce premier effet d'admiration, mais encore échauffer, embraser son lecteur par la représentation de plusieurs actions qui toutes auront de la chaleur, et qui par leur union et leurs rayons se graveront dans sa mémoire et subsisteront indépendamment de l'objet.

» On a comparé de tout temps la poésie à la peinture; mais jamais on n'a pensé que la prose pouvait peindre mieux que la poésie. La mesure et la rime gênent la liberté du pinceau; pour une syllabe de moins ou de trop, les mots faisant image sont à regret rejetés par le poète et avantageusement employés par l'écrivain en prose. Le style, qui n'est que l'ordre et le mouvement qu'on donne à ses pensées, est nécessairement contraint par une formule arbitraire, ou interrompu par des pauses qui en diminuent la rapidité et en altèrent l'uniformité. »

LETTRE LIX

A L'ABBÉ LE BLANC.

Montbard, le 23 novembre 1753.

J'ai reçu, mon cher ami, votre compliment avec d'autant plus de sensibilité que vous être plus en droit de penser que j'avais tort avec vous de ne vous avoir point parlé de mon mariage. Je vous remercie donc très sincèrement de cette marque de votre amitié, et je ne puis mieux y répondre qu'en vous avouant tout bonnement le motif de mon silence. Il en était de cette affaire comme de quelques autres, sur lesquelles nous ne pensons pas tout à fait l'un comme l'autre; vous m'eussiez contredit ou blâmé, et je voulais l'éviter, parce que j'étais décidé et que, quelque cas que je fasse de mes amis, il y a des choses qu'on ne doit pas leur dire; et de ce nombre sont celles qu'ils désapprouvent, et auxquelles cependant on est déterminé. Au reste, je ne doute nullement, mon cher ami, de la part que vous voulez bien prendre à ma satisfaction, et je serais très fâché que vous eussiez vous-même quelque soupçon sur ma manière de penser. Les mauvais propos ne me feront jamais d'impression, parce que les mauvais propos ne viennent jamais que de mauvaises gens. Mme de Buffon, qui connaît votre ancienne amitié pour moi et qui vous a lu plus d'une fois, me charge de vous faire ses compliments et de vous dire qu'elle aime beaucoup vos lettres.

Je compte partir le 15 décembre pour retourner à Paris, où j'espère vous voir souvent et vous renouveler l'assurance de mon attachement.

BUFFON.

(Collection Victor Cousin.)

LETTRE LX

AU PRÉSIDENT DE RUFFEY.

Paris, le 24 décembre 1753.

Mme de Buffon m'écrit, monsieur et cher ami, qu'elle a reçu une feuillette de vin blanc que vous avez eu la bonté de m'envoyer; je vous en fais tous mes remercîments, et je vous promets bien d'en boire à votre santé. Mais, quelque désir que j'aie qu'elle soit bonne, je vous avoue que je ne pourrai boire ici assez longtemps pour vider ce tonneau : il n'y a que vous au monde qui envoyiez des essais d'un pareil volume.

J'espère être de retour à Montbard dans le commencement de février, pour y rester jusqu'à Pâques. Je n'ose espérer de vous y voir; mais la première fois que vous viendrez à Montfort, tâchez d'amener M. Lardillon, qui vous est fort attaché, et que je désespère d'avoir sans votre secours.

L'abbé Le Blanc vous a adressé une belle lettre (1) sur un beau sujet et bien nouveau, et sur lequel il aurait dit encore de meilleures choses s'il avait eu plus de temps. Le jour de la réception n'est pas encore fixé (2).

(1) *Lettre à M. le président de Ruffey sur l'élection du comte de Clermont à l'Académie française.* (1753, brochure in-4o.)

(2) La réception à l'Académie française de Louis de Bourbon, prince de Conti, comte de Clermont, né le 15 juin 1709, mort le 15 juin 1770, reçu le 20 janvier 1754. On lui représenta qu'il ne pouvait paraître à l'Académie que s'il y avait un rang distingué. Mais l'Académie n'ayant pas consenti à modifier son règlement, le prince n'assista pas à la séance afin de ne pas occuper la place du récipiendaire, qui est la dernière au bureau. Son discours ne

Mandez-moi si je vous ai donné les premiers volumes de l'*Histoire naturelle* in-12, afin que je vous envoie le septième et le huitième qui vont paraître (1).

Je vous supplie de faire agréer les assurances de mon respect à Mme de Ruffey. C'est avec les sentiments de la plus tendre amitié et du plus entier attachement que je serai toute ma vie, monsieur et cher ami, votre très humble et très obéissant serviteur.

BUFFON.

(Appartient aujourd'hui à M. de La Porte.)

LETTRE LXI

AU MÊME.

Montbard, le 26 août 1754.

J'attendais, mon cher Président, que vous fussiez hors du tourbillon, pour vous répondre et vous remercier de ce que vous avez bien voulu me donner de vos nouvelles, et de celles de vos amusements et de vos voyages.

Les nôtres se sont bornés à aller jusqu'à Montfort, où vous ne venez plus (2), et où je crois cependant qu'on ne serait pas fâché de vous voir, malgré la mauvaise humeur qu'on laisse un peu paraître sur votre compte. J'eus même ces jours passés une espèce de querelle à ce sujet, mais qui se termina bien. Je suis fâché de votre brouillerie, d'abord à cause de Mme de Ruffey, et ensuite à cause de moi, parce que cela vous éloigne de Montbard.

Il y a déjà du temps que je vous dois de l'argent pour du vin blanc et du vin

fut pas prononcé. « Le désir du prince, dit Duclos dans son *Histoire de l'Académie*, ayant été communiqué à dix d'entre nous, tous gens de lettres, le premier mouvement de nos confrères fut d'en marquer au prince leur joie et leur reconnaissance. Je partageai ce second sentiment; mais je les priai d'examiner si cet honneur serait pour la compagnie un bien ou un mal; si l'égalité que le Roi veut qui règne dans nos séances entre tous les académiciens, quelque différents qu'ils soient par leur état dans le monde, s'étendrait jusqu'à un prince du sang; enfin, si nous, gens de lettres, ne nous exposions pas à perdre nos prérogatives les plus précieuses, qui toucheraient peu les gens de la cour nos confrères, assez dédommagés de l'égalité académique par la supériorité qu'ils ont sur nous partout ailleurs. »

(1) En même temps que cette édition in-12, les volumes de la grande édition in-4° continuaient de paraître, et à cette même date, Grimm annonçait le quatrième volume de l'*Histoire naturelle :* « Nous avons depuis un mois le quatrième volume de l'*Histoire naturelle*. Ce livre, qui est du petit nombre de ceux qui iront à la postérité et qui devraient y aller seuls, a réuni dès le commencement tous les suffrages. Il y a quatre ans que M. de Buffon et M. Daubenton nous donnèrent les trois premiers volumes; ils furent reçus avec un applaudissement universel. Quand je dis universel, j'y compte bien pour quelque chose les *Lettres américaines* et d'autres mauvaises brochures que la cabale et l'envie ont forgées contre l'ouvrage immortel de M. de Buffon. »

(2) La mort du beau-père du président de Ruffey, Frédéric de La Forest, baron de Montfort, arrivée deux ans auparavant, en 1752, en laissant trois filles, avait donné lieu à des difficultés d'intérêt entre le président, sa belle-mère et ses deux beaux-frères.

rouge que vous m'avez envoyé (1); faites-moi le plaisir de me marquer la somme, et je vous la ferai tenir à Dijon.

Si vous avez fait quelque pièce de vers sur l'avènement du prince de Condé (2), j'espère que vous me ferez l'amitié de me l'envoyer. M. le docteur Daubenton doit arriver dans quinze jours, et il sera peut-être bien aise d'avoir le secret du chartreux de Nancy pour conserver les oiseaux. L'abbé Le Blanc vous aura sans doute envoyé sa traduction du livre de M. Hume sur le commerce, dont j'ai été fort content (3).

Mme de Buffon, qui a pris beaucoup d'estime et d'attachement pour Mme de Ruffey, me charge de vous faire ses compliments. Elle espère toujours que nous pourrons nous revoir ici.

Adieu, mon cher Ruffey; je vous embrasse et suis de tout mon cœur votre très humble et très obéissant serviteur.

BUFFON.

(Collection du comte de Vesvrotte.)

LETTRE LXII

AU MÊME.

Le 6 janvier 1755.

Je vous offre, mon cher Président, mes vœux pour vous et pour tout ce qui vous est cher. Je vous adresse une rescription de 200 livres pour les deux queues de vin que vous m'avez envoyées. Je l'ai trouvé bon, et dans quelque temps je vous prierai de m'en envoyer du pareil, si vous en avez encore.

Le discours de d'Alembert à l'Académie (4), quoique bon, n'a pas réussi à l'impression autant que je l'aurais désiré; celui de Gresset (5) est devenu

(1) C'était un cadeau du Président de Ruffey, propriétaire d'un grand cru de Bourgogne, à Buffon son ami, mais celui-ci n'acceptait pas les cadeaux de cette nature.

(2) Louis-Joseph, prince de Condé, né en 1736, mort en 1818, le futur chef de l'armée de Condé, fils de Louis-Henri, duc de Bourbon, mort en 1740, et qui venait à sa majorité de 18 ans d'être mis en possession du gouvernement de la province de Bourgogne, héréditaire dans sa famille. Pendant sa minorité, de 1740 à 1754, le duc de Saint-Aignan avait été chargé du gouvernement de la province.

(3) Traduction des discours politiques de Hume par l'abbé Le Blanc (1754, 2 vol. in-8°. Seconde édition à Dresde en 1755). C'était celui de ses ouvrages dont Hume faisait le plus de cas, disant que, c'était le seul qui eût été accueilli avec faveur par le public. David Hume, philosophe et historien, né à Édimbourg en 1711, mort en 1776, auteur du *Traité de la nature humaine* (1737), des *Essais philosophiques* (1742 et 1751) et de l'*Histoire de l'Angleterre* (1754 à 1761).

(4) D'Alembert avait été reçu à l'Académie française, au mois de décembre 1754, un an et demi après Buffon. Il y aurait eu majorité de boules noires, mais Duclos, son ami, qui tenait l'urne, aurait brouillé le scrutin en disant qu'il y avait nombre suffisant de boules blanches. D'Alembert, lui-même, laissait entendre que son élection aurait été irrégulière, car, lorsqu'on le questionnait, il répondait en se frottant les mains : « Tout était noir! »

(5) Jean-Baptiste-Louis Gresset, poète et auteur dramatique, né en 1709, mort le 16 juin 1777, auteur de *Vert-Vert*, du *Méchant* (1747), membre de l'Académie française ne

célèbre par une tirade assez hors de propos contre les évêques. Vous les avez tous deux sans doute, et vous pouvez en juger.

L'abbé d'Olivet (1) se dit fort de vos amis, et j'ai quelque peine à le croire; tant de gens disent qu'il n'est nullement aimable, que je me suis laissé persuader.

Donnez-moi, mon cher Ruffey, des nouvelles de votre santé, de vos occupations, de votre Académie, et comptez que de vous tout m'intéresse. Mes respects, je vous supplie, à Mme de Ruffey. Ce n'est pas d'aujourd'hui et ce sera pour toujours que je suis, mon cher Président, dans les sentiments les plus sincères et les plus inviolables, votre très humble et très obéissant serviteur.

BUFFON.

(Appartient au comte de Vesvrotte.)

LETTRE LXIII

AU MÊME.

Paris, le 23 mai 1755.

J'ai reçu, mon cher Président, avant mon départ de Montbard, les deux queues de vin rouge et la feuillette de vin blanc que vous m'avez envoyées. J'ai goûté l'un et l'autre, et j'en suis fort content. Je vous ferai toucher dans quelque temps les 225 livres à quoi monte, je pense, le prix de ce vin, savoir 200 francs pour le rouge et 25 francs pour la feuillette de blanc; et tous les ans, si cela vous convient, je prendrai auprès de vous ma petite provision.

On nous a dit que votre voyage d'Italie était un peu différé (2), et que votre santé était bonne; je suis cependant peiné de vous entendre plaindre de ces faiblesses de tête, vous qui l'avez bonne, et qui, par votre goût pour les lettres et pour toutes les bonnes choses, avez dans vous-même une ressource sûre contre l'ennui.

Personne n'a ici de nouvelles de l'abbé Le Blanc; il boude tout le monde parce qu'on ne l'a pas nommé de l'Académie française pendant son absence.

1748. Appelé, comme directeur de l'Académie, à répondre à d'Alembert, son discours fit du bruit à cause d'une sortie violente contre les évêques qui manquaient à la résidence. Les évêques académiciens qui avaient été prévenus s'abstinrent d'assister à la séance; le Roi fit témoigner son mécontentement à Gresset.

(1) Joseph Thoulier d'Olivet, grammairien et traducteur, éditeur de Cicéron, né en 1682, mort le 8 octobre 1768, à quatre-vingt-six ans, entra à l'Académie en 1723. Piron a dit de lui :

Du reste, il n'aima personne;
Personne aussi ne l'aima!

(2) Le Président de Ruffey, qui avait de bonne heure projeté de suivre l'exemple de son compatriote et ami le Président de Brosses, ne réalisa cependant jamais son projet d'un voyage en Italie.

On dit seulement qu'il revient incessamment de Dresde assez peu content. Je suis bien aise que vous soyez en liaison avec Voltaire; c'est en effet un très grand homme, et aussi un homme très aimable (1).

Adieu, mon cher Président; donnez-moi de vos nouvelles, et comptez que personne ne vous est plus sincèrement et plus inviolablement attaché que je le suis.

BUFFON.

(Appartient au comte de Vesvrotte.)

LETTRE LXIV

A L'ABBÉ LE BLANC.

Le 26 novembre 1753.

Dans tous les temps, mon cher ami, vos lettres me font un extrême plaisir, et si j'avais eu un peu de loisir, je vous aurais fait réponse plus tôt; mais depuis mon retour, j'ai eu des affaires et non pas des occupations, et je n'ai pu trouver le temps de causer avec vous. Mme de Buffon, qui vous fait mille compliments, a eu quelques jours après son arrivée une fièvre assez violente pendant trois jours; elle est à présent parfaitement rétablie, et nous parlons souvent de vous avec intérêt et plaisir, et nous nous promettons bien de vous engager à venir nous voir. Voilà M. Duclos secrétaire de l'Académie, et j'en suis très aise. N'y aurait-il pas des gens à qui ce choix n'a pas été trop agréable? Ce qu'il y a de vrai, cependant, c'est que personne ne convient mieux que lui à cette place, qui est fort importante pour le bien de la Compagnie. MM. Daubenton (2) vous font mille compliments. Lorsque vous verrez M. Gagnard (3), faites-lui mention de moi, je vous en prie. Ne m'oubliez pas aussi auprès de M. de La Bonnerie; ce sont deux hommes tous deux respectables et très estimables, et l'amitié qu'ils ont pour vous me fait un très grand plaisir à moi-même.

Adieu, mon cher ami; c'est avec le plus sincère et le plus inviolable attachement que je serai toute ma vie votre très humble et très obéissant serviteur

BUFFON.

(Bibliothèque nationale, cabinet des Estampes. Iconographie.)

(1) La réserve de Buffon vis-à-vis de ses illustres contemporains, dont plusieurs ne lui étaient pas favorables, mérite d'être notée. Après avoir une fois vertement relevé Voltaire, qui le méritait, il se rétracte et lui adresse une lettre dans laquelle il le nomme Voltaire Ier. Il observe la même réserve à l'égard de Rousseau, de d'Alembert, de Diderot et des encyclopédistes, et dans tout le cours de sa correspondance on ne l'entend généralement porter des jugements littéraires que sur les écrivains de second ordre.

(2) Louis-Jean-Marie et Edme-Louis Daubenton, tous deux attachés par Buffon au Jardin du Roi.

(3) Gagnard, chanoine de la cathédrale d'Autun, fit paraître, en 1774, une histoire estimée de ce monument.

LETTRE LXV

AU PRÉSIDENT DE BROSSES.

Le 26 novembre 1755.

C'est avec un grand plaisir, mon cher Président, que j'ai reçu de vos nouvelles. J'aurais voulu vous dire combien j'ai eu de regret de ne m'être pas trouvé à Montbard dans le temps de votre passage, et combien j'aurais eu de joie de vous voir et de causer avec vous.

J'ai fait tout ce que j'ai pu pour engager Durand à donner tous ses soins à votre ouvrage (1); mais c'est un homme qui promet tout ce qu'on veut, et je suis bien fâché que vous soyez mécontent. Ce que vous lui reprochez, cependant, dépendait plutôt du reviseur que du libraire, et comme le fond de l'ouvrage est très bon, je suis persuadé que les inexactitudes typographiques ne feront aucun tort au succès ni même au débit du livre. Je vous dois, mon cher Président, un cinquième volume de l'*Histoire naturelle* (2), et je suis fâché que ne l'ayez pas encore; mais à peine sortait-il de la presse lorsque j'ai quitté Paris, et je ne pourrai l'envoyer à mes amis qu'à mon retour. Ce volume ne contient guère que de petites choses, mais que votre amitié vous a fait trouver passablement bonnes.

Mme de Buffon, qui partage mes regrets de ne vous avoir pas vu, me charge de vous faire de très humbles compliments. Pour moi, mon cher Président, je ne vous dirai jamais assez combien je vous suis attaché et dévoué pour ma vie.

BUFFON.

Mes respects, je vous en supplie, à Mme la Présidente de Brosses.

(De la collection du comte de Brosses.)

(1) *Histoire des navigations aux Terres australes, contenant ce que l'on sait des mœurs et des productions des contrées découvertes jusqu'à ce jour, et des moyens d'y former un établissement.* Paris, 2 vol. in-4°, Durand, 1756, avec cartes de Robert de Vaugondy.

Le président de Brosses avait écrit ce livre sur l'invitation de Buffon. On trouve à ce sujet les fragments suivants dans sa correspondance : « ..... Buffon me pousse tant qu'il peut pour terminer cet ouvrage. » « Il est content du premier volume, qui est à son point..... » « ..... Buffon est retenu à Montbard par une fluxion et un érysipèle. Je l'attends avec impatience pour lui remettre mon manuscrit et finir quelque chose avec de l'Isle au sujet des cartes géographiques..... Ce de l'Isle ne me quitte pas, m'obsède et me fait perdre un temps infini..... et quand il travaillera aux cartes, il me fera encore plus enrager, car il ne travaillera pas. Je lui lancerai Buffon aux trousses..... »

(2) Grimm annonce le 1er décembre 1755, l'apparition de ce cinquième volume : « Le cinquième volume de l'*Histoire naturelle* paraît depuis un mois. Il contient l'histoire naturelle de la brebis, de la chèvre, du cochon et du chien, par M. de Buffon, et la description de ces animaux, par M. Daubenton. Les morceaux du dernier ont le mérite de l'exactitude et de l'instruction. Vous lirez ceux du premier avec ce vif plaisir que produit l'élévation et la

LETTRE LXVI

AU PRÉSIDENT DE RUFFEY

Le 29 novembre 1755.

J'aurais bien désiré, mon cher Président, que vous eussiez accompagné Mme de Ruffey dans son petit voyage (1); nous avons eu l'honneur de la voir, et je n'ai pu m'empêcher de lui témoigner mes regrets. Nous avons bu à votre santé et de votre vin. Je vous serai bien obligé si vous voulez bien m'en envoyer une queue et demie de rouge et une ou deux feuillettes de blanc. Joignez-y, je vous supplie, la note de ce que je vous dois, afin que je vous fasse tenir cet argent.

Je vous dois aussi le cinquième volume de l'*Histoire naturelle;* mais je ne pourrai vous l'envoyer que dans six semaines, à mon retour à Paris. C'est toujours et pour ma vie que je suis, mon cher Président, dans les sentiments les plus inviolables et les plus tendres votre très humble et très obéissant serviteur.

BUFFON.

(Appartient à la comtesse de Ganay.)

LETTRE LXVII

AU MÊME.

24 décembre 1755.

... On a aussi ressenti ici une petite secousse de tremblement de terre le 9 décembre, à deux heures et demie après midi; elle a été si légère que peu de personnes s'en sont aperçues.

Mes respects, je vous supplie, à Mme de Ruffey. Vous savez, mon cher président, combien je vous suis attaché, et c'est assurément pour toute ma vie.

BUFFON.

(Inédite. — Appartient au comte de Vesvrotte.)

beauté de son style; car, n'en déplaise à M. l'abbé de Condillac, quand on veut être lu, il faut savoir écrire..... Au reste, je ne puis m'empêcher de rapporter au trait que M. le comte de Fitz-James m'a conté l'autre jour, et qui ne fait pas moins honneur à M. de Buffon qu'à ses ouvrages. Dans le temps que les premiers volumes de l'*Histoire naturelle* parurent, M. de Fitz-James remarqua que chaque fois qu'il lisait, il était curieusement observé par un de ses laquais. Au bout de quelques jours, voyant toujours la même chose, il lui en demanda la raison; ce valet lui demanda à son tour s'il était satisfait de M. de Buffon et si son livre avait du succès. M. de Fitz-James répondit qu'il obtenait le plus grand succès. « Me voilà bien con- » tent, dit le valet; car je vous avoue, monsieur, que M. de Buffon nous fait tant de bien à » nous autres, habitants de Montbard, que nous ne pouvons pas être indifférents sur le succès » de ses ouvrages. »

(1) Un voyage au château de Montfort.

LETTRE LXVIII

A. M...

Montbard, le 19 novembre 1756.

Monsieur,

Il faut espérer qu'à la vue de la lettre de M. de Riancourt, le sieur Riston se déterminera enfin à consentir que les sieurs Brion acceptent et payent à son terme votre délégation : je n'ai fait encore aucune procédure, parce que j'ai voulu vous marquer, monsieur, mon respect et mon attachement; mais comme j'ai absolument besoin de mon argent à Noël, si Riston persiste, je ne pourrai me dispenser de faire saisir entre ses mains. Il a encore écrit du trois de ce mois à M. Brion de ne pas payer à d'autres qu'à lui, à moins de payer deux fois.

Je vous avoue que cet homme est absolument indigne de votre protection, et que, s'il y avait moyen, vous feriez très bien de faire casser son bail; mais cette affaire est difficile, à moins qu'on ne pût prouver qu'il y a une très grande lésion, ou que votre fondé de procuration a excédé ses pouvoirs. C'est une affaire que nous pourrons examiner à Paris, où je retourne dans les premiers jours de janvier, et où je serais enchanté de vous trouver encore.

J'ai eu une conversation avec dom Marlot (1), prieur de votre abbaye de Fontenet (2), et après bien des petites discussions, où j'ai toujours rabattu ses

(1) Le successeur de dom Marlot, dom André Gentil, fut de l'intimité de Buffon. C'était un savant distingué qui s'occupait de sciences et d'agriculture. Il a publié, en 1777, la *Diététique générale des végétaux* et un *Traité sur l'application de la chimie à l'agriculture.*

« On voit chez ce savant, dit l'abbé Courtépée, des minéraux, des fossiles, un laboratoire de chimie, une bibliothèque choisie, etc. » Le chevalier Aude ajoute : « Le comte de Buffon l'invitait souvent à dîner et je profitais toujours de cette heureuse occasion... Dom Gentil lui avait offert des minéraux et des fossiles. — « Je vous suis très obligé, ces pièces sont « rares et trouveront leur place au cabinet : mais avez-vous du platine? » Et il en présenta au prieur, qui ne voulait en accepter qu'un échantillon; il l'obligea à en recevoir beaucoup plus. Il s'en trouva, à ce que m'a dit le prieur, pour six cent quatre-vingts livres, car dans ce temps, le platine se vendait au poids de l'or. »

(2) Abbaye de l'ordre de Cîteaux, à une très petite distance de Montbard, dans une riante vallée rafraîchie par d'abondantes eaux de source, fondée en 1118 par les deux frères d'Aleth de Montbard, mère de Saint-Bernard, visitée par plusieurs papes. Buffon entretenait des rapports cordiaux et fréquents avec l'abbaye de Fontenet tant à cause de son titre de seigneur de Montbard dont dépendaient les terres de l'abbaye que comme locataire du bâtiment abbatial du petit Fontenet, à Montbard, dont il avait fait sa bibliothèque et son laboratoire. D'un autre côté, plusieurs membres des familles Nadault, Daubenton et Leclerc avaient été dignitaires de l'abbaye, Jean IV Nadault était, en 1670, bailly des terres de l'abbaye de Fontenet; ses parents, Jean-Marc et Annet de Coustin du Mas Nadault, venus avec lui du Limousin en Bourgogne à la fin du XVIe siècle, furent tour à tour abbés de Fontenet et élus du clergé aux états généraux de la province, le premier en 1692, et le second en 1709.

prétentions, il m'a paru qu'il serait content aussi bien que sa communauté, si vous consentez, monsieur, à leur donner cent écus tous les ans, pendant les sept ans qui restent à écouler de votre bail : cela fait en tout deux mille cent livres, que vous payerez, pour ainsi dire, imperceptiblement, et vous serez quitte de toutes demandes et de toutes recherches avec eux. Voilà tout ce que j'ai pu faire de mieux pour ménager vos intérêts. Vous me marquerez, monsieur, si cela vous convient ou non. C'est avec les sentiments d'un sincère et respectueux dévouement que j'ai l'honneur d'être, monsieur, votre très humble et très obéissant serviteur.

BUFFON.

(Inédite. — Bibliothèque de Saint-Pétersbourg.)

LETTRE LXIX

AU PRÉSIDENT DE RUFFEY.

Montbard, le 21 décembre 1756.

Je serais bien aise, mon cher Président, de recevoir quelquefois de vos nouvelles ; je serais encore plus content si je pouvais vous voir de temps en temps. On m'a dit que vous pourriez bien être chez Mlle de Thil (1) ces jours-ci ; pourquoi, si vous étiez si près de nous, ne viendriez-vous pas à Montbard? Mme de Buffon le désire autant que moi, et tous deux nous pouvons vous assurer qu'à Montfort même vous trouveriez, comme nous, bonne mine, bonne chère et bon feu. Venez donc nous voir si vous le pouvez, et je vous réponds de nous et de nos voisins (2).

Nous partons après les Rois, et le temps des fêtes de Noël et de l'an serait délicieux avec un dévot comme vous. Je vous embrasse bien tendrement, et mille respects à Mme de Ruffey.

BUFFON.

(De la collection du comte de Vesvrotte.)

LETTRE LXX

AU MÊME.

Montbard, le 20 août 1757.

Je serai enchanté, mon cher Ruffey, d'avoir le plaisir de vous voir à

(1) Mlle de Thil, amie de Mme du Châtelet, était une des femmes les plus remarquables de la société alors fort érudite de Dijon. Ce fut, dit M. Foisset dans son histoire du président de Brosses, la seule femme de Dijon que le maréchal de Richelieu consentit à recevoir à son retour de Mahon. Son frère, sous-lieutenant aux gardes-françaises, très versé dans les langues anciennes et la recherche des monuments de l'antiquité, fut, au mois de juillet 1770, élu membre de l'Académie des belles-lettres à la place de Bonamy. Il avait été préféré à l'abbé Bergier, connu par ses écrits contre les philosophes.

(2) Buffon cherchait à concilier le président de Ruffey avec ses deux beaux-frères.

Paris, et je serais désolé si nos arrangements ne s'accordaient pas avec les vôtres (1).

Nous comptons rester à Montbard jusqu'à la Saint-Martin, et à Paris depuis la Saint-Martin jusqu'à Pâques ; ainsi il faudrait avancer de quelques mois le voyage que vous projetez.

Pourquoi ne viendriez-vous pas même à Montbard? Nous voyons rarement Mme votre belle-mère (2).

Enfin, puisque vous ne venez ni ne voulez venir, nous irons vous voir ; car nous comptons passer à Dijon deux ou trois jours vers le 8 ou le 10 du mois prochain. Nous logerons chez mon ami, M. Varenne (3). J'ai averti mon père au sujet de vos 150 livres, et il faudra bien qu'il vous les paye (4). Mes respects à Mme de Ruffey. Je serai toute ma vie, dans les sentiments de la plus tendre amitié et du plus inviolable attachement, monsieur et cher ami, votre très humble et très obéissant serviteur.

BUFFON.

(Appartient au comte de Vesvrotte.)

LETTRE LXXI

AU MÊME.

Le 6 janvier 1758.

J'ai été enchanté, monsieur et cher ami, de recevoir de vos nouvelles, et, quoique je n'aie jamais douté de vos sentiments pour moi, le renouvellement

(1) Le président Richard de Ruffey, président de la chambre des comptes de Dijon depuis le 20 janvier 1735, en remplacement de son père, s'était démis de sa charge, après un exercice de vingt-deux ans, en faveur de Claude Brondeault, et avait reçu des lettres de vétérance.

(2) Anne-Thérèse Feuillet, baronne de La Forest.

(3) Jacques Varenne, fils de Claude, surnommé le grand Varenne, avocat au Parlement de Dijon, Jacques, né en 1706, mort en 1789, était un ami d'enfance de Buffon. Conseil des états de Bourgogne d'abord, la place de secrétaire en chef des états étant venue à vaquer en 1734, il l'exerça par commission, et, deux ans après, sur la demande des Élus de la province, une troisième charge de secrétaire fut créée en sa faveur. Pour avoir voulu faire reconnaître le principe de la séparation des pouvoirs, il a été en butte de la part des Parlements à une ardente persécution.

Son premier écrit (1762), condamné par le Parlement de Dijon, dont il attaquait les prérogatives, fut brûlé par la main du bourreau le 7 juin 1763. La Cour des aides de Paris, présidée par Malesherbes le décréta de prise de corps et fit exécuter l'arrêt à Versailles, où Louis XV avait donné asile à Varenne. Le Roi répondit par des lettres d'abolition, le grand cordon de Saint-Michel, et le prince de Condé lui fit donner comme compensation de sa charge de secrétaire des états de Bourgogne, supprimée par le Parlement de Dijon, celle de receveur général des finances des états de Bretagne. Une nouvelle publication de Varenne contre les Parlements, en 1770, provoqua contre lui de nouvelles poursuites, et ni la faveur du Roi ni celle du prince ne purent le soustraire à une persécution dont on trouvera plus loin le récit, ni aux chagrins domestiques causés par un fils ingrat.

(4) Ce mot de Buffon témoigne que son père, qui avait compromis la fortune de Christine Marlin, sa mère, par une mauvaise gestion, continuait à ne pas être un bon administrateur.

m'en est infiniment agréable; aussi devez-vous compter sur les miens comme vous étant très anciennement et très inviolablement dévoués. Je serai bien fâché si votre voyage de Paris tombe dans un temps où je serais à Montbard; en ce cas, je n'aurais pas d'autre ressource que de vous prier d'y passer et d'y rester quelques jours avec MM. vos enfants (1).

Je retournerai en Bourgogne dans cinq semaines au plus tard, et je ne pourrai revenir qu'après les couches de ma femme, sur lesquelles elle compte pour le mois d'avril ou de mai.

Je ne vous écris pas de ma main, parce que je suis encore assez considérablement incommodé d'une douleur de rhumatisme dans le bras droit, qui m'a empêché d'écrire pendant longtemps.

Il n'est point du tout démontré par M. de Vaucanson ni par d'autres que l'articulation des mots ne puisse être formée par une machine; je crois, au contraire, qu'on peut démontrer que la chose n'est pas impossible (2); mais cela n'empêche pas que votre automate n'ait un petit garçon enfermé dans une de ses cuisses.

Notre archevêque est exilé et parti de ce matin pour aller à la Roche en Périgord, chez M. son frère (3).

Mes respects, je vous supplie, à Mme de Ruffey. Vous connaissez depuis longtemps, mon très cher monsieur, mon tendre et sincère attachement pour vous.

BUFFON.

(Appartient au comte de Vesvrotte.)

LETTRE LXXII

AU MÊME.

Montbard, le 3 juillet 1758.

Je n'ai pu, mon cher monsieur, répondre plus tôt au compliment que vous

(1) Le président de Ruffey avait trois fils: Germain, qui était entré dans les ordres; Frédéric-Henri, qui fut président à mortier au Parlement, et Charles, connu sous le nom de Vesvrotte, qui devint président à la chambre des comptes de Dijon.

(2) Jacques de Vaucanson, mécanicien et inventeur, né en 1709, mort en 1782, membre de l'Académie des sciences, populaire par ses automates, a rendu à l'industrie, en sa qualité d'inspecteur des manufactures, des services équivalents à ceux de Jacquart. Il avait assuré que la science mécanique ne pouvait aller jusqu'à faire articuler des sons et prononcer des mots à une machine. Cependant, en 1783, l'abbé Mical présenta à une commision de l'Académie deux têtes automates, dont la première disait: *Le Roi vient de donner la paix à l'Europe;* et la seconde: *La paix couronne le Roi de gloire.* La première reprenait: *La paix fait le bonheur des peuples.* Les deux têtes disaient ensemble: *O Roi adorable, père de vos peuples, leur bonheur fait voir à l'Europe la gloire de votre trône.* En 1778, l'abbé Mical avait déjà inventé une tête d'airain qui articulait des sons; mais, mécontent de son œuvre, il l'avait détruite.

(3) Christophe de Beaumont, archevêque de Paris, né le 26 juillet 1703, mort le 12 dé-

avez la bonté de me faire (1). Des douleurs de rhumatisme, que j'avais eues pendant les grands froids de cet hiver, se sont renouvelées dans les chaleurs de cet été, et m'ôtent entièrement l'usage de la main, et j'apprends par Mme de La Forest, qui a eu la bonté de m'envoyer un remède immanquable, dont cependant je n'ai point encore fait usage, que Mme de Ruffey est affligée d'un mal pareil qui l'empêche de marcher. Vous sentez bien, monsieur, toute la part que j'y prends ; je vous prie de le lui dire en l'assurant de mon respect.

Mme de Buffon lui fait aussi mille tendres compliments ; sa santé va assez bien ; cependant elle n'est pas encore rétablie, et ne pourra relever que dans huit ou quinze jours. Je vais écrire à M. l'abbé Le Blanc, qui a eu grand besoin de votre amitié et de vos consolations dans les circonstances où il vient de se trouver (2).

Comme ma santé ne me permet pas de partir pour Paris, je suis déterminé à demeurer ici encore quinze jours ; ainsi j'espère que nous pourrons l'y voir à son retour de Dijon. Je voudrais bien que vos affaires vous permissent d'être de la partie ; j'aurais un grand plaisir à passer quelques jours avec vous. J'ai l'honneur d'être, avec une très sincère amitié et un respectueux attachement, monsieur, votre très humble et très obéissant serviteur.

BUFFON.

(Appartient au comte de Vesvrotte.)

LETTRE LXXIII

AU MÊME.

Montbard, le 25 décembre 1758.

Je vous envoie, mon cher Président, une petite caisse par le carrosse, dans laquelle vous trouverez un exemplaire pour vous et pour le président de Brosses du septième volume de l'*Histoire naturelle* (3). J'y ai mis aussi cent écus

cembre 1781, fut exilé à la suite de la bulle *Unigenitus*. Son exil sans rigueur eut pour but de le soustraire à la persécution du Parlement. Il mourut sans avoir repris possession de son siège.

(1) La naissance de sa fille.

(2) L'abbé Le Blanc venait de perdre son père, mort à un âge avancé.

(3) Grimm, dont nous aimons à rapporter les jugements, annonçait tardivement ce volume le 15 août 1759, plusieurs mois après sa publication : « Le septième volume de l'*Histoire naturelle* paraît depuis plusieurs mois. Cet ouvrage s'avance au milieu de la persécution qu'on a suscité à la philosophie ; mais ce n'est pas sans faire de fréquents sacrifices de la liberté et de la hardiesse avec laquelle il convient de dire la vérité. L'alarme que le livre de *l'Esprit* a jeté dans le camp des fidèles a obligé M. de Buffon de mettre à ce nouveau volume de son histoire, déjà imprimé depuis quelque temps, plusieurs cartons..... A la fin de l'histoire des animaux, écrite par M. de Buffon, vous trouverez, conformément au plan de l'ouvrage, la description de ces animaux avec leur dimension et leur anatomie, par M. Daubenton, et

dans un rouleau que je vous supplie de remettre à M. Perchet (1), syndic des États; c'est pour du vin qu'il m'a fourni, et il vous en donnera quittance. Vous trouverez aussi dans cette caisse différentes choses que l'abbé Le Blanc m'a prié de vous faire passer. Il ne cesse de se louer de votre amitié et des bontés de Mme de Ruffey.

Assurez-la de mes respects et de ceux de ma femme. Nous ne faisons que d'arriver de Paris, et nous passons ici l'hiver. Donnez-nous de vos nouvelles. Vous connaissez les sentiments de tendre et inviolable attachement que je vous ai voués.

BUFFON.

(Appartient au comte de Vesvrotte.)

LETTRE LXXIV

A L'ABBÉ LE BLANC.

Le 6 novembre 1759.

Je ne doute pas, mon cher ami, que vous n'ayez pris grande part à mes peines, et j'en ai la plus grande reconnaissance. Notre pauvre malade vous

cette partie, quoique la moins brillante, ne sera pas la moins estimée dans la suite. Comme tous les animaux de ce volume sont de la classe des carnassiers, M. de Buffon a mis à la tête un discours sur les animaux carnassiers en général, et c'est là le morceau remarquable de son volume. Vous connaissez le style de M. de Buffon. Cet écrivain n'abonde pas en idées; mais la noblesse de ses images et l'élévation de sa plume le font lire avec un grand plaisir. »

Grimm, qui est peut être le seul critique qui ait reproché à Buffon *de ne pas aborder ces idées*, se montre ici moins chaud pour l'*Histoire naturelle* que dans son appréciation des quatrième et cinquième volumes, et on remarquera qu'il ne loue dans Buffon que l'écrivain, tandis qu'il exalte la valeur scientifique du travail de Daubenton. Mais dans le jugement qu'il porte sur le sixième volume publié deux ans auparavant, en 1756, on sent plus qu'un refroidissement. Et on y relève une pointe de mauvaise humeur que ne justifie pas suffisamment le mécontentement du philosophe contre l'écrivain qui fait l'éloge de la chasse, distraction coûteuse et inutile des grands seigneurs.

« MM. de Buffon et Daubenton, — écrit-il à la date du 1er novembre 1756, — viennent de donner le sixième volume d'*Histoire naturelle*..... on ne parle pas à Paris du travail de M. Daubenton; comme c'est un travail de recherche plus utile que brillant, il n'intéresse guère des gens qui ne cherchent qu'à s'amuser et point du tout à s'instruire. Nous ne sommes occupés que des morceaux de M. de Buffon dont les sujets sont plus de notre goût, et qui les traite avec une pompe, une harmonie et une magnificence de style qui ne peuvent manquer de nous tourner la tete..... Mais je crois que le mérite de M. de Buffon perdra de son éclat chez la postérité autant que chez les étrangers... Au contraire, la réputation de M. Daubenton ne pourra que gagner. Tenons-nous-en donc aux morceaux de M. de Buffon, et, pour le juger avec sincérité, soyons perpétuellement en garde contre la majesté et la poésie séduisante de son style..... J'ai à lui faire un reproche grave sur *l'éloge* pompeux *de la chasse* qu'il a mis à côté de l'histoire naturelle du cerf. Je ne veux pas le soupçonner d'avoir voulu faire sa cour aux grands et flatter leur goût dominant au mépris de la vérité et de ses droits sacrés; ce serait une bassesse impardonnable !... »

(1) Il y avait une double charge de procureur-syndic attaché aux états de Bourgogne. Les deux syndics étaient, en 1756, Claude Perchet et Andrez de La Poix.

assure aussi de la sienne. Quoique en convalescence, elle souffre encore ; la faiblesse, suite inséparable d'une violente maladie, le chagrin d'avoir perdu son enfant (1), la laissent dans un état triste et fâcheux. Nous espérons que le temps dissipera cette langueur. Je n'attends que son rétablissement pour l'emmener à Paris, et j'aurai beaucoup de plaisir à vous revoir ; j'espère que ce sera vers le 12 ou 15 de décembre. Le docteur (2) et sa femme (3) vous

(1) Marie-Henriette Leclerc de Buffon, née le 25 mai 1758, morte le 14 octobre 1759. Inhumée dans la chapelle seigneuriale que Buffon avait été autorisé par l'évêque de Langres, le 19 novembre 1754, à adosser à l'église paroissiale de Montbard et à mettre en communication avec le chœur. Il disait aux ouvriers occupés à creuser dans le roc : « Faites-le vaste et profond, car je serai là plus longtemps qu'ici. » Ce fut une enfant, le premier-né de Buffon, qui vint longtemps avant lui occuper la sépulture qu'il s'était préparée. Il se rouvrit en 1769 pour la femme de Buffon. Ce caveau, ouvert pour la dernière fois en 1852, à la mort de la comtesse de Buffon, née Daubenton, renferme les dépouilles de l'avocat-général Jean Nadault, du père, de la femme, de la fille et de la seconde bru de Buffon.

(2) Buffon désigne ainsi son collaborateur, Louis-Jean-Marie Daubenton, qui écrivait cette même année au président Richard de Ruffey en lui rendant compte de la mort de Maupertuis, arrivée le 27 juillet précédent : « Il est décédé chez Bernouilly. M. de Buffon est son exécuteur testamentaire. L'enterrement a eu lieu à Bâle avec distinction. Le comte de Tressan lui fait élever un mausolée en marbre, avec des inscriptions de sa façon en diverses langues. Sa mort laisse un siège vacant à l'Académie française. Les candidats sont La Condamine et Le Franc de Pompignan. »

(3) Marguerite Daubenton, née à Montbard le 5 décembre 1720, morte à Paris, au Jardin des Plantes, le 9 août 1818, presque centenaire, à l'âge de 98 ans, fille de Louis Daubenton, secrétaire de l'hôtel de ville de Montbard, et d'Edmée Ladrée, cousine germaine de Louis-Jean-Marie Daubenton qu'elle avait épousé le 21 octobre 1754. Mme Daubenton a écrit des romans dont un, *Zélie dans le désert*, paru en 1787, a eu de nombreuses éditions. A en croire Cuvier dans ses *Éloges historiques*, Marguerite Daubenton n'aurait écrit des romans que pour plaire au goût favori du collaborateur de Buffon. « Quand on connaît tous les travaux de Daubenton et les nombreuses fonctions qu'il a remplies, on est surpris d'apprendre qu'une partie de son temps se passait à lire avec sa femme des romans, des contes et d'autres ouvrages légers. » « Après le repas du soir, ajoute Geoffroy Saint-Hilaire, sa femme lui faisait tout haut la lecture des romans du jour; le livre était exactement fermé à l'heure fixée et on reprenait le lendemain la lecture à l'indication du signet. Il appelait cela mettre son esprit à la diète. »

Daubenton, qui reconnaissait devoir à Buffon cinquante années de bonheur au Jardin du Roi, y a doucement passé son existence entre Marguerite Daubenton, sa femme, douée de toutes les qualités de l'esprit et du cœur, et la jeune veuve de Georges-Louis Daubenton, son neveu, qui avait accepté de se charger de l'éducation des deux filles de sir Francis Burdett, nom porté aujourd'hui par la baronne Burdett Coutts, pairesse d'Angleterre, connue par son immense fortune et sa bienfaisance ; entre la comtesse de Buffon, née Betzy Daubenton, sa petite-nièce, et deux autres nièces aussi spirituelles que jolies, dont l'une avait épousé le célèbre compositeur Carafa, prince de Colobrano, et l'autre, Zoé Daubenton, mariée à Vicq-d'Azir, successivement suppléant dans la chaire d'anatomie d'Antoine Petit, auquel il ne succéda pas, professeur à l'École d'Alfort, premier médecin de la Reine, secrétaire perpétuel de la Société royale de médecine, auteur de traités d'anatomie et d'un recueil d'éloges, membre de l'Académie des sciences en 1774 et de l'Académie française en 1788, où il succédait à Buffon dont il a prononcé l'éloge.

Le mariage de Zoé Daubenton fut un roman à ajouter à ceux de sa tante. Elle avait formé le projet d'épouser Vicq-d'Azir qui, éloigné du Jardin du Roi à la mort de Petit, avait ouvert un cours particulier d'anatomie rue du Faubourg-Saint-Victor. Comme les choses traînaient en longueur, un matin que la jeune fille passait avec sa mère devant la porte du

font mille compliments. Je vous embrasse, mon cher ami, et suis de tout mon cœur votre très humble et très obéissant serviteur.

BUFFON.

(British Museum.)

LETTRE LXXV

AU PRÉSIDENT DE RUFFEY.

Montbard, le 21 novembre 1759.

Il faut que vous me pardonniez, mon cher Président ; j'écris très rarement, pour ne pas fatiguer mes yeux, qui sont devenus très faibles depuis un an (1). Je ne doute pas que vous n'ayez pris grande part à mes peines ; j'ai perdu un enfant qui commençait à se faire entendre, c'est-à-dire aimer. Sa mère a aussi couru le plus grand danger ; elle n'est encore qu'en convalescence. Elle me charge de vous remercier et Mme de Ruffey de l'intérêt que avez pris tous deux à sa situation. Quand elle sera rétablie, je compte l'emmener à Paris passer l'hiver. Nous ne nous y promettons pas un séjour agréable ; tout y est cher, tout y est triste. Je viens d'envoyer ma vaisselle à votre Monnaie (2) ; il vaut encore mieux qu'on ait demandé de l'argent aux gens aisés que d'avoir surchargé les pauvres. Vous qui êtes si honnête et si bon, ne gémissez-vous pas sur leurs malheurs ? Adieu, mon cher ami ; conservez-moi des sentiments qui me sont et seront toujours bien précieux. Donnez-moi de temps en temps de vos nouvelles, et soyez convaincu que personne ne vous est plus inviolablement attaché que moi. Mes respects à Mme de Ruffey.

BUFFON.

(De la collection du comte de Vesvrotte.)

LETTRE LXXVI

AU PRÉSIDENT DE BROSSES.

Montbard, le 5 mai 1760.

Je n'ai pas reçu, mon cher Président, l'ouvrage intéressant que vous

médecin-professeur, elle fut prise d'un évanouissement subit; on la transporta naturellement chez le docteur Vicq-d'Azir; six mois après, elle était sa femme.

(1) Guéneau de Montbeillard écrivait à sa femme le 2 janvier suivant : « M. de Buffon a toujours les yeux en mauvais état. » Buffon était myope et avait l'œil gauche plus faible que le droit.

(2) Les caisses de l'État étaient vides, et Louis XV avait envoyé, le 24 octobre 1759, son argenterie à la Monnaie. Son exemple ne tarda pas à être suivi par le clergé, la noblesse et

m'annoncez (1), et que j'aurais lu avec très grand plaisir? Premièrement comme venant de vous, et ensuite comme chose très curieuse et même piquante pour tous les gens qui savent penser. Vous m'en aviez parlé à votre dernier séjour à Paris, ainsi que des tracasseries que les bigots, même en religion étrangère, et les plats admirateurs des sottises antiques vous avaient suscitées. Vous avez pris le bon parti en faisant imprimer en pays étranger (2). Jamais ouvrage, quelque excellent qu'il soit, n'aura l'approbation entière d'une compagnie de gens de lettres : la vérité, fût-elle de la dernière évidence, n'y sera jamais admise dès qu'elle choquera les préjugés généraux qui font pour ainsi dire la religion de la compagnie ; mais je ne doute pas que le public ne vous rende justice, et j'espère que j'en serai bientôt informé et j'apprendrai avec grand plaisir le succès de votre ouvrage, quoique, à vous dire le vrai, l'année n'est pas bonne pour la métaphysique et pour la philosophie, puisque non content des persécutions contre Helvétius (3), l'Encyclopédie, etc., on a permis de les jouer publiquement sur le théâtre de la comédie (4). Vous avez donc bien fait d'user de correctif, et vous ferez bien encore, mon cher Président, d'être très attentif à votre Genèse des Phéniciens que je voudrais lire avec vous avant de la voir imprimée.

Je trouve qu'indépendamment des grandes occupations de votre métier, vous travaillez et écrivez beaucoup ; j'en suis fort aise parce que tout ce que vous faites est très bon.

Votre Saluste vous fera beaucoup d'honneur et moins de querelles qu'aucune autre chose. Vous devriez donc l'achever (5) et laisser passer le temps climatérique de la philosophie avant de donner cette nouvelle écriture sainte.

un grand nombre de personnes riches. Étienne de Silhouette, successeur du contrôleur général de Boulogne de Prémainville venait de quitter, à son tour, le contrôle général des finances en laissant en souvenir de la situation son nom à une sorte de portrait, qui n'est qu'une ombre, pour témoigner de l'état misérable auquel le peuple était réduit par l'accroissement des impôts et des charges publiques.

(1) *Dissertations sur le culte des dieux fétiches* (in-12, 1760), réimprimé dans l'*Encyclopédie méthodique*, dictionnaire de la philosophie ancienne.

(2) L'ouvrage sur les *dieux fétiches* a été imprimé en Hollande.

(3) Le livre de *l'Esprit*, d'Helvétius, avait paru en 1758. Dès l'année suivante il avait été condamné en même temps par le pape, par la Sorbonne, par un arrêt du Parlement, et brûlé solennellement sur les marches du palais par la main du bourreau. Helvétius, qui avait dû s'éloigner, voyageait à cette date en Angleterre. Sa femme, de son nom de Ligniville, née en 1719, morte en 1800, nièce de Mme de Grafigny, et qui appartenait à une très ancienne maison noble dite des grands chevaux de Lorraine, connue par sa beauté, son intelligence et la grâce avec laquelle elle faisait les honneurs du salon de son mari, fut aussi liée avec Mme de Buffon qu'Helvétius l'était avec le naturaliste.

(4) La pièce des *Philosophes* de Palissot de Montenoy, jouée cette même année avec un grand retentissement.

(5) Les travaux du président de Brosses sur Salluste sont considérables. Ils n'ont paru qu'en 1777, sous le titre : *Histoire du* VIIe *siècle de la République romaine, précédée d'une vie de Salluste* (5 vol. in-4o), réimprimée par A. Dureau de Lamalle. Le président de Brosses a encore publié le texte latin de Salluste revu et corrigé d'après un grand nombre de manuscrits, des fragments de Salluste, un commentaire latin du texte, avec remarques criti-

Pour moi, j'écris très peu et ne pense guère plus. Cependant mes yeux se rétablissent un peu; mais j'attends tranquillement qu'ils le soient en entier.

Nous n'en sommes qu'au neuvième volume de notre ouvrage, le huitième est imprimé en entier, mais je ne le donnerai qu'avec le neuvième.

Si Montfalcon (1) n'était qu'à dix lieues de Montbard, je serais souvent auprès de vous, j'aime votre conversation autant qu'un bon livre et votre personne autant que j'aimais autrefois une jolie femme. Mes respects à Mme de Brosses et mes très humbles compliments à M. votre frère (2). Ma femme me charge aussi de vous dire bien des choses pour elle.

(Inédite. — Communiquée par le comte de Brosses.)

LETTRE LXXVII

AU MÊME.

Montbard, le 14 juillet 1760.

Enfin, mon cher Président, j'ai conversé tout à mon aise avec les *dieux fétiches* et je me trouve à merveille de leur conversation.

Je vous fais mon compliment sur le succès qu'a eu et qu'aura cet ouvrage, qui ne peut que vous faire beaucoup d'honneur; il suppose une prodigieuse lecture, des recherches immenses et, ce qui est plus rare, un discernement exquis pour mettre en œuvre les matériaux utiles que vous avez tirés de cet affreux amas de ruines et de décombres.

Le fond de vos idées me paraît juste et vrai; il m'a seulement semblé que vous avez été quelquefois embarrassé pour les mettre dans leur plein jour par les raisons qui nous embarrassent tous lorsque nous voulons dire la vérité.

On ne pourra donc que vous louer de cette prudence en même temps que l'on regrettera les choses excellentes qu'elle vous a fait supprimer; il me paraît encore que vous auriez peut-être mieux fait de fondre cet ouvrage dans celui de vos *Terres australes*, où vous auriez pu tout dire en présentant votre opinion non pas comme un système raisonné, mais comme des idées qui vous étaient venues en comparant les pratiques de superstition des différents

ques et grammaticales sur le texte et les noms historiques, une table des fragments, un catalogue des variantes, un dictionnaire critique des locutions particulières à Salluste.

(1) Terre patrimoniale du président de Brosses dans la Bresse, son séjour favori.

(2) Le président de Brosses avait un frère, Claude-Charles comte de Tournay, dont il sera parlé plus loin à propos d'une lettre que lui écrit Buffon après la mort de son frère, et deux sœurs chanoinesses de Neuville, près Lyon.

peuples (1). Souvent l'on fait passer dans un in-quarto des choses que l'on ne peut dire en in-douze; ce n'est pas que je trouve votre ouvrage trop serré, il a la juste étendue qu'il demande, il est bien et gravement écrit, et je ne crois pas que messieurs des belles lettres qui ont fait semblant de ne vous pas approuver n'en pensent pas bien dans le fond, puisque vous avez porté la lumière sur des objets que jusqu'à présent ils n'avaient aperçu que dans les ténèbres.

On m'a envoyé *Le pauvre Diable* (2), je ne l'ai pas trouvé aussi bon à beaucoup près que la *Vision* (3) de Palissot (4); je reçois aussi presque à chaque poste des pièces en vers ou en prose qui sont autant de brocarts contre Pompignan (5), Palissot et les autres sots de cette clique. Je me trouve assez malheureusement chargé dans ces circonstances de la réception des deux académiciens qui doivent remplacer M. de Rennes (6) et M. de Mirabeau (7). Je sens que je serai obligé de supprimer le peu de bonnes choses qu'il y aurait à dire; mais enfin, comme disait quelqu'un, il vaut encore mieux être plat que pendu.

Adieu, mon cher Président, mes respects à madame ainsi que ceux de Mme de Buffon. Je vous embrasse bien sincèrement et de tout mon cœur.

(Inédite. — Communiquée par le comte de Brosses.)

(1) Ce passage témoigne des précautions dont devait encore s'envelopper la pensée au XVIIIe siècle et du sentiment de Buffon sur la réserve que devait s'imposer l'écrivain sans capituler avec sa conscience.

(2) Satire de Voltaire contre le journaliste Fréron, à qui il ne pardonnait pas ses attaques contre les philosophes, et qu'il mit en scène sous le nom de Frélon dans sa pièce de *l'Ecossaise*.

(3) *La Vision de Ch. Palissot*. Réponse de l'abbé Morellet à la pièce des *Philosophes*. Une attaque un peu trop vive contre la princesse de Rosbecq valut une détention de deux mois, à la Bastille, à l'auteur du pamphlet, que Voltaire n'appela plus à compter de ce jour que *l'abbé Mords-les*.

(4) Charles Palissot de Montenoy, auteur dramatique et polémiste, né en 1730, mort en 1814, conservateur de la Bibliothèque mazarine, attaqua les philosophes dans ses comédies et ses pamphlets et se fit de nombreux ennemis.

(5) Jean-Jacques Lefranc, marquis de Pompignan, poète et auteur dramatique, né en 1709, mort en 1784, reçu à l'Académie française en 1760, se signala comme Palissot par ses attaques contre les philosophes, et encourut comme lui leur animosité et les sarcasmes de Voltaire, qu'il supporta avec moins de philophie que Palissot.

(6) Louis-Guy Guérapin, baron de Vauréal, né en 1688, mort le 15 juin 1760 dans un village près de Nevers à son retour de Vichy, évêque de Rennes et maître de chapelle du Roi le 21 août 1732, abbé de Solesmes, ambassadeur en Espagne en 1741, grand d'Espagne en 1745, élu à l'Académie française en 1749.

(7) Jean-Baptiste de Mirabeau, né en 1675, mort le 24 juin 1760, secrétaire des commandements de la duchesse d'Orléans, traducteur de la *Jérusalem délivrée* et de *Roland Furieux*, membre de l'Académie française le 28 septembre 1726, étranger à la famille des Riquetti de Mirabeau.

LETTRE LXXVIII

AU PRÉSIDENT DE RUFFEY.

Montbard, le 4 août 1760.

J'ai été enchanté, monsieur et très cher ami, de voir Mme de Ruffey et d'apprendre de vos nouvelles; mais je suis toujours fâché que vous ne l'accompagniez pas dans les petits voyages qu'elle fait dans ce pays-ci; car j'aurais grand plaisir à vivre avec vous et à vous renouveler souvent les sentiments de mon ancien et très sincère attachement.

Nous avons été on ne peut pas plus content de mesdemoiselles vos filles (1), tant pour la figure que pour le maintien. Je ne vous dis rien de l'esprit, parce que des deux côtés elles ont de qui tenir, et que Mme de Ruffey me paraît leur donner beaucoup de soin et les aimer beaucoup.

Le mot *ignée* (2), quoique bon, n'est point encore d'usage; ainsi je ne puis pas vous dire comment on doit le prononcer. Si l'on suit le génie de la langue, il faut le prononcer *inniée*, et c'est ainsi qu'on le prononcera s'il devient usité; mais comme il ne l'est point encore, et qu'il vient du latin *igneus*, je crois qu'on doit conserver sa prononciation latine, et faire sentir le *g* comme aussi je crois qu'il faut le souligner en l'écrivant ou en l'imprimant. Mes compliments, je vous prie, et mes amitiés sincères à M. Michault (3). Mme de Buffon me charge des siens pour vous; je la quitte ces jours-ci pour aller faire un tour à Paris. Elle a été voir MM. vos fils (4) à notre dernier voyage; j'irai les voir moi-même à celui-ci; car je m'intéresserai toute ma vie à tout ce qui vous appartient, et c'est dans ces sentiments, et avec un inviolable attachement, que j'ai l'honneur d'être, monsieur et cher ami, votre très humble et très obéissant serviteur.

BUFFON.

(De la Collection du comte de Vesvrotte.)

(1) Le président de Ruffey avait eu de son mariage avec Anne-Claude de la Forest de Montfort trois filles et trois fils. Une de ses filles, que nous verrons venir seule en visite avec sa mère, en 1769, à Montbard, chez Buffon veuf, fut mariée au marquis de Monnier et devint la trop fameuse Sophie de Mirabeau.

(2) Igné, terme didactique; — 1° qui est du feu, qui a les qualités du feu; — 2° qui est produit par l'action du feu. Rem. Pour Buffon, *igné* (qu'il écrivait ignée) était un mot dont la prononciation était incertaine. — *Corresp. de Buffon,* lettre LXI, 1760, au président de Ruffey. (*Dictionnaire* de Littré.)

Le mot est beaucoup plus ancien : « L'existence de cette matière ignée, si douteuse et si peu établie ». Pascal, *Lettres à Lctailleur*. (Littré. *Dict. Fr.*)

(3) Jean-Bernard Michault, déjà nommé avocat au Parlement, avait abandonné son greffe et sa charge de contrôleur des guerres pour s'adonner entièrement à la poésie et à la botanique. Il fut le premier secrétaire perpétuel de l'Académie de Dijon avant le Dr Maret, et remplit quelque temps à Paris la charge de censeur royal.

(4) Les trois fils du président de Ruffey étaient Germain, qui embrassa l'état ecclésias-

LETTRE LXXIX

A M. DEMALSAVYCOING (1).

A Paris, ce 28 novembre 1760.

J'ai, monsieur, parlé comme vous le désirez à M. de l'Isle (2), et je l'ai trouvé dans de bonnes dispositions que j'ai tâché d'augmenter encore en lui répondant de votre reconnaissance. Il m'a dit qu'on avait déjà prévenu le ministre, et qu'on demandait actuellement la survivance pour une autre que pour vous, que cependant on ne lui en avait point parlé, et qu'il était très décidé à n'écouter aucune proposition de retraite jusqu'à ce que vous fussiez arrivé. Il serait donc nécessaire, monsieur, de ne pas tarder à venir dans les circonstances présentes. Je serai très aise d'avoir l'honneur de vous revoir et de vous renouveler tous les sentiments avec lesquels je suis, monsieur, votre très humble et très obéissant serviteur.

BUFFON.

(Inédite. — Collection de Nadault de Buffon.)

LETTRE LXXX

A LEBRUN (3).

Au Jardin du Roi, le 1er décembre 1760.

Je vous remercie, monsieur, de la belle ode (4) que vous avez eu la bonté de m'envoyer; je l'ai lue avec un extrême plaisir, et j'y ai trouvé plusieurs traits qui supposent un beau génie et une âme tout aussi belle. Dans votre

tique, et mourut en 1773; Frédéric-Henri, conseiller, puis président au parlement de Dijon, mort sur l'échafaud révolutionnaire; Charles, élu du Roi, conseiller et président à la chambre des comptes.

(1) Jacques-François Demalsavycoing, géographe et astronome.

(2) Joseph-Nicolas de l'Isle, astronome, né en 1685, mort en 1767, fils de l'historien Claude de l'Isle frère du géographe, Guillaume de l'Isle, était le confrère de Buffon à l'Académie des sciences depuis 1714. Maître de Lalande et de Messier, il écrivait le 26 septembre 1760, à Lalande : « Vous me faites espérer que la rentrée de l'Académie nous ramènera » M. de Buffon. Je serai charmé de le revoir; comme il est de vos amis et que je me flatte » qu'il est aussi des miens, sa présence à Paris ne peut pas manquer de nous être fort utile » à l'un et à l'autre, surtout parce qu'il a l'estime du ministre. »

(3) Pons-Denis Ecouchard Lebrun, poète lyrique, né en 1729, mort en 1807, connu par ses odes et ses satires et la versatilité de son caractère, s'est fait moins d'amis par ses odes que d'ennemis par ses satires; a chanté avec le même enthousiasme Louis XV, Louis XVI, la République, même la terreur, le consulat et l'empire. Successivement secrétaire des commandements du prince de Conti, pensionné par Calonne, membre de l'Institut à sa fondation. Ses œuvres, en 4 vol. in-8°, ont été publiées en 1811 et rééditées en 1821.

(4) L'ode est le genre dans lequel Lebrun excella. On cite son ode sur le désastre de Lisbonne, celle à Voltaire et celle à Buffon, dont nous entendrons bientôt celui-ci le remercier.

lettre, monsieur, vous avez mis entre le génie et le bel esprit une distinction bien forte, mais qui n'en est pas moins juste ni moins heureusement appliquée. Si elle déplaît à quelques *beaux*, elle plaira à tous les *bons* esprits.

J'ai l'honneur d'être, avec beaucoup d'estime et de considération, monsieur, votre très humble et très obéissant serviteur.

BUFFON.

(Publiée, en 1811, dans les *Œuvres* de Lebrun.)

PIÈCE LXXXI

Janvier 1761.

On désirait depuis longtemps que le passage de Vénus sur le soleil, qui doit arriver le 6 juin 1761, fut observé avec toute l'exactitude possible (1) et dans les circonstances les plus avantageuses. L'Académie impériale de Pétersbourg ayant invité l'Académie à envoyer un de ses astronomes pour faire cette opération en Sibérie, l'Académie a cru, en acceptant cette invitation, devoir envoyer, de son côté, aux environs de la pointe méridionale de l'Afrique (2). Elle a nommé, pour faire cette dernière observation, M. Pingré (3), l'un de ses astronomes, et lui a adjoint M. Thuillier (4).

En foi de quoi elle m'a ordonné de lui en délivrer le présent acte qui a été signé de MM. les officiers (5), et auquel j'ai apposé le sceau de l'Académie.

BUFFON.

(Inédite. — Bibliothèque Sainte-Geneviève.)

DE LAMOIGNON DE MALESHERBES,
Président de l'Academie.

DORTOUS DE MAIRAN,
Directeur.

GRANDJEAN DE FOUCHY,
Secrétaire perpétuel de l'Académie royale des sciences.

CAMUS,
Sous-directeur de l'Académie.

(1) Ce phénomène fut observé par cinquante-cinq astronomes répartis sur les divers points du globe.

(2) Ile Rodrigues, à 19° 41′ lat. S. et 61° 9′ long. E. entourée de récifs et de bancs de madrépores était si abondante en tortues que l'on en envoyait annuellement de 4 à 5,000 à l'île de France.

(3) Alexandre Guy, abbé Pingré, astronome et voyageur, né le 4 septembre 1711, mort le 1er mai 1796. Professeur de théologie, membre de l'Académie des sciences, en 1753. Il avait choisi l'île Rodrigues à l'extrémité sud de l'Afrique; il y arriva au mois de mai 1761 dépourvu de tout, le navire qui l'avait amené ayant été capturé par un corsaire anglais. Le jour où l'abbé Pingré rendit compte à l'Académie de ses observations, il parla de ses privations et ses souffrances, ajoutant « que lui et son compagnon en avaient été réduits à l'ignoble breuvage de l'eau ». Il a écrit le récit inédit de son voyage dont le manuscrit avec son criste, par Caffieri, se trouve à la bibliothèque Sainte-Geneviève et la copie au dépôt des cartes et plans de la marine.

(4) Thuillier, astronome, membre de l'Académie des sciences.

(5) La signature de Buffon est accompagnée de celles de Lamoignon de Malesherbes, président; Dortous de Mairan, directeur; Camus, sous-directeur, et Grandjean de Fouchy, secrétaire perpétuel.

LETTRE LXXXII

AU PRÉSIDENT DE RUFFEY.

Paris, le 22 janvier 1761.

Je n'ai pas répondu dans le temps, mon cher Président, aux marques obligeantes de votre souvenir et de votre amitié, parce que j'étais malade et très affligé de la perte de mon ami l'abbé Sallier (1), que je regretterai toute ma vie.

J'ai eu un rhume violent dont je ne suis pas encore quitte, et avec cela, il a fallu faire deux réponses et les prononcer en public (2) : la première à M. de La Condamine (3) et la seconde à M. Watelet (4), qui viennent d'être reçus à l'Académie française.

J'ai envoyé à M. Varenne un exemplaire du discours de La Condamine et de ma réponse pour vous être remis. Celle à M. Watelet n'est pas encore imprimée, et je compte vous l'envoyer aussi ; vous verrez que je ne m'en suis tiré qu'à force d'être court.

Nous avons encore deux autres places à remplir ; l'une paraît destinée à M. de Limoges (5), et je désirerais beaucoup que notre ami l'abbé Le Blanc

(1) L'abbé Claude Sallier, compatriote et ami de Buffon, déjà cité, était mort à la Bibliothèque du Roi, à Paris, le 9 janvier 1761.

(2) En sa qualité de directeur de l'Académie française.

(3) La réception par Buffon de La Condamine qui succédait à Vauréal a eu lieu la veille, le 21 janvier, et La Condamine avait fait à ce propos sur lui-même cette épigramme :

> Lacondamine est aujourd'hui
> Reçu dans la troupe immortelle.
> Il est bien sourd, tant mieux pour lui,
> Mais non muet, tant pis pour elle.

(4) Claude-Henri Watelet, financier, littérateur et graveur, né en 1718, mort le 12 janvier 1786, associé libre de l'Académie de peinture, membre de l'Académie française, où il fut reçu par Buffon, le 19 janvier 1761, à la place de Mirabeau, a eu Sedaine pour successeur. Il a écrit en prose et en vers et a illustré de nombreux ouvrages, notamment l'*Art de peindre* et *Essai sur les jardins*. Diderot disait de ses œuvres : « J'en découperais les vignettes, je les mettrais sous verre, et je jetterais le reste au feu. » Watelet, fermier général à vingt-deux ans, est en effet moins connu par ses œuvres que par son luxe, sa résidence de Moulin-Joli et sa liaison avec la belle Mme Marguerite Lecomte.

(5) Jean-Gilles de Coëtlosquet, évêque de Limoges, né le 15 septembre 1700, mort le 21 mars 1784, précepteur du duc de Berri, depuis Louis XVI, et de ses frères, charge qui conduisait de droit à l'Académie française. Une des deux places vacantes était celle de l'abbé Sallier; elle fut occupée par l'évêque de Limoges le 9 avril 1761. Buffon ayant quitté ses fonctions de directeur, son discours ne fut pas prononcé; il a été imprimé dans ses œuvres. Diderot écrivait à Mlle Voland en décembre 1760 : « J'ai reçu ce matin la visite de M. de Buffon. J'irai un de ces soirs passer quelques heures avec lui. J'aime les hommes qui ont une grande confiance dans leurs talents. Il est directeur de l'Académie française, et, en cette qualité, chargé de trois ou quatre discours de réception; c'est une cruelle corvée. Que dire d'un M. de Limoges? Que dire d'un M. Watelet? Que dire des morts et des

pût obtenir la seconde (1). Je n'en désespère pas absolument, et je suis persuadé que vous en seriez fort aise.

Mes respects et les compliments de Mme de Buffon à Mme de Ruffey. Conservez-moi les mêmes sentiments d'amitié dont vous m'avez toujours honoré, et soyez sûr que personne n'est avec un plus sincère et plus inviolable attachement que je le suis, mon cher Président, votre très humble et très obéissant serviteur.

BUFFON.

(De la Collection du comte de Vesvrotte.)

LETTRE LXXXIII

AU PRÉSIDENT DE BROSSES.

Paris, le 11 février 1761.

M. de Fontette (2), que j'ai trouvé dimanche à Versailles, pourrait vous dire, mon cher Président, que ma première question, lorsque je l'ai vu, a été de demander si vous n'étiez pas encore à Montfalcon. Je le croyais, et ne voulant pas qu'il vous en coûtât 6 francs de port pour quelques plates paroles (3), je me suis abstenu de vous les envoyer. Ne me grondez donc pas, je vous en supplie, car ce serait à tort. D'ailleurs, je ne veux pas que la nécessité des attentions diminue la confiance que j'ai dans votre amitié; elle m'est trop chère pour que je puisse imaginer de la perdre. L'abbé Le Blanc est en effet tout de bon sur les rangs pour l'Académie française, et quoiqu'il y ait beaucoup de gens qui sollicitent, les uns pour Marmontel (4), les autres

vivants? Cependant il n'est pas permis de les offenser par le mépris; il faudra donc qu'il les loue, et il disait : « Eh bien! je les louerai, je les louerai bien, et l'on m'applaudira. » Est-ce que l'homme éloquent trouve quelque sujet stérile? Est-ce qu'il y a quelque chose » dont il ne sache pas parler? » C'est bien avec désintéressement que je loue cette confiance; car je ne l'ai point. Tout m'effraye au premier coup d'œil, et il faut que je sois de cent coudées au-dessus d'une besogne, quand je ne la trouve pas de cent pieds au-dessus de moi. »

(1) C'est encore un des traits touchants du caractère de Buffon que sa persévérance à patronner la candidature de l'abbé Le Blanc à l'Académie française, sans que les froissements de l'amour-propre aient jamais découragé son amitié.

(2) Charles-Marie Fevret de Fontette, érudit, né le 5 avril 1710, mort le 21 février 1772; conseiller au Parlement de Dijon en 1736, et plusieurs fois député, en cette qualité, à Versailles, par sa compagnie; de l'Académie des inscriptions en 1771, petit-fils de l'auteur du *Traité de l'abus*, continuateur de la *Bibliothèque historique de France*, par le P. Lelong, collectionneur et possesseur d'une bibliothèque rivale de celle du président Bouhier. Son frère, intendant de la généralité de Caen, fut élu vice-protecteur de l'Académie de Dijon en 1762.

(3) Les discours de réception de La Condamine et Watelet.

(4) Précédemment nommé.

pour Saurin (1), les autres pour Batteux (2), pour Trublet (3), etc., je crois que l'abbé Le Blanc sera élu, et je lui ferai part du désir que vous avez qu'il réussisse.

La succession de l'abbé Sallier ne consiste qu'en mobilier (4), et je ne crois pas, lorsque tout sera vendu, qu'il y ait plus de 30 ou 35,000 livres. Sur cette somme, il faut ôter un legs d'environ 10 ou 12,000 livres qu'il a fait à Mme de Monconseil (5), à laquelle il a donné sa vaisselle et argenterie; ensuite des legs de 4 à 5,000 livres pour des domestiques; un autre de 2,000 livres pour son exécuteur testamentaire. Otez encore 3 ou 4,000 livres de petites dettes, et au moins encore autant de frais funéraires, d'inventaires et de scellés, et enfin ce qu'il en coûtera pour les réparations d'un bénéfice où ni lui ni son prédécesseur bénéficier n'avaient jamais été depuis plus de cinquante ans; je crains qu'il ne me reste pas assez pour faire le bien que j'avais projeté, qui était de donner à un pauvre neveu, que son oncle n'avait jamais connu, autant qu'il aurait eu s'il fût mort intestat. Je laisse toute cette affaire à discuter entre l'exécuteur testamentaire et les économats, et je pars la semaine prochaine pour retourner à Montbard (6), où j'espère

(1) Bernard-Joseph Saurin, littérateur et auteur dramatique, né en 1706, mort le 17 septembre 1781. Ses principales pièces sont les *Trois Rivaux* (1763), *Amépnohis* (1752), *Spartacus* (1760), de la *Tragédie bourgeoise* (1768). Reçu à l'Académie française en 1761, à la place de du Resnel, il a eu pour successeur Condorcet.

(2) L'abbé Charles Batteux, littérateur et traducteur, né le 7 mai 1713, mort le 14 juillet 1780, professeur au collège de France, élu de l'Académie des inscriptions en 1754, et de l'Académie française en 1761.

(3) L'abbé Trublet candidat perpétuel à l'Académie française en concurrence de l'abbé Le Blanc, mais qui, plus heureux que lui, finit par y entrer.

(4) L'abbé Sallier avait fait Buffon son légataire universel. « L'aîné de huit enfants, il eut pour toute fortune,— dit l'abbé Courtépée dans son histoire du duché de Bourgogne,— le désir de s'instruire, l'émulation qui triomphe des obstacles, et un esprit avide de connaissances... Son extérieur modeste laissait deviner la bonté de son âme. »

(5) Anne Rioult de Curzay, mariée jeune à Guinet de Monconseil, lieutenant général, mort en 1782, qui avait été pour l'abbé Sallier, compatriote et ami de Buffon, ce que fut Mme de la Sablière pour La Fontaine, se fit connaître par son esprit et ses intrigues. Elle eut trois filles, Mme de La Tour-du-Pin-Gouvernet, connue par sa douceur et sa fidélité conjugale; la princesse d'Hénin, par la sottise de son mari, et Mme de Blot, par son originalité.

(6) Ce fut pendant ce séjour à Paris que Buffon fit faire son portrait et celui de sa femme par Drouais. On lit dans une lettre de Diderot sur *les peintures de MM. de l'Académie royale exposées au salon du Louvre le 22 septembre* 1772 : « L'artiste Drouais ne se voue pas seulement à peindre les grâces; son pinceau fier atteint aux traits mâles du génie; ce qu'il prouve par le portrait de M. le comte de Buffon, où l'on retrouve la noblesse et la vigueur de la tête vraiment pittoresque de ce philosophe. » Buffon est représenté debout, vêtu d'un riche costume de velours rouge à brandebourgs d'or, avec une veste de drap d'or à bouquets de soie de couleur en relief; ses cheveux au naturel sont poudrés à blanc; il a le chapeau sous le bras, l'épée au côté; la main droite disparaît dans la poche de la culotte, la main gauche dans le jabot. Les dentelles du jabot et des manchettes, — les manchettes historiques de M. de Buffon, — sont admirablement traitées. Il porte la tête haute; le caractère du visage est la majesté.

La comtesse de Buffon est également debout, vêtue d'une robe de soie lamée d'or, décol-

demeurer jusqu'au mois de juin ou de juillet, et où vous devriez bien venir passer vos vacances de la Pentecôte ; car je sais d'avance que vous n'en aurez point cette automne, puisque vous présiderez à la chambre des vacations.

Mes respects, je vous supplie, à Mme de Brosses, et tous mes compliments à M. votre frère. Il me semble que, depuis que Voltaire réside en Bourgogne (1), il est devenu furieusement babillard. Voyez seulement son épître à Mme de Pompadour, sa réponse à M. Déodatie (2), ses missives au sujet du roman de Rousseau, dans lequel, par parenthèse, je trouve aussi bien du rabâchage, et vous m'avouerez que nos beaux esprits sont plus abondants que jamais, je ne dis pas en idées, mais en paroles. Mes mauvais yeux m'empêchent de lire, et ceci m'en dégoûte.

Adieu, mon cher Président, je vous embrasse bien sincèrement.

BUFFON.

(Collection du comte de Brosses.)

LETTRE LXXXIV

A L'ABBÉ LE BLANC.

Montbard, le 23 mars 1761.

J'ai été aussi surpris qu'indigné de cette élection à l'Académie française (3) que vous m'avez apprise, mon cher ami. Vous avez raison : c'est plus contre Duclos, contre Voltaire et contre d'autres que l'on agit, que

letée, avec un collier de perles. Ses cheveux poudrés sont relevés sous une aigrette entourée de fleurs. La robe est garnie de dentelles et de zibeline ; les mains se perdent dans un manchon de fourrure. Le visage est jeune et frais, la bouche souriante, les yeux pleins de vie, la taille élégante et svelte ; aussi est-on surpris d'entendre, dans cette même année 1760, Diderot tracer d'elle ce portrait : « M. et Mme de Buffon sont arrivés. J'ai vu madame. Elle n'a plus de cou ; son menton a fait la moitié du chemin, devinez ce qui a fait l'autre moitié? moyennant quoi ses trois mentons reposent sur deux bons gros oreillers. Elle me paraît avoir un peu oublié ses douleurs... » Le portrait de Buffon comme celui de sa femme portent la signature Drouais le fils, 1761. Il a été reproduit pour le musée de Versailles, l'Institut, les musées de Dijon et de Semur ; il a été gravé par Baron et Chevillard pour les différentes éditions de l'*Histoire naturelle* parues du vivant de Buffon, et, en dernier lieu, pour cette édition, par l'habile graveur Portier de Beaulieu. L'iconographie de Buffon ne comprend pas moins de 360 portraits.

(1) La Bresse et le Bugey, où était situé Fernay, étaient des annexes de la province de Bourgogne.

(2) Déodatie, correspondant de Voltaire mêlé aux gens de lettres du temps, bien vu d'eux sans avoir jamais rien écrit, seulement connu par quelques traductions et une édition des *Lettres d'une Péruvienne* de Mme de Graffigny.

(3) L'abbé Trublet avait été élu le mois précédent en remplacement de l'abbé Sallier. Cette élection causa à l'abbé Le Blanc un chagrin d'autant plus vif qu'il avait été cette fois sérieusement question de lui.

contre vous et que contre les autres aspirants. C'est le temps du régime des médiocres; mais, quoiqu'ils soient en grand nombre et que ce nombre augmente chaque jour par le succès de leurs cabales, il faut espérer qu'ils ne réussiront pas toujours, et je sais bien bon gré à Saurin d'avoir vu tranquillement la plate préférence qu'ils ont donnée à l'abbé Trublet.

Je voudrais, mon cher ami, que vous eussiez un peu de cette tranquillité; les choses changeront de face, et peut-être à l'heure que nous y penserons le moins.

Donnez-moi des nouvelles de la seconde élection (1); car quelque dégoûté que je sois de l'Académie, j'y prendrai toujours intérêt à cause de vous.

Mme de Buffon me charge de vous faire mille amitiés de sa part, ainsi que Mme et M. Daubenton; il compte arriver à Paris d'aujourd'hui en quinze jours. Je ne puis, mon cher ami, que vous renouveler les assurances du sincère et inviolable attachement avec lequel je serai toute ma vie votre très humble et très obéissant serviteur.

BUFFON.

(British Museum.)

LETTRE LXXXV

A M. DE PUYMAURIN (1).

Au Jardin du Roi, le 16 janvier 1762.

J'ai reçu, monsieur, la petite caisse que vous avez eu la bonté de m'envoyer par la messagerie de Toulouse, et il faut que vous me permettiez de me plaindre de ce que vous en avez payé le port. C'était bien assez de la chose même, sans augmenter encore vos dons de l'argent qu'il vous en a coûté.

Ces pétrifications m'ont fait grand plaisir, et tiendront bien leur place au Cabinet du Roi, où nous en avons déjà quelques-unes de semblables. La composition de l'ivoire, qui est par fibres croisées, à peu près comme les mailles des bas, est très reconnaissable dans les morceaux que vous m'avez envoyés. L'épaisseur des couches qui se séparent les unes des autres est aussi très bien marquée, et, en les comparant avec d'autres, on pourra en tirer des indications sur l'accroissement annuel des défenses de l'éléphant. Je ne puis donc, monsieur, vous remercier assez de ce présent; mais je ne

(1) La seconde place vacante depuis le 25 février 1765, par la mort de du Resnel, fut occupée par Saurin.

(2) Nicolas-Joseph de Marcassus, baron de Puymaurin, né en 1718, mort en 1791, peintre et musicien, défenseur de la musique italienne, a écrit sur l'économie politique et dans les mémoires de l'Académie des sciences de Toulouse.

voudrais pas vous engager à vous défaire en ma faveur de ce qui vous reste, à moins que vous n'ayez la bonté de me demander en échange les choses qui pourraient vous être agréables.

Il est singulier que ces défenses d'éléphant se soient trouvées à si peu de profondeur; elles ont apparemment été roulées et entraînées avec les terres du sommet du coteau, où il est vraisemblable qu'elles étaient autrefois plus profondément enterrées. On trouve de ces défenses fossiles dans plusieurs provinces de l'Europe, et jusqu'en Sibérie.

A l'égard des cornes de cerf, elles sont très communes dans cet état de pétrification, et il n'est pas étonnant qu'on en trouve dans le pays de Comminges (1) et dans les contrées adjacentes, quoiqu'il y ait plus de deux cents ans que cette race d'animaux y soit détruite; c'est probablement parce qu'on y a, depuis ce même temps, détruit les forêts et défriché les terrains couverts de bois.

On voit par le traité de Gaston Phœbus (2), comte de Foix, que de son temps le cerf y était commun, et qu'il y avait même alors des rennes en France, puisqu'il donne la manière de les chasser, et qu'il en fait un article particulier sous le titre de chasse *du rangier*. Cependant les rennes rangiers sont aujourd'hui relégués bien loin de nous, et ne se trouvent guère qu'en Laponie et au delà du cinquante-cinquième degré de latitude nord.

Je ne puis, monsieur, que vous offrir mes services, et vous assurer de la reconnaissance et du respect avec lesquels j'ai l'honneur d'être, monsieur, votre très humble et très obéissant serviteur.

BUFFON.

(Publiée, en 1808, dans un journal de la Haute-Garonne.)

LETTRE LXXXVI

AU PRÉSIDENT DE RUFFEY.

Paris, le 11 février 1762.

J'ai remis aujourd'hui, mon cher monsieur, à notre ami le président de Brosses, les tomes huitième et neuvième (3) de mon ouvrage que je vous prie

(1) Ancienne province de la France méridionale comprise dans les départements de l'Ariège, du Gers et de la Haute-Garonne.

(2) Gaston III, comte de Foix, vicomte de Béarn, né en 1331, mort en 1391. La chasse fut son délassement favori; à en croire Saint-Yon, il n'entretenait pas moins de seize cents chiens. Il a écrit en quatre-vingt-six chapitres : *Phœbus, des déduits de la chasse des bestes sauvages et des oyseaux de proye.*

(3) Nous eussions aimé à pouvoir citer l'opinion de Grimm sur les septième et huitième volumes de l'*Histoire naturelle*, mais nous navons rien trouvé à leur sujet dans sa *Correspondance littéraire.*

d'agréer, et qu'il s'est chargé de vous envoyer par la première occasion qu'il pourra trouver.

Vous devriez bien faire comme lui, et venir quelquefois passer l'hiver à Paris ; car je suis affligé toutes les fois que je pense au peu d'occasions que nous avons de nous voir. Cependant, mon cher monsieur, cela ne diminuera jamais les sentiments de la tendre amitié et du respectueux attachement que je vous ai voués.

BUFFON.

(Collection du comte de Vesvrotte.)

LETTRE LXXXVII

A GUYTON DE MORVEAU (1).

Mars 1762.

... Le vrai bonheur est la tranquillité ; le premier moyen de se le procurer est de la donner aux autres, et de laisser, comme disent les moines, *mundum ire quomodo vadit*. Au lieu que, sous le prétexte et même dans la vue de faire plus de bien, on fait nécessairement mille fois plus de mouvement qu'on n'en ferait ; et c'est ce mouvement qui trouble et perd tout.

... Les règlements (2) de vos nouveaux élus font gémir tout le monde. Ils ont si fort serré la mesure pour le payement des impôts, qu'il faudra mettre en prison la moitié de la province et achever de ruiner tous les pauvres, si l'on veut mettre à exécution ces beaux règlements.

BUFFON.

(Publié par Bernard d'Héry, dans son édition des *Œuvres de Buffon*, Paris, an XI.)

(1) Louis-Bernard Guyton de Morveau, chimiste et savant, magistrat et homme politique, né à Dijon le 4 janvier 1737, mort le 2 janvier 1816 ; avocat général au Parlement de Bourgogne, du 8 janvier 1762 jusqu'à la Révolution ; un procès que Buffon avait devant le Parlement fut l'origine de leur intimité. Membre de l'Institut à sa formation, un des fondateurs de l'Ecole polytechnique, un des inventeurs, avec Montgolfier, Buffon et Faujas de Saint-Fonds, des aérostats qu'il monta à la bataille de Fleurus, Guyton de Morveau devint président de la Convention ; mais, bien plus que les actes de sa vie politique, ses travaux scientifiques ont fondé sa renommée. Buffon, qui a démontré longtemps avant l'expérience que le diamant peut se consumer par l'action du feu, l'avait associé à ses travaux ; un jour que Guyton de Morveau lui demandait un creuset : « Le meilleur creuset, lui répondit Buffon, c'est l'esprit ! »

(2) Ces règlements concernaient un nouvel impôt. Le Parlement n'avait pas encore enregistré l'édit, lorsqu'il apprit que Jacques Varenne, secrétaire des états, avait, au nom des élus affermé le nouvel impôt. Les édits n'ayant force de loi qu'après l'enregistrement, c'était méconnaître le privilège des cours souveraines. Le Parlement menaça de suspendre le cours de la justice. Ses remontrances furent portées à Versailles, mais le marquis de Damas d'Anlezy, vint au palais procéder à un enregistrement militaire. En 1762, Jacques Varenne fit paraître un *Mémoire pour les élus généraux des états du duché ;* ce n'était que la seconde

LETTRE LXXXVIII

AU COMTE ANGE SALUZZO DE MONESIGLIO (1)

PRÉSIDENT DE L'ACADÉMIE DES SCIENCES DE TURIN.

A Paris, au Jardin du Roi, ce 5 mars 1762.

Monsieur,

Il n'y a que deux espèces de convulsionnaires (2) : les uns sont des fanatiques à qui l'enthousiasme fait supporter la douleur sans se plaindre et quelquefois sans la sentir ; les autres sont des mercenaires qui la souffrent pour de l'argent.

La terre dont vous me parlez n'a pas plus de propriété que de la boue (3), et personne n'ajoute foi aux vertus imaginaires que les gens de parti lui attribuent. Ces gens sont des polissons méprisés de toutes les personnes sages et personne ne connaît ici le *mémoire* à consulter (4) dont vous me parlez, ou du moins personne ne s'en occupe. La police a pris le bon parti de mépriser ces espèces de folies sans les persécuter (5). Elles tomberont en effet d'elles-mêmes, peut-être pour être remplacées par d'autres, parce que dans tous les temps le peuple sera toujours plus ou moins superstitieux. Rien n'est donc plus naturel que tous ces effets prétendus surnaturels. Nous avons des exemples dans la catalepsie, la léthargie et d'autres maladies d'une insensibilité totale et d'une privation absolue de tous mouvements et de toutes facultés des sens. Nous avons parmi les Pénitents indiens des exemples de ce que peut la chaleur de la tête ; ils font vœu de tenir toujours un bras en l'air, ils le tiennent en effet

édition d'un mémoire produit devant le Conseil des finances, pour soutenir les prétentions des élus, augmenté d'une préface et de pièces justificatives. Le livre de Varenne fut dénoncé au Parlement, qui commença une instruction.

(1) Jos Ange, comte Saluzzo di Monesiglio (ou Saluces de Menusiglio), né en 1734, mort en 1810, officier général d'artillerie, écuyer du prince héréditaire de Savoie, un des fondateurs de l'Académie de Turin. On lui doit des mémoires sur la physique et la chimie, des découvertes sur la propriété des gaz et la teinture, et l'invention d'une machine à filer la soie.

(2) Les premiers convulsionnaires furent ceux du cimetière Saint-Médard sur la tombe du diacre Pâris, de 1727 à 1737. Ils étaient tous jansénistes, et les mémoires du temps renferment le récit des scènes dont le cimetière Saint-Médard fut alors le théâtre. La lettre de Buffon donnerait à entendre qu'en 1762 les convulsionnaires avaient reparu. L'archevêque de Sens, Languet de Gergy, fut un de leurs adversaires.

(3) Une superstition populaire continuée jusqu'à nous, notamment en Bretagne, fait suspendre aux monuments considérés comme miraculeux des petits sacs renfermant de la terre prise sur les lieux et que l'on emporte ensuite comme un talisman.

(4) *La Vérité sur les miracles du diacre Pâris*, 3 vol. in-4°, 1727.

(5) On s'était contenté, en 1727, de fermer le cimetière de Saint-Médard et d'écrire sur la porte :

De par le Roi défense à Dieu
De faire miracle en ce lieu.

dans cette situation si constamment et si longtemps par la seule force de la volonté qu'il s'en raidit et devient inflexible pour tout le reste de la vie.

Nos charlatans n'en font pas tant parce que dans ce climat moins chaud nos fous ne sont pas des fous aussi chauds qu'aux Indes; ils en sont seulement plus méprisables, parce que la plupart ne sont pas de bonne foi et qu'on ne peut pas même les plaindre.

J'ai été fort content, monsieur, de plusieurs choses que j'ai lues dans le premier volume de votre Académie (1) et je ne doute pas que le second ne remplisse les espérances du public.

Vous avez en différents genres de très bons sujets, MM. de la Grange (2) et Bertrandi (3); faites, je vous supplie, mes compliments à ce dernier.

Je ne vous parle pas de vous-même, monsieur, qui faites également honneur aux lettres par votre naissance et par vos talents. J'ai l'honneur d'être avec autant d'estime que de respect, monsieur, votre très humble et très obéissant serviteur.

BUFFON.

(Inédite. — Collection de feu le comte Cibrario, ministre d'État, grand chancelier des ordres de SS. Maurice et Lazare, correspondant de l'Institut.)

LETTRE LXXXIX

AU PRÉSIDENT DE RUFFEY.

Paris, le 13 mars 1762.

Permettez-moi, mon cher Président, de vous envoyer ci-joint une rescription de 465 livres que je vous prie de donner à M. Jobard (4), trésorier des gages du Parlement, pour payement de quatre quittances qu'il vous remettra

(1) Buffon avait, parmi ses nombreux diplômes académiques, celui de l'Académie des sciences de Turin. Son petit-neveu, le savant ingénieur hydraulicien Nadault de Buffon, introducteur en France de la science des irrigations et du colmatage, auteur de la fertilisation de la plaine stérile de la Crau, était, comme son illustre grand-oncle, correspondant de l'Académie des sciences de Turin.

(2) Joseph-Louis Lagrange, mathématicien, né à Turin en 1736, mort à Paris en 1813, envoyait à dix-huit ans, à Euler, des solutions de problèmes mathématiques, professait, à dix-neuf ans, à l'École d'artillerie de Turin, et remplaçait, en 1766, Euler dans la présidence de l'Académie de Berlin. Fixé en France, il y devint professeur à l'École normale et à l'École polytechnique, membre de l'Institut à sa fondation, sénateur de l'empire. Son ouvrage le plus connu est la *Méthode des variations*.

(3) Antoine-Marie Bertrandi, né le 18 octobre 1723, mort le 6 décembre 1765, professeur de chirurgie, premier chirurgien du Roi de Piémont, a voyagé en France et en Angleterre et a laissé des ouvrages estimés.

(4) Jean-Claude Jobard, trésorier général de la Chambre des comptes en remplacement de Jacques Sevré de 1762 jusqu'à la Révolution.

pour les années 1756, 1757, 1758 et 1759 de la capitation (1) de mon père. Vous voudrez bien ensuite m'envoyer ces quatres quittances de M. Jobard. J'ai cru, mon cher monsieur, que vous me rendriez volontiers ce petit service; je ne doute pas même que, dans l'occasion, votre amitié ne m'en rendît de plus grands.

Vous devez maintenant avoir reçu mes deux volumes; car Brosses n'a pas voulu me les rendre, en me disant pour raison que M. de Neuilly (2), qui est parti ces jours derniers, s'en était chargé pour vous.

J'ai beaucoup vu et j'aime beaucoup notre ancien premier président (3); il a beaucoup d'esprit, et n'est pas fanatique comme les trois quarts de votre Parlement.

C'est une chose bien singulière que des gens se mettent dans la tête qu'en acquérant une charge de vingt ou trente mille livres, ils acquièrent en même temps la qualité de tuteurs des rois. C'est bien assez de l'être de sa propre personne, et il me paraît que celui de ces messieurs qui a fait le libelle (4) aurait mieux fait de prendre un tuteur qu'une charge. Je suis enchanté de ce que vous n'êtes point dans cette vilaine bagarre, qui donne fort mauvaise opinion de nos têtes dijonnaises.

Je vous embrasse, mon cher Président, avec toute la sincérité de l'attachement et des sentiments que vous me connaissez depuis si longtemps et que je vous ai voués pour toute ma vie.

BUFFON.

(Collection du comte de Vesvrotte.)

(1) Impôt nobiliaire équivalant aujourd'hui à la cote personnelle et mobilière.

(2) Jacques-Philippe Fyot de La Marche, de l'ancienne famille parlementaire de ce nom, qui a donné plusieurs premiers présidents au Parlement de Dijon, seigneur de Neuilly, conseiller au Parlement, garde des sceaux en la chancellerie, près la même Cour, le 20 novembre 1722, quitta la magistrature pour la diplomatie, et devint ambassadeur à Gênes. Il mourut à Dijon en 1744, après avoir refusé, pour raison de santé, la première présidence du parlement de Besançon. C'est à lui à qui le président de Brosses adresse de Florence, le 8 octobre 1739, la lettre dans laquelle il appelle la nomination de Buffon, au Jardin du Roi, une aventure.

(3) Claude-Philibert Fyot de La Marche, de la même famille que le précédent, né le 12 août 1694, mort le 3 juin 1768. Premier président du parlement de Bourgogne le 16 janvier 1745, il céda, le 29 janvier 1757, sa charge à Jean-Philippe Fyot de La Marche, son fils.

(4) Au mois de mars 1762, le Parlement était en feu. Pendant qu'il instruisait contre le livre de Jacques Varenne, parut une brochure violente : *le Parlement outragé*. Les Élus portèrent plainte et une lettre du chancelier prescrivit d'informer. L'imprimeur fut arrêté; mais le 3 mars 1762, un des plus jeunes conseillers, Louis-Philibert-Joseph Joly de Bevy, membre du Parlement depuis sept années, bien qu'âgé seulement de vingt-six ans, s'étant reconnu l'auteur de l'écrit, fut enfermé huit mois à la Bastille. Le 13 mai 1777, il fut pourvu d'un office de président à mortier. Né à Dijon le 23 mars 1736, il y est mort le 21 février 1822, laissant des écrits estimés sur le droit, l'histoire et la littérature.

LETTRE XC

A GUENEAU DE MONTBEILLARD.

20 mars 1762.

Grand merci, mon cher bon ami, de ce que vous avez terminé l'affaire de mon ordonnance (1); c'était un service important pour moi dans les circonstances présentes.

Voici une lettre pour M. Salvan (2) que vous aurez la bonté de lui remettre. Je le prie de retenir les 10,000 livres qu'il m'avait avancées, et de me renvoyer la reconnaissance que je lui en ai donnée. Je lui marque aussi que j'ai tiré sur lui un mandat de 6,863 livres 2 sous 10 deniers que la veuve mère Lucas (3) lui présentera le 3 ou le 6 de ce mois pour faire un payement qui échoit le 8, et je compte que M. Salvan ne manquera pas d'acquitter ce mandat de 6,863 livres 2 sous 10 deniers. Et à l'égard des dix mille livres qui restent sur le montant de l'ordonnance de 26,863 livres 2 sous 10 deniers, je prie M. Salvan de me garder cette somme de 10,000 livres et de me marquer dans quel temps il lui conviendra de me la payer ; car je ne voudrais pas le presser de me donner ces dix mille livres, puisqu'il a eu la bonté de m'avancer pareille somme que j'ai gardée plus d'un mois.

Je suis très flatté, mon bon ami, que vous ayez adopté mes corrections. Vous en trouverez moins dans le second cahier de la copie que j'ai l'honneur de vous envoyer ci-joint; mais vous en trouverez beaucoup plus dans le troisième et dernier cahier, que je vous renverrai dans quatre ou cinq jours. Vous verrez même peut-être avec regret que j'ai sabré de longues tirades tout entières ; mais il n'y a pas une correction ou suppression dont je ne puisse vous donner la raison, et, si j'étais auprès de vous, je crois que vous seriez de mon avis. Je vous ai déjà dit, mon bon ami, que l'ouvrage était trop long et que j'avais tâché de le raccourcir et de resserrer un peu le style. Je pense que, tel qu'il est maintenant, l'on n'aura plus de reproche à vous faire. Enfin j'ai traité vos feuilles comme les miennes, et, si j'avais été près de vous, vous auriez pu les rendre encore plus parfaites; mais il y a mille et mille choses sur lesquelles on ne peut s'expliquer ou s'entendre par lettres; j'espère

(1) Une ordonnance du Roi pour le remboursement partiel des avances considérables que Buffon avait dès ce temps commencé de faire sur sa fortune personnelle, pour l'agrandissement et l'embellissement du Jardin du Roi.

(2) Premier commis au contrôle général des finances.

(3) D'une famille de Montbard que Buffon avait emmenée avec lui à Paris et à qui il avait donné toute sa confiance. Les deux fils de la veuve Lucas ont été l'un et l'autre employés au Jardin du Roi; l'un d'eux a été l'huissier bien connu de l'Académie des sciences. Il s'occupait des affaires personnelles de Buffon, à Paris, et des affaires du Jardin du Roi pendant ses séjours à Montbard.

cependant que vous apercevrez les raisons des abréviations lorsque vous lirez ce troisième cahier de copie. Il ne vous était pas possible d'y maintenir le même ton de gaieté, puisque tous les faits en sont assez tristes, et, à défaut de gaieté, j'ai cru qu'il fallait y substituer de la brièveté. C'est à vous maintenant à me corriger moi-même ; en relisant votre ouvrage avec attention, vous pourrez encore y semer quelques fleurs.

Puisque votre sort est fixé d'une manière stable (1), vous reprendrez bientôt votre sérénité et votre aimable enjouement. Vous vous voyez à la vérité obligé à un travail pénible ; mais vous avez toujours travaillé, et je suis persuadé que vous le faites avec tant de facilité que cela vous coûte peu, et sûrement moins qu'à vos amis, auxquels vous ne pouvez pas donner le temps que les affaires vous prennent.

Je suis inquiet de votre ami M. Varenne (2). Mandez-moi où en est sa malheureuse affaire. Je vous embrasse tous deux, et je suis, mon cher bon ami, autant à vous qu'à moi-même.

BUFFON.

(British Museum.)

LETTRE XCI

AU PRÉSIDENT DE RUFFEY.

Paris, le 14 janvier 1763.

J'ai reçu, mon cher Président, avec la plus grande joie, les nouvelles marques de votre amitié ; elle me sera toujours également présente, également précieuse, et tous mes regrets sont de n'en pas jouir aussi souvent que je le désire. Il y a longtemps que je n'ai eu le plaisir de vous voir ; vous ne venez plus à Paris, vous ne voulez plus venir à Montfort, et j'en suis très

(1) Guéneau de Montbeillard venait de gagner un procès dans lequel de graves intérêts de fortune étaient engagés.

(2) Après l'incident Joly de Bevy l'affaire Varennes, dont nous avons vu précédemment Buffon se préoccuper à cause de son amitié pour lui, semblait terminée, lorsque la Cour des aides de Paris, présidée par Malesherbes, et dans le ressort de laquelle rentraient les comtés de Mâcon, Auxerre et Bar-sur-Seine, annexes du duché de Bourgogne, évoqua l'affaire et condamna au feu le mémoire de Varennes. Dès lors commença entre le Conseil, la Cour des aides et le Parlement, une lutte acharnée. Les arrêts du Conseil cassaient les arrêts du Parlement et de la Cour des aides qui, à leur tour, refusaient l'enregistrement des édits. Les biens de Varennes avaient été confisqués, sa charge de secrétaire des états de Bourgogne supprimée, son fils aîné, Varennes de Beost, privé de sa survivance, et sa famille avait été obligée de fuir Dijon. Pour mettre fin à cette persécution, le Roi, près de qui Jacques Varennes s'était réfugié à Versailles, lui accorda des lettres de grâce. Elles furent enregistrées à la Cour des aides le 29 août 1763, et Varennes, assisté de son fils, Varennes de Beost, dut entendre à genoux ces paroles sévères du président Malesherbes : « Varennes, le Roi vous accorde des lettres de grâce, la Cour les entérine ; retirez-vous, la peine vous est remise, mais le crime vous reste. »

fâché. A votre place, je craindrais moins les raisons de poitrine, et je les écouterais patiemment et uniquement pour ne pas les entendre. C'est ma méthode avec Mme votre belle-mère; aussi nous ne sommes pas abolument mal ensemble.

Je vous remercie de la liste que vous m'avez envoyée. Vous avez depuis deux ans décoré votre Académie de beaux noms (1), et en même temps vous l'avez renforcée de bons sujets; cela vous fait beaucoup d'honneur; car le tout est dû à votre zèle, et je suis persuadé qu'avec le temps cet établissement, qui a été plus de vingt ans à naître, deviendra très utile.

J'avais coutume d'envoyer à l'Académie un exemplaire de l'*Histoire naturelle*, à mesure que les volumes ont paru; mais je ne sais si les derniers, c'est-à-dire le huitième et le neuvième, ont été envoyés, et je vous supplie de me le faire savoir. Je serai toujours enchanté de donner à votre compagnie cette faible marque de mon respect.

Recevez aussi, mon cher Président, les sincères assurances de mon tendre attachement, et assurez, je vous en prie, Mme la présidente de Ruffey des mêmes sentiments et de tous nos respects.

BUFFON.

(Bibliothèque de Dijon.)

LETTRE XCII

A LEBRUN.

Au Jardin du Roi, le 17 janvier 1763.

Vous renouvelez, monsieur, si souvent mes plaisirs (2), qu'il faut que vous me permettiez de vous en marquer quelquefois ma reconnaissance. J'ai été enchanté de votre ode sur la Paix. Il y a surtout trois strophes qui sont de la plus grande beauté; partout des traits de génie, et les sentiments de l'âme la plus honnête; de la hauteur d'idées, du nerf dans les expressions, de la couleur dans les images et du mouvement dans le style. Votre dernière pièce, quoique d'un autre goût, m'a paru charmante par le bon sel et la plaisanterie fine, aussi bien que par la justesse et la vérité de votre critique. Continuez, monsieur, à cultiver vos grands talents, et vous serez bientôt hors de portée à tous les traits de l'envie.

(1) On trouve sur l'*Almanach de la province de Bourgogne* pour 1773, dix ans après la date de cette première lettre parmi les membres de l'Académie à côté des noms de Buffon et de Daubenton, ceux de Voltaire, Greuze, Piron, d'Argenson, Delalande, comte de Bissy, marquis de Thiard, chevalier de Bonnard, Lacure de Sainte-Palage, Seguier, Boufflers, Gaillard, Cazotte, l'abbé d'Expilly, Guyton de Morveau, l'abbé Le Blanc, etc.

(2) On a déjà entendu Buffon remercier Lebrun, il y a deux ans, le 1er décembre 1760, de l'envoi d'une de ses odes. La correspondance entre le naturaliste et le poète reprendra en 1777, à quatorze années d'intervalle, avec plus de chaleur parce qu'il s'agira, cette fois, de l'ode de Lebrun à Buffon.

En m'occupant de vous, monsieur, j'oubliais de vous parler de moi, et de vous remercier de la place que vous m'avez donnée dans votre dernier écrit. Assurément je ne la prends pas si haut, et je serais fort fâché que le voisinage de mon nom, comme celui de ma personne, pût indisposer ou gêner quelqu'un. Nos grands hommes sont trop délicats, et, malheureusement, les petits ont la vie si dure qu'on les écorche sans les faire souffrir.

Je suis, monsieur, avec un respectueux attachement, votre très humble et très obéissant serviteur.

BUFFON.

(Publiée en 1811, avec les *Œuvres* de Lebrun.)

LETTRE XCIII

A M. WATELET.

Montbard, le 14 novembre 1763.

Mme de Buffon vous remercie avec moi, mon cher ami, et de votre beau présent, et des beaux éloges que votre amitié m'a prodigués.

Nous avons lu votre ouvrage avec grand plaisir. Je ne suis pas juge du fond, mais il me semble que MM. les peintres doivent vous savoir gré de la manière dont vous parlez d'eux et de leurs ouvrages (1). Je ne réponds pas que les géomètres, les femmes et quelques philosophes le soient autant; mais apparemment vous ne vous en souciez guère.

Vos cinq feuillettes de vin sont parties aujourd'hui, bien reliées et emballées ; elles sont adressées à M. de Bourrière, fermier général, au petit château, rue et chemin de Clichy sous Montmartre, sans passer par Paris, et je compte qu'elles y arriveront dans huit jours bien conditionnées. Votre ami aura assurément le meilleur vin de Bourgogne.

Je serai de retour à Paris avant la fin du mois ; je compte sur le plaisir de vous y voir souvent et de vous renouveler les assurances de l'attachement et de l'amitié sincère que je vous ai voués, et avec lesquels je serai toute ma vie, mon cher ami, votre très humble et très obéissant serviteur.

BUFFON.

(Collection Boutron.)

LETTRE XCIV

AU PRÉSIDENT DE RUFFEY.

Au Jardin du Roi, le 15 janvier 1764.

Vous ne pouvez douter, mon cher Président, du plaisir que vous me faites

(1) L'*Art de peindre* en quatre chants et en vers, avec vignettes et culs-de-lampes, par Watelet d'après Pierre. Paris, 1760, deux éditions de luxe in-4° et in-12.

lorsque vous avez la bonté de me donner de vos nouvelles et de me renouveler les marques de votre amitié. Comptez, je vous supplie, sur le retour de toute la mienne et sur les sentiments de l'attachement le plus sincère et le mieux fondé.

Je vois que, toujours occupé à faire le bien, vous augmentez la liste de votre Académie de noms illustres, que vous en augmentez les richesses par vos travaux, et les revenus par vos soins (1). En vérité, les lettres vous doivent beaucoup, et toute votre conduite est bien respectable. Je vous parle ici, non comme votre ami, mais comme le public, qui rend toujours justice au mérite et encore plus à la vertu.

Mes respects, je vous supplie, à Mme de Ruffey. Je serais enchanté de voir M. votre fils (2), et je n'aurais garde de le détourner de son projet. Mme de Buffon me charge de compliments pour vous et pour Madame; elle est au cinquième mois de sa grossesse (3), toujours fort languissante et ne pouvant pas sortir.

Les pensionnaires de l'Académie des sciences sont tenus, par le règlement, de donner deux mémoires par an, et les associés un; mais il s'en faut bien que cela s'exécute à la lettre. Les honoraires, associés libres et vétérans, sont dispensés de tout travail. Il faut de la règle dans les compagnies; mais il est encore plus nécessaire d'y éviter la pédanterie.

J'ai beaucoup vu Malteste ici ; mais je n'ai pas encore vu Brosses, et je serais très aise de l'embrasser et de causer avec lui. Adieu, mon très cher Président ; je serai toujours, avec l'amitié la plus tendre, votre très humble et très obéissant serviteur.

BUFFON.

(Appartient au comte de Vesvrotte.)

LETTRE XCV

AU MÊME.

Paris, le 26 juin 1764.

Je ne doute pas, mon cher Président, de votre amitié, ni de la part que vous prenez à ce qui m'arrive (4). Je vous remercie donc bien sincèrement

(1) Le président de Ruffey avait fondé plusieurs prix et l'année suivante il fit don à l'Académie de son riche médaillon.

(2) Frédéric-Henri-Richard de Ruffey, né à Dijon le 29 mai 1750, pourvu, le 8 août 1768, d'une charge de conseiller au Parlement de Bourgogne. Président à mortier le 4 mars 1776, il mourut à Dijon, sur l'échafaud révolutionnaire, le 10 avril 1794.

(3) Mme de Buffon était grosse de son fils, le fils unique de Buffon.

(4) La naissance de son fils arrivée le 22 mai 1764, « lequel par un esprit de charité des sieur et dame de Buffon, disent les registres des naissances de la paroisse Saint-Urce de Montbard, a eu pour parrain et marraine Guillaume Vigneron et Jeanne Sourdillet, deux pauvres de la paroisse. »

des témoignages que vous m'en donnez aujourd'hui. J'ai laissé ma femme, après trois semaines de couches, en assez bon état de convalescence, et je compte retourner à Montbard dans le mois prochain, toujours regrettant de ne pouvoir espérer de vous y voir.

Toutes les compagnies sont bien difficiles à conduire, et je sais, par ma propre expérience, que le zèle et les bonnes intentions nuisent souvent plus qu'elles ne servent. Votre secrétaire (1) était un garçon de mérite; mais je l'ai toujours connu un peu susceptible et un peu volage. Je ne croyais pas qu'il eût d'aussi grands torts avec vous, vous qui ne voulez que le bien et avec qui il est si facile de vivre. Vous aviez un autre homme que je croyais plus constant et plus doux, et qu'on m'a dit être néanmoins mécontent, c'est M. Lardillon; je suis fâché qu'il se soit retiré. Il faut que les compagnies soient pédantes, et il faut au contraire que ceux qui les mènent soient fort lestes.

Votre ami, M. Le Gouz-Morin (2), peut, à cet égard, vous être très utile, aussi bien qu'à beaucoup d'autres. Rien n'est plus noble que de donner, et surtout de donner ce qu'on aime, et, sûrement, il aimait son cabinet (3); et, si le sacrifice qu'il en a fait ne lui a pas coûté, il en est d'autant plus digne d'éloges. Le don de M. du Terrail (4) est moindre à mes yeux; car enfin ce n'est que de l'argent, il en a beaucoup, et l'on ne peut être attaché à l'argent autant qu'aux choses de son goût. Ces deux dons feront donc grand bien à votre établissement, et vos exemples formeront des sujets qui y feront honneur.

(1) Le premier secrétaire de l'Académie de Dijon fut Jean-Bernard Michault, précédemment secrétaire de la Société littéraire du président de Ruffey. Il fut remplacé, en 1764, par le Dr Maret, auteur des ducs de Bassano.

(2) Le Gouz-Morin, plus connu sous le nom de Le Gouz de Gerland, né le 17 septembre 1695, mort le 17 mars 1774, grand bailli d'épée du Dijonnais, a voyagé en Italie et en Angleterre, a laissé des ouvrages de recherches et d'histoire et un *Essai sur l'Histoire naturelle* inséré dans les mémoires de l'Académie de Dijon. Ayant le goût des arts et des lettres, possédant une grande fortune, il a été, avec Benjamin Nadault, beau-frère de Buffon, conseiller au Parlement et artiste, un des principaux fondateurs de l'École des beaux-arts de Dijon et de son musée, un de nos musées provinciaux les plus riches. Il a donné à Dijon son jardin botanique qui est encore aujourd'hui une des promenades les plus agréables de la ville, et a mérité que son nom figura parmi les bienfaiteurs de Dijon.

(3) Le Gouz de Gerland avait fait don à l'Académie de son cabinet d'histoire naturelle, et avait décoré la salle des séances des bustes en marbre des grands hommes de la province, et notamment du buste de Buffon par Pajou.

(4) En 1760, M. Duret, marquis du Terrail, auteur du *Francion* ou *l'Anti-Whisk*, et Mme de Crussol d'Uzès de Montausier, duchesse de Caylus, sa femme, avaient fondé un prix annuel de 400 livres. « L'Académie de Dijon, — disent les *Mémoires de Bachaumont*, à la date du 29 octobre 1766, — dans les annonces qu'elle avait faites du prix de 1767 sur *les Antiseptiques*, en avait fixé la valeur à la somme de 300 livres; mais M. le marquis du Terrail, maréchal des camps et armées du Roi, académicien honoraire non résident, ayant fait, conjointement avec sa femme, une donation à l'Académie de Dijon de la somme de 10,000 livres, pour fonder à perpétuité un prix de la valeur de 400 livres, par acte du 9 avril 1760, l'Académie de Dijon annonce en conséquence au public que son prix de 1767 et tous ceux qu'elle donnera dans la suite seront une médaille d'or de la valeur de 400 livres. »

J'ai deux volumes sur l'histoire naturelle à vous remettre. Je n'ai pas encore vu M. de Brosses, et je compte m'arranger avec lui pour vous les faire parvenir.

Mes respects, je vous supplie, à Mme de Ruffey. Je suis et serai toute ma vie, avec un très sincère et respectueux attachement, monsieur, votre très humble et très respectueux serviteur.

BUFFON.

(Appartient au comte de Vesvrotte.)

LETTRE XCVI

A M. DE MALESHERBES (1).

Au Jardin du Roi, ce 20 décembre 1764.

Monsieur,

J'ai dit hier à M. Duhamel (2), à l'Académie, que j'avais fait votre commission et la sienne. Le petit arbre est en effet parti avant-hier pour Montbard, et j'en ai donné avis à M. Daubenton (3).

Je ne suis point étonné, monsieur, de votre sensibilité sur la perte du pauvre M. de Montmirail (4); son âme était faite pour connaître la vôtre et l'aimer, et je sais qu'il avait pour vous, monsieur, tous les sentiments que vous pouviez désirer. Les regrets que vous me témoignez par votre lettre ont renouvelé mes larmes et cependant m'ont fait sentir les premières douceurs de la consolation; si quelque chose peut en effet tempérer l'amertume d'une douleur cruelle, c'est la part qu'y prennent des amis

(1) Guillaume de Lamoignon de Malesherbes déjà nommé, alors président de la Cour des aides. On trouvera à 25 ans d'intervalle, à la date du 12 juillet 1787, une très belle lettre de Buffon à Malesherbes par laquelle Buffon sollicitant son intervention dit que ce sera la vertu qui plaidera la cause de l'honneur.

(2) Duhamel du Monceau, agronome et savant, né en 1700, mort en 1782, reçu à l'Académie des sciences en 1728, inspecteur général de la marine par compensation de l'intendance du Jardin du Roi donnée à Buffon, a admis avant Franklin, en même temps que Buffon, l'identité de la foudre et de l'électricité et a fait avec celui-ci des expériences sur la croissance et la force de résistance des bois, notamment par l'écorcement et le trempage. La priorité de cette découverte, revendiquée à la fois par Buffon et Duhamel, faillit les brouiller.

(3) Pierre Daubenton, collaborateur à la *Collection académique* et à l'*Encyclopédie* pour l'arboriculture, dont il a été déjà parlé, et qui avait fondé à Montbard une pépinière d'arbres nationaux et étrangers à peu de distance du lieu où son frère a fait l'acclimatation du mérinos.

(4) Charles-François-César Letellier, marquis de Montmirail, né en 1734, mort en 1764, colonel des cent-suisses, reçu à l'Académie des sciences, en 1761, pour ses travaux scientifiques.

respectables et sensibles, et je vois que M. de Montmirail est non seulement pleuré par ses amis, mais universellement regretté. Je ne sais si M. son père (1) ne serait pas fort flatté de le remplacer à l'Académie. Je crois que parmi ceux qui pourront se présenter il sera le seul qui ait des titres : car, indépendamment de celui de succéder à son fils, il a des titres académiques. Vous connaissez aussi bien que moi, monsieur, les découvertes qu'il a faites en chimie et les mémoires qu'il a présentés à la Compagnie. D'ailleurs, rien ne serait plus honnête pour elle que ce choix dans la circonstance présente : ce serait consoler le père et honorer la mémoire du fils. J'en ai parlé dans ce sens à M. Trudaine de Montigny (2), et il n'a point du tout désapprouvé cette vue, mais il m'a dit en même temps que M. Le Monnier (3) avait engagé M. le prince de Croy (4) à désirer cette place. Je ne sais s'il aura fait la démarche de la demander, mais je voudrais être d'accord avec vous et avec M. de Montigny avant d'en parler à M. de Saint-Florentin (5), et je me ferai toujours non seulement un plaisir, mais un devoir d'être de votre avis, monsieur, parce que je suis convaincu qu'en tout vous ne voulez que le bien de l'Académie.

J'ai l'honneur d'être avec beaucoup d'attachement et de respect, monsieur, votre très humble et très obéissant serviteur.

BUFFON.

(Inédite. — Communiquée par M. Charavay.)

(1) Letellier, marquis de Courtenvaux, duc de Doudeauville, père du précédent, naturaliste et géographe, né en 1718, mort en 1781, succéda à son fils à l'Académie des sciences; chargé, en 1767, d'un voyage au pôle nord, il arma une corvette à ses frais et publia à son retour : *Précis d'un voyage entrepris pour la vérification de quelques instruments*, Paris, 1768, 1 vol. in-4°.

(2) Louis Trudaine de Montigny, fils de Daniel Trudaine, né en 1703, mort en 1769. Successivement conseiller d'État, intendant d'Auvergne, directeur des ponts et chaussées, intendant général des finances, fondateur de l'École des ponts et chaussées en 1747, membre, comme son père, de l'Académie des sciences.

(3) Charles Le Monnier, astronome, fils de Pierre Le Monnier, de l'Académie des sciences, né en 1715, mort en 1799, reçu à l'Académie des sciences en 1736. On lui doit des découvertes et des ouvrages importants d'astronomie. Il fut le maître de Lalande, avec lequel il eut de bruyants démêlés.

(4) Emmanuel, prince de Croy, maréchal de France, né en 1718, mort en 1787, a publié un Mémoire sur le passage par le pôle nord, et a patriotiquement employé une partie de sa grande fortune à restaurer le port de Dunkerque et à relever les fortifications de Calais. Le maréchal de Croy n'aimait pas les Anglais.

(5) Phélippeaux, comte de Saint-Florentin, déjà nommé, ministre de la maison du Roi de 1749 à 1775, dans les attributions duquel rentrait le Jardin du Roi et les Académies.

LETTRE XCVII

AU PRÉSIDENT DE RUFFEY.

Paris, le 24 février 1765.

Je n'ai reçu votre lettre, mon cher Président, que plus de six semaines après sa date; ainsi vous ne me saurez pas mauvais gré du délai de la réponse.

Je vois que le bien public et surtout celui de votre Académie vous occupe continuellement; rien n'est plus estimable; mais, en même temps, je ne voudrais pas que cela troublât votre tranquillité. Il faut tâcher de mépriser les tracasseries, ou du moins de ne pas les prendre à cœur; c'est même le seul moyen de les éviter pour la suite, quoique, dans toutes les compagnies, ce soit un mal épidémique et incurable.

Vous choisissez très bien les sujets de vos prix (1). Une méthode de bonne éducation bien tracée, bien développée, mériterait non seulement des couronnes académiques, mais des récompenses du gouvernement.

Vous ne m'avez pas même marqué si vous avez reçu les tomes X et XI in-4° (2) de mon ouvrage sur l'Histoire naturelle, que je vous ai envoyés cet été par

(1) Le sujet du prix proposé par l'Académie pour 1766, était : « Donner un traité élémentaire de morale, à l'usage des collèges, dans lequel les devoirs de l'homme envers la société et les principes de l'honneur et de la vertu soient développés. » Le Mémoire couronné fut celui de l'abbé Rose, prêtre de Quingey en Franche-Comté.

(2) Grimm, qui continue à attribuer à Daubenton une place égale sinon supérieure à celle de Buffon dans l'*Histoire naturelle*, annonce ainsi les dixième et onzième volumes : « On comptera, parmi les ouvrages qui ont illustré le siècle de Louis XV, l'*Histoire naturelle, générale et particulière, avec la description du Cabinet du Roi*, entreprise par MM. de Buffon et Daubenton... Ces deux hommes célèbres, en réunissant leurs talents et leurs connaissances, ont fourni jusqu'à présent une vaste et belle carrière. M. de Buffon, après avoir exposé dans des discours généraux ses idées sur la formation, la constitution de l'univers, sur la nature et les révolutions de notre globe, sur l'homme, sur les animaux, s'est attaché à l'histoire particulière de chaque espèce; M. Daubenton y a ajouté la description anatomique et détaillée de chaque animal. Si le travail de M. de Buffon est plus brillant, s'il est reçu avec plus d'empressement de la part du plus grand nombre, il faut convenir que celui de M. Daubenton sera bien précieux à la postérité... On a reproché à M. de Buffon une trop grande facilité à créer des systèmes et à s'en engouer. On a dit qu'il voyait moins la nature dans ses opérations que dans sa tête : de savants naturalistes des pays étrangers, et surtout d'Allemagne, où cette science est particulièrement cultivée, ont relevé un grand nombre de ses erreurs. Si des gens d'un goût sévère lui reprochent un peu trop de poésie dans son style, il faut convenir que ce défaut se pardonne bien plus aisément que la sécheresse et la pauvreté qu'on remarque dans d'autres ouvrages philosophiques de notre temps... On admire dans tous les articles de M. de Buffon ce coup d'œil philosophique, cette tête saine et sage, ce style noble, élevé, majestueux, qui enchante et agrandit pour ainsi dire le lecteur... Malgré tout cela, M. de Buffon aura toujours la réputation d'un philosophe distingué; l'élévation de ses idées et de son style lui donnera toujours un droit incontestable à l'emploi difficile et glorieux d'historien de la nature. »

notre ami le président de Brosses. Les volume XII et XIII paraîtront après Pâques, et je crois que vous y trouverez quelques morceaux qui vous feront plaisir.

Je retournerai à peu près dans ce temps à Montbard. Il n'y a donc plus d'espérance de vous y voir; c'est un de mes regrets les plus vifs. Vous étant si anciennement et si sincèrement attaché, il est dur de passer la vie sans vous voir. Recevez au moins les assurances de ces sentiments, et faites agréer mes respects et ceux de ma femme à Mme de Ruffey.

BUFFON.

(Collection du comte de Vesvrotte.)

LETTRE XCVIII

AU MÊME.

Montbard, le 20 août 1765.

J'ai fait tout ce que j'ai pu, mon cher Président, pour engager M. Daubenton (1) à vous payer ce qu'il vous doit. Je l'ai beaucoup pressé, et tout ce que j'ai pu obtenir, c'est qu'il vous enverrait ces jours-ci 300 livres acompte des 1,200, et il promet en même temps de payer avant Pâques les 900 livres restant. Mandez-moi, je vous prie, s'il a tenu parole pour les 300 livres. Il m'a promis si positivement que vous les recevriez avant le 20 août, que j'ai peine à me persuader qu'il voulût nous manquer à tous deux en même temps.

On nous a dit que M. votre fils l'aîné (2) était à Montfort en bonne santé, et, nous espérons qu'il nous fera l'honneur de nous venir voir pendant son séjour. Je vous embrasse, mon cher président, et je suis avec un sincère et respectueux attachement votre très humble et très obéissant serviteur.

BUFFON.

(Appartient au comte de Vesvrotte.)

LETTRE XCIX

A L'ABBÉ LE BLANC.

Montbard, le 22 septembre 1765.

Je vous avoue, mon cher ami, que j'ai bien des torts envers vous, quoique votre lettre ne soit que la seconde, et non pas la troisième, à laquelle je

(1) Pierre Daubenton, frère du collaborateur de Buffon, qui était dans des affaires difficiles.

(2) Germain-Richard de Ruffey, mort en 1773.

n'ai pas eu l'honneur de faire réponse. J'ai vu l'article du *Mercure* (1), et d'abord je fus tenté de vous écrire pour remercier M. de La Place (2); mais ayant lu une seconde fois, car on relit volontiers ce qui nous flatte, j'ai cru apercevoir des traits de votre style, et d'autres plus évidents de votre cœur, et je vois avec grand plaisir que je ne m'étais pas trompé. Recevez-en, mon cher ami, tous les remercîments que je vous dois. A l'exception de l'éloge qui est trop fort, cet extrait est très bien fait, et ce que vous dites des orateurs anciens fait bien de l'honneur à votre philosophie.

Ma femme, qui vous fait bien des amitiés, a relu l'article dès qu'elle a su qu'il était de vous, et l'a trouvé encore mieux qu'à la première lecture. Je suis bien aise de vous avoir cette obligation, et encore bien aise de ne l'avoir point à un autre.

Ce que vous m'avez marqué de M. de Bourdonné m'a fait grand plaisir; car je fais plus de cas de son jugement que de celui de tous les philosophes dont vous me parliez, fussent-ils même de bonne foi. C'est un homme de beaucoup d'esprit et de sens, et qui, de plus, a sur eux l'avantage de connaître le monde et de le bien juger. Faites-lui mes compliments, je vous supplie, lorsque vous le verrez.

J'ai été très touché de l'accident arrivé à M. le comte de Saint-Florentin (3). Cette nouvelle a fait en province la même sensation qu'à Paris; il n'y a personne qui n'y ait pris un très grand intérêt. C'est, entre nous, le seul de nos ministres dont j'ai vu constamment désirer la conservation.

J'ai lu un extrait de l'*Éloge de Descartes* (4) de M. Gaillard (5), et je n'ai

(1) Cet article est un éloge de Buffon et de son œuvre dans le *Mercure* de septembre 1765. Nous en avons rapporté les principaux passages à la page 325 du tome Ier de la première édition de la *Correspondance*.

(2) Pierre-Antoine de La Place, littérateur et traducteur, né en 1707, mort le 14 mai 1793, auteur de quatre-vingt-deux volumes traduits du théâtre anglais (1745 à 1748), d'une tragédie, *Venise sauvée*, d'après Otway (1747), et de romans. Il avait obtenu en 1762 le privilège du *Mercure* pour un service rendu à la marquise de Pompadour. Mais sous sa direction le *Mercure* ne fut pas prospère, et les abonnements diminuèrent à ce point que le produit du journal devint insuffisant pour desservir les pensions qui y étaient attachées : on dit, à ce propos, que le *Mercure était tombé sur la place.*

(3) Phélippeaux, comte de Saint-Florentin, fils du duc de La Vrillière, ministre de la maison du Roi, avait perdu la main droite dans un accident de chasse. « Vous n'avez perdu qu'une main, lui dit Louis XV, vous en trouverez deux chez moi à votre service. » Mais le public fit ainsi l'épitaphe de la main du ministre qui a attaché son nom aux lettres de cachet :

Cy-git la main d'un grand ministre
Qui ne signa que du sinistre.
Dieu nous garde du cachet
Qui met ces gens au guichet.

(4) René Descartes, mathématicien, physicien, astronome, né en 1596, mort en 1650, âgé seulement de cinquante-quatre ans, chef de la philosophie moderne, un des grands génies de l'humanité. Buffon, admirateur de Descartes, le cite dans l'*Histoire naturelle*, et on sent sous sa plume un sentiment légitime d'amour-propre lorsqu'il rend compte des expériences qui lui ont fait retrouver les miroirs ardents d'Archimède niés par Descartes.

(5) Gabriel-Henri Gaillard, littérateur et historien, né le 27 mars 1726, mort le 13 fé-

pas été content du style. Si celui de M. Thomas (1) n'est pas meilleur, ce grand philosophe aura été loué avec de pauvres petites paroles (2).

Si vous rencontrez M. Duclos, faites-lui nos compliments, et ne nous oubliez pas non plus auprès de notre ami M. Meat; j'espère que sa santé est actuellement bien rétablie.

Nous ferons vendange ici dans huit ou dix jours, et nous ferons assez de vin; mais, comme vous savez, ce vin est bien médiocre, et il vaudrait mieux que la grêle fût tombée sur mon finage que sur celui de Beaune, de Pommard et de Volnay, où il ne reste pas une grappe de raisin.

Je vous renouvelle encore mes remercîments, mon cher ami, et les assurances de l'éternel attachement que je vous ai voué.

BUFFON.

(British Museum.)

LETTRE C

AU PRÉSIDENT DE BROSSES.

Montbard, le 23 septembre 1765.

Dans ma solitude, mon très cher Président, je ne suis souvent informe que fort tard des choses qui m'intéressent le plus. Ce n'est que ces jours-ci que j'ai appris la cruelle perte que vous avez faite de votre fils unique (3). Je vous

vrier 1806, élu en 1760 à l'Académie des inscriptions, et en 1771 à l'Académie française, auteur d'une *Rhétorique* et d'une *Poétique françaises* (1745 et 1749), des histoires de *Marie de Bourgogne* (1757), *François Ier* (1766), *Charlemagne* (1782), des *Rivalités de la France avec l'Angleterre et l'Espagne* (1771 et 1801), de nombreux *Éloges* et d'une *Vie de Malesherbes*, dont il était l'ami; collaborateur à l'*Encyclopédie*.

(1) Antoine-Léonard Thomas, poète et littérateur, né le 1er octobre 1732, mort le 17 septembre 1785, auteur de l'*Essai sur les éloges*, des *Chefs-d'œuvre* (1773), d'un *Essai sur les femmes* (1772), et de deux poèmes, s'est fait, comme Condorcet et Vicq-d'Azir, une réputation dans les éloges académiques. Il débuta par celui du maréchal de Saxe, couronné par l'Académie française en 1759, et finit par l'éloge de Marc-Aurèle. On peut citer aussi les éloges du chancelier d'Aguesseau et de Duguay-Trouin, couronnés en 1760 et 1761, et l'éloge de Sully, qui lui valut le même honneur en 1763. Il entra à l'Académie française en 1767 et prit place à la tête d'une coterie qui se fit remarquer par la partialité de ses choix.

Bien que Buffon fut, comme Thomas, de l'intimité de Mme Necker, il ne paraît pas avoir eu avec lui, pas plus qu'avec Marmontel, un autre intime de la maison, des relations suivies. Thomas tenait de l'amitié de Necker la place de secrétaire-interprète des cantons suisses, qui ajoutait à ses ressources sans l'astreindre à aucune obligation.

(2) En 1764, l'Académie française avait proposé pour prix d'éloquence l'éloge de Descartes. Deux cents mémoires furent envoyés; quinze parurent dignes d'être conservés; deux se partagèrent les suffrages. Pour tirer l'Académie d'embarras, le contrôleur général Laverdy avait offert deux cents écus pour permettre de constituer un second prix; l'Académie refusa, et la médaille de six cents livres fut partagée entre Thomas et Gaillard.

(3) Claude-Sébastien de Brosses, fils du président de Brosses et de Françoise Castel de

assure, mon cher ami, que cette nouvelle m'a causé une véritable douleur ; je crois connaître votre cœur, et je me suis peint toute son affliction. Je la partage bien sincèrement ; car je vous suis depuis longtemps et pour toujours bien tendrement attaché.

Je vous envoie ci-joint un ordre pour prendre chez mon libraire deux nouveaux volumes de l'*Histoire naturelle* (1). Je voudrais pouvoir vous donner d'autres marques de mon estime et de mon amitié, et je regrette souvent de n'être pas à portée de vivre avec vous, et de vous dire combien je vous aime et combien je désire que vous m'aimiez aussi.

BUFFON.

(Collection du comte de Brosses.)

LETTRE CI

A JEAN-JACQUES ROUSSEAU.

Montbard, 13 octobre 1765.

C'est avec un très grand plaisir, monsieur, que j'ai reçu les témoignages de votre amitié (2) ; je n'aurais pas différé à vous en remercier si, dans ce même temps, à peu près, je n'avais appris qu'il vous était arrivé de nouveaux malheurs (3) et que vous aviez quitté la ville de Motiers ; on vient de me

Saint-Pierre, mort à Dijon le 29 mai 1765. D'un second mariage contracté le 2 septembre 1766 avec la fille du premier président de Saint-Seine, le président de Brosses, à son tour premier président du Parlement, a eu un fils, le comte René de Brosses, qui lui a survécu.

(1) Volumes au sujet desquels Buffon écrivait, le 24 février de la même année, au président de Ruffey : « Les volumes XII et XIII paraîtront après Pâques, et je crois que vous y trouverez quelques morceaux qui vous feront plaisir. »

(2) Jean-Jacques, qui aimait et admirait Buffon, n'a laissé passer aucune occasion de manifester ce double sentiment dans ses actes et ses écrits.

On connaît l'hommage qu'il lui rendit le jour où, vêtu en Arménien, il se fit conduire au cabinet de travail de Buffon, à Montbard, se découvrit, s'agenouilla et en baisa le seuil sans vouloir le franchir.

« M. de Buffon, rapporte Hérault de Séchelles, me disait en parlant de Rousseau : « Je « l'aimais assez, mais lorsque j'ai lu ses *Confessions*, j'ai cessé de l'estimer, son âme m'a « révolté et il m'est arrivé pour Jean-Jacques le contraire de ce qui arrive ordinairement : « après sa mort, j'ai commencé à le mésestimer ». Humbert Bazile confirme en ces termes ce témoignage : « Il ne pardonnait à Jean-Jacques ni ses contradictions ni ses paradoxes ; il disait, en parlant de Rousseau : « J'aimais son talent et plaignais son caractère. »

(3) La vie errante et accidentée de Rousseau comprend cinq séjours à Paris. Il y vint pour la première fois en 1732, après avoir été laquais à Genève, et y vécut obscurément et misérablement jusqu'en 1735, où il retourna près de Mme de Warens. Précepteur à Lyon, chez M. de Mably, en 1740, il revint à Paris en 1741 ; mais déçu dans son espoir de faire fortune avec une invention pour noter la musique, il partit pour Venise avec l'ambassade du comte de Montaigu. De retour en 1748, il entrait comme commis chez le fermier général Dupin, se liait avec Grimm et Diderot, concourait, en 1749 et 1753, pour les prix de l'Académie de Dijon avec deux discours restés fameux, était couronné une fois mais échouait l'autre, faisait jouer avec un grand succès le *Devin de village*, dont il avait composé les paroles et

donner votre adresse, en m'assurant que vous êtes tranquille à Neuchâtel. Dieu veuille calmer vos persécuteurs, puisqu'il ne veut pas les confondre! J'ai mille fois gémi sur votre sort, j'ai vu avec douleur que vos prêtres sont encore plus intolérants, plus féroces que les nôtres; je pensais qu'après les injustices qu'on vous avait faites à Paris (1) vous trouveriez, comme dédommagement bien mérité, la justice et la paix dans Genève; vos concitoyens vous la devaient; ils vous devaient beaucoup plus, car, indépendamment de l'honneur que vous faites à votre patrie, vous lui étiez sincèrement et peut-être même trop chaudement attaché; vous avez été la victime de votre amour pour la vérité et même de votre amour patriotique; quel triste exemple! il ne peut que rendre tiède pour la vertu; je sais que la vôtre est soutenue d'un grand courage et que votre âme est aussi ferme qu'élevée; mais le courage n'empêche pas de souffrir, et lorsque c'est pour une cause injuste, il se tourne en indignation, et ce sentiment est encore désagréable. Je vous aime, monsieur, je vous admire et je vous plains de tout mon cœur. C'est dans ces sentiments et avec l'estime la mieux fondée que j'ai l'honneur d'être, monsieur, votre très humble et très obéissant serviteur.

BUFFON.

Mes compliments, je vous supplie, à M. du Peyron.

(Inédite. — Bibliothèque de Neuchâtel. — Communiquée par M. Félix Bovet, ancien bibliothécaire.)

LETTRE CII

AU PRÉSIDENT DE BROSSES.

Le 11 janvier 1766.

Je viens enfin, mon cher Président, d'achever la lecture entière de votre excellent ouvrage sur le *Mécanisme du langage* (2), et je ne puis vous dire à quel point j'en suis satisfait. Il m'était bien resté dans l'esprit quelques-

la musique, et quittait de nouveau Paris en 1753, après un séjour de cinq années. Il y revint en 1755 et y séjourna huit ans, jusqu'en 1763. C'est à ce quatrième et glorieux séjour que Buffon fait allusion. Jean-Jacques ne reparut plus à Paris qu'en 1770 après un séjour en Angleterre, près de Hume, et passa les huit dernières années de sa vie à écrire ses *Confessions* chez le comte de Girardin, dans sa retraite d'Ermenonville.

(1) Jean-Jacques était alors à l'époque la plus troublée de sa retentissante carrière. Il venait d'écrire à l'Ermitage de Montmorency, chez Mme d'Epinay, la *Nouvelle Héloïse* (1759), le *Contrat social* (1760), l'*Emile* (1762). Décrété de prise de corps par le Parlement de Paris, condamné à Genève, où son livre avait été brûlé, il avait dû fuir Paris et Genève et s'était réfugié à Motiers-Travers, principauté de Neuchâtel, où, habillé en Arménien, il faisait du lacet, retraite qu'il dut bientôt quitter pour se réfugier en Angleterre, puis en France.

(2) *Traité de la formation mécanique des langues et des principes physiques de l'Étymologie*. 2 vol. in-12. Paris, Vincent, 1765, et Terrelonge, an IX (1801).

unes des idées que vous y avez employées ; mais ce n'était que des morceaux d'une mine d'or dont vous venez de tirer toutes les richesses, sans cependant l'avoir épuisée ; car nos neveux auront encore à travailler après vous, ou plutôt d'après vous, et je ne désespère pas qu'on ne voie un jour l'exécution de votre grand projet d'un vocabulaire universel. Je pense comme vous que cet ouvrage serait le *compendium* de nos connaissances, qui deviendra d'autant plus nécessaire qu'elles se multiplieront davantage, et vous aurez la gloire d'avoir donné le premier non seulement le projet, mais les moyens d'exécution de cet univers grammatical qu'il ne paraissait pas possible d'établir sur des fondements solides et réels. Vous avez, dès aujourd'hui, celle d'en avoir démontré la possibilité, et même la facilité. Vous avez encore celle d'avoir employé dans toute la suite de votre ouvrage la vraie métaphysique, et la seule qui soit lumineuse, c'est-à-dire la métaphysique tirée de la nature, et d'avoir semé toutes vos pages de vues très fines dont vous devez vous attendre que quelques-unes échapperont à la plupart de vos lecteurs. Je ne vous dis rien de la prodigieuse érudition que votre livre me paraît supposer ; j'en ai trop peu pour que mon éloge à cet égard pût vous flatter ; mais ce que je puis vous assurer, c'est que les savants, comme les gens du monde, me paraissent s'accorder dans leurs jugements, et que votre ouvrage a l'approbation la plus générale et la plus flatteuse. C'est le seul livre que j'aie lu de mes yeux, depuis plus de six mois, à cause de leur faiblesse ; mais je l'ai lu tout entier, avec loisir, plaisir et réflexion, et j'y ai appris mille choses que j'ignorais. Je ne puis donc, mon cher ami, que vous féliciter de tout mon cœur sur cette production, qui vous fera le plus grand honneur à jamais.

J'ai outre cela des excuses à vous faire ; je vous avoue mon étourderie, qui n'est pas pardonnable, et que tout autre que vous aurait eu raison de ne pas me pardonner. Croiriez-vous, mon cher Président, qu'en citant les *Terres australes* (1), je ne me suis point rappelé que c'était vous qui aviez fait ce recueil ? Comme ce sont des copistes qui me font mes extraits, et que ces extraits sont très nombreux, j'en fais tirer à mesure les faits dont j'ai besoin, et dans cet extrait sur les lions marins, je ne pensais qu'aux voyageurs qui ont exagéré les faits, et point du tout à vous, qui avez rédigé leurs relations. Si cela se fût présenté à mon esprit sur-le-champ, mon cœur aurait écrit : *M. le président de Brosses, qui a retranché de ces relations une infinité de faits faux ou exagérés, et qui y a substitué un grand nombre de vérités, pouvait encore en retrancher*, etc. Voilà la manière dont j'aurais pris la liberté de vous critiquer, si j'eusse pensé à vous, et je vous promets que je

(1) Voici cette citation dans l'histoire du phoque à museau ridé où Buffon, contrairement à son habitude, a omis de citer le nom de l'auteur qui était de plus son ami : « On trouve, dans le Recueil des *Navigations aux terres australes*, beaucoup de choses relatives à ces animaux, mais les descriptions et les faits ne nous paraissent pas exacts... »

répareraі ma faute la première fois que j'aurai occasion de citer les *Terres australes*.

Rien n'est plus honnête et plus doux que la manière dont vous vous plaignez de cette sotte inadvertance de ma part, et j'en ai été pénétré. Je ne puis que vous remercier en vous embrassant bien tendrement et de tout mon cœur.

BUFFON.

(Appartient au comte de Brosses.)

LETTRE CIII

AU PRÉSIDENT DE RUFFEY.

Au Jardin du Roi, le 20 janvier 1766.)

Je vous avoue, mon cher Président, que les vers du jeune homme (1) m'ont fort étonné, et d'autant plus qu'il y a moins de feu et plus de maturité, de raison et de style que cet âge n'en comporte (2). Vous avez très bien fait de lui donner une place dans votre Académie (3); c'est un premier encouragement qui pourra peut-être lui devenir utile. Tous les gens de lettres doivent s'intéresser à son sort, et je serais fort aise, en mon particulier, de trouver l'occasion d'aider à l'avancement de ses talents, qui sont déjà très grands, et qui ne peuvent manquer de le devenir encore davantage.

Je vous envoie ci-joint un ordre pour que vous fassiez prendre quand vous voudrez, et par qui il vous plaira, les deux nouveaux volumes de mon ouvrage sur l'*Histoire naturelle;* j'espère que vous y trouverez des morceaux dont vous serez content.

Je suis bien fâché de tous les malheurs qui sont arrivés à notre ami le président de Brosses (4); il mérite bien d'être heureux, et s'il est raisonnable, il prendra pour consolation le succès de son ouvrage sur le langage (5).

(1) Nicolas-Louis-François de Neufchâteau, homme politique, écrivain et poète, né le 17 octobre 1750, mort le 10 janvier 1828, successivement président de l'Assemblée législative, ministre de l'intérieur en 1797 et 1798, membre du Directoire à la place de Carnot. Emprisonné en 1793 pour sa comédie de *Paméla*, il devint sénateur, comte de l'empire, et entra à l'Académie française en 1816. Comme homme politique, François de Neufchâteau a encouragé les arts, les sciences et les lettres, le commerce et l'industrie, qui lui doivent l'idée des expositions universelles; comme écrivain et journaliste, il a donné dans le *Conservateur*, des fragments de la *Correspondance de Buffon avec l'abbé Bexon* (1800, 2 vol. in-8°, t. 1er).

(2) *Pièces fugitives de M. François de Neufchâteau en Lorraine, âgé de quatorze ans.*

(3) Il avait été reçu, l'année précédente, à l'Académie de Dijon. Il faisait déjà partie de celles de Lyon et de Marseille.

(4) La mort de son fils unique.

(5) Le *Traité de la formation mécanique des langues*, paru cette même année et immédiatement traduit à l'étranger.

Il a été goûté de tous les gens qui savent penser, et en mon particulier, je l'ai lu d'un bout à l'autre avec autant de plaisir que d'instruction.

Je suis enchanté de tout ce que vous me marquez au sujet de votre Académie ; vous en êtes le père et vous en serez l'âme tant que vous vivrez, et on ne saurait donner trop d'éloges à votre noble manière de penser.

J'ai entrepris de donner la suite de l'*Histoire naturelle* en planches enluminées (1), dont je donnerai les explications lorsqu'il y en aura assez pour faire un volume. Il en a déjà paru quatre cahiers de vingt-quatre planches chacun ; chaque cahier coûte 15 livres en petit papier, et 24 livres en grand papier. Je ne puis pas vous le donner (2) comme je fais pour mon livre, parce que l'ouvrage appartient à mes peintres et à mes graveurs (3), et qu'on n'en tire que

(1) La belle édition in-4° de l'*Histoire des Oiseaux*, avec planches en couleur. Les planches enluminées des *Oiseaux* ont été exécutées avec un soin particulier. Chaque oiseau était dessiné d'après le modèle vivant ou empaillé, mais toujours d'après nature. Cette édition unique est aujourd'hui fort recherchée.

(2) On rapporte que Buffon, ayant rencontré un jour un souscripteur à l'*Histoire naturelle des Oiseaux*, à qui Panckoucke en avait inutilement réclamé le prix, celui-ci l'aborda et lui fit l'éloge de l'édition. « Avant de louer l'ouvrage, lui répondit sèchement Buffon, il faudrait commencer par le payer. »

(3) Cette entreprise a occupé pendant cinq ans, dit Buffon dans l'avertissement du premier volume des *Oiseaux*, plus de quatre-vingts artistes, dessinateurs, graveurs, peintres et ouvriers. A Montbard, il avait fait encadrer dans des baguettes dorées les premiers types de chaque espèce, et ces cadres juxtaposés tenaient lieu de tentures. On voit encore aujourd'hui deux pièces ainsi décorées. Le premier peintre dont on ait conservé le souvenir au Jardin du Roi est Robert, chargé par Colbert de continuer la collection des fleurs et plantes sur vélin de Gaston d'Orléans, frère de Louis XIII, qui avait créé à Blois un jardin botanique, longtemps dirigé par Morisson. Sa collection, achetée par le Roi, fut déposée à la Bibliothèque, puis au Cabinet d'histoire naturelle. Après Robert, mort en 1684, le peintre Aubriet qui, en 1698, avait accompagné Tournefort dans son voyage en Orient, continua la collection avec Mlle Basseporte, son élève. En 1774, Buffon avait donné la survivance d'Aubriet à un peintre déjà célèbre, Gérard Van Spaëndonck qui en devint titulaire en 1780, par la mort de Mlle Basseporte. On créa pour lui la chaire d'iconographie; il est mort en 1821, membre de l'Institut. On connaît de lui une merveilleuse tabatière du musée Sauvageot et une branche de lilas au palais de Fontainebleau. Un nom illustre, celui de Redouté, clôt la liste des peintres qui ont travaillé à la collection des vélins du Muséum. Appelé au Jardin du Roi par Van Spaëndonck il lui succéda, en 1722, dans la chaire d'iconographie.

Dans le grand nombre d'artistes employés par Buffon, il s'en trouvait un du nom de Touzet, élève de l'Académie, doué d'un remarquable talent d'imitation. « Ce Touzet, dit Grimm, est célèbre à Paris par le talent d'imiter et de contrefaire, qu'il possède au suprême degré. Non seulement il contrefait toutes sortes de personnages et de caractères avec une perfection qui ne laisse rien à désirer, mais il imite encore à lui seul une collection de bruits et de phénomènes physiques. On le place au milieu d'un salon, derrière un paravent, et l'on entend tout un essaim de religieuses qui vont à matines : on les entend se lever, se réunir, descendre des corridors dans l'église, chanter l'office, faire la procession, rentrer dans le couvent et se disperser dans les cellules. On distingue l'âge, le caractère, l'humeur, les infirmités de chacune de ces nonnes ; on se croit transporté au milieu d'un couvent. La matinée du village, le dimanche, est encore plus surprenante : on se trouve transporté dans un village rustique ; on assiste au lever du ménager et de la ménagère, à leurs fonctions matinales : on les accompagne à l'écurie, à la basse-cour, dans la rue, à la messe ; on entend le sermon ; on les suit dans le presbytère ; on devine le caractère du curé, de sa gouvernante, de son chien même, qui ne jappe pas comme un chien de paysan. Tout cela est d'une

quatre cent cinquante exemplaires ; cependant, je serais bien aise que vous l'eussiez et que vous fussiez du nombre de nos souscripteurs. M. de Puligny (1), M. du Morey (2) et M. Hébert (3) ont les premiers cahiers, et vous pourrez les voir chez eux.

Je vous embrasse, mon cher Président, et je serai toute ma vie, avec une amitié tendre et un attachement respectueux, votre très humble et très obéissant serviteur.

BUFFON.

(Appartient au comte de Vesvrotte.)

LETTRE CIV

AU MÊME.

Au Jardin du Roi, le 5 février 1766.

Je vous remercie, mon cher Président, de la peine que vous vous êtes donnée pour l'affaire de Mme la marquise de Scorailles (4) ; les papiers, en effet, ont été envoyés, et elle m'a chargé de vous faire aussi des remercîments de sa part.

Je compte bien, mon cher ami, quoique j'aie cinquante-huit ans depuis le mois de septembre dernier, finir toute l'*Histoire naturelle* avant que j'en aie soixante-huit, c'est-à-dire avant que je ne commence à radoter; et voici les mesures que j'ai prises pour en venir à bout. Je donnerai en in-4 encore six volumes, dont les matériaux sont prêts pour la plus grande partie. Ces six volumes contiendront, après l'histoire des quadrupèdes, celle des cétacés et

vérité surprenante. Ce Touzet observe les plus petites nuances avec une justesse qui confond. Tout le monde a voulu le voir, depuis nos princes jusqu'aux plus petits particuliers ; il a même, je crois, représenté ses facéties chez Mme la Dauphine. »

(1) Claude-Denis-Marguerite Rigoley de Puligny, né à Dijon, le 5 mai 1742, mort le 2 septembre 1769, conseiller au Parlement le 23 février 1763 et, en 1769, premier président de la Chambre des comptes en remplacement de son père.

(2) Thomas du Morey, ancien officier de cavalerie, chevalier de Saint-Michel, ingénieur en chef de la province de Bourgogne, membre de l'Académie de Dijon, le 26 juin 1792, a aidé Buffon de ses conseils dans ses constructions de Montbard et de ses forges, et lui a adressé des mémoires sur les minéraux, mémoires cités dans l'*Histoire naturelle*. La Bourgogne lui est redevable de constructions importantes, notamment de l'élégant château d'Arcelot (de 1762 à 1765), du pont de Chalon sur la Saône, etc. Sa fille avait épousé le marquis de Pons, gouverneur de Verdun.

(3) René-Joseph Hébert, receveur général des fermes et trésorier de l'extraordinaire des guerres à Dijon, joignait à la passion de la chasse, la patience de l'observateur. Il a fourni à Buffon des notes intéressantes sur les oiseaux, et son nom est plusieurs fois cité dans l'*Histoire naturelle*. Buffon lui écrit, en 1778, en l'engageant à venir à Montbard : « Je décrirai des oiseaux et vous en chasserez ; » on verra souvent paraître son nom dans sa correspondance.

(4) Charlotte-Louise de Forlia, mariée le 7 mars 1747 à Étienne-Marie, marquis de

des poissons cartilagineux ; ensuite celle des quadrupèdes ovipares et des reptiles (1), et enfin des matières générales sur les végétaux (2) et les minéraux. Ainsi j'aurai donné en gravure noire tous les animaux dont la forme suffit pour qu'on puisse les reconnaître aisément, et je fais faire en même temps, en planches enluminées, tous les oiseaux qui ont besoin d'être présentés avec des couleurs pour être bien connus, et cela abrège les descriptions plus de moitié. J'ai déjà près de deux cents planches de gravées, dont il en a paru quatre-vingt-seize. Cela fera un ouvrage in-folio en quatre ou cinq volumes qui aura pour titre : *Suite de l'Histoire naturelle, par M. de Buffon.* Et, en effet, je donnerai une explication assez étendue de chacune des planches, et on reliera cette explication avec les planches, dès qu'il y en aura un assez grand nombre pour faire un volume ; et comme il en paraît un cahier de vingt-quatre planches tous les trois mois, je compte que dans quatre ou cinq ans au plus l'ouvrage pourra être entièrement achevé. Il n'y en aura en tout que quatre cent cinquante exemplaires, et si vous voulez que je vous inscrive, il faut me faire une réponse promptement, parce qu'il ne m'en reste plus que vingt-six. Je vous conseillerais de le prendre comme M. Hébert, en grand papier, parce qu'il est toujours mieux soigné que le petit papier. D'ailleurs, votre Académie aura nécessairement besoin de ce recueil, qui seul tiendra lieu d'un cabinet entier et complet d'histoire naturelle, et vous devriez prendre cette dépense non pas sur vous, mais sur les petits fonds de vos dépenses académiques. Si vous voulez les quatre cahiers qui ont déjà paru, il vous en coûtera quatre louis, et je vous les enverrai par la voie de M. Hébert ; ensuite, il y aura un louis à donner dans trois ou quatre mois, en recevant le cinquième cahier, un autre louis trois mois après, en recevant le sixième, ainsi de suite, parce que chaque cahier coûte un louis, et qu'à ce prix, que j'ai fixé à nos dessinateurs et à nos peintres, ils ont encore bien de la peine à gagner quelque chose au delà de leurs frais.

Je serais bien aise de voir notre ami M. de Brosses, et je serais bien content

Scorailles, maréchal de camp en 1744, lieutenant général en 1748. Le marquis de Scorailles, Élu de la noblesse aux états-généraux de Bourgogne pour la triennalité de 1754, désigné par le Roi pour recevoir le prince de Condé, gouverneur de la province.

(1) Cette phrase de Buffon où il annonce qu'il a déjà *tout prêts, à cette date*, la plus grande partie des matériaux de six volumes qui contiendront l'histoire des cétacés, des poissons cartilagineux, des quadrupèdes ovipares et des reptiles, est intéressante à noter comme un nouveau témoignage que Lacépède en publiant, après la mort de Buffon, l'histoire des poissons, des cétacés et des reptiles, n'a fait que mettre son nom à des volumes dont Buffon avait réuni les documents dès 1766.

(2) Le plan de Buffon embrassait l'histoire de la nature entière. C'est bien ainsi qu'il annonçait son grand ouvrage en 1748 dans le programme que nous avons reproduit, mais Buffon est mort comme tant d'autres sans avoir pu réaliser son plan. Cependant rarement un écrivain aura présenté un tel exemple de persévérance, d'ordre, de méthode, de travail et de volonté en ne s'interrompant que sous le coup de la maladie et de la douleur. C'est qu'il semble interdit à l'homme de rien achever ici-bas. Les génies qui ont éclairé le monde et servi l'humanité n'ont été que des précurseurs.

si je pouvais espérer de vous voir aussi, personne ne vous étant plus anciennement et plus sincèrement attaché que je le suis et le serai toute ma vie.

BUFFON.

(Appartient au comte de Vesvrotte.)

LETTRE CV

A M. DE BELLOY (1).

Paris, 1er avril 1766.

Je n'ai tardé, monsieur, à vous faire mes remerciemens que parce que j'ignorais votre demeure.

Je vous ai lu avec autant de plaisir que je vous avois entendu et les notes que vous avez mises à la fin de votre pièce préviennent toutes les imputations qu'on voudrait lui faire (2). Je vous renouvelle bien sincèrement mes félicitations sur cette noble production à laquelle l'esprit et le cœur ont une part égale.

J'ai l'honneur d'être avec beaucoup d'estime et toute considération, monsieur, votre très humble et très obéissant serviteur.

BUFFON.

(Inédite. — Collection Nadault de Buffon.)

LETTRE CVI

AU PRÉSIDENT DE RUFFEY.

Paris, 2 avril 1766.

J'ai fait partir hier, mon cher Président, par le carrosse de voiture qui arrivera à Dijon jeudi, une petite caisse à l'adresse de M. Hébert, dans laquelle j'ai mis les quatre cahiers de mes planches enluminées, petit papier, pour le payement desquelles vous m'avez envoyé une rescription de 60 livres. J'y ai joint les volumes X, XI, XII et XIII de mon ouvrage sur l'*Histoire naturelle*, que je vous supplie de faire agréer à MM. de l'Académie. J'aurais bien voulu leur faire de même un hommage pur et simple de mes planches enluminées; mais, comme cet ouvrage est pour le compte de mes dessinateurs, et qu'on

(1) Laurent Buirette de Belloy, acteur et auteur dramatique, né en 1727, mort en 1775, et qui a donné au théâtre, *Titus, Zelmire, Gaston et Bayard, Pierre le Cruel, Gabrielle de Vergy*, où le sire de Vergy fait manger à sa femme le cœur de son amant et *le Siège de Calais*, le plus connu de ses ouvrages; il est le premier auteur dramatique qui ait fait représenter des sujets nationaux.

(2) Le *Siège de Calais*, joué en 1765 avec un prodigieux succès.

ne le tire qu'en très petit nombre, il ne m'est pas possible d'en donner; il n'y a en tout que cent cinquante exemplaires en grand papier, et trois cents en petit papier.

Comme il n'y a dans la caisse que j'ai adressée à M. Hébert qu'un seul cahier pour lui, et deux autres cahiers, l'un pour M. Rigoley de Puligny, et l'autre pour M. du Morey, et que la principale charge de cette caisse est pour l'Académie, il serait juste que le port qu'il en coûtera à M. Hébert fût partagé.

Vous me marquez d'envoyer à M. du Morey la souscription de cet ouvrage; vous voyez bien que ce n'est point une souscription, mais une simple inscription du nom de ceux à qui on la donne, attendu qu'on ne demande point d'argent d'avance, et qu'on ne paye qu'à mesure que l'on reçoit. J'ai donc fait inscrire votre nom pour l'académie de Dijon sur la liste de ceux qui prennent l'ouvrage, et cela est suffisant.

Le maire de Montbard (1) doit arriver ces jours-ci à Paris; je vous promets de lui bien laver la tête et de le presser de nouveau de satisfaire à ses obligations.

Mes respects, je vous supplie, à Mme de Ruffey. C'est avec les sentiments de la plus inviolable amitié que je serai toute ma vie, mon cher Président, votre très humble et très obéissant serviteur.

BUFFON.

Comme la poste presse, je n'ai pas le temps de donner avis à M. Hébert de l'envoi de cette caisse, et je vous prie de l'en faire avertir.

(Collection du comte de Vesvrotte.)

LETTRE CVII

AU MÊME.

Montbard, le 7 avril 1766.

Je n'ai pu, mon cher Président, vous répondre plus tôt, parce que, depuis plus d'un mois, j'ai été attaqué de violentes coliques d'estomac qui m'ont beaucoup tourmenté, et qui me réduisent encore aujourd'hui au petit-lait et à la diète. Cependant cela va mieux depuis quatre ou cinq jours, et j'espère que l'air de la campagne et l'exercice feront cesser mon mal, que la vie sédentaire et le trop d'application m'avaient causé.

J'ai apporté avec moi les quatre premiers cahiers, grand papier, de nos

(1) Pierre Daubenton, maire de Montbard de 1756 à 1768, et maire une seconde fois de 1772 à 1776, précédemment nommé.

planches enluminées, que vous avez payés d'avance à M. Hébert ; je les adresse, par le carrosse qui passe par ici demain, à Mlle Buisson (1), au Logis-du-Roi (2), pour les faire tenir à Mme la comtesse de Rochechouart (3). Il y a longtemps que je connais son goût et toute l'étendue de ses connaissances en histoire naturelle, et je suis charmé qu'elle se soit déterminée à prendre ces planches enluminées, qui seront quelque jour fort rares ; car, comme je vous l'ai dit, on n'en peut tirer que quatre cent cinquante exemplaires, et j'aurai soin qu'on lui fournisse les meilleures épreuves. Je vous prie de faire avertir Mlle Buisson afin qu'elle retire ce paquet, dont je ferai charger la feuille (4).

M. Maret (5) a pris la peine de m'écrire, au nom de l'Académie, pour me remercier des derniers volumes que je vous ai envoyés ; c'est un hommage trop légitime pour mériter des remercîments, et ce serait à moi à vous en faire de l'accueil toujours très obligeant que votre compagnie a eu la bonté de faire à mes ouvrages.

Je vous embrasse, mon cher Président, et je vous supplie de faire agréer mes respects à Mme de Ruffey. Mme sa sœur (6) est ici chez Mme de La Forest. Nous avons eu de leurs nouvelles souvent ; mais nous n'avons pas encore eu l'honneur de les voir.

BUFFON.

(Appartient au comte de Vesvrotte.)

(1) Marguerite Buisson, libraire à Dijon, impliquée, en 1762, dans l'affaire Varenne, comme éditeur du *Mémoire pour les élus*, imprimé chez Desventes, le 26 mai 1762. Tandis que la Cour des aides de Paris lançait un décret de prise de corps contre Desventes, elle recevait une assignation. Desventes dut quitter Dijon ; Mlle Buisson fut renvoyée des poursuites.

(2) Le palais des États, élevé en 1733 et 1775 par Gabriel et Gauthey, à la place de l'ancien palais des ducs de Bourgogne dont il conserve de précieux restes désignés sous le nom de Logis du Roi.

(3) Gabrielle de Rochechouart, dame de la Croix-Étoilée de Pologne, qui habitait Dijon, connue par un goût très vif pour les sciences naturelles, avait consacré des sommes importantes à la formation d'un cabinet dont elle a enrichi l'Académie de Dijon.

(4) Témoignage qu'au XVIIIe siècle la poste pratiquait déjà le système des lettres et envois chargés et recommandés, bien que l'affranchissement des lettres par l'envoyeur n'existât pas encore.

(5) Hugues Maret, auteur des ducs de Bassano, savant et médecin, né le 16 octobre 1726, mort le 11 juin 1786, victime de son dévouement à l'humanité pendant une épidémie, membre du collège de médecine de Dijon, inspecteur des eaux minérales, médecin des épidémies de la généralité de Bourgogne, professeur de chimie, censeur royal, correspondant de l'Académie des sciences, membre de la Société royale de médecine, secrétaire perpétuel de l'Académie de Dijon, du 7 décembre 1764 jusqu'à sa mort. Il a contribué à l'éclat de cette compagnie par son zèle, ses connaissances et ses travaux en en publiant les recueils et en y insérant de nombreux mémoires. Il a collaboré à l'*Encyclopédie*. Son nom reviendra fréquemment dans cette correspondance.

(6) Judith de Chomel.

LETTRE CVIII

A MADAME GUÉNEAU DE MONTBEILLARD (1).

Le 2 mai 1766.

Pourquoi me laissez-vous dans l'incertitude, madame, sur votre grande opération (2)? Je ne sais où vous prendre. Êtes-vous à Chevigny? avez-vous

(1) Élisabeth-Bénigne Potot de Montbeillard, fille d'Augustin Potot, prévost des marchands, vice-bailli d'Auxois, et d'Anne de Lermizelles, née en 1727, morte le 19 mai 1798, mariée le 23 novembre 1756, à Guéneau de Montbeillard, collaborateur de Buffon, à qui aucun lien de parenté ne l'unissait, malgré la ressemblance du nom, qui doit provenir d'une même seigneurie successivement possédée par les deux familles. Elle parlait le latin, le grec, l'anglais et d'autres langues vivantes, et, aidant son mari dans ses travaux, elle traduisait pour lui les ouvrages étrangers. Dans le temps que Montbeillard, fatigué des oiseaux, s'occupait des insectes, elle apprit en trois mois, et en secret, l'allemand qu'il ne parlait pas, et traduisit Rhœsel, qu'elle lui avait entendu regretter de ne pas comprendre.

A Semur, Mme de Montbeillard était le centre d'une société dont faisaient partie la marquise du Châtelet et le chevalier de Bonnard, gouverneur des enfants du duc d'Orléans avant Mme de Genlis, vice-bailli.

Quant aux qualités du cœur, Mme de Montbeillard les posséda toutes, et son extrême douceur, l'exquise sensibilité de son âme ne furent pas un de ses moindres attraits. Familièrement et dans l'intimité on l'appelait le *Mouton*. Guéneau de Montbeillard a laissé de sa femme ce bel éloge, qu'il ne lui connaissait qu'une passion, celle du devoir. Mme de Montbeillard a écrit la vie de son mari. On recueillera, dans la suite de cette correspondance, des traits touchants de l'attachement de Mme de Montbeillard pour la femme et le fils de Buffon.

(2) Guéneau de Montbeillard venait d'inoculer à son fils la vaccine, ce qui était alors considéré comme un acte de grand courage. « Je désirais, pour le bien de la patrie, a-t-il dit dans un mémoire lu à cette date à l'Académie de Dijon, que l'exemple d'un père inoculant son fils unique y fût tellement dans l'ordre des événements communs, qu'il s'y fît à peine remarquer; cela supposerait que la nation serait plus avancée, qu'elle connaîtrait mieux le prix de la vie des hommes, et qu'elle saisirait avec plus d'empressement les moyens de la conserver. Mais puisque le moment n'est pas encore venu, je crois devoir rendre compte de ce que j'ai fait et observé en pratiquant l'inoculation sur mon fils.

» Ce fut le 7 mai que je fis cette opération en présence de M. le docteur Barbuot et d'un de ses confrères.... — Mon entreprise ayant été si heureusement justifiée par le succès, il me reste à la justifier par la raison aux yeux des personnes prévenues à qui elle pourrait paraître plus courageuse qu'éclairée. J'atteste que je ne me suis déterminé à inoculer mon fils que parce que ce parti m'a semblé moins téméraire que celui de le laisser exposé à tous les dangers de la petite vérole naturelle. « Le sort de cet enfant est dans mes mains, me » disais-je à moi-même; j'en dois disposer non selon mon goût et ma faiblesse, mais selon » son intérêt et l'équité, et selon une équité d'un ordre bien supérieur, puisque les devoirs » n'en sont jamais remplis parfaitement entre un père et son fils, que lorsqu'ils se sont fait » l'un à l'autre tout le bien qu'ils pouvaient se faire. Or, quel plus grand bien puis-je lui » faire que d'écarter ou diminuer les dangers qui environnent son enfance? Et si le risque » d'attendre la petite vérole est beaucoup plus grand que celui de la prévenir par l'inocu- » lation, je vois mon devoir et je l'accomplirai. »

Le 27 novembre, Diderot félicitait Guéneau de Montbeillard : « Vous n'avez pas cru, écrivait, le 27 novembre, Diderot à Guéneau de Montbeillard, que j'aie été insensible au succès de l'inoculation de votre fils; les anciens vous auraient appelé *Bis pater*, et cette déno-

déterminé le temps, le jour de l'inoculation? Si je n'avais pas d'enfant (1), je saurais tout ce qui vous intéresse sur cela ; car j'aurais été à Chevigny vous en demander des nouvelles, et je vous supplie de m'en donner, si vous avez un moment où vous ne soyez pas occupée auprès de votre enfant. Je vous félicite de votre courage ; je plains tendrement vos inquiétudes, et je souhaite ardemment de savoir tous les détails qui vous concernent. Je vous les demande avec instance. Voilà une lettre pour Mme de Prévots, que j'attends ici tous les jours. Si vous êtes à Chevigny, je l'enverrai prendre à Semur, si cela vous convient ; elle n'aura qu'à me le faire dire.

BUFFON.

(Communiquée par M. Léon de Montbeillard.)

LETTRE CIX

AU PRÉSIDENT DE BROSSES.

Montbard, le 27 juin 1766.

Il n'y a que trois ou quatre jours, mon très cher Président, que j'ai cessé de souffrir. J'ai eu depuis le mois de mars cinq atteintes d'une violente colique d'estomac, dont la dernière a duré douze jours et m'avait entièrement abattu. Je me suis mis au régime du lait, et je m'en trouve très bien ; les douleurs ont cessé et je reprends des forces.

Sans une excuse aussi légitime, je vous demanderais pardon, mon cher ami, de n'avoir pas répondu à votre lettre si honnête et toute remplie de sentiments d'amitié, que vous m'avez écrite dans le temps de votre arrivée à Paris. J'ai été aussi extrêmement peiné du contre-temps qui m'a privé du plaisir de vous voir.

Je retourne à Paris le 14 du mois prochain, et peut-être alors en serez-

mination aurait fait toute seule plus de conversion que tous les livres du monde. *Bis pater*, je t'embrasse de tout mon cœur et ton fils et sa mère. »

Buffon recevant, à neuf années d'intervalle, en 1775, le chevalier de Chastellux à l'Académie française, lui disait : « Vous fûtes le premier d'entre nous qui ayez eu le courage de braver le préjugé contre l'inoculation ; seul, sans conseil, à la fleur de l'âge, mais décidé par maturité de raison, vous fîtes sur vous-même l'épreuve qu'on redoutait encore ; grand exemple, parce qu'il fut le premier, et parce qu'il a été suivi par des exemples plus grands encore. Je fus le premier témoin de votre heureux succès. Avec quelle satisfaction je vous vis arriver de la campagne, portant ces impressions qui ne parurent que des stigmates de votre courage. Souvenez-vous de cet instant! L'hilarité peinte sur votre visage en couleurs plus vives que celles du mal, vous me dites : *Je suis sauvé, et mon exemple en sauvera bien d'autres !* »

(1) Le fils de Buffon avait deux ans, et son père, qui encourageait et félicitait Guéneau de Montbeillard comme il devait féliciter plus tard le chevalier de Chastellux, se refusait le plaisir de serrer la main à un ami dans la crainte de rapporter la contagion à un fils unique tendrement aimé.

vous parti. Vous devriez au moins, mon cher Président, nous donner un jour ou deux à Montbard; je vous enverrais des chevaux à la Maison-Neuve, qui vous ramèneraient à Montbard, au cas que vous partiez avant le 10 juillet; car, si vous partiez plus tard, cela ne serait plus possible, étant obligé de partir moi-même le 12 ou le 13 au plus tard. Je vous envoie ci-joint un billet pour M. Daubenton le jeune (1), pour qu'il vous fasse tirer une suite de nos animaux et squelettes; et assurément, mon cher ami, je ne permettrai pas que vous payiez les frais de cette petite œuvre, que je serai enchanté de mettre dans votre portefeuille.

Saint-Palaye (2) et d'autres de mes confrères de l'Académie française ont pu vous dire combien j'avais fait d'éloges de votre dernier ouvrage (3), et combien j'ai dit qu'il devait vous mériter une place à l'Académie. Entre nous, il est sûr qu'en fait de grammaire il y a autant d'esprit dans votre livre qu'il y a de matière dans celui de Sainte-Palaye, qui cependant lui a mérité cet honneur.

Je vous embrasse, mon très cher ami, bien sincèrement et de tout mon cœur.

BUFFON.

(Collection du comte de Brosses.)

(1) Edme-Louis Daubenton, fils de Louis Daubenton, secrétaire de l'hôtel de ville de Montbard, et d'Edmée Ladrée, cousin-germain et beau-frère de Louis-Jean-Marie Daubenton, collaborateur de Buffon, garde et sous-démonstrateur du Cabinet du Roi, des Académies de Philadelphie et de Nancy, né à Montbard, le 12 août 1730, mort à Saint-Aubin, près Avon (Seine-et-Marne), le 12 décembre 1785, et inhumé dans la petite église de ce nom, près du mathématicien Bezout, son ami, marié à Marie-Thérèse-Adélaïde de Boutevillain de La Ferté, fille d'un avocat au Parlement de Paris, dont une fille unique, Zoé Daubenton, mariée en 1773 dans des circonstances romanesques à Vicq-d'Azir. Buffon, qui avait appelé Edme-Louis-Daubenton en même temps que son beau-frère au Jardin du Roi, lui donna une grande place dans sa confiance le jour où Louis-Jean-Marie Daubenton se fut éloigné de son bienfaiteur et de son ami et lui abandonna une part dans l'administration du Jardin. Edme-Louis Daubenton a fourni quelques bons articles à l'histoire des *Oiseaux*, dont il a dirigé la belle édition in-4°, Buffon l'ayant chargé de la surveillance des artistes dessinateurs, peintres et graveurs.

Son nom reviendra fréquemment sous la plume de Buffon.

(2) Jean-Baptiste de Lacurne de Saint-Palaye, historien et érudit, né en 1697, mort le 1er mars 1781, de l'Académie des inscriptions en 1724 et de l'Académie française en 1758, où il eut Chamfort pour successeur, a publié des *Romans de chevalerie* et de nombreux mémoires dans les recueils de l'Académie, a laissé cent volumes manuscrits in-folio déposés à la Bibliothèque nationale et à celle de l'Arsenal, où ils sont souvent consultés. Son principal ouvrage est un *Glossaire de l'ancienne langue française*, dont le prospectus parut en 1756, mais dont l'impression s'est arrêtée à la page 735 du premier volume.

(3) Son *Traité de la formation mécanique des langues* publié l'année précédente.

LETTRE CX

AU MÊME.

Montbard, le 1er septembre 1766.

De tout mon cœur je vous fais mes félicitations, mon très cher Président, sur votre heureux mariage (1); car je ne doute pas qu'il ne le soit en effet, puisque vous épousez vos amis, et que votre jeune dame ne peut manquer de tenir de ses dignes parents. Cela me fait d'autant plus de plaisir que j'avais fait quelques ouvertures d'un autre côté (2), et que je devais vous écrire que ces gens-là portaient leurs prétentions trop haut. Nous chercherons ailleurs pour Mlle votre fille (3), et ma femme serait enchantée de vous donner des marques de son amitié, qui depuis longtemps est fondée sur la haute estime qu'elle m'a toujours vu faire de votre esprit et de votre cœur. Elle est restée à Paris pour nous arranger dans une nouvelle maison à portée du Jardin du Roi, où j'ai cédé mon logement pour agrandir les cabinets. On m'a traité honnêtement pour dédommagements, mais non pas *magnifiquement*, comme on le dit à Dijon; et, en honneur, les motifs de l'intérêt personnel n'ont aucune part ici, et je ne me suis déterminé que pour donner un certain degré de consistance et d'utilité à un établissement que j'ai formé. Toút était entassé! toút périssait dans nos cabinets faute d'espace. Il fallait deux cent mille livres pour nous bâtir. Le roi n'est pas assez riche pour cela; son contrôleur général a pris un parti qui ne leur coûtera que quarante mille livres pour l'arrangement du tout, et il me paye le loyer de ma maison; ainsi vous voyez que cela ne fera tout au plus que la fortune du Cabinet, et cela me suffit; car je suis content de la mienne, quoique assez médiocre (4).

Vous n'avez pas encore votre suite de planches des animaux et de leurs

(1) Le lendemain, 2 septembre, le président de Brosses épousait en secondes noces, à cinquante-sept ans, Jeanne-Marie Legouz de Saint-Seine, fille aînée de Benigne Legouz de Saint-Seine, président à mortier, puis premier président du Parlement de Bourgogne, et de Marguerite-Philiberte Gagne de Perigny. Mme de Brosses mourut à Montfalcon le 1er novembre 1778. Le père du président de Saint-Seine avait été le tuteur du président de Brosses, une étroite intimité unissait les deux familles.

(2) Encore un mariage dont Buffon s'était occupé.

(3) Hyacinthe-Pierrette de Brosses, fille du premier mariage du président, épousa Louis-Marie de Fargès, lieutenant général, et mourut à Dijon le 9 mai 1831.

(4) Cependant cette fortune, que Buffon trouve médiocre, était de nature à satisfaire les plus ambitieux. On a vu précédemment qu'il avait recueilli tout jeune une fortune patrimoniale importante. Mais sa fortune s'était rapidement et considérablement accrue par son ordre, son économie et une sage administration. On en jugera en lisant, dans les notes de cette correspondance, l'énumération du produit de ses charges et pensions, et du revenu de ses biens patrimoniaux et seigneuriaux, relevé fait par lui-même et écrit de sa main en 1787, un an avant sa mort, et qui représentait un revenu de 90,000 livres, soit, au taux actuel de l'argent, 270,000 livres de rente.

squelettes, parce qu'il faut que vous l'ayez complète, et qu'on achève de graver les animaux du XVe volume ; ainsi vous n'aurez le tout que dans deux ou trois mois. Jouissez, en attendant ces squelettes, d'une belle chair bien ferme et bien fraîche, et, dans les plaisirs de l'amour, n'oubliez pas les douceurs de l'amitié et les sentiments tendres et sincères que je vous ai voués pour ma vie.

BUFFON.

(Appartient au comte de Brosses.)

LETTRE CXI

AU MÊME.

Montbard, le 17 janvier 1767.

.... Je me suis transporté sur les lieux et la chose m'a paru évidente ; elle a paru telle aussi à M. Guéneau (1), maire de Semur, qui est un homme éclairé ; M. Guenichot (2), conseiller à votre Parlement, qui a bien voulu aussi se transporter sur les lieux, en a jugé comme moi. Mais cette affaire est ici soutenue par des prêtres et a été très mal conduite par ces pauvres gens (3), qui n'ont ni ressources ni protections. S'ils perdent leur procès, ils seront non seulement noyés chez eux, mais tout à fait ruinés Je n'y prends d'autre intérêt que celui de l'humanité (4), et ce motif est bien puissant sur une âme comme la vôtre, et j'y compte plus que si l'affaire vous était recommandée par des puissances.

(1) François Guéneau de Mussy, frère de Guéneau de Montbeillard, subdélégué de l'intendance, était maire de Semur depuis 1763; il s'est occupé, comme son frère, d'histoire naturelle. Il avait fait construire à Semur une tour où il avait rassemblé une intéressante collection de zoologie et de minéralogie.

(2) Jacques-Philibert Guénichot de Nogent, né le 30 juin 1736, mort le 10 mars 1794, conseiller au Parlement de Bourgogne le 18 juillet 1757 jusqu'à la suppression des Parlements, prit une part active à la polémique entre le Parlement et Varenne en dénonçant l'ouvrage ayant pour titre : *Registres du Parlement de Dijon durant la Ligue.* Le livre fut supprimé; mais l'exil et la dissolution du Parlement arrêtèrent les poursuites.

Philibert Guénichot, qui avait débuté par être procureur au Parlement, avait hérité, en vertu d'un testament dont l'authenticité a été contestée, de la fortune considérable de Jacques de Fromager, seigneur de Nogent, du Pâtis, des Laumes, de Saint-Phal, du Menans et de Rouvres, dont le dernier duc de Bourgogne avait porté le nom, testament qui évinçait la famille de Cécile Nadault, fille de Jean Nadault, seigneur de Saint-Remi, bailly de Fontenet, président du grenier à sel de Montbard, mariée le 2 juillet 1692 à Jacques de Fromager et morte avec son mari en 1694 sans laisser d'enfants.

(3) Les gens de Marmagne, hameau à une demi-lieue de Montbard et en dépendant, étaient en procès avec les moines de l'abbaye de Fontenet. L'abbé avait fait abaisser le déversoir d'un des étangs de l'abbaye, située au fond d'une vallée qu'arrosent des eaux vives abondantes, de manière que les eaux inondaient en toute saison la contrée. Buffon s'intéressait aux habitants de Marmagne, qui gagnèrent leur procès.

(4) Si on entend fréquemment Buffon parler de l'humanité et du bien public, ces expressions viennent naturellement sous sa plume comme la manifestation sincère de ses senti-

Il y a quinze jours que je devrais être à Paris ; mais le mauvais temps m'a retenu, et je pars dans deux jours pour revenir à Pâques et retourner au mois de juillet. Je vous dis cela d'avance, mon très cher Président, dans l'espérance que nous pourrons nous rencontrer.

Ma santé me tracasse toujours et n'est pas encore parfaitement rétablie.

J'entends dire avec grand plaisir que vous vous trouvez très bien de votre nouveau ménage. Je partage vos joies, mon cher ami, et je vous prie de faire passer mes sentiments et mes respects à votre jeune dame.

Ma femme est à Paris depuis cinq semaines, où elle arrange notre nouveau logement, rue des Fossés-Saint-Victor. Mandez-moi si je vous ai envoyé les derniers volumes de l'*Histoire naturelle;* le XVe va paraître, mais il ne contient guère que des tables.

Thomas doit être reçu jeudi (1). Savez-vous que l'abbé Coyer (2), avec sa petite prédication, s'est mis sur les rangs ? Abbé pour abbé, j'aimerais mieux l'abbé Le Blanc, qui n'a manqué la place que d'une voix, qui est mon ancien ami et un très honnête garçon. Je vous le recommande d'avance ; car il me paraît, mon cher Président, que vous ne pouvez pas *rater* la première place (3). Je ne vous souhaite avec cela qu'un fils, parce que j'imagine que ces deux objets suffisent à votre bonheur, auquel je m'intéresse comme au mien.

Au nom de Dieu, faites quelque chose pour mes pauvres gens de Montbard, j'ai leur affaire fort à cœur, parce que je la crois très juste et qu'ils sont les victimes de la passion des prêtres.

Je vous embrasse bien tendrement et de tout mon cœur.

BUFFON.

(Appartient au comte de Brosses.)

ments dans des lettres familières et des documents intimes écrits sans aucune arrière-pensée de publicité. Au surplus, la vie de Buffon, désormais bien connue et où les actes sont constamment d'accord avec les paroles, témoigne que l'amour du bien public et de l'humanité égalaient sa charité et sa bienfaisance.

(1) Thomas, précédemment nommé, fut reçu à l'Académie française, le 22 janvier, par le prince de Rohan Guéménée, remplaçant le comte de Clermont, prince du sang, directeur absent.

(2) Gabriel-François, abbé Coyer, né en 1707, mort le 18 juillet 1782, fut, comme l'abbé Le Blanc et le président de Brosses, un candidat malheureux à l'Académie française. Bien que jésuite, il aimait Voltaire, et lui avait proposé d'aller habiter avec lui à Ferney. « Don Quichotte, disait à ce propos Voltaire, prenait les auberges pour des châteaux, l'abbé Coyer prend les châteaux pour des auberges. »

(3) A la mort d'Hardion, son confrère à l'Académie des inscriptions et belles-lettres, le président de Brosses s'était mis sur les rangs pour lui succéder à l'Académie française ; mais, en présence de la candidature de Thomas, appuyé par Voltaire et les encyclopédistes, il s'était retiré.

LETTRE CXII

FRAGMENT.

Paris, 3 février 1767.

... J'adore les hommes qui aiment l'humanité (1), et vous avez acquis des droits éternels à ma vénération......

(Catalogues d'autographes.)

(1) Nous avons donné place à ce court fragment dans ce recueil parce qu'il nous a paru une sorte de profession de foi et un nouveau témoignage que Buffon avait l'âme sensible et généreuse, qu'il aimait les hommes, qu'il était charitable et bienfaisant, et qu'il s'intéressait à toutes les questions de philanthropie, d'humanité et de bien public.

Nous nous sommes appliqué à mettre ses vertus en relief, dans la première édition de sa *Correspondance*, afin d'avoir raison du préjugé qui le représentait comme un sensuel, un égoïste et un vaniteux.

Il avait créé sur un sol aride de dispendieux jardins presque uniquement dans le but d'assurer un salaire fixe aux ouvriers sans travail et avait ainsi institué, en plein XVIIIe siècle, les premiers ateliers de charité.

On n'a pas oublié cette touchante attention d'humanité que dans la création de ses jardins de Montbard, la masse énorme de terre végétale qui devait remplacer le rocher était apportée dans des hottes à dos d'homme afin de donner du travail à plus de monde avec moins de fatigue et pour plus de temps; ni cette recommandation à Benjamin Nadault. son beau-frère : « Ne perdez pas de vue que mes jardins ne sont qu'un prétexte pour faire l'aumône; » ni sa manière d'acheter le bien des petites gens en leur offrant un prix double ou triple de sa valeur réelle et en y ajoutant des dons volontaires, de telle sorte qu'à Montbard on se disputait l'avantage d'être son voisin.

(Voir la note 3 de la lettre du 5 octobre 1735 à l'abbé Le Blanc.)

« Son plus grand plaisir, — dit Mlle Blaisseau dans l'intéressante Biographie que nous avons publiée à la page 638 du tome II de la première édition de la *Correspondance*, — était d'employer de deux à trois cents pauvres manouvriers à des ouvrages de pur agrément et à faire ainsi du bien à de pauvres gens qui, sans lui, eussent été très malheureux. Souvent à Montbard, les après-midi, il aimait à les voir travailler et à se rendre compte des plus malheureux, afin de les soulager. »

Mlle Blaisseau met dans la bouche de Buffon cette parole : « C'est ma plus grande jouissance que de pouvoir faire le bien. » « Combien de fois, dit-elle encore, n'a-t-il pas répété qu'il faudrait, pour que tous les pauvres fussent heureux, que les seigneurs passassent plus de temps dans leurs terres, afin de connaître leurs besoins et les soulager en les faisant travailler. » « Il répétait souvent à son fils, rapporte de son côté le P. Ignace, apprenez, dès vos jeunes années, à faire le bien et n'en perdez jamais l'occasion; un homme bien né doit distribuer chaque année en bonnes œuvres une partie honnête de son revenu sans connaître celui à qui il donne; pour bien donner, il faut donner en grand et sans bruit. » « Il n'y a presque pas une famille honnête à Montbard à laquelle il n'ait fait du bien. L'intérêt des pauvres ne lui a pas été moins cher. Il leur en a donné des preuves dans les temps de disette qu'on a éprouvés bien des années et surtout en 1767. Le 8 décembre, à la suite d'une émeute provoquée par la cherté des grains, il fit acheter une grande quantité de blé à 4 livres le boisseau, et le fit distribuer au prix de 50 sols et donner gratuitement à ceux qui ne pouvaient pas payer. » (Mlle Blaisseau.)

« L'année qui précéda la mort de Mme de Buffon, il survint une grande cherté de grains, et ils ne s'occupaient l'un et l'autre que du soin de nourrir les pauvres de Montbard. Dans ce but, M. de Buffon avait fait acheter des grains n'importe à quel prix, et pendant les trois mois que dura la grande cherté, il le faisait conduire au marché et distribuer au même prix qu'il était auparavant.....

» Un jour, au sortir de la messe, je le vis distribuer six louis d'or; puis, se retournant

LETTRE CXIII

AU PRÉSIDENT DE RUFFEY.

Paris, le 13 février 1767.

Ce n'est que depuis quelques jours, mon cher Président, que je suis de retour à Paris et que j'ai reçu votre lettre avec les listes (1) qui y étaient jointes. Je vous remercie d'abord de tous les sentiments d'amitié dont elle est remplie, et je vous supplie de me les conserver, comme en étant digne par le retour de tous les miens.

Je vous félicite ensuite sur la gloire de votre Académie ; cet établissement n'a pris forme que depuis vos soins, et vous y avez plus fait que le fondateur même (2). Je suis bien aise que vous ayez été content du mémoire de M. Guéneau (3) ; c'est un homme d'un mérite supérieur, et je regretterai toujours de ce qu'il a voulu se fixer à Semur (4), sans pouvoir le blâmer d'avoir préféré une vie aisée et tranquille au tumulte de ce pays-ci.

de mon côté, il m'en remit deux autres : « Achevez, me dit-il, mon révérend père, cette » distribution, et dites à ces pauvres gens que je ne veux pas paralyser leurs bras par mon » aumône et qu'ils aillent trouver mon intendant qui, malgré l'heure avancée, leur paiera » une journée entière. »

» Pour aider les malheureux, il employait chaque jour au moins deux cents ouvriers en disant : « Les grands travaux que je fais ne seront sans doute jamais entretenus par mon » fils, mais si je fais l'aumône aux malheureux, j'en ferai des paresseux, tandis qu'en les » faisant travailler, j'en fais des hommes utiles. »

« Il avait dans sa maison une personne digne de sa confiance, — Mlle Blaisseau, — à qui il laissait la liberté de nombreuses et importantes charités, et il l'envoyait chez son curé pour le prier de se charger de distribuer secrètement ses aumônes aux pauvres honteux. » (Le P. Ignace.) Mais la véritable philanthropie de Buffon a moins consisté à faire l'aumône qu'à faire travailler.

« Lorsque ses forges sont en activité, — dit Hérault de Séchelles, — on y compte quatre cents ouvriers », et nous venons d'entendre Buffon dire, à propos de l'histoire coloriée des *Oiseaux*, que cette entreprise a occupé pendant cinq ans plus de quatre-vingts artistes et ouvriers.

Il est donc acquis désormais qu'en même temps qu'un savant, un inventeur, un philosophe, un grand écrivain et le fondateur d'un de nos principaux établissements d'enseignement, Buffon a été un philanthrope.

(1) La liste des membres de l'Académie de Dijon.

(2) En effet le zèle et le dévouement du président de Ruffey, son goût pour les lettres n'avaient pas tardé à placer l'Académie de Dijon à la tête de toutes les Académies provinciales de ce temps. Successivement dotée par Bernard Pouffier, son fondateur, et par les libéralités du conseiller Le Gouz de Gerland, d'une salle des séances décorée de bustes, de bas-reliefs et de statues, d'un jardin botanique et de cabinets d'histoire naturelle, médailles et collections de prix, par les dons du président de Ruffey, de Mme de Rochechouart, etc. L'Académie de Dijon a compté parmi ses membres : Buffon, Daubenton, Ch. de Brosses, Piron, Guyton de Morvaux, Donon, Greuze, Proud'hon, Lamartine, Lacordaire, etc., et a eu pour lauréats J.-J. Rousseau et Carnot.

(3) Le Mémoire sur l'inoculation de son fils, lu par Guéneau de Montbeillard à l'Académie de Dijon le 21 décembre 1766.

(4) On a vu précédemment les instances de Buffon, près de Guéneau de Montbeillard

J'habite actuellement une assez belle maison rue des Fossés-Saint-Victor, à mille pas de distance du Jardin du Roi, ce qui me donne la facilité d'y aller à pied pour y donner mes ordres. J'ai cédé mon logement pour étendre le Cabinet, qui commençait à s'encombrer au point de ne pouvoir s'y reconnaître. Si vous voyez notre ami le président de Brosses, je vous prie de lui faire mille tendres compliments de ma part, et de le prier de se souvenir des pauvres gens de Montbard dont je lui ai recommandé le procès (1).

Que dites-vous tous deux du discours de M. Thomas à l'Académie française? On trouve ici qu'il y a bien de la pensée dans les premières pages, et bien peu dans les dernières. Je vous embrasse, mon cher Président, avec les sentiments d'un tendre et respectueux attachement.

BUFFON.

Mes respects, je vous supplie, à Mme de Ruffey. Dites aussi quelque chose pour moi à MM. vos fils, qui sont maintenant des hommes (2), et auxquels je souhaite vos talents et vos vertus.

(Appartient au comte de Vesvrotte.)

LETTRE CXIV

A GUÉNEAU DE MONTBEILLARD.

Mercredi soir, 6 mai 1767,

Même réponse à M. de Morges (3) que ma proposition, mon cher monsieur, sinon que je consens à payer les 50 mille livres, dans deux années subséquentes : savoir, 25 mille livres en 1769 et 25 mille livres en 1770. J'en serai quitte pour les emprunter alors, et cela ne change rien à mon état.

On m'a dit que Venarey (4) ne relevait pas du roi, mais de la terre de Gri-

pour l'engager à se fixer à Paris; les hésitations de celui-ci et sa résolution de ne par quitter sa ville natale. « S'étant marié en 1756 à Semur, il ne fit plus que quelques voyages assez rares à Paris, se renferma dans un petit cercle d'amis, et établit chez lui un concert qui a duré plus de vingt ans. » (*Biographie de Guéneau de Montbeillard, par sa femme*, t. Ier, p. 335, 1re édition de la *Correspondance*.)

(1) Le procès des *gens de Marmagne*, justiciables de la commune de Montbard, avec les moines de l'abbaye de Fontenet.

(2) Les trois fils du président de Ruffey, Germain, religieux; Frédéric-Henri, conseiller, puis président au Parlement; Charles, élu du Roi et président à la Chambre des comptes.

(3) Nicolas de Morges, conseiller d'honneur au Parlement de Grenoble, était seigneur de Venarey. Ce projet d'acquisition ne s'étant pas réalisé, M. de Morges vendit sa terre à Henri de Bataille, qui l'affranchit en 1777.

(4) Venarey, entre Semur et Montbard, terre anciennement possédée par les Crécy; beau château restauré en 1730 par Mme de Brun. De cette terre, voisine de Sainte-Reine, l'ancienne *Alesia* des Gaulois, dépendait le territoire où s'est dénoué le drame de l'indépendance des Gaules succombant sous les armes de César. La rivière se nomme *la Brenne*

gnon (1), et cela me déplaît assez. On assure qu'elle doit une redevance à celle de Mussy (2), cela me déplairait encore, si M. votre frère (3) n'en était pas seigneur. Je suis donc bien résolu à n'en donner absolument que les 125 mille livres que j'ai offertes et les 2,400 livres de pot-de-vin, ou chaîne, et vous pouvez même assurer M. de Morges que, s'il n'accepte pas, on se retirera. Je suis dans une véritable affliction de la perte que nous venons de faire d'une de nos meilleures amies, Mme de Scorailles, qui vient de mourir d'une fièvre maligne; je la regrette bien vivement, et ma femme aura bien de la peine à s'en consoler.

Ma santé n'est pas si bien que quand j'ai eu le plaisir de vous voir; il m'est survenu, à propos de bottes, deux petites indigestions qui m'ont dérangé, et j'ai cessé de m'occuper la tête depuis ce moment.

Bonsoir, mon cher monsieur; mes tendres respects à vos dames. Je vous embrasse de tout mon cœur, vous estime de toute mon âme, et vous aime autant que vous pouvez le désirer.

BUFFON.

Je reçois votre seconde lettre dans le moment, à sept heures et demie, et je vous en remercie, mon cher monsieur. J'écrirai à Mme Boucheron (4) demain matin.

(Communiquée par Mme la baronne de La Fresnaye, née Isaure de Montbeillard.)

— la rivière du chef Brennus, — la plaine *les Laumes*, champ des larmes. De tout temps les fouilles ont amené la découverte d'antiquités gauloises, de monnaies et d'armes. Aujourd'hui la statue de Vercingétorix domine la vallée.

(1) Grignon, sur une hauteur, à deux lieues de Montbard, où sainte Reine aurait subi le martyre. Ruines pittoresques d'un ancien château-fort, avec un chêne trois fois séculaire dont une branche, en forme de gibet, porte encore la trace des cordes servant aux exécutions de la justice seigneuriale. Autrefois ville ancienne et importante habitée par les ancêtres de Buffon avant qu'ils ne fussent venus se fixer à Montbard; chapelle des douze Apôtres fondée par Jean Leclerc, curé de Grignon, en 1690. Cette terre, avec le titre de baronnie, vendue en 1701 par Louis de Clugny à François-Joseph Bretagne, conseiller au Parlement, était possédée, en 1767, par son fils Jean-Baptiste-Antoine Bretagne d'Orain.

(2) Mussy-la-Fosse, à deux lieues de Semur, à l'entrée de la vallée des Laumes, avec un ancien château-fort.

(3) François Guéneau, écuyer, maire de Semur, avait acheté, en 1749, de Marie Bruslard, duchesse de Luynes, la seigneurie de Mussy, dont il avait pris le nom.

(4) Catherine Potot, née en 1706, morte le 12 juillet 1769, fille d'Augustin Potot, maire de Semur en 1693, prévôt des marchands, vice-bailli d'Auxois, femme de François Boucheron, conseiller auditeur à la chambre des comptes de Franche-Comté, sœur de Mme de Montbeillard. Sa fille, Anne-Marie-Madeleine-Marguerite-Bernarde Boucheron, épousera, en 1772, Georges-Louis Daubenton, filleul de Buffon, dont elle aura une fille unique, Georgette-Élisabeth, dite Betzy Daubenton, également filleule de Buffon, seconde femme de son fils.

LETTRE CXV

AU MÊME.

Montbard, le 27 mai 1767.

Je n'irai pas plus loin, mon cher monsieur, pour la terre de Venarey. C'est une très grosse affaire qui me gênerait beaucoup; d'ailleurs, je n'aime à acquérir que les choses dont je peux jouir, et je préfère de petites acquisitions autour de moi, qui me font grand plaisir et conviennent mieux à ma fortune. Cependant je ne retire pas encore ma parole; mais je vous prie de ne point insister. Si dans huit ou quinze jours vous ne recevez aucune réponse, vous voudrez bien alors retirer ma parole.

Je vous embrasse, mon cher monsieur; mille et mille respects à vos dames.

BUFFON.

(Communiquée par M. Léon de Montbeillard.)

LETTRE CXVI

AU PRÉSIDENT DE RUFFEY.

Montbard, le 17 août 1767.

J'ai vu M. de Clugny (1), et j'ai lu votre lettre, mon cher président. Vous avez très bien fait de l'agréger à votre Académie; de pareils sujets ne peuvent que lui faire honneur, et il est très vrai que cet établissement vous doit non seulement toute sa consistance, mais encore tout son lustre.

J'ai vu aussi, aujourd'hui, Mme de La Forêt (2), qui m'a dit que vous veniez incessamment à Viteaux (3). Vous devriez bien pousser jusqu'à Montbard, qui n'en est qu'à six lieues; je serais enchanté d'avoir le plaisir de vous voir et de vous embrasser. Vous le pourriez d'autant mieux qu'on dit que Mme de Ruffey vient passer quelques jours à Montfort.

(1) Jean-Étienne Bernard de Clugny, né le 20 novembre 1729, mort le 18 octobre 1776, conseiller au Parlement de Bourgogne le 26 novembre 1748. En 1760, il fut nommé intendant à Saint-Domingue; en 1764, intendant de la marine à Brest, ensuite à Perpignan, et en 1766, à Bordeaux, où il remplaça M. Esmangard. Le 7 août 1767, Bernard de Clugny fut reçu membre honoraire de l'Académie de Dijon à laquelle il a envoyé des objets curieux, notamment une fort belle collection de coquillages, de plantes marines et de poissons.

(2) Belle-mère du président de Ruffey.

(3) Viteaux, très ancienne ville fortifiée de l'Auxois, une des plus curieuses avec Flavigny, à quatre lieues de Semur, patrie du calviniste Hubert Languet, de la même famille que le curé de Saint-Sulpice, Languet de Gergy et l'archevêque de Sens, chef du parti moliniste, que Buffon remplaça à l'Académie française.

Je suis et serai toute ma vie, mon cher Président, avec les sentiments de la plus tendre amitié et du plus inviolable attachement, votre très humble et très obéissant serviteur.

BUFFON.

(Collection du comte de Vesvrotte.)

LETTRE CXVII

A GUÉNEAU DE MONTBEILLARD.

Ce samedi soir, 8 octobre 1767.

Il y a un mois, mon très cher monsieur, que je suis enterré dans ma forge (1), et j'ai besoin, pour ressusciter, de la présence de mes meilleurs amis. Venez donc avec la chère dame et l'aimable *Fin-Fin* (2), et venez le plus tôt que vous pourrez. Le charmant *moucheron* (3) joindra ses instances aux miennes ; elle vous dira des nouvelles de mon fils. Je vous embrasse, mon bon ami, et regrette toujours de vous voir si rarement.

BUFFON.

(Collection Geoffroy Saint-Hilaire.)

(1) C'est la première fois que nous entendons Buffon parler de ses forges, une des fondations importantes auxquelles il a rattaché son nom.

A peine avait-il achevé les grands travaux de ses jardins de Montbard, qu'il avait conçu le projet de construire des forges à Buffon pour consommer sur place la grande quantité de bois qu'il possédait dans la contrée, tant comme seigneur de Buffon, de Rougemont, des Harens, de la Mairie, etc., que comme seigneur engagiste du domaine du roi à Montbard. Buffon, toujours prompt dans l'exécution, avait été vite en besogne, car il écrira au président de Brosses l'année suivante, en janvier 1768, à propos de ses forges : « Je n'y pensais pas l'année passée lorsque vous me fîtes l'honneur d'y venir. » Mais le côté industriel et commercial de cette entreprise n'a été qu'une considération accessoire dans sa détermination, car il a été surtout guidé par un intérêt national et scientifique. Il voulait améliorer nos fers nationaux, à cette époque d'une qualité très inférieure, et les mettre à même de soutenir la concurrence sur nos marchés, et à l'étranger avec les fers anglais, espagnols, suédois et allemands ; il voulait, d'un autre côté, disposer d'un immense laboratoire pour ses expériences dont Vicq-d'Azir a mis en relief l'audace et la grandeur.

Buffon a été un grand constructeur tant à Montbard qu'à Buffon et au Jardin du Roi.

(2) *Fin-Fin* était le surnom du fils de Guéneau de Montbeillard. François-Philibert Guéneau de Montbeillard, fils unique du collaborateur de Buffon et d'Élisabeth Bénigne Potot de Montbeillard, né le 11 avril 1759, mort le 18 février 1847, à quatre-vingt-huit ans, successivement capitaine aux dragons de Belzunce, maire de Semur de 1809 à 1818, avait acquis sur le violon un talent hors ligne qui l'avait rendu à onze ans l'émule de son jeune compatriote, Jean-Benjamin-François-Edme Nadault, dont le précoce talent était connu dans toute la province. Il a publié un roman anglais, *la Famille américaine* et une tragédie en vers, *Venise sauvée*, imitée d'Alway, et a laissé des traductions et poésies inédites.

(3) Le *charmant moucheron*, désignait Mlle Boucheron, nièce de Guéneau de Montbeillard, qui deviendra bientôt Mme Daubenton. Il l'appelle aussi le *charmant hanneton*.

LETTRE CXVIII

AU MÊME.

Montbard, le 11 octobre 1767.

Le messager vous remettra six crochets, mon très cher monsieur, que l'on m'a dit vous manquer. Lalande (1) m'a remis la note ci-jointe de la tente et des crochets, que je ne vous envoie que pour la vérifier, n'étant nullement pressé du payement. J'ai écrit à Mme Boucheron (2) que vous enverriez vers le 20 de ce mois une voiture et des chevaux pour charger aux caves de son papa une demi-queue de vin pour vous et une queue pour moi. Je lui marque aussi que nous enverrons les articles projetés (3) vers la fin de la semaine prochaine.

J'ai passé avec vous, mon bon ami, et avec votre chère dame un jour délicieux (4), et je voudrais bien que tous ceux de ma vie pussent y ressembler. Mon fourneau s'était un peu dérangé pendant mon absence ; mais il est maintenant parfaitement rétabli.

BUFFON.

(Appartient à la baronne de La Fresnaye.)

(1) Joseph-Jérôme Lefrançais de Lalande, astronome, né à Bourg-en-Bresse le 11 juillet 1732, mort le 4 avril 1807, membre de l'Académie des sciences en 1753, professeur au Collège royal et ensuite au Collège de France pendant quarante-six ans, de 1762 à 1808. Un des fondateurs de l'astronomie en France, a observé, le 3 juin 1769, le passage de Vénus sur le soleil et la comète de 1759 et a laissé de nombreux mémoires et traités et notamment deux *Traités d'astronomie* (1764 et 1795), la *Connaissance des temps* (de 1760 à 1775), un *Traité de navigation* (1793) et des *Tables de logarithmes* toujours en usage (1802). Il aimait la popularité et l'astronomie à ce point que plusieurs fois on le vit faire sur le Pont-Neuf un cours d'astronomie au public. Il faisait annoncer par les journaux que de telle heure à telle heure un astronome serait sur le Pont-Neuf pour expliquer les phénomènes célestes; la police dut intervenir. Il aurait, dit-on, pour s'originaliser mangé des chenilles et des araignées.

(2) Femme de François Boucheron, écuyer, conseiller auditeur à la chambre des comptes de Dôle, en retraite à Beaune, de son nom Catherine Potot, qui devait mourir l'année suivante.

(3) Pour un mariage dont s'occupaient Buffon et Guéneau de Montbeillard, et qui ne pouvait pas encore être celui de Madeleine Boucheron avec Georges-Louis Daubenton, fait également par Buffon et Guéneau de Montbeillard, mais qui n'eût lieu que cinq ans après cette date. Nous avons déjà signalé cette propension de Buffon à s'occuper par bonté de cœur de mariages et notamment de celui de son ami le président de Brosses, avec Guéneau de Montbeillard et sa femme, avec le président de Ruffey, ses parents et ses amis, plus fréquemment que ne semblerait le comporter son caractère et le peu de temps dont il disposait.

(4) Aux forges de Buffon, où Guéneau de Montbeillard et sa femme s'étaient rendus à l'appel de leur ami.

LETTRE CXIX

A M. POTOT DE MONTBEILLARD (1).

Montbard, le 15 novembre 1767.

J'ai lu, monsieur, avec grand plaisir, votre mémoire sur le fer fabriqué avec de vieilles ferrailles, et je l'ai trouvé en tous points dans les vrais principes.

De ce qu'il se lève des écailles qui se détachent de la surface du fer, je pense comme vous, monsieur, qu'on ne doit pas en conclure qu'il se fasse de pareilles exfoliations tant dans l'intérieur que sur l'extérieur : c'est comme vous le dites très bien le couteau de l'air qui détache et trempe ces écailles, et quand même ces exfoliations se feraient en plus grande quantité, elles ne nuiraient point à la parfaite réunion des pièces que l'on soude ensemble, puisque ces écailles sont du fer pur. Je l'ai vu et n'en ai jamais douté, vos expériences le confirment et il suffirait d'approcher un aimant (2) de ces écailles pour convaincre ceux qui voudraient le nier. Au reste, ce que vous dites dans votre mémoire des fers à nerfs et à grains est aussi très bien vu et conforme aux expériences que j'ai faites et suivies moi-même sur la composition et la décomposition du fer, matière que personne n'entend et qui cependant est de la plus grande importance.

J'ai l'honneur d'être avec toute l'estime et tous les sentiments que vous pourrez, désirer de moi, monsieur, votre très humble et très obéissant serviteur.

BUFFON.

(Publiée, en 1855, par M. Louis Pâris, dans le *Cabinet historique.*)

(1) François-Fiacre Potot de Montbeillard, lieutenant-colonel d'artillerie au régiment de Toul, chevalier de Saint-Louis, frère de Mme Guéneau de Montbeillard, né en 1713, mort en 1788, était, à cette date, capitaine-inspecteur des manufactures à Charleville. En même temps que Barthélemy-Augustin Potot, son frère, aussi capitaine d'artillerie au même régiment et chevalier de Saint Louis était commandant à l'arsenal de Lyon et que son beau-frère, Pierre Boucheron de Russey, était lieutenant au même corps. C'était toute une famille servant en même temps dans la même arme et le même régiment. Il a laissé des mémoires et des travaux estimés sur son arme et la fabrication des fers et aciers; il est l'auteur d'articles sur l'artillerie dans les *Suppléments à l'Encyclopédie.* Mme de Montbeillard s'était empressée de mettre Buffon en rapport avec son frère dès ses premières expériences sur les fers.

(2) Le fer pur qu'attire l'aimant perd instantanément ses propriétés magnétiques lorsqu'il n'est plus en contact avec l'aimant, tandis que le fer impur les conserve quelque temps.

LETTRE CXX

FRAGMENT DE LETTRE A GUÉNEAU DE MONTBEILLARD.

Montbard, le 15 décembre 1767.

.. Le plan que j'ai fait faire pour démontrer les limites de la lisière des bois que me contestent les ursulines de Montbard (1), sera achevé aujourd'hui, et je compte l'envoyer par le prochain messager avec mes réponses à leurs défenses. Je vous prierai, mon très cher monsieur, d'engager M. de Mussy à jeter les yeux sur le tout, et vous aurez tous deux assez de bonté pour emboucher un peu mon procureur, et pour lui dire de me marquer le nom des juges et le jour auquel l'audience a été remise.

Par la dernière poste, ma femme écrit qu'elle a eu une très bonne nuit, et qu'elle commence à se trouver un peu reposée (2). Je compte partir le lendemain de Noël. Si vous pouviez m'envoyer d'ici à ce temps quelque chose de votre ouvrage (3), cela me fera grand plaisir. Donnez-moi aussi vos commis-

(1) L'ordre des ursulines, fondé en 1537, en Italie, par Angèle de Brescia, introduit en France en 1611 et à Monbard en 1649. Les *Mémoires pour servir à l'histoire de la ville de Montbard,* par l'avocat général Jean Nadault, de l'Académie des sciences, donnent le traité intervenu entre les religieuses et les magistrats; elles s'engagent à donner l'instruction gratuite, à ne pas préjudicier aux droits seigneuriaux par leurs acquisitions, et « au cas où il y aurait procès à mouvoir de la part desdites dames pour quelque cause que ce puisse être, contre quelque particulier de cette ville ou contre la communauté, elles seront tenues de plaider par devant le maire de ladite ville, à la juridiction duquel elles se soumettent, même en ce qui concerne la police, comme les autres habitants, au préjudice desquels elles ne pourront faire amas de grains, vins et autres denrées que pour deux ans. » Les magistrats s'engageaient, de leur côté, à « ne prétendre à aucun droit de correction sur lesdites dames». Cette convention a dû être invoquée dans le procès entre Buffon et la communauté.

Lors du mariage de Buffon, en 1752, Jeanne Leclerc, en religion mère Saint-Paul, née le 18 janvier 1710, morte le 2 mars 1781, était supérieure des ursulines de Montbard où la femme de Buffon, Marie-Françoise de Saint-Belin, était alors pensionnaire avec ses deux sœurs : Louise-Marguerite, reçue demoiselle de Saint-Cyr en 1729, et qui resta aux ursulines de Montbard du 30 novembre 1746 au 14 octobre 1752; et Marguerite-Louise Christophe de Saint-Belin de Bielle, du 26 janvier 1747 au 19 juin 1750.

(2) C'étaient les premiers symptômes de la maladie de langueur qui devait enlever dans deux ans cette jeune et intéressante femme, alors âgée de moins de trente-six ans, à la tendresse de son mari.

(3) L'histoire du Coq fut le premier article de Guéneau de Montbeillard à l'*Histoire naturelle,* où il succédait à Daubenton en attendant l'abbé Bexon : « Après avoir quitté la *Collection académique* qu'il avait presque créée tant il en avait amélioré le plan, — dit Mme de Montbeillard dans la Biographie de son mari, — il paraissait bien éloigné de s'engager dans une autre entreprise qui l'obligeât à des termes fixes, et il ne se serait jamais déterminé à accepter de travailler à l'*Histoire des oiseaux* sans le motif de l'amitié; M. de Buffon, convalescent, demandait un aide. Il ne sut pas lui résister. »

« Il y avait vingt-cinq ans, dit de son côté le P. Ignace, que M. de Buffon connaissait M. Guéneau de Montbeillard; mais ce ne fut que huit ans après leur connaissance qu'ils se lièrent d'une étroite amitié. Ils ont travaillé ensemble pendant environ treize ans. »

sions et celles de Mme de Montbeillard, que j'assure de mon sincère et tendre respect. Je remercie *Fin-Fin* des amitiés qu'il a faites à mon fils, et vous, mon très cher monsieur, je ne vous dirai jamais assez combien je vous estime et vous aime.

BUFFON.

(Bibliothèque de Semur.)

LETTRE CXXI

AU MÊME.

20 janvier 1768.

Hélas ! mon très cher monsieur, je ne croyais pas que vous dussiez perdre encore de sitôt la chère personne qui cause aujourd'hui vos regrets douloureux (1). Il n'y a aucun de vos amis qui ne connaisse votre âme ; mais je crois connaître mieux qu'aucun sa noble et tendre sensibilité : aussi nous vous avons plaint et vous plaignons de tout notre cœur.

La santé de notre pauvre convalescente n'est pas encore assurée ; ses forces reviennent bien lentement, et même ne peuvent toutes revenir dans l'état où elle est. Nous avons vu M. de Montbeillard (2) ; sa santé est bonne et ses yeux meilleurs, et j'ai eu bien du plaisir à raisonner fer avec lui.

J'ai dit à Panckoucke (3) que vous ne pouviez guère lui donner de l'agriculture avant dix-huit mois ou deux ans, et il attendra volontiers le temps qui vous conviendra (4). J'aurais été enchanté de recevoir un beau coq pour étrennes ; mais, en quelque temps qu'il vienne, il sera toujours bien reçu.

Je ne connais rien de nouveau dans la littérature que la *Physiocratie* de M. Quesnay (5). Il a fait autrefois de la médecine pour les individus (6) ; ceci

(1) La mort de sa mère. Il avait perdu son père le 12 mars 1742.

(2) Potot de Montbeillard, alors capitaine d'artillerie, beau-frère de Guéneau de Montbeillard.

(3) Charles-Joseph Panckoucke, né le 26 novembre 1736, mort le 19 décembre 1798 ; éditeur de l'*Histoire naturelle* et de l'*Encyclopédie*, fondateur du *Journal officiel*, auteur d'une brochure sur *le Moyen d'augmenter le bonheur d'une partie de la nation sans nuire à personne* (1781), et d'un volume sur l'*Homme et la reproduction des différents individus*. Panckoucke payait à Buffon chaque volume de l'*Histoire naturelle* 12,000 livres. Sa sœur, connue par sa beauté et son esprit, avait épousé Suard, de l'Académie française.

(4) Guéneau de Montbeillard a donné des articles d'agriculture à l'*Encyclopédie*.

(5) François Quesnay, né en 1694, mort le 16 décembre 1774, chef de l'École des *Economistes*, dont Turgot fut l'illustration, a collaboré à l'*Encyclopédie* et a laissé de nombreux écrits sur la médecine, l'agriculture et l'économie politique. Son livre de la *Physiocratie, ou Constitution naturelle des gouvernements*, qui a donné naissance à la secte des *Physiocrates*, parut en 1768.

(6) Quesnay, élevé dans une ferme, n'avait été reçu docteur en médecine qu'en 1744, à l'âge de cinquante ans, ce qui ne l'empêcha pas de devenir premier médecin de Louis XV et le médecin préféré de la marquise de Pompadour.

est de la médecine du gouvernement, c'est-à-dire de l'espèce entière. Je vous en garde un exemplaire, que je vous enverrai ou donnerai à mon retour.

Nos poètes se percent d'épigrammes. En voici une bien courte et bonne si vous connaissiez l'homme ! de Piron contre Poinsinet (1) :

Pégase constipé s'efforçait un matin :
Le petit Poinsinet fut son premier crottin.

Bonjour, mon très cher monsieur ; mille tendres respects au charmant *mouton* (2) ; ne m'oubliez pas aussi auprès de Mme Boucheron (3) et du beau *Fin-Fin*. Mme de Messey (4) n'est pas encore guérie de son pied brûlé.

BUFFON.

(Appartient à la baronne de La Fresnaye.)

(1) Antoine-Alexandre-Henri Poinsinet, auteur dramatique, né le 17 novembre 1735, mort le 7 juin 1769, a fait représenter un grand nombre de pièces, notamment au Théâtre-Français, le 7 septembre 1764, une étude fine et vraie des travers du temps, le *Cercle, ou la Soirée à la mode*. Attaché au prince de Condé, il fut l'organisateur des fêtes données à Dijon lorsque ce prince y tint les états de 1766. A la suite des mauvaises plaisanteries dont il était journellement l'objet, on l'avait surnommé Poinsinet le *Mystifié*, d'un mot nouveau créé exprès pour lui et qui est resté dans la langue afin de le distinguer de son cousin, Poinsinet de Sivry.

Au mois de février 1768, la même année que cette lettre, au bal de l'Opéra, après la chute d'une de ses comédies, on vit entrer les trois principaux personnages de la pièce qui, arrivés sous le lustre, tombèrent à plat. Dans cette même soirée parut une bande de masques portant un immense nez de carton, au bout duquel était attachée une croix de Saint-Louis, et ce fut ainsi que le public apprit qu'une promotion de chevalier de Saint-Louis, impatiemment attendue, n'aurait pas lieu.

On avait fait apprendre le bas breton à Poinsinet en lui persuadant qu'il apprenait le russe et que l'impératrice Catherine II le destinait à une haute fortune. Un autre jour, on lui fit croire que le roi de Prusse l'avait choisi pour l'éducation de son fils, à la condition qu'il se fit protestant. Poinsinet abjura ; mais peu s'en fallut que le Parlement n'intervînt. Un autre jour on lui persuada qu'il avait tué un homme en duel, et il alla aussitôt se constituer prisonnier.

Cette facétie rappelle l'épigramme de Piron citée par Buffon : Un soir, sur le théâtre de la Foire, on appela Poinsinet. Un âne parut. Gilles s'approcha pour le caresser. « Ah ! qu'il est propre ! qu'il est net ! » L'âne fit ses ordures, et tous les acteurs de s'écrier : « Point si net ! Point si net ! »

« C'était, disent les Mémoires du temps, un des personnages les plus singuliers qu'on pût voir, qui, à beaucoup d'esprit et de saillies, joignait une ignorance si crasse, un présomption si aveugle, qu'on lui faisait croire tout ce qu'on voulait en caressant sa vanité. La postérité ne pourra jamais comprendre tout ce qui lui est arrivé en pareil genre ; les tours qu'on lui a joués et auxquels il s'est livré dans l'ivresse de son amour-propre sont d'une espèce si singulière et si nouvelle, qu'il a fallu créer le mot de *mystification*, terme généralement adopté, quoi qu'en dise M. de Voltaire, qui voudrait le proscrire, on ne sait pourquoi. »

Les mystifications de Poinsinet ont été recueillies en un volume de plus de 300 pages : *Vie de Jean Monnet*. Il partit en 1769 pour l'Espagne, sous le nom de don Antonio Poinsinetto, à la tête d'une troupe de comédiens, et se noya à Cordoue dans le Guadalquivir.

(2) Les amis de Guéneau de Montbeillard appelaient, dans l'intimité, sa femme du nom qu'il lui avait donné à cause de son extrême douceur. Diderot lui écrivait le 29 décembre 1766 : « Je baise le bout de la patte de celle que vous appelez votre *mouton*. »

(3) Mme Boucheron déjà nommée dans la lettre du 6 mai 1767, au même.

(4) Guillaume de Messey, chef de cette maison, avait épousé en 1280 Philiberte, fille de Raoul de Buxy.

LETTRE CXXII

AU MÊME.

Montbard, 1768.

Quoique la perte que vous venez de faire, mon cher monsieur, fût depuis longtemps prévue, je connais trop votre grande et bonne âme pour douter de votre affliction, et vous ne doutez pas non plus de l'intérêt très tendre que nous prenons à tout ce qui vous touche. La convalescence de notre pauvre petite malade est si lente que j'en suis désolé ; elle est toujours dans un état de souffrance très fâcheux. La mâchoire est un peu plus ouverte (1), mais elle ne peut la remuer, et comme depuis longtemps elle ne mange rien de solide, la faiblesse est très grande. Mes respects, je vous supplie, à sa très bonne amie (2). Je vous embrasse, mon très cher monsieur, bien tendrement et de tout mon cœur.

BUFFON.

(Appartient à la baronne de La Fresnaye.)

LETTRE CXXIII

AU PRÉSIDENT DE BROSSES.

Janvier 1768.

Nous savions déjà, mon très cher Président, que Mme de Brosses était heureusement accouchée (3), et c'est votre ancien premier président (4) qui nous l'avait appris. Il n'eût rien manqué à notre satisfaction, si elle vous eût donné

(1) La maladie de Mme de Buffon avait provoqué un abcès dans la bouche.

(2) Mme de Montbeillard.

(3) De son second mariage avec Jeanne-Marie Legouz de Saint-Seine, le président de Brosses a eu quatre enfants : dont Agathe-Augustine, dont il est ici question, mariée à Charles-Esprit du Bois, baron d'Aisy, maréchal de camp.

(4) Claude-Philibert Fyot de La Marche, d'une ancienne famille patricienne connue par son goût pour les lettres, sa grande fortune et ses hautes charges de magistrature, né le 12 avril 1694, mort le 3 juin 1768, conseiller garde des sceaux au Parlement de Dijon le 1er février 1718, président à mortier le 21 novembre de la même année, premier président du 16 janvier 1745 au 19 janvier 1757, époque où il se démit en faveur de son fils.

Le père de Buffon écrivait, le 15 janvier 1762, au fils de Claude Fyot de La Marche : « J'ai eu l'honneur de rendre mes devoirs à votre illustre père à son passage à Montbard, où il a séjourné dix jours chez mon fils en très parfaite santé, et où j'ai eu le plaisir de l'entendre toujours dissert et éloquent. »

Le premier président Claude Fyot de La Marche, condisciple et correspondant de Voltaire et de Buffon, cultiva les lettres et les arts; il possédait une riche bibliothèque conservée au château de Grosbois, avec un soin pieux, par la duchesse d'Harcourt. Il a doté Dijon des magnifiques jardins de Montmusard, aujourd'hui détruits. Il a écrit une réfutation du *Déisme* de Jean-Jacques Rousseau.

un héritier. Votre nom n'en a pas besoin pour durer ; mais il est doux de se perpétuer au physique comme au moral, et la santé de Mme de Brosses étant aussi bonne que vos facultés sont promptes à se réaliser, il y a tout à espérer d'un second essai qui remplira vos vœux et les nôtres.

Nous sommes ici dans l'affliction. Ma femme est sérieusement malade, et d'une maladie qui sera encore longue, et malheureusement toujours douloureuse ; sa situation, qui exige tous mes soins (1), dérange mes projets. Je comptais partir ces jours derniers et aller à Dijon passer deux ou trois jours auprès de vous, et présenter en même temps au Parlement les lettres patentes que j'ai besoin d'y faire enregistrer (2); c'est au sujet de l'établis-

(1) La longue et douloureuse maladie qui éprouva les trois dernières années de la vie de la comtesse de Buffon fut la seule ombre qui vint ternir son parfait bonheur. Humbert Bazile, alors enfant, et le P. Ignace unissent leur témoignage pour attester la constance et la délicatesse des soins dont l'entoura Buffon.

« Il avait fait sabler, dit Humbert Bazile, la route de plus d'une lieue, qui conduit de Montbard à ses forges, afin de diminuer pour Mme de Buffon les cahots. Mon père habitait Saint-Remy, sur la route de Montbard à Buffon. Un jour que M. de Buffon dînait chez lui on annonça la comtesse de Buffon... deux laquais la montèrent dans un fauteuil... Je vis M. de Buffon cacher ses larmes... A demi couchée sur des coussins disposés autour d'elle, le visage tourné du côté de son mari, elle l'enveloppait d'un regard doux et triste... M. de Buffon passait près d'elle tous les instants que lui laissaient ses travaux; lorsqu'il en était empêché, il envoyait d'heure en heure un valet prendre de ses nouvelles. »

(2) Il est dit, dans les lettres patentes données à Versailles en novembre 1767, que M. de Buffon est autorisé à construire des forges à fer dans sa terre de Buffon pour la consommation de ses bois, de ceux de Sa Majesté et des usines répandues dans les différents territoires situés dans les environs.

Buffon s'expliquant dans un *Mémoire sur les mines de fer* sur les motifs de cette fondation, dit : « J'ai voulu travailler par moi-même, et consultant plutôt mes désirs que ma force, j'ai commencé à faire établir sous mes yeux des forges et des fourneaux en grand. » On lit encore dans un Mémoire produit peu de temps avant la mort de Buffon, dans un procès relatif à l'extraction du minerai, « qu'il a construit les forges les plus considérables de toute la province, qu'il y a réuni tous les différents genres de fabrication, et que cet établissement lui a coûté plus de 330,000 livres ».

« L'édifice principal, dit Humbert Bazile, a une façade imposante. Un escalier à double rampe conduit aux hauts-fourneaux. De chaque côté deux portiques mènent l'un aux chaufferies, l'autre aux soufflets. La roue qui communique le mouvement a cinquante pieds de diamètre. Des seaux fixés aux aubes montent l'eau nécessaire à l'arrosage des vastes jardins qui décorent les abords de la forge. De chaque côté de la porte sont deux niches, et cette entrée est si monumentale qu'on a vu des gens de campagne ôter leur chapeau comme devant un édifice consacré au culte. Il y avait, au fond de la grande cour, une chapelle où un vicaire de Montbard venait dire chaque dimanche la messe aux ouvriers. »

« On voit, à Buffon, dit de son côté l'abbé Courtépée, deux belles forges dont la première est composée d'un fourneau pour la fonte des mines, de deux chaufferies avec leur marteau, d'une fonderie, d'une batterie à tôle, etc. Ces usines sont au bas d'un rocher élevé de dix-huit pieds au-dessus du niveau de la rivière et sur lequel sont les bâtiments du maître et des forgerons, les magasins, halles, dépôts, écuries, de telle sorte qu'ils sont à l'abri des plus grandes inondations. C'est l'ensemble d'une construction solide et régulière aussi vaste qu'imposante et commode.

» La seconde forge, à un demi-quart de lieue plus haut, à la jonction des deux rivières, la Brenne et l'Armançon, est composée d'une chaufferie, avec son marteau, et d'un martinet, bocard à deux ordons. On y fabrique du fer marchand de toute espèce et de la meilleure

sement d'une forge et d'autres usines de fer que j'ai commencé d'établir à Buffon et à Montbard (1). Je ne pensais pas à cela l'année passée, lorsque vous me fîtes l'honneur d'y venir ; mais m'étant occupé pendant l'été et l'automne d'expériences sur la chaleur (2), et particulièrement sur l'action du feu par rapport au fer (3), je suis venu à bout de faire avec nos plus mauvaises mines de Bourgogne du fer d'aussi bonne et meilleure qualité que celui de Suède et d'Espagne. Cette découverte sera certainement utile à l'État (4), et pour en tirer quelque produit pour moi-même, je me suis déterminé à établir une forge, d'autant que j'ai suffisamment de bois...

BUFFON.

(Collection du comte de Brosses.)

qualité : fer en battage, carillon et verge ronde, fer coulé, feuillards, tôle de différents échantillons. »

Guéneau de Montbeillard célébra l'achèvement des forges de Buffon par des vers, et Hérault de Séchelles se trompant sur les avantages que Buffon avait pu tirer d'une fondation inspirée par l'amour de la science et le sentiment du bien public disait en 1785 : « Ses forges ont dû beaucoup l'enrichir. Il en sortait tous les ans huit cents milliers de fer ; mais il y a fait des dépenses énormes. Cet établissement considérable lui a coûté cent mille écus à créer. Elles languissent aujourd'hui, à cause du procès qu'il a avec son directeur ; mais lorsqu'elles sont en activité, on y compte quatre cents ouvriers. »

(1) Nous n'avons pu découvrir la trace de cette fondation de Buffon, à Montbard, où il n'existe qu'une fonderie moderne décorée des bustes en bronze de Buffon et Daubenton.

(2) Les forges de Buffon lui ont servi d'immense laboratoire pour la partie expérimentale de la *Théorie de la terre* et des *Époques de la nature*. Il a employé, pour ses expériences sur la chaleur et le refroidissement, des quantités considérables de boulets de différentes dimensions rougis au feu. « On a persuadé à M. de Buffon, écrivait Montbeillard à sa femme, que ton frère lui avait donné des faits faux au sujet de ses boulets rougis au feu, et qu'il les lui avait donnés tels par esprit de cabale. M. de Buffon a eu l'honnêteté de ne m'en point parler. »

Les expériences sur *le progrès de la chaleur dans les corps*, sur *les effets de la chaleur obscure*, celles sur *la pesanteur du feu* et *la durée de l'incandescence* ont eu lieu aux forges de Buffon.

Nous avons signalé, après Vicq-d'Azir, le caractère de grandeur des expériences de Buffon. Lorsqu'il retrouve les miroirs ardents d'Archimède, il prouve leur puissance en incendiant des édifices à de grandes distances et en faisant fondre sa vaisselle plate à leur foyer. Dans ses expériences sur la force des bois, il opère sur des forêts entières et sacrifie des milliers d'arbres ; il opère, pour ses expériences sur la chaleur, sur d'immenses brasiers et des torrents de fumée ; il emploie à ses expériences sur le vent direct et réfléchi une tour du moyen âge haute de près de trois cents pieds.

(3) Buffon, maître de forges, a fait faire des progrès considérables à l'art de la métallurgie, tant au point de vue de la construction des hauts fourneaux que des meilleurs procédés à employer pour la fabrication du fer.

(4) Cette phrase de la lettre de Buffon au président de Brosses montre bien les motifs d'un ordre élevé qui l'ont guidé dans la coûteuse création de ses forges.

LETTRE CXXIV

AU MÊME.

Paris, le 7 mars 1768.

Voici, mon très cher Président, l'arrêt du conseil et les lettres patentes (1) pour ma forge, que vous m'avez permis de vous envoyer, et que vous m'obligerez beaucoup de faire enregistrer au Parlement. Je compte bien que cela coûtera de l'argent, que j'aurai soin de vous rembourser, si vous avez encore la bonté de l'avancer. Après l'enregistrement au Parlement viendra celui de la Chambre des comptes, qui coûtera peut-être encore plus; mais je n'y aurai pas de regret, non plus qu'à toute la dépense que je fais pour cet établissement, parce que j'ai trouvé des choses qui me seront profitables, en même temps qu'elles seront très utiles à notre province.

J'aurai bien du plaisir à vous expliquer tout cela lorsque j'aurai celui de vous voir. Il suffit, pour vous donner une idée de leur utilité, de vous dire que nous ne vendons nos fers en Bourgogne que 13 livres le quintal, et qu'on m'offre déjà 24 livres de celui que j'ai fait fabriquer par ma nouvelle méthode; et, en effet, ce fer est d'une qualité supérieure à tous ceux qu'on connaît.

Comme je ne lis aucune des sottises de Voltaire, je n'ai su que par mes amis le mal qu'il a voulu dire de moi ; je lui pardonne comme un mal métaphysique qui ne réside que dans sa tête, et qui vient d'une association d'idées de Needham (2) et Buffon. Il est irrité de ce que Needham m'a prêté ses microscopes et de ce que j'ai dit que c'était un bon observateur. Voilà son motif particulier, qui, joint au motif général et toujours subsistant de ses prétentions à l'universalité et de sa jalousie contre toute célébrité, aigrit sa

(1) L'établissement des forges de Buffon a été définitivement autorisé par arrêt du Conseil du Roi du 2 février 1768 ; elles ont été enregistrées au Parlement et à la chambre des comptes de Dijon, le 18 avril de la même année.

(2) Jean Turberville Needham, né en 1713, mort le 30 décembre 1781, un des micrographes du siècle dernier qui ont laissé un nom. En 1745, dans un voyage qu'il fit à Paris, il entra en rapport avec Buffon, qui s'occupait de recherches sur la génération et les spermatozoïdes.

« J'avais fait connaissance avec M. Needham, dit Buffon, fort connu de tous les naturalistes par les excellentes observations miscroscopiques qu'il a fait imprimer en 1745. Cet habile homme, si recommandable par son mérite, m'avait été recommandé par M. Tolkes, président de la Société royale de Londres; m'étant lié d'amitié avec lui, je crus que je ne pouvais mieux faire que de lui communiquer mes idées; et comme il avait un excellent microscope, plus commode et meilleur qu'aucun des miens, je le priai de me le prêter pour faire mes expériences..... »

En 1766, Needham fit paraître un livre où il attaque Voltaire, et celui-ci, en le rendant l'objet de ses railleries incessantes, finit par le déconsidérer, même au point de vue scientifique. Needham est attaqué, en même temps que Buffon, dans les *Lettres à un Américain sur l'Histoire naturelle de M. de Buffon ;* et *sur les Observations microscopiques de M. Needham* (Hambourg, in-12, 1751).

bile recuite par l'âge, en sorte qu'il semble avoir formé le projet de vouloir enterrer de son vivant tous ses contemporains. Il sera tout aussi fâché contre vous dès qu'il vous verra à l'Académie (1), et j'espère que nous lui donnerons ce chagrin dans peu, quoique toute notre vieillesse académique ait l'air de tenir bon.

Mes tendres respects, je vous supplie, à Mme la présidente de Brosses. Ma pauvre femme est toujours dans la même situation de souffrances, et je vous avoue même que je ne suis pas sans inquiétudes pour l'avenir; sa maladie sera certainement très longue. Elle vous remercie beaucoup de la part que vous voulez bien y prendre.

J'oubliais de vous dire que je crois qu'il est convenable que j'écrive un mot à M. le premier président (2) au sujet de l'enregistrement de mes lettres patentes, et je le ferai par le premier ordinaire.

C'est avec toute reconnaissance et tout attachement que je serai toute ma vie, mon très cher Président, votre très humble et très obéissant serviteur.

BUFFON.

(Appartient au comte de Brosses.)

LETTRE CXXV

A M. FYOT DE LA MARCHE (3).

PREMIER PRÉSIDENT DU PARLEMENT DE BOURGOGNE.

Paris, le 9 mars 1768.

Monsieur, M. votre père (4) a eu la bonté de vouloir bien joindre sa recommandation à mes très humbles sollicitations pour l'enregistrement des lettres patentes qui vous seront présentées, monsieur, et que j'ai obtenues pour l'établissement d'une forge dans ma terre de Buffon. Je les ai adres-

(1) Voltaire, qui continuait à combattre avec acharnement la candidature du président de Brosses, obéissait à une mesquine rancune. Il avait acquis du président, par bail emphytéotique, la terre de Tournay, voisine de Ferney. Un sieur Baudy avait acheté une coupe de bois sur la propriété, et réserve en avait été faite au contrat. Néanmoins Voltaire avait fait sa provision de bois sur la coupe de Baudy qui, assigné en payement par le président de Brosses, avait appelé Voltaire en garantie. Celui-ci, après avoir dénoncé le président à ses collègues du Parlement et de l'Académie des inscriptions, et au garde des sceaux, finit par consigner 150 livres entre les mains du curé de Tournay. Mais le résultat final fut l'exclusion du président de Brosses de l'Académie française.

(2) Jean-Philippe Fyot de La Marche, chevalier, marquis de La Marche, comte de Bonjan, baron de Montpont, seigneur de Mongey, né le 2 août 1723, mort le 22 octobre 1772, conseiller au Parlement de Dijon le 30 avril 1743, président à mortier le 25 juin 1745, avait succédé, le 19 janvier 1757, à son père, Claude-Philibert. Au mois d'avril 1772, il se démit à son tour de sa charge de premier président et sa mort suivit de près sa retraite.

(3) Jean-Philippe Fyot de La Marche.

(4) Claude-Philibert Fyot de La Marche, père du précédent et son prédécesseur à la tête du Parlement de Bourgogne, déjà cité.

sées à mon ami M. le président de Brosses, et j'ose espérer que vous voudrez bien concourir avec lui à me rendre ce service, et que vous recevrez avec bonté les assurances de l'attachement et du respect avec lesquels j'ai l'honneur d'être, monsieur, votre très humble et très obéissant serviteur.

BUFFON.

(Inédite. — Bibliothèque du château de Grosbois, communiquée par la duchesse d'Harcourt.)

LETTRE CXXVI

AU PRÉSIDENT DE BROSSES.

Montbard, le 20 avril 1768.

J'apprends, presque en arrivant ici, mon très cher Président, que mes lettres patentes sont enregistrées au Parlement du 18 de ce mois, et ensuite présentées à la Chambre des comptes, et tout cela par vos bontés et par vos soins, dont je ne puis vous remercier assez. J'écris à M. Hébert, receveur des fermes, de vous rembourser l'argent que vous avez eu la bonté d'avancer. Je suis parti de Paris pour ainsi dire forcément, et je ne compte rester à Montbard que jusqu'au 25 avril. Après quoi j'irai retrouver ma femme, que j'ai laissée à Paris dans un pitoyable état de santé, quoiqu'elle ait eu avant mon départ quelques jours de bons.

Je vois, par votre dernière lettre, mon très cher ami, que vous projetez de venir faire un tour dans ce pays-là. J'en serais enchanté; car je n'ai pas de plus grand plaisir au monde que celui de vous voir et de m'entretenir avec vous; mais si vous ne venez à Paris que pour les affaires dont vous chargiez votre ami M. de Fargès (1), et que vous pensiez que je puisse le remplacer à cet égard, je vous offre tous les services dont je suis capable, et vous ne pouvez me faire plus de plaisir que de les accepter.

S'il m'était possible de me dérober à mes travaux pendant quatre jours, et de ne pas risquer d'augmenter un vilain rhume que j'ai pris dans mon voyage, j'irais bien volontiers vous voir à Dijon ; mais je n'ose l'espérer. La saison et ma santé me contrarient, et avec cela je suis obligé de veiller à des ateliers très considérables et qui dans le commencement ne peuvent être dirigés que par moi seul. J'ai souvent pensé au nombre immense de choses que vous savez toutes si bien faire en même temps; je n'ai pas cette même étendue d'activité...

(Collection du comte de Brosses.)

(1) François de Fargès, intendant des finances, conseiller d'État, mort en 1791, oncle de la première femme du président de Brosses.

LETTRE CXXVII

A FONTAINE DES BERTINS (1).

Le 10 juin 1768.

Je ne vous envoie, monsieur, que deux lettres, parce que, dans toute la liste de vos juges, je ne connais que M. de Brosses et M. Le Mulier (2). Je leur recommande votre affaire avec instance, et j'espère que vous aurez lieu d'être content du jugement. Le fond ne m'en paraît pas équivoque, et il faudrait des circonstances bien singulières pour que vous pussiez succomber. J'ai l'honneur d'être, monsieur, votre très humble et très obéissant serviteur.

BUFFON

(Collection Chasles, de l'Académie des sciences.)

LETTRE CXXVIII

A GUÉNEAU DE MONTBEILLARD.

Montbard, 1er août 1768.

Le service, mon très cher monsieur, que vous et Mme de Montbeillard voulez bien me rendre, est si grand que je n'ose vous y engager un peu et ne puis vous en remercier assez. Je suis sûr que notre pauvre malade en

(1) Alexis Fontaine des Bertins, mathématicien et géomètre, né en 1725, mort en 1771, membre de l'Académie des sciences, a fait de nombreuses découvertes en géométrie et en mathématiques. L'Académie a publié ses mémoires en un volume in-4°.

Sa vie s'est passée en démêlés scientifiques avec d'Alembert et en procès. Comme il ne s'en occupait pas, il les perdait tous et on rapporte que lorsque ses avocats venaient pour l'en entretenir il leur répondait : « Croyez-vous donc que j'aie le temps de m'occuper de ces balivernes ! »

« La vie d'Alexis Fontaine des Bertins, un de nos plus habiles géomètres, — dit Buffon dans son *Traité d'arithmétique morale*, — s'écoula entre ses études et ses procès. »

Ses travaux ont rendu son nom célèbre, ses procès ont ruiné sa maison. Il avait vendu en 1765, après un long et dispendieux procès, une terre près de Compiègne, et avait acheté du prince de La Marche la baronnie de Cusseau en Bourgogne. Mais il n'y était pas installé depuis deux ans qu'il avait déjà trouvé le moyen d'avoir deux procès. Il mourut à Cusseau en laissant son bien au chevalier de Borda qui le restitua à la famille, laquelle hésita longtemps avant d'accepter la succession.

(2) Jean Le Mulier de Bressey, d'une famille patricienne de Semur alliée aux Nadault, Guéneau et Daubenton, né le 19 décembre 1739, mort le 26 mai 1799, conseiller au Parlement de Dijon sur la résignation de son père, le 3 mars 1768, avec dispense d'âge, exerça jusqu'à la suppression des Parlements et fut député de la noblesse du bailliage de Dijon aux états généraux de 1789.

sera comblée. Elle n'aime personne autant que sa bonne amie, elle me l'a dit mille fois. Mais peut-être refusera-t-elle, parce qu'elle craindra de lui donner la peine du voyage et les tristes soins du séjour (1). Pour moi, mon cher monsieur, je le désire de tout mon cœur, et, que cela soit ou non, je vous en conserverai toute ma vie la plus profonde reconnaissance.

BUFFON.

(Appartient à la baronne de La Fresnaye.)

LETTRE CXXIX

AU MÊME.

Jeudi soir 1768.

C'est le service le plus touchant, le plus essentiel que vous puissiez ajouter à tant d'autres dont nous vous avons déjà l'obligation, mon très cher monsieur, que de recevoir dans mon absence notre pauvre malade pour douze ou quinze jours (2). Si je la laissais seule ou dans toute autre main, je serai très inquiet; et je serai parfaitement tranquille tant que je la saurai près de vous. Cela même pourra contribuer à son mieux être, et ce sera encore un surcroît de reconnaissance ; vous en multipliez chez moi les motifs à chaque instant.

Je prendrai votre argent si vous pouvez vous en passer pendant cinq ou six mois ; j'aimerais mieux encore le prendre sur un billet rentuel avec des intérêts; mais c'est à vous, mon cher monsieur, à prescrire les conditions.

(1) Mme de Buffon refusa, en effet, et chargea de sa réponse son médecin, le docteur Le Roy, spécialiste connu pour les maladies de femme et d'enfant, qui écrivait à Mme Guéneau de Montbeillard : « Que ne puis-je peindre à quel point elle a été sensible à une offre » si digne de vous et d'elle. Mais il n'y a qu'elle qui puisse exprimer ce qu'elle sent. Tous » ceux qui étaient présents ont été émus jusqu'aux larmes de voir à quel point elle en était » touchée. Mais quelque sentiment qu'elle en ait, de quelque manière qu'elle s'en dise » pénétrée, elle ne peut accepter une offre qui vous éloignerait pour longtemps peut-être » de tant d'objets qui vous sont chers; et, M. de Buffon revenant bientôt, comme je ne puis » en douter après la lettre qu'on lui a écrite sur le triste état de cette femme adorée, les » soins de ce mari qui lui est si attaché lui rendront un peu de ce courage et de cette » patience que vous craignez, avec juste raison, qui ne s'épuisent par de si longues » souffrances.

» Je ne puis vous dire, madame, combien j'ai été touché de ce généreux combat entre » deux amies si respectables. Le mot que Mme de Buffon vous a écrit m'a pénétré; que je la » félicite d'avoir une amie comme vous, madame, qui connaisse aussi bien l'amitié! Et que » je vous félicite aussi d'avoir une amie qui sente comme elle tout le prix de la vôtre. La » vie doit être bien précieuse à M. Guéneau en la partageant avec une personne qui a l'âme » aussi tendre et aussi sensible. »

(2) Mme de Buffon qui avait refusé, pour les motifs qu'on vient de lire, l'assistance de son amie, à Paris, l'avait acceptée avec empressement et reconnaissance à Montbard, à trois lieues de Semur, qu'habitaient Guéneau de Montbeillard et sa femme.

M. Panckoucke vous envoie deux exemplaires, l'un pour vous et l'autre pour madame, des six premiers volumes de la nouvelle édition (1) de mon ouvrage. Je vous embrasse bien tendrement et fais mille respects aux dames.

BUFFON.

(Appartient à la baronne de La Fresnaye.)

LETTRE CXXX

AU MÊME.

Août 1768.

Seul avec les oiseaux, vous êtes mieux que moi, mon cher monsieur, qui depuis trois jours suis environné de monde et ne puis disposer de mon temps. Notre pauvre malade est un peu mieux, sans pouvoir néanmoins desserrer les dents, et souffrant toujours beaucoup, surtout les nuits, pendant lesquelles elle a de la fièvre et beaucoup d'agitation. Je persiste à croire qu'il n'y aura point d'abcès, malgré l'avis des médecins ; mais comme il paraît que le foyer du mal est dans les muscles de la mâchoire, la résolution de l'humeur sera peut-être encore longue, et c'est ce qui nous désole. Mille tendres respects à Mme de Montbeillard. Mme de Prévost a bien soin de la malade; toutes deux vous font mille amitiés, et moi je vous remercie et vous embrasse, mon très cher monsieur, de tout mon cœur.

L'expérience sur le fer a pleinement réussi.

BUFFON.

(Appartient à la baronne de La Fresnaye.)

LETTRE CXXXI

A MADEMOISELLE DE MESSEY (2).

Montbard, ce 16 septembre 1768.

L'état de Mme de Buffon est si affreux et mon affliction si grande que rien ne peut lui procurer de soulagement et que personne ne peut me consoler. Il faut que la belle maman (3) et ses charmantes demoiselles me pardonnent les nuages qui m'environnent et qui les ont choqué ; je demande la

(1) Cette édition in-12 de l'*Histoire naturelle*, donnant l'*Histoire naturelle générale* et l'histoire des *quadrupèdes*, comprend treize volumes au lieu de trente et un par la suppression de la partie anatomique de Daubenton.

(2) De l'ancienne maison de ce nom, cousine germaine de la comtesse de Buffon.

(3) Marie-Anne de Roze de Provenchères, femme de François-Henri de Saint-Belin-Malain, chevalier, seigneur de Fontaine-Dampierre, etc., mère de la comtesse de Buffon.

même grâce à Mlle de Messey, le malheur aigrit et rend souvent injuste. Je supplie M. Bourée (1) d'intercéder, il peut mieux qu'un autre juger des effets du malheur.

(Non signée, mais entièrement écrite de la main de Buffon. — Ce qui suit est de la main d'un secrétaire.)

Ce 17 septembre 1768.

Mme de Buffon a eu un peu plus de calme cette nuit, mais on ne peut pas dire qu'elle soit mieux; elle a seulement un peu plus d'appétit qu'à Paris. Les forces ne reviennent cependant pas, elle ne peut absolument se soutenir sur ses jambes et la douleur est toujours la même.

(Inédite. — Collection Saint-Ange-Savin.)

LETTRE CXXXII

A GUÉNEAU DE MONTBEILLARD.

Montbard, le 16 septembre 1768

Quoique notre pauvre petite malade soit mieux, elle n'est pas encore bien, mon cher monsieur. La mâchoire est toujours serrée au point de ne pouvoir ouvrir la bouche, et la tumeur subsiste, sans douleur à la vérité, ce qui est d'un grand point, mais toujours dure et grosse, en sorte que l'incommodité et l'ennui de ne pouvoir manger peuvent encore durer plusieurs jours. Venez la voir, mon cher monsieur; je suis bien sûr du plaisir que vous lui ferez. Je ne vous parle pas du mien : j'aurais besoin de vous voir tous les jours pour être parfaitement heureux.

Il faut parler de tous les oiseaux, gravés ou non gravés ; c'est aussi mon avis comme le vôtre.

Je vous embrasse bien sincèrement, mon cher monsieur, et de tout mon cœur.

BUFFON.

(Appartient à la baronne de La Fresnaye.)

(1) Le docteur Bourée de Châtillon, de la famille du diplomate de ce nom, un des médecins de Buffon.

LETTRE CXXXIII

AU PREMIER PRÉSIDENT FYOT DE LA MARCHE.

De Montbard, le 26 décembre 1768.

Monsieur, j'ai des remerciements à vous faire, une grâce à vous demander et des vœux à vous offrir au renouvellement de l'année.

Voilà bien des motifs pour que vous me pardonniez, monsieur, la petite importunité de ma lettre.

Vous avez eu la bonté d'accorder ces jours derniers une audience à la vue de mon nom, j'espère que vous trouverez mon procès (1) assez bon pour que cette faveur soit suivie de votre bonne justice, dont je ne doute pas plus que de vos lumières et de votre discernement exquis.

Vous entendrez aussi parler de moi ces jours-ci, monsieur, au sujet d'un arrêt de sursis que je suis forcé de demander pour éviter l'exécution et les contraintes d'une sentence très irrégulière de la Maîtrise des eaux et forêts d'Avalon (2), et dont je me suis rendu appelant à la table de mar-

(1) Buffon, tant à cause de sa grande fortune et des importantes constructions qu'il avait entreprises que par suite des affaires de toute nature auxquelles il était mêlé, eut à soutenir de nombreux procès à Dijon et à Paris. Il les gagna presque tous, parce qu'il ne les entamait que lorsqu'il croyait avoir pour lui la raison et le droit. Les procès ne furent pas non plus ménagés à son fils et à sa bru qui eut notamment à soutenir, contre les contrefacteurs de l'*Histoire naturelle*, une suite de procès qui ont pris place dans l'histoire de la propriété littéraire. Nous avons inutilement recherché les titulaires actuels des études des procureurs de Buffon à Dijon et à Paris.

(2) Les difficultés entre Buffon et la maîtrise des eaux et forêts d'Avallon remontait à trente années. En 1738, époque où il avait fait ses premières expériences sur la force et la durée des bois par l'écorcement, Louis XV répondait à une sentence de la maîtrise des eaux et forêts d'Avallon du 26 décembre 1741, condamnant un agent de Buffon, par des lettres de grâce.

« Sur la requête présentée au Roi en son Conseil, par le sieur Leclerc de Buffon, de l'Académie des sciences et de la Société royale de Londres, intendant du Jardin royal des Plantes, contenant qu'en l'année 1734 il reçut des ordres de Sa Majesté de travailler à des expériences sur les bois, et qu'en conséquence le Conseil ordonna dans la même année aux officiers de la maîtrise particulière des eaux et forêts d'Avallon de ne point l'inquiéter au sujet de ces expériences et des bois qu'il pourrait faire planter ou abattre dans sa terre de la Mairie, située en Bourgogne; que malgré ces ordres du Conseil il a été inquiété tous les ans par les officiers de ladite maîtrise, qui ont fait des procès à ceux qu'il a employés, ce qui l'a mis dans la nécessité de les défendre *au siège de la table de marbre du palais à Dijon*, où il a fait mettre à néant ou réformer les sentences de ladite maîtrise; qu'en dernier lieu il a fait écorcer dans ses bois une assez grande quantité de chênes, pour parvenir à une expérience fort utile, et sur laquelle il a adressé un mémoire qui se trouve imprimé dans le recueil de ceux de l'Académie de l'année 1738, et que la chose a paru assez importante pour que le Roi en ait été informé et que Sa Majesté ait ordonné de réitérer les mêmes expériences dans les forêts de Saint-Germain-en-Laye et de Marly, où il a fait écorcer plusieurs arbres, et où on les a laissés sécher sur pied, pour prouver que cette opération rend le bois beaucoup plus solide et plus durable; que n'ayant travaillé que pour l'utilité

bre(1). Je ne me connais pas beaucoup en procédure, mais le jugement dont je me plains est si évidemment absurde que c'est avec toute confiance que j'ose vous supplier d'ordonner d'y surseoir. Je me flatte même, par mon très ancien attachement pour vous, monsieur, et pour toute votre Maison que vous recevrez avec quelque bonté mes très humbles sollicitations. C'est dans ces sentiments et avec le respect le mieux fondé que j'ai l'honneur d'être, monsieur, votre très humble et très obéissant serviteur.

BUFFON.

(Inédite.—Bibliothèque du château de Grosbois, communiquée par la duchesse d'Harcourt.

LETTRE CXXXIV

AU PRÉSIDENT DE RUFFEY.

Montbard, le 10 janvier 1769.

J'ai reçu votre lettre, mon cher Président, avec la liste de messieurs de votre Académie (2) ; je l'appelle la vôtre, parce qu'en effet, si vous ne l'avez

publique, et avec permission du Conseil, il avait lieu de croire que les officiers de ladite maîtrise ne l'inquiéteraient pas au sujet des arbres qu'il a fait écorcer dans ses propres bois, cependant le procureur du Roi de cette maîtrise l'a attaqué sur cla, en la personne du nommé Mastret, à qui il avait donné ordre de couper les bois qu'il avait fait écorcer, et par l'événement de la procédure ce particulier a été condamné par sentence rendue en ladite maîtrise, *le 26 septembre 1741, en 800 livres d'amende envers Sa Majesté....* le Roi en son Conseil, ayant égard à la requête par grâce et sans tirer à conséquence, les a déchargés et décharge de l'amende de 800 livres prononcée solidairement contre eux par sentence de la maîtrise particulière des eaux et forêts d'Avallon, du 26 décembre 1741, à condition de payer les frais, suivant la taxe qui en sera faite par le sieur d'Auxy, grand maître des eaux et forêts du département de Bourgogne et Alsace. »

Buffon, dit, en rendant compte de ses expériences : « Je ne les aurais point faites, si les attentions de M. le comte de Maurepas pour les sciences ne m'eussent procuré la liberté de faire mes expériences sans avoir à craindre de les payer trop cher. »

On rapporte qu'ayant appris, alors qu'il se préparait à en rendre compte à l'Académie des sciences, que du Hamel du Monceau s'occupait du même sujet, il avait hâté la lecture de son Mémoire et que du Hamel du Monceau avait de son côté demandé que son manuscrit fût paraphé, afin qu'il fût bien établi qu'il n'avait pas copié Buffon. A une seconde lecture de Buffon, du Hamel l'interrompit en disant : « Mon cher confrère, vous avez bonne mémoire. » Buffon se serait contenté de répondre : « Je sais profiter du bon partout où je le trouve. » Les mémoires des expériences sur la force des bois, ont paru dans les *Recueils* de l'Académie sous les noms de Buffon et de du Hamel.

En présence de la notoriété qu'avaient value à Buffon ses travaux de sylviculture, Louis XV lui avait proposé de le créer surintendant des forêts de la couronne, ce qui lui eût valu la faveur très enviée d'un travail direct avec le Roi; mais Buffon, jaloux de conserver son indépendance, avait refusé en demandant seulement au Roi de le protéger contre les vexations de la grande maîtrise.

(1) Juridiction spéciale aux délits forestiers.

(2) Il suffit de lire sur l'*Annuaire de la province de Bourgogne* les noms des membres de l'Académie de Dijon à cette date, pour comprendre que le président de Ruffey avait le droit de s'enorgueillir de l'éclat d'une Compagnie dont il fut, pendant trente années, le bienfaiteur et l'appui, et qui déclina après sa mort pour ne plus se relever.

pas créée, vous l'avez au moins ressuscitée et rendue plus florissante qu'on ne pouvait l'espérer.

C'est doublement servir sa patrie que d'y répandre en même temps des lumières et des encouragements, et tous les gens bien animés doivent sentir comme moi combien il vous en a coûté de peines, et tout le courage dont vous avez eu besoin pour surmonter tous les obstacles qu'on opposait à vos vues. Je ne me lasserai jamais de vous réitérer sur cela mes félicitations, et de vous marquer en même temps les sentiments de l'estime et de l'ancienne amitié que je vous ai vouées.

Je suis depuis longtemps dans une situation bien malheureuse. Je ne sais point encore quand elle changera ; car ma pauvre malade est presque toujours au même état de désespoir et de douleur (1). Je sais que vous et Mme de Ruffey avez eu la bonté d'y prendre part. Depuis le jour que vous eûtes la bonté de la voir à Dijon, elle n'a pas cessé de souffrir, et souvent à l'excès. C'est au point que je ne puis même la quitter pour retourner à Paris, où mes affaires me demanderaient depuis près de deux mois.

M. de Clugny, qui me paraît être fort de vos amis, et que vous venez de recevoir à votre Académie, me fit le plaisir de me dire de vos nouvelles à son retour de Dijon ; c'est un homme de mérite, et duquel je fais grand cas.

Mes respects, je vous supplie, à madame. Je ne vous parle pas de mes vœux au commencement de l'année, parce que dans tous les temps mes sentiments sont les mêmes pour vous, mon cher Président, et que cette année, comme toutes les précédentes, je suis et serai avec un sincère et respectueux dévouement votre très humble et très obéissant serviteur.

BUFFON.

(Appartient au comte de Vesvrotte.)

LETTRE CXXXV

AU PREMIER PRÉSIDENT FYOT DE LA MARCHE.

Montbard, le 24 février 1769.

Monsieur, vous avez eu la bonté de m'accorder, sur mon placet, une

(1) La comtesse de Buffon mourut deux mois après la date de cette lettre, le 9 mars 1769. Depuis la lettre à Guéneau de Montbeillard du 15 décembre 1767, on a vu Buffon se préoccuper constamment et avec une sensibilité non équivoque de l'état de sa femme.

Nous avons rapporté aux notes de la lettre de janvier 1768 un témoignage touchant des attentions délicates de Buffon pour sa femme malade, et dans treize lettres à ses amis dans l'intervalle de treize mois, de décembre 1767 à janvier 1769, il ne les entretient que de ses préoccupations et de sa douleur. Après que la mort lui aura ravi celle qu'il nomme tantôt sa *chère* et tantôt sa *pauvre malade*, nous l'entendrons dépeindre l'étendue de son désespoir, et cette mort, qui sera la plus grande douleur de Buffon, restera le deuil de toute sa vie.

audience à la table de marbre au Souverain (1), qui doit se tenir mercredi prochain 1er mars : j'ose vous supplier, monsieur, de rendre cette grâce complète en entrant au palais ce jour-là.

Je ne demande que votre présence, et je suis sûr que votre pleine justice et vos vives lumières vous accompagnent toujours, et j'y ai la plus entière confiance ainsi qu'en vos bontés. C'est dans ces sentiments que je vous ai voués, monsieur, et avec le respect le mieux fondé, que je serai toute ma vie, monsieur, votre très humble et très obéissant serviteur.

BUFFON.

(Inédite. — Archives de Grosbois, communiquée par la duchesse d'Harcourt).

LETTRE CXXXVI

AU PRÉSIDENT DE RUFFEY.

Paris, le 5 avril 1769.

Je connais depuis trop longtemps, monsieur, votre amitié, pour pouvoir douter de l'intérêt sincère que vous et Mme la présidente de Ruffey prenez à ma douleur (2). Ce fut d'abord une plaie cruelle et qui dégénère aujourd'hui en une maladie que je regarde comme incurable et qu'il faut que je m'accoutume à supporter comme un mal nécessaire. Ma santé en est altérée, et j'ai abandonné au moins pour un temps toutes mes occupations.

Conservez-moi toujours les mêmes sentiments dont vous m'honorez, et soyez convaincu de ceux du véritable et respectueux attachement avec lequel je serai toute ma vie, monsieur, votre très humble et très obéissant serviteur.

BUFFON.

(Appartient au comte de Vesvrotte.)

(1) Pour son procès avec la maîtrise particulière des eaux et forêts d'Avallon qui se jugeait en dernier ressort.

(2) La comtesse de Buffon avait succombé, après trois ans de maladie, le 9 mars 1769, à trente-sept ans. C'était une femme supérieure par l'intelligence et le cœur; elle fut la digne compagne de Buffon, qui reconnaissait le bonheur qu'elle lui donnait par une tendresse dont les lettres qui précédent rendent témoignage. Condorcet a dit d'elle :

« Il avait épousé, en 1752, Mlle de Saint-Belin, dont la naissance, les agréments extérieurs et les vertus réparèrent à ses yeux le défaut de fortune. L'âge avait fait perdre à M. de Buffon une partie des agréments de la jeunesse, mais il lui restait une taille avantageuse, un air noble, une figure imposante, une physionomie à la fois douce et majestueuse. L'enthousiasme pour le talent fit disparaître aux yeux de Mme de Buffon l'inégalité d'âge, et il eut le bonheur d'inspirer une passion tendre, constante, sans distraction comme sans nuages; jamais une admiration plus profonde ne s'unit à une tendresse plus vraie. Ces sentiments se montraient dans les regards, dans les manières, dans les discours de Mme de Buffon et remplissaient son cœur et sa vie. Chaque nouvel ouvrage de son mari, chaque

LE CHEVALIER DE BUFFON

Colonel des Gardes-Lorraines.

1734 — 1825.

LETTRE CXXXVII

A GUÉNEAU DE MONTBEILLARD.

Le 11 mai 1769.

Je serais désolé d'avoir manqué, mon cher monsieur, à des amis aussi essentiels et aussi respectables que ceux dont vous me portez des plaintes (1) ; mais elles ne sont pas fondées. Je n'ai reçu aucune lettre de M. le comte de La Rivière (2) depuis le décès de ma pauvre femme. Il est vrai que deux ou trois jours auparavant il m'en avait adressé une à Montbard, à laquelle je chargeai mon frère (3) de répondre, et qui me dit s'en être acquitté. C'était,

nouvelle palme ajoutée à sa gloire étaient pour elle une source de jouissances d'autant plus douces qu'elles étaient, sans retour sur elle-même, sans aucun mélange de l'orgueil que pouvait lui inspirer l'honneur de partager la considération et le nom de M. de Buffon. Heureuse du seul plaisir d'aimer et d'admirer ce qu'elle aimait, son âme était fermée à toute vanité personnelle comme à tout sentiment étranger.... »

Voici, après l'éloge de l'académicien, le témoignage d'Humbert Bazile et du religieux qui a reçu, à Montbard, le dernier soupir de la comtesse de Buffon : « Elle a laissé, — dit Humbert Bazile, — le souvenir des plus rares vertus..... Elle aima son mari d'un amour où se confondaient l'admiration et le respect; elle se montrait fière de porter son nom. Mme de Buffon était régulièrement belle, elle avait une grande distinction et un esprit cultivé. Douce et indulgente, avec un caractère sans inégalités, elle se montrait oublieuse d'elle-même et sans cesse occupée des autres... charitable envers les malheureux elle inspirait l'attachement et le respect. » « La beauté de son visage, — dit de son côté le P. Ignace, — était égale à la beauté de son âme; elle y ajoutait la bonté et l'esprit. Elle admirait le génie de son mari, qui lui lisait des morceaux de ses œuvres; elle approuvait ses idées ou lui en donnait de nouvelles. Il lui a fait passer des années de délices..... Ce fut moi qui reçus son dernier soupir. Lorsque j'appris à M. de Buffon la terrible nouvelle, bien qu'il s'y attendît, le moment où je la lui annonçai lui fit tomber trois gouttes de sang (*sic*). Il me dit ces seules paroles : « Mme de Buffon n'est plus! » Elle m'avait expressément ordonné d'exiger de lui qu'il partît sur l'heure pour Paris, — ce qu'il fit par respect pour sa dernière volonté. — Il me prescrivit de la faire inhumer avec toute la pompe due à son rang. »

(1) Guéneau de Montbeillard s'était fait, près de Buffon, l'interprète du mécontentement de plusieurs représentants des plus grandes maisons de Bourgogne, surpris de n'avoir pas reçu de réponse à leurs lettres de condoléance à propos de la mort de la comtesse de Buffon.

Buffon s'en excuse, mais on doit voir dans sa négligence à remplir un devoir banal une nouvelle manifestation de l'étendue de sa douleur.

(2) Charles-Paul de La Rivière, vicomte de Tonnerre, mort en 1778, d'une ancienne maison du Nivernais, et que nous verrons s'occuper de recherches généalogiques dans l'intérêt de Buffon, dont la famille était elle-même originaire de cette province.

(3) Pierre-Alexandre Leclerc, chevalier de Buffon, frère consanguin du naturaliste, né à Buffon le 23 juin 1734, mort à Montbard le 23 avril 1825 à quatre-vingt-onze ans, entra jeune au service, et conquit son premier grade le 1er mai 1747, comme volontaire au régiment de Navarre, à la bataille d'Hastembeck, gagnée par le maréchal d'Estrées sur le duc de Cumberland, vainqueur de Fontenoy. Lieutenant le 20 mai 1758, capitaine le 13 avril 1761, major aux gardes lorraines le 22 juin 1767, lieutenant-colonel le 3 mars 1774, second colonel titulaire du régiment de Lorraine, le 27 avril 1783, maréchal de camp le 28 octobre 1790, chevalier de Saint-Louis, décoré de la Légion d'honneur à la fondation de l'ordre. Le chevalier de Buffon a pris part à la guerre de Sept ans de 1757 à 1762. Étant monté le pre-

comme je vous le dis, deux ou trois jours avant le cruel événement, et par conséquent avant mon départ pour Paris (1). Depuis cette lettre je n'ai pas reçu la moindre chose de Thostes (2), et je n'ai même su des nouvelles de la maison que par M. le vicomte (3), que j'ai vu à Paris quelquefois. Je crois donc qu'on recevra mes excuses, et me suis déjà arrangé avec le chevalier de Saint-Belin (4) pour aller à Thostes à la Saint-Jean. Je serais charmé d'y aller plus tôt et avec vous ; mais mes affaires ne me permettent qu'un jour d'absence pour aller vous voir : c'est le lundi de la Pentecôte que j'aurai cet

mier sur la brèche au siège de Cassel, ses soldats le ramenèrent au camp sur les drapeaux pris à l'ennemi, et le maréchal de Broglie le nomma gouverneur de la place (3 janvier 1761). Il a aussi fait la campagne de Corse.

Aux qualités militaires et aux dons de l'esprit, il joignait, comme son frère, les avantages physiques. De l'air le plus noble, d'un visage martial, il était encore tel à quatre-vingt-huit ans. « Ami sûr, sensible au malheur, humain et charitable, — dit Humbert Bazile, — il fut digne de son nom... M. de Buffon qui aimait beaucoup son frère et rendait justice à son intelligence et à son caractère, le nomma son exécuteur testamentaire. »

Retiré à Montbard, il consacrait les loisirs de sa verte vieillesse à la poésie, à la peinture au pastel et au violon. Il a donné des articles à la *Collection académique* et à l'*Encyclopédie*, écrit un *Traité de la vraie gloire* et un journal inédit de sa vie. Il a rédigé pour Condorcet et Vicq-d'Azir les notes qui ont servi à l'éloge de Buffon. Celui-ci avait jeté les yeux sur son frère pour diriger une nouvelle édition de ses œuvres, et le chevalier de Buffon écrivait à son neveu le 23 septembre 1788 : « J'ai instruit M. Panckoucke de mon projet pour abréger l'*Histoire naturelle*, conformément aux vues de votre père, sous les yeux duquel j'en ai commencé un volume. » Mais le 2 juillet 1789, il lui expliquait ainsi comment il avait renoncé à son projet : « J'ai été infiniment mécontent de Panckoucke, relativement à l'abrégé de l'*Histoire naturelle*. Il n'a rien voulu conclure. »

Le portrait du chevalier de Buffon a été gravé en 1863 par Levasseur. Nous avons donné des extraits de sa correspondance à la page 371 du tome Ier de la première édition de la *Correspondance de Buffon*, et à la page 249 du volume sur *Buffon, sa famille, ses collaborateurs et ses familiers*.

(1) Le récit du P. Ignace nous a appris que la comtesse de Buffon voulant, par une suprême et touchante délicatesse, éviter à son mari les heures d'angoisses qui s'écoulent, pour celui qui pleure un être tendrement aimé, entre l'instant de la mort et celui de l'inhumation, avait exigé qu'il quittât Montbard pour Paris à l'heure même où elle rendait le dernier soupir.

(2) Très beau château à deux lieues de Semur, limitrophe de Bourbilly, illustré par sainte Jeanne de Chantal et Mme de Sévigné, restauré par le comte de Francqueville. Thostes, dont le premier président Fremiot, aïeul de Mme de Sévigné, était seigneur, a servi de retraite au parlement royaliste pendant la Ligue en 1588. Il a ensuite appartenu à Charles de Montfaunin, comte de Montal, lieutenant général des armées du Roi, mort en 1690, surnommé par Vauban *le héros du Morvan*, et que Louis XIV oublia de faire maréchal de France. La cour d'honneur du château de Thostes était décorée de quatre pièces de canon prises sur l'ennemi et données par le Roi au comte de Montal. Cette terre était passée au vicomte de La Rivière par son mariage avec Anne-Marie de Montal.

(3) Charles-Gabriel, vicomte de La Rivière, fils du comte Charles-Paul, plus haut nommé, capitaine de gendarmerie, brigadier des armées du Roi, seigneur de Quincy-le-Vicomte, près Montbard, y avait emmené les pièces de canon de Thostes. Buffon, acquéreur du château de Quincy, les transporta à son tour à Montbard. Elles sont, depuis la Révolution, la propriété de la ville, qui s'en sert dans les réjouissances publiques.

(4) Antoine-Ignace, chevalier puis marquis de Saint-Belin, seigneur de Fontaines-en-Duesmois et d'Estayes, chevalier de Saint-Louis, capitaine au régiment de Navarre, né en 1733, mort en 1764, était le frère cadet de la comtesse de Buffon. Mme de Buffon avait trois sœurs et trois frères.

honneur. Bonjour, mon cher monsieur, je vous embrasse bien sincèrement.

Si vous pouvez, mon cher monsieur, nous envoyer quelques fripiers ou acheteurs, on vendra ici le linge et quelques autres effets qui me deviennent inutiles, lundi prochain.

Je vous remercie d'avoir eu la bonté de m'acquitter tout juste avec la rescription que je vous avais laissée.

Je viens de retrouver le portrait de madame, tel qu'elle l'avait donné à sa pauvre amie, et je le lui reporterai. Je l'assure de mon sincère et tendre respect.

BUFFON.

(Communiquée par la baronne de La Fresnaye, née Isaure de Montbeillard.)

LETTRE CXXXVIII

AU MÊME.

Montbard, le 17 mai 1769.

Je vous envoie, mon très cher monsieur, tous les livres dont je puis absolument me passer. L'usage que vous en ferez me sera aussi agréable qu'utile, et ce sera mettre le comble au plaisir que vous me faites, si vous ne différez pas à vous en servir.

Le dindon et les autres gallines doivent, comme vous le savez, suivre votre beau et très bon coq. J'ai fait à peu près tous les oiseaux de proie, à l'exception des faucons et des hiboux. Ce n'est donc que sur ces deux genres d'oiseaux que je vous supplie de me faire copier les observations et notices que vous trouverez en parcourant les livres.

Faites-moi part, mon cher monsieur, de la réponse du cher abbé (1); je me tiens toujours prêt pour lundi, à moins qu'il ne veuille autrement.

Je vous remercie de la bonne bière ; elle me reste, mais le mal d'estomac est passé. Mille tendres respects à vos dames. Songez au vendredi de la semaine prochaine pour elles et vos messieurs. Je vous embrasse bien tendrement.

BUFFON.

(Appartient à la baronne de La Fresnaye.)

LETTRE CXXXIX

AU PRÉSIDENT DE RUFFEY.

Montbard, le 29 juillet 1769.

Ne pouvant vous voir vous-même, mon cher président, rien ne pouvait

(1) L'abbé de Piolenc, ami de Montbeillard et de Buffon, dont il sera parlé plus loin.

m'être plus agréable que la visite de Mme de Ruffey et la vue de Mlle votre fille (1), qui est d'une figure charmante, et qui, sous la conduite d'une mère aussi spirituelle, aussi honnête et aussi respectable en tout, ne peut manquer de devenir excellente. Je m'étais proposé de vous en écrire dès le même jour ; mais il me survint des affaires qui m'en ont empêché, et votre amitié toujours prévenante a devancé mon compliment et les remercîments que je dois à Mme de Ruffey de cette marque de ses bontés, et de la part qu'elle prend avec vous à la grâce que le roi a faite à mon fils (2), qui m'oblige à ne rien épargner pour qu'il s'en rende digne.

Il est difficile de faire, dans les choses importantes, changer les résolutions d'un homme fort ; cela me fait désespérer de vous voir ici si tôt (3) ; cependant je ne puis imaginer que vous y eussiez aucun désagrement. Mme votre belle-mère (4) vous estime et même vous respecte, et ce sentiment qu'elle m'a toujours montré ne peut qu'augmenter à l'infini, si elle veut actuellement comparer ses gendres. Il y a bien longtemps que mes malheurs (5) et les affaires qui les ont accompagnés et suivis m'ont empêché de m'occuper d'aucune étude. Je n'ai donc rien en ordre et qui fût digne de vous être présenté (6). Je verrai avec grand plaisir les productions de nos confrères, et surtout les vôtres. Je vous embrasse, mon cher Président, avec l'amitié la plus sincère et l'attachement le plus respectueux.

BUFFON.

(Collection du comte de Vesvrotte.)

(1) Marie-Thérèse Richard de Ruffey, seconde fille du président, née le 9 janvier 1754, morte le 9 septembre 1789, mariée deux ans après cette visite, en 1771, à l'âge de dix-sept ans, à un homme de soixante ans, le marquis de Monnier, président de la chambre des comptes de Dôle. Mme de Monnier, que l'amour de Mirabeau a fait passer à la postérité sous le nom de *Sophie*, fut toujours persuadée qu'elle avait dû épouser Buffon. Sainte-Beuve, et ses biographes l'ont répété après elle. Il est à remarquer qu'à l'époque de cette visite, à Montbard, Sophie n'avait que quinze ans, et que Buffon, veuf depuis trois mois d'une femme qu'il adorait, en avait soixante-deux. Le foyer domestique du marquis de Monnier a été troublé par sa femme et par sa fille, dont le mariage avec un officier aux mousquetaires du nom de Duvaldaon, a donné lieu à un procès célèbre qui s'est dénoué devant le parlement de Metz, et dans lequel s'est signalé l'avocat général Bertrand de Boucheporn, depuis intendant général de la Corse, et qui allait être nommé ministre de Louis XVI lorsque éclata la Révolution.

(2) Louis XV avait donné au fils de Buffon la survivance de la charge d'intendant du Jardin du Roi ; avec la réversibilité, jusqu'à concurrence de quatre mille livres, d'une pension de six mille livres, dont jouissait Buffon. Le manque de parole du Roi qui, deux ans après en 1771, pendant une grave maladie de Buffon, disposera de sa survivance en faveur du comte d'Angivillers, sera le plus grand chagrin de sa vie après la mort de sa femme.

(3) Le président de Ruffey, que des discussions d'intérêt avaient brouillé avec Mme de La Forest, avait annoncé à Buffon sa résolution de ne plus revenir au château de Montfort et la suite de la correspondance démontrera qu'il s'était tenu parole.

(4) Marie-Thérèse Feillet, veuve de Frédéric de La Forest, baron de Montfort.

(5) La douleur persistante que faisait éprouver à Buffon la mort de sa femme.

(6) Le président de Ruffey avait demandé à Buffon un mémoire ou une lecture pour l'Académie de Dijon.

LETTRE CXL

AU PRÉSIDENT DE BROSSES.

Montbard, le 29 septembre 1769.

Je viens maintenant à vous, mon très cher ami, et je ne veux pas que vous vous donniez la peine de venir à Montbard, puisque j'ai l'espérance de vous aller voir à Dijon ; et quand même l'affaire que nous traitons (1) viendrait à manquer, je ferai en sorte de prendre trois ou quatre jours dans le temps des fêtes de la Toussaint, pour aller les passer avec vous.

Je suis enchanté de vous sentir allégé du fardeau qui vous opprimait (2). Avec un peu de temps et quelques grains d'indifférence philosophique, vous reprendrez votre tranquillité et vous sentirez renaître tous vos goûts.

Je l'éprouve moi-même. Personne n'a été plus malheureux deux ans de suite : l'étude seule a été ma ressource, et, comme mon cœur et ma tête étaient trop malades pour pouvoir m'appliquer à des choses difficiles, je me suis amusé à caresser des oiseaux (3), et je compte faire imprimer cet hiver le premier volume de leur histoire. Je vous porterai le discours préliminaire de ce volume, que je serais bien aise de vous lire (4). Soyez donc plus heureux, mon cher ami ; personne ne mérite plus que vous de l'être en tout, et je le serais moi-même si je pouvais y contribuer.

BUFFON.

(Collection du comte de Brosses.)

LETTRE CXLI

A M. RIGOLEY,

MARCHAND DE BOIS, A BUFFON.

Paris, ce 17 décembre 1769.

Je suis très sensible, monsieur, à l'envoi que vous avez bien voulu me

(1) Encore un mariage dont s'occupait Buffon avec Guéneau de Montbeillard celui de Mlle d'Hervilly avec M. de Bellegarde, officier aux gardes du corps. La négociation n'aboutit pas plus que celle au sujet de laquelle Guéneau de Montbeillard écrivait à sa femme la lettre que nous avons publiée page 374 du tome I de la première édition de la *Correspondance*.

(2) Allusion au chagrin que causaient au président de Brosses les attaques de Voltaire et ses échecs à l'Académie française.

(3) L'édition royale in-folio de l'*Histoire des Oiseaux* comprenant 10 volumes publiés de 1771 à 1786.

(4) Humbert Bazile et Hérault de Séchelles attestent que Buffon aimait à lire lui-même ses écrits, qu'il lisait fort bien et qu'il provoquait volontiers les critiques de ses auditeurs, même les plus humbles, et qu'il savait en tirer parti.

faire d'un chevreuil (1) qui est très beau et qui certainement sera très bon. Recevez-en, si vous voulez bien, tous mes remercîments. S'il y avait ici, monsieur, quelque occasion de vous obliger, je serais fort aise de pouvoir vous y être bon à quelque chose.

Je suis très sincèrement, monsieur, votre très humble et très obéissant serviteur.

BUFFON.

(Inédite. — Communiquée par M. le curé de Rougemont et Buffon.)

LETTRE CLXII

AU DUC DE CHOISEUL-PRASLIN,

MINISTRE DE LA MARINE (2).

Paris, le 18 décembre 1769.

Monseigneur,

Vous m'avez permis de mettre sous vos yeux l'état des frais que j'ai faits pour les expériences relatives à la méthode de perfectionner la qualité des fontes de fer et à la meilleure fabrication des canons (3). Je vous supplie,

(1) Les chevreuils de Montbard étaient en renom. Buffon en a plusieurs fois envoyé à Louis XV, qui lui adressait en retour des pâtés de gibier faits de sa main royale. « Il était assez lié avec Louis XV qui, désirant un jour manger du chevreuil de Montbard, chevreuil à la vérité très renommé, ne put être complètement satisfait; il ne s'en trouva qu'une moitié. Louis XV voulut bien la recevoir et lui envoya la moitié d'un pâté. »

(LE CHEVALIER AUDE.)

(2) César-Gabriel de Choiseul, duc de Praslin, né en 1712, mort en 1785, cousin du duc de Choiseul, premier ministre, successivement ambassadeur à Vienne en 1758, ministre des affaires étrangères en 1761, à la place de Choiseul, ministre de la marine du 7 avril 1766 au 25 décembre 1770. Comme ministre des affaires étrangères, il signa la paix de 1763, qui mit fin à la guerre de Sept ans; comme ministre de la marine, il a développé notre marine de guerre, fortifié le port de Brest et préparé le voyage de Bougainville autour du monde.

(3) Buffon rendant compte de ses expériences sur les canons dans la partie expérimentale de ses *Suppléments* termine en disant : « Le ministre ayant changé, je n'ai plus entendu parler ni d'expériences ni de canons. »

Un secrétaire de Buffon rapporte avoir vu, sur la plus haute terrasse des jardins de Montbard, un canon de son invention se chargeant par la culasse. Lorsqu'en 1784, le frère de Frédéric le Grand, le prince Henri de Prusse, le héros de Breslaw et Freiberg, vint à Montbard, et qu'il visita les jardins de Buffon dont sa sœur, Mme Nadault, lui faisait les honneurs, il s'arrêta longtemps, sur la plus haute terrasse, devant les canons pris à l'ennemi donnés par Louis XIV au lieutenant général comte de Montal et rapportés par Buffon du château de Quincy. Parmi ces pièces d'artillerie rangées sur les remparts se trouvait le canon se chargeant par la culasse, c'était devant lui que s'était arrêté le général prussien. Mme Nadault, croyant à une impression fâcheuse de sa part, lui dit : « Si ces canons n'eussent pas été hors de service, ils eussent salué votre arrivée »; le prince, devenu songeur, ne répondit pas.

monseigneur, d'être persuadé de mon zèle et du désir que j'ai de vous en donner des preuves; les sentiments que vous avez eu la bonté de me témoigner m'encouragent et je ferai tout ce qui dépendra de moi pour que le succès couronne nos travaux et remplisse vos vues.

J'ai l'honneur d'être, avec un profond respect, monseigneur, votre très humble et très obéissant serviteur.

BUFFON.

(Inédite. — Collection Nadault de Buffon.)

LETTRE CXLIII

AU PRÉSIDENT DE RUFFEY.

Paris, le 10 janvier 1770.

Je reçois, mon cher Président, toujours avec la même joie, les marques de votre amitié, et je vous supplie d'être persuadé que mon attachement pour vous est aussi sincère qu'inviolable, et que personne ne s'intéresse plus que moi à la durée de votre bonheur. Je dis à la durée, car je suis convaincu qu'avec vos vertus, vos lumières et votre noble manière de penser, vous êtes heureux en effet, et que vous n'avez besoin que d'une bonne santé pour jouir de tous les biens de ce monde.

Je serais enchanté de vous voir à Paris, si vous y venez au commencement de mars; mais, si vous tardiez jusqu'à la fin de ce même mois, je n'y serai peut-être plus, étant forcé de retourner à ma campagne vers le 25 de mars.

Vous avez très bien fait de recevoir M. Fontaine à votre Académie (1). C'est un des plus grands géomètres de l'Europe, et je suis fâché que ses procès l'obligent à faire autre chose que de la géométrie. Je vous serai obligé des services que vous voudrez bien lui rendre.

Je verrai avec plaisir le premier volume de vos Mémoires (2), dans lequel je chercherai d'abord ce qui peut être de vous, et ensuite ce qui sera de notre ami le président de Brosses. Je ne crois pas qu'il soit à présent à Dijon, et le repos de la campagne pourra lui valoir le produit d'un garçon; mais, tant qu'il demeurera à la ville, où l'on est si fort obligé de se partager, il pourrait bien ne faire que des filles. Donnez-lui votre recette, vous qui avez fait en

(1) Fontaine des Bertins déjà nommé, avait été reçu membre de l'Académie de Dijon l'année précédente. Il sollicitait le président de Ruffey pour un de ses innombrables procès, comme il avait précédemment sollicité Buffon.

(2) Les Mémoires de l'Académie de Dijon, publiés sous la direction de Jean Bernard Michault et après lui du Dr Maret, secrétaires perpétuels de cette Académie, renferment de nombreux travaux du président de Ruffey en vers et en prose.

ce genre et en bien d'autres tout ce que vous avez voulu. Je vous embrasse, mon cher Président, et serai toute ma vie, avec une tendre amitié et un respectueux attachement, votre très humble et très obéissant serviteur.

BUFFON.

Mes respects, je vous prie, à Mme la présidente de Ruffey et à la belle demoiselle que j'ai eu l'honneur de voir à Montbard (1). Ne m'oubliez pas non plus auprès de M. votre fils.

(Collection de M. le comte de Vesvrotte.)

LETTRE CXLIV

AU PRÉSIDENT DE BROSSES.

Montbard, le 12 mai 1770.

J'ai, mon très cher Président, l'honneur de vous envoyer ci-jointes les informations que vous avez désirées au sujet de Mlle d'Hervilly (2), avant de la proposer à M. de Bellegarde (3). Je crois que cette affaire conviendrait à merveille à tous deux, et je désire beaucoup, comme je l'ai mis au bas du petit mémoire ci-joint (4), que la jeunesse de la demoiselle n'effrayât pas : car, quoiqu'elle n'ait pas dix-sept ans, elle paraît aussi sérieuse et aussi raisonnable qu'on l'est communément à vingt-cinq. D'ailleurs, sa mère, et sa tante surtout, sont des femmes d'un vrai mérite. Je crois donc, mon cher bon ami, que vous pouvez faire passer à M. de Bellegarde ces propositions, et l'engager, si elles lui conviennent, à donner une réponse et en même temps les informations qu'on lui demande par le mémoire.

Je n'ai pas perdu de vue l'agréable projet de vous aller voir, et je l'exécuterai certainement cet été. Depuis mon retour de Paris, j'ai toujours été incommodé de fluxions et de rhumes dont je ne suis pas encore quitte.

(1) Marie-Thérèse Richard de Ruffey, depuis marquise de Monnier, la trop fameuse *Sophie* de Mirabeau, alors âgée de seize ans, dont on a précédemment rapporté la visite à Montbard et les prétentions à un mariage avec Buffon.

(2) Sœur de Louis-Charles comte d'Hervilly, né en 1755, mort le 14 novembre 1795, connu par le désastre de Quiberon, où il commandait les émigrés.

(3) Antoine Dubois de Bellegarde, né en 1740, servit dans les gardes du corps et obtint fort jeune la croix de Saint-Louis; mais ayant quitté son corps sous l'inculpation d'escroquerie, il abandonna la France pour prendre du service dans l'armée prussienne.

(4) La bonté et la serviabilité de Buffon, la considération dont il jouissait, ses hautes et nombreuses relations l'amenèrent à s'occuper fréquemment de mariages, — ce qui, au surplus, ne paraissait pas lui déplaire, et on l'entendra souvent revenir dans sa correspondance sur des négociations matrimoniales. Celle-ci, qui est la première, débute d'une manière originale puisque l'affaire s'entame par un mémoire — tout comme pour un procès.

Ils viennent de recevoir Saint-Lambert (1) à l'Académie française. C'est un poète sans poésie, comme ils avaient reçu précédemment l'abbé de Condillac (2), qui est un philosophe sans philosophie. Et c'est Duclos qui fait seul tous ces beaux choix.

Je viens de lire le poème de l'empereur de la Chine, qui a pour titre : *Éloge de la ville de Moukden*, et j'en suis assez content, quoique cela soit assez mal écrit en français (3). Les éditeurs chinois y ont mis des notes historiques et géographiques sur l'origine des lettres chinoises et sur les différentes dynasties de leurs empereurs. Vous entendrez tout cela beaucoup mieux que moi, mon très cher ami, et, si vous n'avez pas ce livre, je vous l'enverrai. C'est toujours dans les sentiments du plus tendre et respectueux attachement que j'ai l'honneur d'être, mon très cher Président, votre très humble et très obéissant serviteur.

BUFFON.

(Collection du comte de Brosses.)

(1) Charles-François, marquis de Saint-Lambert, écrivain et poète, né en 1725, mort le 9 février 1803.

D'abord attaché au roi Stanislas et aux gardes lorraines dont le chevalier de Buffon, frère du naturaliste, était colonel, collaborateur à l'*Encyclopédie*, connu par sa liaison avec Mme du Châtelet et Mme d'Houdetot, auteur d'ouvrages philosophiques, de fables et de contes et du poème des *Saisons* en 1765, reçu à l'Académie française en 1770 à la place de l'abbé Trublet qui, élu en février 1761 après avoir été pendant près de cinquante ans candidat au fauteuil académique, n'en avait joui que pendant neuf ans.

(2) Etienne Bonnet de Condillac, écrivain et philosophe, frère de l'abbé de Mably, né en 1725, mort le 3 août 1780, précepteur de l'infant duc de Parme, membre de l'Académie française le 28 novembre 1768 à la place de l'abbé d'Olivet et en concurrence avec son frère l'abbé de Mably, auteur de l'*Essai sur l'origine des Connaissances humaines* (1766), du *Traité des systèmes* (1749) *et des sensations* (1755), du *Traité des animaux*, contre Buffon (1755), etc. Son *Traité des sensations* ayant paru cinq ans après l'*Histoire naturelle*, on reprocha à Condillac de s'être servi des idées de Buffon. « On disait, dans le temps que parut le *Traité des sensations*, — écrit Grimm le 2 novembre 1755, — que M. l'abbé de Condillac avait noyé la statue de M. de Buffon dans un tonneau d'eau froide. Cette critique, et le peu de succès de l'ouvrage ont aigri notre auteur et blessé son orgueil; il vient de faire un ouvrage tout entier contre M. de Buffon, qu'il a intitulé *Traité des animaux*. L'illustre auteur de l'*Histoire naturelle* y est traité durement, impoliment, sans égards et sans ménagements. Quand il serait vrai que M. de Buffon se fût peu gêné sur le *Traité des sensations*, et qu'il en eût dit beaucoup de mal dans le monde, la conduite de M. l'abbé de Condillac n'en serait pas moins inexcusable. C'est une plaisante manière de se venger d'un homme dont on a à se plaindre, que de faire un ouvrage contre lui, et de le remplir de choses dures et malhonnêtes. Cette façon prouve seulement peu d'éducation et beaucoup d'orgueil dans celui qui s'en sert. M. l'abbé de Condillac devrait savoir que quand on manque d'égard aux autres, et surtout à des gens considérés, on ne fait pas le moindre tort à ceux à qui l'on manque, mais on se dégrade soi-même. Du reste, quoiqu'il ne soit certainement pas difficile de relever beaucoup de choses dans l'*Histoire naturelle*, il faut être un autre homme que M. l'abbé de Condillac, et savoir marcher moins pesamment, quand on veut entreprendre d'en dégoûter. M. de Buffon mettra plus de vues dans un discours que notre abbé n'en mettra de sa vie dans tous ses ouvrages. »

(3) Kien-Long, empereur de la Chine, composa vers l'année 1743 un poème en vers chinois et tartares, ayant pour titre *Éloge de la ville de Moukden*. Ce poème imprimé en soixante-quatre idiomes différents a été traduit en français en 1770.

LETTRE CXLV

AU MÊME.

Montbard, le 28 mai 1770.

Je crois, mon très cher Président, vous avoir marqué, il y a un an ou deux, que j'avais fait ici une entreprise considérable de forges (1). Je vous en reparle aujourd'hui parce qu'elle n'est point encore achevée, et que les débordements continuels d'eau qui se sont faits cet hiver et ce printemps, me forcent à des réparations qui exigent absolument ma présence, en sorte qu'il ne me sera pas possible d'aller vous voir à Dijon, du moins de si tôt, quoique j'en aie un extrême désir.

D'autre part, je n'ose vous proposer de venir à Montbard, dans la seule crainte de vous incommoder. Ce serait cependant l'affaire d'un petit jour pour venir et d'un autre pour retourner; car je vous enverrais un relais jusqu'à Saint-Seine (2) si vous le désiriez, et ces mêmes chevaux vous y reconduiraient pour votre retour. Voyez, mon cher bon ami, ce que vous pouvez faire, et, si cela est impossible, je ferai tout ce qui dépendra de moi pour aller à Dijon vers le commencement d'août; et encore cela dépend-il des circonstances, qui me forceront peut-être de faire un tour à Paris dans ce temps, de manière que le plus sûr et le meilleur serait de toute façon le voyage de Montbard, si vos affaires et votre santé vous le permettent. La mienne me demande toujours beaucoup de ménagement.

On m'écrit que l'archevêque de Toulouse (3) pourra bien remplacer à l'Académie française le duc de Villars (4); d'autres me mandent qu'on ne procédera

(1) Cette entreprise constitue, en effet, avec les jardins de Montbard et le Jardin du Roi, les trois grandes créations de Buffon considéré comme constructeur et fondateur, nous en avons déjà parlé; nous y reviendrons chaque fois que Buffon parlera, dans sa *Correspondance*, de ses forges qui lui ont valu plus d'ennuis que de bénéfices.

(2) Saint-Seine-l'Abbaye, à six lieues de Montbard, vaste abbaye fondée par saint Seine en 534, deux fois détruite par les Sarrasins en 731 et les Hongres en 937, et qui comptait 500 moines en 777, sépulture de Philippe le Hardi. L'abbé de Saint-Seine, un des dignitaires de la cour des ducs de Bourgogne, était, en 1770, Claude-François, marquis de Luzinnes, élu du clergé aux états de Bourgogne.

(3) Étienne-Charles de Loménie de Brienne, né en 1727, mort en prison le 16 février 1794. Lié avec d'Alembert et Turgot, ses discours dans les assemblées du clergé le firent considérer par les encyclopédistes comme un adhérent et ils le portèrent à l'Académie française, où il fut reçu le 27 juin 1770, en remplacement du duc de Villars. Voltaire écrivait le 11 juin à d'Alembert : « On dit que vous nous donnez pour confrère l'archevêque de Toulouse, qui passe pour une bête de votre façon, très bien disciplinée par vous. » Successivement évêque de Condom, archevêque de Toulouse, où il réunit la Garonne au canal de Caraman par un canal qui porte son nom, archevêque de Sens et cardinal, appelé en 1787 au contrôle général des finances à la place de Calonne et bientôt premier ministre, auteur de l'exil du parlement à Troyes et de la convocation des états généraux, qui le renversèrent le 25 août 1788 pour le remplacer par Necker.

(4) Honoré-Armand de Villars, fils du maréchal, né le 4 décembre 1702, mort le 1er mai

pas de sitôt à l'élection, et que ce ne sera qu'après la Saint-Martin. Je vois toujours avec peine que les gens qui n'intriguent pas sont reculés, et que Duclos, qui cependant serait fait pour sentir votre mérite (1), a jusqu'ici préféré des gens bien au-dessous. On devrait vous offrir cette place, et, à vous parler naturellement, vous devez vous estimer assez pour ne la pas solliciter (2).

Envoyez toujours le mémoire (3), je vous supplie. De mon côté, j'ai écrit qu'on n'accepterait pas l'article des cent mille livres payables dans trois ans; qu'on voulait vingt-cinq mille livres mariage faisant, et le surplus d'année en année. J'ai joint à ces conditions la petite note que vous m'avez envoyée. Je vous avoue que je ne connais ce M. d'Hervilly que par Mlle de Chenoise sa belle-sœur, qui est la plus honnête personne du monde, et qui était l'une des amies intimes de ma pauvre femme. Cette demoiselle jouit à Paris d'environ douze mille livres de rentes. J'ai ouï-dire dans tous les temps que le marquis d'Hervilly possède en Picardie plus de quarante mille livres de rentes en fonds de terre. Je ne sache pas qu'il ait fait d'autres entreprises que celle d'une manufacture de beau linge de table, pour laquelle il lui a fallu de fortes avances et qui le gênent dans le moment présent. Vous me direz que c'est le cas, vu la jeunesse de sa fille, d'attendre deux ou trois ans; mais, comme j'ai raconté à Mlle de Chenoise l'histoire du mariage manqué, et que d'ailleurs elle avait entendu parler du mérite de M. le marquis de ***, elle a déterminé M. d'Hervilly à consentir dès à présent au mariage de sa fille. Au reste, si l'affaire s'engage, nous demanderons des hypothèques et des sûretés, et nous ne terminerons rien sans voir bien clair.

Je vous embrasse, mon très cher Président, et vous supplie de faire agréer mes respects à madame. J'espère qu'à son retour des eaux elle comblera vos vœux.

BUFFON.

(Collection du comte de Brosses.)

1770, était pair de France, brigadier des armées du Roi, gouverneur de Provence. Dans l'opulente succession de son père, il avait recueilli le fauteuil académique, qu'il vint occuper le 9 décembre 1734. Il fréquentait Ferney, où Voltaire se faisait un malin plaisir de lui faire jouer la comédie. La réplique d'un abbé de Provence résume ce que pensèrent de lui ses contemporains : « L'abbé, lui avait dit un jour le duc, vous ressemblez à un portrait qui est dans mon antichambre. — Monseigneur, répliqua l'abbé, vous n'êtes pas heureux en ressemblances; car je ressemble à ce portrait comme vous ressemblez à votre illustre père.»

(1) Le président de Brosses fut, avec l'abbé Le Blanc, autre ami de Buffon, un candidat perpétuellement malheureux à l'Académie française. Il en eût fait partie comme Buffon, Crébillon, La Monnoye et Bouhier, ses compatriotes, sans la misérable rancune de Voltaire à propos d'une corde de bois qu'il devait au président et qu'il ne voulait pas payer.

(2) On se souvient que tel avait été le procédé de Buffon.

(3) Le mémoire concernant le mariage négocié par Buffon et le président de Brosses entre M. de Bellegarde et Mlle d'Hervilly.

LETTRE CXLVI

A GUÉNEAU DE MONTBEILLARD.

Montbard, le 17 août 1770.

Le rhume subsiste, mon très cher monsieur, malgré les bains, les remèdes, les sirops et la diète; mais la voix est un peu revenue, et, en continuant ce régime, j'espère que j'en serai quitte dans quelques jours.

Si vous m'eussiez dit, mon cher monsieur, que vous avez eu la bonté de donner 500 livres pour moi, je n'aurais pas rapporté ici tout l'argent que j'ai touché à Semur. J'envoie aujourd'hui au P. Ignace (1) un effet que j'ai à

(1) Antoine Bougot, connu sous le nom de P. Ignace, né à Dijon en 1721, mort à Buffon le 1er juillet 1798, à soixante-dix-sept ans. D'une honorable famille de Dijon, il abandonna la maison paternelle et entra dans les capucins. La tradition conserve à Montbard le souvenir des facéties du joyeux capucin de Buffon :

« Ce moine, dit Hérault de Séchelles, possède l'art de se faire donner, si bien que celui qui donne semble devoir lui en être obligé : « Ne me donne pas qui veut, » dit souvent le P. Ignace. Avec ce talent, il est parvenu à faire rebâtir la capucinière de Semur..... C'est à ce Révérend Père, curé de Buffon, village à deux lieues de Montbard, que M. de Buffon abandonne une grande partie de sa confiance..... Il est tout chez lui; il s'intitule capucin de M. de Buffon. Il vous dira, quand vous voudrez, qu'un jour M. de Buffon le mena à l'Académie française, qu'il y attira tous les regards, qu'on le plaça dans un fauteuil des quarante, que M. de Buffon, après avoir prononcé le discours, le ramena dans sa voiture aux yeux de tout le public, qui n'avait des yeux que pour lui. M. de Buffon l'a cité comme son ami dans l'article du serin. »

« Il avait obtenu de ses supérieurs, dit de son côté Humbert Bazile, l'autorisation de résider dans sa nouvelle paroisse et il s'était installé dans la maison seigneuriale de Buffon, dont M. de Buffon lui avait abandonné la jouissance avec les meubles et la vaisselle d'argent. Le P. Ignace jouissait d'un véritable crédit; on demandait sa protection, il recevait des présents. Si quelque chose manquait au château, on l'envoyait chercher à la cure. Le P. Ignace donnait à dîner. Il avait de l'esprit naturel, et avec lui il était impossible de rester triste..... A l'exemple de tous les favoris, il était détesté des gens du château. »

On trouve ce portrait sur le P. Ignace dans un article du *Journal de Paris* paru les 3 et 4 mai 1788, quinze jours après la mort de Buffon :

« Un de ses plus constants attachements fut celui qu'il avait voué au P. Ignace Bougot, capucin, qu'il était parvenu à faire nommer curé de Buffon. Cette liaison a duré plus de cinquante ans. Pendant les séjours que M. de Buffon faisait à Montbard, le P. Ignace ne manquait jamais de venir deux fois par semaine dîner avec son ami, et M. de Buffon, quand il se portait bien, allait à son tour dîner chez le P. Ignace. En un mot, c'était le P. Ignace qui avait la confiance tout entière de M. de Buffon. Aussi lorsqu'il est accouru à Paris dans les derniers moments qui ont précédé la mort de ce grand homme, M. de Buffon qui, depuis quelques jours, ne parlait presque plus, a repris ses forces en voyant son ancien ami. »

La bru de Buffon écrivait de Montbard, le 14 juillet 1786, à son mari en garnison au Quesnoy : « J'ai fait tous les compliments dont vous m'aviez chargée et certainement le P. Ignace, un des personnages les plus considérables du pays, n'a pas été oublié. »

« M. de Buffon s'amusait comme un roi des trois bêtes du P. Ignace. Le cheval de cet aimable capucin s'appelait *Coco*, son perroquet dont j'ai oublié le nom jasait à ravir et sa levrette qui, au moindre signe de son maître, sautait sur sa tonsure et faisait des mines, réjouissaient infiniment le comte de Buffon. il riait de tout son cœur et moi je riais de le voir rire. » (LE CHEVALIER AUDE.)

toucher sur M. Cœur-de-Roi (1). Je le charge de vous payer les 500 livres, la quittance en bonne forme, et je vous remercie, mon cher monsieur, d'avoir fini cette petite affaire.

Je suis content du gain de mon procès (2). La victoire pouvait être plus complète; mais il faudrait que la justice fût plus juste et prît moins garde aux formes (3). C'est toujours beaucoup gagner que de cesser d'être tracassé, surtout pour une misère.

M. Daubenton le fils (4) est aujourd'hui à Buffon. Je ne manquerai pas de lui faire part de ce que vous me marquez, et je suis sûr qu'il s'y conformera.

Mes tendres respects à vos dames. Agréez aussi, je vous supplie, ceux de mon fils (5), et les protestations de mon éternel attachement.

BUFFON.

(Appartient à la baronne de La Fresnaye.)

Le P. Ignace envoyant, le 14 mai 1788, à Faujai de Saint-Fonds, les notes que celui-ci lui avait demandées sur la vie intime de Buffon, lui disait :

« Il faudra toute votre intelligence pour lire ces feuilles éparses et en mauvais ordre, car mon perroquet a mis mon cahier en morceaux pendant le temps de la messe que je le quittai pour aller à l'église. » Il ajoutait : « Il y a 50 ans que j'entends parler de M. de Buffon avec éloges; j'ai passé 38 ans avec lui dans une intimité qui l'a fait m'honorer dans ses immortels ouvrages du titre d'ami. Ce fut en 1745 que j'allai la première fois prêcher le carême à Montbard; il avait alors 38 ans et ce fut à cette époque heureuse pour moi qu'il commença à m'honorer de sa confiance. »

Le P. Ignace à Montbard rappelle le P. Adam à Ferney, avec cette différence que, tandis que le second n'était qu'un complaisant, le premier était véritablement un ami. Il le prouva dans les temps d'épreuves en offrant généreusement tout ce qu'il tenait de son bienfaiteur au fils de Buffon, arrêté, et dont tous les biens étaient sous le sequestre en attendant l'échafaud.

(1) Michel-Joseph Cœur-de-Roi, fils d'un président aux requêtes du palais, conseiller laïque au Parlement de Bourgogne, le 16 juin 1758 à la mort d'Edme-Étienne-François Champion de Nansouty, de la famille du général de ce nom, et en 1766, premier président de la cour souveraine de Nancy.

(2) Procès intenté par les Ursulines de Montbard pour une limite contestée entre les bois de Buffon et ceux de la communauté.

(3) Ce ne sera pas la dernière fois que l'on entendra Buffon reprocher à la justice de se préoccuper outre mesure de la forme au détriment du fond.

(4) Appelé plus communément Daubenton le jeune, garde et sous-démonstrateur du Cabinet du Roi.

(5) Alors âgé de six ans. Le nom du fils de Buffon reviendra souvent dans sa correspondance et la manière dont il en parle et les constantes préoccupations de sa tendresse paternelle ajouteront un nouveau témoignage à tous ceux que nous nous sommes plus à recueillir sur la sensibilité de Buffon.

LETTRE CXLVII

AU PRÉSIDENT DE BROSSES.

Paris, le 21 décembre 1770.

Vous ne devez pas douter, mon très cher Président, du désir que j'ai de vous voir sur notre liste (1).

Vous êtes, à toutes sortes de titres, le premier que je voudrais nommer, cependant jusqu'ici je n'ai pu vous rendre service, comme je l'aurais voulu.

Je suis arrivé à Paris le 12, et le lendemain j'ai été pris d'un rhume violent; j'ai eu deux accès de fièvre, en sorte que j'ai été forcé de garder ma chambre, et qu'encore aujourd'hui je n'en puis sortir.

Étant incommodé, je n'avais fait qu'une liste très courte des amis que je voulais laisser entrer, et précisément M. l'archevêque de Lyon (2) est venu et ne m'a pas vu, parce que n'ayant pas encore reçu votre lettre alors, je n'avais pas songé à lui et que j'ignorais même s'il était à Paris. Depuis ce temps-là j'ai envoyé deux fois auprès de lui pour lui faire part de l'impossibilité où j'étais de l'aller voir. La première fois il était à Versailles pour trois jours; la seconde, il a répondu qu'il viendrait auprès de moi lorsqu'il aurait un moment de loisir. Enfin je ne l'ai pas encore vu.

Il en est de même de M. de Sainte-Palaye (3), quoique je lui aie fait part de ma situation.

Hier au soir j'ai vu le nom de Mme votre fille (4) sur ma liste, et comme je présume que c'est de votre part qu'elle est venue me voir, je suis très fâché qu'elle ne soit point entrée. Il m'est en même temps revenu de Montbard un billet qu'elle m'avait écrit avant mon arrivée et qui y avait été envoyé.

Je vous fais, mon cher ami, le détail de toutes ces circonstances, pour que vous ne soyez pas étonné du peu que j'ai fait jusqu'à présent dans votre affaire.

Plusieurs personnes de l'Académie me sont venues voir, aussi bien que

(1) La liste patronnée par Buffon des candidats à un des trois fauteuils vacants à l'Académie française.

(2) Antoine Malvin de Montazet, né en 1715, mort le 2 mai 1788, évêque d'Autun en 1748, archevêque de Lyon le 2 mars 1758, membre de l'Académie française en 1757, où il a été remplacé par le chevalier de Boufflers.

(3) Jean-Baptiste de Lacurne de Sainte-Palaye, historien et érudit, né en 1697, mort le 1er mars 1781, auteur de recherches sur l'ancienne chevalerie et de nombreux mémoires dans le recueil de l'Académie des inscriptions, d'un glossaire dont le premier volume seul a été en partie imprimé et de cent volumes manuscrits in-folio, distribué entre la Bibliothèque nationale et celle de l'Arsenal, membre de l'Académie des inscriptions en 1724, de l'Académie française en 1758.

(4) Hyacinthe-Pierrette de Brosses, mariée à Louis-Marie de Fargès, lieutenant général des armées du Roi, née en 1748, morte à Dijon le 9 mai 1831.

tous les aspirants, et voici l'état où j'ai trouvé les choses. Le plus grand nombre, pour M. Gaillard (1); le plus petit, pour l'abbé Le Blanc; et c'est encore dans la même situation.

Vous sentez bien que je n'ai pas voulu ôter à l'abbé, qui est mon ami, cinq ou six voix dont il est sûr, et que je dois y joindre la mienne, supposé qu'il ne soit pas question de vous.

Néanmoins je vous ai proposé à tous ceux que j'ai vus, comme celui qui en était le plus digne à tous égards, et qui par conséquent devait être le premier nommé. Mais, d'un côté, MM. de Foncemagne (2) et autres de l'Académie des inscriptions tiennent pour leur Gaillard; de l'autre, j'ai trouvé une singulière opposition contre vous dans quelques gens de lettres, qui néanmoins sont faits pour vous apprécier; et comme cette opposition m'a étonné, j'ai fait tout ce qui était en moi pour en découvrir la source, et je ne sais si je me trompe; mais j'ai tout lieu de soupçonner qu'elle ne vient que d'un homme avec lequel vous avez eu des démêlés et qui a une grande influence sur l'escadron encyclopédique (3).

M. Duclos (4) m'a bien parlé de vous, mais en même temps il m'a paru décidé pour M. Gaillard.

Voilà tout ce que je sais, et par conséquent, mon cher ami, tout ce que je puis vous dire. Au reste, comme il y a actuellement trois places (5), il me paraît aussi impossible qu'injuste que vous n'en obteniez pas une. Les opposants font beaucoup valoir votre non résidence à Paris (6); mais j'ai reconnu que c'était plutôt le prétexte que le vrai motif de leur opposition.

Une chose qui peut vous nuire encore, c'est que l'abbé Barthélemy (7) se présente, appuyé de toute la faveur du ministère, et quand on vous nomme

(1) Gabriel-Henri Gaillard, littérateur et historien, né le 26 mars 1726, mort le 13 février 1806, de l'Académie des inscriptions en 1760, de l'Académie française le 21 mars 1771, où il fut reçu par l'abbé de Voisenon, le même jour que le prince de Beauvau.

(2) Étienne Laureault de Foncemagne, historien, né en 1694, mort le 26 septembre 1779, sous-gouverneur du duc de Chartres, membre de l'Académie des inscriptions en 1772 et le 10 janvier 1737 de l'Académie française. Lorsqu'il mourut, on dit à l'Académie : « M. de Voltaire a emporté tout le génie de notre littérature, M. de Foncemagne toute son honnêteté. — Cela est dur pour ceux qui lui restent, » avait répliqué l'abbé Delille.

(3) Le président de Brosses, qui avait très nettement posé sa candidature, avait rencontré cette fois encore de la part de Voltaire une opposition sourde, mais tenace, qui le fit échouer.

(4) Charles Pineau Duclos, secrétaire perpétuel de l'Académie française, précédemment nommé.

(5) Trois places vacantes par la mort de Moncrif, du président Hénaut et de l'abbé Alary.

(6) Le règlement, qui exigeait la résidence, avait déjà été enfreint, notamment par un compatriote du président de Brosses, le président Bouhier, qui ne cessa jamais d'habiter Dijon.

(7) L'abbé Barthélemy, écrivain et érudit, né en 1716, mort en 1794, garde du cabinet des médailles de la Bibliothèque du Roi en 1753. Il était entré à l'Académie des inscriptions en 1747; mais il ne put arriver à l'Académie française qu'en 1789. C'est son ouvrage le plus populaire, le *Voyage du jeune Anacharsis*, publié en 1788, qui lui en a ouvert les portes.

avec M. Gaillard et M. l'abbé Barthélemy on répond que l'Académie des belles-lettres veut donc absolument envahir l'Académie française, en y plaçant tout à la fois trois membres de son corps.

Pour moi, de ces trois places, j'en veux une pour vous et l'autre pour l'abbé Le Blanc, et je me conduirai de mon mieux et invariablement d'après ce point de vue; trop heureux si je puis réussir à vous donner, dans cette occasion, des preuves de mon zèle et de mon dévouement sans réserve.

BUFFON.

A mesure que les choses me paraîtront s'éclaircir ou s'embrouiller, j'aurai attention, mon très cher Président, à vous en informer. La première élection ne se fera qu'après les Rois, et peut-être y en aura-t-il deux le même jour. Nommez-moi ceux sur qui vous croyez pouvoir le plus compter.

(Collection du comte de Brosses.)

LETTRE CXLVIII

A M. DE BAISSEY (1).

A Paris, ce 7 janvier 1771.

Je suis très sensible, monsieur, à l'honneur de votre souvenir, et très reconnaissant de la bonté que vous avez de vous intéresser à mon fils. Les sentiments que vous me montrez ne peuvent venir que d'une très belle âme qui désire le bien, et je ne puis, monsieur, que vous en remercier, en vous offrant mes vœux avec ma reconnaissance. C'est dans ces sentiments et avec un respectueux attachement que j'ai l'honneur d'être, monsieur, votre très humble et très obéissant serviteur.

BUFFON.

Mon fils vous présente ses respects; il a six ans et demi, il est fort et grand, déjà bien organisé pour le physique, mais pas plus avancé que les autres pour le moral (2).

(Inédite. — Collection Nadault de Buffon.)

(1) Claude-Alexis Ganiare de Baissey, fils de J.-B. Ganiare de la Motte, frère du docteur Ganiare, auteur de travaux scientifiques. Les terres de Baissey-la-Cour et de Joursenvaux, à trois lieues de Beaune, ont successivement appartenu à Marguerite de Ventadour en 1492, à Jacques de Malain, ancêtre de la comtesse de Buffon, en 1520, et à Gaspard Carnot.

(2) Le meilleur moyen d'arriver au cœur de Buffon, c'était de s'intéresser à son fils.

LETTRE CXLIX

A GUÉNEAU DE MONTBEILLARD.

Paris, le 2 avril 1771.

Il y a longtemps que je vous dois une réponse, mon très cher monsieur; mais j'ai voulu attendre que je fusse en état de vous écrire quelques lignes de ma main, comme je le ferai à la fin de cette lettre.

Je la commence par vous témoigner ma joie du gain de votre procès. Trois semaines de temps qu'il vous en coûte pour vous en être occupé, me paraissent très bien employées, et vous ne devez pas y avoir regret. Pour moi, mon très cher ami, j'en ai beaucoup aux trois semaines que l'inquiétude de ma maladie vous a fait perdre (1), et je vous suis comptable non seulement de ce temps, mais de mille sentiments que cette inquiétude suppose, et dont je ne pourrai jamais vous témoigner assez ma reconnaissance.

Ma santé commence à se fortifier, malgré les froids qui sont fort contraires à la transpiration et à l'avancement de ma convalescence (2). Je me

(1) Nouvelle manifestation de l'étendue et de la nature de l'attachement que Buffon inspirait à ses amis et de la force des liens qui l'unissaient à Guéneau de Montbeillard.

(2) Au commencement de février 1771, Buffon fut atteint d'une maladie grave (probablement la dysenterie) qui mit ses jours en danger.

On lit dans les mémoires de Bachaumont (16 et 18 février 1771) : « M. de Buffon, de l'Académie française, dont les ouvrages lui assurent l'immortalité (*sic*), est à toute extrémité. Ce sera une grande perte pour les lettres. »..... Et plus loin: « M. de Buffon est hors d'affaires, et l'on en est d'autant plus aise que personne n'aurait pu continuer comme lui son ouvrage important et original sur l'histoire naturelle. »

Le 25 février, le frère de Buffon, dom Charles-Benjamin Leclerc de Buffon, prieur du Petit-Cîteau, appelé en toute hâte à Paris, écrivait à Guéneau de Montbeillard à Semur : « Je ne vous envoie pas de bulletin, l'impression en est arrêtée depuis hier. »

Buffon fut soigné pendant sa maladie par Mlle Blesseau, gouvernante de sa maison, par M. Laude, gouverneur de son fils, atteint lui-même de la maladie dont il devait bientôt mourir, et par son frère. Cette grave maladie fut la première révélation de la pierre, qui éprouvera désormais presque sans interruption les dix-sept années qui lui restent à vivre et dont il mourra à 81 ans. M. Laude écrivait le 11 mars à Guéneau de Montbeillard : « Il a rendu et rend encore des graviers dont la sortie lui a causé des douleurs très vives et deux fois des faiblesses..... Ma plus grande crainte est la réunion des graviers dont les suites seraient très fâcheuses. »

Il paraît, par la vivacité des yeux de M. de Buffon, par le teint animé qu'il a à certains jours, et par la brièveté de sa parole, qu'il y a un fort agacement dans les nerfs. »

On trouvera, dans la première édition de la *Correspondance*, tome Ier, page 388, les lettres de M. Laude et du frère de Buffon à Guéneau de Montbeillard pendant cette crise qui fit courir à Paris le bruit de la mort de Buffon.

A la nouvelle de son rétablissement et de son retour à Montbard, la municipalité prit, le 6 mai 1771, la délibération suivante : « La Chambre, ayant appris que M. de Buffon devait être de retour ici le 8 de ce mois, et mettant en considération que le vœu des habitants est de lui témoigner l'intérêt qu'ils ont pris au danger qu'il a couru dans la maladie qu'il vient d'essuyer, et de lui donner une marque publique de leur attachement, à l'occasion du rétablissement de sa santé, il a été délibéré que, pour rendre à M. de

tiens actuellement tous les jours sept ou huit heures debout; je dicte des lettres, et je fais quelques petites affaires. Je me promène à plusieurs reprises dans mon appartement, où je fais chaque jour dix-huit cents ou deux mille pas. Le sommeil commence à me revenir; car il n'y a pas plus de quinze jours que j'ai fermé l'œil pour la première fois. Les ardeurs d'urine sont calmées. Je n'ai point encore d'appétit bien décidé, et je commence à prendre de la nourriture sans dégoût; moins j'en prends, mieux je me porte; deux onces de pain, autant de viande et autant de poisson, me suffisent pour mes vingt-quatre heures. J'ai perdu toute ma chair, et il n'y a encore que mon visage qui commence à revenir. Je ne suis pas encore assez fort pour prendre l'air, et j'attends le dégel pour sortir; mais, en tout cas, je ne crois pas que je puisse partir d'ici pour retourner à Montbard avant le 1er mai.

J'ai des remercîments infinis à vous faire des soixante bouteilles de vin de Genay (1) que vous avez la bonté de me donner. Je n'en boirai pas d'autres. Mes médecins (2), dont je suis content et qui m'ont très bien conduit, insistent beaucoup sur ce que je boive à mon ordinaire du vin plus faible que nos vins de la haute Bourgogne, et avec mille autres obligations que je vous ai, mon cher monsieur, je vous devrai encore en partie le rétablissement de ma santé.

Je n'ai pas oublié, mon très cher monsieur, les deux mille livres que j'aurais dû vous remettre, ou du moins vous offrir dès le mois de février, puisque vous me les aviez prêtés à cette condition. Je vous les offre aujourd'hui, et, si vous le désirez, je vous en enverrai une rescription. Je vous devrai encore

Buffon les honneurs de cette ville, on tirera le canon à son arrivée, que l'on mettra sous les armes une compagnie de milice bourgeoise, qui se trouvera à son entrée à la ville, et que la Chambre ira en corps le complimenter. »

(1) « La côte de Genay, produit le meilleur vin de ces cantons. On distingue le climat de la confrérie. » (Courtépée, bailliage de Semur.)

(2) Les médecins qui ont soigné Buffon pendant sa grave maladie de 1771 sont les docteurs Lorry et Deschenets.

Annes-Charles Lorry, médecin physiologiste et écrivain, né le 10 octobre 1726, mort le 18 septembre 1783, docteur régent, un des fondateurs de l'Académie de médecine, auteur d'ouvrages scientifiques importants, créateur du traitement spécial des maladies de peau et des maladies de nerfs, médecin de Voltaire, médecin à la mode au XVIIIe siècle, surtout parmi les femmes, ce qui faisait dire à une femme de qualité : « Il est si au fait de nos maux que l'on dirait qu'il a lui-même accouché. »

Émile Deschenets, docteur en médecine au début de sa carrière qui ne nous est pas connue.

Les autres médecins de Buffon furent les docteurs Portal et Retz, et à Montbard le docteur Barblot, nommé dans les notes de cette Correspondance. Si Buffon était *content* de ses médecins, ceux-ci, à en croire M. Laude, n'avaient pas lieu d'être satisfaits de lui. Il écrivait, le 11 mars, à Guéneau de Montbeillard : « Les médecins ne sont plus inquiets que de l'opposition de M. de Buffon, qui recule beaucoup sa guérison en s'opiniâtrant à rejeter tout remède propice..... il y a plus de dix ou douze jours qu'ils insistent sur la nécessité de l'usage du lait, mais M. de Buffon, qui sent renaître ses forces, imagine qu'elles seules le rétabliront et refuse constamment toute espèce de remède. Il argumente fortement avec ses docteurs et finit par ne rien croire et ne rien faire. »

de l'autre argent pour nos affaires communes, dont nous compterons quand je serai de retour.

Nous ne savons rien que par vous de la rétention d'urine du pauvre docteur Daubenton. Il faut cependant que cela n'ait pas eu de suite, puisque ni moi ni son beau-frère (1) n'en avons eu aucune nouvelle.

On prétend ici que nous aurons un nouveau Parlement la semaine prochaine (2) ; j'en doute encore beaucoup, quoique je le désire. L'établissement des conseils supérieurs (3) est loué par tous les gens sensés, et fera réellement un très grand bien. Si le contrôleur général (4) voulait commencer à donner de l'argent et finir de mettre des impôts, tout pourrait encore aller. Jamais ce pays-ci n'a été plus cher et plus désagréable, et je soupire pour le temps où je pourrai le quitter (5), et passer avec vous les moments les plus heureux de ma vie.

Assurez toutes vos dames de mes tendres respects et de toute ma reconnaissance. J'embrasse de tout mon cœur Mme de Montbeillard, et je n'oublie jamais mon bon ami *Fin-Fin* (6). Son petit ami *Buffonet* (7) le salue et

(1) Edme-Louis Daubenton, garde sous-démonstrateur du Cabinet du Roi, frère de Marguerite Daubenton, femme du collaborateur de Buffon.

(2) Le nouveau Parlement, auquel l'histoire a donné le nom de Parlement Maupcou, fut installé le 13 avril 1771. Les princes du sang, qui faisaient cause commune avec l'ancien Parlement, ne parurent pas à la séance royale, à l'exception du comte de La Marche.

(3) Un édit de février 1771 avait créé dans le ressort de l'ancien Parlement de Paris dix conseils supérieurs auxquels on avait conféré toutes les attributions des Parlements. Un grand nombre de bailliages s'étant refusé à reconnaître leur autorité, ils ne tardèrent pas à être supprimés.

(4) Joseph-Marie, abbé Terray, né en 1715, mort en 1778, conseiller au Parlement, avait su s'attirer la faveur de deux favorites : la marquise de Pompadour et la comtesse du Barry, en se prononçant pour la cour contre les Parlements, il a pris la part principale aux mesures contre les jésuites (1764) et à la ruine de la Compagnie des Indes, il a favorisé l'exportation des grains dans l'intérêt de spéculations privées et au profit de Louis XV. Intendant général des bâtiments, directeur des Beaux-Arts, en 1770, contrôleur général des finances de 1769 à 1774 ; il manqua aux engagements de l'État, multiplia les impôts, réduisit les rentes, même les pensions, de un à trois dixièmes, ce qui fit dire à un plaisant, un soir où on étouffait au parterre de l'Opéra : « Que l'abbé Terray n'est-il ici ! il nous réduirait d'un tiers. » L'abbé Terray insultait par son luxe à la misère publique et répondait aux clameurs du peuple : « Il faut bien le laisser crier puisqu'on l'écorche. » La rue où était son hôtel a reçu le nom de rue Vide-Gousset.

(5) M. Laude écrivait, le 22 avril, à Guéneau de Montbeillard : « Notre départ est prolongé d'un peu de temps et il y a apparence que nous entamerons le mois de mai. Mais cette prolongation vient moins de la santé de M. de Buffon, qui n'a pas cependant encore toutes ses forces, que de la difficulté qu'il aurait de se procurer à Montbard toutes les petites douceurs de la vie qu'on trouve ici avec beaucoup d'argent. »

(6) Fils unique de Guéneau de Montbeillard, né le 11 avril 1759, mort le 18 février 1847, comme son père, musicien, littérateur et poète. Il avait dès l'âge de onze ans, comme Jean-Benjamin-François-Edme Nadault, son contemporain, un remarquable talent sur le violon. Successivement capitaine aux dragons de Belzunce, maire de Semur de 1809 à 1818, il a traduit de l'anglais en vers : *Venise sauvée* d'Olway, et un roman, *La Famille américaine*.

(7) Surnom donné dans la famille et l'intimité au fils de Buffon et qui reviendra souvent, de même que celui de *Fin-Fin*, dans cette Correspondance. Les deux enfants s'étaient liés

vous présente à tous, ainsi que M. Laude (1), ses très humbles respects.

(*Ce qui suit est de la main de Buffon.*)

Depuis ma maladie je n'ai encore pris la plume que pour signer, et je trouve bien doux le premier usage que j'en fais pour vous, mon très cher monsieur, qui tenez à mon cœur plus que personne.

J'ai reçu les cailles, mais je n'ai pu les lire encore. On commence à imprimer les perdrix, et, si je reçois les alouettes avant quinze jours, elles pourront entrer dans le volume et peut-être le terminer.

Bonsoir, mon cher bon ami ; je compte sur vous comme sur moi-même.

BUFFON.

(Appartient à la baronne de La Fresnaye.)

LETTRE CL

AU PRÉSIDENT DE RUFFEY.

Paris, le 29 avril 1771.

Je ne doute pas, mon très cher Président, de la part que vous avez prise à la longue maladie que je viens d'essuyer. Je suis bien convalescent, mais il s'en faut beaucoup que j'aie toutes mes forces. Je suis obligé de me ménager beaucoup sur la nourriture. Je ne puis me chausser, ayant les jambes enflées (2), et j'ai encore quelques ardeurs d'urine et d'autres petites misères qui cependant vont tous les jours en diminuant, en sorte que j'espère avec le temps un parfait rétablissement.

Je compte bien suivre votre avis et travailler un peu moins que je ne l'ai fait jusqu'à présent (3).

Le second volume de mon *Histoire des oiseaux* va paraître. Je vous dois le premier, et je vous l'enverrai depuis Montbard.

comme leur père d'une étroite amitié. *Buffonnet* avait sept ans, son ami *Fin-Fin* était son aîné de cinq ans.

(1) M. Laude, homme instruit et d'un caractère droit et ferme, a été le premier précepteur du fils de Buffon. Il était d'une honorable famille de Valognes où l'auteur de ces notes a commencé sa carrière de magistrat, où Buffon devait prendre, après la mort prématurée de M. Laude, son successeur, M. Dalet, et d'où devait également venir Vicq-d'Azir, mêlé, lui aussi, par son mariage, à l'histoire intime du Jardin du Roi.

(2) M. Laude écrivait sept jours auparavant, le 22 avril : « Il est depuis quatre ou cinq jours on ne peut pas mieux, et s'il tempère assez ses repas, il sera dans peu de temps absolument rétabli. Les jambes lui reviennent sensiblement; elles sont néanmoins enflées le soir; mais on ne regarde pas cela comme un mauvais symptôme, on le juge, au contraire, la fin de la maladie. »

(3) La maladie de Buffon avait été causée par un excès de travail ; revenu à la santé, il ne se tint pas parole et reprit sa vie laborieuse qui ne fut jamais interrompue, durant sa longue carrière, que par la maladie et le chagrin

Je suis fâché que vous ayez quitté les rênes de votre Académie. Quelque fougueuse que pût être cette compagnie, vous étiez fait pour la régir, tout le monde connaissait votre droiture, votre zèle et même vos bienfaits à son égard. Notre ami le président de Brosses est bien digne de vous remplacer (1); mais, comme vous le dites, quelqu'actif qu'il soit, il n'aura pas le temps de suivre les choses d'aussi près qu'il serait nécessaire, à moins qu'il n'arrive suppression de votre Parlement, comme il y a tout lieu de le craindre, surtout si vos messieurs ne mettent pas plus de modération dans leurs arrêts et dans leurs remontrances (2). Jamais la magistrature n'a été dans un aussi grand danger, et on ne peut se dispenser d'avouer qu'il y a de sa faute et qu'elle a poussé ses prétentions beaucoup trop loin.

Je compte partir dans huit jours pour Montbard, et peut-être ferai-je un voyage à Dijon dans le mois de juin.

L'une de mes plus grandes satisfactions sera de vous y voir et de vous renouveler, ainsi qu'à Mme la présidente de Ruffey, tous mes sentiments d'attachement et de respect.

BUFFON.

(Appartient au comte de Vesvrotte.)

LETTRE CLI

A GUÉNEAU DE MONTBEILLARD.

Paris, le 1er mai 1771.

Enfin, mon très cher monsieur, je crois être en état de pouvoir partir, et je me fais un délice de vous revoir. Je compte arriver à Montbard mercredi 8, ou tout au plus tard jeudi 9 de ce mois; je passe par Noyères, où mes chevaux sont mandés et doivent m'attendre. J'ai grand besoin de

(1) Le président de Ruffey, chancelier de l'Académie de Dijon, avait demandé à être remplacé; mais ce ne fut que le 3 janvier 1772, à son retour d'exil, que le président de Brosses fut élu à la place du président de Ruffey.

(2) Depuis le 20 janvier 1771, l'ancien Parlement de Paris avait été remplacé par le « Parlement Maupeou », amoindri par la création de dix conseils supérieurs. Tous les Parlements du royaume avaient pris parti pour l'ancien Parlement et présenté des remontrances. Le 4 février 1771, le Parlement de Dijon rédigea à son tour une protestation.

Cette protestation et une *Lettre au Roi*, œuvre du conseiller de Bévy et du président de Brosses, furent envoyées aux princes et aux pairs.

Les 4 et 25 mars, nouveaux arrêts du Parlement de Bourgogne prescrivant aux officiers du ressort de ne pas obéir aux *conseils supérieurs*. Le 13 avril, de nouvelles protestations et de nouvelles remontrances, suivies, le 1er mai, d'un arrêt d'une grande violence, imprimé, affiché et distribué dans tout le ressort. Le 13 juillet, sur la dénonciation du conseiller de Torcy, le Parlement fit brûler, par la main du bourreau, trois apologies du chancelier, et le cours de la justice fut interrompu.

repos pour achever de me rétablir ayant essuyé ici des orages de toute espèce (1). J'ai mille choses à vous dire dans lesquelles il y en a d'impor-

(1) On avait profité à Versailles de la maladie de Buffon et du bruit qui avait un instant couru de sa mort pour lui enlever la survivance de sa charge, donnée deux ans auparavant par Louis XV à son fils, faveur que Buffon annonçait, le 29 juillet 1769, au président de Ruffey en le remerciant de la part qu'il avait prise à la grâce que le Roi avait faite à son fils, faveur qui l'obligeait à ne rien épargner pour l'en rendre digne.

Un courtisan, surintendant général des Beaux-Arts, déjà comblé de charges, de survivances et de pensions, gentilhomme de la Manche, du Dauphin et des comtes de Provence et d'Artois, ce qui devait lui assurer la faveur de deux reines, le comte d'Angiviller, avait été désigné comme le successeur éventuel de Buffon.

Bien que cette négociation eût été tenu secrète, Buffon en fut averti, et le profond chagrin qu'il en ressentit faillit amener une rechute. Il protesta en invoquant la promesse du Roi, mais il n'obtint que des compensations qu'il ne demandait pas : une pension, la faveur, enviée par les plus grandes maisons de France, des grandes et des petites entrées de la Chambre, l'érection de sa terre en comté et une statue de son vivant.

Nous avons publié, dans la première édition de la *Correspondance* (tome Ier, page 403), les curieuses lettres échangées à ce sujet entre Versailles, le Jardin du Roi et Montbard.

Nous nous contenterons d'en donner de courts extraits. Le même jour où Buffon écrivait de Paris, le 1er mai, à Guéneau de Montbeillard : « J'ai grand besoin de repos pour achever de me rétablir, ayant essuyé ici des orages de toute espèce. » Le comte d'Angiviller écrivait de Versailles à Buffon :

« Lorsque Monsieur le Dauphin pensa pour moi à cette place, je commençai par m'y refuser pour deux raisons : la première, Monsieur, que vous aviez un fils qui devait naturellement recueillir le fruit de vos peines. On me répondit que l'âge de M. votre fils était un obstacle insurmontable..... Une seconde objection portait sur moi-même. Je représentai que, n'étant point savant, que n'ayant que les connaissances superficielles d'un homme du monde, je n'étais pas fait pour la place, encore moins pour remplacer M. de Buffon; on me répondit que ce n'était pas une place attachée aux sciences, que c'était une place d'administrateur pour laquelle on voulait un homme d'un état supérieur à celui des savants, que vous réunissiez ces avantages au mérite personnel et que c'était à ce titre que l'on vous avait placé là.

Sur la promesse verbale du Roi, je demandai que l'on mît sur la feuille que, si M. votre fils s'attachait aux sciences, je lui ferais avoir la survivance de la place qui aurait été si dignement remplie par son père..... J'ai pensé que la différence d'âge entre M. votre fils et moi, qui ai quarante et un ans, était telle qu'elle lui assurait dans l'ordre de la nature une jouissance assez prompte pour pouvoir balancer le risque de perdre à jamais une place à laquelle il aurait tant de droits. J'étais empressé de prendre vis-à-vis de vous-même des engagements pareils à ceux que j'ai pris vis-à-vis de moi. »

Viennent ensuite trois lettres de deux premiers commis du ministère de la Maison du Roi, MM. Leroy et l'Échevin.

M. l'Échevin écrivait à Buffon le 30 avril : « M. d'Angiviller m'a dit vous avoir fait sa profession de foi..... Il n'existe plus entre vous qu'une difficulté; vous m'avez paru y tenir fortement : c'est l'assurance de la place pour M. votre fils lorsqu'il aura vingt-cinq ans..... M. d'Angiviller s'est toujours refusé à demander cette survivance parce que M. de Buffon avait son fils; l'état où il a su le père l'a seul déterminé à l'accepter pour la transmettre au fils, autrement elle était perdue pour lui, et une des brigues qui voulaient la réunion à la place de premier médecin l'aurait certainement emporté... M. de Buffon est trop juste et trop honnête pour exiger que M. d'Angiviller n'ait que l'air de passer dans cette place et qu'il ne l'ait occupée que pour servir de tuteur à son fils, et la lui conserver s'il avait le malheur de perdre son père. Ce projet est dans le cœur de celui qui lui succédera, mais il ne faut pas lui en faire une loi rigoureuse qui lui ôterait tout le mérite de son action..... Que M. de Buffon s'occupe de mettre son fils en état de lui succéder..... et qu'il n'envisage la place qui lui est destinée que comme un bien substitué dans sa famille et qui doit y rester tant qu'il y en aura de capables de la remplir aussi dignement que lui. »

tantes, et auxquelles je suis sûr que votre amitié vous fera prendre grande part.

M. l'Échevin écrivait de nouveau le 24 mai : « Soyez intimement persuadé que ce que l'on a fait était indispensablement nécessaire pour assurer la place à votre aimable enfant... Je serais désespéré qu'il vous restât la plus légère inquiétude sur ce point. »

« Je crois être bien certain, ajoutait le premier commis Le Roy, que l'assurance que feu M. le Dauphin avait demandée pour M. le comte d'Angiviller et qui lui a été donnée à la sollicitation de M. le duc d'Aumont, est le plus sûr moyen de conserver à M. votre fils une place à laquelle il est destiné par son nom, et le sera sans doute par son éducation. Vous pouvez être assuré, Monsieur, que cette place que vous avez honorée d'un nom qui restera à jamais célèbre serait passée en d'autres mains pour rester unie à une autre place à laquelle elle l'était autrefois. J'ai su que, pendant votre maladie, il y avait eu là-dessus des instances dont le Roi ne s'est débarrassé qu'en disant qu'il avait pris l'engagement, qu'il a pris, en effet. M. d'Angiviller n'a voulu de l'assurance qu'on lui a donnée qu'à condition qu'on mettrait sur la feuille que, dans le cas où M. votre fils se tournerait du côté des sciences, il s'engageait à lui faire obtenir et à lui laisser sa survivance. »

En présence d'engagements aussi formels, on ne sera pas surpris de voir Buffon, à la veille de sa mort, en réclamer l'exécution, car on s'était bien gardé de lui faire connaître les lettres de survivance, données à Versailles, le 11 décembre 1771, où il n'est question d'aucun des prétendus engagements du comte d'Angiviller et d'après lesquelles ce serait, au contraire, Buffon qui aurait pris l'initiative de demander un survivancier.

« Le sieur Georges-Louis Leclerc, comte de Buffon, *nous ayant représenté* que sa santé affaiblie par ses travaux ne lui permettait plus de veiller avec le même soin et la *même activité* à l'Établissement que nous lui avons confié (*), nous aurait en même temps *supplié* de vouloir bien agréer pour son survivancier Charles-Claude de Flahaut, comte de la Billarderie d'Angiviller, et nous nous sommes d'autant plus volontiers porté à donner cette marque de notre bienveillance et de notre estime particulières pour ledit sieur de Buffon que *son choix* remplit entièrement nos vues..... et que les connaissances multipliées qu'a acquises le comte d'Angiviller par un travail assidu et pénible dans toutes les sciences qui ont rapport à la physique et à l'histoire naturelle nous persuadent qu'il soutiendra l'honneur de notre Jardin royal des Plantes et de notre Cabinet d'Histoire naturelle, qui par les soins infatigables dudit sieur comte de Buffon, et ses connaissances profondes dans tous les genres, est devenu un des établissements les plus célèbres de l'Europe, non seulement par les richesses qu'il renferme, mais aussi par l'ordre qui y règne pour l'utilité des sciences, et qui est si sagement établi qu'il a fait l'admiration des savants et des étrangers..... Nous avons donné et octroyé audit sieur comte de la Billarderie d'Angiviller l'Intendance de notre Jardin royal des Plantes et de notre Cabinet d'Histoire naturelle, vacante *par la démission*, à condition de survivance, qu'en a faite entre nos mains ledit sieur comte de Buffon..... en jouir et user aux appointements de 6,000 livres par an dont il sera payé à compter du jour du décès dudit sieur comte de Buffon par le Receveur général des Domaines et Bois de la Généralité de Paris..... »

Les compensations furent en proportion de l'étendue de l'injustice, et, le 9 mai, le comte de la Billarderie envoyait à Buffon ce projet d'article qui parut, en effet, dans la *Gazette de France*, journal officiel du royaume, et que nous verrons invoquer en 1787 comme une fin de non-recevoir contre les revendications de Buffon :

« M. de Buffon ayant désiré un survivancier pour la place d'Intendant du Jardin du Roi, Sa Majesté y a nommé M. de la Billarderie d'Angiviller, et Sa Majesté, pour donner à cet homme illustre une marque particulière de sa bonté, a érigé la terre de Buffon en comté et lui a accordé les entrées de sa Chambre. »

Ces lettres patentes contresignées par le chancelier Maupeou, dont M. Borel d'Hauterive a contesté l'existence (**), portent la date du 15 juillet 1772, d'où il résulte que l'acte de

(*) On remarquera que la plus grande période d'activité de Buffon au Jardin du Roi est précisément celle des dix-sept années qui se sont écoulées de cette date de 1771 à 1778.

(**) *Annuaire de la Noblesse de* 1867, p. 133.

J'ai reçu hier le paquet que vous aviez adressé à M. d'Ogny (1), et je le remporte avec moi, ne pouvant en faire usage quant à présent.

Le second volume des Oiseaux finit par la caille, les pigeons, les ramiers et les tourterelles, et il sera plus gros que le premier. Après les alouettes

survivance du 11 décembre 1771 donne par anticipation à Buffon un titre dont il ne devait être revêtu que six mois après. On ne pouvait pas pousser plus loin les prévenances; on notera, d'autre part, le soin avec lequel on a accumulé, dans la rédaction, les attentions délicates et les flatteries.

« Les sciences et les talents éminents méritent tout particulièrement la protection de Sa Majesté lorsqu'ils servent de relief et d'ornement à la nation..... La renommée a déjà publié et consacré les ouvrages de M. de Buffon à l'immortalité, et on ne peut être plus digne que lui de participer aux récompenses éclatantes qu'il n'appartient qu'à Sa Majesté de distribuer, par des titres de distinction dont il lui plaît d'illustrer les personnages vertueux, leur postérité, leur maison, leurs terres et leurs seigneuries. ... M. Georges-Louis Leclerc de Buffon, gentilhomme de la province de Bourgogne, tient ses terres de ses ancêtres; son père a rendu au Roi des services distingués pendant une longue suite d'années, en exerçant une charge de conseiller au Parlement de Bourgogne; ses aïeuls et bisaïeuls et autres ascendants s'étaient acquis la considération et l'estime générale dans le canton de Montbard où ils vivaient noblement et honorablement et où ils se faisaient aimer et chérir par leur bienfaisance dont il a hérité; il possède ses terres à titre de haute, moyenne et basse justice..... avec plus de 2,000 arpents de bois..... Il jouit déjà, dans la république des lettres, du premier rang; il s'est donné des soins infatigables pour former le Cabinet d'Histoire naturelle qui fait l'admiration des étrangers et qui servira à perfectionner une infinité de connaissances utiles et curieuses.

Les dépenses très considérables qu'il a personnellement faites pour cet objet; son attention particulière dans l'administration qui lui est confiée depuis plus de trente ans; les soins qu'il prend de l'éducation de son fils, unique rejeton de son mariage avec une fille de l'ancienne maison noble de Saint-Belin, branche des Maslain, et l'envie que Sa Majesté a de graver profondément dans le cœur de ce fils, que M. de Buffon destine au service du Roi, des sentiments si dignes d'un père qui s'est rendu estimable à tous égards et sur les traces duquel il doit marcher..... à ces causes, les officiers exerçant la justice des terres et seigneuries en question intituleront à l'avenir leurs sentences, jugements et autres actes, du nom, titre et qualité du comte de Buffon sans que, pour raison de la présente érection, le comte de Buffon et ses descendants soient tenus de payer à Sa Majesté ni à ses successeurs aucune finance ni indemnité. »

Les lettres patentes érigeant la terre de Buffon en comté ont été insinuées à Montbard le 25 juillet 1772, enregistrées au Parlement le 22 avril 1773, et à la Chambre des comptes de Dijon le 9 juin 1774.

Dès l'année 1771, le comte d'Angiviller, surintendant des Beaux-Arts, avait commandé au sculpteur Pajou la statue en pied de Buffon qui ne devait être érigée qu'en 1777 et dont il fut convenu que le Roi payerait le prix sur sa cassette.

Cet épisode, qui a été une des épreuves de la vie de Buffon, nous a paru mériter que nous en résumions les principaux incidents.

(1) Claude-Jean Rigoley d'Ogny, comte de Mismont, baron d'Ogny, né à Dijon le 12 octobre 1725, mort le 10 août 1793, frère de Rigoley de Juvigny dont il sera plus loin parlé, conseiller au Parlement de Bourgogne le 21 juillet 1745 en remplacement de Pierre Rigoley de Chevigny. Son office ayant été supprimé en 1765, il devint en 1770, intendant général des postes, et directeur général en 1787.

On a reproché au baron d'Ogny l'établissement du cabinet noir pour la violation du secret des lettres. Louis XV et Mme de Pompadour se plaisaient à prendre connaissance de celles qui leur étaient communiquées et si le Roi en profita parfois pour des bienfaits anonymes, les indiscrétions de la poste devinrent le plus souvent la cause de disgrâces inattendues et de lettres de cachet. Roland, ministre de l'Intérieur, retira les postes au baron d'Ogny. Le baron d'Ogny et son frère étaient de l'intimité de Buffon.

il faudrait travailler aux becfigues, qui forment un genre assez considérable.

Je n'ai pas encore mes forces, à beaucoup près; mes pieds et mes jambes enflent dès que je suis debout; je ne puis mettre de souliers, et je n'ai pu rendre aucune visite; je compte faire mon voyage et arriver en pantoufles. Il y a six jours que je fais d'assez longues promenades en voiture; elles ne m'incommodent en aucune façon, et je continuerai jusqu'à mon départ, afin d'être plus accoutumé au mouvement et au grand air.

Je ne vous ai rien dit de Mme de Saint-Belin (1), parce qu'elle n'était pas digne d'être regrettée. Les avocats de Paris, qui ne veulent encore donner que des consultations verbales, m'ont assuré que mon fils avait droit à la succession de sa grand'mère, quoique sa mère y eût renoncé par son contrat de mariage (2). Les avocats de Dijon soutiennent le contraire, et ils pourraient bien avoir raison, car le texte de notre coutume que j'ai vu paraît exclure les descendants d'une femme mariée par mariage divis.

Je vous fais, mon très cher monsieur, ainsi qu'à M. de Mussy, mille remercîments des soixante-douze bouteilles de vin de Genay; je les garderai pour moi seul, et cela me durera longtemps, car je ne bois pas une demi-bouteille de vin par jour (3).

Je trouve que M. et Mme de Montbeillard sont très bien logés dans cet appartement au rez-de-chaussée de M. de Massol (4). Je serai charmé de les y voir,

(1) Renée de Colombet de Cissey, mariée à Joseph-François de Saint-Belin, seigneur de Fontaine, aïeule de la comtesse de Buffon.

(2) Il est dit au contrat de mariage de Buffon reçu le 21 septembre 1752, Me Nicolas Gilot, notaire royal à la résidence de Villaine en Duesmois : « Se marie ledit sieur futur époux pour ses biens et droits..... sera mariée ladite demoiselle future épouse pour ses biens paternels et maternels à échoir pour tous lesquels lesdits seigneur et dame de Saint-Belin, ses père et mère, lui ont constitué en dot de mariage la somme de 6,000 livres en deniers, laquelle somme lui a été réellement délivrée en présence dudit seigneur futur époux dont ils ont dit être contents, bien payés et satisfaits..... au moyen de quoi ladite demoiselle future épouse a renoncé, comme de fait, elle renonce aux successions desdits seigneur et dame ses père et mère, sans y pouvoir jamais rien prétendre..... Elle sera dotée d'un douaire préfix d'une pension annuelle et viagère de la somme de 3,000 livres payable par les héritiers dudit seigneur futur époux..... et au cas où il y ait enfants dudit mariage, ladite pension sera réduite à 2,000 livres, laquelle pension tiendra lieu, dans l'un et l'autre cas, à ladite demoiselle future épouse de toutes autres reprises et conventions matrimoniales et au cas où ledit douaire excéderait celui fixé par la coutume de Bourgogne, de l'excédant ledit seigneur futur époux en a présentement fait don et donation entre vifs à ladite demoiselle future épouse..... se réservant lesdits seigneur et demoiselle futurs époux le pouvoir de disposer au profit l'un de l'autre de tous leurs biens. »

La comtesse de Buffon, usant de ce droit, avait fait, le 5 avril 1764, son testament : « Je donne à M. de Buffon, mon cher mari, tous mes biens. »

(3) Témoignage de la sobriété de Buffon, partagée par la généralité des grands travailleurs. Lorsque M. Chevreul, septuagénaire, vint inaugurer, le 8 octobre 1865, la statue de Buffon à Montbard, il s'excusa le soir au banquet de ne pas faire honneur aux grands vins de Bourgogne, en déclarant qu'il ne buvait que de l'eau.

(4) Les Massol, originaires de Beaune, ont donné, dans l'espace de cent ans, trois conseillers au Parlement et cinq présidents à la Chambre des comptes. Jean de Massol, qui vivait vers 1630, a laissé des écrits estimés.

et je leur fais mille tendres compliments, et mille respects à vos dames J'emmène M. Laude et mon fils avec moi. Je lui donne souvent l'aimable *Fin-Fin* pour exemple de propreté, de politesse et de talent. Je vous embrasse, mon cher monsieur et bon ami, avec autant d'empressement que j'ai d'impatience de vous revoir.

BUFFON.

(Appartient à la baronne de la Fresnaye.)

LETTRE CLII

A MADEMOISELLE BOUCHERON (1).

Montbard, le 30 mai 1771.

Je suis bien content, ma très chère demoiselle, de ce que mon bijou d'Allemagne ne vous a pas déplu, et du projet que vous avez de vous en amuser; mais il ne vaut pas les remercîments que vous avez la bonté de me faire. Je serai bien et plus que payé de vous sentir quelquefois occupée de mes pensées, et je serais encore bien plus flatté si je pouvais vous occuper de mes sentiments et de la tendre et respectueuse amitié que je vous ai vouée. J'espère que vos dames me feront l'honneur de venir vendredi; faites-leur mes instances et ma cour. S'il faut une voiture à quatre, je l'enverrai; conférez-en avec le cher oncle (2), que j'embrasse. On déposera aujourd'hui à Chevigny (3) un gros jasmin jonquille.

C'est avec tout attachement, mon aimable bonne amie, que j'ai l'honneur d'être votre très humble et très obéissant serviteur.

BUFFON.

(Collection Nadault de Buffon.)

(1) Anne-Marie-Madeleine-Marguerite-Bernarde Boucheron, fille de François Boucheron, conseiller à la Chambre des comptes de Dôle, et de Catherine Potot de Montbeillard, née le 28 août 1746, morte le 22 juin 1793 à 47 ans. Mlle Boucheron, alors âgée de 25 ans, devait épouser, l'année suivante, le 24 février 1772, Georges-Louis Daubenton, subdélégué de l'intendance, filleul de Buffon, fils de Pierre Daubenton, maire de Montbard, et de Bernarde Amyot, cousin-germain du collaborateur de Buffon. Nièce de Guéneau de Montbeillard, elle habitait Semur, près Montbard. Buffon, qui la vit tour à tour dans la famille de son oncle et dans celle de son mari, lui voua un attachement qui dura toute sa vie. C'était une femme de cœur et d'esprit, écrivant avec facilité et qui possédait le talent de plaire. Sa fille unique, Elisabeth-Georgette Betzy d'Aubenton, devait épouser, le 2 octobre 1793, le fils de Buffon.

(2) Guéneau de Montbeillard.

(3) Pays vignoble à une petite distance de Montbard, où la famille Boucheron avait sa maison de campagne, et qui faisait autrefois partie d'une terre appartenant aux Choiseul.

LETTRE CLIII

A M. MACQUER (1)

Montbard, le 4 juin 1771.

J'ai reçu, monsieur, avec autant de reconnaissance que de plaisir, les choses obligeantes que vous me dites, et j'en voudrais bien faire pour vous qui vous fussent agréables. Vous êtes bien certain, monsieur, que j'approuverai tout ce que vous ferez, et vous ne devez point être inquiet du serment de fidélité (2). Vous ne pourrez en effet le prêter qu'à mon retour à Paris; mais ce délai n'empêchera pas que vous ne soyez traité comme si vous le prêtiez dès à présent, et vous pouvez, monsieur, dès que vous le voudrez, prendre le titre et l'exercice de professeur (3), et distribuer vos cours comme vous le marquez. J'approuve tout ce que vous jugerez à propos de faire. Je ferai dans tous les temps ce qui pourra dépendre de moi, et je m'emploierai auprès de

(1) Pierre-Joseph Macquer, chimiste, né en 1718, mort en 1784, auteur des *Eléments* et du *Dictionnaire de Chimie* (1756 et 1768), et de nombreuses découvertes; fut un des premiers chimistes qui étudia le platine. Membre de l'Académie des sciences, il a combattu Lavoisier et a été appelé à diriger l'installation de la manufacture de Sèvres, dont il doit être considéré comme le fondateur. En 1771, à la retraite de Bourdelin, que Macquer suppléait avec Maloin, Buffon l'appela à la chaire de chimie du Jardin du Roi et lui donna pour successeur Fourcroy, protégé par Bucquet, qu'il avait préféré à Berthollet.

(2) Aujourd'hui le serment professionnel.

(3) On a nommé l'administration de Buffon une dictature, aujourd'hui remplacée par une République. Il dirigeait, en effet, sans contrôle, l'administration, l'enseignement et le budget du Jardin et du Cabinet du Roi, et en nommait les professeurs et les employés, dont il fixait seul les appointements, émoluments et indemnités. La formule des nominations témoigne de son omnipotence.

Celle de Fourcroy, conservée à la Bibliothèque du Muséum est ainsi conçue :

« Nous, Georges-Louis Leclerc, chevalier, comte et seigneur de Buffon, la Mairie, les Berges et autres lieux, vicomte de Quincy, marquis de Rougemont, l'un des quarante de l'Académie française, trésorier perpétuel de l'Académie royale des sciences de Paris, des Académies de Londres, Édimbourg, Berlin, Saint-Pétersbourg, Florence, Philadelphie, Boston, etc., intendant du Jardin et du Cabinet du Roi.

A tous ceux qui ces présentes lettres verront, salut.

Sur ce qui nous a été représenté que l'office de professeur de chimie aux écoles du Jardin du Roi.... est actuellement vacant par le décès du sieur Macquer, et qu'il est nécessaire de nommer un successeur capable de remplir les fonctions de cet office de professeur de chimie aux écoles dudit Jardin.

En conséquence et *en vertu des pouvoirs à nous accordés par le Roi*, de *nommer* et présenter à Sa Majesté tous les officiers qui dépendent de cet établissement, nous nous sommes dûment informé de la personne et de la capacité du sieur Antoine-François Fourcroy, comme aussi de sa bonne vie, mœurs et religion, et nous l'avons, sous le bon plaisir de Sa Majesté, nommé.... » Si on ne trouve nulle part, dans les auteurs les plus hostiles à Buffon, une critique fondée de son gouvernement omnipotent de quarante-neuf années, c'est qu'il apportait dans ses choix un tel esprit de justice et d'impartialité que jamais, de son vivant, son administration ne suscita aucune plainte.

Geoffroy Saint-Hilaire faisant, en 1838, allusion à l'administration de Buffon, disait : « Un jour à venir, cette place sera reconstituée, c'est déjà nécessaire. Supprimée utilement

M. le duc de La Vrillière (1) pour vous rendre le service que vous me demandez. Agréez, monsieur, tous mes remercîments sur les sentiments que vous me témoignez, et soyez persuadé de la sincérité de ceux avec lesquels j'ai l'honneur d'être, monsieur, votre très humble et très obéissant serviteur.

BUFFON.

(Manuscrits de la Bibliothèque nationale, Supplément français.)

LETTRE CLIV

AU DOCTEUR MARET.

A Dijon, le 13 juillet 1771.

Je suis bien sensible, monsieur, au compliment que MM. de l'Académie ont la bonté de me faire sur les faveurs que Sa Majesté a bien voulu m'accorder (2), et sur mon rétablissement (3).

Réunissez, monsieur, pour cette double marque d'attention, mes sentiments d'attachement et de reconnaissance, et chargez-vous, si vous voulez bien, de leur faire agréer l'un et l'autre.

Je suis, en effet, monsieur, très content de ma santé, et j'espère qu'avec encore un peu de temps elle sera entièrement rétablie. Je ne puis qu'être très vivement touché de l'intérêt que l'Académie y a bien voulu prendre.

Agréez vous-même, monsieur, les sentiments d'estime et du sincère attachement avec lesquels j'ai l'honneur d'être votre très humble et très obéissant serviteur.

BUFFON.

(Inédite. — Bibliothèque de Dijon. Fonds Baudot.)

LETTRE CLV

A MM. DE MADIÈRES,

NÉGOCIANTS, A ORLÉANS.

Du Jardin du Roi, le 29 juillet 1771.

Messieurs,

J'ai reçu avis de M. du Teillar, commissaire de la marine à Nantes, qu'il avait embarqué quatre caisses de plantes, destinées pour le Jardin du Roi,

en 1793, son rétablissement est commandé par les circonstances. Il la faut forte et dégagée des passions qui agitent son administration actuelle. »

(1) Louis Phelyppeaux, comte de Saint-Florentin, depuis 1770 duc de la Vrillière, déjà cité.

(2) L'érection de la terre de Buffon en comté et les petites entrées de la Chambre.

(3) L'Académie de Dijon, justement fière de compter Buffon parmi ses membres, ne

sur les bateaux de Mathurin Gatineau, voiturier par eau d'Orléans. Je vous supplie de les recevoir et de me les adresser avec les deux autres pour lesquelles je vous ai écrit précédemment; je vous serai très obligé de n'y pas perdre de temps; le retardement fait ordinairement périr ces plantes.

J'ai l'honneur d'être, messieurs, votre très humble et très obéissant serviteur.

BUFFON.

(Inédite. — Collection Nadault de Buffon.)

LETTRE CLVI

A M. DE BELLOY (1).

Montbard, 1er août 1771.

Dans les applaudissements qui vous ont été donnés, monsieur, j'ai toujours distingué ceux qu'on devait vous prodiguer, et le tribut que j'ai payé à votre mérite a été l'effet de la justice qui vous était due; je n'ai fait en cela que m'associer à tous les gens de goût qui savent apprécier les vrais talents. Vous avez, monsieur, des titres mieux fondés qu'un autre pour solliciter mon suffrage (2), et je serois charmé qu'il pût vous être utile. Vous n'en auriez pas besoin, monsieur, si les places s'accordoient à ceux qui en sont les plus dignes, et si l'impartialité présidait à leur distribution, mais vous savez comme moi, monsieur, que la brigue n'est pas toujours exilée des assemblées où l'on n'aurait jamais dû la connoître. Dans le nombre de vos compétiteurs, il en est peu, s'il en est, qui puissent se flatter de vous être préférés, et si le suffrage de la nation fixait le choix des académiciens, il ne ferait, en vous nommant, monsieur, que se rendre à son vœu et au sentiment de reconnaissance que vous avez placé dans le cœur de tous les citoyens (3).

Ne doutez donc pas, monsieur, que je ne vous accorde ma voix avec plaisir, si je suis à Paris dans le temps de l'élection; je ne le présume pas

perdait aucune occasion de lui témoigner ses sentiments. On a déjà entendu Buffon la remercier de ses compliments à propos de son élection à l'Académie française, et nous le verrons en présider à plusieurs reprises les séances solennelles, notamment le 5 août 1773.

(1) Laurent Buirette de Belloy, auteur du *Siège de Calais*, précédemment nommé.

(2) A propos de sa candidature à l'Académie française, au sujet de laquelle on lui objectait la difficulté d'admettre un ancien acteur dans une compagnie qui comptait dans ses rangs des princes du sang.

(3) Du Belloy avait, en effet, mérité la reconnaissance publique pour avoir donné le premier à la scène des sujets nationaux, capables d'éveiller et d'entretenir le patriotisme. Mais il n'en est pas moins intéressant de trouver sous la plume de Buffon, à cette date de 1771 et en 1783 dans une lettre au baron de Breteuil, les mots alors nouveaux de *nation* et de *citoyen*, plus faits pour effrayer les oreilles de ses contemporains que pour leur plaire.

cependant, car mes affaires et ma santé me retiendront ici jusqu'aux premiers jours de décembre.

Je suis bien flatté, monsieur, que vous m'ayez procuré l'occasion de vous témoigner les sentiments de l'estime particulière avec laquelle j'ai l'honneur d'être, monsieur, votre très humble et très obéissant serviteur.

BUFFON.

(Inédite. — Collection Nadault de Buffon.)

LETTRE CLVII

A MADAME LA PRÉSIDENTE DE MESNIÈRE.

14 novembre 1771.

... Je compte, cet hiver, aller quelquefois goûter avec vous les douceurs de votre retraite (1). Je sais, madame, qu'on n'en trouve que dans les asiles où règnent la paix et la tranquillité; et comme elles habitent partout où vous êtes, j'irai en jouir avec vous.

On est trop heureux quand on peut se dérober au tumulte des affaires du grand monde, et partager les plaisirs du commerce des personnes qui, comme vous, madame, ajoutent à toutes les qualités de l'âme tous les agréments de l'esprit.

(Catalogues d'autographes.)

LETTRE CLVIII

A M. DE BELLOY,

Montbard, 3 décembre 1771.

La préférence que vous venez d'obtenir (2), monsieur, est un acte que MM. les académiciens doivent mettre au nombre de ceux qui feraient le plus d'honneur à leur choix s'ils étaient toujours guidés par des motifs de détermination aussi justes et il n'y a pas moins à gagner pour eux que vous croyez y gagner vous-même.

Ce sentiment sur votre mérite et sur la justice que je suis très charmé de vous rendre, monsieur, ne doit point son existence à la circonstance; il y a longtemps que le désir de pouvoir un jour vous le témoigner subsiste dans mon cœur.

(1) Le beau château de Montmort, près d'Autun.
(2) Son élection à l'Académie française.

Ainsi, monsieur, vous ne trouverez en lui rien de nouveau que l'assurance d'une vérité que vos talents vous ont donné le droit de voir confirmée par un titre auquel vous pouviez prétendre plus légitimement que qui que ce fût.

Je serai, monsieur, enchanté de faire avec vous une connaissance plus particulière, et toutes les fois qu'il vous plaira me faire l'honneur de me venir voir, quand je serai de retour à Paris, vous m'honorerez et me flatterez infiniment.

Je suis avec une estime particulière et un respectueux attachement, monsieur, votre très humble et très obéissant serviteur.

BUFFON.

(Inédite. — Collection Nadault de Buffon.)

LETTRE CLIX

A GUÉNEAU DE MONTBEILLARD.

Montbard, le 5 décembre 1771.

Il y a longtemps, mon cher bon ami, que je désire de vous voir, et vous me ferez bien plaisir de venir quand vous pourrez ; mais je n'entends pas trop ce que vous voulez dire par le *Robinet des suppléments* dont vous m'annoncez la visite. Je connais en effet un Robinet qui supplée souvent M. l'intendant (1). Je connais un autre Robinet qui fait des suppléments à l'Encyclopédie (2), et j'aimerais mieux que ce fût le premier que le second qui dût vous accompagner ici.

(1) Jacques Robinet, subdélégué de l'intendance de la province de Bourgogne, créature de l'intendant Amelot, nommé par Buffon dans une lettre postérieure du 15 mai 1773, a joué un rôle dans la séquestration arbitraire du marquis de Saint-Huruge, ancien major des armées du Roi, arrêté à Mâcon en 1781 à l'instigation de M. Amelot, dont il aurait outragé la femme, et enfermé à Charenton du 14 janvier 1781 au 7 décembre 1784. Le prétexte avait été une prétendue accusation de tentative d'assassinat et d'infanticide portée contre le marquis par sa femme, une demoiselle Mercier, comédienne, autrefois fort connue sous le nom de Laurence. Le Parlement de Bourgogne avait ajourné Jacques Robinet et M. Amelot; le marquis de Saint-Huruge avait fui en Angleterre. Cette séquestration arbitraire, qui eut un grand retentissement, a été invoquée à un siècle d'intervalle à l'appui des justes attaques dirigées contre les aliénés, attaques dont l'auteur de ces notes a donné le signal en 1866 par une brochure ayant pour titre : *Une Question de liberté*, citée avec éloge à la tribune de la Chambre des députés, le 25 novembre 1877, par Jules Favre.

(2) Jean-Baptiste-René Robinet, né le 23 juin 1735, mort le 24 mars 1820, collaborateur à l'*Encyclopédie*. « Un M. Robinet, rapportent les *Mémoires* de Bachaumont, très savant homme, mais très dépourvu de goût, très ennuyeux conséquemment, a imaginé depuis quelques années de composer un *Dictionnaire universel des sciences morales, économiques, politiques et diplomatiques*, ou *Bibliothèque de l'homme d'État et du citoyen*, avec cette épigraphe fastueuse : *Au temps et à la vérité*. Il y a déjà vingt-un volumes de cette monstrueuse compilation, quoique le rédacteur ait tout au plus parcouru le tiers des lettres de l'alphabet. Chaque volume a près de sept cents pages en caractères très serrés; et cependant à une vente publique, dernièrement, ce livre a été vendu sur le pied de vingt sols le volume.

Vous avez raison de dire que ce qu'écrit *le Mousquetaire* au sujet des paons blancs n'est que du bavardage. M. Hébert, qui est très bon à entendre sur ce qu'il a vu, ne se souvient guère de ce qu'il a lu ou dû lire; ainsi vous ne devez pas être étonné de ses méprises.

J'aurai ici dimanche M. et Mme de Saint-Belin (1) et M. et Mme Morel de Châtillon (2); ils resteront quelques jours, et vous devriez, mon cher ami, venir au plus tard dans ce temps.

Je pense absolument comme vous au sujet de Jean-Jacques (3), et j'écrirai en conséquence à Pankoucke.

Ma santé s'est soutenue, malgré les tracasseries et le chagrin qu'on m'a donné bien gratuitement, ou plutôt *bien ingratement* (4). Aussi je persiste dans mon régime, et depuis plus de trois semaines je ne mange ni viande ni poisson.

Je vous embrasse, mon cher bon ami, de tout mon cœur.

BUFFON.

(Appartient à la baronne de La Fresnaye.)

LETTRE CLX

A MADEMOISELLE BOUCHERON.

Montbard, le 9 décembre 1771.

Ma très chère enfant, si le papa (5) n'accepte pas les choses telles qu'on

(1) Antoine Ignace, marquis de Saint-Belin, beau-frère de Buffon, capitaine au régiment de Navarre, chevalier de Saint-Louis, et sa femme Françoise Poincelle, sœur du curé de Villaine, en Duesmois, qu'il avait épousée en 1764, et dont il eut deux fils, dont un filleul de Buffon.

(2) Femme d'Antoine Morel de Tolincourt, procureur au bailliage de Châtillon de 1736 à 1777, frère de Morel de Villiers, dont nous avons publié une lettre à Buffon page 255 du tome II de la 1re édition de la *Correspondance*, et dont la fille épousa, le 19 mai 1788, le fils aîné du beau-frère de Buffon, Georges-Louis Nicolas, vicomte de Saint-Belin, capitaine aux dragons de Bourbon en 1787, aide-major général de l'infanterie en 1788.

(3) En remerciement de sa visite, Buffon fit hommage à Rousseau d'un exemplaire richement relié de l'*Histoire naturelle*, avec une lettre qui ne nous a pas été conservée. Dans sa visite à Montbard, Rousseau, qui était vêtu en Arménien, avait demandé en arrivant qu'on le conduisît au cabinet de travail de Buffon. Le comte de Saint-Belin le lui avait fait voir, et Jean-Jacques s'était prosterné sur le seuil, qu'il avait baisé sans vouloir le franchir. On put lire longtemps sur la porte :

Passant, prosterne-toi; c'est devant cet asile
Qu'aux pieds du grand Buffon tomba l'auteur d'*Émile*.

(4) On en a trouvé le récit détaillé à la note 1 de la lettre du 1er mai 1771, à Guéneau de Montbeillard, p. 202.

(5) François Boucheron, ancien conseiller, auditeur à la chambre des comptes de Dôle, qui s'était retiré à Beaune. Mlle Boucheron avait perdu depuis plusieurs années Catherine Potot, sa mère.

les lui présente aujourd'hui, il n'y a plus d'espérance ; j'y ai fait tout ce qu'il était possible de faire, et entre nous on se rend trop difficile, et le papa exige des choses trop dures. Ces derniers articles, qu'il recevra en même temps que vous recevrez votre lettre, seront en effet les derniers ; les parents du jeune homme (1), et son oncle surtout (2), sont tout à fait décidés à rompre s'ils ne sont pas bien reçus (3).

Tâchez donc d'amener le cher papa à les accepter, d'autant qu'ils me paraissent très convenables, et que je pourrais attester la vérité de ce que contiennent leurs réponses.

Si cependant, ma chère bonne amie, la chose proposée avec ce M. de Brest était meilleure et plus de votre goût, faites-la, ma tendre amie ; je préférerai toujours votre plus grand bonheur à tout, et même à ce qui contribuerait le plus au mien.

J'ai partagé de tout mon cœur les alarmes et les inquiétudes que vous avez essuyées. Nous espérons tous vous voir en ce pays-ci, et j'en ai eu le regret au moment même où je comptais vous voir arriver avec la chère tante (4). MM. vos oncles (5) pensent comme moi sur les dernières propositions, et disent que le papa, qui vous aime, ne les refusera pas. Je le désire plus vivement que personne, et vous exhorte à appuyer auprès de lui autant que vous le pourrez ; et vous pourrez beaucoup, si le cœur vous dit quelque chose.

BUFFON.

(Collection Nadault de Buffon.)

LETTRE CLXI

AU PRÉSIDENT DE RUFFEY.

Montbard, le 11 janvier 1772.

Je reçois, mon cher Président, avec bien du plaisir, le renouvellement de vos tendres souhaits, et je n'en ai pas moins à vous faire hommage des

(1) Son père Pierre Daubenton et sa mère Bernarde Amyot.

(2) Le docteur Louis-Jean-Marie Daubenton, garde-démonstrateur du Cabinet d'*Histoire naturelle,* collaborateur de Buffon, frère aîné de Pierre Daubenton et cousin germain d'Edme-Louis Daubenton, garde et sous-démonstrateur du Cabinet, dont les noms reviendront fréquemment dans cette correspondance.

(3) Le contrat fut signé quinze jours après cette lettre, le 24 décembre ; mais le mariage n'eut lieu que le 25 février de l'année suivante.

Ce fut encore là un mariage fait par Buffon ; et en relevant exactement tous ceux dont nous le verrons successivement s'occuper, on pourrait presque en compter un par année.

(4) Bénigne-Elisabeth Potot, sœur de Catherine, mère de Mlle Boucheron, femme de Guéneau de Montbeillard.

(5) Claude-François Boucheron, Pierre Boucheron de Russey, lieutenant d'artillerie au

miens. Ils sont vifs et animés, et, si leur succès était attaché au motif qui me les inspire, vous jouiriez de tous les biens que vous me désirez. Le premier et le plus précieux est la santé; mais je ne le possède pas encore; je le cherche et je ne sais quand je le trouverai. Je ne désespère pas cependant d'y parvenir avec les précautions que je prends, étant dans la ferme résolution de continuer un régime dont j'ai déjà reconnu, quoique lentement, l'utilité.

Vous croyez, mon cher Président, et c'est sans doute votre attachement pour moi qui vous l'a fait croire, que je fais face à un très grand nombre de détails et d'affaires; mais je n'en fais qu'à mon aise, et de celles qui amusent plutôt qu'elles ne fatiguent. Je remets à une saison moins dure que celle où nous sommes, et à un temps où j'aurai plus de forces, mes travaux sérieux et continués. Je compte même aller avant à Paris; et, quoique le plaisir de vous y voir fût un motif bien séduisant, je ne prévois pas néanmoins pouvoir fixer le terme de mon départ avant la fin du mois prochain; peut-être entamerai-je le mois de mars.

Je vois, mon cher Président, que vous n'êtes pas intimement persuadé de ma confiance dans la médecine; et vous avez raison. Cependant, quoique je ne jure pas par les principes d'Hippocrate, j'y crois assez pour m'astreindre à certaines précautions, et je le dois d'autant plus raisonnablement que je m'en trouve assez bien.

Je me souviens très bien, mon cher Président, de la lettre que je vous écrivis l'été dernier (1), et je savais en vous l'écrivant quel devait être le fruit de l'entêtement du Corps (2). J'aurais voulu avoir assez d'empire sur les esprits; je n'aurais pas craint de leur donner moins généralement un conseil dont je prévoyais la nécessité. Mais les têtes étaient échauffées, l'esprit d'enthousiasme s'était répandu, et, quand les choses en sont là, il est impossible de changer les opinions. Vous avez bien vu en conseillant à M. votre fils de continuer son état (3). On ne le doit pas abandonner, comme vous le dites

régiment de Toul, ses oncles paternels; Barthélemy-Augustin Potot, capitaine d'artillerie, commandant à l'arsenal de Lyon; François-Fiacre Potot de Montbeillard, lieutenant-colonel d'artillerie, chevalier de Saint-Louis, et Guéneau de Montbeillard, ses oncles maternels que l'on voit assister aux conventions qui ont précédé le mariage et au mariage lui-même.

(1) La lettre du 29 avril 1771, au même, dans laquelle Buffon prévoyant la prochaine suppression du Parlement de Bourgogne, dit : « Que jamais la magistrature n'a été dans un aussi grand danger. » Ce ne sera pas, au surplus, la seule fois que la haute et impartiale raison de Buffon prévoiera juste.

(2) Le 5 novembre 1771, neuf ans après la dissolution du Parlement de Paris, le Parlement de Bourgogne fut à son tour supprimé. Le même jour, vingt-huit membres du Parlement reçurent une lettre de cachet les envoyant en exil. Dix jours après, le 15 novembre, la liste des proscrits s'augmentait de cinq nouveaux noms.

(3) Frédéric-Henri-Richard de Ruffey, né le 29 mai 1750, mort sur l'échafaud révolutionnaire à Dijon le 10 avril 1794, conseiller le 8 août 1768, fit partie du nouveau Parlement, dit Parlement Maupeou, dont la première démarche fut une supplique en faveur des proscrits, et le dernier acte le refus d'enregistrer un édit contraire aux privilèges de la province.

très bien, que quand on ne le peut exercer avec honneur (1). Mais la voix du véritable intérêt est bien faible auprès de celle de la prévention inspirée par le nombre, et je ne suis pas étonné que l'une ait été préférée à l'autre. On n'aura que trop le temps de sentir qu'on y a mis plus de chaleur que de réflexion. Notre ami commun le président de Brosses doit bien regretter de s'être trop livré (2), et je pense comme vous qu'il voudrait être au premier pas. Le désastre général n'est pas moins fait cependant pour inspirer de l'intérêt. Un malheur, quoique mérité, doit toucher tout citoyen sensible, et à plus forte raison un compatriote. C'est l'effet qu'a produit en moi celui de ceux du Parlement que l'entêtement a conduits à l'exil. En blâmant la conduite du Corps, j'ai plaint le sort des particuliers. Adieu, mon cher Président; ne doutez jamais des sentiments du tendre attachement avec lequel je serai toujours votre très humble et très obéissant serviteur et ami.

BUFFON.

(Collection du comte de Vesvrotte.)

LETTRE CLXII

A MADAME DAUBENTON (2).

Mai 1772.

J'ai vu, ma chère bonne amie, toutes les lettres que vous écrivez à votre mari (4); elles sont gaies, charmantes et dignes de vous (5). Je ne cesse de lui faire compliment sur le bonheur qu'il a de vous posséder, et il m'y paraît aussi sensible qu'il peut l'être (6).

Frédéric-Henri-Richard de Ruffey devint président à mortier le 4 mars 1776. Sa femme, devenue folle à sa mort tragique, passait ses jours et ses nuits sur la place où il avait été exécuté.

(4) Le beau-frère de Buffon, Benjamin-Edme Nadault, conseiller au Parlement de Dijon, qui pensait comme lui, conserva sa charge, fit partie du Parlement Maupeou, et ne quitta sa robe de magistrat que le jour où la Révolution supprima les Parlements.

(5) La protestation au Roi du 4 février 1771, était l'œuvre des présidents de Brosses et de Bèvy. Le président de Brosses, à qui M. de La Tour du Pin, gouverneur de la province, avait laissé le choix de son exil, s'était retiré à Neuville-les-Comtesses, où ses deux sœurs étaient chanoinesses, d'où il ne revint qu'en 1775, après quatre années d'une disgrâce sans rigueurs, pour prendre la première présidence du Parlement réorganisé.

(1) Anne-Marie-Bernarde Boucheron, depuis le 25 février de cette même année, femme de Georges-Louis Daubenton.

(2) Georges-Louis Daubenton, filleul de Buffon.

(3) Les quelques lettres qui nous sont parvenues de Mme Daubenton-Boucheron témoignent qu'elle avait une plume élégante et facile, de l'imagination, de l'esprit et du cœur.

(4) Cependant le mariage remontait à trois mois à peine, Mme Daubenton, très jolie, n'avait que vingt-six ans, son mari trente-trois; mais tout laisse supposer qu'il y avait peu de sympathie entre les nouveaux époux.

Il a été très flatté du bon accueil et des distinctions qu'on vous a faites (1); j'en suis moi-même enchanté, et, quoique je m'y attendisse, cela m'a fait un extrême plaisir. Je désire votre bonheur comme le mien ; je sens que vous êtes heureuse avec le cher papa ; je crois que vous serez heureuse avec le cher mari. Marchez donc d'un plaisir à l'autre toujours gaiement, et revenez-nous en aussi bonne santé que vous nous avez quittés. La mienne se soutient. Faites mes hommages au cher papa (2) et beau-papa (3), mes amitiés au cher frère (4), et ne pleurez pas en les quittant, quoique vous les aimiez bien : car je n'ai pas pleuré en vous voyant partir, quoique je vous aime autant que vous pouvez les aimer.

Buffonet ne m'a pas écrit depuis dix jours. Sa petite colère n'a pas duré, car il a proposé à M. Laude de négocier avec vous et de vous proposer de garder ou de revendre le petit âne qu'il croit que vous lui avez acheté, et que, si vous voulez l'en débarrasser, il vous apportera des coquilles de la mer de Normandie (5).

BUFFON.

(Collection Nadault de Buffon.)

LETTRE CLXIII

A GUÉNEAU DE MONTBEILLARD.

6 juin 1772.

Votre aimable nièce (6) vient de me dire que la taxe était payée; cela signifie que son cher oncle (7) veut me donner de l'argent. Je l'accepte, mon très cher monsieur, et vous me ferez plaisir de m'envoyer celui dont vous pourrez vous défaire pour le 15 de ce mois, afin que je puisse le faire partir pour Paris le 16 par le carrosse.

(1) Dans son voyage de noces à Paris, Mme Daubenton avait été accueillie avec empressement par tous les personnages en relation avec Buffon, notamment par les Necker, et dans le cercle des savants du Jardin du Roi.

(2) François Boucheron, ancien conseiller-auditeur à la chambre des comptes de Dôle.

(3) Pierre Daubenton alors maire de Montbard.

(4) Pierre Boucheron de Russey, lieutenant d'artillerie au régiment de Toul.

Mme Daubenton avait un autre frère, Claude-François Boucheron, et deux oncles également dans l'artillerie, François-Fiacre Potot de Montbeillard, lieutenant-colonel, chevalier de Saint-Louis, et Barthélemy-Augustin Potot, capitaine, chevalier de Saint-Louis, commandant à l'arsenal de Lyon.

(5) M. Laude avait emmené son jeune élève, âgé de huit ans, dans le Cottentin, son pays d'origine, et ils parcouraient ensemble la côte normande. Ce fut le premier voyage du fils de Buffon, qui devait successivement voyager en Savoie, en Suisse, en Hollande, en Allemagne, en Russie.

(6) Mme Daubenton à qui est adressé la lettre qui précède.

(7) Guéneau de Montbeillard à qui il écrit.

Mon déménagement (1), *la maladie de M. Laude* (2), le prolongement du séjour de mon fils me forcent à plus de dépense ; cela n'empêchera pas que je ne vous rende, mon cher ami : 1° les 700 livres, que je vous dois de reste ; 2° l'argent que vous me donnerez de plus, dès que vous en aurez besoin. Ayez la bonté de m'avertir seulement huit ou dix jours d'avance.

Mille tendres amitiés et respects à votre chère dame ; il n'y a personne, après vous, à qui je ne sois plus attaché et que j'estime davantage. Je vous embrasse, mon bon ami, en vous aimant de tout mon cœur.

BUFFON.

(Inédite. — Communiquée par M. Léon de Montbeillard.)

LETTRE CLXIV

A GUYTON DE MORVEAU (3).

Montbard, le 26 juin 1772

Puisque vous faites construire, monsieur, un miroir composé de glaces planes et mobiles en tous sens, je puis vous épargner une partie de la dépense en vous donnant un assez grand nombre de montures qui peuvent porter des glaces depuis quatre pouces en carré jusqu'à un pied. Ces montures sont à Paris, et, je crois, au nombre de cent quarante ou cent cinquante ; c'est ce qui me reste de trois cents que j'avais fait faire (4), et dont j'ai donné le surplus à des personnes qui, comme vous, monsieur, ont voulu faire exécuter ce miroir. On s'en est servi utilement pour l'évaporation des sels, et cela coûte en effet beaucoup moins qu'un bâtiment de graduation (5)...

(1) Le premier déménagement de Buffon pour faire place aux collections envahissantes. Il avait quitté les appartements de l'intendance pour se loger à ses frais dans un appartement du voisinage, et les termes par lequel il le désigne dans une lettre à Mme Daubenton, du 20 juin 1776, postérieure de quatre années à celle-ci : « *mon galetas de l'année dernière* », témoigne qu'il était loin d'y avoir retrouvé la confortable installation qu'il avait volontairement abandonnée au Jardin du Roi dans l'intérêt de l'État, de la science et du public.

(2) Précepteur de son fils, qui devait mourir cette même année.

(3) Cette lettre donne la date certaine des premières expériences de Buffon avec Guyton de Morveau. L'Académie de Dijon, dont ils étaient tous deux membres, la similitude des goûts, leurs relations communes, les avaient mis en rapport. Buffon cite Guyton de Morveau dans l'*Histoire des minéraux*. A la mort de Buffon, il devint l'ami de son fils et fut, en 1793, avec Daubenton, le fils de Guéneau de Montbeillard et Hérault de Séchelles, témoin de son second mariage avec Élisabeth-Georgette Daubenton, auquel on est surpris de ne point voir assister le collaborateur de Buffon, son oncle.

(4) En 1747, pour ses expériences sur les miroirs ardents d'Archimède.

(5) Sorte de galerie remplie de fagots sur lesquels on fait tomber les caux salines ; pour recueillir le sel qui s'est attaché aux fagots.

N'ayez, je vous supplie, monsieur, aucune répugnance à accepter l'offre que je prends la liberté de vous faire. Si ces montures vous sont superflues, vous en serez quitte pour les remettre au cabinet de physique de l'Académie de Dijon, dont j'ai l'honneur d'être honoraire avec vous, et cette marque d'attention de notre part ne pourra déplaire à nos confrères. Mais je suis persuadé que ces montures que je vous offre étant faites en fer et en cuivre, et de manière à pouvoir être placées sur toutes sortes de châssis, elles vous seront utiles ; et dans ce cas je vous demande en grâce de les regarder comme vôtres. Je suis trop âgé, j'ai les yeux trop affaiblis pour que je puisse jamais faire de nouvelles expériences en ce genre ; il y en a néanmoins auxquelles j'ai grand regret, et que vous serez en état de faire réussir. Par exemple, je me suis aperçu qu'en faisant tomber les rayons du soleil concentré par cent quatre-vingts glaces à quarante pieds de distance, et en y exposant de vieilles assiettes d'argent que je voulais fondre et que j'avais bien fait nettoyer, elles ne laissaient pas de fumer abondamment et longtemps avant de fondre (1). J'aurais voulu recueillir cette matière volatile et peut-être humide, qui sort de ce métal par la seule force de la lumière, en mettant au-dessus un chapiteau et le petit appareil nécessaire pour condenser cette vapeur ; et je me proposais de faire dessécher ainsi l'argent tant qu'il aurait fourni des vapeurs ; après quoi je me persuadais qu'il ne resterait qu'une chaux ou une terre peut-être différente même, ce qui serait une espèce de calcination.

Je sais qu'on regarde en chimie les métaux parfaits comme incalcinables ; mais je me suis toujours défié de ces exclusions absolues, et je me persuade que si l'on n'a calciné ni l'or, ni l'argent, ni le platine, ce n'est pas réellement qu'ils soient incalcinables, mais qu'on n'a pas trouvé le moyen convenable d'y appliquer le feu (2). Si je pouvais espérer, monsieur, d'avoir bientôt la satisfaction de vous voir, j'aurais un grand plaisir à vous communiquer mes idées et à vous faire part du peu que j'en ai déjà rédigé.

L'histoire naturelle générale, et l'histoire particulière des animaux et des oiseaux, m'ont pris bien des années, et, jusqu'ici, je n'ai pu travailler à celle des minéraux qu'à bâton rompu et de loin en loin. C'est ce qui fait que je ne pourrai publier de si tôt cette histoire des minéraux, et que sur certains

(1) « J'exposai, dit Buffon dans son *Histoire des minéraux*, à 40 ou 50 et jusqu'à 60 pieds de distance, des plats et des assiettes d'argent; je les ai vus fumer longtemps avant de se fondre, et cette fumée était assez épaisse pour faire une ombre très sensible qui se marquait sur le terrain. On s'est depuis pleinement convaincu que cette fumée était vraiment une vapeur métallique; elle s'attachait aux corps qu'on lui présentait et en argentait la surface. » (*De l'argent.*)

(2) L'argent est légèrement volatil; il émet des vapeurs très sensibles à la température du feu de forge. On peut ainsi expliquer le phénomène observé par Buffon; mais les progrès de la chimie n'ont pas confirmé ses idées sur la décomposition de l'or, de l'argent et du platine en deux corps.

articles j'aurais grand besoin des conseils des gens éclairés comme vous, monsieur.

Quelqu'un m'a dit que vous pourriez venir de nos côtés pendant ces vacances. J'en serais enchanté, et, fussiez-vous à plusieurs lieues de distance, j'irais moi-même vous chercher, si ma santé me le permettait. Elle n'est pas assez rétablie pour que je puisse me livrer à une application suivie.

J'ai l'honneur d'être, avec un très sincère et très respectueux attachement, monsieur, votre très humble et très obéissant serviteur.

BUFFON.

(A appartenu à David d'Angers.)

LETTRE CLXV

A M. TAVERNE (1).

Montbard, le 13 octobre 1772.

J'ai reçu, monsieur, le portrait de l'enfant noir et blanc que vous avez eu la bonté de m'envoyer, et j'en ai été assez émerveillé, car je n'en connaissais pas d'exemple dans la nature (2). On serait d'abord porté à croire avec vous, monsieur, que cet enfant, né d'une négresse, a eu pour père un blanc, et que de là vient la variété de ses couleurs. Mais, lorsqu'on fait réflexion qu'on a mille et millions d'exemples que le mélange du sang nègre avec le blanc n'a jamais produit que du brun toujours uniformément répandu, on vient à douter de cette supposition, et je crois qu'en effet on serait moins mal fondé à rapporter l'origine de cet enfant à des nègres dans lesquels il y a des individus blancs ou blafards, c'est-à-dire d'un blanc tout différent de celui des autres hommes blancs ; car ces nègres blancs dont vous avez peut-être entendu parler, monsieur, et dont j'ai fait quelque mention dans mon livre, ont de la laine au lieu de cheveux, et tous les autres attributs des véritables nègres, à l'exception de la couleur de la peau et de la structure des yeux, que ces nègres blancs ont très faibles.

Je penserais donc que, si quelqu'un des ascendants de cet enfant pie était un nègre blanc, la couleur a pu reparaître en partie, et se distribuer comme nous la voyons sur ce portrait.

BUFFON.

(Insérée dans les Suppléments de l'*Histoire naturelle*.)

(1) Nicolas Taverne, bourgmestre et subdélégué de Dunkerque, avait envoyé à Buffon le portrait d'une négresse pie : « *Marie Sabina*, née le 22 octobre 1736, à Mutiana, plantation aux jésuites de Carthagène, en Amérique, de deux nègres esclaves, nommés *Martiniano* et *Padrona*, portrait trouvé à bord du navire *le Chrétien*, de Londres, capturé en 1746 par un bâtiment français, *le Comte de Maurepas*, de Dunkerque, capitaine François Neyne. »

(2) Voir l'étude sur *les Travaux et les idées de Buffon*, par Flourens, et M. le Dr de Lanessan, dans son *Introduction* à la nouvelle édition des œuvres de Buffon.

LETTRE CLXVI

A M. DALLET (1).

Montbard, ce 3 novembre 1772.

Nous venons de perdre votre cher ami, monsieur, et je viens d'en donner la triste nouvelle à son père (2); il a paru désirer que vous le remplaciez auprès de mon fils; je le désire aussi pour tout le bien que je sais de vous, monsieur.

Dans les premiers temps, je n'ai donné à M. Laude que 700 livres d'appointements, et ce n'est que depuis environ un an que je lui donnais 1,000 livres par l'extrême contentement que j'avais de lui.

Si vous voulez, monsieur, vous attacher uniquement à l'éducation de mon fils, je vous offre 800 livres par an, ma table et toutes les aisances qu'on peut avoir dans une maison où vous serez, pour ainsi dire, autant maître que moi. Je ne veux pas vous faire valoir la préférence que je vous donne, car il s'est présenté plusieurs autres personnes auxquelles je n'ai voulu faire aucune réponse décisive avant d'avoir la vôtre. Mais si vous vous déterminez, monsieur, au parti que je vous propose, il faudrait vous rendre ici tout le plus tôt que vous pourrez. Seulement vous voudrez bien passer par Paris et vous informer au Jardin du Roi, auprès du sieur Lucas qui est chargé de mes

(1) L'inscription de la lettre porte : A M. Dallet, l'aîné, associé adjoint de l'Académie des sciences de Rouen, à Valognes en Normandie.

Noël-François Dallet, né en 1724, habitait le grand séminaire de Valognes, dont son frère était supérieur, et où un autre était professeur.

Guéneau de Montbeillard écrivait de Paris à sa femme le 16 décembre 1772 :

« Enfin le choix est fait, mon *cher Mouton,* il est tombé sur l'homme de Valognes. Il faut avouer que, sans être à beaucoup près un aigle, c'est cependant celui qui méritait la préférence. Un esprit médiocre, l'air du collège, peu de conversation, beaucoup d'embarras, voilà l'homme. Mais il y a à parier que c'est un homme pur du côté des mœurs, avec de la conduite, du caractère et du bon ton. »

François Dallet a fait lui-même son portrait :

Je ne dois point aux justes Dieux
Les agréments de la figure;
Un bon cœur, suivant moi, vaut mieux,
Je le reçus des mains de la Nature.

C'était, en effet, un cœur excellent, avec un caractère sûr et une instruction étendue, mais d'une santé délicate qui ne lui permit pas de conserver le poste auquel l'avait appelé la confiance de Buffon. Il trouva néanmoins le temps d'écrire pour son élève l'*Education particulière* ou *Journal du Gouverneur.*

(2) M. Laude écrivait l'année précédente à Guéneau de Montbeillard, pendant la maladie de Buffon : « Je suis retenu au lit par la goutte, qui me tourmente cruellement; mais ma santé, quoique bien faible, est en bon train. » Mais le frère de Buffon lui écrivait dans le même temps, le 18 février : « J'embrasse à chaque instant le pauvre petit neveu, dont le gouverneur gémit sous le poids de sa malheureuse goutte. »

affaires, si je suis à Montbard, car je pourrais bien alors être moi-même à Paris et avoir le plaisir de vous y rencontrer.

Dans le cas où je ne serais pas arrivé et où vous auriez besoin d'argent pour venir à Montbard, le sieur Lucas vous en donnerait, et vous pouvez toujours m'adresser votre réponse à Montbard. J'ai l'honneur d'être, dans tous les sentiments que vous pouvez désirer de moi, monsieur, votre très humble et très obéissant serviteur.

BUFFON.

(Inédite. — Communiquée par M. Foisil, notaire honoraire, à Avranches.)

LETTRE CLXVII

A MADAME DAUBENTON.

Au Jardin du Roi, le 30 novembre 1772.

J'ai reçu, ma très chère belle amie, avec le plus grand plaisir, votre charmante petite lettre, où j'ai trouvé des nouvelles de tout ce que mon cœur aime, vous et mon fils.

Ma santé me tracasse encore plus ici qu'à Montbard, et, quelque désir que j'aie d'abréger mon séjour, tant par cette raison que par d'autres encore plus touchantes, je vois qu'il me faut encore au moins quinze ou dix-huit jours pour que mon voyage ne soit pas absolument inutile.

Si M. votre mari, auquel je vous prie de faire mes amitiés, veut m'envoyer tout l'argent qu'il aura, par le carrosse de jeudi, il me fera plaisir et je lui tiendrai compte du port et il pourra de même m'envoyer ce qu'il aura encore reçu pour le jeudi suivant.

On m'a promis la boîte du portrait (1) pour dans dix ou douze jours. Si le cher oncle (2) vient seul à Paris, M. Panckoucke peut lui donner une grande chambre où il y aurait encore place pour *Fin-Fin*.

M. du Luc (3) m'a écrit la lettre du monde la plus honnête et la plus spirituelle ; vous n'avez, mon aimable enfant, que des amis qui vous ressemblent.

BUFFON.

(Collection Nadault de Buffon.)

(1) Portrait de Buffon en grisaille, par Paul-Joseph Sauvage, décorateur du palais de Compiègne et dont nous possédons l'original. On verra, par la suite, Buffon remettre fréquemment son portrait sur des tabatières et des boîtes d'or, d'argent et d'écaille, avec encadrement de perles ou pierres fines, pour reconnaître des services rendus au Jardin du Roi. La grisaille de Sauvage, souvent reproduite, a été gravée par Saint-Aubin, Pauquet et Rossotte.

(2) Guéneau de Montbeillard, venait à Paris pour travailler plus assidûment à l'*Histoire des oiseaux*, qu'il allait bientôt abandonner pour être remplacé par l'abbé Bexon.

(3) Le comte du Luc, lieutenant général des armées du Roi en 1759, homme de cour et homme d'esprit, jouissant d'un grand crédit sans avoir néanmoins rempli de grandes charges.

LETTRE CLXVIII

A MADAME GUÉNEAU DE MONTBEILLARD.

Paris, le 16 décembre 1772.

Vos anciennes bontés pour moi, madame, celles que vous avez aujourd'hui pour mon enfant, les soins que vous daignez lui donner, mille autres motifs fondés sur l'estime profonde et sur le plus tendre respect, remplissent mon cœur et font que je ne pourrai jamais vous exprimer assez les sentiments par lesquels je vous suis attaché.

Je n'ai pu lire votre lettre sans le plus tendre attendrissement.

Que mon fils serait heureux s'il pouvait se modeler d'après vous ! Je suis bien sûr au moins qu'il aura beaucoup gagné et qu'il ne peut que gagner encore entre vos mains. Je vous supplie donc, madame, de le garder encore jusqu'à mon retour, qui sera vers la fin de ce mois.

M. Dallet part vendredi par le carrosse, pour arriver à Montbard le mardi soir 22. Je prierai votre aimable nièce (1) de le mener à Semur et de vous le présenter le jeudi ou le vendredi. Il prendra possession de mon fils en votre présence (2), et M. Hemberger (3), auquel j'ai des obligations infinies, sera libre de venir à Paris. Tout cela, madame, est concerté avec votre très cher mari qui se porte à merveille. On trouve votre cher fils beau comme un ange et charmant. Mille amitiés les plus tendres à M. votre cher frère (4). Mille respects à Mme sa femme et à Mme de Prévot, que je devrais remercier aussi de ses bontés pour mon fils : ce sont de douces obligations qu'on se plaît à ne jamais oublier. C'est dans ces sentiments et avec ceux du plus respec-

(1) Mme Daubenton, née Boucheron.

(2) Depuis la mort de la comtesse de Buffon, à laquelle elle était attachée par les liens d'une tendre amitié, Mme de Montbeillard prodiguait ses soins au jeune fils de son amie, et Buffon avait dans Mme de Montbeillard une telle confiance, que, lorsqu'il avait dû quitter Montbard pour Paris, au mois de novembre 1772, il avait laissé son fils chez elle, à Semur, où un ami de la famille de Montbeillard, le musicien Hemberger, s'en occupait en attendant l'arrivée du nouveau précepteur.

Nous avons publié, à la page 148 du t. Ier de la 1re édition de la *Correspondance*, des fragments de la correspondance de Guéneau de Montbeillard avec sa femme, qui témoignent de leur délicate et constante sollicitude pour le fils de leur ami.

(3) Hemberger a composé des symphonies pour l'électeur de Mayence et des morceaux en l'honneur de Buffon, avec paroles de Guéneau de Montbeillard, notamment : *Bouquet à M. le comte de Buffon, à quatre parties chantantes, avec accompagnement de violons, deux flûtes, deux cors de chasse, alto et basse, par son très humble, très obéissant et très reconnaissant serviteur F.-A. Hemberger. Gravé par Niquet.*

(4) François-Fiacre Potot de Montbeillard, lieutenant-colonel d'artillerie, chevalier de Saint-Louis.

tueux attachement, que je serai toute ma vie, madame, votre très humble et très obéissant serviteur.

BUFFON.

(Bibliothèque de Semur.)

LETTRE CLXIX

A MADAME DAUBENTON.

Lundi, 25 décembre 1772.

Je crois, chère bonne amie, que je ne pourrai partir que dimanche, pour arriver mardi 29.

Si vous pouvez mener à Semur M. Dallet (1), vous me ferez grand plaisir. Il y restera auprès de mon fils jusqu'à mon retour.

On doit me remettre demain la boîte et le portrait.

Je m'amuse avec vos petits lévriers; vous aurez le mari et la femme, ils feront une jolie famille.

Si M. votre mari a de l'argent (2), il me fera plaisir de me l'envoyer par le carrosse qui part jeudi prochain, et de m'en donner avis le même jour par la poste. Lucas (3) recevra cet argent après mon départ. Les personnes qui vous aiment se portent bien. Je ne suis pas mal moi-même, et de tous ceux que vous pouvez aimer, aucun ne peut vous aimer autant que moi.

BUFFON.

(Collection Nadault de Buffon.)

(1) Le nouveau précepteur.

(2) Georges-Louis Daubenton n'avait jamais d'argent, pas plus que son père; nous verrons Buffon liquider ses dettes et assurer le sort de sa veuve et de sa fille unique.

(3) François Lucas, né en 1745, mort en 1825, conservateur des galeries du Cabinet du Roi, huissier de l'Académie des sciences, figure parmi les Bourguignons que Buffon avait amenés avec lui de Montbard au Jardin du Roi. Il était son homme de confiance à Paris; il touchait et payait les sommes considérables dépensées par Buffon au Jardin du Roi et s'occupait de ses affaires domestiques. Buffon l'a employé dans la grande entreprise de l'édition coloriée des oiseaux, ainsi qu'en témoigne un reçu inséré dans la note que nous lui avons consacrée dans le volume de *Buffon, sa famille et ses collaborateurs* (p. 389).

« C'était, dit Humbert Bazile, un fort bel homme qui avait un cœur excellent et une grande aménité de caractère. Il était laborieux et instruit. »

François Lucas eut un fils, Jean-André-Henri, né en 1778, mort la même année que son père, le 6 février 1825, victime de son goût pour les armes à feu. Il a signé le 3 juin 1795, comme adjudant de la section de la Fidélité, le procès-verbal de la mort du dauphin. C'est avec lui que le fils de Buffon a manqué de mettre un jour le feu aux serres du Jardin, où ils avaient allumé la nuit des torches pour faire la chasse aux oiseaux, et c'est encore avec lui qu'un autre jour il abattit d'un coup de pistolet la cime du cèdre du Liban.

LETTRE CLXX

A M. DE BAISSEY (1).

Montbard, ce 5 janvier 1773.

Je reçois toujours, monsieur, avec une égale reconnaissance les marques d'amitié dont vous voulez bien m'honorer. Je ne puis que vous offrir les assurances de toute la mienne avec les vœux sincères que je fais au renouvellement de cette année, pour vous et pour M. votre fils.

J'ai quelquefois le plaisir de parler de tous deux avec Mme Daubenton (2). C'est dans ces sentiments et avec ceux d'un sincère et respectueux attachement que j'ai l'honneur d'être, monsieur, votre très humble et très obéissant serviteur.

BUFFON.

(Inédite. — Collection Nadault de Buffon.)

LETTRE CLXXI

A M. MACQUER (3).

Montbard, le 25 janvier 1773.

Comme vous avez, monsieur et cher confrère travaillé plus que personne sur la matière du platine, permettez-moi, je vous prie, de vous demander si vous ne regardez pas comme du vrai fer le petit sable noir qui y est mêlé, et que l'aimant attire. Ce qui me fait douter de ce que vous en pensez, c'est que vous dites à la page 250 de votre dictionnaire de chimie (4) que ce *petit sable noir est aussi attirable par l'aimant que le meilleur fer, mais qu'il est indissoluble par les acides, infusible et intraitable.* Vous pourriez donc, monsieur, ne le pas regarder comme un véritable fer. Cependant je crois avoir des preuves du contraire (5). Faites-moi le plaisir de m'éclaircir ce doute par un mot de réponse, et vous m'obligerez beaucoup.

Je suis bien aise d'avoir cette petite occasion de vous renouveler les senti-

(1) Nicolas Baissey, déjà nommé.

(2) Née Boucheron, dont la famille était de Beaune.

(3) Pierre-Joseph Macquer, chimiste, précédemment nommé. (Voir la lettre que lui écrit Buffon le 4 juin 1771.)

(4) Ouvrage publié en 1773 en 4 vol. in-folio.

(5) Le minerai de platine contient le plus souvent, avec de l'osmiure d'iridium, du fer titané qui est parfois magnétique et indissoluble par les acides. Cependant, lorsque la proportion du fer contenue est assez considérable, le fer titané est soluble dans l'eau régale.

ments de mon estime et de l'inviolable attachement avec lequel j'ai l'honneur d'être, monsieur et cher confrère, votre très humble et très obéissant serviteur.

BUFFON.

(Bibliothèque nationale, Supplément français.)

LETTRE CLXXII

A M. AMELOT (1).

Montbard, 10 mai 1773.

... Je vivais tranquille à Montbard depuis quarante ans; mais, depuis dix-huit mois, deux hommes grossiers et méchants, le procureur-syndic (2) et le second échevin de la ville, m'attaquent de la façon la plus injurieuse parce que je protège le maire (3) et le curé (4) que ces messieurs voudraient supplanter. J'ai dû intenter un procès au sieur Mandonnet (5), et je vous demande votre appui et vos conseils dans cette affaire, où il s'agit de ma réputation et de mon honneur.

BUFFON.

(Catalogues d'autographes.)

(1) Antoine-Jean Amelot de Chaillou entra jeune dans une carrière qui conduisait sûrement au Conseil, celle des intendances. Intendant de Bourgogne de 1764 à 1774, il fut chargé en cette qualité de dissoudre, en 1771, le parlement de Dijon. Appelé, en 1775, au ministère de la maison du Roi par le comte de Maurepas, il conserva son portefeuille jusqu'en 1783, où il fut remplacé par le baron de Breteuil. D'un esprit médiocre, il eut pour seul mérite sa parenté avec le premier ministre; on doit toutefois lui savoir gré d'avoir encouragé les efforts de Parmentier, pour introduire et populariser en France la culture de la pomme de terre, dont la cause fut gagnée le soir où Louis XVI et son ministre assistèrent au bal de la reine une fleur de pommes de terre à la boutonnière. Amelot de Chaillou s'occupa surtout de l'Opéra, qui rentrait dans ses attributions; il en rehaussa la mise en scène; mais, ayant voulu y introduire d'utiles réformes et n'ayant pas réussi, il s'attira cette repartie de Sophie Arnould : « Vous auriez dû savoir, Monseigneur, qu'il est plus facile de réformer un Parlement que l'Opéra. »

(2) Pierre Babelin, avocat au Parlement, conseiller du Roi, assesseur criminel de la maréchaussée d'Auxois, procureur du Roi, syndic de la ville de Montbard, avait assisté, en 1770, au mariage de Benjamin-Edme Nadault, avec Jeanne-Catherine-Antoinette Leclerc, sœur de Buffon.

(3) Pierre Daubenton, maire de 1772 à 1775.

(4) François de Grizelles, curé de la paroisse Sainte-Urse de Montbard, de 1770 à 1789.

(5) Nicolas-Dominique Mandonnet, né le 6 décembre 1723, mort le 5 novembre 1794, fils de Pierre Mandonnet, avocat au Parlement, procureur du Roi au grenier à sel de Montbard. Reçu avocat au Parlement de Dijon en 1745, il avait été attaché à Buffon, à Paris, en qualité de secrétaire, de 1749 à 1761. S'étant fait recevoir docteur en médecine, il revint à Montbard, où il fut quelque temps médecin de Buffon, de sa famille et de sa maison. Le père et l'aïeul de Buffon avaient assisté, le 30 mars 1707, au mariage de Pierre Mandonnet, père de Nicolas-Dominique, avec Anne Salomon, comme oncle et cousin de celle-ci.

On trouve de nombreux représentants de la famille Mandonnet sur les registres municipaux de Montbard, en qualité d'échevins, de syndics et de notables habitants. Elle a fourni des conseillers au grenier du sel, des administrateurs de l'hospice Saint-Jacques et des notaires royaux.

LETTRE CLXXIII

A M. L'ÉCHEVIN (1).

Paris, 15 mai 1773.

Monsieur,

J'ai eu l'honneur de remettre à Mgr le duc de La Vrillière (2) un mémoire de plaintes contre le sieur Mandonnet, second échevin de la ville de Montbard; j'y ai joint un extrait des dépositions des témoins qui vous donneront connaissance d'une partie des propos injurieux qu'il a tenus contre moi (3) et même contre M. Amelot, notre intendant. Vous jugerez aisément, monsieur, de l'insolence et de l'extravagance de cet homme, qui n'est échevin que depuis un an et qui ne mérite pas d'être continué; comme c'est ici le temps où vous les nommez j'ai demandé que le sieur Richard, premier échevin actuel, fût continué pour l'année prochaine, et le sieur Mandonnet remplacé par un autre qui vous sera présenté; j'ai joint aux deux mémoires deux notes qui contiennent des exemples que cela s'est fait ainsi dans des cas même moins graves (4).

(1) Bernard l'Echevin, premier commis du ministère de la maison du Roi, dont nous avons cité une lettre à Buffon, relative à l'affaire de la survivance. Dans l'ancienne administration, les titres de premier commis équivalaient à ceux des directeurs généraux de nos ministères actuels, et se transmettaient de père en fils, comme les charges de secrétaire d'État.

(2) Louis Phelippeaux de La Vrillière, plus connu sous le nom de comte de Saint-Florentin, créé duc de La Vrillière depuis 1770, beau-frère du comte de Maurepas, fils du premier duc de La Vrillière, qui lui avait transmis, en 1778, le portefeuille de la maison du Roi, qu'il conserva jusqu'en 1779, précédemment nommé.

(3) Le 2 novembre 1772, à une séance du maire et des échevins, il y avait à l'ordre du jour une requête de Buffon à l'intendant de la province, pour obtenir que les murs des terrasses de ses jardins fussent reconstruits aux frais de la ville, qui en avait causé la chute en faisant élever dans leur voisinage une maison pour le curé Nicolas-Dominique. Mandonnet s'emporta en violences contre Buffon, « *C'était*, dit-il, *un homme terrible; son avidité était si grande que, s'il pouvait atteindre au Père éternel, il lui prendrait son chapeau ou son manteau; que c'était un tyran et un usurpateur*. Il avait ajouté que, *si M. de Buffon était mort lors de sa dernière maladie, la ville de Montbard y aurait gagné et qu'il ne méritait pas les grands honneurs que la ville lui avait rendus au retour de son dernier voyage de Paris.* »

Buffon intenta un procès en diffamation à Mandonnet, des mémoires furent imprimés et une ordonnance royale, révoquée le 28 juillet 1786 sur l'initiative de Buffon, fit défense à Mandonnet de se mêler à l'avenir des affaires de la commune.

(4) Certains biographes ont dénoncé le prétendu despotisme de Buffon, en sa qualité d'intendant du Jardin du Roi et de seigneur de Montbard. Au Jardin du Roi, il aurait opprimé les savants et professeurs et tout le personnel de l'établissement; dans ses terres, il aurait imposé arbitrairement sa volonté et exercé ses droits seigneuriaux avec rigueur. L'incident Mandonnet répond à ces imputations. En effet, il eût été facile à Buffon, d'après ce que nous savons de ses rapports avec le comte de Saint-Florentin, d'obtenir du ministre, qui les délivrait avec tant de facilité, une lettre de cachet contre Mandonnet, au lieu de se contenter de prouver ses torts par une enquête, de faire prononcer contre lui une condam-

MADAME NADAULT

Sœur de Buffon.

1746 — 1832.

Je vous supplie donc, monsieur, de faire rapport de cette affaire à Mgr le duc de La Vrillière (1) qui a reçu ma demande avec toute sa bonté et justice ordinaire, en me disant qu'il ne fallait pas nommer échevin le sieur Mandonnet dans la circonstance présente. C'est, en effet, le seul moyen de rétablir la paix dans cette petite ville, où je l'ai maintenue depuis quarante ans; mais, dans une seule année, cet homme, qui est une espèce de fou, se trouvant échevin, a suscité des troubles de toute espèce. Vous pourriez, monsieur, vous en informer auprès de M. Robinet (2), qui est actuellement à Paris et qui, comme subdélégué de M. l'intendant de Bourgogne, a vu de près les déportements du sieur Mandonnet; mais, indépendamment de ce motif de paix et de bien public, j'espère que pour moi-même vous me ferez la grâce que je vous demande avec instance. J'ai l'honneur d'être, avec un respectueux attachement, monsieur, votre très humble et très obéissant serviteur.

BUFFON.

(Archives nationales. — Publiée en 1855, par M. Louis-Paulin Pâris, dans le *Cabinet historique.*)

LETTRE CLXXIV

A MADAME DAUBENTON.

Le 21 mai 1773.

Bonne amie, vous écrivez comme un amour et pensez comme un ange. Je vous lis presque avec autant de plaisir que je vous vois, si bien vous savez vous peindre.

J'ai un peu tardé à vous donner de mes nouvelles, parce que j'aurais voulu ne vous pas dire que depuis neuf jours je n'ai cessé de tousser et que je n'ai pas quitté le coin du feu. C'est la maudite coqueluche, et je vois que la vôtre ne vous traite pas mieux. Cela n'est pas fait pour suspendre la mienne; elles pourraient bien toutes deux durer tant qu'il ne fera pas chaud. Encore si nous pouvions les confondre, il n'y aurait que demi-mal; mais à soixante lieues on ne s'entend pas tousser.

Quoique incommodé, je n'ai pas laissé de faire quelque chose de mes

nation et de le faire remplacer. Il aurait pu agir de même vis-à-vis du chevalier de Saint-Belin, son beau-frère; mais sa nature droite et loyale n'eut jamais recours à de semblables moyens.

(1) Le destinataire de la lettre a écrit en marge: « Répondre que je suis très aise de trouver cette occasion de l'obliger lui-même; qu'ainsi il peut être certain que je prendrai les ordres du ministre à mon premier travail pour exclure le sieur Mandonnet de l'échevinage. Même compliment. Remettre à l'abbé.

» De Paris, ce 2 juin 1773. »

(2) Jacques Robinet, qui a fait l'objet de la note 1 de la lettre du 5 décembre 1771, à Guéneau de Montbeillard (p. 211).

affaires les plus pressées, et j'espère toujours être de retour à la Saint-Jean. J'adorerais les insectes comme les Égyptiens, s'ils ressemblaient au charmant *hanneton* (1). J'ai vu son protégé de *la Légion corse* (2), et je tâcherai de lui rendre quelques services.

On va commencer à imprimer les *Oiseaux* du cher oncle (3) et les *Éléments* de votre bon ami (4).

Ce nom m'est bien précieux et fait plus de plaisir à mon cœur que tous les titres ou les éloges qu'on pourrait me donner.

Votre chère maman aura mon portrait gravé (5), que je lui porterai et que je la remercie d'avoir désiré. Faites donc aussi que je vous remercie pour quelque chose que vous désirerez. Embrassez votre papa pour moi; dites bien des choses à votre cher mari; guérissez-vous, écrivez-moi, et comptez sur moi comme sur vous-même, ou tout au moins comme sur le plus fidèle de tous vos amis.

BUFFON.

(Collection Nadault de Buffon.)

(1) Le *charmant hanneton*, nous le savons déjà, c'est Mme Daubenton, surnommée aussi par Guéneau de Montbeillard, son oncle, le *charmant moucheron*. Le nom de *charmant hanneton* lui est resté, comme celui de *mouton* à la douce et dévouée compagne de Guéneau de Montbeillard. Il est piquant de voir des naturalistes adopter dans leur intimité des noms d'animaux et d'insectes.

(2) La *Légion corse* est un cousin de Mme Daubenton, neveu de François-Fiacre Potot de Montbeillard, lieutenant-colonel d'artillerie, que Buffon fit entrer dans les petites écuries du Roi.

(3) L'*Histoire des oiseaux*, à laquelle Guéneau de Montbeillard n'avait pas encore cessé de collaborer, continuait de paraître pendant que Buffon travaillait aux *Suppléments*.

(4) Le premier volume des *Suppléments* à l'*Histoire naturelle*, paru en 1774, renferme avec la partie expérimentale, la suite de la *Théorie de la terre* et l'*Introduction à l'Histoire des minéraux*, qui traite des *Éléments*.

(5) Le portrait gravé cette même année par Chevillet, d'après le tableau de Drouais, avec l'inscription : *Naturam amplectitur omnem*. Cette gravure, placée en tête d'une édition de l'*Histoire naturelle*, est, par la perfection du burin et la ressemblance et le fini du travail, un des meilleurs portraits gravés anciens de Buffon. Les principaux portraits de Buffon, gravés d'après Drouais, ont été publiés dans la période de 1773 à 1778, ce qui témoigne qu'à cette date sa gloire et sa popularité étaient à leur apogée. Nous citerons le portrait gravé en 1774 par Gaucher, d'après un dessin de Sève, portant la même inscription et les armes de Buffon avec couronne de marquis; la même année, un autre portrait du graveur allemand Houbraken, avec nom, titres et qualités, et, en 1775, un portrait par P. Savart, avec nom et allégories : au sommet, une couronne d'étoiles et à la base les volumes de l'*Histoire naturelle*, une épée et une lampe antique allumée; et, enfin, la gravure de la statue de Pajou par Martini, avec l'inscripion latine : le génie de la nature en écarte le voile et couronne son historien; un lion est couché à terre, un chien lui lèche les pieds.

LETTRE CLXXV

A M***.

Au Jardin du Roy, ce 23e May 1773.

Votre recommandation, monsieur, a fait sur moi tout l'effet que vous deviez en attendre. J'ai vu hier M. l'abbé d'Anjou, et je crois qu'il est content de mes dispositions. Je le serai bien davantage si vous y applaudissez, et si cette occasion me procure l'honneur de faire connaissance avec vous, et de vous donner des marques du respect avec lequel j'ai l'honneur d'être, monsieur, votre très humble et très obéissant serviteur.

BUFFON.

(Inédite.)

LETTRE CLXXVI

A MADAME DAUBENTON.

Le 6 juin 1773.

Chère bonne amie, votre cher papa (1) a eu la bonté de me donner de vos nouvelles jeudi. Remerciez-le pour moi, quoiqu'elles ne soient pas bonnes, car cette vilaine coqueluche m'inquiète et vous dure trop longtemps. Dites-lui aussi que le sieur Mandonnet ne sera plus échevin, que Richard sera continué premier échevin cette année, et qu'il faut en nommer un autre à la place de Mandonnet. Ils recevront sur cela les ordres du ministre. Surtout qu'ils ne présentent pas un second Mandonnet.

J'ai vu votre cher oncle Montbeillard. Il est peut-être ici pour plus de temps que moi ; mais son séjour ne peut à la fin que lui être utile. Mon rhume est diminué et je commence à sortir. Votre petit ami (2) vient de dîner avec moi ; il n'a été question que de vous et du petit chevreuil (3). Que de plaisir à parler de vous et combien plus à vous revoir ! Devinez, bonne amie !

BUFFON

(Collection Nadault de Buffon.)

(1) François Boucheron.
(2) Le fils de Buffon.
(3) Buffon avait un grand nombre de chevreuils dans ses bois, et souvent les gardes en prenaient de jeunes qu'on élevait au château, en liberté, dans les jardins.

LETTRE CLXXVII

A M...

Le 10 juin 1773.

... Je ne connais, dans toute la liste de mes juges, que M. de Brosses et M. Le Mulier (1). Je leur recommanderai mon affaire (2) avec instance, et j'espère que j'aurai lieu d'être content du jugement.

(Catalogues d'autographes.)

LETTRE CLXXVIII

A MADAME DAUBENTON.

9 juin 1773.

Partez, chère bonne amie, et partez tout de suite pour le joli Beaune. Quittez le vilain Montbard pour aller à la charmante noce (3) où mon cœur vous accompagnera et jouira par moitié de toute la satisfaction que vous y trouverez. Je ne serai de retour que le 15 de juillet tout au plus tôt; tâchez de revenir vers le 25 août tout au plus tard, et que ce terme de bonne espérance vous fasse ainsi qu'à moi ressentir quelques moments délicieux. Jouissons de ce que nous désirons, en attendant mieux. Je crois que vous aurez aussi la satisfaction de voir le raccommodement tant désiré (4). Votre cher oncle d'ici n'a point de tort, et l'autre me paraît en avoir; mais la personne qui en a le plus, je veux dire la demoiselle, travaille elle-même pour le réparer. Au moyen de ce mauvais moyen tout réussira, et nous aurons, à ce que j'espère, la satisfaction de voir ces chers amis réunis.

La commission nommée pour l'affaire de l'artillerie commence aujourd'hui. Hier au soir le cher oncle a trouvé chez moi le comte de Maillebois (5);

(1) François Le Mulier, conseiller honoraire au Parlement de Dijon, retiré à Semur, précédemment nommé.

(2) Le procès en diffamation contre Mandonnet et un autre avec les Ursulines de Montbard, au sujet des bois domaniaux et seigneuriaux. Buffon devait avoir à soutenir un autre procès contre la ville de Montbard, pour les bois communaux.

(3) Le mariage de son frère Claude-François Boucheron.

(4) Les deux oncles de Mme Daubenton, Guéneau de Montbeillard et Potot de Montbeillard, beau-frère de ce dernier, étaient divisés par des intérêts de famille. Une de leurs nièces avait contribué à cette mésintelligence. Mme Daubenton parvint, avec Buffon, à rapprocher les deux beaux-frères.

(5) Yves-Marie Desmarest, comte de Maillebois, fils du maréchal de ce nom, lieutenant général, gouverneur de Douai, membre honoraire de l'Académie des sciences, né en 1715, mort le 14 décembre 1791, connu par ses démêlés avec le maréchal d'Estrées au sujet de la bataille d'Hastembeck. En 1789, il se prononça contre les réformes, et lorsque Mme de Staël proposa un plan d'évasion des Tuileries, il rédigea un projet de contre-révolution. Dénoncé en 1790, il s'enfuit en Hollande, où il mourut.

je l'ai recommandé avec tout le zèle de l'amitié, et je compte qu'il se tirera de cette affaire avec gloire et profit.

Mes amitiés à votre papa de Montbard (1) et à toute la maison. Dites-lui que, s'il s'intéresse à Pion (2), il lui dise de m'écrire ou de me voir, et que je pourrai faire son affaire. Celui pour lequel M. Guéneau m'avait écrit lui a manqué de parole, et il en est outré. Dites-moi aussi des nouvelles des échevins. Écrivez-moi du milieu de la noce. Je n'y connais que le cher frère et le papa, mais je m'intéresse à tout ce qui leur appartiendra. Adieu, bonne amie ; point de coqueluche, point de chagrin, bien du plaisir, et soyez bientôt de retour.

BUFFON.

(Collection Nadault de Buffon.)

LETTRE CLXXIX

A GUÉNEAU DE MONTBEILLARD.

Au Jardin du Roi, le 13 juin 1773.

Je n'ai pas oublié, mon cher bon ami, la recommandation que vous m'avez faite, ainsi que notre cher abbé de Piolenc (3), du fils de M. Perrot de Flavigny, pour remplacer le sieur Rosan, lieutenant de la maréchaussée de Montbard. J'ai vu sur cela M. Boullin ; il a la démission de Rosan, et la chose ne tient plus qu'à l'argent, mais c'est toujours trop. J'ai rabattu tant qu'il m'a été possible sur les demandes, et voici tout ce que j'ai pu obtenir, encore sous la condition que M. Perrot ait servi au moins deux ou trois ans.

1° Huit mille livres pour rembourser Rosan.

2° Le quart, c'est-à-dire deux mille livres pour l'agrément ; ce qui me paraîtrait un peu trop cher, attendu que le produit de la place n'est que de sept cents livres. Mais il y a une circonstance qu'il faut laisser ignorer à Rosan et qu'il faut tenir secrète : c'est qu'à commencer du premier octobre prochain toutes les places de maréchaussée seront augmentées, et celle du lieutenant de Montbard en particulier, de quatre cents livres, savoir de deux cent cinquante livres pour fourrages et de cent cinquante livres pour logement. Cela fera donc dans la suite onze cents livres de produit, au lieu de sept cents, et

(1) Le *papa de Montbard*, c'est Pierre Daubenton, maire de la ville.

(2) François Pion, conseiller du roi, grenetier au grenier à sel de Semur, d'une ancienne famille de Montbard, qui a donné un abbé de Cîteaux, un doyen d'Autun, etc.

(3) L'abbé de Piolenc, à qui on doit des observations sur les oiseaux et qui est cité dans l'*Histoire naturelle*, était lié d'une étroite amitié avec Guéneau de Montbeillard, et également de l'intimité de Buffon. Il était frère de Jean de Piolenc, abbé de Flavigny, et du marquis de Piolenc, comte de Montbel et de L'Épine, oncle par alliance de Royer-Collard. On verra souvent revenir le nom de l'abbé de Piolenc dans la correspondance de Buffon.

il me semble que les dix mille livres de M. Perrot seront avantageusement placées ; mais il ne faut pas perdre de temps : car M. Boullin m'a dit qu'il y avait un nommé Pion de Savoisy, près de Montbard, qui était tout prêt de donner cette somme, quoiqu'il ignore l'augmentation prochaine des quatre cents livres.

Le sieur Ligeret de Semur pourrait bien revenir à la charge, s'il en était informé. Il serait donc nécessaire de m'envoyer une soumission bien cautionnée de MM. Perrot, père et fils, pour que je puisse mettre cette affaire en règle avant mon départ (1), qui sera vers le 6 ou le 8 du mois prochain.

Mon fils est au collège du Plessis (2) depuis trois semaines ; mais il ne m'a pas encore été possible d'y arranger le petit plan de son éducation. Il ne s'y

(1) En sa qualité de seigneur engagiste du domaine du roi à Montbard avec Benjamin-Edme Nadault, son beau-frère, Buffon nommait à un grand nombre d'emplois ; pour tous les autres, il avait droit de présentation.

Voici un brevet de nomination d'un percepteur des droits seigneuriaux, à la date du 2 janvier 1772, signé des noms de Buffon et Nadault :

« Sur le rapport qui nous a été fait des bonnes vie, mœurs et suffisance du sieur Jacques Trécourt, nous l'avons nommé et commis pour lever et percevoir le droit d'éminage qui nous appartient sur tous les grains exposés en vente dans les marchés de cette ville, conformément aux arrêtés des 8 mars 1740 et 1er août 1741, pour le temps qu'il nous plaira et à la rétribution dont sommes convenus, et nous invitons MM. les officiers municipaux de l'installer dans ladite fonction après qu'il aura fait les soumissions en pareil cas requises.

» Fait à Montbard, le deux janvier mil sept cent soixante-douze.

» Leclerc, comte de Buffon. Nadault. »

(2) Depuis que la santé de M. Dallet l'avait obligé de résigner ses fonctions de précepteur, Buffon avait modifié le système d'éducation de son fils et l'avait mis au collège du Plessis, aujourd'hui lycée Louis-le-Grand, en attachant un professeur à sa personne, M. Guillebert. M. Dallet avait quitté la maison de Buffon en emportant comme double témoignage de sa satisfaction ce certificat et un brevet de correspondant du Jardin du Roi :

« Je déclare que M. Dallet l'aîné ayant pris soin de l'éducation de mon fils pendant six mois, je n'ai eu qu'à me louer de ses vertus en général, et en particulier de son attention à ses devoirs, et de la bonté de son caractère, qui le rendront toujours digne de l'estime et de la considération des honnêtes gens ; mais son âge et sa faible santé ne lui permettant pas de suivre et d'accompagner constamment mon fils, trop fort pour son âge, je n'ai pu me dispenser de remercier M. Dallet, pour lequel je conserverai toujours les sentiments dont il est digne.

» Fait à Montbard, le 9 mai 1773.

» Le comte de Buffon. »

« Nous, intendant et administrateur du Jardin et cabinet du Roi, avons nommé et nommons M. Dallet, l'aîné, associé adjoint de l'Académie royale des sciences de Rouen, notre correspondant pour les recherches et observations à faire en Histoire naturelle dans l'étendue de la presqu'île du Cotentin, province de Normandie, généralité de Caen, élections de Valognes et de Carentan, et pour envoyer au cabinet de Sa Majesté les choses que nous pourrions lui demander.

» Pour quoi lui avons délivré le présent, en témoignage de notre considération, le 8 juin 1773.

» Le comte de Buffon.

» *Par monsieur le Comte,*

» Fayot. »

trouve pas mal (1) et se porte très bien, à une suite de rhume près qu'il a apporté de Montbard et qui, comme le mien et celui de votre chère nièce, ne veut pas désemparer. J'ai été neuf jours sans pouvoir sortir, toussant la nuit autant que le jour, et, quoique cette incommodité soit diminuée, la moindre variation dans l'air suffit pour me la rendre.

Nous sommes tous deux sous presse, et l'on doit vous envoyer aujourd'hui ou demain vos premières feuilles d'épreuves. Je voudrais bien m'occuper du discours, ou plutôt de l'avant-propos que je dois mettre à la tête de notre volume; mais ce pays-ci est trop peuplé pour pouvoir disposer de son temps; je prévois même que je ne pourrai faire qu'une partie des choses que j'avais projetées. D'ailleurs on doit une partie de son temps à ses amis, surtout quand ils sont malades, et je n'en sache pas de mieux employé que celui que malheureusement je passe auprès de notre ami, M. Varenne, depuis environ quinze jours.

La maladie a commencé par un accès de goutte d'abord vague, ensuite sur les deux pieds, avec des douleurs très cuisantes et presque continuelles. A mesure que la douleur a diminué, il s'est formé une tumeur à la région axillaire, qui est à peu près grosse comme un échaudé. Cette espèce de dépôt, qui n'est pas douloureux, ne paraît être aux médecins qu'un effet critique et salutaire. Je le désire de tout mon cœur et je suis assez porté à le croire, malgré le très tendre intérêt que je prends au malade, parce que depuis que cette tumeur paraît sa santé va mieux. Mais soit qu'il survienne suppuration ou non, la cure sera longue (2), et il a besoin de toute sa bonne tête et d'une grande patience. Voilà le produit des chagrins que son malheureux fils ne cesse de lui donner (3). Il a eu l'impudence d'envoyer chez moi savoir de mes nouvelles et pressentir si je le recevrais; mais je ne le recevrai ni ne lui pardonnerai ses infamies et le mal qu'il a fait à son père.

(1) *Buffonet*, comme l'appelle son père, qui avait neuf ans, écrivait de son côté, le 22 mai 1773, à Mme Daubenton, cette jolie lettre d'enfant : « Je me trouve très bien au collège. Je suis à cet instant auprès de mon papa, je dîne chez lui. Je vous prie de m'envoyer des nouvelles de *Vinchspils*, qui signifie en français *jeu du vent* ou lévrier, et du pauvre petit chevreuil. S'il est mort, cachetez votre lettre de noir. »

(2) Jacques Varenne, compatriote, ami et parent de Buffon, ne mourut que sept ans après, en 1780.

(3) Étienne-Claude Varenne de Beost, fils aîné de Jacques Varenne, né le 10 décembre 1722, mort en 1788. Après avoir donné à son père un témoignage public de respect, en ayant tenu à l'accompagner devant la cour des aides lors de l'enregistrement de ses lettres de grâce, il l'attaqua avec violence dans des mémoires rendus publics, en l'accusant de lui préférer son frère, Varenne de Fenille, et d'avoir répondu à sa piété filiale par la froideur et les mauvais procédés; il lui reprochait de lui avoir fait perdre, en la perdant lui-même, la charge de secrétaire en chef des états de Bourgogne, dont il avait la survivance.

Joueur, dissipateur et prodigue, poursuivi par ses créanciers, il demandait compte à son père devant les tribunaux de la fortune de sa mère, et la vivacité et l'inconvenance de ses attaques provoquèrent son interdiction et lui firent retirer, le 23 juillet 1776, la survivance de la charge de receveur général des finances des états de Bretagne dont son père était titulaire.

Je me trouve dans le cas, mon très cher ami, de pouvoir rembourser incessamment les quatre mille six cents livres de capitaux de rente que je dois tant à M. Rouillon qu'à l'hôpital de Semur. Je vous serai donc très obligé de vouloir bien les en prévenir; après quoi, sur votre réponse, je pourrai vous envoyer une rescription de cette somme, à laquelle je vous prierai de joindre les intérêts échus qui sont peu de chose, n'y ayant que le courant de l'année, que vous voudrez bien donner pour moi et que je vous rendrai à mon retour.

Je souffre de voir ici M. Potot de Montbeillard, qui ne peut que s'y déplaire et s'ennuyer beaucoup, sans pouvoir s'en retourner. Il faut un travail du Maître (1) avec le ministre pour décider l'affaire qui le retient ici, et cela sera peut-être encore long.

Je n'ai pas eu de peine à bien encourager M. Daubenton, le cadet (2), au sujet de votre ouvrage sur les oiseaux; il y était bien disposé, et nous avons pris de concert de petites mesures avec le petit Mauduit (3), pour vous procurer par nos correspondants des notices sur les mœurs des oiseaux étrangers.

Adieu, bon ami; mille tendres respects à celle que vous voulez bien que je nomme aussi ma bonne amie, et à son aimable compagne, Mme de Prévost (4). J'embrasse aussi le cher fils, c'est-à-dire je veux que son papa l'embrasse pour moi.

BUFFON.

(Appartient à la baronne de La Fresnaye.)

C'était cependant un homme instruit, aimant les sciences et les lettres. Il possédait une riche bibliothèque et avait doté, en 1760, Dijon d'un jardin botanique.

Son titre de correspondant de l'Académie des sciences, que Buffon lui avait fait donner en 1752, était justifié par des publications et des mémoires sur les sujets les plus variés : *Tablettes historiques de Bourgogne*, *les Ruines de Pæstum* (1767), *la Cuisine des pauvres*, des *Mémoires sur l'agriculture*, *la Fabrication des perles artificielles*, *la Construction des théâtres* et *le Moyen d'allumer instantanément un nombre considérable de lampions*. (Voir la lettre du 14 mars 1774 à Jacques Varenne.)

(1) Le frère de Mme de Montbeillard était à Paris pour solliciter de l'avancement. Le ministre ne pouvait nommer que sur la présentation du grand maître de l'artillerie, Gribeauval. M. de Montbeillard, appuyé par Buffon, sollicitait l'emploi d'inspecteur des manufactures d'armes, que Buffon lui fit obtenir à Charleville.

(2) Edme-Louis Daubenton, surnommé tour à tour le *cadet* et le *jeune*.

(3) Jean Mauduit, docteur régent de la Faculté de médecine de Paris, membre de la Société royale, fut un des premiers savants qui s'occupèrent du magnétisme. Buffon l'avait consulté pour son traité sur l'aimant, en même temps que l'abbé Le Noble, qui lui avait remis un aimant artificiel du poids de seize livres pouvant en porter deux cent cinquante.

Le docteur Mauduit, qui s'occupait d'histoire naturelle, possédait un cabinet presque aussi riche que celui du prince de Condé à Chantilly. Buffon dit de lui dans l'histoire du coucou de Chine. « C'est le nom que M. Mauduit a imposé à cette espèce nouvelle dont il m'a donné communication, ainsi que de tous les morceaux de son beau cabinet, dont j'ai eu besoin, avec un empressement et une franchise qui font autant d'honneur à son caractère qu'à son zèle pour le progrès des connaissances. »

On a vu précédemment que le comte d'Angiviller, courtisan, mais nullement savant, avait formé, lui aussi, un cabinet d'histoire naturelle, seul titre qu'il pût invoquer pour prétendre à la survivance de Buffon.

(4) Femme de Gaspard-Antoine Prévost de La Croix, capitaine au régiment de Touraine, chevalier de Saint-Louis, précédemment nommée, avait été très liée avec la comtesse de Buffon.

LETTRE CLXXX

A MADAME DAUBENTON.

Au Jardin du Roi, le 15 juin 1773.

Ma santé est encore moins bonne ici, dans le beau Paris, qu'au vilain Montbard. Aussi j'y retournerai le plus tôt possible, et j'espère, bonne et tout aimable amie, que je n'aurai pas le guignon d'arriver après votre départ pour la noce; mais, quand même elle me ferait ce tort, qui n'est pas petit, j'y prendrai et prends dès à présent le plus grand intérêt; car votre satisfaction, chère enfant, fait une grande partie de mon bonheur.

Je n'ai pu rien obtenir pour la *Légion corse*. La place qu'il désirait chez M. le comte d'Artois était donnée, et nous nous y sommes pris trop tard. Il y a quatre jours que je n'ai vu M. de Montbeillard, et je ne puis vous en dire des nouvelles.

M. votre mari, discret à son ordinaire, a donc publié ce que je vous ai marqué sur Mandonnet; je le sais par plusieurs lettres du pays. Cela était pourtant aussi inutile à dire qu'il était utile et nécessaire qu'il parlât de Trécourt (1) dans la lettre qu'il a écrite à M. de Verdun (2). Mais de sa vie il n'a rien su faire à propos que de vous épouser : heureux s'il sentait son bonheur. Dites à M. son père (3) qu'au cas que Mandonnet soit exclu, comme je l'espère, je le prie de présenter le sieur Guérard, marchand de bois (4), que je préférerais à tout autre pour cette place d'échevin. Je n'ai pas vu le sieur Pion de Savoisy, qu'il m'a recommandé pour la place de Rosan; mais je sais qu'il a fait des démarches à l'hôtel Condé. Ce ne sera cependant pas pour

(1) Jacques Trécourt fut neuf ans secrétaire et intendant de Buffon; il s'occupa aussi des affaires du fils et de la belle-fille de Buffon, et mourut pauvre en emportant l'estime de tous ceux qui l'avaient connu. C'était un petit homme, sec et droit, irréprochable dans sa tenue, portant, alors que l'usage en avait disparu, une perruque poudrée à frimas et un habit de velours noir à la française, avec boutons d'acier. Trécourt a laissé des mémoires manuscrits sur l'histoire naturelle et sur des questions économiques; il a dressé avec un soin consciencieux et un véritable talent calligraphique le *Terrier* des titres de famille et seigneuries de Buffon (1 fort vol. in-f° de 800 p.), et les inventaires faits à Montbard après la mort de Buffon. Il a adressé à la Convention une énergique protestation contre l'arrestation arbitraire du jeune comte de Buffon sans que son courageux dévouement ait pu le sauver.

(2) Henri-Louis Desnos, né en 1716, évêque de Rennes le 16 août 1761, évêque de Verdun en 1769, où il succédait à M. de Drosménil, qui occupait ce siège depuis 1721.

(3) Pierre Daubenton, alors maire de Montbard.

(4) Nicolas Guérard fut nommé échevin. Il est l'aïeul de Benjamin-Edme-Charles Guérard, membre de l'Adadémie des inscriptions et belles-lettres, conservateur des manuscrits à la Bibliothèque nationale, professeur à l'École des chartes, auteur de nombreux et savants travaux historiques, né à Montbard en 1791, mort à Paris en 1854.

Benjamin-Edme-Charles Guérard avait eu pour parrain Benjamin-Edme Nadault, conseiller au Parlement de Dijon, beau-frère de Buffon.

lui. Rosan s'en ira, mais sera probablement remplacé par un homme que votre cher oncle Guéneau m'a recommandé ; je lui ai écrit à ce sujet.

Je vous remercie de tout ce que vous avez dit à M. Holker (1); son témoignage peut faire du bien à la réputation de mes forges. C'est vous, bonne amie, qui savez faire les choses à propos, et l'à-propos pour vos amis est tous les jours et tous les moments où il est question d'eux, parce qu'ils sont dans votre cœur, et ce cœur est aussi honnête et aussi sensible que l'esprit qui l'anime est vif et délicat. Ceci sans compliment et en toute vérité.

BUFFON.

(Collection Nadault de Buffon.)

LETTRE CLXXXI

A GUÉNEAU DE MONTBEILLARD.

Paris, le 23 juin 1773.

Je pars pour Versailles, où je n'ai pas encore été (2), et je n'ai que le moment, mon très cher ami, de vous dire que j'ai reçu votre lettre et que je suis obligé de rester ici douze ou quinze jours de plus que je n'avais compté; encore bien heureux si je puis terminer le reste des affaires qui m'y ont appelé. Cela me donnera au moins le temps de recevoir des nouvelles de nos gens de Flavigny (3), dont je n'ai point entendu parler.

Vous trouverez ci-jointe la rescription de quatre mille six cents livres avec mon acquit au dos. Ce remboursement me fait d'autant plus de plaisir qu'il

(1) Jacques Holker, inspecteur général des manufactures, chargé de ce service avec son fils, son survivancier.

(2) Ce jour-là, Buffon faisait sa première visite à la cour de Louis XVI. (Voir la biographie de Buffon par le Dr de Lanessan.)

Buffon ne fut pas un courtisan. Ni sous Louis XV ni sous Louis XVI, on ne le vit fréquenter Versailles ni Marly, bien qu'il eût le plus envié des privilèges, les *petites entrées de la chambre*. Cependant Louis XV et Louis XVI lui témoignèrent à l'envi leurs sympathies. Louis XV lui demandait des chevreuils de Montbard, et lui envoyait de sa cuisine en échange. La marquise de Pompadour, qui lui reprochait d'avoir mal parlé de l'amour et qui, le rencontrant un jour à Marly, s'écriait en le touchant de son éventail : « *Eh bien! Monsieur de Buffon, vous êtes un joli garçon!* » envoyait cependant à Montbard son carlin et son sapajou. « Ne serait-il pas plus juste, disait Louis XVI, d'appeler Pline le Buffon des Romains, que M. de Buffon le Pline des Français? » Il dit à Bernardin de Saint-Pierre, successeur du marquis de La Billarderie au Jardin du Roi : « Je nomme en vous un digne successeur de M. de Buffon. » Marie-Antoinette, s'arrêtant, aux premiers jours de la Révolution, devant la statue de Buffon, s'écriait : « Combien les choses iraient mieux si tous ceux qui prétendent conduire les affaires publiques avaient sa haute raison! »

(3) Flavigny, ancienne et curieuse ville forte sur une hauteur, à trois lieues de Montbard, avec une église et une abbaye remontant à l'an 723, où le P. Lacordaire a rétabli l'ordre des dominicains. L'abbé crossé et mitré était, en 1773, Jean de Piolenc, connu par sa libéralité et sa bienfaisance, frère de l'ami de Guéneau de Montbeillard et de Buffon.

se trouve dans une circonstance qui vous convient. Je ne suis point inquiet de mon billet, puisqu'il est entre vos mains, et vous me l'enverrez quand vous le jugerez à propos. Nous causerons à mon retour du projet que vous m'annoncez, et qui me sera infiniment agréable, s'il me procure l'avantage de vivre plus souvent avec vous (1).

BUFFON.

(Appartient à la baronne de La Fresnaye.)

LETTRE CLXXXII

A MADAME DAUBENTON.

Le 2 juillet 1773.

J'ai eu hier au soir, chère bonne amie, votre lettre datée de Semur. Il n'y a rien du bon oncle qui est ici, et c'est une marque qu'il n'y a encore rien de fait pour le raccommodement; ce qui me fâche beaucoup, et lui aussi, car il était auprès de moi lorsque j'ai reçu votre lettre (2).

Vous ne partez donc que le 15, belle amie, cela achève de me déterminer à partir le 10; j'aurai du moins trois ou quatre jours à vous voir, et cette douce espérance me tient lieu de tout autre plaisir.

C'est en effet M. Colas (3) qui parlera dans mon affaire, et, s'il est honnête, il parlera comme Mme Nadault chante, c'est-à-dire très bien (4); sinon je ne l'entendrai pas et lui ferai comprendre qu'il m'a déplu.

(1) Guéneau de Montbeillard, pressé par Buffon, avait paru consentir à se fixer à Paris. Les amis que sa liaison avec Buffon et ses travaux lui avaient faits dans les lettres, l'accueil qu'il y avait reçu semblaient devoir l'engager à s'y fixer; cependant il resta à Semur en répondant à Buffon : « Ici, je vous vois davantage que je ne vous verrais à Paris, où le tourbillon vous emporte; je n'ai donc aucun motif pour abandonner la ville où je suis né. »

(2) Fiacre Potot de Montbeillard, colonel d'artillerie, frère de Mme de Montbeillard.

(3) Étienne-Henri Colas, né le 18 avril 1732, mort le 2 juin 1799. Avocat général au Parlement de Dijon, le 8 mai 1753, entra dans les ordres en 1784 sans se démettre de sa charge de magistrature et devint doyen de Vézelay. Il fut longtemps directeur de l'Académie de Dijon.

(4) Catherine-Antoinette Leclerc de Buffon, née à Buffon le 29 mai 1746, morte à Montbard le 21 juin 1832, à l'âge de quatre-vingt-six ans, avait épousé, le 24 juillet 1770, avec dispense de parenté, son cousin germain Benjamin-Edme Nadault, conseiller au Parlement de Bourgogne.

« Excellente musicienne, dit Humbert Bazile, elle conserva très tard la fraîcheur de sa voix, et un soir, à soixante-dix-sept ans, elle chanta chez Mme Hivert, ma parente, un duo avec sa fille en s'accompagnant sur la guitare. »

Benjamin Leclerc de Buffon, excellent musicien, et qui reprochait à Buffon de ne pas avoir l'oreille juste, fut le maître de tous ses enfants.

Le chevalier de Buffon, frère de Mme Nadault, était un violoniste remarquable; sa famille conserve un violon de Guadagnini que lui avait donné Mozart en 1730; et le petit-

J'ai bien peu de temps, charmante amie, d'ici à huit jours, et j'ai encore des affaires sans nombre; mais je suis décidé à laisser ce que je ne pourrai pas faire. Vous voir me tient plus au cœur que de tout posséder. Adieu, chère belle amie, adieu jusqu'au dimanche 11, jour de fête, pour moi la plus sacrée de ma religion.

BUFFON.

(Collection Nadault de Buffon.)

fils de Mme Nadault exécutait à onze ans, dans la Sainte-Chapelle de Dijon, devant le prince de Condé et les états réunis, un motet avec le talent d'un maître.

« Mme Nadault, dit encore Humbert Bazile, avait un esprit vif et pénétrant, un tact sûr, une conversation remplie de traits et d'à-propos; ses reparties, parfois un peu vives, étaient toujours rachetées par un aimable enjouement..... Elle contribuait par le charme de son esprit à l'agrément de la société de Montbard..... Et personne ne convenait mieux qu'elle au rôle de maîtresse de la maison de M. de Buffon..... Je l'ai connue dans tout son éclat;..... d'une grande simplicité dans ses goûts, la meilleure part de son revenu était pour les bonnes œuvres..... Elle a conservé toute sa vie la vivacité de son esprit; son grand usage du monde donnait à toutes ses actions, même dans la vieillesse, un charme particulier. Ce fut vraiment une femme supérieure. »

Buffon, veuf et plus âgé que sa sœur de trente années, l'avait placée dès les premiers temps de son veuvage à la tête de sa maison de Montbard, dont elle faisait les honneurs; elle a donné plusieurs articles à l'*Histoire des oiseaux*, et Buffon la cite dans l'*Histoire naturelle*. Elle était en relations épistolaires avec Mme Necker et toutes les illustrations de son temps. Buffon l'employait volontiers à sa correspondance, notamment avec les femmes, en lui disant : « Tenez, petite sœur, ceci est de votre domaine, vous vous en tirerez mieux que moi. » Plusieurs lettres de Mme Nadault ont été publiées au siècle dernier, et nous avons donné des extraits de sa correspondance dans le volume de *Buffon, sa famille, ses collaborateurs, ses familiers*. Florian, le chevalier Aude, le chevalier de Bonnard, Dorat-Cubières et d'autres poètes lui ont dédié des poèmes et des vers. Son portrait a été gravé par J. Levasseur.

Mme Nadault avait pour son frère une tendresse et un respect religieux; elle se faisait gloire d'être sa sœur, et joignait ses soins attentifs et dévoués à ceux de Mlle Blesseau, lorsqu'il tombait malade.

Elle écrivait, en 1783, à Mme Necker : « Quand je m'élève au rare mérite de mon frère et que je retombe sur ma petitesse, je n'ose plus lui appartenir. » Et, en 1785, à Faujas de Saint-Fond : « Le bonheur d'appartenir à M. de Buffon se présente à moi chaque jour. »

Buffon, en mourant, n'oublia pas sa sœur, qui figure ainsi à son testament du 4 décembre 1787 : « Je donne et lègue à Mme Nadault, ma sœur, deux mille livres de rentes et pension viagère, exempte de toute retenue, et pour en jouir pendant sa vie, à compter du jour de mon décès, et en recevoir les arrérages, seule et sur ses simples quittances, sans avoir besoin de l'intermédiaire de son mari. De laquelle rente, il y aura celle de mille livres reversible sur la tête de demoiselle Sophie Nadault, ma nièce, à qui j'en fais don et legs, pour en jouir après le décès de Mme Nadault, sa mère, aussi seule et sur ses simples quittances, pendant sa vie, et sans avoir besoin de l'autorisation de qui que ce soit. »

Mme Nadault ressentit de la mort de Buffon une douleur profonde, à laquelle elle resta fidèle jusqu'à ses derniers jours, et dont on recueille, à cette date, l'expression émue dans sa correspondance avec Mme Charrault et Mme Necker.

Elle écrit à Mme Charrault, le 29 août 1788 : « ... Vous connaissiez, madame, son mérite, à part les vertus douces que ce grand homme apportait dans la société, vous saviez quel degré de bonheur il me procurait à Montbard. Quelque bien que ce cher frère me fasse après lui, ainsi qu'à ma fille, il mérite de notre part un tribut de reconnaissance éternelle.

» Mais qui pourrait adoucir une telle perte? Il n'aura jamais son semblable, et ceux qui, fiers de lui appartenir, le voyaient de près, resteront inconsolables. »

LETTRE CLXXXIII

A GUÉNEAU DE MONTBEILLARD.

Le 26 juillet 1773.

Voilà, mon bon ami, la liste de mes juges. Les lettres de M. Le Mulier me feront honneur et grand bien ; remerciez-le de ma part comme d'un service essentiel qu'il me rend.

Je compte que nous emmènerons votre voiture, qui fera nos visites d'honneur à Dijon (1). Nous renverrons vos chevaux jeudi coucher à Montbard, et nous arriverons le même jour avec les miens de bonne heure à Dijon. J'ai vu par ce que m'a dit le chevalier de Saint-Belin que mes juges traitent mon affaire plus sérieusement depuis qu'ils sont informés de mon arrivée, et vous m'aiderez plus que personne à me les rendre favorables. Le chevalier (2) ne vient point avec nous ; je n'emmène que Mlle Blesseau (3)

Elle écrivait, le 29 avril, à Mme Necker : « Permettez à une sœur dont la gloire cesse avec sa vie de vous parler de lui... J'avais le bonheur d'être la sœur de M. de Buffon ; mais je n'en étais digne que par mon tendre respect pour sa personne. Je vivais ici près de lui, et c'est dans cette intime familiarité que j'ai appris à le chérir et à l'admirer à un autre point de vue que le public, qui ne le jugeait que d'après le mérite étonnant de ses ouvrages.

» Indulgence, égalité d'humeur au milieu même de ses souffrances, sensibilité au malheur des autres, générosité ingénieuse et délicate pour épargner jusqu'à des remerciements ; tact unique pour adresser à chacun des paroles auxquelles on peut répondre sans embarras ; conversation simple qui paraissait ne lui rien coûter ; souvenirs des amusements de sa jeunesse, qu'il exprimait avec une gaieté, une bonhomie adorables. Voilà, madame, ce que vous savez aussi bien que moi, ce qui alimentera ma vénération et ma douleur jusqu'à mon dernier soupir, avec le souvenir pénétrant du bienfait qu'il me laisse, ainsi qu'à ma fille, et auquel je n'avais nul droit. Mon cœur lui payera un tribut de reconnaissance jusqu'au dernier instant de ma vie... Il me voit, et c'est aux pieds de son image chérie que je vous écris. »

Mme Necker a conservé dans ses *Mélanges* sa réponse à Mme Nadault : « L'impression que vous m'avez laissée est celle d'une sœur de M. de Buffon... La sœur de M. de Buffon eût été toujours pour moi un être surnaturel par les souvenirs qu'elle m'aurait rappelés, et le style de ses lettres est une nouvelle preuve de son origine. »

(1) Ses visites à ses juges suivant un usage alors reçu.

(2) Le chevalier de Buffon, son frère.

(3) Marie-Madeleine Blesseau, née le 22 novembre 1747, morte le 18 avril 1834, à quatre-vingt-sept ans, fut pendant vingt-cinq ans, à Montbard et au Jardin du Roi, à la tête de la maison de Buffon, qui n'avait pas voulu d'intendant. « Il a mis toute sa confiance, disait en 1785 Hérault de Séchelles, dans une paysanne de Montbard, qu'il a érigée en gouvernante, et qui a fini par le gouverner. Elle se nomme Mlle Blesseau ; c'est une fille de quarante ans, bien faite et qui a dû être assez jolie. Elle est depuis près de vingt ans auprès de M. de Buffon. Elle le soigne avec beaucoup de zèle. Elle participe à l'administration de sa maison, et, comme il arrive en pareil cas, elle est détestée des gens. » Humbert Bazile a laissé d'elle ce portrait : « Elle était douée d'une physionomie intelligente, avec des yeux expressifs et un son de voix agréable ; il y avait dans toute sa personne de la grâce et de l'aisance. La nature l'avait douée d'un jugement excellent. » Il continue : « Après la mort de la comtesse de Buffon, à qui elle était attachée et qui l'avait recommandée à son mari, celui-ci la plaça

et deux laquais, ou un, si vous voulez avoir le vôtre. M. le docteur

à la tête de sa maison. Elle avait toute sa confiance. Dépositaire d'une autorité absolue sur les nombreux domestiques que nécessitait le train de M. de Buffon, elle ne trahit jamais ses intérêts. Aussi était-elle détestée des gens de service, dont les méchants propos ont été complaisamment recueillis par M. Hérault de Séchelles, par le chevalier Aude et d'autres. A la mort de M. de Buffon, elle se retira à Montbard dans la maison qu'elle tenait de sa générosité, et, après avoir administré sans contrôle une maison considérable, elle ne possédait d'autre bien que la pension viagère qu'il lui avait léguée.... Elle est morte en partageant son bien entre les pauvres et sa famille. » Le père Ignace ajoute son témoignage à ceux qui précèdent. « Il avait, dit-il, à la tête de sa maison une personne digne de toute sa confiance, à laquelle il laissait la liberté de faire de nombreuses aumônes..... L'ordre admirable qu'il apportait dans l'administration de ses affaires domestiques n'avait d'égal que celui de la personne à qui il avait donné sa confiance. »

Le noble désintéressement de Mlle Blesseau, restée pauvre après avoir été, pendant vingt-cinq ans, à la tête d'une maison considérable, n'a d'égal que son admirable dévouement pour Buffon, âgé et atteint d'une infirmité cruelle, et il doit suffire, pour confondre la médisance et la calomnie, de rappeler que la vertueuse Mme Necker honora Mlle Blesseau de son amitié et de sa correspondance, et que Mme Nadault et Mme Daubenton la traitaient sur le pied de l'égalité. Tous ceux qui ont été les témoins de ses soins constants à Buffon en ont parlé avec admiration et respect.

Mme Daubenton, rendant compte à Mme Necker, en juin 1783, de la crise que Buffon vient de subir, lui dit : « Il a été servi avec zèle, affection et même noblesse par Mlle Blesseau, qui mérite toute estime. » Le 31 juillet 1786, après une autre crise, le chevalier Aude écrivait à Mme Necker, en lui parlant de Mlle Blesseau elle-même gravement malade des suites de ses fatigues : « On ne l'entend pas sans attendrissement se plaindre d'être dans l'impossibilité de prodiguer ses soins au grand homme qu'elle sert et aime de toutes les facultés de son âme. »

Elle fut admirable dans la dernière maladie de Buffon : « Jamais, écrivait Mme Necker à Mme Nadault au lendemain de la mort de Buffon, à laquelle elle avait assisté, je n'oublierai l'image qu'elle m'a présentée lorsque, dans le silence, assise jour et nuit à la même place, les yeux fixés sur le même objet, elle n'avait de mouvement que celui qu'il lui imprimait, de sensibilité que pour ses souffrances, de pensée que pour aller au-devant de ce qui pouvait être utile et prévenir ce qui pouvait déplaire. Ce qu'elle a supporté, souffert et adouci, ménagé, concilié, ne pourra jamais se rendre par la parole. Elle a tout surmonté, jusqu'à sa douleur, quand M. de Buffon pouvait l'apercevoir. » Elle ajoute : « Elle m'a paru un phénomène moral et sensible, comme si tous les phénomènes dussent être connus de M. de Buffon ou lui appartenir..... Mlle Blesseau a servi M. de Buffon mieux qu'il n'aurait pu l'être s'il eût été sur un trône dont il était digne..... Je pouvais bien m'attacher à cette aimable fille comme à une personne au-dessus de son état, puisqu'elle m'a paru même au-dessus de l'humanité. »

D'un autre côté, Mme Necker, qui avait tenu à exprimer directement ses sentiments à Mlle Blesseau, lui écrivait le jour même de la mort de Buffon, le 16 avril : « Les forces de mon âme ni celles de mon corps ne me permettent pas, mademoiselle, d'aller mêler mes larmes aux vôtres. Et cependant je me sens portée invinciblement à épancher ma douleur et à vous dire encore, dans ce terrible moment, tout ce que l'estime et la reconnaissance pourraient me suggérer si j'avais assez de présence d'esprit pour rendre mes pensées. C'est à vous que je dois, mademoiselle, d'avoir vu les dernières douleurs de mon ami entourées et adoucies par la plus tendre sensibilité. Vos vertus seront à jamais liées dans mon souvenir à ma tendresse pour l'homme sublime que je viens de perdre. C'est assez vous dire, mademoiselle, que vous aurez en moi, tant que je vivrai, une amie sincère qui s'intéressera véritablement à votre sort ; et je vous prie avec instance de me faire part de vos projets et de tous les détails relatifs à votre fortune. Si je pouvais vous être bonne à quelque chose, je croirais rendre hommage à la fois à la mémoire à jamais chérie de M. de Buffon et à la vertu même que vous me représentez. »

Mlle Blesseau figure au testament authentique de Buffon du 4 décembre 1787 après son fils, Mme Necker, son frère et sa sœur :

« Voulant reconnaître les soins, le zèle et la fidélité de la demoiselle Blesseau, surveillante de ma maison depuis dix-neuf années, je lui donne et lègue 1,500 livres de rentes et pension viagère..... cinq années de ses gages à raison de 600 livres par an, et tous les meubles de son appartement à Montbard et à Paris. »

« Mlle Blesseau, dit Humbert Bazile, ayant eu connaissance d'un premier testament dans lequel M. de Buffon lui léguait une pension égale à celle de son frère et de sa sœur, déclara qu'elle n'accepterait pas, à moins que la pension de Mme Nadault et celle du chevalier de Buffon ne soient augmentées et la sienne diminuée. »

M. de Buffon porta au double la pension de son frère et de sa sœur, mais sans toucher à celle de Mlle Blesseau.

La mort de Buffon la laissa inconsolable.

« Mlle Blesseau, — écrit Mme Nadault à Mme Necker le 29 avril, treize jours après la mort de son frère, — possède votre estime attestée par des lettres précieuses qui sont pour elle autant de titres de noblesse. Sa modestie naturelle fait qu'elle s'étonne des égards qu'on lui témoigne. Combien pourtant elle les mérite! Quel zèle tendre pour la personne de mon frère, votre ami; quelle force étonnante de courage avec une complexion délicate. Rien ne peut la tirer de l'état de mort où elle vit, le temps ajoute à sa douleur; elle recherche à Montbard les lieux, les promenades qu'il fréquentait; et la comparaison du passé avec le présent déchire son âme... Avec quel tendre respect elle parle de vous, madame, de vos bienfaits, de votre opinion flatteuse sur ses qualités; deux sentiments l'occupent tour à tour, celui qu'elle vous doit et sa profonde douleur. Elle parle sans cesse de vous, madame; elle unit votre nom à celui de mon frère, et c'est en cela que je juge encore mieux de son étonnante sensibilité. »

A un mois d'intervalle, le 24 mai, Mlle Blesseau écrivait à Faujas de Saint-Fond : « J'attendais que mon âme fût plus calme pour vous remercier de tout l'intérêt que vous avez eu la bonté de prendre au plus grand des malheurs qui ait pu m'arriver et dont je ne me consolerai jamais. Personne, monsieur, ne peut mieux connaître que vous l'étendue de la perte affreuse que je viens de faire. M. de Buffon était la seule personne pour qui je vécusse dans le monde. Votre âme sensible a été plusieurs fois témoin des marques de sa bonté et de son entière confiance dont j'ai la conscience de n'avoir jamais démérité. J'étais heureuse et fière de me trouver à tout moment près de ce grand homme; à présent, tout est perdu pour moi, mon bonheur est fini, je ne cherche pas à me consoler. Je pleure nuit et jour. Je pleurerai toute ma vie. »

Elle lui écrivait encore le 12 juin : « Que mon sort était heureux et combien maintenant il est cruel; je ne sais que devenir dans le monde, malgré la *grande fortune* (une rente viagère de 1,500 francs) qu'il a eu la bonté de me laisser. Je passerai le reste de ma vie dans la douleur, dans la douleur la plus profonde. »

Au témoignage des contemporains, à celui de la famille et des amis de Buffon, s'ajoute celui de son fils qui, loin de chasser avec mépris de la maison de son père une fille qui y aurait occupé une place équivoque, a, au contraire, multiplié les sollicitations, les attentions et les démarches pour l'attacher à son service.

« Il m'a marqué des sentiments dont je ne me doutais pas, — écrit encore Mlle Blesseau à Faujas, — il m'a adressé des lettres remplies d'amitié, de sensibilité et de reconnaissance; il voudrait que je reste avec lui pour être sa personne de confiance. Je n'y consentirai jamais, je resterai seulement le temps nécessaire pour tout mettre en ordre, et je partirai. Je m'enorgueillis de l'honneur que j'ai eu de servir M. de Buffon; jamais je ne servirai son fils ni personne autre. »

Ce qu'on lit encore aujourd'hui dans certaines biographies sur les mœurs de Buffon et sur la nature de ses rapports avec Mlle Blesseau a nécessité cette réponse, que nous croyons sans réplique, puisqu'elle émane de témoignages contemporains et désintéressés.

Nous avons publié les lettres de Mlle Blesseau à Mme Necker, à Mme Nadault, à Faujas de Saint-Fond et à divers dans la première édition de la *Correspondance* et dans le volume de *Buffon, sa famille, ses collaborateurs, ses familiers.*

Barbuot (1) a bien voulu me promettre d'écrire à M. Barbuot le père (2), qui sera, je crois, le premier opinant de mes juges (3). Mme votre nièce (4) pourra m'envoyer des lettres pour M. Lorenchet (5); je vais lui en écrire un petit mot.

Lisez, mon cher bon ami, le petit avertissement (6) que je dois mettre à la tête du volume des *Oiseaux* que l'on imprime actuellement. Je souhaite que vous en soyez content, et je vous le communique pour y ajouter, changer ou retrancher tout ce qui pourrait vous convenir ou ne pas vous convenir.

Je suis convaincu et très flatté des bontés de votre chère dame et de l'excellent cœur de votre aimable fils. Je les embrasse bien tendrement tous deux avec vous, mon très cher ami.

BUFFON.

(Appartient à la baronne de La Fresnaye.)

(1) Le docteur Barbuot, de Semur, à qui Buffon accordait une grande confiance, était originaire d'une famille de Flavigny, dont un membre, le docteur Jean Barbuot, a fait imprimer en 1661 une brochure, en latin, sur les eaux minérales de Sainte-Reine (Côte-d'Or), l'ancienne *Alesia* des Gaulois.

(2) Philippe Barbuot de Palaiseau, né le 16 mars 1730, mort le 1er mai 1815, conseiller au Parlement le 18 juin 1751.

(3) Comme étant le plus jeune et donnant à ce titre son opinion le premier.

(4) Mme Daubenton, le *charmant hanneton*.

(5) Louis-Étienne Lorenchet de Melonde, né en 1728, mort en 1797, conseiller au Parlement le 12 janvier 1762, sur la résignation de Jean-Claude Perrency de Grosbois, promu premier président du Parlement de Besançon.

(6) Cet avertissement est ainsi conçu : « J'en étais au seizième volume in-4° de mon ouvrage sur l'*Histoire naturelle*, lorsqu'une maladie grave et longue a interrompu pendant près de deux ans le cours de mes travaux. Cette abréviation de ma vie, déjà fort avancée, en a produit une dans mes ouvrages. J'aurais pu donner, dans les deux ans que j'ai perdus, deux ou trois autres volumes de l'*Histoire des oiseaux*, sans renoncer pour cela au projet de l'*Histoire des minéraux*, dont je m'occupe depuis plusieurs années. Mais, me trouvant aujourd'hui dans la nécessité d'opter entre ces deux objets, j'ai préféré le dernier comme m'étant plus familier, quoique plus difficile, et comme étant plus analogue à mon goût, par les belles découvertes et les grandes vues dont il est susceptible. Et pour ne pas priver le public de ce qu'il est en droit d'attendre au sujet des oiseaux, j'ai engagé un de mes meilleurs amis, M. Guéneau de Montbeillard, que je regarde comme l'homme du monde dont la façon de voir, de juger et d'écrire, a le plus de rapport avec la mienne; je l'ai engagé, dis-je, à se charger de la plus grande partie des oiseaux; je lui ai remis tous mes papiers. Il a fait de ces matériaux un prompt et bon usage, qui justifie bien le témoignage que je viens de rendre à ses talents : car, ayant voulu se faire juger du public sans se faire connaître, il a imprimé, sous mon nom, tous les chapitres de sa composition, depuis l'autruche jusqu'à la caille, sans que le public ait paru s'apercevoir du changement de main; et, parmi les morceaux de sa façon, il en est, tel que celui du *paon*, qui ont été vivement applaudis et par le public et par les juges les plus sévères.... »

A partir de ce jour, et malgré la résistance de Guéneau de Montbeillard, tous les articles donnés par lui à l'*Histoire naturelle* ont paru sous son nom.

LETTRE CLXXXIV

A MADAME DAUBENTON.

Forges de Buffon, le 26 juillet 1773.

J'ai toujours différé de vous écrire, madame et chère bonne amie, parce que j'ai été tous les jours sur le point de partir pour Dijon, d'où je comptais vous donner non seulement de mes nouvelles, mais de celles du cher oncle, qui vient avec moi. Nous partons enfin jeudi 29, pour y rester quelques jours. Ma cause se plaide le samedi 31 (1). Ainsi, bonne amie, si vous voulez me donner des recommandations, envoyez-moi vos lettres chez M. Hébert (2), où nous serons logés. M. Lorenchet est en effet un des juges, et un des meilleurs, quoique de Beaune. Vous ne me ferez pas une querelle de ce mot, vous qui seule suffiriez pour démentir la fausse réputation de cette chère patrie, où d'ailleurs les femmes sont si aimables et la société si différente de celle de notre vilain Montbard. Le portrait que vous me faites de votre jolie belle-sœur (3) m'a fait le plus grand plaisir, parce que je regarde comme assuré le bonheur de M. votre frère et celui du très cher papa. Témoignez à tous les deux l'intérêt que j'y prends, et tous les sentiments par lesquels je leur suis attaché.

Mme votre belle-mère (4) est depuis deux jours malade, à mourir, selon elle, et, selon son médecin, elle n'est qu'incommodée et malade de peur. On attend aujourd'hui votre cher mari. J'ai reçu toutes vos lettres, j'y ai vu le zèle de votre tendre amitié; je vous en remercie mille fois; elle fait tout mon bonheur et le fera toujours.

Jeanneton, dont je me suis informé, est presque entièrement guérie; mais Caiot est dangereusement malade.

(1) Son procès en diffamation contre Mandonnet, dont l'avocat avait produit un mémoire imprimé qui lui avait valu les éloges de Buffon. Il assista à l'audience dans une lanterne grillée; mais lorsque l'avocat de Mandonnet prit la parole, il commença par un pompeux éloge de Buffon. « Sortons, dit celui-ci à Guéneau de Montbeillard, car si je juge de la fin par le commencement, je vais être bien arrangé! » L'année suivante, il eut à soutenir un autre procès suscité par Mandonnet. Il s'agissait cette fois d'un terrain attenant à un petit hôtel qu'il avait fait construire pour son frère le chevalier, et que la ville revendiquait comme propriété communale. La contestation fut portée devant le Parlement. Buffon perdit son procès; mais la commune lui remit volontairement le terrain.

(2) M. Hébert, receveur général des fermes à Dijon, receveur des finances et droits attachés à l'état et office de chancelier et garde des sceaux de France, déjà nommé.

(3) Femme de Claude-François Boucheron, dont le mariage avait eu lieu à Beaune le mois précédent.

(4) Bernarde Amyot, d'une ancienne famille de Montbard qui a fourni des échevins, des conseillers au Grenier à sel, des notaires royaux, etc., femme de Pierre Daubenton.

Je me promets bien de vous écrire de Dijon le samedi ou le dimanche. Adieu, chère bonne amie; quand aurai-je le bonheur de vous revoir?

BUFFON.

(Collection Nadault de Buffon.)

LETTRE CLXXXV

FRAGMENT DE LETTRE A NECKER (1)

Montbard, le 17 novembre 1773.

... Je n'avais jamais rien compris à ce jargon d'hôpital de ces demandeurs d'aumônes que nous appelons économistes, non plus qu'à cette invincible opiniâtreté de nos ministres ou sous-ministres (2) pour la liberté absolue du commerce de la denrée de première nécessité (3). J'étais bien loin d'être de leur avis; mais j'étais encore plus loin des raisons sans réplique et des démonstrations que vous donnez de n'en pas être.

J'ai lu votre ouvrage deux fois; je compte le relire encore; c'est un grand spectacle d'idées, et tout nouveau pour moi...

(Correspondance de Grimm.)

(1) Jacques Necker, administrateur, écrivain et financier, dont le nom se rattache aux derniers jours de la monarchie, naquit à Genève en 1732, et mourut le 9 avril 1804, successivement commis de la banque Vernes, à Paris, et associé du banquier Thélusson, administrateur de la Compagnie des Indes, membre du Magnifique Petit Conseil de Genève, résident de la République à Paris, contrôleur général des finances, de 1776 à 1781. De tous les projets de réforme de Necker, il n'a été réalisé que l'établissement des administrations provinciales d'après les idées de Turgot, qui sont l'origine des Conseils généraux, la Caisse d'Escompte origine de la Banque de France, le Mont-de-Piété, et l'innovation, sous le titre de *Compte rendu au Roi*, du premier budget des recettes et dépenses qui ait été rendu public. Rappelé en 1788, après avoir eu pour successeurs Joly de Fleury, Calonne et Brienne. Renvoyé le 11 juin 1789, puis rappelé après la prise de la Bastille, il se retira définitivement à Coppet, en 1790, après avoir connu tout ce que la popularité a de plus enivrant et la disgrâce de plus amer. Ce serait, d'après ce fragment de lettre à Necker et la lettre qui suit au comte d'Angiviller, l'*Éloge de Colbert* qui aurait mis Buffon en rapport avec les Necker.

(2) Les premiers commis.

(3) Buffon, maître de forges, industriel et économiste, n'était pas partisan du libre échange dont l'abbé Quesnay avait posé les principes et dont Turgot allait tenter l'expérience.

LETTRE CLXXXVI

AU COMTE D'ANGIVILLER (1).

Montbard, le 17 novembre 1773.

... Ah! que vous avez un digne et respectable ami dans M. Necker. J'ai lu deux fois son ouvrage (2). Je me trouve d'accord avec lui sur tous les points que je puis entendre. Ses idées sont aussi simples que grandes, ses vues saines et très étendues; et tous les économistes ensemble, fussent-ils protégés par tous les ministres de France, ne dérangeront pas une pierre à cet édifice, que je regarde comme un monument de génie.

Je n'ai regret qu'à la forme. Je n'eusse pas fait un éloge académique, qui

(1) Charles-Claude de Flahaut, comte de La Billarderie d'Angiviller, intendant des bâtiments du roi, jardins, manufactures et académies, maréchal de camp, commandeur de l'ordre de Saint-Lazare, de l'Académie des sciences, était un des gentilshommes de la Manche attachés à l'éducation des enfants de France, le dauphin, les comtes d'Artois et de Provence. Sa première femme, née de Laborde, est connue par plusieurs essais littéraires; lui-même montra du goût pour l'art, les sciences et la littérature. Il avait formé un cabinet de minéralogie, qu'il céda en 1780 au cabinet d'histoire naturelle; il écrivait à ce propos à l'abbé Delille : « M. de Buffon a enlevé mon cabinet... je n'y ai pas de regret, car vous savez que je n'avais fait des sacrifices considérables que dans ce seul objet. »

A la mort de Buffon, le comte d'Angiviller, n'osant pas réclamer pour lui la place d'intendant du Jardin du Roi, la fit donner au marquis de La Billarderie, son frère, qui eut Bernardin de Saint-Pierre pour successeur. A la Révolution, ce favori de deux rois s'enfuit en Russie, où il vécut misérablement et mourut en 1810. Il n'était pas sans mérite. Ce fut lui qui obtint que Louis XV encourageât les tableaux d'histoire, genre alors en décadence, mais que devait relever David. Il avait fait transporter, en 1777, du Louvre aux Invalides les plans en relief des places fortes, afin d'y placer les statues, tableaux et richesses artistiques disséminés dans les résidences royales, et pour y exposer annuellement les œuvres des artistes vivants.

Si on doit au comte d'Angiviller la première pensée de nos musées nationaux et des expositions annuelles, il a également précédé MM. Haussmann et Alphand dans l'introduction des squares sur nos places et promenades. Il avait fait semer de gazon la place Louis XV, surnommée jusqu'à lui la *plaine* Louis XV, mais que l'on trouva alors trop étroite à cause de la foire Saint-Ovide. Il en avait mis dans la cour du Louvre, et jusque devant la porte de l'Académie française, ce qui fit dire :

Des favoris de la muse française
D'Angiviller a le sort assuré :
Devant leur porte il a fait croître un pré
Pour que chacun y pût paître à son aise.

(2) *L'Éloge de Colbert*, qui obtint, le 25 août 1773, le prix d'éloquence à l'Académie française. Cet ouvrage, le premier de Necker, eut un grand retentissement. « *L'Éloge de Colbert*, dit Grimm, fait dans ce moment la plus grande sensation, et la postérité en parlera sans doute encore avec admiration, longtemps après qu'on aura oublié les clameurs que l'envie et l'esprit de parti excitent aujourd'hui contre lui.... *L'Éloge de Colbert* est suivi de notes. Ces notes ne sont pas des recherches isolées sur quelques circonstances de la vie de Colbert ou sur quelqu'une de ses opinions particulières; elles forment un système d'administration politique plein de vues utiles et, quoique fort court, plus complet peut-être que tout ce que nous avons eu dans ce genre. »

ne demande que des fleurs, avec des matériaux d'or et d'airain. Colbert (1) mérite une partie des éloges que lui donne M. Necker; mais certainement il n'a pas vu si loin que lui. D'ailleurs, l'auteur a ici le double désavantage d'avoir ses envieux particuliers, et en même temps tous ceux qui cherchent à borner l'Académie (2). En un mot, je suis fâché qu'un aussi bel ensemble d'idées n'ait pas toute la majesté de la forme qu'il peut comporter. Les notes sont admirables comme le reste; la plupart sont autant de traits de génie, ou de finesse, ou de discernement. Le style est très mâle et m'a beaucoup plu, malgré les négligences et les incorrections, et les pitoyables plaisanteries que les femmes ne manqueront pas de faire sur les jouissances trop souvent répétées.

(Correspondance de Grimm.)

LETTRE CLXXXVII

A MADAME DAUBENTON.

Paris, le 4 décembre 1773.

Je suis, ma bonne amie, fatigué du voyage, et, de plus, incommodé par le changement d'air et de nourriture. C'est ce qui fait que je ne vous écris pas de ma main; mais je ne suis point du tout inquiet de ma situation, parce qu'aux deux derniers voyages la même chose m'est arrivée. Trois ou quatre jours de repos suffiront pour me remettre, et je ne sortirai pas auparavant.

J'ai trouvé mon fils très bien portant, et mieux qu'il n'était à tous égards. Il m'a demandé de vos nouvelles, et c'est beaucoup pour sa petite tête qui ne pense encore à rien. J'ai vu aussi le fils de M. de Mussy (3), dont j'ai été fort

(1) Jean-Baptiste Colbert, né en 1619, mort en 1683, un des plus grands ministres français avec Suger, Sully et Louvois, fondateur des Académies des sciences et des inscriptions, un des prédécesseurs de Necker au contrôle général des finances, ministre de la Marine, etc.

(2) On ne supposait pas alors d'autre ambition à Necker que celle d'une candidature à l'Académie française.

(3) La famille Guéneau, établie en même temps à Montbard et à Semur, a fourni trois branches : celles des Guéneau de Montbeillard, des Guéneau de Mussy et des Guéneau d'Aumont. Hubert Guéneau, châtelain royal de Semur, assiste, en 1706, avec son frère Philibert Guéneau, procureur au présidial d'Auxois, au mariage de Benjamin-François Leclerc de Buffon, père du naturaliste, avec Anne-Christine Marlin. Edme Guéneau était, en 1775, juge châtelain du comté de Buffon. François-Pierre-Marie Guéneau de Mussy, élu aux états généraux, maire de Montbard de 1785 à 1788, fut le dernier maire de cette ville avant la Révolution. Il avait demandé à Buffon, seigneur du pays, des réformes que celui-ci s'était empressé d'accorder.

On doit citer aux côtés de Guéneau de Montbeillard, collaborateur de Buffon, Philibert Guéneau de Mussy, collaborateur de Fontanes, Ampère et Royer-Collard, dans la fondation de l'Université, né en 1776, mort en 1834, et les trois docteurs Guéneau de Mussy, connus par leur science et leurs écrits, tous trois membres de l'Académie de médecine.

content. J'ai déjà parlé au docteur (1); mais ce n'est pas dans une première conversation qu'on peut avec lui tirer quelque chose de positif. Donnez-moi de vos nouvelles, je vous en supplie, et faites passer mes amitiés à votre cher beau-père. Je crois que vous connaissez, ma bonne amie, toute l'étendue de mon attachement et de mon respect pour vous.

BUFFON.

Mille tendres compliments à vos aimables hôtes.

(Collection Nadault de Buffon.)

LETTRE CLXXXVIII

A LA MÊME.

Le 16 décembre 1773.

Chère bonne amie, j'ai retardé ma réponse de deux postes pour vous rendre un compte plus sûr de l'état de ma santé. Elle est rétablie après un dérangement qui m'a fait garder la chambre jusqu'à hier. J'ai eu pendant ce temps la visite de tous mes amis; mais tous ensemble ont moins contribué à ma satisfaction que votre petite lettre. J'adresse celle-ci à Beaune, où j'imagine que vous êtes encore, parce que j'imagine toujours de préférence ce qui vous fait plaisir. M. Amelot (2), qui m'est venu voir hier, m'a demandé de vos nouvelles avec intérêt. Il paraît que MM. Daubenton (3) seraient bien aises de vous voir en ce pays-ci; mais vous savez, bonne amie, qu'ils ne sont ni l'un ni l'autre bien ardents sur rien. Je verrai les femmes (4), et je voudrais leur inspirer de vous appeler, ou du moins de vous désirer.

J'aurai bientôt une petite boîte à rouge jolie, et digne de vous; donnez-moi vos autres commissions, afin que je puisse vous envoyer le tout en même temps.

J'attendais des nouvelles de M. votre beau-père au sujet des quittances de ma capitation (5), que je lui ai remises. Dites-lui, je vous en supplie, qu'il me fera plaisir de me marquer où en est cette affaire, et que, s'il a besoin des quittances de 1772 et 1773, je viens de les payer ici, et que je les lui enverrai, si cela est nécessaire, pour finir avec M. de Charolles (6).

(1) Chaque fois qu'il est parlé *du docteur*, il s'agit de Louis-Jean-Marie Daubenton.

(2) Antoine-Jean Amelot de Chaillou, intendant de Bourgogne, précédemment nommé.

(3) Louis-Jean-Marie Daubenton, garde-démonstrateur, et Edme-Louis, garde et sous-démonstrateur du Cabinet du Roi, cousins germains et beaux-frères.

(4) Marguerite Daubenton, sœur d'Edme-Louis, femme de Louis-Jean-Marie, et Adélaïde de Boutevilain de La Ferté, femme d'Edme-Louis Daubenton.

(5) L'impôt de la noblesse.

(6) Étienne Déprez, seigneur de Crassier, chevalier de Saint-Louis, lieutenant général civil et criminel de Charolles.

Dites-moi aussi jour par jour, bonne amie, votre marche et les lieux que vous habitez; je donnerais toute ma science pour savoir seulement où vous êtes, et tous mes papiers pour un billet de vous où serait tout ce qui ne s'écrit pas.

Adieu, belle amie, je ne puis vous rien dire au delà de ce que vous connaissez de mes sentiments; ils seront aussi durables que les charmantes qualités qui vous les ont acquis.

BUFFON.

(Collection Nadault de Buffon.)

LETTRE CLXXXIX

A LA MÊME.

Vendredi, 17 décembre 1773.

Je reçois à l'instant, madame et chère amie, votre lettre du 15. Je vous adressais la mienne à Beaune, et c'est ce qui m'a obligé d'en déchirer la seconde feuille pour vous l'adresser à Dijon. Je suis très fâché de la situation de M. votre père; il faut néanmoins espérer que sa santé se rétablira, puisqu'il était mieux lorsque vous l'avez quitté. Je vais écrire à M. Hébert pour le prier de faire payer le prix du forte-piano (1). Vous êtes bien la maîtresse d'en disposer comme il vous plaira; mais il faudrait que cela se fît d'accord avec M. Potot de Montbeillard, parce que je lui ai promis de le lui prêter.

Ma santé continue à aller mieux, et je compte qu'elle ne se démentira plus. Vous avez très bien fait, ma bonne amie, d'écrire au cher docteur; cela ne peut qu'augmenter le désir qu'ils ont de vous voir. J'espère que M. votre beau-père m'écrira, et que vous continuerez à me donner de temps en temps de vos chères nouvelles, qui font une grande partie du bonheur de ma vie.

BUFFON.

(Collection Nadault de Buffon.)

LETTRE CXC

AU DOCTEUR MARET (2).

20 décembre 1773.

J'ai reçu, monsieur, les deux lettres que vous m'avez fait l'honneur de m'écrire, l'une du 9 octobre et l'autre du 4 décembre.

(1) Les panneaux de ce piano, que nous avons vu à Montbard, étaient peints par Fragonard.

(2) Le Dr Maret, déjà nommé, secrétaire perpétuel de l'Académie de Dijon, depuis le

M. de Morveau a dû vous remettre votre extrait de la séance de l'Académie en vous disant que je l'avais trouvé très bien fait, comme tout ce qui sort de votre plume (1), car j'ai lu avec grand plaisir, quoique sur le sujet le plus triste, votre mémoire en réforme de l'abus des enterrements (2). Il serait bien à désirer que nos ministres et nos magistrats jetassent des yeux d'humanité sur cet objet important.

Je croyais que M. Baillot (3) avait fait imprimer son ode avec les corrections.

BUFFON.

(Inédite. — Bibliothèque de Dijon. — Fonds Baudot.)

LETTRE CXCI

A MADAME DAUBENTON.

Ce dernier de l'an 1773.

Quinze ou vingt lieues dont vous vous êtes rapprochée en revenant à Montbard, chère bonne amie, me font déjà un si grand effet de plaisir, que je ne puis mesurer celui que je ressentirais si vous vous déterminiez à faire cinquante lieues de plus.

Je vous ai adressé, en attendant, une petite boîte qui vous arrivera mardi 4 par le carrosse, dans laquelle vous trouverez du rouge et la boîte pour le mettre, avec quelques petits pots de pommade de Rome. Ame candide, personne nette et fraîche n'a pas besoin de parfums, mais le petit nez si fin les aime, et j'espère qu'il les agréera. Vous y trouverez en outre un cabaret en porcelaine, dont le dessin sera, je pense, de votre goût (4).

7 décembre 1764, venait d'ouvrir avec Guyton de Morveau des cours publics gratuits dans le Jardin botanique donné par Legouz de Gerland à l'Académie.

Guyton de Morveau a publié, en 1777, en collaboration avec le Dr Maret, un recueil d'*Éléments de chimie théorique et pratique.*

(1) Le Dr Maret a dirigé la publication des Mémoires de l'Académie de Dijon pendant vingt-deux ans; ils renferment plus de 200 articles de lui sur les sujets les plus divers.

(2) *Mémoires sur l'usage d'enterrer les morts dans les églises et dans l'enceinte des villes.* (Dijon, 1773, in-8°.)

(3) Pierre Baillot, professeur et littérateur, né à Dijon le 8 septembre 1752, mort le 2 février 1815, reçu à l'Académie de Dijon le 18 mars 1778, successivement professeur à l'Ecole centrale et au Lycée de Dijon, a publié les *Récits de la Révolution de Rome sous Tarquin* et *la Bataille de Marathon*, à l'occasion du départ des volontaires de la Côte-d'Or.

(4) Les cadeaux de porcelaine étaient alors à la mode.

Ce fut le 24 juillet 1748 qu'une ordonnance, rendue sur l'initiative de la marquise de Pompadour, fonda au château de Vincennes une manufacture de porcelaines à la manière des porcelaines de Saxe et que le chimiste Macquer en prit la direction. La manufacture ayant été transférée à Sèvres, ses produits en prirent le nom.

Afin d'encourager cette fondation et d'en diminuer les charges, Louis XV en faisait exposer

J'y joins pour votre cœur l'hommage, le don de tout le mien, aujourd'hui fin, demain commencement de l'an, et pour toutes les fins et tous les

chaque année les produits dans la grande galerie de Versailles et engageait les courtisans à les acheter. L'abbé de Vernon, conseiller au Parlement de Paris, ayant répondu au roi, qui lui disait : « Achetez ce service, l'abbé, c'est fort beau, » qu'il n'était pas assez riche, Louis XV répliqua : « Achetez toujours; une abbaye payera votre marché. » Et l'abbé ne se l'était pas fait dire deux fois.

Buffon avait tant reçu de cadeaux de porcelaines des souverains et princes français et étrangers qu'il avait dû faire construire à Montbard, sur la première terrasse de ses jardins, un élégant édifice pour les recevoir.

On le nommait le *dôme*. Il avait deux étages et s'élevait au sommet d'une grotte en stuc et coquillages; des rampes douces, décorées de vases, de statues, de volières et de fleurs, y conduisaient.

A la vente nationale qui eut lieu à Montbard après l'exécution capitale du fils de Buffon, les riches porcelaines de Saxe et de Sèvres du *dôme* furent vendues au prix de la faïence commune et payées en assignats, ce qui n'empêcha pas le prix de la vente du mobilier de Montbard d'atteindre au chiffre extraordinaire alors de 200,000 livres.

« Dans les différentes salles du dôme, dit Humbert Bazile, Mme de Buffon avait rangé des pièces de porcelaine qu'elle soignait elle-même. Dans les volières, hautes de plus de dix pieds, elle élevait des oiseaux étrangers. Le parterre était constamment rempli de fleurs. »

Buffon, qui était fier de ses porcelaines, faisait servir le café dans le *dôme*.

On lit à la page 127 et suivantes de l'inventaire dressé après la mort de Buffon :

Devant et derrière le dôme, il y a des doubles pentes sablées et bordées de treillages peints en vert, par lesquelles on accède au pied de cet édifice, élevé sur un massif garni de treillages semblables à ceux qui recouvrent ses quatre faces, et à ceux qui bordent les pentes sablées.

GROTTE. — Une grotte marbrée et à compartiments, garnie de rocailles, de coquillages et autres productions marines, avec bordures et pilastres formés de lames de talc et de verre de glace et ornements de cuivre doré.

Un gros bloc de marbre sculpté sert de tablette à cette grotte, au devant de laquelle est suspendu un vase ovoïde de cristal, taillé à facettes, orné de cuivre, formant lampe.

Le plafond et une partie des côtés sont ornés de petits coquillages rangés en compartiments et incrustés dans l'enduit comme ceux de la grotte.

Un banc, en forme de fauteuil, sur lequel plusieurs personnes peuvent tenir assises.

De chaque côté de la grotte, deux grandes volières de fil de fer maillé, ayant neuf faces en comptant celles des portes soutenues par des montants ou petits cylindres de fer, ornées de cuivres et terminées chacune par un chapiteau de tôle peint en vert, au-dessus duquel il y a un oiseau. Ces volières sont meublées de leurs juchoirs, augettes et petits paniers.

Sur le premier palier de l'escalier un passage en forme de cintre, sous lequel il y a une autre volière de fil de fer maillé, ayant une porte de bois, et intérieurement un juchoir et des augettes.

TERRASSE DERRIÈRE LE PREMIER ÉTAGE DU DÔME. — Cette terrasse, qui est soutenue par des piliers, est pavée de grands carreaux de pierres de taille et couronnée d'une rampe de fer façonnée en portique.

Sur cette terrasse, une grande volière carrée de fil de fer maillé, dont la porte ferme à clef, garnie intérieurement de juchoirs et d'augettes. Les fils de fer de cette volière sont assujettis à des barreaux de fer assemblés en forme de châssis, et à très grandes mailles.

CABINET DES PORCELAINES. — Dans l'angle, à droite en entrant, il y a une encoignure composée de cinq rayons de bois couleur de chair.

1er rayon. Un vase de cuivre doré, en forme d'urne.

2e rayon. Une jatte de porcelaine bleue du Japon, ornée de fleurs jaunes.

3e rayon. Une jatte de porcelaine festonnée, ornée de fleurs d'or sur fond blanc.

commencements des jours et des ans, qui s'épuiseront plutôt que mes sentiments pour vous, la plus digne et la plus aimable des amies.

BUFFON.

(Collection Nadault de Buffon.)

4e rayon. Deux tasses avec leurs soucoupes de terre noire d'Angleterre, ornées de fleurs d'or.

5e rayon. Une petite tasse avec sa soucoupe de porcelaine de Saxe.

Au-dessous de ces rayons, il y en a un autre très petit, sur lequel se trouve un vase avec son couvercle de porcelaine craquelée, bordé et monté en cuivre doré et ciselé.

Plus bas, une encoignure de marbre blanc sur laquelle se trouve un bloc de marbre blanc veiné de gris, façonné en manière de coffre et ayant deux cases rondes à l'intérieur avec un couvercle.

Sur le même côté, à droite et ensuite des précédents objets, il y a une tablette composée de cinq rayons de bois couleur de chair.

1er rayon ou supérieur. Un ange de cuivre doré couché sur un piédestal.

2e rayon. Deux tasses avec leurs couvercles et soucoupes, un sucrier avec son couvercle de porcelaine.

3e rayon. Une jatte à filets de porcelaine bleue du Japon, parsemée de fleurs d'or, et deux théières de porcelaine blanche à fleurs avec leurs couvercles.

4e rayon. Un sanglier sur ses jambes, sur un plateau de faïence fine, et de chaque côté deux tasses de porcelaine de Chantilly avec leurs soucoupes.

5e rayon. Un grand sucrier de porcelaine de Chantilly à fleurs, et deux coquetiers de même substance, aussi ornés de fleurs.

De chaque côté de la croisée à droite, il y a deux piédestaux surmontés de deux grandes tabagies de porcelaine de la Chine, ornées de fleurs d'or, bleues et rouges.

Au-dessous de l'une de ces tabagies il y a une petite table de bois de marqueterie des îles dont le plateau est de marbre veiné rouge et blanc, sur laquelle se trouve une assiette ou laitière, avec son pot et son couvercle de porcelaine blanche à filet d'or et à fleurs.

Ensuite et toujours du même côté, à droite, on trouve une tablette de bois couleur de chair et composée de cinq rayons.

1er rayon ou supérieur. Un ange de cuivre doré couché sur un piédestal.

2e rayon. Une jatte de porcelaine à fleurs et filets dorés, et de chaque côté deux petites tasses en forme de pot, munies de leurs couvercles.

3e rayon. Un sucrier à anses et à fleurs d'or, rouges et vertes, et deux petits vases à fleurs; ces trois pièces sont de porcelaine de Saxe.

4e rayon. Un pot en forme de marabout, avec son couvercle de porcelaine de Saxe bleue et blanche et à filets dorés, avec deux petits vases de même porcelaine et leurs couvercles.

5e rayon. Un mardi gras assis auprès de sa marmite de porcelaine à fleurs, et deux tasses à anse avec leurs couvercles.

Au-dessous de ces rayons, une table, dont le plateau est de marbre blanc, sur laquelle il y a une écuelle avec son couvercle et son assiette de porcelaine de Saxe dorée et à filets, et deux tasses de même porcelaine avec leurs soucoupes ovales.

Dans l'angle du fond et toujours du côté droit, il y a une encoignure composée de cinq rayons de bois couleur de chair.

1er rayon ou supérieur. Un vase de cuivre doré en forme d'urne.

2e rayon. Un vase de porcelaine orné de fleurs, de forme octogone.

3e rayon. Un sucrier de porcelaine, à fleurs et à filets ou rayures.

4e rayon. Un grand pot à anse, évasé par le haut, avec sa soucoupe de porcelaine de Saxe ornée de fleurs.

5e rayon. Il n'y a rien sur ce 5e rayon.

Au-dessous de ces rayons se trouve une encoignure dont le dessus est de marbre blanc veiné de gris, sur laquelle il y a un petit cabaret vernissé peint en rouge, contenant deux bocaux de porcelaine à fleurs d'or de forme carrée.

Sur le mur du même cabinet, qui fait face à la porte d'entrée, il y a huit figures plates en cuivre doré, représentant des Indiens, dont quelques-uns sont armés de massues et les autres accompagnés d'animaux.

Sur le même mur du fond du cabinet et ensuite de la précédente encoignure, il y a une tablette composée de deux rayons de bois vernissé, laqué en rouge.

1er rayon ou du dessus. Un cerf dans l'attitude de la marche, sur un plateau, le tout de faïence fine.

2e rayon. Deux vases de porcelaine bleue du Japon, de forme allongée et évasée par le haut, dont les anses et les pieds sont de cuivre ciselé et doré.

Au-dessous de ces rayons, il y a une double encoignure composée de trois rayons en demi-cercle, de chaque côté de laquelle sont deux ornements de cuivre.

1er rayon ou du dessus. Un pot-pourri de porcelaine à fleurs avec son couvercle, sa bordure et des ornements de cuivre doré, et une grande tasse à anses de porcelaine de Saxe à fleurs et filets d'or.

2e rayon. Deux vases de porcelaine couleur vert d'eau à fleurs, lesquels sont de forme globuleuse dans le milieu, et terminés chacun par un fût à leur partie supérieure.

3e rayon. Un pot à l'eau à anse en forme d'aiguière, de porcelaine de Saxe, à fleurs de différentes couleurs et à filets d'or; et une saucière de même porcelaine, aussi à filets d'or.

Sur un autre rayon seul, au-dessous des précédents, deux figures en biscuit de porcelaine, dont l'une représente un homme incliné en avant auprès d'une hotte et tenant des oiseaux dans sa main; l'autre figure représente une femme avec une cage sous son bras droit; il y a aussi un cygne de porcelaine.

Au-dessous de ce rayon détaché se trouve une table laquée en rouge sous vernis à fleurs d'or, sur laquelle il y a :

1° une grande soupière avec son plat et son couvercle surmonté d'un oiseau, le tout de porcelaine à fleurs de différentes couleurs;

2° six tasses de porcelaine, leurs soucoupes et leur sucrier qui a son couvercle, aussi de porcelaine à fleurs de couleur.

Sous cette table, un très grand et très beau plat de porcelaine de la Chine à fleurs bleues et rouges et à filets d'or.

A côté des précédentes tablettes et toujours en allant de droite à gauche, on trouve une tablette composée de cinq rayons de bois couleur de chair.

1er rayon ou du dessus. Un Cupidon de cuivre doré, tenant deux couronnes de laurier; de chaque côté sont deux ornements de cuivre en forme de vases.

2e rayon. Une théière et deux sucriers avec leurs couvercles de porcelaine de Saxe à fleurs de différentes couleurs et à filets dorés.

3e rayon. Deux figures représententant un jardinier et une jardinière, avec un vase à fleurs de porcelaine de Saxe dorée.

4e rayon. Deux vases de fleurs et un moutardier de même porcelaine, ornés de fleurs et de dorures.

5e rayon. Deux figures représentant l'une un faucheur avec sa faux, l'autre une femme portant une corbeille, avec un vase de fleurs dans le milieu, de même porcelaine que les précédents objets.

Au-dessous de ces rayons, on voit un plateau de marbre blanc, soutenu par des consoles de cuivre, sur lequel il y a une bergère assise sur un rocher, avec un mouton et un arbre, le tout tenant ensemble et ne formant qu'une seule pièce.

Plus bas, une table de marqueterie, sur laquelle il se trouve : 1° une écuelle à anse avec son couvercle à cercles d'argent et son assiette de porcelaine du Japon; 2° une grande tasse à chocolat avec son couvercle à cercles d'argent, et son assiette sur le fond de laquelle il y a une corbeille d'argent pour recevoir la tasse; 3° un pot à l'eau dont le couvercle est attaché au pot au moyen d'une charnière d'argent, le tout de fort belle porcelaine; 4° quatre tasses avec leurs soucoupes de porcelaine ornée de fleurs.

Sous la précédente table et sur le carrelage : 1° un étui rond en forme de pot, dont le bois est noir, orné de fleurs d'or, contenant un pot d'étain à anse de cuivre avec son couvercle, enveloppé dans un fourreau de damas vert doublé de bleu ; 2° un petit cabaret de bois peint à la chinoise ; 3° un grand plat rond de porcelaine ancienne, orné de fleurs et de dorures.

Ensuite, et toujours en allant de droite à gauche, il y a une tablette composée de deux rayons de bois vernissé et laqué en rouge.

1er rayon ou du dessus. Une biche dans l'attitude de la marche.

2e rayon. Trois vases de porcelaine bleue à l'extérieur avec leurs couvercles, leurs anses étant de cuivre doré.

Au-dessus de ces deux rayons, il y a une double encoignure composée de trois rayons en forme de demi-cercle, et accompagnée de chaque côté de deux ornements de cuivre.

1er rayon ou du dessus. Une vache couchée sur la laiterie en forme de baignoire de vendange, avec une figure en biscuit de porcelaine représentant une beurrière et une femme qui bat du beurre.

2e rayon. Deux petits vases en forme de bouquetiers.

3e rayon. Une grande tasse à chocolat évasée par le haut, et un autre vase aussi évasé à filets dorés, de porcelaine de Saxe ornée de fleurs.

Au-dessous de ces trois rayons, un autre rayon sur lequel il y a trois figures en biscuit de porcelaine : l'une représente une vendangeuse ayant son tablier rempli de raisins ; l'autre un homme en posture de suppliant, ayant l'air de faire une demande à la vendangeuse ; la troisième figure représente un enlèvement et paraît être destinée à orner un plateau de dessert.

Plus bas, une table de diverses couleurs, ornée de fleurs et de dorures ; il y a sur cette table : 1° une belle écuelle avec son couvercle et son assiette de porcelaine de Saxe, couleur vert d'eau, ornés de fleurs et de filets dorés ; 2° une théière avec son couvercle et deux tasses avec leurs soucoupes pareilles à la théière de porcelaine ornée de fleurs ; 3° deux autres tasses aussi avec leurs soucoupes de porcelaine à fleurs de différentes couleurs ; 4° un petit sucrier avec son couvercle et sa jatte carrée de même porcelaine, fleuris de différentes couleurs.

Sous cette table et sur le carrelage, un grand plat de porcelaine de la Chine, orné de peintures et de dorures.

Dans l'angle où les murs du fond et de la gauche se réunissent, il y a une encoignure composée de cinq rayons de bois couleur de chair.

1er rayon ou du dessus. Un vase de cuivre doré en forme d'urne.

2e rayon. Un vase de porcelaine de forme octogone, ornés de fleurs et de dorures.

3e rayon. Un pot à l'eau en forme de cuve avec sa cuvette de porcelaine de Saxe, ornés de fleurs et de dorures.

4e rayon. Un vase en forme de sucrier, de porcelaine de Chantilly, à filets.

5e rayon. Un petit coffre aussi de porcelaine avec son couvercle.

Sur un petit rayon, au-dessous des précédents, il y a un bouquetier de forme allongée et de couleur rougeâtre.

Plus bas, une encoignure de bois couleur de chair, sur laquelle il se trouve : 1° deux grands vases de porcelaine ou tabagies de forme à peu près cylindrique ; 2° trois grands plats aussi de porcelaine.

Dans l'intérieur de cette encoignure, trois soucoupes de porcelaine et une de faïence.

Ensuite et toujours en suivant, on trouve sur le mur à gauche, une tablette composée de cinq rayons de bois couleur de chair.

1er rayon ou du dessus. Une figure de cuivre doré représentant Louis XIV assis sur un fauteuil de bronze.

2e rayon. Une grande tasse et deux pots avec leurs couvercles de porcelaine de Chantilly.

3e rayon. Un grand sucrier à filets d'or et deux tasses avec leurs soucoupes de porcelaine de Saxe.

4e rayon. Deux petits pots évasés par le haut avec leurs couvercles, et un grand vase de forme ovale, de porcelaine de Chantilly à filets d'or et à fleurs de différentes couleurs.

5e rayon. Deux figures, dont l'une est un berger jouant de la flûte et l'autre une bergère jouant de la harpe ; avec un petit pot à l'eau muni de son couvercle de porcelaine à filets dorés.

Sous ces cinq rayons, il y a une table de bois couleur de chair, sur laquelle on voit : 1° une belle écuelle avec son couvercle et son assiette de porcelaine ornée de fleurs et de filets d'or; 2° une tasse à anse avec sa soucoupe, à filets d'or de porcelaine de Saxe; 3° un petit pot de même porcelaine avec une soucoupe, aussi ornés de fleurs et de dorures.

Sous cette table et sur le carrelage, il y a un grand vase avec son couvercle, ornés de fleurs bleues sur fond blanc.

De chaque côté de la croisée du mur à gauche, il y a deux bustes de cuivre ou bronze, grotesques, représentant un vieux et une vieille sur leurs piédestaux.

Au-dessous de l'un de ces bustes, qui est du côté de la porte d'entrée, il y a une petite table de marqueterie dont le plateau est de marbre brèche : sur laquelle il se trouve une assiette ou laitière, avec son pot et son couvercle de porcelaine blanche, à filets d'or et à fleurs de différentes couleurs.

Ensuite et toujours sur le mur à gauche, en revenant du côté de la porte, il y a une tablette composée de cinq rayons de bois couleur de chair.

1er rayon du dessus. Un ange de cuivre doré couché sur un piédestal.

2e rayon. Une tasse avec sa soucoupe et deux vases en porcelaine de Saxe, de forme octogone, évasés par le haut.

3e rayon. Une jatte à filets et à fleurs d'or sur fond bleu, de porcelaine de la Chine, et deux tasses avec leurs soucoupes, d'ancienne porcelaine du Japon.

4e rayon. Une laie ou femelle de sanglier, dans l'attitude de la défense, sur un plateau de porcelaine ou de faïence fine, et cinq petites salières de porcelaine, dont trois sont réunies et dont l'extérieur représente les côtes d'un artichaut.

5e Rayon. Un vase ou sucrier et deux coquetiers de porcelaine de Chantilly.

Dans l'angle que forme le mur à gauche avec celui où est la porte, il y a une encoignure composée de cinq rayons de bois couleur de chair.

1er rayon ou du dessus. Un vase de cuivre doré en forme d'urne tronquée.

2e rayon. Une jatte de porcelaine blanche du Japon, ornée de fleurs.

3e rayon. Une autre jatte de porcelaine festonnée, aussi du Japon, avec peinture et dorure sur fond blanc.

4e rayon. Deux tasses et deux soucoupes de terre noire d'Angleterre, à fleurs d'or.

5e rayon. Une petite tasse festonnée, de porcelaine avec sa soucoupe.

Sur un rayon de marbre immédiatement au-dessous des précédents, on voit un vase de porcelaine craquelée, avec son couvercle, leurs cercles et pieds ornés de cuivre ciselé.

Plus bas, un autre rayon de marbre blanc, sur lequel se trouve une petite écuelle et une soucoupe de terre noire d'Angleterre, fleuries d'or; une tasse de porcelaine craquelée, dont la soucoupe est d'autre porcelaine; une autre tasse et sa soucoupe aussi de porcelaine.

Sur le mur où est la porte d'entrée et à gauche en entrant, il se trouve une tablette composée de trois rayons de bois vernissé laqué en rouge.

1er rayon ou du dessus. Un ange de cuivre doré couché sur un piédestal, et deux loupes ou verres ardents montés sur leurs pieds de bois d'ébène.

2e rayon. Un pot de porcelaine de Chantilly, une théière de cuivre rosette avec son couvercle, et un vase de terre rougeâtre avec son couvercle en forme de théière.

3e rayon. Une théière avec son couvercle, deux tasses et deux soucoupes de terre noire d'Angleterre, fleuries d'or.

Au-dessous de ces rayons, il y a une double encoignure à trois rayons, sur lesquels il y a six tasses et six soucoupes de porcelaine du Japon, de différentes couleurs, dont quatre sont pareilles.

Les prix auxquels ont atteint dans les ventes quelques objets de cette rare collection donnent une idée de sa valeur considérable.

LETTRE CXCII

A MADAME DAUBENTON.

Le 9 janvier 1774.

Ne soyez plus fâchée, ma bonne amie ; la chose n'en vaut pas la peine. Mettez la petite boîte au fond du puits ; je vous en enverrai, ou plutôt je vous en porterai une autre que vous n'aurez nulle raison de rebuter. Je suis très décidé à vous tenir parole ; j'ai déjà pressé plusieurs affaires en conséquence de mon projet, et je ferai tout effort pour partir avant le carême, et plus tôt s'il est possible. J'ai la meilleure excuse du monde, car ma santé ne laisse pas de me tracasser. Mon cœur est aussi mal à l'aise ; tout me porte vers vous, et je suis vraiment affligé de voir que rien ne peut vous amener ici. Cependant, bien loin de vous blâmer, je vous approuve. Je tâcherai d'échauffer un peu M. le Docteur pour l'affaire de la réhabilitation (1) ; mais, chère amie, vous le connaissez, il ne prend rien à cœur. N'aurait-il pas dû, après ce que vous lui avez écrit, vous témoigner de l'empressement de vous voir, et prendre sur son compte une partie de l'humeur qu'on aurait eue (2) ?

Trécourt m'a dit très nettement que, quand même je ne voudrais pas le garder, il ne voudrait plus rester avec M. votre mari, et qu'il était décidé depuis plus d'un an à aller à Sens, où on lui fait un parti avantageux. Et cela est très vrai : car, comme il s'ennuyait ici dans les commencements de mon séjour, il me demanda son congé et voulait aussi me quitter pour s'en aller non pas à Montbard, mais à Sens. Ainsi, ma chère amie, vous voyez qu'il ne compte point du tout se remettre au service de M. Daubenton, et je ne sais pas trop moi-même si je pourrai le conserver au mien.

Mandez-moi donc quelles sont vos commissions, je veux les faire. J'ai bien songé aux cordes de clavecin ; mais les marchands demandent du détail et des explications que je n'ai pas et que je vous prie de m'envoyer.

J'ai souvent le plaisir de parler de vous avec Mme et M. Amelot. Elle m'a dit que vous lui aviez écrit et que vous étiez fort aimable. Vous vous imaginez bien que j'ai fait tout ce que j'ai pu pour la dédire.

J'écrirai dans peu à votre cher beau-père. J'attends de votre mari la décision de l'argent de l'hôpital (3). Pour peu que cela fasse difficulté, il n'a qu'à

(1) L'exercice par un membre d'une famille noble d'un emploi de roture faisait perdre les privilèges de la noblesse, qui ne pouvaient lui être rendus que par une réhabilitation. Il sera encore question, dans la correspondance de Buffon avec Mme Daubenton, de cette réhabilitation qui intéressait un membre de la famille.

(2) Allusion à l'opposition du mari de Mme Daubenton à son voyage. La famille Daubenton était alors divisée par des questions d'intérêt.

(3) L'hôpital Saint-Jacques, fondé avant 1270, sous le nom de la Maison-Dieu, dont les principaux bienfaiteurs sont les Bouchu, les Leclerc, les Doublot, les Nadault, les Vaussin.

rembourser, et je compterai pour lui la même somme au 13 ou 14 février prochain.

Adieu, bonne et très chère belle amie ; je fais mille et mille vœux pour votre bonheur, et vous prie d'exaucer ceux que je me permets de faire pour le mien.

BUFFON.

(Collection Nadault de Buffon.)

LETTRE CXCIII

A LA MÊME.

Paris, le 14 janvier 1774.

Madame et chère amie, j'ai remis dans une petite caisse, qui doit arriver mardi à Montbard par le carrosse, une très petite boîte pour vous. Cette caisse est à l'adresse de M. Guéneau de Montbeillard. Vous pourrez la retirer et l'ouvrir pour en retirer cette petite boîte, qui est à votre adresse, dans laquelle vous trouverez une autre petite boîte qui vous réconciliera avec le méta que vous n'aimez pas, car elle vous paraîtra d'or, et cependant elle n'en est pas. Elle coûte 60 livres, et j'espère que vous et votre cher mari ne la trouverez pas trop chère.

Ma santé est toujours au même état, c'est-à-dire moins bonne qu'à Montbard, et je crois que je n'attendrai pas le carême pour y retourner. Vous devez être sûre, ma chère bonne amie, que l'une de mes plus grandes satisfactions sera de vous revoir.

BUFFON.

Je reçois dans l'instant une lettre du cher oncle Guéneau, par laquelle il me marque qu'il attend avec impatience cette caisse qui doit vous arriver mardi. Ainsi, bonne amie, ne tardez pas à la lui faire passer. Vous pourrez l'envoyer prendre à la voiture par Junot (1), qui en sera averti.

(Collection Nadault de Buffon.)

(1) Junot était fermier de Buffon. Lorsque son fils devint général et duc d'Abrantès, il fut nommé conservateur des forêts à Dijon, et se fit bâtir à Montbard une maison en rapport avec son rang. Le duc d'Abrantès, ruiné et atteint d'aliénation mentale, était venu mourir chez son père, qui vivait retiré dans sa maison de Montbard.

Pendant la Restauration, un matin, le sous-préfet de Semur arrive à Montbard, suivi d'une brigade de gendarmerie. On fait halte devant le jardin de M. Junot ; les gendarmes mettent le sabre au clair, des hommes de corvée sont requis, et, en présence du sous-préfet, on abat un des pavillons du jardin ; les girouettes des pavillons avaient été dénoncées comme insignes séditieux : l'une représentait un sauvage l'arc bandé, la flèche prête à partir ; sur l'autre s'agitait un dauphin. Le sauvage, c'était l'anarchie ; le dauphin, l'héritier du trône.

LETTRE CXCIV

A LA MÊME.

Mardi, 25 janvier 1774.

Avec l'esprit d'un ange, il y a, bonne amie, deux petites choses que vous n'avez pas saisies : ma santé comme prétexte, et la petite boîte comme réconciliation avec le métal proscrit. Se peut-il que ma santé soit bonne, si je ne respire pas l'air qui vous environne, et de temps en temps celui qui vous anime? Se peut-il que je sois content de vos commissions, si elles vous gênent au lieu de vous plaire? Je tiens auprès de moi une jolie petite canne que je vous porterai avec le portefeuille et l'assortiment de cordes ; mais, au nom de Dieu, chère belle amie, comptez donc de moins près avec moi et avec vous ; car je serai toujours bien en reste. Comptez aussi le temps en rabattant ; je serai auprès de vous, si vous le permettez, le lundi 7 du mois prochain. Le carnaval ne sera donc pas si long ; je le trouverai bien court, et même le carême et ma vie tout entière, si je la passais près de mon aimable amie. Rien ne m'attache ici que mon enfant, auquel je remettrai votre lettre demain. Vous êtes bien bonne de lui avoir écrit. Votre joli directeur aurait bien dû me prévenir ; la chapelle est donnée depuis quelques jours seulement à un protégé de M. l'évêque de Langres (1), qui m'a sur-le-champ demandé mon agrément, et j'y ai consenti : je ne puis donc revenir sur cela ; mais j'en prendrai occasion de lui parler de M. Bienaimé (2) pour quelque chose de mieux. Comptez aussi que je parlerai de mon mieux pour la réhabilitation.

Adieu, écrivez-moi ; vous lire est mon plaisir suprême, lorsque je ne vous vois pas.

BUFFON.

(Collection Nadault de Buffon.)

(1) Gilbert de Montmorin de Saint-Hérem, évêque-duc de Langres depuis 1770, en remplacement de César-Guillaume de La Luzerne, pair de France, commandeur de l'ordre du Saint-Esprit, frère du comte Armand-Marc de Montmorin de Saint-Hérem, ministre de Louis XVI, descendant du gouverneur de l'Auvergne qui refusa noblement, en 1579, de s'associer au massacre de la Saint-Barthélemy.

Gilbert de Montmorin avait autorisé, le 19 novembre 1754, Buffon à adosser sa chapelle seigneuriale au chœur de l'église paroissiale de Montbard et à y creuser le caveau qui renferme sa dépouille.

(2) Pierre-François Bienaimé, parent de Junot, né à Montbard le 26 octobre 1737, mort le 9 février 1806, évêque de Metz le 27 juin 1802, a publié en 1780 un *Mémoire sur les abeilles*. La duchesse d'Abrantès prétend à tort, dans ses Mémoires, que Buffon a profité des recherches de l'abbé Bienaimé; Buffon ne s'est jamais occupé des insectes.

LETTRE CXCV

AU PRÉSIDENT DE RUFFEY.

Paris, le 26 janvier 1774.

Les marques de votre amitié, mon très cher Président, me seront en tout temps également précieuses et chères. Vous m'en avez comblé dans mon dernier séjour à Dijon, aussi bien que Mme de Ruffey, à laquelle j'ai voué depuis longtemps le plus sincère et le plus tendre respect. J'ai aussi été enchanté du caractère, des vertus et de l'honnêteté de M. votre fils. Vous êtes digne d'être heureux, mon cher ami, et vous l'êtes comme père et comme mari. Ce sont là les deux pivots sur lesquels roule le bonheur d'un honnête homme.

Les petits dégoûts extérieurs que peuvent lui donner ses envieux, les tracasseries académiques ne doivent pas l'effleurer, et je vous ai vu avec plaisir fort supérieur à ces misères. Personne n'ignore le bien et le très grand bien que vous avez fait à votre Patrie en soutenant l'Académie prête à tomber. Tout le monde connaît vos vertus, et vos amis encore plus que les autres savent que vous n'avez jamais eu que des intentions pour le bien. Ainsi vous ne devez pas vous soucier de la contradiction de quelques esprits de travers, qui dans le fond ne peuvent s'empêcher de vous estimer.

Je retourne à Montbard dans dix ou douze jours, et je pourrai bien faire un voyage à Dijon au mois de mars ou d'avril. Je puis vous protester qu'une de mes plus grandes satisfactions sera de vous y voir et de vous y renouveler les témoignages de la tendre amitié et du respectueux attachement avec lesquels je serai toute ma vie, mon très cher Président, votre très humble et très obéissant serviteur.

BUFFON.

(Collection du comte de Vesvrotte.)

LETTRE CXCVI

A M. LECLERC D'ACCOLAY.

Au Jardin du Roi, le 27 janvier 1774.

Nous sommes si loin l'un de l'autre, monsieur, que je n'ose pas vous proposer de venir au Jardin du Roi et que je ne voudrais pas aller au faubourg Saint-Honoré sans être sûr de vous y trouver. Je serais cependant enchanté de vous voir et de conférer avec vous, monsieur, d'une affaire de famille dont vous vous êtes entretenu avec M. le comte de La Rivière (1). Je ne sais que d'aujourd'hui que vous êtes à Paris ; sans cela j'aurais eu l'honneur de vous prévenir plus tôt, et, comme je n'ai plus que huit jours à rester ici, je vous serai obligé de me marquer le jour et l'heure où je pourrai vous trouver chez vous, et vous assurer des sentiments d'estime avec lesquels j'ai l'honneur d'être, monsieur, votre très humble et très obéissant serviteur.

BUFFON.

(Publiée, en 1854, dans l'*Annuaire* de l'Yonne.)

LETTRE CXCVII

AU CHEVALIER DE CUBIÈRES (2).

Au Jardin du Roi, ce 31 janvier 1774.

J'aurais été enchanté, monsieur le chevalier, de vous revoir et de lire avec vous les jolis vers qui viennent de me faire passer une très agréable soirée.

Toutes vos pièces sont remplies de sentiment, de naturel (3) et de grâces, et il ne tiendrait qu'à vous d'appliquer votre heureux talent à de plus grands objets, car vous savez peindre et par conséquent vous êtes poète ; il y a même du style dans vos poésies, ce qui me fait croire que vous pourriez également bien faire en prose (4).

(1) Buffon avait été mis en rapport avec M. Leclerc d'Accolay par le comte de La Rivière, son voisin et ami, dont il a déjà été parlé, dans le but d'établir la parenté du naturaliste avec les Leclerc du Nivernais, et la filiation de ces derniers avec les Leclerc de Fleurigny, descendants d'Étienne Leclerc, anobli en 1349 par Philippe de Valois, et du chancelier de France Leclerc. Nous avons donné, dans la première édition de la *Correspondance*, t. Ier, p. 463, la lettre du comte de La Rivière à Buffon et un extrait de la généalogie de la famille Leclerc, publiées en 1854 dans l'*Annuaire de l'Yonne*, d'après La Chesnaye des Bois (*Dictionnaire de la Noblesse*, t. V, VIII et XIII). On trouve également des documents généalogiques sur la famille de Buffon dans les recueils nobiliaires de Bourgogne, dans l'*Histoire du Parlement de Dijon*, par Petitot, continuateur de Palliot, et dans l'*Annuaire de la Noblesse* de Borel d'Hauterive (années 1845, 1866, 1867 et 1875), et dans le *Bulletin de la Société des sciences historiques et naturelles de Semur*, par Desvoyes (1874). Nous avons dressé la généalogie complète de la maison Leclerc et de ses diverses branches, notamment de la branche de Bourgogne dont est issu Buffon.

(2) Michel de Cubières, dit Dorat-Cubières-Palmezeaux, né en 1752, mort en 1820, poète fécond, mais médiocre, ami de la comtesse Fanny de Beauharnais, dont il retouchait les vers quand il ne les faisait pas. Auteur d'un grand nombre de vers parus dans les journaux et recueils du temps, de pièces de circonstance oubliées aujourd'hui et de l'*Éloge de Marat*.

La comtesse Fanny de Beauharnais, familière du Jardin du Roi à cause de sa parenté avec la famille de la première femme du fils de Buffon, y avait introduit le chevalier de Cubières.

(3) Cependant, le naturel était ce qui manquait surtout au chevalier de Cubières.

(4) Nouveau et piquant témoignage de la préférence que Buffon donnait à la prose sur la poésie. Il fallait que cette préférence fût bien forte pour qu'il parlât ainsi à un poète qui lui adressait des vers à sa louange.

Les vers que vous avez fait pour moi sont si flatteurs que je n'oserai m'en parer, et je ne puis me dispenser de vous dire que je les reçois plutôt comme une marque de votre amitié que comme un éloge mérité.

Je pars dans quelques jours pour la Bourgogne et je ne serai de retour ici que vers le commencement de mai. J'espère que vous me ferez le plaisir de me venir voir dans ce temps, ayant l'honneur d'être avec toute estime et un respectueux attachement, monsieur, votre très humble et très obéissant serviteur.

Le Cte de Buffon.

(Inédite. — Musée Calvet d'Avignon.)

LETTRE CXCVIII

A JACQUES VARENNE (1).

A Montbard, le 14 mars 1774.

C'est encore beaucoup, monsieur et très cher ami, que de pouvoir à notre âge faire en deux mois ce que nous aurions fait autrefois en trois semaines, et je vous félicite d'être quitte du mémoire que vous avez été forcé de faire pour répondre aux calomnies de votre indigne fils (2); non seulement vous n'avez pas aggravé les faits, mais il semble que, par un reste de cette tendresse ou plutôt de cette faiblesse paternelle qui vous a coûté si cher, vous ayez diminué les charges, amoindri les motifs, et que vous ne vous soyez permis que les vérités absolument nécessaires à votre défense. Hélas! vous n'en avez pas besoin, de défense; pas plus que d'apologie pour tous ceux qui vous connaissent. Tous déposeront que personne ne peut être plus strictement, plus rigoureusement honnête que vous ne l'êtes et l'avez toujours été. Ils diront qu'avec de grands talents vous avez encore de plus grandes vertus, mais tous ne pourront pas dire avec moi, qui suis votre plus ancien ami, que vos malheurs présents et passés viennent de la mauvaise conduite de ce fils et de votre trop grande condescendance; je l'aimais autrefois, d'abord parce qu'il était votre enfant, ensuite parce qu'il me paraissait se livrer à des occupations honnêtes, et même à l'étude des sciences. En 1752, je le fis nommer mon correspondant à l'Académie, cela me fournit les occasions de le voir de plus près; mais je reconnus bientôt que l'inconstance de son caractère, la vanité de ses projets, la multiplicité de ses goûts, tous excessifs, tous ruineux, ne pouvaient manquer d'entraîner son malheur.

(1) Jacques Varenne, greffier des états de Bourgogne et ensuite receveur général des états de Bretagne, précédemment nommé.

(2) Étienne-Claude Varenne de Beost, fils aîné de Jacques Varenne, déjà nommé. (Voir la lettre du 13 juin 1773 à Guéneau de Montbeillard, note 2, p. 233.)

Je ne voyais pas encore qu'ils pussent amener le vôtre, car je vous en eusse averti dès lors. Mais, quelques années après, j'appris des faits très graves, des actes déshonorants, des bassesses d'argent, des abus de sa place, des manœuvres, des affaires avec des juifs et des escrocs; et je me souviens très bien de vous en avoir averti, et même plus d'une fois. Il y a donc longtemps que je le méprise, et je n'ai continué de le voir que parce que vous demeuriez ensemble; et les excès d'horreur auxquels il s'est livré contre vous depuis deux ou trois ans m'ont tellement indigné que je lui ai fait refuser ma porte, et que je n'ai pas hésité de dire hautement que c'était un très mauvais sujet, en vous blâmant en même temps, mon bon ami, de votre aveuglement paternel qui a duré trop de temps, car vous auriez dû prendre, il y a plus de six ans, le parti de le faire enfermer (1); il y en avait plus de dix qu'il le méritait lorsque je vous avertis. Comme votre parent, comme votre premier ami, j'y aurais aidé alors comme aujourd'hui.

J'ai regret que mon absence de Paris m'empêche de déclarer à votre assemblée chez M. le lieutenant civil (2) tout ce que je viens de vous écrire; mais si ma lettre peut vous servir, produisez-la. Elle ne contient pas à beaucoup près tout ce que j'aurais à dire contre cet homme vicieux, et encore moins tout ce que je connais de vos vertus; mais au moins elle renferme vérité sans passion, et justice à l'un et à l'autre sans autre motif que celui de l'équité naturelle.

Adieu, mon très cher ami, soutenez-vous, consolez-vous avec votre bon fils (3), qui est aussi honnête que l'autre est criminel. Mes respects à sa jeune dame (4); j'espère retourner à Paris vers le 15 de mai. Ma santé se soutient assez. Je travaille à de nouvelles expériences sur l'acier. Donnez-moi de temps en temps de vos nouvelles, je n'en reçois aucunes qui me fassent autant de plaisir.

BUFFON.

(Inédite. — Collection Nadault de Buffon.)

(1) Jacques Varenne poursuivait l'interdiction de son fils.

(2) Buffon faisait partie comme parent du conseil de famille appelé à donner son avis sur la demande d'interdiction.

(3) Philibert-Charles-Marie Varenne de Fenille, second fils de Jacques Varenne, né à Dijon en 1756, mort sur l'échafaud révolutionnaire le 26 février 1794 (26 pluviôse an II), agronome et écrivain, a créé à Bourg en Bresse des pépinières qui ont servi de modèle à tout ce qui s'est fait depuis; a continué les travaux de sylviculture de Duhamel du Monceau et de Buffon, et a laissé sur l'administration forestière un traité qui fait autorité. Membre de la Société royale d'agriculture à sa fondation avec Daubenton et Buffon, il s'est montré philanthrope en étudiant la question du dessèchement des étangs insalubres des Dombes et des marais de Bourgoin, résolue dans ces derniers temps par l'ingénieur hydraulicien Nadault de Buffon. Les œuvres de Varenne de Fenille ont été réunies en 3 vol. in-8°, en 1807.

(4) Varenne de Fenille avait épousé, trois ans auparavant, en 1771, Claude-Agathe Fabry, dont il a eu trois enfants.

LETTRE CXCIX

A M. GUYS (1).

Montbard, ce 20 mars 1774.

J'attendais, monsieur, pour avoir l'honneur de vous répondre, l'arrivée des vins que vous m'avez annoncés : j'en ai fait payer le prix chez M. Solle, mais ils ne sont point encore arrivés et j'en suis un peu inquiet, parce que M. Solle m'a dit qu'il n'en savait aucune nouvelle. Je suis à Montbard depuis plus d'un mois et j'y resterai jusqu'au 15 de mai. Si ce vin n'était pas parti pour Paris, vous pourriez me l'adresser à Montbard, en Bourgogne, par la route de Lyon et de Châlon-sur-Saône.

J'ai été enchanté de l'envoi d'oiseaux et surtout des notes que vous avez eu la bonté d'y joindre. J'en ferai usage en vous nommant avec toute la reconnaissance que je vous dois (2); mais ces oiseaux vous ont coûté des frais et je voudrais bien que vous me missiez à même de vous les rembourser.

Je vous remercie d'avoir bien reçu le marquis de Rosignan : c'est un homme plus spirituel et plus instruit qu'il ne le paraît au premier abord. Donnez-moi de vos nouvelles, je vous supplie, et de celles de notre grand et cher voyageur, M. Bruce (3). Il verra que je me suis déjà servi de son bien en faisant graver les oiseaux qu'il a eu la bonté de me donner. J'accepterai aussi avec la plus grande reconnaissance l'exemplaire de la nouvelle édition de votre voyage de Grèce. Il serait fort heureux pour les lettres que l'on n'eût à lire ou à consulter que des voyageurs tels que vous et M. Bruce.

J'ai l'honneur d'être, avec toute estime et avec un respectueux attachement, monsieur, votre très humble et très obéissant serviteur.

BUFFON.

(Inédite. — Collection Nadault de Buffon.)

(1) Pierre-Augustin Guys, helléniste, voyageur et littérateur, né à Marseille en 1720, mort à Zante, en Grèce, en 1799, a voyagé en Grèce, en Syrie, en Italie, a parcouru l'Archipel, a commenté Homère et a publié un *Voyage littéraire en Grèce* (1771) et un *Voyage en Italie* (1782). La lettre de Buffon est adressée à « M. Guys, secrétaire du roi, de l'Académie des sciences et belles-lettres de Marseille. »

(2) C'était le stimulant qu'employait Buffon pour engager le public à lui faire des communications. Une citation dans l'*Histoire naturelle* était une faveur enviée.

(3) Jacques Bruce, explorateur et géographe écossais, né en 1730, mort en 1794; voyagea pour se consoler de la perte d'une femme tendrement aimée. Précurseur de Livingstone dans l'Afrique australe, il a parcouru et décrit l'Afrique septentrionale et l'Abyssinie et recherché les sources du Nil. Il avait publié la relation de son voyage un an avant la date de cette lettre.

LETTRE CC

A MADAME NECKER (1).

Montbard, le 22 mars 1774.

Madame,

J'ai reçu, au retour d'un petit voyage, la lettre pleine de bonté dont vous m'avez honoré. Elle augmente encore mes regrets; mais il me fut impossible de trouver un moment pour aller vous dire adieu, ainsi qu'à M. Necker. Je vous supplie de compter tous deux sur les sentiments profonds de l'estime et du respect que vous m'avez inspirés.

Je vous proteste, madame, que je m'estimerais moi-même davantage, si je pouvais penser en tout aussi bien que vous et lui; mais la première de toutes les religions est de garder chacun la sienne (2), et le plus grand de

(1) Suzanne Curchod de Nasse Necker, fille d'un pasteur protestant, née en 1746, morte en 1794, à quarante-huit ans, avait été amenée toute jeune à Paris, par la comtesse d'Anville, après la mort de ses parents. Placée chez Mme de Vermenou, sœur du banquier Thélusson, qui lui avait confié l'éducation de ses enfants, elle en sortit en 1764 pour épouser son compatriote Necker, associé de Thélusson, qui avait quelque temps courtisé Mme de Vermenou.

Lorsque Buffon connut Mme Necker, elle avait vingt-huit ans, il en avait soixante-huit. Il était veuf depuis cinq ans d'une femme tendrement aimée; son fils avait dix ans; il vivait seul, éloigné de la cour, des salons et du monde philosophique, absorbé par son double grand ouvrage, la création du Jardin du Roi et l'*Histoire naturelle*.

Mme Necker, qui écrivait à son arrivée à Paris à une amie de Lausanne : « Quel pays stérile en amitié! » lui dit, après qu'elle a rencontré Buffon : « J'ai trouvé à Paris des gens de la vertu la plus pure, susceptibles de la plus tendre amitié. »

La nature aimante, délicate et sensible de Buffon lui inspira un attachement qui dura toute sa vie, et si l'amour-propre de Mme Necker était flatté de recevoir les hommages d'un homme de génie, de son côté, Buffon était sensible à l'admiration exaltée d'une jeune et jolie femme entourée d'hommages, déjà célèbre.

Mme Necker, amie de la vieillesse de Buffon et dont la vie fut partagée entre deux sentiments, l'amour conjugal et le culte de l'amitié, a assisté à son agonie et lui a fermé les yeux.

(2) Quelle était la religion de Buffon?

C'est une question que se sont posée ses biographes, ses panégyristes et ses détracteurs, et, en dernier lieu, MM. Geoffroy Saint-Hilaire, Flourens et Sainte-Beuve, dans une suite d'études sur Buffon, le vicomte d'Haussonville dans son *Salon* de Mme Necker, et le docteur de Lanessan dans son importante biographie de Buffon.

Ce grave sujet ne peut être tranché ici. Mais nous croirions manquer à notre but, qui est de faire connaître Buffon par des documents d'une authenticité irrécusable, en ne profitant pas de ce qu'il aborde par quatre fois le sujet religieux dans sa correspondance avec Mme Necker, pour résumer le témoignage des contemporains, en laissant à d'autres le soin de conclure.

« .... Oui! dit Hérault de Séchelles, Buffon, lorsqu'il est à Montbard, communie à Pâques tous les ans dans la chapelle seigneurale; chaque dimanche, il va à la grand'messe..... Le père Ignace m'a raconté qu'il y a trente ans... il le fit venir au temps de Pâques et se fit confesser par lui dans son laboratoire. »

« Ce fut en 1749, dit, en effet, le P. Ignace, qu'étant allé pour la première fois prêcher

tous les bonheurs est de la croire la meilleure. Je n'en ai pas moins eu un plaisir délicieux dans ces conversations où nous n'étions pas tout à fait d'accord, et vous reconnaîtrez, madame, par mon empressement à chercher les occasions de vous faire ma cour, la sincérité des sentiments que je vous ai voués.

le carême à Montbard, il m'honora de sa confiance le jeudi saint, et fit avec édification se pâques... Je n'avais le droit de l'interrompre de son travail que le dimanche à midi pour l'avertir de venir à la messe que je lui disais, à laquelle il assistait régulièrement. »

« Il respectait la religion, a écrit le chevalier de Buffon dans l'intéressante notice qui a servi à Condorcet et à Vicq-d'Azyr pour leurs éloges académiques et que nous avons publiée à la page 627 du second volume de la première édition de la *Correspondance;* il en remplissait toutes les pratiques dont il devait l'exemple et il ne se permit jamais un seul mot qui pût donner une opinion défavorable de la sienne. »

« Il assistait chaque dimanche dans sa chapelle à la messe paroissiale, ajoute Humbert Bazile; il suivait l'office avec dévotion... et pratiquait tous les devoirs du chrétien.... Lorsque ses douleurs de vessie l'empêchaient de marcher et qu'il ne pouvait assister à la messe paroissiale, il entendait l'office dans une chapelle attenante à son habitation et à l'hôtel de M. Nadault, son beau-frère, et où chacun d'eux avait une tribune communiquant avec leurs appartements. »

On lit à la page 612 du second volume de la première édition de la *Correspondance*, dans le *Journal des derniers moments de Buffon*, tenu jour par jour par Mme Necker, du vendredi 11 au mardi 15 avril 1788 :

« *Vendredi, au soir, 11 avril.* Le R. P. Ignace est arrivé en poste de Montbard.

« *Samedi 12.* — A huit heures et demie du matin, il est entré dans la chambre de M. de Buffon, qui a dit : « Veuillez faire prévenir M. le curé de Saint-Médard que je lui » suis très reconnaissant de la peine qu'il a bien voulu prendre en venant chez moi, mais » que le P. Ignace, mon directeur, est arrivé. » Le R. P. Ignace s'est rendu chez M. le curé de Saint-Médard... et l'a assuré que chaque année M. de Buffon avait fait ses pâques publiquement à Montbard... Le soir, vers quatre heures, M. de Buffon eut un entretien avec le P. Ignace, qui le confessa... »

« *Mardi 15 avril, 7 heures du soir.* — Le P. Ignace lui a proposé de l'administrer; il a répondu : « J'y consens, donnez-moi encore une heure ou deux. » Mais le P. Ignace, voyant que la chose pressait, est allé en toute diligence chez le curé de Saint-Médard, pour demander un porte-Dieu, le viatique et l'extrême-onction. Dans cet intervalle, j'étais près du malade, il croyait son confesseur présent et j'ai retenu ses paroles : « Il y a plus de » quarante ans que vous me connaissez. Vous savez quelle a toujours été ma conduite; » j'ai fait du bien quand je l'ai pu et je n'ai rien à me reprocher.

» Je déclare que je meurs dans la religion où je suis né et atteste que je crois en Jésus-» Christ, descendu sur la terre pour sauver les hommes ; je demande qu'il daigne veiller » sur moi et me protéger, et je déclare publiquement que j'y crois. »

» Deux minutes après, le R. P. Ignace est entré avec l'extrême-onction et lui a administré les saintes huiles.

» M. de Buffon a alors adressé la parole au P. Ignace : « Qu'on me donne vite le bon » Dieu! vite donc! vite! » et il sortait la langue pour recevoir l'hostie.

» Le P. Ignace l'a communié. M. de Buffon répétait pendant la cérémonie : « Donne » donc, mais donne donc! »

» A minuit quarante minutes, il a rendu le dernier soupir.

» Il attendit le viatique avec impatience, dit également Humbert Bazile : « Que le prêtre » tarde d'arriver! par grâce, allez au-devant; ils me laisseront mourir sans les sacrements. » En recevant l'extrême-onction, il tendit de lui-même les pieds, en disant très intelligiblement : « Tenez, mettez là! »

» Il fut administré avec beaucoup d'appareil et renouvela sa profession de foi, qu'il fit à haute voix devant un grand nombre d'assistants que la cloche du prêtre avait attirés. »

J'ai reçu des nouvelles de votre charmante amie, Mme de Marchais (1), et je compte lui écrire au premier jour. Je vous supplie de baiser pour moi votre aimable enfant (2), à laquelle vous m'avez permis de présenter mon

Le P. Ignace, écrivant à Faujas de Saint-Fond moins d'un mois après la mort de Buffon, le 11 mai 1788, ajoute à ce qui précède ce dernier et important témoignage :

« Vous connaissez les circonstances de mon triste voyage, ce qu'il me dit à mon arrivée, les marques frappantes de sa religion et sa profession de foi, qu'il a faite spontanément, étant bien assuré que je ne la lui aurais pas fait faire. »

Le dernier auteur qui ait parlé de la religion de Buffon est, à notre connaissance, M. de Lescure, dans son étude sur Rivarol : « Buffon, dit-il, n'était pas philosophe : le commerce de la nature l'avait empli d'un pieux enthousiasme pour son Auteur. La terre et les cieux lui avaient raconté la gloire du Créateur. Il était, en un mot, un homme religieux. »

(1) Julie de Laborde, un peu parente de la marquise de Pompadour, qui l'avait admise à chanter à ses petits soupers, femme de Julien de Marchais, premier valet de chambre du Roi. Intelligente et douée d'un grand charme, mais surtout habile, elle avait ouvert au Louvre qu'elle habitait, — ce qui la fait parfois nommer Mme la Gouvernante du Louvre, — un salon où, suivant Marmontel, se donnait rendez-vous l'élite des hommes de lettres et des gens du cour.

Mme de Marchais fut à Paris la première amie de Mme Necker, qui a écrit : « J'ai eu pour Mme de Marchais une affection passionnée ;... quand elle se présenta à mes yeux, toutes les facultés de mon âme furent captivées. Je l'aimai ou plutôt je l'idolâtrai. Je la suivis en tout lieu et, quand j'en obtins quelque retour, je pensai que rien ne manquait plus à ma félicité. Je m'étais aperçue dès le commencement de notre liaison qu'elle avait un attachement. »

Cet attachement était le comte de Flahault de La Billarderie d'Angiviller, jeune, riche, beau à ce point qu'on l'avait surnommé *l'ange Gabriel*, jouissant d'une éclatante faveur, gentilhomme de la Manche, menin du Dauphin, conseiller d'État d'épée en survivance du comte de Vergennes, survivancier de Buffon, surintendant des beaux-arts, des palais, parcs et jardins royaux, ce qui lui permettait de combler Mme de Marchais de fleurs et de fruits, qu'elle distribuait libéralement à ses amis, qui la nommaient par reconnaissance la *belle Pomone*.

Ce fut chez Mme de Marchais que Buffon rencontra pour la première fois Mme Necker, ainsi qu'en témoigne un billet de celle-ci à son amie : « Je vous avoue que j'ai la plus grande curiosité de connaître M. de Buffon et je serai enchantée de vous devoir ce plaisir entre mille autres. »

Mme de Marchais devint, le 4 septembre 1781, la comtesse d'Angiviller, après s'être brouillée à propos d'une rivalité de salon avec Mme Necker, à qui Buffon écrira, le 4 octobre 1781, lors de ce mariage, une lettre témoignant qu'il n'avait pas pardonné au comte d'Angiviller de lui avoir enlevé sa survivance. La brouille entre les deux amies aurait été si complète que ce serait à l'instigation de sa femme que Necker, contrôleur général, aurait refusé en 1780 les fonds pour l'achèvement du Louvre, proposé par le comte d'Angiviller, surintendant des bâtiments.

(2) Anne-Louise-Germaine Necker, depuis baronne de Staël-Holstein, née en 1766, morte en 1817, n'a eu dans le salon de sa mère qu'un rôle effacé. Elle fut élevée sévèrement et trouva chez Mme Necker plus de froideur que de tendresse. Elle se tenait constamment assise au pied du fauteuil de sa mère ou sur un tabouret de bois ; elle écoutait beaucoup et parlait peu ; mais lorsqu'elle était remontée dans sa chambre, elle jouait, avec des rois et des reines de papier, des tragédies de sa composition. Mlle Necker, qui avait pour son père une admiration passionnée, éprouvait peu de sympathie pour sa mère, sentiment qu'elle attribuait, elle l'a avoué depuis, à la jalousie. Necker était, en effet, une sorte d'idole pour ces deux femmes, et Mme Necker, qui a écrit de fort belles pages sur l'amour maternel, ne parvenait pas toujours à dissimuler le dépit que qui causait la sympathie réciproque du père et de la fille. Les franches et cordiales manières de Necker convenaient mieux au caractère de sa fille que la nature froide, sévère et un peu compassée de Mme Necker. Cependant,

fils (1). J'espère être de retour vers le 20 de mai, et jouir souvent du plaisir de vous voir et de vous donner des marques du très respectueux attachement avec lequel j'ai l'honneur d'être, madame, votre très humble et très obéissant serviteur.

Le Cte BUFFON.

(Inédite. — Collection du duc de Broglie.)

LETTRE CCI

A DE MORVEAU (2).

Montbard, ce 1er juin 1774.

Il m'a été réellement impossible, mon très cher monsieur, de trouver une heure de repos ou de loisir depuis que vous avez quitté Montbard (3) ; quelque empressement que j'eusse de vous écrire, j'ai été forcé de différer. D'un côté, ma santé s'est dérangée par les mauvaises nouvelles qui sont venues coup sur coup (4). J'ai été près de trois semaines fort incommodé : j'ai eu d'abord un gros rhume, puis plusieurs accès de fièvre et, enfin, une assez forte fluxion ; ensuite, M. le chevalier Bruce est arrivé, avec lequel je n'avais pas un instant à perdre, et qui est resté tant ici qu'à Semur douze jours ; il a été arrêté trois jours à Semur par la fièvre ; pour moi, il a contribué à mon rétablissement par le plaisir que j'ai eu d'apprendre de lui beaucoup de choses nouvelles ; il m'a communiqué tous ses portefeuilles de dessins et ses jour-

Mme de Staël tint beaucoup de sa mère ; on retrouve en elle ses qualités et ses défauts. Son salon sous le Directoire, le Consulat et la Restauration, a exercé sur ces trois époques une action égale au salon de sa mère, le dernier ouvert avant la Révolution, avec cette différence que le salon de Mme Necker était exclusivement littéraire et philosophique, tandis que celui de Mme de Staël était un salon politique. Sous l'Empire, elle a habité, tour à tour, sa belle résidence de Coppet, l'Allemagne, Vienne, Moscou, Saint-Pétersbourg, Stockholm et Londres. *Ses Lettres sur Jean-Jacques*, son premier écrit, n'ont paru qu'en 1788. Elle eut le courage d'écrire, en 1793, une *Défense de la Reine*. Nous ne citerons que par leurs titres : *Delphine* (1802), *Corinne* (1807), l'*Allemagne* (1814), et *Considérations sur la Révolution française* (1818). Son mariage, en 1785, avec l'ambassadeur de Suède, dont nous entendrons Buffon féliciter sa mère, n'avait pas été heureux ; elle s'était remariée, en 1810, avec le comte de Rocca. Le baron Auguste de Staël, son fils, est mort en 1827 ; sa fille a épousé le duc de Broglie.

(1) Germaine Necker avait huit ans et le fils de Buffon dix ans ; ils s'étaient liés dès l'enfance. Le fils de Buffon mourut sur l'échafaud à vingt-neuf ans. Mme de Staël vécut treize années dans l'exil ; mais elle put du moins revoir sa patrie et assister à l'expérience du gouvernement pondéré qu'avait rêvé son père.

(2) Déjà nommé. Alors avocat général au Parlement de Dijon.

(3) Guyton de Morveau avait séjourné à Montbard et aux forges de Buffon pour des expériences de chimie et des expériences métallurgiques.

(4) La sensibilité de Buffon se traduisait par les dérangements physiques que provoquaient ses impressions morales.

naux de voyage. La récolte qu'il a faite est immense, et, quoique ses voyages aient duré onze ans, j'ai été émerveillé du nombre et de la variété de ses travaux. Astronomie, géographie, physique, histoire naturelle, antiquités, mœurs et coutumes des peuples, il n'a rien négligé, et son voyage sera certainement très intéressant et tout neuf à bien des égards. Mais il lui faut au moins cinq ou six ans pour bien rédiger ce nombre infini de matériaux qu'il a recueillis.

J'ai eu aussi MM. de la chambre des comptes, et j'ai fait ce que j'ai pu pour qu'ils fussent contents de moi ; mais, avec cela, je ne les crois pas dans la disposition de chercher à m'épargner de l'argent (1).

Que je vous ai plaint, mon très cher monsieur, en lisant l'article de votre lettre qui vous concerne personnellement ; hélas! j'ai éprouvé des chagrins à peu près pareils. Je ne vois dans votre position qu'un seul parti à prendre, c'est de mettre en sûreté votre bourse et l'honneur de votre maison en privant de sa liberté celui qui peut y nuire (2). Je m'offre à vous aider, si je puis avoir quelque crédit auprès du ministre dont cela dépendra.

J'ai bien des remerciements à vous faire du joli couteau que je porte tous les jours dans ma poche; on a fait d'autres outils à Semur qui sont aussi très bons. Je vous offrirais, dès à présent, d'autres aciers (3), mais avant de les distribuer dans le monde, j'ai pensé qu'il valait mieux faire venir huit ou dix livres de chaque espèce d'acier qui se vend à Paris, et il y en a cinq sortes dans le commerce, tant d'Angleterre que d'Allemagne. J'attends incessamment ces échantillons, et lorsque je les aurai, je comparerai mes aciers à chacun; car j'ai remarqué dans les huit fournées que j'ai faites au même petit fourneau, depuis votre départ, que le degré et la durée du feu rendent l'acier d'un grain tout différent. Le petit fourneau est encore actuellement en feu, et j'ai acquis plusieurs connaissances de détail qui m'étaient nécessaires avant de me déterminer à achever de construire le grand fourneau. M. Duhamel (4) est actuellement au fond de la basse Bretagne occupé aux mines de plomb (5), et je ne sais s'il pourra cet automne revenir à Montbard.

Je croyais que je pourrais trouver le secret de M. Bouchu (6) pour fondre les mines de fer en petit volume. J'avais enfermé dans de très petites boîtes de la mine de fer; j'ai mis ces petites boîtes dans de la poudre de charbon concassée et bien foulée dans trois de vos creusets de mine de plomb. J'ai

(1) A propos des droits à payer pour l'érection de la terre de Buffon en comté.

(2) Le fils de Guyton de Morveau.

(3) Aciers fabriqués dans les forges de Buffon. Buffon, maître de forges, s'était donné la tâche patriotique de produire des aciers nationaux capables de lutter sur les marchés étrangers avec les aciers anglais, suédois et allemands.

(4) Duhamel Denainvillers, frère de Duhamel de Monceau, concurrent de Buffon pour l'intendance du Jardin du Roi en 1739, géologue et métallurgiste distingué.

(5) Les mines de plomb argentifères de Ponréan.

(6) Descendant de Jean Bouchu, d'une ancienne famille originaire de Montbard, mort premier président du Parlement de Bourgogne, en 1653, maître de forges comme Buffon.

placé ces creusets à côté de la caisse, dans mon petit fourneau. Dès la première fois, la mine s'est trouvée bien coagulée, ne faisant qu'une seule masse, et tous les grains presque renflés du double, quoique adhérents les uns aux autres. La durée du feu avait été de 108 heures; j'espérais qu'une seconde opération pareille sur cette mine coagulée achèverait de la fondre, mais je l'ai retirée presque dans le même état après 108 autres heures de feu pareil, et je vois que, pour la fondre, il faut une intensité de feu plus grande, et je suis persuadé que nous en viendrons à bout dans votre petit fourneau, où l'on peut augmenter la violence du feu pour ainsi dire à volonté. Au reste, je crois qu'on vous en a imposé lorsqu'on vous a dit à Arc qu'il ne fallait que quelques minutes et un très petit fourneau d'un pied de hauteur pour faire cette opération. Je connais par hasard l'homme que Bouchu a fait seul dépositaire de son secret; il est venu me l'offrir moyennant mille écus, et il m'aurait en même temps livré un assez grand nombre de fourneaux et d'instruments nécessaires à une combustion ou grillage de la mine qui doit précéder l'opération de la fusion. Il m'a dit que ces recherches avaient coûté plus de 20,000 francs à M. Bouchu. J'ai répondu qu'ayant l'honneur d'être membre de l'Académie de Dijon et sachant qu'elle avait des projets pour l'acquisition des mines de fer et du procédé de M. Bouchu, je ne voulais pas les barrer, et que je lui conseillais d'engager la veuve à finir cette affaire avec vous.

M. Hébert a dû vous remettre, monsieur, votre article sur le phlogistique (1), dont j'ai été fort content, et je vous dois même, à cet égard, beaucoup de remerciements; mais à combien d'autres égards ne vous en dois-je pas?

Je reçois aujourd'hui une lettre de M. Allut (2) qui m'invite à aller à Rouelle (3); mais, quoique ma santé ne soit pas encore bien bonne, je suis forcé de faire un plus grand voyage et de partir dimanche pour Paris. Donnez-moi, je vous en supplie, vos commissions et vos ordres, et ne doutez pas de mon empressement à les exécuter, non plus que des sentiments de l'inviolable et respectueux attachement avec lequel j'ai l'honneur d'être, monsieur, votre très humble et très obéissant serviteur.

Le Cte de BUFFON.

(Inédite. — Appartient à M. de Fontenay. Nous en devons la communication à l'obligeante entremise de M. Guyton de Rigny.)

(1) Guyton de Morveau venait de publier la *Défense de la volatilité du phlogistique*. (1773, 1 vol. in-8°.)

(2) Antoine Allut, fondateur, en 1759, à Rouelle, à 8 lieues de Châtillon, de la première manufacture de glaces qui ait existé en Bourgogne. Cette entreprise, à laquelle Buffon s'était intéressé avec Guyton de Morveau et M. Hébert, de Dijon, ne réussit pas, et il en annoncera la faillite à M. Hébert dans une lettre du 20 novembre 1778. On entendra désormais Buffon parler fréquemment de M. et de Mme Allut, des expériences faites avec celui-ci, et il les invitera à venir le voir à Montbard. Pierre Allut, frère d'Antoine, né en 1743, député du Gard, est mort le 25 juin 1794 sur l'échafaud révolutionnaire.

(3) Rouelle, à 8 lieues de Châtillon, où Antoine Allut avait fondé sa manufacture de

LETTRE CCII

A MADAME NECKER.

Montbard, ce 13 juillet 1774.

M. de Buffon a l'honneur d'envoyer à Mme Necker un petit écrit qu'il n'a pas publié et que probablement il ne publiera pas, mais qu'il soumet bien volontiers à son jugement, en lui demandant, néanmoins, indulgence et vérité (1).

Il prend la liberté de lui offrir ses respectueux hommages et tous les sentiments de sa haute estime.

(Publiée par M. le vicomte d'Haussonville, dans son *Salon de Mme Necker*, p. 324.)

LETTRE CCIII

A M. NECKER.

Montbard, le 3 septembre 1774.

Je serais moi-même inconsolable, monsieur, si vous aviez quelque regret à vos soins ou le moindre doute sur ma reconnaissance (2). Je suis bien sûr que vous avez fait tout ce qui était en vous, monsieur, et mille fois plus que je n'ai jamais pu mériter auprès de vous.

Indépendamment de ces obligations très réelles et très senties que je n'oublierai jamais, je sens avec plaisir tout ce que vous m'avez inspiré d'estime et d'amitié; et Mme Necker, la plus digne et la plus spirituelle des femmes, que j'aime de tout mon cœur et que je respecte de même, me permettra-t-elle comme vous de compter sur son amitié? J'ai l'honneur de lui envoyer ci-joint un petit morceau fugitif, que j'aurais dû laisser fuir

glaces : « .... La terre pour les creusets et fours, dit l'abbé Courtépée, se tire de Villemautre, près de Bar-sur-Aube, le sable de Norges, la soude d'Alicante ou de Carthagène. Les ateliers sont immenses et bien entretenus.... A Auberive, à une demi-lieue de Rouelle, forge et fourneau sur l'Aube, beaucoup de bois. »

(1) Sa réponse aux objections du parti religieux et de la Sorbonne, lors de la publication de la *Théorie de la terre*, sur la difficulté de concilier son système de la formation du globe avec les premiers chapitres de la Genèse. On trouvera dans la lettre qui suit la réponse de Mme Necker. La note de Buffon, abrégée et corrigée, a paru plus de dix ans après, dans le volume de suppléments renfermant les *Époques de la Nature*, alors que la Sorbonne menaçait de nouveau de sa censure.

(2) Au sujet d'une affaire concernant les bois de Montbard, pendante au contrôle général. On trouvera plus loin une lettre de Buffon du 19 janvier 1775 à M. de Vaines, premier commis, par laquelle il le remercie de ses soins pour la même affaire.

en effet, parce qu'il a peu de valeur; mais je suis accoutumé à son indulgence, et je voudrais pouvoir faire graver à jamais la lettre et le jugement qu'elle a portés de mon écrit sur le premier chapitre de la *Genèse* (1). C'est réellement un chef-d'œuvre de bon sens, où le discernement le plus exquis se trouve joint à la politesse la plus noble et à l'honnêteté la plus pure.

Je fais passer mes remerciements par vous, monsieur, et je vous assure tous deux de la plus sincère et de la plus respectueuse amitié.

BUFFON

(Inédite. — De la collection de M. le duc de Broglie.)

LETTRE CCIV

AU CHEVALIER DE GRIGNON (2).

Montbard, le 20 octobre 1774.

Je vous fais bien des remerciements, monsieur, de m'avoir envoyé M. votre fils (3), et je ne puis vous dire assez combien j'en suis content. Je l'ai trouvé

(1) Voici la réponse de Mme Necker : « Je conserverai précieusement le présent inestimable dont vous me croyez digne. C'est un modèle du respect qu'on doit avoir pour les idées « reçues quand elles sont utiles. J'y verrai comment on peut sacrifier l'orgueil et l'opiniâtreté « du génie en l'obligeant à user de ses forces contre ses propres opinions quand elles peu« vent être dangereuses, et je ne serai jamais humiliée en faisant devant vous les aveux « d'une âme honnête qui cherche un appui dans le Ciel, comme un sentiment dans le cœur « de ses amis. »

(2) Pierre-Clément de Grignon, littérateur, métallurgiste et archéologue, né le 24 août 1723, mort le 2 août 1783, était, à cette date, directeur des forges de Bayard, en Champagne, et venait de découvrir une ville gallo-romaine sur la montagne du Châtelet, près de Saint-Dizier, découverte qui lui avait valu les encouragements de Malesherbes, de Turgot, de Frédéric II, et un traitement de 8,000 livres. Il a écrit de nombreux mémoires sur l'histoire naturelle, la chimie, la métallurgie, l'artillerie, l'archéologie, l'art vétérinaire et des poésies, plusieurs en l'honneur de Buffon, notamment à propos de sa statue, insérées en partie dans le *Mercure*. Son nom est souvent cité dans l'*Histoire naturelle;* correspondant de l'Académie des sciences, le 17 décembre 1768, et de l'Académie des Inscriptions, le 24 juillet 1772, il fut reçu à l'Académie de Dijon, sur la présentation du Buffon, le 4 juillet 1776. Fixé à Rougemont, à une demi-lieue de Buffon, il a été très utile à celui-ci pour la construction et la direction de ses forges et dans ses expériences sur le fer et l'acier. Il s'est fait un nom comme métallurgiste, et Buffon a reconnu ses services en le faisant nommer par Necker, le 7 avril 1778, inspecteur des forges. Lorsqu'il fut promu en 1773 chevalier des ordres du Roi (chevalier de Saint-Michel), il prouva devant Chérin qu'il descendait d'une ancienne famille bourguignonne ayant pour chef un capitaine aux gardes du duc de Guise.

(3) Auguste-Étienne de Grignon, né en 1731, mort en 1815, a dirigé les forges de Buffon de 1774 au 1er avril 1777, et a eu pour successeur Jacques-Alexandre Chesnau de Lauberdière, qui devait faire éprouver à Buffon des pertes d'argent considérables. Maire de Rougemont en 1792, il fut traduit devant le Tribunal révolutionnaire, mais acquitté pour aliénation mentale.

d'un caractère très honnête, très aimable et beaucoup plus instruit qu'on ne l'est ordinairement à son âge. Il a grand soin de bien employer son temps, et il a de l'ardeur pour toutes les choses qui peuvent étendre ses connaissances. C'est sans compliment que je vous rends ce témoignage, monsieur. Il avait en vous un très bon exemple ; mais ni le bon exemple ni la bonne éducation ne peuvent donner autant de mérite et de discernement qu'il en a déjà, et vous devez être très satisfait, ainsi que Mme votre épouse, d'avoir un enfant qui vous fait tant d'honneur (1). J'espère que j'aurai le plaisir de le revoir ; et peut-être vous-même, monsieur, viendrez-vous à Paris cet hiver. Je crois même que les circonstances seront plus favorables qu'elles ne l'étaient pour obtenir du gouvernement la récompense qu'on doit à vos travaux.

J'ai l'honneur d'être, avec un très sincère attachement, monsieur, votre très humble et très obéissant serviteur.

BUFFON.

(Appartient à M. de Grignon,)

LETTRE CCV

A VOLTAIRE Ier,

A FERNEY (2).

Montbard, le 12 novembre 1774.

Si vous jetez les yeux, monsieur, sur la suscription de ma lettre, vous verrez que, dans le nombre assez petit des êtres de la première distinction, je pense très hautement et de très bonne foi que vous êtes le premier. Ce ne sera pas comme le mathématicien de Syracuse, que, par une extrême politesse pour moi, vous avez la bonté de nommer Archimède premier (3) ; car

(1) On verra par une lettre de Buffon, du 8 octobre 1778, qu'il n'en a pas été ainsi.

(2) François-Marie Arouet de Voltaire, fréquemment nommé dans la *Correspondance* de Buffon. Cette lettre a été publiée par Panckoucke après la mort de Buffon, afin de témoigner des bons rapports qui avaient existé entre Buffon et Voltaire. Panckoucke avait eu connaissance de la lettre de Buffon, lorsque tous les papiers de Voltaire lui furent remis pour la publication d'une édition de ses œuvres complètes, qu'il céda en 1779 à Beaumarchais, et qui est devenue l'édition de Kehl.

(3) Archimède, le plus ancien et le plus illustre des géomètres, avec Euclide, son maître, né en 287, mort en 212 avant J.-C., inventeur, mécanicien, architecte, ingénieur, auteur de la patriotique défense de Syracuse et dont Buffon a retrouvé les miroirs ardents.

Voltaire, écrivant à Buffon, avait adressé sa lettre à Archimède II ; cette lettre ne nous est pas parvenue, et nous n'avons trouvé aucune trace de la correspondance qui a existé entre eux, non plus que de la correspondance de Buffon avec les illustrations de son temps : hommes d'État, littérateurs, philosophes et savants, correspondance qui a dû être considérable. Si elle se trouvait au Jardin du Roi à la mort de Buffon, elle aurait été prise, à en croire certains propos des frères Thouin et Lucas, par le marquis de La Billarderie, pour son compte ou le compte de l'État ; si elle était à Montbard, elle a été comprise dans les papiers confisqués par la Commune après l'exécution capitale du fils de Buffon.

jamais il n'existera de Voltaire second : différence essentielle entre l'esprit créateur qui tire tout de sa propre substance, et le talent qui, quelque grand qu'il soit, ne peut produire que par imitation et d'après la matière.

J'espérais bien que ma petite note (1) trouverait grâce devant vous, mon-

(1) Voltaire avait publié, sans nom d'auteur, une critique de la *Théorie de la terre*, dans un mémoire en italien adressé à l'Académie de Bologne, où il attaquait sans ménagement le système de Buffon en criblant de plaisanteries les vues les plus justes du naturaliste et en faisant ainsi preuve d'autant de légèreté d'esprit que d'ignorance.

« On a trouvé dans les montagnes de la Hesse, disait le mémoire, une pierre qui paraissait porter l'empreinte d'un turbot, et sur les Alpes un brochet pétrifié ; on en conclut que la mer et les rivières ont coulé tour à tour sur les montagnes. Il est plus naturel de soupçonner que ces poissons, apportés par un voyageur, s'étant gâtés, furent jetés et se pétrifièrent par la suite des temps ; mais cette idée était trop simple et trop peu systématique. »

« .... On a vu aussi dans des provinces d'Italie, de France, etc., de petits coquillages qu'on assure être originaires de la mer de Syrie. Je ne veux pas contester leur origine; mais ne pourrait-on point se souvenir que cette foule innombrable de pèlerins et de croisés qui porta son argent dans la terre sainte en rapporta des coquillages? Et aime-t-on mieux croire que la mer de Joppé et de Sidon est venue couvrir la Bourgogne et le Milanais ? » (*Voltaire*, édit. de Kehl, t. XXXI, p. 376 et 379.)

Buffon avait répondu :

« En lisant une *Lettre italienne* sur les changements arrivés au globe terrestre, imprimés à Paris cette année 1746, je m'attendais à y trouver ce fait rapporté par La Loubère dans son *Voyage de Siam;* il s'accorde parfaitement avec les idées de l'auteur. Les poissons pétrifiés ne sont, à son avis, que des poissons rares, rejetés de la table des Romains, parce qu'ils n'étaient pas frais ; et, à l'égard des coquilles, ce sont, dit-il, les pèlerins de Syrie qui ont rapporté, dans le temps des croisades, celles des mers du Levant qu'on trouve actuellement pétrifiées en France, en Italie et dans les autres États de la chrétienté. Pourquoi n'a-t-il pas ajouté que ce sont les singes qui ont transporté les coquilles au sommet des hautes montagnes et dans tous les creux où les hommes ne peuvent habiter? Cela n'eût rien gâté et eût rendu son explication encore plus vraisemblable.

» Comment se peut-il que des personnes éclairées, et qui se piquent même de philosophie aient encore des idées aussi fausses? »

La réponse si finement railleuse de Buffon n'était pas faite pour apaiser Voltaire, et la mésintelligence dura longtemps entre le littérateur et le savant. Elle ne prit fin qu'en 1774, Montbeillard et Mme de Florian, nièce de Voltaire, furent les intermédiaires de cet accommodement dont Buffon fit les premières avances en insérant, dans une nouvelle édition de l'*Histoire naturelle*, la note à laquelle il fait allusion :

« Sur ce que j'ai écrit, au sujet de la *Lettre italienne*, on a pu trouver, comme je le trouve moi-même, que je n'ai pas traité M. de Voltaire assez sérieusement. J'avoue que j'aurais mieux fait de laisser tomber cette opinion que de la relever par une plaisanterie, d'autant que ce n'est pas mon ton, et que c'est peut-être la seule qui soit dans mes écrits. M. de Voltaire est un homme qui, par la supériorité de ses talents, mérite les plus grands égards ; on m'apporta cette *Lettre italienne* dans le temps que je corrigeais cette feuille de mon livre où il en est question. Je ne lus cette lettre qu'en partie, imaginant que c'était l'ouvrage de quelque érudit d'Italie qui, d'après ses connaissances historiques, n'avait suivi que son préjugé sans consulter la nature ; et ce ne fut qu'après l'impression de mon volume sur la *Théorie de la terre* qu'on m'assura que la lettre était de M. de Voltaire ; j'eus regret alors de mes expressions. Voilà la vérité ; je la déclare autant pour M. de Voltaire que pour moi-même et pour la postérité, à laquelle je ne voudrais pas laisser douter de la haute estime que j'ai toujours eue pour un homme aussi rare et qui fait tant d'honneur à son siècle. » (*Théorie de la terre*, art. VIII.)

« Rien de plus vrai que la réconciliation de M. de Voltaire avec Buffon. C'est ce dernier qui a fait les avances par un billet qu'il remit le 22 octobre à Mme de Florian, qui passait par Montbard. J'ai lu cet écrit, où il fait une espèce de réparation à M. de Voltaire de tout

sieur; mais je crois devoir en partie le bon accueil que vous lui avez fait aux mains qui vous l'ont offerte (1). Je puis vous dire à ce sujet que M. de Florian (2) m'a inspiré, dès les premiers moments, la plus grande confiance. Je l'ai trouvé si digne d'être de vos amis, que j'eusse désiré le voir assez longtemps pour devenir le sien; et cela serait arrivé, toujours en parlant de vous, monsieur, comme j'en ai toujours pensé, et comme il en pense et parle lui-même, avec cette tendre admiration qui ne s'accorde qu'à la supériorité qu'on aime, et qu'on ne peut aimer que quand on ne craint pas de l'avouer. Aussi le dernier trait qui fait la plus douce impression sur mon cœur est votre signature; j'ai ressenti un mouvement de joie en ouvrant votre lettre; j'ai admiré avec plaisir la fermeté de votre main et la fraîcheur de l'organe intérieur qui la guide.

Avec plusieurs années de moins, je suis plus vieux que vous, autre supériorité dont je suis loin d'être jaloux. Mais n'est-il pas juste que la nature, qui, dès vos premières années, vous a comblé de ses faveurs, et dont vous êtes

ce qu'il a pu écrire contre lui. Cette dame l'envoya sur-le-champ au grand poète, qui en a été on ne peut plus content, et qui a répondu au philosophe, son confrère, par une lettre très touchante et très honnête. Celui-ci a riposté par une autre, qui a cimenté la réunion de ces deux grands hommes. M. de Voltaire, enchanté, a fait présent à Mme de Florian d'une montre d'or à répétition d'environ 60 louis. Le vrai est que c'est M. Guéneau, ami de M. de Buffon, qui a seul opéré ce rapatriement. Ce M. Guéneau est un très habile homme qui a beaucoup travaillé à l'*Histoire naturelle*. Celle des oiseaux, à l'exception du discours, est entièrement de lui. Il a donné aussi beaucoup d'articles pour l'*Encyclopédie*, entre autres celui de l'*Etendue*. » (*Extrait d'une lettre de Ferney du 6 janvier* 1775, dans les Mémoires de Bachaumont.)

Guéneau de Montbeillard célébra par ces vers un rapprochement qui était son ouvrage :

Voltaire, sur ton front les lauriers d'Uranie
Paraissent en ce jour et plus frais et plus beaux;
Dans tes mains, ô Buffon! la palme du génie
Semble croître et donner des rejetons nouveaux.
Palme et lauriers, tout prend une nouvelle vie,
Quand l'arbre de la paix y mêle ses rameaux.

Voltaire répondit :

Dans le séjour d'Euclide, un compagnon d'Horace,
Par ses vers délicats, pleins d'esprit et de grâce,
Veut en vain ranimer nos esprits languissants.
Ma muse eut quelque feu; l'âge vient la morfondre.
Que votre épouse et vous me prêtent leurs talents;
Alors je pourrai vous répondre.

Ce qui ne l'empêchait pas d'appeler, dans une lettre au cardinal de Bernis, ce rapprochement un *raccommodage mal blanchi*, et de s'écrier un jour qu'on vantait devant lui l'*Histoire naturelle:* « Allons, messieurs, pas si naturelle que cela! » A compter de ce jour, comme l'a fort spirituellement dit une femme qui les a connus tous deux, la comtesse de Fars Fausselandry, ce furent deux puissances alliées, mais non amies. Le mot de la fin appartient à Voltaire : « Je savais bien, dit-il, que je ne pouvais pas me brouiller avec M. de Buffon pour des coquilles. »

(1) Mme de Florian de Semur, nièce de Voltaire.

(2) Le père du fabuliste, correspondant de Buffon en 1783. (Lettre du 25 décembre 1783 à Florian.)

l'ancien amant de choix, continue de vous traiter avec plus d'égards et de ménagements qu'un nouveau venu comme moi, qui n'ai jamais rien obtenu d'elle qu'à force de la tourmenter? Vous pouvez en juger, monsieur, puisque vous avez eu la patience de parcourir ces mémoires arides de physique qui servent de preuves à mon *Traité des Éléments;* et vous n'en êtes pas quitte, car je vous demande la permission de vous envoyer un autre volume qui va bientôt paraître, et qui fait suite au premier.

Si je jouissais d'une meilleure santé, je vous proteste, monsieur, que je n'attendrais pas votre visite à Montbard (1), et que j'irais avec empressement vous porter le tribut de ma vénération; j'arriverais à Dieu par ses saints. M. et Mme de Florian, habitués dans le temple, me serviraient d'introducteurs. Je vais nourrir cette agréable espérance par le plaisir nouveau des sentiments d'estime que vous me témoignez. Depuis que je me connais, vous avez toute la mienne; mais elle ne fait qu'un grain sur la masse immense de gloire qui vous environne, au lieu que la vôtre, monsieur, est un diamant du plus haut prix pour moi.

J'ai l'honneur d'être, avec autant de respect que d'admiration, monsieur, votre très humble et très obéissant serviteur.

Le Cte Buffon.

(*Gazette nationale* ou *Moniteur universel* du 23 décembre 1789.)

LETTRE CCVI

A MADAME DAUBENTON.

Au Jardin du Roi, le 22 novembre 1774.

Je suis arrivé hier matin, madame et chère amie, en assez bonne santé, et j'ai déjà fait dire à Mme Panckoucke (2) par son mari que vous comptiez sur elle pour bien courir ensemble les spectacles (3). Tâchez, bonne amie, d'amener

(1) Ce projet ne s'est pas réalisé; Voltaire n'est jamais venu à Montbard.

(2) Femme de l'éditeur, connue par sa beauté, son élégance et son esprit.

(3) Il y avait à Paris, alors comme aujourd'hui, un très grand nombre de spectacles, ce qui donna lieu à cette boutade de l'abbé Raynal : « Quel peuple, il a trente-trois spectacles et à peine une église! »

Les principaux théâtres de Paris étaient l'Opéra, les Français, les Italiens nouvellement introduits en France. L'Opéra était au Palais-Royal; deux fois brûlé, le 6 avril 1763 et le 8 juin 1781, il s'était transporté provisoirement aux Tuileries et définitivement dans la salle du théâtre de la Porte-Saint-Martin, construit exprès pour lui.

Le Théâtre-Français, longtemps aux Tuileries, s'était fixé au carrefour Buci, rue de l'Ancienne-Comédie.

Les comédiens italiens s'établirent d'abord rue Saint-Honoré, puis rue Mauconseil, dans un ancien jeu de paume, aujourd'hui la halle aux cuirs. En 1783, ils s'installèrent salle Favart, théâtre de l'Opéra-Comique, construit par l'architecte Heurtin, sur l'emplacement de l'ancien hôtel Choiseul, et inscrivirent les premiers sur leur rideau : *Castigat ridendo*

ce projet à bien ; c'est aussi l'intérêt de M. votre mari de venir pour ses recouvrements d'argent.

J'ai vu *Buffonet*, et nous avons parlé de vous. Adieu, je vous embrasse, et je vous supplie de compter sur tous les sentiments que vous pouvez et devez attendre de moi.

BUFFON.

(Collection Nadault de Buffon.)

mores. Si l'édifice tourne le dos au boulevard, c'est parce que les Italiens ne voulaient pas être confondus avec les petits théâtres des boulevards dont le principal était le théâtre Nicolet. Son singe fut une célébrité et sa vogue donna à ce point de l'ombrage aux gentilshommes de la Chambre chargés des théâtres qu'ils lui permirent seulement la pantomime. Il y avait encore Audinot, ancien acteur de l'Opéra, qui avait ouvert en 1788 à la foire Saint-Germain un théâtre de marionnettes, les *Comédiens de bois*. En 1776, des enfants remplacèrent les marionnettes, et la comtesse Du Barry les fit venir à Choisy pour distraire le roi. En 1785, le théâtre Audinot s'établit dans la salle de l'Ambigu-Comique.

Il y avait encore sur les boulevards les *grands danseurs du roi* et le *Vaux-Hall*, fondé en 1768 par l'artificier Torré. Le *Vaux-Hall* fut le premier jardin public ouvert à Paris par des particuliers. C'est au *Vaux-Hall* qu'apparut pour la première fois le *mât de cocagne*. Il y avait enfin la *Redoute chinoise*, construction imitée de la pagode du duc de Choiseul à Chanteloup. Un jour que le comte de Maurepas travaillait avec Beaumarchais, l'auteur du *Mariage de Figaro*, qui s'occupait d'entreprises et vendait des armes aux insurgés d'Amérique : « Comment, dit le premier ministre en s'interrompant, avez-vous pu trouver le temps d'écrire une comédie que l'on dit très plaisante ?

— Il m'a fallu, monseigneur, juste celui que le premier ministre de Sa Majesté a daigné perdre à la Redoute chinoise.

— Si votre pièce renferme beaucoup de ces traits, reprit le ministre, je lui prédis un grand succès ! »

Aux Champs-Élysées, les frères Ruggieri, émules de Torré, avaient fondé le *Colisée*, qui fut, avec les jardins créés à Tivoli par le banquier de la cour Beaujon, fondateur de l'hôpital de ce nom, une des curiosités du temps.

Il y avait dans les galeries du Palais-Royal, nouvellement annexées à son palais par le duc d'Orléans, Philippe-Égalité, que les caricatures du temps représentaient en chiffonnier cherchant des *loques à terre* (locataires), le *Cirque*, ouvert le 30 juin 1777, par l'écuyer Astley, les *Variétés amusantes*, les *Ombres chinoises*, les *Pygmées français*, les *Vrais Fantoccini italiens* et les *Petits comédiens de M. de Beaujolais*, une troupe d'enfants qui jouait la pantomime, tandis que les rôles étaient récités ou chantés dans la coulisse ; mais le Théâtre-Italien avait obtenu la fermeture de ce spectacle qui lui faisait concurrence.

Il y avait encore le *théâtre de Monsieur*, depuis Louis XVIII, inauguré le 26 janvier 1789, le frère de Louis XVI ayant voulu, comme le frère de Louis XIV, avoir une troupe de comédiens en possession des mêmes privilèges que les comédiens du roi.

A côté des spectacles publics, il y avait les salles appartenant à des particuliers. Marie-Antoinette avait mis de mode à Trianon la comédie de société ; Mme de Genlis en apporta le goût à la Chaussée-d'Antin, et le baron d'Esclapon et le chevalier de Chastellux, dans le faubourg Saint-Germain. Il y avait le théâtre de Mlle Guimard de l'Opéra et on allait applaudir Mlle Clairon, après sa retraite, chez la duchesse de Villeroy et Mme Necker. On a trouvé à la note 1re de la page 8 une notice sur les théâtres de la foire où débutèrent Piron et Le Sage et qui complétait l'ensemble des théâtres existant à Paris au XVIIIe siècle.

LETTRE CCVII

A LA MÊME.

Paris, le 9 décembre 1774.

J'ai reçu, très chère dame, votre charmante épître, et je suis enchanté qu'il n'y ait rien de dérangé à votre projet de voyage. Vous pouvez arriver quand il vous plaira ; les tapissiers achèvent aujourd'hui de ranger les petites chambres. Vous, M. votre oncle (1), son fils et Jeanneton ont tous leurs petits meubles. Il n'y a que pour M. votre mari qu'on n'a rien arrangé parce qu'il m'a dit qu'il m'écrirait d'avance lorsqu'il voudrait venir. Vous pouvez donc partir aussitôt que vous le voudrez, si vous ne craignez pas le froid, car depuis deux jours il en fait un assez rigoureux ici, et je suis enrhumé d'avant-hier.

Vous voudrez bien, madame, ne pas oublier un gros panier de fruits qui est dans ma cave. Je vous prie d'ordonner à Dauché (2) de l'envelopper en entier de foin et ensuite de paille, avec de la corde qui la contiendra autour du panier, afin de prévenir l'effet de la gelée pendant le voyage. Vous aurez la bonté de faire partir ce panier ainsi fourré avec les autres ballots que vous et M. votre oncle enverrez au coche d'Auxerre, et je partagerai les frais de la voiture.

Je devrais écrire à ce cher oncle ; mais j'ai si peu de temps dans ce commencement de séjour, qu'à peine je puis me reconnaître. Faites-lui donc savoir qu'il est le maître d'arriver quand il lui plaira, et que le plus promptement sera le mieux.

(1) Guéneau de Montbeillard, qui venait à Paris pour travailler plus assidûment à l'*Histoire des oiseaux*.

(2) Dauché, dont il sera parlé plus loin à propos des vastes potagers de Montbard, était le jardinier en chef de Buffon et le principal personnage de sa maison avec Guénot, son cuisinier, dont le nom, semblable à celui de Guéneau de Montbeillard, a inspiré à de Rougemont, Merle et Simonnin le sujet d'un vaudeville représenté pour la première fois à la Porte-Saint-Martin le 29 juillet 1823, imprimé cette même année avec une 2e édition en 1824.

La scène se passe à Montbard durant une absence de Buffon ; arrive de Paris le cuisinier. L'abbé Bexon et d'autres savants, le prenant pour Guéneau de Montbeillard, lui livrent des poissons et des canards du Groenland, envoyés du Jardin du Roi par Daubenton, et un oiseau rare donné par Bougainville, que le cuisinier accommode à sa façon. Pothier obtint un grand succès dans le rôle du cuisinier. Le rideau tombe sur ce couplet :

Du grand Buffon honorant la mémoire,
Ah ! messieurs, puissiez-vous payer
Par quelques bravos à sa gloire
Les gages de son cuisinier.

17 ans auparavant, le 6 novembre 1806, on avait représenté avec un égal succès, au théâtre Montansier, théâtre du Palais-Royal, le *Mariage de Buffon*, vaudeville en un acte, par le chevalier Aude et Désaugiers. Il en a été donné plusieurs éditions, dont une sous le titre : *Mariage de Buffon avec Mlle de Saint-Belin.*

Je vous remercie, très chère amie, des nouvelles que vous me donnez de votre santé et de celle de mon père (1). Je ne suis pas mécontent de la mienne, malgré mon rhume, que je vais tâcher de mitonner en vous attendant. Mille compliments à vos messieurs et à M. le docteur (2), qui attendra probablement une seconde fois le beau temps. Ceux d'ici se portent bien et vous attendent avec impatience. Mme Amelot (3), que je n'ai vue qu'un moment, m'a demandé de vos nouvelles. Elle est dans le déménagement, et ne sera rangée que dans huit ou dix jours, à son nouvel hôtel. Mme de Saint-Chamant (4) m'a aussi parlé de vous. On va faire un champ de blé pendant deux ans de cette belle pièce d'eau sur laquelle vous avez vogué; après quoi on y remettra de l'eau et du poisson que le bois flotté a fait maigrir. *Buffonet* se porte bien et dit qu'il vous aime bien et que vous êtes de ses plus vieilles amies.

Je crois, belle dame, que vous ne doutez pas que son papa vous aime encore mieux.

BUFFON.

(Collection Nadault de Buffon.)

LETTRE CCVIII

A M. LE MARQUIS DE BAISSEY (5).

A Paris, au Jardin du Roi, ce 27 décembre 1774.

Je reçois toujours avec la même sensibilité, monsieur, les marques obligeantes de votre souvenir, et je ne puis que vous adresser tous mes remerciements des souhaits que vous avez la bonté de faire en ma faveur au renouvellement de l'année. Je désirerais beaucoup trouver les occasions de contribuer à votre satisfaction, et de vous donner des marques du respectueux attachement avec lequel j'ai l'honneur d'être, monsieur, votre très humble et très obéissant serviteur.

BUFFON.

(Inédite. — Collection Nadault de Buffon.)

(1) Le père de Buffon alors âgé de quatre-vingt-onze ans, précédemment nommé. Il habitait au château de Montbard l'appartement au-dessous de celui de Buffon, et mourut l'année suivante, le 23 avril 1775.

(2) Louis-Jean-Marie Daubenton, en ce moment à Montbard.

(3) Anne de Vougny, qui avait été au théâtre, avait épousé M. Amelot peu de temps avant sa nomination à l'intendance de Bourgogne. Son frère devint, par le crédit de son mari, maître des requêtes et directeur de l'Opéra.

(4) Mme de Saint-Chamant, femme de César-Arnaud, marquis de Saint-Chamant, capitaine au régiment de Royal-Etranger. La famille de Saint-Chamant était de l'intimité du Jardin du Roi.

(5) Déjà nommé.

LETTRE CCIX

AU PRÉSIDENT DE RUFFEY.

Au Jardin du Roi, le 6 janvier 1775.

Je pense, mon très cher Président, que, malgré ses injustices, la perte de Mme de La Forest (1) a été bien sensible à Mme de Ruffey. Elle était en effet digne d'avoir une bonne mère, puisqu'elle-même est une mère excellente. Je suis fâché de voir que vous ne terminerez pas vos partages sans procès; il vaudrait mieux céder quelque chose et vous arranger à l'amiable (2). J'ai bien regret de n'être pas actuellement à Montbard, puisque vous résidez à Montfort, et je ne m'en console que par l'espérance que vous me donnez de vous y voir au mois d'avril. Si vous ne vendez pas actuellement les meubles, il faut au moins vous défaire de tout ce qui mange, bœufs, chevaux, ânes et mulets, car il y avait de toutes sortes de bêtes dans ce château.

Ce que vous avez fait pour le jardin de l'Académie (3) vous fait grand honneur et n'est point ignoré. Nos confrères les plus opposés n'ont pu cesser de respecter vos vertus, en même temps qu'ils criaient contre votre prétendu désir de dominer. Pour moi, mon très cher Président, je n'ai jamais pris le change, et je vous ai toujours honoré et aimé de cœur.

On dit que M. de Lantenay (4) demande la place de premier président. On dit aussi que M. de Brosses (5) y aspire, mais qu'on croit que M. de Layé (6) la

(1) Marie-Thérèse Feillet, femme de Frédéric de La Forest, baron de Montfort, morte l'année précédente.

(2) Buffon, qui devait avoir tant de procès au sujet de ses biens de Montbard, de ses forges et de l'agrandissement du Jardin de Roi, n'aimait cependant ni les procès ni la magistrature; et nous le verrons constamment prendre le parti de la conciliation et le conseiller à ses amis.

(3) C'était le nom du jardin botanique fondé à Dijon par Bénigne Legouz de Gerland, ancien grand bailli du Dijonnais, et donné par lui à l'Académie dont il avait été élu membre le 30 juillet 1760 et dont il fut le bienfaiteur. Le président de Ruffey avait fait construire à ses frais, dans le jardin botanique, une serre pour les plantes des climats tempérés, et en avait fait don à la compagnie dont il était chancelier, en attendant qu'il lui remît son riche médaillier.

(4) Le Parlement de Bourgogne fut rétabli le 21 avril 1775. Parmi les candidats à la première présidence figurait Bénigne Bouhier de Lantenay, né le 27 février 1723, conseiller depuis le 10 juillet 1747, président à mortier du le 15 mai 1756.

(5) Charles de Brosses, promu premier président du nouveau Parlement par lettres patentes du 30 mai 1775, à la place de Pierre-Anne Chesnard de Layé, nommé conseiller d'État, fut installé le 22 juin.

(6) Pierre-Anne Chesnard de Layé, né le 14 février 1719, lieutenant général du bailliage de Mâcon le 15 janvier 1746, conseiller au Parlement le 2 mai 1748, président à mortier le 15 juin 1751. Se trouvant le 27 avril 1772, par la retraite du premier président de La Marche, le plus ancien du grand banc, il avait été nommé premier Président du parlement Maupeou. Charles de Brosses, qui devait être son successeur, apprenant sa nomination dans son exil, lui fit l'application de ce passage de Montaigne : « J'ay desiré avec passion d'estre chevalier de l'Ordre; j'y suis parvenu contre toute probabilité : je n'ai pu m'élever jusqu'à l'Ordre, mais l'Ordre s'est abaissé jusqu'à moy. »

gardera ; il est seulement à craindre que cette concurrence n'empêche une réunion qui serait fort désirable.

La table de porphyre ferait des merveilles dans votre beau cabinet ; vous verrez, en la mettant en vente, qu'on ne vous en offrira peut-être pas le double d'une table de beau marbre et de même grandeur

Il n'y a rien de nouveau ici, sinon la suppression des corvées (1) pour les grands chemins, qui est passée au Conseil. Le roi a marqué dans cette occasion une tendresse de père pour son peuple.

Je vous embrasse, mon cher Président, bien sincèrement et de tout mon cœur.

BUFFON.

(Collection du comte de Vesvrotte.)

LETTRE CCX

A M. DE VAINES (2).

Au Jardin du Roi, le 19 janvier 1775.

La lettre, monsieur, que vous avez eu la bonté d'écrire, a mis en mouvement MM. des Eaux et Forêts, qui, sans cela, seraient demeurés dans l'inaction. Je crois donc qu'en conséquence M. de Marizy, grand maître, ne tardera pas beaucoup à donner son avis, et je ne m'attends point du tout qu'il me soit favorable. Tous ces MM. des Eaux et Forêts ont le même langage ; ils disent que c'est dépouiller leur juridiction et qu'ils ne peuvent

(1) Turgot venait de présenter au Conseil six édits qui devinrent le signal de sa disgrâce. Un seul, celui qui abolissait la corvée, fut enregistré par le Parlement grâce à l'intervention personnelle de Louis XVI ; il fallut un lit de justice pour les cinq autres. Turgot se retira après avoir répondu à des propositions de conciliation : « Si le Parlement veut le bien du royaume, il enregistrera l'édit. »

La corvée, à laquelle Turgot voulait substituer un impôt sur la noblesse et le clergé, fut rétablie et régie par une ordonnance de 1776.

(2) Jean de Vaines, né en 1733, mort le 16 mars 1803, premier commis du Contrôle général des finances sous Turgot et Necker. Un pamphlet : *Lettre à un profane*, dirigé en 1775 contre Turgot, lui est adressé. On soupçonna le secrétaire de d'Alembert et on l'obligea de le congédier ; l'auteur, l'avocat Blonde, fut enfermé à la Bastille. Jean de Vaines fut tour à tour administrateur des Domaines, Receveur Général des Finances, et commissaire du Trésor ; nommé le 24 décembre 1799, sous le Consulat, conseiller d'État, il devint membre de l'Institut. M. Thiers le cite avec éloge.

De Vaines, qui était un lettré en même temps qu'un financier, a publié en 1789 une brochure *Sur les préoccupations politiques du temps*, attribuée au comte de Lameth, et, en 1790, *De quelques mots qui ont produit de grands crimes*, et en 1791, *Observations sur le papier-monnaie*. Il a donné des articles de fond aux journaux du temps, et on a conservé le souvenir des dîners du mardi de l'hôtel de Vaines, et de la charmante et spirituelle femme qui en faisait les honneurs, salon que l'abbé Delille faillit compromettre par une lettre écrite à Mme de Vaines pendant son voyage à Constantinople, et où l'ordre de Malte se crut attaqué.

manquer de s'opposer à ma demande (1). Je m'y attends donc ; mais, avec cela, j'attends tout des bontés de M. le contrôleur général et de la bonne volonté que vous m'avez témoignée. Je vous en ai déjà une profonde reconnaissance, et j'ai demandé à notre ami M. d'Angiviller la liberté de vous faire un hommage en vous envoyant mes ouvrages (2).

Daignez les agréer comme une marque de la haute estime et du respectueux attachement avec lequel j'ai l'honneur d'être, monsieur, votre très humble et très obéissant serviteur.

BUFFON.

(Bibliothèque nationale; cabinet des manuscrits.)

LETTRE CCXI

AU MÊME.

Au Jardin du Roi, le 23 janvier 1775.

Rien n'est plus flatteur pour moi, monsieur, que l'accueil que vous avez fait d'avance à mon ouvrage (3), et la bonté que vous avez de ne pas regarder mon hommage comme un double emploi me touche sensiblement. Je mettrais volontiers dans mes titres l'application du beau passage de Cicéron que vous citez, si je ne craignais de me trop enorgueillir, et je ne l'adopte que comme une preuve de votre indulgence et une marque de votre estime. Je ferai donc ce qui dépendra de moi pour vous marquer ma reconnaissance et pour mériter quelque part de votre amitié.

C'est dans ces sentiments et avec le plus respectueux attachement que je suis et veux être, monsieur, votre très humble et très obéissant serviteur.

BUFFON.

(Bibliothèque nationale.)

(1) Buffon demandait au contrôleur général des finances de trancher par la voie gracieuse une difficulté, que la grande maîtrise des eaux et forêts considérait comme une question contentieuse justiciable de sa juridiction.

(2) L'hommage fait par Buffon des volumes de l'*Histoire naturelle* à de hauts personnages contribuait à la prospérité du Jardin du Roi. En effet, Buffon recevait en échange des collections qu'il remettait généreusement à l'État. On trouve aux *Archives nationales*, carton du Jardin du Roi, pour l'année 1772 : « Payé au sieur Panckoucke, libraire, pour les présents que j'ai été obligé de faire des volumes in-8° et in-12 de l'*Histoire naturelle* à différentes personnes utiles au Cabinet, la somme de mille douze livres. » Les hommages personnels faits par Buffon étaient à ses frais.

(3) L'hommage de l'exemplaire de l'*Histoire naturelle*, annoncé par la précédente lettre du 19 janvier, au même.

LETTRE CCXII

A MADAME NECKER.

Au Jardin du Roi, ce samedi soir 25 février 1775.

Madame Necker met le comble à ses bontés pour M. de Buffon en lui marquant sa confiance. C'est une faveur nouvelle dont il sent tout le prix ; il n'y a personne dans sa liste du vendredi (1) qu'il n'estime et même qu'il ne connaisse (2).

(1) Dès le lendemain de son mariage, Mme Necker avait ouvert son salon aux hommes de lettres et aux philosophes. Après avoir habité quelque temps au fond du Marais, la rue Michel-Lecomte où la banque Thélusson-Necker avait ses bureaux, à quelques pas de la maison où Mme Rousseau avait élevé d'Alembert, Necker et sa femme s'étaient installés rue de Cléry, dans le somptueux hôtel Leblanc. Mme Necker avait choisi le Vendredi afin de ne pas faire concurrence aux Lundis et aux Mercredis de Mme Geoffrin, aux Mardis d'Helvétius, aux Jeudis et aux Dimanches du baron d'Holbach. Chez les Necker, on dînait à quatre heures et on soupait assez avant dans la soirée.

Lorsque Mme Necker donnait à dîner le vendredi, elle avait l'attention de servir des plats maigres pour ceux de ses convives qui voulaient suivre les prescriptions de l'Église Voltaire a dit des Vendredis de Mme Necker :

« Vous qui, chez la belle Hypatie,
Tous les vendredis raisonnez
De vertu, de philosophie,
Et tant d'exemples en donnez. »

« Sœur Necker, — dit de son côté Grimm, dans *les Bans de l'Église philosophique*, — fait savoir qu'elle donnera à dîner tous les vendredis. L'Eglise s'y rendra parce qu'elle fait cas de sa personne et de celle de son époux. Elle voudrait pouvoir en dire autant de son cuisinier. »

C'est à un dîner du Vendredi qu'a pris naissance le projet d'élever une statue par souscription à Voltaire vivant, — projet dont la réalisation causa tant d'ennuis à Mme Necker, à cause de l'obstination du statuaire Pajou à représenter Voltaire nu, ce qu'il fit du reste également pour Buffon vivant.

(2) Les habitués du Vendredi étaient en hommes : Thomas, Marmontel qui a beaucoup écrit sur les Necker, Diderot qui pensa un instant « *que la maîtresse du logis raffolait de lui,* » Grimm, d'Alembert, Suard, les abbés Morellet et Raynal, l'abbé Galiani, le séduidant conteur, auteur d'une brochure populaire sur le commerce des grains, Dorat, Naigeon, Gentil-Bernard, Bernardin de Saint-Pierre qui lut un soir sans succès le manuscrit de *Paul et Virginie.* Aux gens de lettres se mêlaient les hommes de cour, et, après l'avènement de Necker et le mariage de sa fille avec le baron de Staël, les personnages de la politique et de la diplomatie, lord Starmont, ambassadeur d'Angleterre, le comte de Creutz, prédécesseur du baron de Staël, le marquis de Caraccioli, ambassadeur de Naples, vice-roi des Deux-Siciles. Les femmes étaient la marquise du Deffant, Mme Geoffrin et sa fille la marquise de La Ferté-Imbault, MMmes d'Houdetot et d'Epinay sa belle-sœur, Mlle de L'Espinasse ; et au second plan, Mme de Vermenou, dont Necker avait demandé la main, et Mme de Marchais, connue par sa liaison avec le comte d'Angiviller ; et à certains jours, mais de préférence à d'autres que le Vendredi, la maréchale de Luxembourg, la maréchale de Boufflers, la duchesse de Lauzun.

Aux Vendredis de Mme Necker, on conversait sur les questions littéraires, académiques et philosophiques, ou on faisait des lectures, ou on applaudissait la grande tragédienne

Mlle de L'Espinasse (1) est la seule qu'il n'ait jamais vue ; mais, par le bien qu'il en entend dire, il la juge digne de la société. Ainsi, M. de Buffon, bien loin d'avoir de la répugnance à se trouver en si bonne compagnie, en cherchera l'occasion ; mais il ne le pourra vendredi prochain, s'étant engagé ce soir-là chez Mme de Maillebois (2). Il s'en dédommagera samedi et ne manquera pas à notre respectable ambassadeur, parce qu'il croirait manquer, en même temps, à Mme Necker, qu'il respecte encore plus, sans compter son cher mari, qu'il aime de tout son cœur.

BUFFON.

(Inédite. — Archives de Coppet. Communiquée par le vicomte d'Haussonville.)

LETTRE CCXIII

A M. GUÉRARD (3).

A Paris, au Jardin du Roi, ce 28 février 1775.

Je vous remercie, monsieur, de l'avis que vous avez bien voulu me donner au sujet du dommage que le nouveau flot des marchands de bois (4) a causé aux écluses et au moulin de Poupenot (5), et vous avez très bien fait d'en dresser un procès-verbal. Je vous prie aussi très instamment, monsieur, de vous transporter à mon moulin de Buffon et à mes forges, où le sieur La Lande

Clairon, qui avait inscrit le salon de Mme Necker parmi ceux où elle consentait encore à se faire entendre.

Si Buffon ne trouvait « sur la liste du Vendredi de Mme Necker que des personnes qu'il connût et estimât, » cette société, qui appartenait presque exclusivement au monde philosophique qu'il ne fréquentait pas et où il comptait des jaloux et des détracteurs, ne pouvait pas lui être au fond bien sympathique, — ce qu'il témoigna du reste en n'assistant que rarement aux réunions du Vendredi, bien qu'il en fût l'hôte le plus fêté, et nous le verrons dans les lettres qui vont suivre presque constamment annoncer ses visites pour un autre jour.

(1) Julie-Eléonore de L'Espinasse, née en 1732, morte en 1776, connue par l'action qu'ont exercée son salon et son esprit sur le mouvement philosophique du XVIIIe siècle, par son intimité et sa brouille avec Mme du Deffant et sa liaison avec d'Alembert, qui habita trente ans sa maison de la rue Bellechasse. Ses lettres au comte de Guibert, auteur du *Connétable de Bourbon* et de la *Stratégie*, un instant ministre de la guerre, publiées en 1809 peignent son âme ardente et passionnée.

(2) Femme d'Yves-Marie Desmarets, comte de Maillebois, lieutenant général, fils du maréchal de France de ce nom.

(3) Charles-Antoine Guérard, notaire royal et procureur au bailliage, était le notaire de Buffon, à Montbard. Il a eu deux fils, Antoine Guérard, attaché au ministère des affaires étrangères, en 1830, publiciste, et le docteur Guérard, de l'Académie de médecine, médecin de l'Hôtel-Dieu, auteur de nombreux travaux scientifiques.

(4) Les marchands de bois de la haute Bourgogne faisaient jeter le bois coupé dans les petits cours d'eau, et le courant l'emportait jusqu'à leur embouchure dans la Seine, à La Roche-sur-Yonne, où le bois était recueilli, formé en radeaux et dirigé sur Paris.

(5) Vaste moulin banal qui alimente la ville de Montbard et sur lequel Buffon et Jean Nadault, son beau-frère, avaient des droits seigneuriaux.

LECLERC DE BUFFON
BENJAMIN FRANÇOIS
Conseiller au Parlement de Bourgogne
1683 1776

Imp. Ch. Chardon

me marque que le même déluge de bois a occasionné des dégradations considérables, et qu'il est urgent de constater par d'autres procès-verbaux bien exacts, dont il sera nécessaire que vous ayez la bonté de m'envoyer copie aussi bien que de celui du moulin de Poupenot, afin que je puisse en faire usage et mettre en train cette grande affaire contre les marchands de bois.

Je vous prie de faire mes compliments à M. votre frère (1), et de lui dire que j'ai envoyé à M. le duc de La Vrillière le dernier mémoire que j'ai reçu, signé de M. le Maire et de lui. Cependant, ils auraient mieux fait de l'envoyer directement, avec un mot de lettre de M. le Maire à M. de La Vrillière. Néanmoins, il n'y a nulle inquiétude à avoir sur tout cela, et les choses resteront certainement comme elles sont.

J'ai l'honneur d'être avec le plus sincère attachement, monsieur, votre très humble et très obéissant serviteur.

BUFFON.

Je vous prie, mon cher monsieur, de porter les ports de lettres ainsi que les autres frais sur mon compte.

(Inédite. — Communiquée par Mme Judith Guérard.)

LETTRE CCXIV

AU PRÉSIDENT DE RUFFEY.

Paris, le 1er mai 1775.

Je vous remercie, mon très cher ami, de la part que vous prenez à la perte que j'ai faite (2). Quoique prévue depuis longtemps, elle n'a pas laissé de m'affecter très sensiblement; car ma santé n'est pas en trop bon état, et je désire d'aller respirer l'air de Bourgogne, qui me convient mieux que celui-ci. Je serais enchanté si vous veniez à Montfort. Il y a longtemps que je le souhaite, et vos affaires peuvent peut-être s'arranger de façon que cette terre

(1) Nicolas Guérard, marchand de bois, précédemment cité, père du savant paléographe Benjamin-Edme-Charles Guérard de la Bibliothèque royale et de l'Institut, proposé par Buffon en 1773 pour être premier échevin à la place de Nicolas-Dominique Mandonnet, dont il croyait avoir à se plaindre.

(2) Benjamin-François Leclerc de Buffon, conseiller du roi, ancien président au grenier à sel de Montbard, ancien commissaire général des maréchaussées de France, conseiller honoraire au parlement de Bourgogne, père de Buffon, né le 1er mars 1683, mort à Montbard, chez son fils, le 23 avril 1775, à quatre-vingt-douze ans. Le 27 avril, quatre jours après la mort de son père, Buffon, recevant à l'Académie française le chevalier de Chastellux, qui succédait à M. de Châteaubrun, mort presque à l'âge de son père, terminait ainsi son discours : « Je viens de perdre mon père précisément au même âge : il était, comme M. de Châteaubrun, plein de vertus et d'années. Les regrets permettent la parole; mais la douleur est muette. »

vous restera ; ou, si vous la vendez, vous me feriez plaisir de m'en prévenir d'avance (1).

Mme de Ruffey m'a fait l'honneur de m'écrire au sujet de la chambre des comptes de Dôle (2), et j'aurais bien voulu pouvoir lui rendre en cela quelque service ; mais M. le comte de Maurepas m'a renvoyé à M. le garde des sceaux (3) et, chez celui-ci, il m'a paru qu'on ne regardait pas l'affaire de la chambre des comptes de Dôle comme dépendante en aucune façon de celle des Parlements ; et un particulier comme moi ne peut rien sur des choses publiques et de cette espèce.

J'ai l'honneur d'être, avec le plus ancien et le plus inviolable attachement, mon très cher monsieur, votre très humble et très obéissant serviteur.

BUFFON.

(Appartient au comte de Vesvrotte.)

LETTRE CCXV

AU COMTE DE TRESSAN (4).

Au Jardin du Roi, le 3 mai 1775.

Monsieur le comte,

Je reconnais à votre lettre votre cœur pour vos amis, et je suis très reconnaissant de tout ce qu'elle contient ; mais je ne ferai néanmoins aucune démarche, ni même aucune plainte contre cet homme qui a voulu se donner

(1) Buffon désirait, dès ce temps, ajouter une terre patrimoniale à celles qu'il possédait à Montbard, Buffon et Rougemont, et nous le verrons penser à la terre de Montfort tour à tour pour lui et les Necker. Il ne sera détourné de ce projet que par ses avances au Jardin du Roi, qui absorberont désormais tous ses fonds disponibles auxquels il sera obligé d'ajouter des emprunts.

(2) Le gendre de Mme de Ruffey, le marquis de Monnier, président à la Chambre des comptes de Dôle, sollicitait concurremment avec le président Petingq de Vaulgrenant la première présidence, qu'il obtint l'année suivante.

(3) Armand-Thomas Hue de Miromesnil, né en 1723, mort le 3 juillet 1796. Premier président du Parlement de Normandie en 1775 exilé par le chancelier Maupeou, il s'était lié avec le comte de Maurepas dans sa retraite de Pontchartrain, où il s'était fait une réputation dans la comédie de salon, en particulier dans le rôle de *Crispin ;* lorsque Maurepas revint aux affaires, *Crispin* devint garde des sceaux. On rapporte qu'un soir une dame de la cour, entrant chez M. de Maurepas en même temps que M. de Miromesnil, le prit par le bras et le conduisit au premier ministre en disant : « Je vous présente M. de *Miro...-bolan,* » principal personnage d'une pièce d'Hauteroche, *Crispin, médecin.* Le garde des sceaux Miromesnil, qui resta treize ans au ministère, de 1774 à 1787, a laissé le souvenir d'une administration sage et modérée ; il a présidé au rétablissement des Parlements et a attaché son nom, en 1780, à l'abolition de la question et de la torture.

(4) Louis-Élisabeth de Lavergne, comte de Tressan, né en 1705, mort en 1783, militaire et littérateur, a publié des extraits de nos romans de chevalerie, dont il avait découvert, à la

le plaisir de me contredire. Ce serait la première fois que la critique aurait pu m'émouvoir. Je n'ai jamais répondu à aucune, et je garderai le même silence sur celle-ci.

Nous avons aujourd'hui élu M. le maréchal de Duras (1), et sa réception est pour le 15. Je vous offre deux billets, si vous voulez y assister. Le discours de M. le maréchal sera court et le mien aussi; mais on dit que M. l'abbé Delille (2) lira un chant de son Virgile; et cela viendra très bien après ma pauvre prose.

Je suis toujours fort enrhumé; sans cela j'aurais eu l'honneur de vous voir. Mes respects, je vous supplie, à Mme la comtesse de Tressan et à votre cher et digne fils M. l'abbé de Tressan (3).

C'est dans ces mêmes sentiments que je serai toute ma vie, monsieur le comte, votre très humble et très obéissant serviteur.

BUFFON.

(Collection du marquis de Loyac.)

bibliothèque du Vatican, une collection en langue romane. Il vint occuper en 1781, à l'Académie française, le fauteuil laissé vacant par la mort de l'abbé de Condillac. Il était redevable de son élection à Buffon, depuis longtemps son ami; mais on verra Buffon se brouiller avec lui, en 1782, à propos de sa défection lors de l'élection de Condorcet, qui ne l'emporta que d'une voix sur Bailly, candidat de Buffon. (Lettre du 20 janvier 1782 à Mme Necker.)

(1) Emmanuel-Félicité de Durfort, duc de Duras, né le 19 décembre 1715, mort le 6 septembre 1789, maréchal de France sans avoir jamais commandé une armée, et académicien sans avoir rien écrit. Attaché, en 1768, à la personne du roi de Danemark pendant son séjour en France, on lui reprocha de l'avoir éloigné des gens de lettres, et on mit dans la bouche du roi ce quatrain :

Frivole Paris, tu m'assommes
De soupers, de bals, d'opéras!
Je suis venu pour voir des hommes :
Rangez-vous, monsieur de Duras!

Il était de la promotion des sept maréchaux de France créés au sacre de Louis XVI, et que le public comparait aux sept péchés capitaux et aux sept planètes, en ajoutant malignement qu'on n'y voyait pas *Mars* :

Réjouissez-vous, ô Français!
Ne craignez de longtemps les horreurs de la guerre :
Les prudents maréchaux que Louis vient de faire
Promettent à vos vœux une profonde paix.

Le duc de Duras fut reçu à l'Académie française, à la place de du Belloy, le 15 mai 1775.

(2) Jacques Delille, littérateur et poète, né le 22 juin 1738, mort le 1er mai 1803, entra en 1772 à l'Académie française, en même temps que Suard. Sa traduction des *Géorgiques* parut en 1769; l'*Énéide* en 1804.

(3) L'abbé de Tressan, né en 1749, mort en 1809, a donné une traduction des *Sermons* de Blair; il était lié avec Delille.

LETTRE CCXVI

AU PRÉSIDENT DE BROSSES.

Paris, le 4 mai 1775.

Je vous envoie, mon cher Président, un petit discours (1) que peut-être vous n'aurez pas le temps de lire, et qui ne vaut pas trop la peine d'être lu. J'imagine bien la multiplicité de vos occupations; cependant on espérait vous voir ici, et je crois que vous devez en effet y venir.

Je reste encore ici, assez malgré moi, pour faire une drogue pareille à celle que je vous envoie, en adressant la parole au maréchal de Duras, que nous avons élu, et qui doit être reçu le 15. Souvenez-vous d'un dîner que vous fîtes au Jardin du Roi avec lui et Mme de Saint-Contest (2) : ce n'étaient pas des paroles alors, c'étaient de bons effets. Je vous embrasse bien sincèrement de tout mon cœur.

BUFFON.

Appartient au comte de Brosses.)

LETTRE CCXVII

A MADAME DAUBENTON.

Le 12 mai 1775.

Ma chère bonne amie, vous êtes tout âme et tout courage. Je suis enchanté que les mouvements et la grande fatigue du voyage ne vous aient point incommodée; n'ayez donc nulle crainte sur le moment (3), vous vous en tirerez sans aucune mauvaise suite. Je ne suis pas encore sûr du temps de

(1) Le discours que Buffon prononça à l'Académie française le 27 avril 1775, pour la réception du chevalier de Chastellux, auteur de la *Félicité publique* et d'une préface de l'ouvrage posthume d'Helvétius, *le Bonheur*, son ami comme le comte de Tressan. « M. de Buffon, — a dit Mme Necker, — ne pouvait écrire sur des sujets de peu d'importance; quand il voulait mettre sa grande robe sur de petits objets, elle faisait des plis partout. » Cette remarque se présente surtout à l'esprit, en lisant un discours qu'il composa pour la réception du chevalier de Chastellux : «... L'éloge du chevalier de Chastellux est le seul mauvais ouvrage qu'ait fait M. de Buffon, et il est mauvais, parce qu'il s'est imité lui-même. » (*Mélanges*, t. Ier, p. 237.)

(2) Veuve de François-Dominique Barberie de Saint-Contest de La Châtaigneraie, né en janvier 1701, mort le 24 juillet 1754, membre du club fameux de *l'Entresol*, fondé en 1724 par l'abbé Alary, maître des requêtes, intendant de Pau et de Dijon de 1740 à 1749, ambassadeur en Hollande, et, le 12 septembre 1751, ministre des affaires étrangères à la retraite de Puisieux.

(3) Mme Daubenton était grosse de son unique enfant. Elle accoucha le 28 mai 1775 d'une fille, qui reçut le nom d'Élisabeth-Georgette, mais qui porta toujours celui de Betzy. Filleule de Buffon, elle est devenue la seconde femme de son fils.

mon départ; ma santé n'est pas mal, mais mes affaires n'en finissent pas. L'émeute (1) n'était rien, et nous sommes ici très tranquilles; je voudrais cependant en être hors et vous revoir. J'espère que dans huit jours je pourrai vous le dire positivement. Adieu, je vous embrasse de tout mon cœur.

BUFFON.

(Collection Nadault de Buffon.)

LETTRE CCXVIII

AU PRÉSIDENT DE RUFFEY.

Montbard, le 23 juillet 1775.

Je ne vous ai jamais accusé, mon cher Président, que de bonnes pensées et d'actions honnêtes, et je voudrais que vous n'eussiez pas à vous plaindre des procédés de votre jolie nièce (2), à laquelle j'ai dit et répété plusieurs fois que vous étiez incapable de lui faire la moindre mauvaise chicane, mais qu'il ne fallait pas aussi qu'elle espérât que vous ne soutiendriez pas vos intérêts; que si sa grand'mère (3) vous avait fait quelque tort, vous aviez plus

(1) Turgot, contrôleur général depuis un an, multipliait les réformes. Lorsque ses amis lui reprochaient de trop se hâter : « Que voulez-vous? disait-il, les besoins du peuple sont grands, et dans ma famille on meurt de la goutte à cinquante ans. » Ses édits sur la libre circulation des grains, en avril 1775, provoquèrent un renchérissement du blé causé par les accaparements, et le 2 mai, on vit arriver à Versailles une bande d'hommes et de femmes demandant du pain. On eut à peine le temps de fermer les grilles. Le roi se montra au balcon, et le soir le pain fut affiché à deux sous la livre. La bande se dirigea ensuite sur Paris, où elle pilla les boulangers. On chansonna la nomination du maréchal de Biron comme général de l'armée de la haute et basse Seine, avec vingt-cinq mille hommes à Paris, vingt mille livres par mois et quarante mille livres par an pour sa table :

Biron, tes glorieux travaux,
En dépit des cabales,
Te font passer pour un héros,
Sous les piliers des Halles :
De rue en rue, au petit trot,
Tu chasses la famine :
Général digne de Turgot,
Tu n'es qu'un *Jean-Farine!*

Le 17 mai, on pendit sur la place de Grève, à une potence de quarante pieds, deux artisans convaincus d'avoir pris part à cette émeute, qui précédait de vingt-trois ans la prise de la Bastille, et qui s'est appelée *la guerre des Farines*. Comme on avait vu, la veille, le comte de Maurepas à l'Opéra, on dit encore :

« Monsieur le comte, on vous demande;
Si vous ne mettez le holà,
Le peuple se révoltera;
— Dites au peuple qu'il attende,
Il faut que j'aille à l'Opéra. »

Le dernier mot de la *guerre des Farines* fut la mode des *coiffures à la Révolution*.

(2) Mme de Chomel, fille d'une belle-sœur du président de Ruffey.

(3) Marie-Thérèse de Feillet, baronne de La Forest de Montfort.

de lumières qu'il n'en fallait pour vous en apercevoir. Et vous avez, en effet, très bien fait de sauver la terre de Montfort, et je ne conçois pas même que vous n'ayez pas des preuves de cette différence de cent trente mille livres, qu'il n'est guère possible d'avoir soustraites sans qu'il reste de traces des moyens qu'on a employés pour en venir à bout.

Vous voyez bien, mon cher ami, que je suis bien loin de vous blâmer : je connais de tous les temps votre droiture et même votre désintéressement. Je voudrais bien que vos affaires vous rappelassent à Montfort ; mais je ne l'espère pas pour le courant de cet été, et je compte retourner à Paris vers la Toussaint, pour ne revenir qu'à Pâques. Je vous dis tout cela d'avance, par le regret que j'ai de vous avoir manqué cette fois-ci.

Vous êtes bien bon de me parler de mon fils ; il arrivera de Paris dans huit ou dix jours, et, comme il doit faire une petite tournée de voyage jusqu'à Chambéry (1), je lui ordonnerai de vous aller voir à Dijon, et, si vous êtes à votre campagne, je supplierai Mme de Ruffey de l'y recevoir pour deux ou trois jours ; il ne pourrait être en meilleure compapagnie.

Assurez-la, je vous prie, de mes tendres respects, et soyez sûr de mon inviolable amitié.

BUFFON.

(Appartient au comte de Vesvrotte.)

LETTRE CCXIX

AU PRÉSIDENT DE BROSSES.

Montbard, le 26 juillet 1775.

Voilà votre petite carte, mon très cher Président, qui me fait bien plaisir. Je savais qu'Orose (2) vivait en 416, mais j'ignorais que le fameux roi Alfred (3), son traducteur, fût de la fin du IXe siècle. Il y a donc neuf siècles entiers que

(1) Buffon avait inscrit les voyages dans le programme de l'éducation de son fils. Il avait alors onze ans, il l'envoyait en Suisse avec son gouverneur. Le précepteur et l'élève s'arrêtèrent à Ferney. Lorsqu'on annonça le jeune visiteur, Voltaire se leva de son fauteuil, l'y fit asseoir et se tint devant lui, debout et découvert, voulant, disait-il, rendre au fils les mêmes honneurs que ceux qu'il eût aimé à pouvoir rendre au père. Le rapprochement de Voltaire et de Buffon remontait à un an.

« M. de Buffon, dit Mme Necker, avait cru qu'on pouvait former les jeunes gens à penser comme les gens d'un âge mûr. « Il faut, disait-il, les faire voyager, cela leur fait de « l'esprit. » Mais il s'est trompé ; il a fait voyager son fils dans le temps peut-être où il fallait le faire lire. »

(2) Paul Orose, né à la fin du VIe siècle, disciple de saint Augustin, a publié une *Histoire du Christianisme* depuis les temps les plus reculés jusqu'à l'an 417.

(3) Alfred le Grand, né en l'an 849, mort en 900, fondateur de la puissance maritime de l'Angleterre, civilisateur des Anglo-Saxons ; auteur d'un Code imprimé en 1658, traducteur de l'*Histoire ecclésiastique* de Bède, de l'*Histoire du Christianisme* d'Orose, et de la *Consolation* de Boèce.

toutes les côtes de la Laponie ont été reconnues, et presque aussi bien indiquées qu'elles le sont aujourd'hui. Je voudrais bien qu'on eût une carte aussi exacte de la pointe de l'Afrique du temps du roi Néco; mais la mémoire de ce voyage, dans lequel il paraît qu'on a doublé dès ce temps le cap de Bonne-Espérance, n'est que dans quelques auteurs et sans aucun détail.

Le libraire Frantin (1) a dû vous aller voir de ma part pour vous remettre le volume qui vous manque. Il n'y a que la reliure qui peut faire ici quelque différence. Si cela était, je pourrai vous remettre à Paris ce premier volume des minéraux de la même reliure que les autres, et vous me rendriez celui que Frantin vous aura donné.

J'ai des remerciements essentiels à vous faire, mon très cher ami, de la bonté avec laquelle vous avez accueilli ma pauvre parente Charault (2). Vous avez rendu justice à sa bonne cause, et je vous en ai la plus grande obligation. Mais on la menace de cassation de votre arrêt (3), et d'autre part on s'efforce de lui fermer tout accès au Conseil des dépêches, où elle s'est pourvue en rapport des lettres patentes (4). Si vous avez occasion d'écrire à M. le garde des sceaux (5), rendez-moi le service de lui dire un mot pour le soutien de votre arrêt. Je lui ai déjà écrit deux fois pour cette affaire, et il m'a fait deux

(1) On doit au libraire Frantin de nombreuses et importantes publications qui se distinguent par la correction et l'exactitude; il écrivait avec goût. Nommé échevin, il fut le zélé défenseur des libertés communales. Un de ses fils est l'auteur des *Annales du moyen âge*.

(2) La *pauvre parente* Charault avait 100,000 livres de rentes. Marie-Huberte d'Espoisses, fille de Louis-Jean-Baptiste d'Espoisses, subdélégué de l'intendance et châtelain du château de Montbard, mariée le 2 octobre 1740 à Marie-Pierre Charault, seigneur d'Espoissettes, fils de François Charault, conseiller du Roi, président du grenier à sel de Montbard, était cousine issue de germain de Buffon, et petite-nièce de Catherine d'Espoisses, sa grand'-mère. Sa sœur, Gillette d'Espoisses, avait épousé Pierre Daubenton, cousin de Louis-Jean-Marie Daubenton, collaborateur de Buffon. Au mariage de Mme Charault avaient figuré tous les représentants des familles Nadault et Leclerc : Buffon alors âgé de trente-trois ans, son père le conseiller Leclerc et sa belle-mère Antoinette Nadault, son oncle par alliance l'avocat général Jean Nadault de l'Académie des sciences, le chevalier de Buffon son frère, enfant de six ans, etc. Aux liens de parenté se joignait de la part de Buffon une affection très vive pour Mme Charault de Chazelles, ainsi qu'en témoignent les lettres qui vont suivre.

(3) Arrêt du Parlement de Dijon, rendu cette même année sur le legs de plus de 600,000 livres, fait par J.-B. Voisenet, élu du Roi, seigneur de Chazelles-l'Escot, aux hospices de Saulieu et Vittaux, au détriment de l'héritier du sang, Pierre-Aubert Charault. La terre de Chazelles-l'Escot, d'un produit très considérable et qui avait appartenu aux Saint-Belin-Malain, avait dans ses redevances seigneuriales le *droit* de *for-mariage* qui attribuait au seigneur du lieu la moitié de la dot du vassal qui se mariait hors de sa seigneurie. Mme Charault, alors veuve, qui avait perdu en première instance, gagna au Parlement un procès qui, par suite de l'importance du legs, se prolongea encore plusieurs années et dont on entendra Buffon parler dans sa correspondance avec le président de Brosses, Montbeillard et Guyton de Morveau.

(4) Les lettres patentes relatives à l'envoi en possession des hospices de Saulieu et de Vitteaux du legs de Pierre Voisenet.

(5) Armand-Hue de Miromesnil, garde des sceaux depuis l'année précédente, restaurateur de l'ancien Parlement.

réponses fort honnêtes. Je vais encore lui écrire aujourd'hui pour qu'on ne casse pas l'arrêt, au moins sans entendre la partie intéressée; ce serait une seconde surprise semblable à la première, car on avait donné les lettres patentes sans aucun avertissement ni communication à l'héritière qu'elles lésaient si fort.

J'ai un mal de tête assez violent depuis trois semaines, qui m'empêche de suivre mes occupations ordinaires. Ménagez votre santé, mon très cher Président. Vous avez plus d'affaires que jamais; mais aussi vous avez le talent unique de faire plus en une heure que la plupart des autres n'en font en vingt-quatre. Mes respects, je vous supplie, à Mme la première Présidente.

BUFFON.

(Appartient au comte de Brosses.)

LETTRE CCXX

A GUÉNEAU DE MONTBEILLARD.

Montbard, 3 octobre 1775.

Grand merci, mon cher bon ami, de ce que vous avez terminé l'affaire de mon ordonnance (1) : c'était un service important pour moi dans les circonstances présentes; voici une lettre pour M. Salvan (2) que vous aurez la bonté de lui remettre. Je le prie de retenir les 10,000 livres qu'il m'avait avancées, et de me renvoyer la reconnaissance que je lui en ai donnée. Je lui marque aussi que j'ai tiré sur lui un mandat de 6,863 livres 2 sols 10 deniers que la veuve mère Lucas (3) lui présentera le 3 ou le 6 de ce mois pour faire un payement qui échoit le 8, et je compte que M. Salvan ne manquera pas d'acquitter ce mandat de 6,863 livres 2 sols 10 deniers. Et à l'égard des 10,000 livres qui restent sur le montant de l'ordonnance de 26,863 livres 2 sols 10 deniers, je prie M. Salvan de me garder cette somme de 10,000 livres et de me marquer dans quel temps il lui conviendra de me la payer; car je ne voudrais pas le presser de me donner ces 10,000 livres, puisqu'il a eu la bonté de m'avancer pareille somme que j'ai gardée plus d'un mois.

Je suis très flatté, mon bon ami, que vous ayez adopté mes corrections;

(1) L'ordonnancement par le trésor d'une des nombreuses avances que Buffon avait commencé à faire dès ce temps pour le Jardin du Roi. La Révolution ayant empêché l'État d'acquitter sa dette, la fortune tout entière de Buffon a servi à la payer; on en trouvera plus loin les preuves indiscutables.

(2) Un des six premiers commis au contrôle général des finances.

(3) De la famille de François et Jean-André-Henri Lucas, précédemment nommés. (Lettre de décembre 1772 à Mme Daubenton.)

vous en trouverez moins dans le second cahier de la copie que j'ai l'honneur de vous renvoyer ci-joint; mais vous en trouverez beaucoup plus dans le troisième et dernier cahier que je vous enverrai dans quatre ou cinq jours; vous verrez même peut-être avec regret que j'ai sabré de longues tirades tout entières, mais il n'y a pas une correction ou suppression dont je ne puisse vous donner la raison, et si j'étais auprès de vous, je crois que vous seriez de mon avis. Je vous ai déjà dit, mon bon ami, que l'ouvrage était trop long, et que j'avais tâché de le raccourcir et de resserrer un peu le style. Je pense que tel qu'il est maintenant on n'aura plus ce reproche à nous faire. Enfin, j'ai traité vos feuilles comme les miennes, et si j'avais été près de vous, nous aurions pu les rendre encore plus parfaites; mais il y a mille et mille choses sur lesquelles on ne peut s'expliquer ni s'entendre par lettres. J'espère cependant que vous apercevrez les raisons des abréviations lorsque vous lirez ce troisième cahier de copie. Il ne vous était pas possible d'y maintenir le même ton de gaieté, puisque tous les faits en sont assez tristes (1), et, à défaut de gaieté, j'ai cru qu'il fallait y substituer de la brièveté. C'est à vous maintenant à me corriger moi-même; en relisant votre ouvrage avec attention, vous pourrez encore y semer quelques fleurs (2).

Puisque votre sort est fixé d'une manière stable (3), vous reprendrez bientôt votre sérénité et votre aimable enjouement. Vous vous voyez à la vérité obligé à un travail pénible, mais vous avez toujours travaillé, et je suis persuadé que vous le faites avec tant de facilité que cela vous coûte peu, et sûrement moins qu'à vos amis, auxquels vous ne pouvez pas donner le temps que les affaires vous prennent.

Je suis inquiet de notre ami M. Varenne. Mandez-moi où en est sa malheureuse affaire.

Je vous embrasse tous deux, et je suis, mon cher ami, autant à vous qu'à moi-même.

BUFFON

(Inédite. — Communiquée par M. Étienne Charavay.)

(1) L'Histoire des oiseaux d'eau dont on entend souvent Buffon déplorer la fatigante monotonie.

(2) Il est intéressant d'entendre Buffon définir la nature du travail qu'il demandait à ses collaborateurs. Il leur remettait les documents que ceux-ci dépouillaient et mettaient en ordre; ils soumettaient à Buffon un projet de rédaction que celui-ci revoyait et corrigeait et leur renvoyait ensuite en leur demandant de le corriger à son tour, et le travail leur était adressé de nouveau pour être revu jusqu'à ce que Buffon fût entièrement satisfait, de telle sorte que Buffon, quoi qu'en ait pu dire M. Flourens, faisait véritablement sien le travail de ses collaborateurs; il suffit pour s'en convaincre de rapprocher ce que Guéneau de Montbeillard et l'abbé Bexon ont écrit seuls de ce qu'ils ont fait en collaboration avec Buffon.

(3) On a précédemment vu que Guéneau de Montbeillard, qui avait longtemps hésité à la sollicitation de Buffon à quitter Semur pour Paris, s'était décidé à rester chez lui.

LETTRE CCXXI

AU PRÉSIDENT DE BROSSES.

Montbard, le 18 octobre 1775.

J'écris aujourd'hui, mon très illustre et cher Président, à M. Dupleix (1), pour le presser de terminer l'affaire de Mme Charault, et je vous prie en grâce de lui en parler et de la terminer en effet. Vous savez le très grand intérêt que j'y prends, et je me recommande avec toute confiance aux bons offices de votre amitié, et surtout pour finir promptement.

Je serai comblé de vous recevoir ainsi que M. et Mme... (2), et vous aurez des chevaux où il vous plaira de m'en demander. Je me fais la plus grande fête de vous voir et de causer à mon aise avec le plus digne de mes amis et le plus savant de nos littérateurs : c'est ainsi que je vous vois, mon très cher Président, et que je vous embrasse avec autant de respect que de tendresse.

BUFFON.

Je reçois dans le moment une lettre de M. Guéneau de Mussy, par laquelle il me demande avec instance de vous supplier de faire mettre sa cause contre M. de Longvoi au rôle immédiatement après celle de M. de Versailleux (3) contre Mme de Feillant.

Pardon, mon très illustre Président, de cette seconde importunité.

(Collection Abel Jeandet, de Verdun.)

(1) Dupleix de Bacquencourt, maître des requêtes en 1756, intendant à La Rochelle en 1765, à Amiens en 1766, à Rennes en 1771, à Dijon en 1774, chancelier de l'Académie de Dijon en 1775, conseiller d'État en 1781.

Arrêté à la Révolution et impliqué en même temps que le fils de Buffon dans l'affaire dite de la *conspiration des prisons*, il fut compris dans la fournée des cent cinquante-sept condamnés qui furent exécutés en trois jours sur la place de Vincennes, dix-neuf jours avant le 9 thermidor, et monta sur l'échafaud le 9 juillet 1794 (21 messidor an II), un jour avant le fils de Buffon.

(2) Les noms propres sont biffés sur l'original.

(3) Guéneau de Montbeillard avait été reçu avocat au Parlement de Dijon en 1742. Ses études en jurisprudence, qui précédèrent ses travaux d'histoire naturelle, l'avaient rendu le conseil de sa famille. Il était à Dijon pour suivre près du Parlement le procès de Mme Charrault, sa parente en même temps que de Buffon, et celui de Guéneau de Mussy, son frère, à qui il écrivait à cette date : « ... M. Virely est absorbé dans cette affaire de M. de Versailleux, qu'il a entreprise, qu'il plaide lui-même, quoiqu'il soit retiré de la plaidoirie, et qui est un objet de 1,500,000 livres. »

Mme Guéneau de Montbeillard dit, en parlant des études de jurisprudence de son mari dans la notice qu'elle lui a consacrée : « ..... Il alla faire son droit à Dijon; mais son goût était décidé pour d'autres études et il n'entreprit celle-ci que par respect pour la volonté d'un père qu'il chérissait, et donna toujours la plus grande partie de son temps aux belles-lettres. Sa pénétration, la justesse de son esprit, et surtout les entretiens de son frère qui faisait une étude approfondie de la jurisprudence, suppléèrent à l'assiduité, et il acquit assez de connais-

LETTRE CCXXII

A M. DE MORVEAU.

Montbard, ce 1er novembre 1775.

J'ai eu, mon très cher monsieur, tout lieu d'être satisfait de la manière dont M. de Fargès, intendant du commerce (1), m'a répondu lorsque je lui ai parlé de vous. Nous avons eu une assez longue conversation. Il estime que la place de procureur général des monnaies vous conviendrait mieux que celle de premier président de la même cour; que vous seriez plus à portée de vous occuper selon votre goût et de faire du bien aux sciences, mais que néanmoins cette place de procureur général ayant été demandée par M. de Malesherbes pour M. Domat, petit-fils du grand légiste (2), M. Turgot ne pourra guère la lui refuser, à moins que ce concurrent ne prît votre place à Dijon; que même la chose lui a été proposée et qu'il n'a pas paru s'en soucier; j'ai répondu sur cela que, pour lui aiguiser le goût, on n'avait qu'à y joindre une pension, et à l'égard de la place de président, M. de Fargès prétend qu'elle n'exige aucune représentation et que vous l'obtiendrez plus aisément que l'autre. Il m'a paru tout à fait dans vos intérêts. Prévenu par M. le duc de La Rochefoucauld (3), j'ai fait de mon mieux pour rendre cet intérêt encore plus vif, et je suis persuadé que vous aurez l'une ou l'autre de ces places (4). Mais, pour que je puisse continuer mes sollicitations avec succès, il faut que vous me disiez laquelle des deux vous préférez, et quel serait le traitement que vous désireriez, soit pour l'une, soit pour l'autre. Je crois que vous ne doutez pas du zèle que j'aurai à vous servir, et je m'estimerais trop heureux si mes services pouvaient contribuer à faire réussir cette affaire à votre gré.

M. de Fargès part demain pour Paris, et M. son frère pour Dijon. J'ai remis

sances pour être en état dans la suite de discuter avec les jurisconsultes des affaires épineuses, de faire d'excellents mémoires dans quelques affaires importantes de ses amis, et d'en terminer plusieurs en qualité d'arbitre. Le président Bouhier, qui savait par lui-même que les lettres sont compatibles avec l'étude des lois, avait fait son possible, mais en vain, pour l'engager dans la robe, suivant la volonté de sa famille. »

(1) Christophe de Fargès, intendant du commerce, oncle de Louis de Fargès, gendre du président de Brosses, dont la première femme, morte à Dijon en 1761, était fille de Louis Castel de Saint-Pierre, marquis de Crèvecœur, premier écuyer de la duchesse d'Orléans, et de Marie-Catherine-Charlotte de Fargès. Le président de Brosses mourut pendant un de ses voyages à Paris, à l'hôtel des Monnaies, qu'habitait la famille de Fargès.

(2) Jean Domat, un de nos plus grands jurisconsultes, compatriote, contemporain et ami de Pascal, né en 1625, mort en 1695. Introducteur du droit romain en France.

(3) Alexandre, duc de La Rochefoucauld, protecteur éclairé des sciences et des lettres, né en 1735, massacré à Gisors, sous les yeux de sa mère et de sa femme, le 14 septembre 1792, bien qu'il fût un des premiers membres de la noblesse, aux états généraux, qui se soit rallié au tiers.

(4) Guyton de Morveau n'obtint ni l'une ni l'autre de ces places, et la Révolution le trouva encore avocat général au Parlement de Dijon.

à M. de Brosses les quarante mille francs de Mme Charrault; il a mandé les gens de Vitteaux et de Saulieu pour terminer l'affaire et recevoir cet argent; mais je crains que cela ne languisse encore, à moins que vous n'ayez la bonté de me faire la faveur de pousser à la roue, tant auprès de M. le premier président qu'auprès de M. l'intendant. Celui-ci me flatte qu'il pourra passer à Montbard en retour de Paris, et qu'il vous prierait même de l'accompagner jusqu'ici ; mais je doute de ce bonheur après ce que vous me marquez du travail qui vous commande.

Lorsque vous aurez reçu la pièce de toile de fer, je vous serai très obligé de la faire appliquer comme vous l'entendez sur une monture de bois : elle fera peut-être un meilleur effet que nous ne pensons pour purger nos mines.

Je crois que je passerai à Montbard tout le mois de novembre ; j'ai avec moi le fils de M. de Grignon (1), dont je suis fort content, et nous travaillons à faire une petite succursale à ma forge.

Adieu, mon très cher monsieur ; soyez, je vous supplie, bien persuadé de l'inviolable amitié et du respectueux attachement avec lequel je serai toute ma vie votre très humble et très obéissant serviteur.

Le Cte de Buffon.

(Inédite. — Communiqué par M. de Fontenay.)

LETTRE CCXXIII

AU PRÉSIDENT DE BROSSES.

2 novembre 1775.

Recevez, mon très cher Président, avec quelque bonté mon fils qui vous remettra cette lettre, et permettez-lui de faire sa cour à Mme la première présidente, et de faire connaissance avec votre cher enfant (2). Je désire que quelque jour ils soient unis par les liens d'une aussi tendre amitié que celle qui m'attache à vous depuis si longtemps, et qui ne finira certainement qu'avec ma vie. Mon fils ne doit rester à Dijon que sept ou huit jours, pour aller ensuite à Lyon et à Chambéry (3), et je lui ai dit que son premier devoir était d'aller vous rendre ses respects.

J'ai parole positive par écrit de M. et Mme Charault de donner quarante mille livres, savoir vingt mille livres pour l'hôpital de Vitteaux et vingt mille livres pour l'hôpital de Saulieu. Je les ferai compter à Dijon le jour même qu'on passera le traité, et, si vous me le permettez, j'aurai l'honneur de vous envoyer incessamment les conditions très simples que Mme Charault

(1) L'un et l'autre précédemment nommés. (Lettre du 29 octobre 1774.)

(2) René, comte de Brosses, né le 13 mars 1771, alors âgé de quatre ans, mort le 2 décembre 1834, successivement conseiller à la cour de Paris, préfet du Rhône, conseiller d'État.

(3) C'était le premier voyage du fils de Buffon, qui avait débuté par une excursion en Normandie avec son précepteur Laude, et qui visita Voltaire dans ce voyage en Savoie et en Suisse.

met à cette libéralité, que je trouve très honnête de sa part. Mais je dois vous prévenir que, si l'on voulait exiger quelque chose de plus, elle retirerait ses offres ; car en vérité elle n'a rien à craindre au Conseil de la suite de cette affaire, et elle a eu bien de la peine à trouver les quarante mille livres d'argent comptant qu'elle donnera, ayant payé précédemment pour deux cent vingt-cinq mille livres de legs et plus de soixante mille livres de dettes et frais de la succession. J'espère de votre amitié que vous voudrez bien vous intéresser réellement à faire accepter ses offres d'une manière qui lui soit agréable. J'écrirai au premier jour à ce sujet à M. Dupleix.

Adieu, mon très cher et bon ami.

BUFFON.

(Appartient à M. le comte de Brosses.)

LETTRE CCXXIV

AU MÊME.

Montbard, le 15 novembre 1775.

Mes jours les plus heureux, mon très cher de Brosses, sont ceux où je reçois des marques de votre amitié et des nouvelles certaines que non seulement votre santé, mais votre pleine vigueur, se soutiennent. Mme de Brosses est près d'accoucher (1); je vous en fais compliment de tout mon cœur, et néanmoins je ne vous dirai pas : « Courage, mon bon ami ! » car il me semble que vous voilà très suffisamment pourvu de postérité (2), et je sais, du moins par mon expérience, que passé soixante ans (3) il faut devenir économe et même avare de ces *molécules organiques* que nous pouvions autrefois prodiguer. Vous avez tort de dire que votre sang est appauvri. Vous voyez que ceci le dément, et si vous entendez par là l'esprit plutôt que le corps, vous vous trompez encore plus : car je vois par votre conduite, par vos discours publics, et même par vos lettres, que vous avez la même bonne tête, la même fraîcheur d'idées, la même gaieté, les mêmes expressions de cœur toujours charmantes pour vos amis, et je jouis de tout ceci moi-même en vous le rappelant.

(1) Mme de Brosses était grosse de sa troisième fille, Élisabeth-Pauline de Brosses, née le 10 décembre 1775, mariée à Guy-Hugues de Macheco, colonel de cavalerie.

(2) De son premier mariage avec Françoise Castel de Saint-Pierre, le président de Brosses avait eu deux enfants : Hyacinthe-Pierrette, mariée à Louis de Fargès, lieutenant général des armées du roi, morte le 9 mai 1831, et un fils, Charles-Sébastien de Brosses, mort le 29 mai 1765, malgré les soins du docteur Maret, perte dont nous avons entendu Buffon chercher à consoler son ami. De son second mariage avec Jeanne-Marie Legouz de Saint-Seine, il a eu un fils et trois filles : Élisabeth-Pauline de Brosses, déjà nommée, le comte de Brosses qui précède, Olympiade, morte en bas âge, et Agathe-Augustine, mariée à Charles-Esprit du Bois, baron d'Aisy, maréchal de camp.

(3) Le président de Brosses, qui avait alors soixante-six ans, s'était remarié à cinquante-sept ans.

Je vous recommande plus instamment que jamais l'affaire de Mme Charault, et je vous confierai sous le sceau de l'amitié que j'ai un intérêt personnel à ce qu'elle ne donne que quarante mille livres. Cette femme est ma plus proche parente. Mon fils est son héritier substitué (1). Il n'y a que de bons procédés de sa part vis-à-vis de moi; elle m'a donné toute sa confiance, et la plus grande preuve sont les quarante mille livres qu'elle m'a remises entre les mains avec tout pouvoir de les donner pour tout terminer. J'ai cet argent depuis plus de trois semaines, et je le ferai compter le jour même que les agents des villes de Vitteaux et de Saulieu signeront leur désistement pur et simple de leurs prétentions. M. l'intendant (2), soit dit entre nous, aurait pu me mieux servir qu'il n'a fait; c'est de mon propre mouvement que je me suis adressé à lui. J'ai dit que nous irions jusqu'à quarante mille livres. S'il eût voulu ménager mes intérêts, il aurait pu n'en offrir que trente, sauf à augmenter jusqu'à quarante; mais il a jugé à propos de partir du point extrême, c'est-à-dire de quarante. Je n'ai pas voulu lui en faire le moindre reproche; je lui ai seulement marqué que j'étais prêt à donner les quarante mille livres, mais que, si l'on exigeait quelque chose de plus, je retirerais ma parole comme je l'avais donnée. Je lui dis encore que ce n'était point ici une affaire d'arbitrage, mais de simple médiation, pour faire accepter la somme que nous voudrions bien donner ; et, en vérité, mon très cher et très illustre président, ce n'est pas la crainte qui nous fait agir. Le Conseil est actuellement aussi bien informé que le Parlement de l'injustice des lettres patentes, et d'autre part il n'y a nulle ouverture à la cassation de votre arrêt. C'est donc par pure charité, et, si vous voulez, par honneur que Mme Charault fait aujourd'hui ce sacrifice. J'ai eu quelque peine à la déterminer ; car ce n'était pas l'avis des avocats de Paris, et il me paraît certain qu'elle conservera ses quarante mille livres, si son offre n'est point acceptée. Mais, par les délibérations des deux villes, vous êtes les maîtres d'ordonner que les mêmes offres soient acceptées, et je vous supplie de le faire, en vous protestant que nous ne donnerons pas la moindre chose de plus. Ce n'est pas le cas de nous marchander, puisque c'est un don libre et volontaire ; et vous me mortifierez et me feriez tort auprès de ma parente, si vous n'acceptiez pas son offre purement et simplement. Quarante mille livres d'argent comptant pour les deux hôpitaux de Vitteaux et de Saulieu, à partager dès demain par moitié, est un don bien honnête, et rien ne le serait moins que de prétendre en exiger davantage.

Je quitte avec plaisir les affaires pour revenir à vous, mon bon et très illustre ami. Que l'espérance de vous posséder trois ou quatre jours à Montbard m'a remué délicieusement! Il me semble que j'ai cent mille choses à

(1) Le fils de Buffon n'a jamais rien eu de l'héritage de Mme Charault, sans doute parce que les conditions de la substitution ne se sont pas réalisées.

(2) Dupleix de Bacquencourt, précédemment nommé.

vous dire, et tout autant de sentiments à vous exprimer. Ramenez promptement votre cher fils (1) en bonne santé à sa tendre maman ; cela lui donnera du courage pour vous présenter celui qui est prêt à paraître. Je lui dois des remerciements infinis des bontés dont elle a comblé mon fils (2), et je les reconnais pour moi-même dans l'éloge qu'elle a bien voulu en faire. Je ne retournerai à Paris que vers le 15 novembre. Je penserai chaque jour à votre voyage à Montbard. En me prévenant deux jours d'avance, je vous enverrai des chevaux. Partant de Dijon à cinq ou six heures du matin, vous pourriez arriver pour dîner, et nous dînerons à notre aise, et je serai comblé de la joie la plus pure. En attendant, je vous embrasse du meilleur de mon cœur.

BUFFON.

Le retour de M. l'intendant n'est-il pas encore éloigné ? Il me semble que, de concert avec vous, il pourrait ordonner aux maires de Vitteaux et de Saulieu d'accepter nos offres. Les pauvres perdent l'intérêt de cet argent, qui est dans mon coffre et dans mon portefeuille en rescriptions.

(Appartient à M. Chambry.)

LETTRE CCXXV

A M. RIGOLEY (3).

Paris, le 6 décembre 1775.

J'ai reçu, monsieur, votre lettre du 23 novembre, et l'avis que vous voulez bien me donner de l'injonction aux commis du droit de marque des fers par M. Le Secq. Je suis allé pour en conférer avec M. de Boulongne (4), qui a cette régie dans son département ; mais il est malade depuis dix ou douze jours. J'attendrai son rétablissement, et je compte bien de lui parler et même de lui donner un mémoire au sujet de cette odieuse manutention, dans lequel il sera aisé de démontrer que le droit de marque, ruineux pour tous les propriétaires et maîtres de forges, est en même temps très peu utile au Roi, et qu'il ne peut pas se soutenir, à moins qu'on n'établisse sur l'entrée des fers étrangers un droit de douze ou quinze livres par mille (5). Mais il est bien difficile de se faire entendre à l'autorité prévenue et à la finance toujours avide.

M. le comte de Stuart est un fort galant homme, que vous ne serez pas fâché d'avoir obligé. Comme vous avez de bons yeux pour voir et pour juger, et que M. Potot de Montbeillard et M. de Grignon seront aussi présents à ces

(1) René, comte de Brosses.

(2) Lors de son passage à Dijon, en se rendant en Suisse avec son précepteur.

(3) Nicolas Rigoley, alors maître des forges et hauts fourneaux d'Aisy, au comte de la Guiche, près de Montbard, ensuite directeur de la poste de Montbard, métallurgiste distingué, auteur d'un manuel sur l'art du charbonnier, a donné d'utiles conseils à Buffon, maître de forges.

(4) Boulongne de Préminville, contrôleur général des finances, précédemment nommé.

(5) Buffon, maître de forges, était partisan de la protection.

essais (1), je suis bien sûr qu'on pourra s'en rapporter à votre jugement.

Je recevrai avec grand plaisir un exemplaire de votre ouvrage sur les charbons (2), et même, si vous le trouvez bon, je l'enverrai prendre chez le libraire quand j'aurai votre réponse.

Je compte toujours sur ce que vous m'avez promis, monsieur, au sujet du bois de Chaumour (3); et, si j'en suis adjudicataire, j'en partagerai volontiers la charbonnette.

On ne peut rien ajouter aux sentiments de toute la considération et de tout l'attachement avec lequel j'ai l'honneur d'être, monsieur, votre très humble et très obéissant serviteur.

BUFFON.

(Appartient à Mme Morel.)

LETTRE CCXXVI

A L'ABBÉ DE SAINT-BELIN (4)

Au Jardin du Roi, ce 12 décembre 1775.

Il ne sera pas facile, monsieur, de vous trouver une retraite, même de votre

(1) On faisait à cette date aux forges de Buffon, par ordre du gouvernement, des expériences sur les fers nationaux comparés aux fers étrangers; ces expériences, poursuivies par Buffon dans un intérêt public, furent plusieurs fois renouvelées.

(2) *L'Art du charbonnier à l'usage des propriétaires de bois, maîtres de forges, des marchands de bois et de charbon*, par Rigoley, paru cette même année.

(3) « La forêt de *Charmours*, qu'on nomme plus ordinairement *Chaumour*, appartient au roi comme étant une dépendance de la terre de Montbard qui est domaniale. » (Mémoires de l'avocat général Jean Nadault.) Buffon acheta l'année suivante, le 11 janvier 1776, du domaine, cette forêt, dont il pouvait voir les grands chênes des fenêtres de son cabinet de travail, et où se trouve à l'ermitage de ce nom la jolie fontaine Sainte-Barbe, dont il parle dans une lettre de 1738 à l'abbé Le Blanc. Le 11 janvier 1776, Buffon écrivait à M. Humbert, marchand de bois, à propos de son acquisition : « Je vous fais bien des remerciements de l'amitié que vous me témoignez au sujet du succès de l'affaire de Chaumour. On m'en a accordé la totalité, c'est-à-dire les 847 arpens restant des 881 qui font toute l'étendue de ce bois..... Je l'ai acheté 90 francs la toise; j'ai été forcé de passer par ce prix sans savoir si les autres coupes sont meilleures ou plus mauvaises que la coupe actuelle, et on a cru me faire une grande faveur et un présent de 40 à 50 livres par arpent; car le procureur du Roi a envoyé un mémoire particulier où il porte la valeur de ces bois à 130 ou 140 livres l'arpent. Je crois que sans cela je les aurais eus à meilleur marché; car l'intention du Conseil était de me dédommager des frais de mes expériences. »

La forêt de Chaumour est encore citée dans ces jolis vers d'un membre de la famille de Buffon à la mémoire de sa mère :

Et vous, ses blanches tourterelles,
Aux pieds d'azur, au collier de velours,
Dont elle aimait allumer les querelles
Et les amours!
Laissez là vos doux nids de plumes et de soie :
Plus de jeux! plus d'amour! Retournez, mais sans joie,
Au vert *Chaumour* d'où vous êtes venus...
La main qui vous soignait, ce matin, s'est glacée :
Pour la dernière fois mes lèvres l'ont pressée.
Oiseaux, ma mère est morte!... oiseaux, ne chantez plus

(4) Gabriel, abbé de Saint-Belin, clerc tonsuré du diocèse d'Autun, pensionnaire du Roi

consentement, parce que vous pouvez changer d'avis et n'être pas constant à demeurer dans le même endroit. Si cependant vous avez bien pris votre parti, écrivez-moi, toutes réflexions faites, et je ferai ce que je pourrai pour vous rendre service (1). C'est dans ces sentiments que j'ai toujours agi et que je ne cesserai d'être, monsieur, votre très humble et très obéissant serviteur.

Buffon.

(Inédite. — Archives nationales.)

LETTRE CCXXVII

A MADAME DAUBENTON.

Montbard, le 10 janvier 1776.

Je reçois votre lettre, madame et très chère amie, et je suis enchanté que vous soyez contente de Mme Necker, et je vous conseille de la voir souvent, et de rester à Paris longtemps (2), quelque plaisir que j'eusse à vous revoir ici.

Les bustes sont arrivés en très bon état par vos soins (3), et je vous en fais bien des remerciements. Ils sont tous deux dans mon salon; vous en choisirez un à votre retour. Vous ne le verrez jamais d'aussi près que je désire de vous voir.

sur l'évêché de Nimes, frère de la comtesse de Buffon, qui avait sept frères et sœurs. Il avait été mis, à la mort de son père, en 1770, en possession de sa part d'héritage et s'était fixé à Lyon, où il n'avait pas tardé à dissiper son bien et à contracter des dettes. Il paraît avoir eu le goût du jeu et de la dissipation; harcelé par ses créanciers, il avait demandé à Buffon de lui trouver une retraite où il pût vivre tranquille et modestement. Buffon, qui connaissait son caractère léger et changeant, et que la famille de l'abbé engageait à user de son crédit pour obtenir contre lui une lettre de cachet, finit par faire admettre son beau-frère à Saint-Lazare par l'entremise de l'abbé Dodun, protonotaire apostolique, avec qui il entrera bientôt en correspondance. L'abbé de Saint-Belin avait un frère, Antoine-Gabriel, religieux comme lui, prieur de Saint-Loup, qui a donné l'exemple de toutes les vertus monastiques.

(1) C'était en effet un service que l'abbé de Saint-Belin, poursuivi par ceux à qui il devait, demandait à Buffon et que celui-ci lui rendit en le faisant entrer, l'année suivante, pensionnaire à Saint-Lazare.

(2) Dans ses séjours à Paris, Mme Daubenton descendait chez Louis-Jean-Marie Daubenton, son oncle, au Jardin du Roi qui devait lui donner asile avec sa fille après la ruine et la mort de son mari.

(3) Moulages du buste de Buffon par Pajou, buste achevé en 1776, la même année que sa statue en pied et dont l'original, qui se trouve au musée du Louvre, sculpture moderne, en face du gracieux buste de la comtesse du Barry par le même sculpteur, a inspiré à Saurin ce quatrain :

Heureux confident d'Uranie,
Il sut à la nature arracher son bandeau.
Sur son front brille le génie.
Dans ses mains Michel-Ange a remis son pinceau.

La charmante Betzy (1) se porte bien, et nous ferons quelque jour faire son joli buste (2).

Puisque vous voulez bien vous charger du soin de la voiture (3) que j'ai achetée, je vous prie de la faire venir sous la remise de la maison, et de faire effacer les armes de M. de Carnégie (4); mais il est inutile d'y mettre les miennes (5) : il suffira de peindre le tout de la même couleur du fond.

(1) Élisabeth-Georgette, dite Betzy Daubenton, née à Montbard le 28 mars 1775, morte le 17 mai 1852, filleule de Buffon, déjà parrain de son père.

Un jugement ayant prononcé, le 28 juillet 1791, la séparation de corps et de biens du fils de Buffon et de sa première femme, il divorça le 14 janvier 1793 et épousa, le 2 septembre, Betzy Daubenton; elle avait 18 ans et était d'une remarquable beauté. Le fils de Buffon l'aimait et tout semblait lui promettre le bonheur en compensation des amertumes de son premier mariage. Il écrivait le 3 septembre au P. Ignace à Buffon : « De jeudi dernier, me voilà marié, tranquille, content et heureux. Betzy l'est aussi et c'est là mon grand bonheur : A dix heures, nous avons été à la municipalité avec M. Daubenton, M. de Montbeillard (fils du collaborateur de Buffon), M. Hérault de Séchelles et M. de Morveau; ils ont été nos quatre témoins, et, de là, nous sommes venus à la paroisse du Roule, sur laquelle nous demeurons; le curé, honnête et brave homme, nous a mariés. »

Il est piquant de rapprocher cette lettre du fils de Buffon de celle qu'il écrivait en janvier 1784, au lendemain de son mariage avec sa première femme, Marguerite de Cepoy, elle aussi toute jeune — elle avait seize ans à peine, — et était une des plus jolies femmes de son temps. (Voir la note de la lettre du 14 juin 1784). C'est le même lyrisme, la même exaltation de passion, la même exubérance de bonheur. Le fils de Buffon était un enthousiaste au cœur chaud et à l'âme ardente, ce qui peut expliquer certaines inconséquences de conduite, qui lui ont été sévèrement reprochées, et son entraînement pour les idées de la Révolution.

Le bonheur qu'il avait rêvé dans ces deux unions a eu chaque fois un dénouement fatal. La première fois, l'adultère; la seconde fois, l'échafaud.

Lors de l'arrestation de son mari quelques semaines après son mariage, Betzy Daubenton avait vainement cherché, en s'exposant elle-même, à sauver celui qu'elle aimait.

Arrêtée dans l'affaire dite des *réfugiés de Neuilly*, elle ne recouvra la liberté qu'après le 9 thermidor; reçut avec sa mère au Jardin des Plantes l'hospitalité de son oncle Louis-Jean-Marie Daubenton, et fut élevée avec les filles de sir Francis Burdet Coutts.

Elle marqua par sa beauté et son esprit sous le Consulat, l'Empire et la Restauration, et passa ses derniers jours à Montbard en faisant le bien. Elle ne voulut jamais se remarier, afin de conserver le grand nom de Buffon, et mourut à son château de Montbard à 78 ans, en laissant les restes de sa fortune aux arrière-petits-neveux de son mari héritiers de son nom.

(2) Ce buste paraît avoir été exécuté, et sa présence nous était signalée, en 1857, par M. Paul Andral, ex-vice-président du Conseil d'État, chez un marchand de la rue Bonaparte, sans que nous ayons pu nous le procurer.

(3) Buffon souffrait de la maladie de la pierre qui devait, à l'exemple de La Condamine et de d'Alembert, soumettre les quinze dernières années de sa vie à de cruelles épreuves, supportées avec une rare énergie, maladie dont il est mort. Comme la voiture le fatiguait beaucoup dans ses voyages périodiques de Montbard à Paris, il cherchait à se procurer une voiture suspendue de manière à lui éviter les cahots. Nous verrons ses amis s'efforcer de seconder son désir; Mme Charault, sa parente, lui en enverra une, le duc d'Orléans une litière, et enfin Mme Necker, et ce sera dans cette voiture d'un mécanisme ingénieux, combiné par la prévoyante amitié d'une femme, que Buffon fera son dernier voyage de Montbard à Paris.

(4) M. de Carnégie, ou plutôt le chevalier Carneghi, littérateur et philosophe, en ce moment à Semur, chez Guéneau de Montbeillard.

(5) Les armes de Buffon étaient : écartelé aux I et IV d'argent, à la bande de gueules chargée de trois étoiles d'argent, *qui est de Leclerc* — aux II et III d'azur à cinq billettes d'argent, posées en sautoir, *qui est de Marlin*, famille maternelle de Buffon.

Cette recommandation de ne pas peindre ses armes sur sa voiture est bonne à noter

M. de Mussy (1) est venu dîner avec moi avant-hier, et m'a dit que M. son frère (2) se portait beaucoup mieux; que néanmoins il avait encore quelques étourdissements, mais qu'il n'en paraissait plus inquiet. La grippe (3) et d'autres maladies, qui ne laissent pas d'enlever beaucoup de monde, n'empêchent pas qu'à Semur il n'y ait régulièrement des concerts et des bals (4). Comme cela durera jusqu'au carême, vous aurez encore le temps d'assister à quelqu'un, et vous apprendrez, peut-être avec quelque surprise, que la conduite de Mme de Florian (5) est tout à fait exemplaire.

M. le maire de Montbard (6) se porte très bien. Votre Jeanneton est toujours aussi gaie. Je vais tous les jours à mes forges, et je ne m'en trouve pas mal.

Mes compliments à M. votre mari, et mille tendres vœux pour vous, ma charmante et très chère amie.

BUFFON.

(Collection Nadault de Buffon.)

de la part d'un homme que d'Alembert, Marmontel et les encyclopédistes ont représenté, jusqu'à la publication de sa correspondance familière, comme vaniteux à l'excès. Nous ajouterons qu'on ne trouve nulle part les armes de Buffon peintes ou sculptées au château de Montbard, ni dans son cabinet de travail isolé de son habitation, ni dans sa chapelle, ses forges, sa maison seigneuriale de Buffon et autres édifices élevés ou restaurés par lui.

(1) François Guéneau de Mussy, frère de Guéneau de Montbeillard, fondateur à Semur d'un musée qui appartient aujourd'hui à la ville, père de François Guéneau de Mussy, à cette date juge châtelain du comté de Buffon. Élu aux états généraux, il fut le dernier maire de Montbard avant la Révolution, de 1785 à 1788, et eut pour successeur le fils de Buffon, de 1789 à 1793. Il est le père de Philibert Guéneau de Mussy, né en 1776, mort en 1834, fondateur de l'Université et de l'École normale avec Fontanes, Ampère et Royer-Collard, et le grand-père des deux médecins connus de ce nom, membres de l'Académie de médecine.

(2) Guéneau de Montbeillard.

(3) On lit dans les gazettes du temps : « Un rhume épidémique, qui a commencé à Londres et y cause actuellement de l'inquiétude, au point qu'on voit arriver beaucoup d'Anglais pour se soustraire à ce fléau, a sauté dans nos provinces méridionales, accablé presque tous les habitants de Toulon et de Marseille, et s'est étendu à Paris, où il règne actuellement d'une façon assez bénigne, sauf aux Invalides, où il devient catarrheux et fait périr 10 ou 12 de ces pauvres vieillards par jour. On l'a d'abord nommé la *grippe*, de l'ancien nom d'une pareille épidémie, il y a huit ans. On l'a ensuite nommé la *puce* et aujourd'hui la *folette.* »

(4) Guéneau de Montbeillard, oncle de Mme Daubenton, poète et musicien, a été pendant vingt ans l'organisateur des concerts et des fêtes de Semur; nous avons déjà signalé la société d'élite réunie à cette date dans cette petite ville, à trois lieues de Montbard. La province n'avait pas encore perdu son caractère d'individualité et Paris n'attirait pas à lui toutes les supériorités de la fortune et de l'intelligence.

La Bourgogne, qui a fourni tant de grands hommes à notre pays, a mérité d'être citée au XVIIIe siècle comme un foyer intellectuel où brillaient au premier rang Dijon, Semur et Montbard avec Buffon, Daubenton, Guéneau de Montbeillard, Jean Nadault, etc.

(5) La marquise de Florian, sœur de Mme Denis, nièce de Voltaire, mariée à l'oncle du fabuliste, négociatrice du rapprochement entre Voltaire et Buffon.

(6) Pierre Daubenton, beau-père de la destinataire de la lettre.

LETTRE CCXXVIII

A LA MÊME.

Montbard, le 16 janvier 1776.

Ma lettre a croisé la vôtre, madame et très chère amie, et vous devez l'avoir reçue ces jours derniers. Je vous marquais de faire effacer les armes sur la voiture, et de vous en servir ensuite pour revenir le plus tôt que vous pourriez. Mais maintenant je n'ai garde de vous presser; il fait trop mauvais temps; nous avons un demi-pied de neige, et je vous conseille d'attendre le dégel. M. le maire (1) a grande envie d'aller à Dijon, mais je tâcherai de l'en détourner. Il se porte très bien, et peut-être tomberait-il malade s'il s'exposait par ce mauvais temps. J'ai auprès de moi le chevalier de Saint-Belin (2), qui, pour être venu d'Étay à Montbard, a été saisi de la grippe le même jour. Pour moi, je suis assez bien, et, quoique j'aille tous les jours à mes forges, je ne me suis point encore enrhumé. Je n'ai point de nouvelles de votre cher oncle (3), ni même aucune autre de Semur depuis que j'ai vu M. de Mussy. Je suis fort aise que M. votre mari (4) ait vu M. de Malesherbes et qu'il ait été à Versailles, et il vaudrait mieux rester quelque temps de plus pour rapporter les arbres qui lui conviennent (5), et tirer son argent de M. de Marigny (6).

Vous voyez bien que je parle aussi d'argent, quoique je dusse vous parler d'autre chose. Mais vous connaissez bien toute l'étendue des sentiments d'at tachement et de respect que je vous ai voués.

BUFFON.

(Collection Nadault de Buffon.)

(1) Pierre Daubenton, qui mourut en fonctions le 14 septembre de cette même année et eut pour successeur dans la mairie de Montbard son fils, Georges-Louis Daubenton, filleul de Buffon.

(2) Antoine-Ignace, chevalier, puis marquis de Saint-Belin, capitaine au régiment de Navarre. « Pendant la guerre de Sept ans, rapporte Humbert Bazile, il fut sommé par un ennemi supérieur en nombre de rendre une place avec menace pour la garnison d'être passée par les armes. Il répondit à coups de canon et força l'ennemi à la retraite par des sorties audacieuses. Cette belle action lui valut la croix de Saint-Louis. » Son fils, Georges-Louis-Nicolas, vicomte de Saint-Belin, capitaine de dragons en 1787, maréchal de camp en 1788, fut un des nombreux filleuls de Buffon.

(3) Guéneau de Montbeillard.

(4) Georges-Louis Daubenton.

(5) Pour la pépinière que son père avait fondée à Montbard et qu'il dirigeait.

(6) Le prix d'arbres achetés pour les jardins et potagers de Versailles par le marquis de Marigny, qui a dirigé pendant trente ans les Beaux-Arts en qualité d'ordonnateur général des bâtiments et jardins du Roi.

Abel-François Poisson de Marigny, précédemment marquis de Vandières et ensuite de Menars, frère de la marquise de Pompadour, né en 1727, mort le 10 mai 1781, avait été nommé en 1750, à 24 ans, par le crédit de sa sœur, survivancier de l'ordonnateur général des bâtiments du Roi de Tournehem, et avait entrepris, la même année, aux frais du Trésor, un dispendieux voyage d'étude en Italie, avec Soufflot, Cochin et l'abbé Leblanc, qui venait d'être nommé, à la demande de Buffon et par la protection de la marquise de

LETTRE CCXXIX

AU PRÉSIDENT DE RUFFEY.

Montbard, le 16 janvier 1776.

Je reçois à Montbard, mon cher Président, votre lettre qu'on m'a renvoyée de Paris; je suis de retour depuis dix jours, pour y passer six semaines ou deux mois. J'ai été enchanté de recevoir de vos nouvelles et d'apprendre la bonne acquisition que vous avez faite à si juste prix pour M. votre fils (1), je vous prie de lui en faire mon compliment. Il a tout le mérite nécessaire pour remplir dignement cette place honorable; il n'y a qu'une voix sur son excellente réputation comme sur la vôtre, mon très cher ami, et ces places deviendront encore plus importantes lorsque les Parlements seront tout à fait rangés (2). Ainsi, de toute façon, vous avez fait une très bonne affaire.

Je présente mes respects à Mme la présidente de Ruffey. J'ai eu l'honneur de voir à Paris Mme la marquise de Thiard (3), qui m'a dit que son projet était d'y rester quelques mois. Puis-je espérer que vous viendrez faire un tour à votre terre de Montfort? Je le désirerais de tout mon cœur, pour pouvoir vous embrasser et vous renouveler de vive voix les sentiments inviolables du tendre et respectueux attachement avec lequel je serai toute ma vie, monsieur et très cher ami, votre très humble et très obéissant serviteur.

BUFFON.

(Appartient au comte de Vesvrotte.)

Pompadour, historiographe des bâtiments du Roi, Buffon lui écrivait le 21 mars 1750 : « Vous voyagez avec un homme que vous aimez; » et, le 24 avril de l'année suivante, il écrivait encore : « A Florence, à M. l'abbé Leblanc, historiographe des bâtiments de S. M. Très Chrétienne, en compagnie de M. de Vandières, directeur général des bâtiments. » (Voir p. 66 et 78.) A son retour d'Italie, le frère de la favorite avait changé contre le nom de Marigny celui de Vandières, qui lui avait valu à Versailles le surnom de marquis d'*Avant-hier*, et, lorsqu'il fut nommé cordon bleu en 1755, on protesta que c'était un bien petit poisson pour être passé au bleu. A la mort de la marquise, il hérita de la terre de Menars, près de Blois, dont il prit le nom. Son cabinet renfermait un grand nombre d'objets d'art et de morceaux précieux. Buffon dit, en le citant dans l'*Histoire naturelle*, « que son goût s'étend également aux objets des beaux-arts et à ceux de la belle nature. »

(1) Frédéric-Henri Richard de Ruffey, conseiller au Parlement de Dijon depuis le 25 juillet 1768, déjà nommé. Son père venait d'acheter pour lui, de Claude Chartraire de Bourbonne, une charge de président à mortier dans laquelle il fut reçu le 4 mars suivant et qu'il exerça jusqu'à la suppression des Parlements.

(2) On a déjà entendu Buffon, fils de magistrat et qui comptait de nombreux amis dans les Parlements de Dijon et de Paris, regretter l'effervescence de la magistrature, notamment à propos des mesures prises par le Parlement de Dijon contre son ami d'enfance Jacques Varennes. Il blâmait l'opposition systématique des Parlements contre le pouvoir et l'immixtion de la magistrature dans la politique.

(3) La marquise de Thiard, femme de Claude de Thiard, plus connu sous le nom de comte de Bissy, né le 13 octobre 1721, mort le 26 septembre 1810, lieutenant général en 1762, successivement gouverneur du Languedoc, gouverneur des Tuileries, de la ville et du château d'Auxonne, membre de l'Académie française le 29 décembre 1750, auteur de traductions anglaises, alors qu'à en croire la chronique du temps il parlait à peine cette langue.

LETTRE CCXXX

A L'ABBÉ DODUN (1).

Montbard, le 29 janvier 1776.

Tout ce que vous me marquez, monsieur, sur le compte de l'abbé de Saint-Belin ne m'étonne pas, et j'approuverai tout ce que vous aurez, je ne dis pas la bonté, mais la charité de faire pour lui. Il faut une aussi bonne âme que la vôtre pour s'intéresser à un aussi mauvais sujet, et je vous avoue que, quoiqu'il me tînt par alliance, je m'étais décidé à ne le jamais voir, et c'est à votre seule recommandation qu'il doit le retour d'intérêt que j'y prends aujourd'hui. Je crois en effet que le meilleur parti est de le mettre à Saint-Lazare (2). Quand vous en serez convenu avec le préfet, j'écrirai ce que vous jugerez à propos.

Le sieur Pontier, syndic du diocèse de Nîmes (3) et receveur des revenus de l'évêché, me marque que sur le semestre de 525 livres de la pension qui vient d'échoir, il y a trois créanciers.

M. Roustant (4) pour deux mandats faisant. . . . . . . nous reconnaissions cette dette.	124 livres.
M. Durand, avocat de Lyon, pour un mandat de.	72 —
M. le chevalier Duroch du Brillon, qui réclame. . . . . dont il dit avoir égaré le billet.	67 —
Cela fait en tout.	263 livres.

M. Pontier ajoute que, si je le juge à propos, il payera ces trois créanciers et qu'en lui envoyant ma quittance des 525 livres, je puis tirer sur lui pour 262 livres, laquelle somme, jointe aux 263 livres qu'il aurait payées, fait juste celle de 525 livres. Je n'ai point encore fait de réponse à M. Pontier ; j'attendais de vos nouvelles, monsieur ; il faut savoir si l'abbé de Saint-Belin conviendra de ces deux dernières dettes, après quoi je vous enverrai si vous me le permettez ma traite de 262 livres sur M. Pontier; ce sera pour subvenir aux dépenses que vous serez encore obligé de faire pour ce pauvre

(1) L'abbé François-Charles Dodun, protonotaire apostolique connu par ses qualités administratives et ses bonnes œuvres. Cette dignité de la cour romaine donnait rang de Prélat.

(2) Saint-Lazare, ancienne léproserie, puis maison de lazaristes fondée par saint Vincent de Paul, était à cette date une maison semi-religieuse et semi-correctionnelle où on plaçait les fils de famille dissipateurs et prodigues et où on recevait également des pensionnaires. Beaumarchais y fut enfermé en 1787, ce qui l'avait fait surnommer *le chevalier de Saint-Lazare*. L'abbé Prévost a donné une description exacte de Saint-Lazare au XVIIIe siècle dans son joli roman de *Manon Lescaut*.

(3) Avant la Révolution, l'administration financière diocésaine était entre les mains d'un syndic; elle rentre aujourd'hui dans les attributions du secrétariat de l'évêché.

(4) Le pasteur Roustant, littérateur et philosophe, ami de Rousseau, bien qu'il ait réfuté le *Contrat social*, né en 1734, mort en 1808.

fou, qu'avec cela je vous prie de ne pas abandonner jusqu'à ce que vous l'ayez mis en lieu de sûreté; la satisfaction d'avoir fait connaissance avec vous, monsieur, me dédommage des désagréments qu'il y a de se mêler de ses affaires.

J'ai l'honneur d'être avec toute considération, monsieur, votre très humble et très obéissant serviteur.

BUFFON.

(Inédite. — Archives nationales.)

LETTRE CCXXXI

AU MÊME.

Montbard, le 7 février 1776.

Par votre lettre du 3 de ce mois, vous avez la bonté de me marquer que, pour mettre fin aux ridicules entreprises de l'abbé de Saint-Belin, vous avez conféré avec le Père Préfet de Saint-Lazare, que vous êtes convenu avec lui de 600 livres pour sa pension, et qu'il est nécessaire que j'écrive à ce Préfet pour l'autoriser à remplir vos conventions à retenir l'abbé dans sa maison lorsqu'il y sera entré. Vous me marquez aussi, monsieur, que vous avez fait venir ce dernier et que vous lui aviez proposé de le mettre en pension à Saint-Lazare, qu'il avait reçu votre proposition avec empressement.

En conséquence, j'ai l'honneur de vous envoyer, monsieur, ma lettre au Père Préfet de Saint-Lazare, dont vous ferez l'usage nécessaire; c'est une bien bonne œuvre, mais difficile que vous avez entreprise; couronnez votre ouvrage et soyez bien convaincu des sentiments du respectueux attachement avec lequel j'ai l'honneur d'être, monsieur, votre très humble et très obéissant serviteur.

BUFFON.

(Inédite. — Archives nationales.)

LETTRE CCXXXII

AU PRÉFET DE SAINT-LAZARE (1).

Montbard, le 7 février 1776.

Mon Très Révérend Père,

M. l'abbé Dodun, par une extrême bonté, veut bien s'intéresser au seul arrangement qui convienne à la situation actuelle de l'abbé de Saint-Belin

(1) Dominique Le Brun, qui administra pendant vingt-cinq ans la maison de Saint-Lazare avec douceur, humanité et fermeté. (Voir lettre du 25 mars 1776 à l'abbé Dodun.)

mon beau-frère. Si vous voulez le recevoir pour 600 livres de pension, je me charge de vous la faire payer exactement et je m'en remets, pour tout le reste, à ce que vous dira M. l'abbé Dodun.

J'ai l'honneur d'être, mon Très Révérend Père, avec les sentiments les plus respectueux, votre très humble et très obéissant serviteur.

BUFFON.

(Inédite. — Archives nationales.)

LETTRE CCXXXIII

A MONSIEUR GUYS.

Montbard, le 29 février 1776.

J'ai reçu votre lettre du 14, monsieur, et j'attends les cinquante bouteilles de vin de Chypre, et le quintal d'huile d'Aix dont je vous accuserai la réception. Mais, en attendant, je vous envoie ma traite à vue sur M. Pontier, avocat syndic du diocèse de Nîmes, que je vous prie de recevoir en compte. J'aurai même tous les six mois une somme de 525 livres à toucher sur ce même M. Pontier et ce serait me donner une marque d'amitié que de vouloir bien vous charger, monsieur, de recevoir cet argent pour moi.

Vous êtes bien heureux, Messieurs les Provençaux, de cueillir des roses où nous ne trouvons que du givre : nous avons des vignes gelées d'hiver, de gros arbres fendus par la force du froid qui a été suivi de pluies continuelles depuis trois semaines, en sorte que tous les travaux des forges, moulins, etc., sont suspendus et même ruinés en plusieurs endroits. Je ne sache que le bon vin de Chypre qui puisse faire oublier ces malheurs de l'eau.

J'ai l'honneur d'être avec toute estime et tout attachement, monsieur, votre très humble et très obéissant serviteur.

BUFFON.

(Inédite. — Collection Nadault de Buffon.)

LETTRE CCXXXIV

A M*** (1).

Montbard, le 18 mars 1776.

Monsieur ou madame, car vos objections marquent également la force et la finesse de votre esprit; on pourrait même en déduire une espèce de système différent de ma théorie ; mais permettez-moi de vous observer :

(1) Buffon répondait à la lettre suivante, qui lui avait été adressée le 10 mars 1776 à propos de l'Introduction à l'*Histoire des minéraux* sous les initiales L. B. D. V. et T. E. S. A. V. L. M. O. R. :

« Ayez pitié de mon ignorance, monsieur le comte; vous allez rire de mes observations;

1° Que ce n'est point en raison de l'attrition que les corps s'échauffent, et que votre première conséquence ne découle point du tout de mes principes.

2° Cette attrition est en raison des corps circulants (cela est vrai). Cette action des corps circulants est en raison directe de leur masse et inverse de leur distance. Ceci n'est pas juste; car l'action des corps circulants qui produit l'attrition est en raison de leur masse et de leur vitesse. Deux corps en repos, quelque près qu'ils soient, ne s'échaufferont jamais. Mais un corps C, autour duquel circulent avec grande rapidité d'autres corps, doit s'échauffer d'autant plus que ces corps circulants sont plus nombreux, plus rapides et plus massifs.

Comme tout le reste de votre écrit, quoique très ingénieux, porte sur cette conséquence qui n'est pas juste, je crois que ma réponse est suffisante pour quelqu'un qui me paraît avoir autant de pénétration.

BUFFON.

(Publiée par Sonnini dans son édition de l'*Histoire naturelle.*)

LETTRE CCXXXV

A GUÉNEAU DE MONTBEILLARD.

Montbard, le 18 mars 1776.

J'ai bien de la joie d'avoir reçu, mon très cher monsieur, quelques lignes de votre main; cela me prouve que vos yeux ne sont pas aussi malades qu'on nous l'avait dit, et je désire de tout mon cœur que votre santé se rétablisse en entier. Il ne vous faut pour cela qu'un peu de repos. Mais comment en prendre tant que le feu est, comme vous le dites, aux quatre coins du lieu qu'on habite (1)? Vous devriez pendant ce temps venir habiter Montbard avec votre chère dame et votre aimable fils.

mais elles me laissent des doutes que je ne puis résoudre. Ils me tourmentent, et je ne puis être éclairée que par vous-même. On ne peut vous honorer, vous respecter, vous aimer, plus que je ne le fais; et cela est bien juste, car personne ne m'a fait autant de plaisir, et il n'existe personne à qui je doive autant de reconnaissance. Je vous dois, monsieur le comte, le désir que j'ai acquis de m'instruire; il est né de votre immortel ouvrage. La puissance de votre génie, qui m'élevait au-dessus de moi-même, qui m'entraînait dans une carrière si peu faite pour moi, m'a donné la force de la parcourir. J'oserai peut-être vous demander dans peu la permission de vous offrir les premiers essais de mes travaux; mais j'ose bien plus aujourd'hui : j'ose vous proposer, monsieur le comte, non pas des objections, mais quelques difficultés qui m'arrêtent. »

Cette lettre et une autre, laissée par Buffon sans réponse, ont paru dans le *Journal de physique* de l'abbé Rozier, de janvier 1777. Elles doivent être l'une et l'autre de Mlle Marie Lemasson Le Golft, du Havre, qui, se faisant connaître à huit années d'intervalle, enverra à Buffon, qui l'en remerciera le 8 juillet 1784, son livre des *Balances de la nature.*

(1) Les événements dont le Parlement de Dijon avait été le théâtre depuis 1770, l'exil de

Je ne puis penser à la terre de Blancey (1) qu'autant qu'elle pourrait convenir aux dames de Saint-Julien (2). M. le marquis de Thiard (3) et Mme la comtesse de La Magdelaine (4) peuvent déterminer l'abbesse; mais quelquefois les religieuses ne sont pas de son avis, faute d'entendre leurs véritables intérêts.

J'ai en effet reçu l'*operetta* de M. l'abbé Magnanima (5), que d'Alembert m'a fait tenir il y a un mois. Je n'ai fait que parcourir cet opuscule, qui ne valait pas la peine d'être envoyé de si loin. D'ailleurs, que répondre à un homme qui, dans sa lettre jointe à son *operetta*, m'annonce comme une grande

ses membres, l'existence éphémère du Parlement Maupeou de 1771 à 1774, le rappel des anciens Parlements par Louis XVI, en mettant en présence les anciens et les nouveaux magistrats, avaient semé les divisions parmi les familles de cette vieille province parlementaire.

(1) La terre de Blancey, à deux lieues et demie de Vitteaux, à Joseph Champeaux, qui la vendit au mois de mai de cette même année à Étienne Dareau, ancien conseiller-maître à la Chambre des comptes de Dôle, qui affranchit ses vassaux en 1780. (Courtépée, *Description du duché de Bourgogne.*)

(2) Buffon, seigneur de Rougemont, avait des rapports nécessaires avec l'abbaye de ce nom dont l'abbaye de Saint-Julien était une dépendance, et on trouve dans ses papiers des transactions et des traités rédigés de sa main et destinés à concilier les droits de l'abbesse et du seigneur. « Saint-Julien-sur-d'Heune, à six lieues d'Autun..., patronage de l'abbesse de Rougemont, dame du lieu et du clocher... 900 arpents de bois à l'abbesse. Ancien prieuré de Saint-Julien, uni à l'abbaye de Rougemont en 1664. » (Courtépée.)

(3) Gaspard-Pontus de Thiard-Bragny, né le 26 mars 1723, mort le 28 avril 1786; alcade de la noblesse aux états généraux de Bourgogne pour la triennalité de 1769 à 1772, commissaire pour l'examen des preuves des gentilshommes admis aux états, orateur de son ordre, écrivait le 19 octobre 1785 à Joly de Saint-Florent : « Vous avez su la mort de M. Thomas, homme d'esprit, très éloquent, connu par divers ouvrages en prose et en vers..... Son fauteuil à l'Académie est envié, sollicité par bien des prétendants..... On avait jugé à propos, dans le public, de tuer trois autres des Quarante, M. de Buffon, M. de Boismont, M. Watelet. Le premier a été effectivement assez mal d'une de ses coliques de gravelle. On craint, à la forme des petites pierres qu'il a rendues, qu'il ne s'en forme une réelle. Il a déclaré qu'en ce cas il ne se soumettrait pas à l'opération. Il est mieux à présent. Je ne sais où l'on avait été chercher qu'il avait été frappé d'apoplexie. Détrompez-en Mailly, qui avait mis cette apoplexie dans son gazetier. » Le marquis de Thiard était lié avec Guéneau de Montbeillard et Buffon, qui eut souvent recours à sa riche bibliothèque.

(4) Anne-Jacqueline de Thiard, sœur du marquis de Thiard-Bragny, née le 15 avril 1712, mariée en 1731 à Charles-François de La Magdelaine-Bragny, héritière de la grande fortune de son frère. On trouve dans les œuvres de Cocquard: « *Épithalame à M. le comte de Marigny-Pibrac sur le mariage de mademoiselle de Thiard-Bragny, sa petite-fille, et petite-nièce de M. le cardinal de Bissy, avec M. le comte de La Magdelaine-Bragny*, publié dans le *Mercure* de mars 1732, page 453.

(5) L'abbé Raphaël Magnanima, micrographe florentin, à qui on doit quelques bonnes observations et découvertes. « Je viens de recevoir, écrit Buffon à cette date dans les suppléments de l'*Histoire naturelle*, une lettre de M. l'abbé Magnanima, datée de Livourne le 30 mai 1775, par laquelle il m'annonce comme une grande et nouvelle découverte de M. l'abbé Fontana ce que j'ai publié il y a plus de trente ans. Il faut que MM. les abbés Magnanima et Fontana n'aient pas lu ce que j'ai écrit à ce sujet..... puisqu'ils donnent comme nouvelle une découverte que j'ai le droit de revendiquer. » Voltaire écrivait à ce propos dans son épître au roi de Danemark :

Non, grand Dieu, dans ce monde où ta sagesse brille,
Jamais du blé pourri ne fit naître une anguille.

et nouvelle découverte faite par l'abbé Fontana (1) les petites anguilles ou serpentaux du blé ergoté, qu'on peut faire vivre et mourir aussi souvent que l'on veut? Que puis-je répondre en effet, sinon que M. l'abbé Fontana, ainsi que M. l'abbé Magnanima, n'ont jamais lu ce que j'en ai écrit il y a vingt-cinq ans, dans le second volume de l'*Histoire naturelle*, où ils trouveront mot pour mot tout ce qu'ils annoncent comme une nouvelle découverte?

Je vous embrasse, mon bon ami, bien sincèrement de tout mon cœur.

BUFFON.

(Appartient à la baronne de La Fresnaye.)

LETTRE CCXXXVI

A L'ABBÉ DODUN.

Montbard, le 25 mars 1776.

J'ai reçu, monsieur, la lettre que vous m'avez fait l'honneur de m'écrire le 13 mars, et je vous avoue qu'il fallait toute votre prudence, votre patience et votre bonté pour couronner la bonne œuvre que vous avez entamée. Notre homme m'a fait une très longue épître semée de points de tristesse et d'élans de désespoir; il se plaint bien un peu de vous, monsieur, néanmoins assez doucement pour que je n'en sois pas choqué. Il réclame la liberté d'habiter un logement différent, d'où il pourrait se promener dans les cours, et dans l'enclos de la maison sans prétendre en sortir, bien résigné, dit-il, de ne jamais remettre le pied dans Paris, et de ne plus fréquenter les hommes tous perfides. Je pensais d'abord qu'on pouvait lui accorder cette liberté de se promener dans les cours et dans l'enclos; mais M. Le Brun (2) me marque que cela serait dangereux, et il a l'honnêteté d'ajouter qu'il ira se promener avec lui, mais que pour bien des raisons il ne faut pas le laisser aller seul. J'ai répondu à M. Le Brun que je m'en rapportais absolument à sa prudence, et à la vôtre, monsieur; tâchons de lui rendre la vie la plus douce qu'il se pourra; il faut lui donner pour avoir du tabac et d'autres petits besoins; lui demander aussi s'il n'a pas besoin de linge ou d'autres vêtements. Je vous ferai passer de l'argent tant pour cela que pour sa pension

(1) L'abbé Félix Fontana, physicien, anatomiste et naturaliste italien, né le 15 avril 1730, mort le 9 mars 1805, professeur de philosophie à Pise, directeur du musée de Florence, a laissé de nombreux mémoires de médecine, de physique, de chimie et d'histoire naturelle, et a attaché son nom à plusieurs découvertes. Il est l'auteur des curieuses pièces anatomiques représentant les diverses parties du corps humain et des animaux en cire de couleur, qui se voient encore aujourd'hui au musée de Florence et à l'Académie de chirurgie de Vienne, et dont la supériorité n'a été égalée que par les perfectionnements de l'art moderne. Son dernier ouvrage a pour titre : *Principes raisonnés sur la génération.*

(2) Dominique Le Brun, préfet de Saint-Lazare, à qui est adressée la lettre du 7 février précédent.

dès que vous le voudrez. J'ai envoyé à Nîmes à M. Pontier, receveur du diocèse, une copie collationnée de la procuration de l'abbé, lui marquant qu'il consentait à payer trois billets dont le montant a réduit son semestre de 525 livres à 262 livres. J'ai même fait une traite par Marseille (1) de ces 262 livres sur ledit sieur Pontier et je n'ai aucune réponse quoiqu'il y ait plus de trois semaines que cela soit envoyé; cela ne m'enpêchera pas de continuer à fournir tout ce que vous jugerez nécessaire et je vous supplie de permettre que le tout passe par vos mains.

Je ne puis vous remercier assez de toutes les peines que vous avez prises; vous ne pouvez en être payé que par la haute estime que vos procédés m'ont inspirée, et par les sentiments du sincère et respectueux attachement avec lesquels j'ai l'honneur d'être, monsieur, votre très humble et très obéissant serviteur.

BUFFON.

(Inédite. — Archives nationales.)

LETTRE CCXXXVII

AU PRÉSIDENT DE RUFFEY.

Montbard, le 27 mars 1776.

Je reçois toujours avec un nouveau plaisir, mon cher Président, les témoignages de votre amitié, et, si quelque chose peut augmenter encore ma satisfaction, c'est l'espérance que vous me donnez de votre séjour en ce pays-ci. Je compte que vous ne prendrez point de logement ailleurs que chez moi, et que vous ne tiendrez point de ménage à Montfort; Montbard en est si près que vous pourrez aisément y aller pour vos affaires et revenir pour dîner. Je reste ici jusqu'au 20 de ce mois; j'irai ensuite à Paris, et reviendrai au plus tard dans le mois de septembre. Prenez, mon très cher monsieur, des arrangements relatifs, et, si Mme de Ruffey doit vous accompagner, que cela n'y change rien; car je lui suis aussi dévoué qu'à vous, et je serais enchanté de vous le témoigner à tous deux. C'est de l'un et de l'autre que M. votre fils tient les grandes qualités par lesquelles il commence à se distinguer dans le monde (2), et je vous en fais compliment du meilleur de mon

(1) Voir la lettre du 29 février, à M. Guys.

(2) Frédéric-Henri Richard de Ruffey, président à mortier au Parlement de Dijon depuis le 4 du même mois et qui devait, cinq mois plus tard, le 25 août, faire un établissement avantageux par son mariage avec Marie-Charlotte Hocquart de Cuœilly, fille d'un trésorier général de l'artillerie. Si Buffon félicite avec autant d'insistance le président de Ruffey de la satisfaction que lui donne son fils (Voir lettre au même du 16 janvier), c'est afin de lui faire oublier le chagrin que lui causait dans le même temps la marquise de Monnier qui, après s'être réfugiée à Dijon avec Mirabeau, qui s'était enfui du fort de Joux, venait de le suivre après son évasion du château de Dijon, où le président de Ruffey l'avait fait enfermer à la suite du scandale qu'avait provoqué l'apparition soudaine de Mirabeau, sous le nom de marquis de *Lancefaudras*, un soir, à un bal que donnait M. de Montherot,

cœur. C'est dans ces sentiments que je serai toute ma vie, mon très cher Président, votre très humble et très obéissant serviteur.

BUFFON.

(Appartient au comte de Vesvrotte.)

LETTRE CCXXXVIII

A M. RIGOLEY.

Montbard, le 15 avril 1776.

Je vous envoie, monsieur, six exemplaires que j'ai fait tirer chez le libraire Lambert (1); il ne veut point en donner, et c'est la meilleure preuve qu'il les vend bien.

On m'a assuré que vous ne vouliez pas prendre la charbonnette du bois d'Étivey ; mais vous pourriez, monsieur, me faire le plaisir de me céder celle que vous avez encore au Jailly (2) ; je vous rendrais en échange six cents cordes à la Saint-Jean à la forêt d'Arran (3), et le reste à Noël prochain. Faites-moi, je vous prie, savoir vos intentions à ce sujet.

J'ai l'honneur d'être, avec un sincère attachement, monsieur, votre très humble et très obéissant serviteur.

BUFFON.

(Appartient à Mme Morel.)

LETTRE CCXXXIX

A GUYTON DE MORVEAU.

Montbard, le 26 avril 1776.

J'ai, mon très cher monsieur, ressenti quelque indisposition le lendemain

grand prévôt de Dijon, et auquel assistaient le président de Ruffey, sa femme et sa fille.

« Mme de Ruffey, dit Sainte-Beuve dans ses *Causeries du lundi*, était à un bal chez M. de Montherot (grand prévôt) avec ses deux filles et Mme de Saint-Belin, leur amie. On annonça le marquis de *Lancefaudras*, et, sous ce nom formidable parut hardiment Mirabeau, dont la vue causa une telle émotion à Sophie que sa mère en devina de suite le sujet. Elle sortit brusquement après la première contredanse que Mirabeau dansa avec Mme de Saint-Belin : elle emmena les trois jeunes personnes, et cette brusque sortie eut pour effet de rendre manifeste ce que Mme de Ruffey voulait cacher. »

(1) *Manuel du Naturaliste, ouvrage utile aux voyageurs et à ceux qui visitent les cabinets d'Histoire naturelle et de curiosités, en forme de dictionnaire, pour servir de suite à l'Histoire naturelle, par M. de Buffon, de l'Académie française, etc., etc., Intendant du Jardin du Roi.* (Paris, de l'Imprimerie royale, 2 vol. in-12, 1771.) En tête du premier volume se trouve cet *Avertissement :* « Deux amis, liés par le goût des connaissances autant que par la sympathie du caractère, ont conçu le projet de partager avec leurs concitoyens les plaisirs que leur procure l'étude de l'histoire naturelle. Sous ce point de vue, ils ont cru ne pouvoir mieux réussir que de réunir dans deux petits volumes portatifs ce que l'histoire naturelle offre de plus piquant et de plus intéressant. »

(2) La forêt du Jailly, une des plus importantes de la contrée, comprise dans le domaine forestier de Buffon.

(3) La forêt d'Arrans, dépendant de la commune de Montbard, de la même importance que celle du Jailly. Les Arrans formaient un fief dont les Nadault étaient seigneurs avant Buffon.

de mon arrivée à Montbard ; mais cela n'a duré que quatre ou cinq jours, et ma santé est maintenant parfaitement rétablie.

J'ai reçu votre lettre, avec la traduction sur le platine que vous m'avez renvoyée. M. Allut vient aussi de m'écrire qu'il a tiré du four notre glace coulée (1), qui s'est très bien recuite, et dont le verre est très bien affiné, mais que malheureusement il y a quelques pierres dedans, et que, vu ces défauts, il me l'enverra telle qu'elle est, parce qu'en la faisant user, je pourrai faire en sorte de prendre les courbures de manière à ôter ces pierres. Il me marque aussi que le creuset de pierre calcaire n'était pas encore tiré du four et qu'il m'enverra incessamment ses observations sur le refroidissement de ce creuset, et de la masse de verre qu'il contient ; il me marque aussi très honnêtement qu'il pourra venir à Montbard, et par ma réponse, j'invite aussi Mme Allut, et je leur offre des chevaux de relais jusqu'à Chanceaux ; en cas qu'ils passent par Dijon, j'espère bien, mon très cher monsieur, que vous vous laisserez aller, ou plutôt venir par cette même occasion.

On m'écrit qu'il n'y a rien de plus sûr que la retraite de M. de Malesherbes (2), mais l'on ne me nomme pas son successeur (3). Cette nouvelle retarde mon départ, car je n'avais affaire à Paris que pour le Jardin du Roi et pour l'Académie, qui dépendent du ministre de la maison du Roi (4) ; ainsi il faut prendre patience, et je suis décidé à rester peut-être jusqu'à la fin de juin.

En vérité, je suis comblé des bontés que me témoigne Mme Picardet (5), et je vous supplie de m'aider à lui faire mes remerciements, en lui remettant la

(1) Antoine Allut, précédemment nommé, fondateur d'une manufacture de glaces à Rouelle, près de Châtillon, la seule qui ait jamais existé en Bourgogne. (Voir lettres des 1er juin 1774 ; Guyton de Morveau, 6 novembre 1776, à Guéneau de Montbeillard, et 26 février 1778, à M. Hébert.) Buffon, alors occupé à réunir les preuves des *Époques de la Nature*, et qui faisait des expériences sur la chaleur et le refroidissement, y avait associé Guyton de Morveau et M. Allut.

(2) Malesherbes quitta en effet le ministère à cette date. Turgot le suivit dans sa retraite ; ils avaient les mêmes idées, servaient la même cause et étaient de plus unis par une étroite amitié. Lorsque Malesherbes vint prendre congé du roi, Louis XVI lui dit avec tristesse : « Vous êtes plus heureux que moi, car vous du moins vous pouvez abdiquer. »

(3) Les successeurs de Malesherbes et de Turgot furent deux hommes qui avaient passé de longues années en Bourgogne où ils avaient entretenu avec Buffon des relations intimes, circonstance qui contribua à accroître son crédit dont on ne le verra faire usage que pour le Jardin du Roi et dans l'intérêt de ses amis, jamais pour lui-même. Le successeur de Malesherbes fut Amelot de Chailloux, intendant de Bourgogne pendant dix ans, de 1764 à 1774, parent de Maurepas, qui disait de lui : « On ne me reprochera pas du moins d'avoir pris celui-là pour son esprit ! » Le successeur de Turgot fut Jean-Etienne-Bernard de Clugny, ancien conseiller au Parlement de Dijon ; il devait sa nomination à Rigoley d'Ogny, son compatriote et son ami, qui a attaché son nom au *cabinet noir* pour la violation du secret des lettres, comme le comte de Saint-Florentin aux lettres de cachet.

(4) Le ministère de la maison du Roi, appelé aussi ministère de Paris, correspondait au ministère de l'intérieur d'aujourd'hui.

(5) De la famille d'Hugues Picardet, né en 1560, mort en 1641, beau-père du président de Thou, procureur général au Parlement de Dijon pendant cinquante-trois ans, auteur d'ouvrages d'érudition, et de la famille d'Anne Picardet qui a écrit un recueil de cantiques spirituels.

lettre ci-jointe ; on ne peut écrire avec plus d'esprit et de sensibilité qu'elle le fait, et je vois par la lettre de M. son fils qu'il sera digne d'elle, et qu'il sent avec reconnaissance les obligations qu'il vous a pour son instruction.

Combien ne vous en ai-je pas moi-même, mon cher monsieur ? Je profite plus dans une heure de votre conversation, que si je lisais cent ouvrages de chimie, et je désirerais bien être à portée de vous entretenir souvent. Malgré le changement de M. de Malesherbes, jusqu'ici M. Turgot ne branle pas, et j'espère que votre affaire sera faite auparavant : personne, assurément, ne le désire plus que moi.

Adieu, mon très cher monsieur, aimez-moi autant que je vous estime et vous aime.

BUFFON.

(Inédite. — Communiquée par M. Gosselin.)

LETTRE CCXL

A L'ABBÉ DODUN.

Montbard, 26 avril 1776.

La personne qui vous présentera cette lettre vous remettra en même temps 262 livres pour satisfaire aux besoins de notre pauvre fou. Vous voudrez bien aussi avoir la bonté de faire passer à M. le Préfet un mot de réponse que je lui fais sur ce qu'il me demandait le jour et l'heure où il pourrait me voir pour me communiquer quelque chose en particulier au sujet de son prisonnier (1). Je lui marque que mon départ de ce pays-ci n'est pas aussi prochain que je le comptais, et en effet je ne crois pas que je puisse me rendre à Paris avant le 15 ou 20 de juin. Si vous croyez que d'ici à ce temps il soit nécessaire que je sois informé de ces choses particulières dont parle M. le Préfet, vous pourriez lui dire de me les écrire.

A l'égard des lettres que l'abbé de Saint-Belin a écrites à MM. ses frères (2), j'ai l'honneur, monsieur, de vous envoyer ci-joint leur réponse, qui me paraît très sensée : ainsi nous ne changerons pas de conduite à l'égard de l'abbé. Au reste, je ne puis qu'ajouter de nouveaux remerciements à ceux

(1) On a vu, par la lettre du 13 décembre 1775, que c'était l'abbé de Saint-Belin qui avait demandé à Buffon de lui trouver une retraite contre les poursuites de ses créanciers, et, par la lettre du 7 février, qu'il avait reçu avec empressement la proposition de l'abbé Dodun de le mettre en pension à Saint-Lazare ; mais, au bout de moins de trois mois, l'abbé de Saint-Belin, justifiant les justes appréhensions de Buffon, avait changé d'avis et obligé sa famille à faire du *pensionnaire* un *prisonnier*.

(2) Antoine-Gabriel de Saint-Belin, prieur de Saint-Loup ; François, comte de Saint-Belin, officier de cavalerie, et Antoine-Ignace, marquis de Saint-Belin, capitaine au régiment de Navarre, chevalier de Saint-Louis.

que je vous dois déjà pour tout ce que vous avez bien voulu faire, et je ne cesse d'admirer votre belle âme qui seule a pu vous engager à vous donner tant de peines pour ranger une mauvaise tête ou du moins la soustraire à l'ignominie.

J'ai l'honneur d'être, avec un sincère et respectueux attachement, monsieur, votre très humble et très obéissant serviteur.

BUFFON.

(Inédite. — Archives nationales.)

LETTRE CCXLI

A L'ABBÉ DODUN.

A Montbard, le 27 avril 1776.

J'ai attendu, monsieur, mon prochain retour de Paris pour faire réponse aux lettres que vous m'avez adressées à Montbard; je suis arrivé d'hier et je serai enchanté d'avoir l'honneur de vous recevoir lorsque vous voudrez conférer de votre projet.

J'ai aussi quelque chose à vous communiquer au sujet d'une nouvelle saisie que l'on a faite sur la pension de l'abbé de Saint-Belin.

J'ai l'honneur d'être avec un sincère et respectueux attachement, monsieur, votre très humble et très obéissant serviteur.

BUFFON.

(Inédite. — Archives nationales.)

LETTRE CCXLII

A M. DE MARIZY (1).

Montbard, le 4 mai 1776.

Monsieur,

Les propriétaires et seigneurs des terres, moulins et forges situés sur les rivières de Brenne et d'Armançon, se sont réunis pour représenter les vexations et les dommages très considérables qu'ils souffrent depuis quelques années de la part des marchands de bois qui font flotter à bûches perdues sur ces rivières pour l'approvisionnement de Paris (2).

(1) Bernard Legrand de Marizy, grand maître des eaux et forêts de Bourgogne.

La grande maîtrise des eaux et forêts de la province de Bourgogne comprenait la Franche-Comté et l'Alsace. Il y avait dix-huit grands maîtres pour toute la France. Courtépée cite, parmi ceux qui se sont distingués dans leur charge, Legrand de Marizy.

(2) Le flottage du bois existe toujours, notamment pour l'approvisionnement de Paris. Le bois est recueilli à La Roche-sur-Yonne, formé en radeaux et dirigé sur Paris.

Nous vous supplions, monsieur, de prendre connaissance de nos griefs (1) par la lecture des mémoires ci-joints, à la vue desquels vous pourriez par votre seule autorité nous faire justice.

Comme M. Roettiers de La Tour (2) est venu dans ce pays-ci pour assister à une suite d'expériences utiles à l'État sur la préparation des charbons de terre pour travailler le fer, et épargner en conséquence une immense quantité de bois (3), il a eu occasion pendant plusieurs jours de visiter les forges et les autres usines situées sur les bords de ces rivières, et il a reconnu par ses yeux les énormes dommages que causent la négligence et la cupidité des marchands de bois. Il a donc bien voulu se charger de vous porter nos plaintes, qui ne sont que trop fondées, et comme je connais en mon particulier toute l'excellence de votre discernement et votre amour pour la justice, je ne doute pas que vous ne donniez à cette affaire toute l'attention qu'elle mérite.

J'ai l'honneur d'être avec beaucoup de respect, monsieur, votre très humble et très obéissant serviteur.

BUFFON.

(Collection Nadault de Buffon.)

LETTRE CCXLIII

AU PRÉSIDENT DE RUFFEY.

Montbard, le 20 mai 1776.

Vous êtes, mon très cher Président, le plus exact des hommes, et le plus honnête lorsqu'il s'agit de vos amis. Je vous suis en effet très obligé de vous être occupé tout de suite de ma commission de chevaux et de m'avoir envoyé le témoignage de votre maréchal. Je prendrai donc sans hésiter ces deux chevaux pour 300 livres (4), et je payerai au cocher qui me les

(1) Buffon réclamait une indemnité aux marchands de bois en se fondant sur la suspension du travail de ses forges, pendant que le bois flottait. Il avait fait arrêter le flot au-dessus de ses usines. De là procès.

(2) Louis-Germain Rœttiers de La Tour, conseiller d'État, membre du conseil des finances.

(3) Ces expériences, d'un intérêt général, avaient eu lieu dans les forges de Buffon, mises gratuitement par leur propriétaire à la disposition de l'État. C'était le premier essai de l'emploi du charbon de terre substitué au bois dans l'industrie. Buffon, dans son *Histoire des minéraux*, pressent l'avenir du charbon de terre; et comme il voulait favoriser autrement que par ses écrits le développement d'une exploitation susceptible d'accroître nos richesses nationales, nous le verrons encourager les recherches de mines de charbon sur notre territoire, notamment à Vassy, et mettre de l'argent dans une société de charbonnages et le perdre.

(4) 300 francs pour une paire de chevaux donne la proportion du prix de la vie au siècle dernier et au nôtre.

Buffon, qui n'avait aucun luxe, n'avait pas celui des chevaux. Aussi ne voyait-on dans ses vastes écuries, d'un aspect monumental, que les chevaux nécessaires à son service journalier et à ses voyages de Paris à Montbard, pour lesquels il employait des relais; ils étaient pris parmi les plus robustes et non les plus élégants. Par contre, son fils, qui avait de bonne heure adopté les goûts et le luxe de la vie anglaise, était cité pour la beauté de ses chevaux

amènera sa dépense en route, et lui donnerai encore un louis de gratification. Vous pouvez donc le faire partir avec ces chevaux quand il vous plaira.

Deux jours après votre départ, j'ai été saisi d'un rhume encore plus violent que le vôtre, et comme je ne suis pas aussi fort que vous (1), je suis obligé de garder la chambre, la tête et la poitrine étant également affectées. Comme vous ne me dites rien de votre santé, je pense avec plaisir qu'elle est parfaitement bonne.

Vous avez raison, mon cher Président, de prendre intérêt à l'élévation de votre concitoyen et ami Clugny (2) ; car c'est son seul mérite, et non l'intrigue ni la cabale, qui le place aujourd'hui. Je ne sais pas encore s'il acceptera sans conditions; mais ce qu'il y a de sûr, c'est qu'il se conduira par les bons principes, et qu'en laissant à chaque intendant des finances leur autorité particulière, et ne voulant pas tout faire par lui-même comme son prédécesseur (3), il viendra à bout de rendre sa place faisable et même agréable, quoique de toutes les places du royaume ce soit la plus difficile.

A l'égard de M. Amelot, la sienne est bien plus aisée, et je suis persuadé qu'en prenant la même méthode que M. de La Vrillière a suivie pendant cinquante-deux ans, il pourra garder sa place autant qu'il le voudra. Au reste, cela ne peut pas manquer d'arriver, parce que cette méthode est celle de M. de Maurepas, qui vient de les placer tous deux.

Mes respects, je vous prie, à madame et à M. votre fils : j'aime tout ce qui vous appartient ; je les respecte aussi pour leur propre mérite, et je vous suis profondément et tendrement attaché pour la vie.

BUFFON.

(Appartient au comte de Vesvrotte.)

et la richesse de ses attelages. Dans ses rares visites à Montbard, les écuries se peuplaient de chevaux de sang et d'une armée de cochers, de jockeys, de postillons et palefreniers anglais. Une lettre de lui, du 20 février 1791, témoigne de ses goûts et de la nature de ses occupations : « Je vous suis infiniment obligé de l'avis que vous voulez bien me donner au sujet de l'*Hercule;* il m'est impossible de mettre aucun frein à cet indomptable cheval, et je suis maintenant bien aise que ces MM. du Directoire n'aient point accepté ma proposition. Mon petit cheval est arrivé. Je vous prie de m'envoyer deux caveçons, afin que je puisse continuer de le faire trotter à la longe. »

(1) Le président Richard de Ruffey, qui était l'aîné de Buffon, devait lui survivre.

(2) Jean-Étienne-Bernard de Clugny, ancien conseiller au Parlement de Dijon, qui succéda à Turgot le 22 mai 1776 au contrôle général des finances, ne devait passer que cinq mois aux affaires, étant mort le 18 octobre de la même année. Les deux seuls actes auxquels il ait attaché son nom sont l'établissement de la lotterie, supprimée en 1830, et de la caisse d'escompte, dont la déconfiture fit donner par la mode, à une nouvelle forme de chapeaux sans fonds, le nom de *chapeaux à la caisse d'escompte*.

(3) Anne-Robert Turgot, successeur de l'abbé Terray, du 24 août 1774 au 4 mai 1776, déjà nommé.

LETTRE CCXLIV

AU MÊME.

Montbard, le 24 mai 1776.

Je vous remercie, mon très cher Président; les chevaux sont arrivés en bon état. J'ai donné 300 livres au cocher pour les remettre à son maître : 24 livres pour ses épingles, et 12 livres pour la dépense de son voyage.

Je suis fâché que votre rhume ait eu des retours. Le mien continue, même assez violemment; cependant, comme on vient de m'écrire que mon fils avait la rougeole, je me détermine à partir pour Paris vers la fin de la semaine prochaine.

Je ne connais point l'homme dont vous me parlez. De vingt personnes qui se noient, il y en a la moitié qui ne prennent ce parti qu'après s'être ruinées.

M. de Clugny a prêté serment pour sa place de contrôleur général, et il sera en état de la faire d'autant mieux que M. de Maurepas vient d'être nommé chef et président du Conseil des finances (1).

C'est avec la plus ancienne et la plus inviolable amitié que j'ai l'honneur d'être, mon très cher Président, votre très humble et très obéissant serviteur.

BUFFON.

(Appartient au comte de Vesvrotte.)

LETTRE CCXLV

A GUÉNEAU DE MONTBEILLARD.

Montbard, le 5 juin 1776.

On ne peut, mon très cher ami, vous être plus obligé que je le suis de la rescription de 3,000 livres que vous avez eu la bonté de m'envoyer. Néanmoins, il faut que vous me rendiez encore un service, qui est d'obtenir de M. Salvan une somme de 6,000 livres en argent pour le 15 de ce mois. Je vous envoie à cet effet ma quittance, acompte du montant de mes ordonnances. J'espère que M. Salvan ne refusera pas de me faire ce plaisir; c'est pour un payement que j'ai à faire à Paris, et que je ne puis différer au delà du 17 de ce mois. Tâchez donc, mon cher ami, de m'arranger cette petite affaire, comme vous m'avez si bien arrangé toutes les autres.

(1) Le comte de Maurepas, qui avait l'entière confiance du roi et qui entendait rester le maître, voulait commander aux ministres. La résistance de Turgot avait causé sa disgrâce. Mais Maurepas, qui avait reconnu les inconvénients d'un travail direct du contrôleur général avec le roi par l'influence que Turgot avait conquise sur l'esprit de Louis XVI, avait pris, cette fois, ses précautions en se faisant nommer président du conseil des finances, situation qui se prolongea jusqu'à Necker.

J'ai balancé pendant quatre ou cinq jours si je partirais; mais mon rhume est encore si considérable que tous mes amis se sont réunis pour m'en empêcher. Je suis très fâché que vous soyez dans le même cas, et je vous exhorte à vous ménager sur le travail. Pour peu qu'on s'échauffe la tête, l'embarras de la poitrine et la toux augmentent. J'ai aussi de l'insomnie et des sueurs; cependant en tout je suis beaucoup moins mal que je n'ai été pendant trois semaines.

J'ai reçu des lettres d'amitié de nos nouveaux ministres (1), et je voudrais bien à mon retour rendre service, s'il est possible, à notre ami M. Melin (2). En tous cas, je vous assure que je parlerai de lui comme nous en pensons vous et moi. On m'écrit que Mme Amelot (3) n'est pas tout à fait quitte des suites de sa rougeole, et qu'elle est encore malade dans son nouveau logement du Louvre.

Je ne puis, mon cher bon ami, vous marquer encore le temps précis où j'aurai la satisfaction de vous revoir; j'espère néanmoins que je pourrai partir le lundi 15 ou le mardi 16. Combien de choses j'aurai à vous dire, et combien de sentiments d'amitié, d'estime et de reconnaissance j'aurai à vous témoigner!

BUFFON.

Je vous prie, mon cher ami, de faire passer le paquet ci-joint à M. Lucas; il contient des papiers importants pour le Jardin du Roi.

(British Museum.)

LETTRE CCXLVI

A MADAME DAUBENTON.

Au Jardin du Roi, le 20 juin 1776.

Madame et chère amie,

Je suis arrivé lundi de bonne heure, après avoir beaucoup souffert de la chaleur, que je n'avais pas prévue et qui était excessive à Paris. Je croyais trouver mon appartement (4) sans odeur de peinture; mais, après m'être couché, j'ai été obligé de me relever au milieu de la nuit, parce que j'en étais suffoqué; et, au lieu d'une nuit de repos, je l'ai passée tout entière à me faire

(1) Nouveau témoignage du crédit dont Buffon jouissait près des ministres.

(2) Buffon, qui avait fait entrer M. Melin dans les bureaux du contrôle général, le fit avancer par la protection de M. de Vaisnes, premier commis, avec qui nous le verrons bientôt en correspondance.

(3) Ancienne actrice du nom d'Anne de Vougny, précédemment citée dans une lettre à Mme Daubenton du 9 décembre 1774.

(4) Rue des Fossés-Saint-Victor.

monter un autre lit dans mon galetas de l'année passée (1), et j'ai été incommodé le lendemain; en sorte que je ne suis pas encore sorti. Cette aventure n'a pas diminué mon rhume, et je me trouve logé d'une manière si incommode, qu'indépendamment d'un motif plus pressant, j'abrégerai mon séjour autant qu'il me sera possible.

J'attends *Buffonet* dimanche, et j'ai arrangé toutes ses petites affaires. Il aura une chambre particulière et un cabinet pour lui, et une autre petite chambre pour son domestique. Je lui donne un gouverneur (2) pris dans le collège même, et un petit camarade de son âge; je vois qu'il ne sera point du tout malheureux. Le tendre intérêt que vous avez la bonté d'y prendre m'oblige à vous en rendre compte.

Donnez-moi, je vous supplie, de vos nouvelles; ne perdez pas de vue votre voyage d'Auxonne, et songez quelquefois au projet de celui de Paris.

Je vous embrasse, bonne amie, bien tendrement et de tout mon cœur.

Mes amitiés et compliments à toute votre maison.

BUFFON.

(Collection Nadault de Buffon.)

LETTRE CCXLVII.

A M. BAILLOT (3).

Paris, au Jardin du Roi, ce 29 juillet 1776.

J'ai attendu, monsieur, mon retour à Paris pour vous répondre. Vous avez très bien fait d'accepter l'éducation de M. de Saint-Seine (4), d'autant plus qu'elle ne vous contraindra que pendant deux ans, durant lesquels vous pourrez augmenter vos connaissances et perfectionner vos talents. Vous serez alors plus en état de figurer ici avec nos gens de lettres; et comme vous aimez le travail, et que vous en êtes capable, nous pourrons trouver les moyens de vous procurer la vie douce que vous désirez.

(1) Le second déménagement de Buffon. On l'a déjà entendu se plaindre, le 6 juin 1772, à Guéneau de Montbeillard de la dépense, de la fatigue et des ennuis que lui causait son premier changement d'appartement. Il était impossible de pousser plus loin le désintéressement et le dévouement à la chose publique. Ce ne fut que bien des années après que Buffon vint habiter, au Jardin du Roi, l'hôtel où il est mort, à l'angle des rues Geoffroy-Saint-Hilaire et Buffon.

(2) M. Guillebert, dernier précepteur du fils de Buffon.

(3) Pierre Baillot, professeur et littérateur, déjà nommé.

(4) Bénigne-Alexandre-Victor-Barthélemy Legouz de Saint-Seine, né en 1763, mort en 1828, alors âgé de treize ans, était le douzième enfant de Bénigne Legouz de Saint-Seine, né le 5 mars 1719, mort en 1800, pendant l'émigration, après avoir été conseiller au Parlement de Dijon, le 14 janvier 1739, président à mortier le 25 février 1745, premier président le 31 juillet 1777 à la place de Charles de Brosses, son gendre, et député de la noblesse à l'Assemblée des notables.

J'ai l'honneur d'être avec un sincère attachement, monsieur, votre très humble et très obéissant serviteur.

BUFFON.

(Inédite.—Communiquée par M. Henri Beaune, ancien procureur général à Lyon.)

LETTRE CCXLVIII

A L'ABBÉ DODUN.

Au Jardin du Roi, le 31 juillet 1776.

M. de Buffon est incommodé depuis trois jours, sans cela il aurait eu l'honneur d'aller voir M. l'abbé Dodun; il ne peut lui donner jour quant à présent, mais il espère être rétabli pour les premiers jours de la semaine prochaine. Il fait mille et mille compliments et remerciements à M. l'abbé Dodun.

BUFFON.

(Inédite. — Archives nationales.)

LETTRE CCXLIX

AU DOCTEUR MARET.

Au Jardin du Roi, le 1er août 1776.

L'Académie, monsieur, ne me doit aucun remerciement, tandis que je lui dois tout attachement et respect; je chercherai donc toutes les occasions de lui témoigner mes sentiments, et je suis très aise qu'elle ait reçu avec bonté le buste et les creusets (1) que j'ai pris la liberté de lui offrir. Je ne puis aussi, monsieur, que vous marquer ma reconnaissance en particulier de l'estime et de l'amitié que vous voulez bien m'accorder, et vous supplie d'être

(1) Buffon avait envoyé à l'Académie un moulage de son buste par Pajou avec les creusets. Ce buste fut inauguré solennellement le 18 du même mois. A huit années d'intervalle, à Paris, un nouvel hommage public était rendu au buste de Buffon, lors de l'inauguration, dans les galeries du Palais-Royal que le duc d'Orléans venait d'annexer à son palais, du Musée d'histoire naturelle du physicien Pilâtre des Rosiers, mort dans la traversée de la Manche en ballon, inauguration où on vit le célèbre marin bailli de Suffren couronner le buste de Buffon, tandis que Mme Saint-Huberty, de l'Opéra, chantait un hymne en son honneur. Trois ans avant l'envoi du buste de Buffon à l'Académie de Dijon, le 20 décembre 1773, lors du transfèrement de l'Académie du cloître des Jacobins à l'hôtel de Grammont, Buffon avait présidé à l'inauguration de la nouvelle salle, décorée, par la libéralité de Legouz de Gerland, de bustes, bas-reliefs et statues, et on avait lu à cette séance les stances à Buffon de Pierre Baillot.

Lorsque l'Académie de Dijon fut supprimée, le 8 août 1793, le buste de Buffon fut transporté dans la bibliothèque de la ville. Les creusets ont disparu.

persuadé du retour de toute la mienne et du très sincère attachement avec lequel j'ai l'honneur d'être, monsieur, votre très humble et très obéissant serviteur.

BUFFON.

(Académie de Dijon.)

LETTRE CCL

A L'ABBÉ DODUN.

Ce 12 avril 1776.

M. de Buffon a donné hier et recommandé à M. le comte d'Angiviller le mémoire de M. l'abbé Dodun sur lequel on lui a fait de fortes objections ; il en rendra compte mercredi prochain à M. l'abbé Dodun qui voudra bien ne pas oublier de venir à midi ou midi et demi pour dîner au Jardin du Roi (1).

BUFFON.

(Inédite. — Archives nationales.)

LETTRE CCLI

A M. RIGOLEY.

Au Jardin du Roi, le 25 août 1776.

Le mémoire que j'ai fait, monsieur, et que vous avez signé avec M. Courtois au sujet de l'importation des fers étrangers, a produit une partie de son effet au moyen des bontés de M. de Clugny. Nous aurons incessamment un arrêt du Conseil par lequel il sera ordonné une perception de 3 livres par 100 sur les fers qui arriveront dans nos ports. Je vous en donne avis avec empressement, parce que je ne doute pas que ce règlement ne fasse augmenter le prix des fers nationaux, et que vous feriez bien de tenir les vôtres à un plus haut prix (2).

J'ai l'honneur d'être avec un véritable attachement, monsieur, votre très humble et très obéissant serviteur.

BUFFON.

(Appartient à Mme Morel.)

(1) Buffon conservait à Paris ses habitudes laborieuses de Montbard. Il travaillait toute la matinée et ne dînait qu'après midi (voir note de la lettre du 13 juillet 1781 à Guéneau de Montbeillard) ; au surplus, rien n'était moins fixe que les heures de repas à cette époque. On dînait à une heure chez Mme Jeoffrin et la marquise du Deffant, à trois heures chez Mme Necker.

(2) Cette opinion de Buffon, économiste, confirme ses précédentes appréciations sur la protection et le libre échange.

LETTRE CCLII

A M. BAILLOT.

Au Jardin du Roi, le 25 août 1776.

Je vous dois, monsieur, de nouveaux remerciements pour les belles stances que vous m'avez envoyées (1); je ne suis pas surpris de l'applaudissement qu'elles ont reçu ; votre heureux talent s'y déploie avec autant de grâce que de force. Je crois néanmoins que vous devrez supprimer les deux dernières strophes, trop exclusives pour la gloire, et qui pourraient faire naître une guerre civile littéraire entre la ville de Dijon et nos autres villes capitales.

Je voudrais bien trouver l'occasion de vous marquer ma reconnaissance, et de vous donner des preuves du véritable attachement avec lequel j'ai l'honneur d'être, monsieur, votre très humble et très obéissant serviteur.

BUFFON.

(Inédite. — Communiquée par M. Henri Beaune.)

LETTRE CCLIII

A MADAME NECKER.

Au Jardin du Roi, ce 12 septembre 1776, à six heures du matin.

M. de Buffon reçoit en se levant le charmant billet de Mme Necker, il est incommodé depuis deux jours, et il ne partira que la semaine prochaine et ne manquera pas d'aller prendre congé de ses bons amis à Saint-Ouen (2).

(1) Les stances lues à la séance de l'Académie de Dijon, le 18 du même mois, lors de l'inauguration du buste de Buffon.

« A la séance publique du 5 août 1773, tenue dans le grand salon de l'hôtel Grammont, rapportent les mémoires de l'Académie, on a lu le discours de M. de Buffon, sur les *Époques de la nature*, et à la même séance les stances de M. Baillot à M. de Buffon, lues par M. de Morveau. »

Pierre Baillot est encore l'auteur de *Stances à M. de Buffon sur son passage dans la ville de Dijon et sa visite au collège*, commençant par ces quatre vers :

Dans cette enceinte, ô ma patrie!
Lève, lève un front triomphant;
Réjouis-toi, mère chérie,
Voici ton plus illustre enfant.

(2) Après avoir loué quelque temps, pendant la saison d'été, pour sa femme, dont la santé délicate avait besoin de ménagements, le joli château de Madrid, au bois de Boulogne, aujourd'hui détruit, Necker avait acheté des créanciers du duc de Soubise, entre Paris et Saint-Denis, le joli château de Saint-Ouen, qui avait précédemment appartenu au duc de Gesvres.

Thomas, familier de Necker, dépeint ainsi la résidence de Saint-Ouen : « ... Une maison

Sa santé ne lui permettra peut-être pas d'aller samedi dîner chez Mme de Montaigu (1), mais il espère qu'il sera en état d'aller le mercredi ou le jeudi (2) renouveler à M. et à Mme Necker les sentiments de son tendre attachement et de son respect.

BUFFON.

(Inédite. — Archives de Coppet, communiquée par le vicomte d'Haussonville.)

LETTRE CCLIV

A L'ABBÉ DODUN.

Montbard, le 25 septembre 1776.

J'ai reçu, monsieur, presqu'au moment de mon départ une lettre de M. le chevalier de Cubières (3) au sujet de votre affaire du Pont-Neuf, et comme M. le comte d'Angiviller était auprès de moi, je lui lus cette lettre et lui re-

charmante, au milieu d'un beau parc, sur une magnifique terrasse, vis-à-vis d'un bras de rivière qui entoure une grande île sur laquelle les yeux se reposent. » La petite distance qui sépare Saint-Ouen de Paris, une lieue environ, permettait à Mme Necker d'y continuer ses réceptions et ses dîners du vendredi, et elle avait l'attention d'envoyer chercher les gens de lettres, ses hôtes, et de les faire reconduire le soir, à Paris, en voiture. Buffon venait avec la sienne, et comme il aimait la campagne, il était un hôte plus assidu de Saint-Ouen que du salon de Mme Necker à Paris. Il arrivait à l'improviste, et bien souvent on put les voir se promener ensemble le soir sur la belle terrasse ombragée de grands arbres qui domine la Seine et d'où la vue embrasse un vaste horizon. C'est à Saint-Ouen que Necker et sa fille se sont retirés pendant leur disgrâce Necker y a écrit ses livres, Mme de Staël y a composé ses premiers ouvrages.

Le château des Necker, à Saint-Ouen, ne doit pas être confondu avec la résidence royale de ce nom où Louis XVIII a donné, le 2 mai 1814, la fameuse déclaration de Saint-Ouen, et où avait lieu la première *couchée de la cour* dans les voyages de Compiègne depuis que Louis XV, craignant d'être outragé par la populace, ne passait plus par Paris : « Ce qu'il y a de fâcheux, — écrivait le marquis d'Argenson à propos du voyage de Compiègne de 1750, — c'est le parti que des femmelettes ont fait prendre au roi pour le voyage de Compiègne, afin de ne pas passer par Paris... On a ouvert un chemin dans la plaine Saint-Denis à travers les champs, dont la moisson s'avançait, et on a craint qu'il ne s'embourbât par les pluies continuelles qu'il fait. Tout cela a un air de fuite qui désole les bons Français. » (Voir note 4, p. 71, lettre du 23 juin 1750 à l'abbé Leblanc.)

(1) Belle-fille de l'ambassadeur de France à Venise qui avait emmené avec lui, en 1741, J.-J. Rousseau, attaché au service de sa maison.

(2) Après le succès de ses vendredis, presque exclusivement réservés aux hommes de lettres et aux philosophes, aux encyclopédistes et aux académiciens, Mme Necker avait choisi un autre jour qui fut d'abord le mardi et qui s'étendit ensuite aux mercredis, jeudis et samedis, pour recevoir les gens de cour, les femmes qui n'appartenaient pas au monde philosophique, les ministres, les dignitaires de la cour et de l'État et les diplomates qu'elle se plaisait à réunir à ceux des habitués du vendredi qu'elle préférait. Un des caractères du salon de Mme Necker, ouvert jusqu'à la veille de la Révolution, fut le mélange des gens de lettres aux gens de cour.

(3) Michel, chevalier de Cubières, connu tour à tour sous les noms de Dorat-Cubières et Palmezaux, né en 1752, mort en 1820, a écrit un grand nombre de poésies dans le *Mercure*,

commandai de nouveau vos intérêts; il persista toujours à me dire que votre prétention n'était pas fondée, et je reçois dans ce moment sa réponse par écrit, que j'ai l'honneur de vous envoyer. Je suis fâché qu'elle soit aussi peu favorable, ne désirant rien tant que de trouver quelque occasion de vous obliger, et de vous donner des marques du sincère et respectueux attachement avec lequel j'ai l'honneur d'être, monsieur, votre très humble et très obéissant serviteur.

BUFFON.

(Inédite. — Archives nationales.)

LETTRE CCLV

A MADAME NECKER.

Montbard, le 25 octobre 1776.

Ma chère et très respectable amie,

J'apprends dans le moment que M. Necker vient d'être nommé directeur général des finances (1), pour en rendre compte directement au Roi, sans dépendance du contrôleur général. Cette bonne nouvelle m'a causé un mouvement de joie dont j'avais grand besoin pour me tirer de la profonde affliction que je ressens de la perte de mon respectable ami M. de Clugny (2), dont le mérite et les vertus m'étaient parfaitement connus. Mais je conviendrai partout, et d'abord avec vous, madame, de la supériorité des talents de M. Necker, et j'en ferais volontiers compliment à la nation entière. Faites-lui passer le mien, ma très chère madame; il en aura plus de grâce, et je

les almanachs et recueils du temps, et a fait jouer des pièces de circonstances aujourd'hui oubliées. Il avait été mis en rapport avec Buffon par la comtesse Fanny de Beauharnais, familière du Jardin du Roi, dont on disait qu'il faisait les vers, ce qui a donné lieu à cette épigramme:

Fanny, femme et poète, a deux petits travers:
Elle fait son visage, mais ne fait pas ses vers.

(1) Necker était entré aux affaires le 22 octobre 1776 avec le titre de conseiller des finances, directeur général du trésor royal en même temps que Tabourcau des Réaux, conseiller d'État, ancien intendant de Valenciennes, était nommé contrôleur général.

A la mort de Clugny, Maurepas, effrayé du désordre et de la pénurie du trésor, à la veille de la guerre d'Amérique, et qui avait su apprécier Necker dans les rapports qu'il avait eus avec le banquier et le représentant de la République de Genève, avait résolu de lui confier l'administration des finances. Mais, comme la place de contrôleur général donnait entrée au conseil et que la religion de Necker protestant était un obstacle, le premier ministre avait cru pouvoir tourner la difficulté en créant la situation nouvelle de directeur général des finances à côté de celle de contrôleur général.

(2) Si les vertus privées de M. de Clugny étaient incontestables et lui avaient mérité l'estime générale, il n'en était pas de même de son mérite comme homme public; car, lorsqu'il mourut en octobre 1776, sa courte administration n'avait guère représenté que quatre mois de désordres et de pillage et un accroissement du déficit et son renvoi était décidé.

suis sûr qu'il le jugera sincère. Il a dû s'apercevoir de la respectueuse estime que j'ai toujours eue pour lui (1), et je ne puis y ajouter que les assurances du véritable attachement et du respect que je vous ai voués à tous deux, et dont je vous supplie de ne pas douter, madame.

BUFFON.

(Archives de Coppet. Communiquée par la baronne de Staël.)

LETTRE CCLVI

A LA MÊME.

Montbard, le 27 octobre 1776.

Je reçois comme un gage de sa bonté le billet charmant de ma très respectable amie ; elle a dû recevoir non seulement mon approbation, mais mes applaudissements, sur le choix de son cher et digne mari. Je suis sûr de sa gloire et de ses succès, connaissant sa droiture, son honnêteté, ses lumières, et je puis dire la grande étendue de son génie. Je me fais un plaisir d'en parler à tous ceux qui le connaissent moins. Je regrette de n'être pas à portée de vous voir et de ne pouvoir rire avec vous de ces malotrus qui l'ont si bassement attaqué (2).

En attendant, je vous renouvelle, mon adorable amie, tous les sentiments de mon tendre respect.

BUFFON.

(Inédites. — Archives de Coppet, communiquée par le vicomte d'Haussonville.)

LETTRE CCLVII

FRAGMENT A GUÉNEAU DE MONTBEILLARD.

Octobre 1776.

... Je vous renvoie la mâchoire du prétendu géant, qui n'était qu'un petit

(1) Necker rendait à Buffon les sentiments que celui-ci lui témoignait. Tant qu'il fut aux affaires, il l'assista de son crédit, et, dans sa retraite de Coppet, il manifesta ses sentiments par le soin pieux avec lequel il a conservé la correspondance de Buffon et tout ce qui venait de lui et en multipliant, dans les cinq volumes de *Mélanges* de Mme Necker, les passages relatifs à Buffon.

(2) L'avènement de Necker avait donné lieu à des pamphlets promptement oubliés au milieu des éloges presque unanimes provoqués par son arrivée aux affaires, et plus tard, il pouvait faire encadrer 90 médailles frappées en son honneur et relier en plusieurs volumes les odes, stances et cantates le célébrant. Il a paru à Utrecht, après son second ministère, la *Collection complète de tous les ouvrages publiés pour et contre M. Necker* (3 vol. in-8°).

âne (1), car j'ai eu sous les yeux la mâchoire d'un grand homme et la mâchoire d'un ânon, à laquelle celle-ci ressemble en perfection. Je ne vous en remercie pas moins de votre bonne attention.

BUFFON.

(Publié par Bernard d'Héry.)

LETTRE CCLVIII

AU MÊME.

Montbard, le 6 novembre 1776.

Je vous remercie, mon très cher monsieur, des notices que vous et ma bonne amie (2) avez pris la peine de me quêter sur les géants (3). Elles ne laissent pas d'être instructives, et j'en tirerai quelque parti en les réunissant à celles que j'ai pu trouver moi-même. Mais il y en a une sur le réveil de Sindonax, roi géant de Bourgogne, dont j'ai entendu parler et que personne n'a pu me communiquer.

Vous auriez bien dû vous égarer de Chevigny (4) à Montbard. Nous avons eu pendant trois jours M. et Mme Allut (5). C'est une petite femme charmante à mon goût, et qui sûrement aurait été du vôtre. J'aurai aussi vers le 15 ou le 16 de ce mois M. et Mme de Bacquencourt (6) et M. de Morveau, et on me dit aussi que notre cher abbé de Piolenc (7) et les jeunes mariés (8) doivent peut-être venir auparavant. Choisissez, mon très cher monsieur, les jours qui vous conviendront le mieux ; mais choisissez-en deux de suite, car, lorsqu'on ne se voit que pour dîner, l'on n'a pas le temps de digérer son plaisir ni de s'entretenir assez pour causer d'affaires.

Dites-moi où en sont vos oiseaux, car je reçois tous les jours des espèces

(1) Dans le même temps, Daubenton démontrait qu'un ossement gigantesque précieusement conservé au garde-meuble de la couronne comme un os de géant n'était qu'un radius de girafe, et Buffon avait déjà détruit la légende des ossements de géants conservés dans un grand nombre de nos musées et cabinets d'histoire naturelle, et la légende de la bête du Gévaudan, rendue populaire par la chanson de Mme Deshouillères, en prouvant que c'était une hyène échappée d'une ménagerie de Montpellier.

(2) Mme Guéneau de Montbeillard, associée à tous les travaux de son mari et unie à Buffon d'une étroite amitié à la suite des soins délicats et constants dont elle avait entouré sa femme dans sa dernière maladie.

(3) Guéneau de Montbeillard ne s'était pas laissé décourager par l'accueil que Buffon avait fait le mois précédent à son envoi d'une mâchoire de géant qui n'était que celle d'un âne.

(4) Maison de campagne des Montbeillard, entre Semur et Montbard.

(5) Antoine Allut et sa femme, déjà nommés. (Voir lettres des 1er juin 1774 et 26 août 1776 à Guyton de Morveau, et 26 février 1778 à M. Hébert.)

(6) Dupleix de Bacquencourt, intendant de la province de Bourgogne.

(7) Précédemment cité.

(8) C'était encore un mariage fait en collaboration par Buffon et Guéneau de Montbeillard.

d'imprécations de gens qui s'ennuient de recevoir deux ou trois fois par an des planches enluminées, et de ne rien avoir à lire (1).

Adieu, mon cher bon ami, jusqu'au plaisir de vous revoir et de vous embrasser.

BUFFON.

Si M. de Fenille (2) retourne à Paris, engagez-le à passer par Semur et Montbard. J'entends dire qu'il n'est pas trop bien avec l'intendant. Son père se porte aussi bien que le permet son âge. Il a fait une très grande perte en M. de Clugny, mais nous tâcherons de la réparer, et j'espère que M. Necker voudra bien m'en croire.

(A appartenu à M. Léon de Montbeillard.)

LETTRE CCLIX

A FILIPPO PIRRI (3).

Montbard, le 8 novembre 1776.

J'ai reçu, monsieur, la lettre et le livre que vous m'avez fait l'honneur de m'adresser, et j'ai remis à M. Daubenton le paquet qui était à son adresse. Je commence par vous remercier, monsieur, de votre beau présent et des sentiments d'estime que vous avez la bonté de me témoigner.

Il m'a fallu quelques jours pour lire votre ouvrage. Quoique je n'entende pas mal votre langue (4), je n'ai pas entendu d'abord le fond de vos pensées; mais il me semble qu'elles ne s'éloignent pas des miennes, pas même autant que vous le croyez.

Comme votre ouvrage ne présente partout qu'honnêteté, bonne foi et recherche impartiale de la vérité, il vous a concilié mon estime, et en même temps il m'inspire la confiance de vous parler naturellement.

Tout homme qui n'a pas assez de lumières dans l'esprit pour voir évidemment que la supposition des germes préexistants, renfermés à l'infini les uns dans les autres, est une absurdité, n'est pas un philosophe. Tous les

(1) Guéneau de Montbeillard commençait à se fatiguer des oiseaux, travail dans lequel il allait être bientôt remplacé par l'abbé Bexon.

(2) Philibert-Charles-Marie Varennes de Fenille, fils cadet de Jacques Varennes, précédemment nommé.

(3) Filippo Pirri, docteur en médecine de la Faculté de Padoue, philosophe, chimiste et micrographe romain.

(4) Buffon, qui avait séjourné en Italie et en Angleterre, parlait et écrivait facilement la langue de ces deux pays.

palingénésistes ne sont et ne seront jamais que de très mauvais raisonneurs, puisqu'ils fondent tous leurs raisonnements sur ce principe absurde.

Vous avez grande raison de dire, monsieur, que le microscope a produit plus d'erreurs qu'il n'a produit de vérités. Il en est ainsi de tous les ouvrages de l'homme, parce qu'il y a plus de gens qui voient mal que bien, plus d'esprits faux que de vrais, plus de gens préoccupés que de personnes sans préjugés. Je vous avoue que je ne fais aucun cas des prétendues découvertes de M. Spallanzani (*), et je suis étonné que vous conveniez qu'il a, sans équivoque, démontré que les vers spermatiques et les vers des infusions sont de véritables animaux d'espèces reconnaissables et différentes entre elles. Rien n'est moins prouvé, ou, pour mieux dire, rien n'est plus faux que cette assertion. M. Spallanzani n'a vu dans les liqueurs séminales que ce que j'y ai vu longtemps avant lui. Seulement il lui plaît d'appeler *animaux* ces corps mouvants qui ne méritent pas ce nom, et qui ne sont en effet que les premiers *agrégats* des molécules organiques vivantes.

N'est-il pas étonnant que M. Fontana (1), autre microscopiste, ait donné comme une découverte nouvelle, à lui appartenant, tout ce que j'ai écrit il y a près de trente ans sur les anguilles du blé ergoté? Je suis encore surpris de ce que vous paraissez croire de bonne foi que la membrane du jaune de l'œuf forme les intestins grêles du poulet : rien n'est encore aussi faux que cette assertion du docteur Haller (**), si ce n'est peut-être l'assertion

(*) Spallanzani (Lazare) naquit à Scandiano, petite ville du duché de Modène, le 12 janvier 1729, et mourut à Paris, le 12 février 1799. C'est un des naturalistes qui a fait faire le plus de progrès à l'expérimentation pendant le cours du XVIIIe siècle. Ses expériences sur la digestion, sur la reproduction des animaux et des plantes, sur les organismes inférieurs méritent encore de figurer dans l'histoire de ces questions. Le premier, en effet, il établit la nature véritable de la digestion stomacale et observa la reproduction de quelques infusoires. Cette dernière question est celle à laquelle Buffon fait allusion dans cette lettre. Le naturaliste français ne croyait pas à l'animalité des infusoires; il les considérait comme de simples molécules organiques ou comme des « agrégats de molécules organiques » non encore spécialisés en animaux. Spallanzani, en déterminant la constance des formes d'un certain nombre d'infusoires et en découvrant leur reproduction, mettait à néant la manière de voir de Buffon qui s'en montra mécontent. (Voyez, pour les détails de cette intéressante question, mon Introduction à cette édition des œuvres de Buffon.)

(1) L'abbé Félix Fontana, physicien, anatomiste et naturaliste italien, précédemment nommé. (Lettre du 18 mars 1776 à Guéneau de Montbeillard.)

(**) De Haller (Albert) naquit en octobre 1708, à Ber, et mourut en 1777 en laissant la réputation de l'un des esprits les plus encyclopédistes qui aient existé. La physiologie et l'anatomie humaines et animales, la botanique, l'embryologie, la médecine et la chirurgie lui sont redevables de recherches et de faits importants. La poésie elle-même ne fut pas étrangère aux occupations de sa vaste intelligence. Buffon a raison de critiquer son opinion sur le rôle de la membrane du jaune de l'œuf dans le développement des organes du poulet. Il n'est pas moins dans le vrai quand il s'élève contre la théorie des germes préexistants admis par Haller, par Bonnet et une foule d'autres naturalistes de son époque, mais lui-même commit une erreur non moins grave en niant l'existence de l'œuf chez les vertébrés. Dans cette question, son esprit de généralisation et de synthèse lui fit entièrement défaut (voir Introduction).

de M. Bonnet (*) et de quelques autres, qui prétendent qu'on voit le têtard tout formé dans les œufs de grenouille qui n'ont pas été fécondés par le mâle, comme dans ceux qui ont été fécondés. Je vous le répète, monsieur, rien n'est plus faux que toutes ces assertions, et vous le reconnaîtrez vous-même, si vous voulez vous donner la peine de vérifier les faits. Je ne les accuse que de préventions pour leur système absurde des germes préexistants, système qui, malgré son absurdité, pourra encore durer longtemps dans la tête de ceux qui s'imaginent qu'il est lié avec la religion.

(*) Bonnet (Charles) naquit à Genève le 13 mars 1720; et y mourut le 20 mai 1793, après avoir exercé sur l'esprit des naturalistes de son époque une influence considérable. On lui doit la découverte de la parthénogénèse chez les pucerons, des recherches très curieuses sur les fonctions des feuilles des plantes, notamment sur leur faculté d'absorption de l'eau encore niée par quelques botanistes de notre époque. Son *Traité d'insectologie* et ses *Recherches sur l'usage des feuilles dans les plantes* contiennent de précieux modèles d'observations. Mais il dut surtout sa réputation à ses *Considérations sur les corps organisés* que l'on peut considérer comme la première tentative scientifique faite dans le but de montrer l'enchaînement qui existe entre tous les êtres vivants. Je ne parle pas de son opinion sur la préexistence des germes que Buffon critique avec raison (voir l'Introduction). Dans ses considérations sur les corps organisés, il attaque assez vivement les idées de Buffon sur la génération. M. Nadault de Buffon nous a conservé à la note 3, page 263 du tome II de sa première édition de la *Correspondance de Buffon,* des lettres relatives à cette affaire qui ne manquent pas d'intérêt. Au moment où parut l'ouvrage de Bonnet, le président de Brosses, avec lequel le naturaliste génevois était lié, lui écrivit : « J'attends votre traité et vos expériences avec autant d'impatience que de curiosité. Je serais bien fâché qu'elles vous missent en dispute avec M. de Buffon. C'est mon intime ami. C'est sans prévention que je le regarde comme le plus beau génie, l'esprit le plus sublime, le plus net, le plus métaphysique, qui voit et saisit le mieux les choses dans le grand et dans l'ensemble, et qui excelle à généraliser les idées, comme l'écrivain le plus éloquent et le plus clair qu'il y ait aujourd'hui en France; mais je voudrais,— et je le lui ai dit,— qu'il se livrât moins à sa riche imagination et qu'il fût moins ambitieux d'être chef de secte. » Charles Bonnet, parlant des différends scientifiques qu'il eut avec Buffon, s'exprime ainsi : « M. de Buffon disait un jour à feu M. Philibert Cramer, qui me l'avait rapporté, qu'il présumait que j'avais été excité à le critiquer parce qu'il avait attribué à Leuwenhoëck la découverte de la génération des pucerons, que je croyais m'appartenir. Le meilleur de la chose est que, lorsque je relevais M. de Buffon dans les *Considérations sur les corps organisés*, j'ignorais entièrement qu'il eût fait ce cadeau à l'observateur hollandais, et à l'heure que je vous écris, j'ignore encore dans quel endroit de son *Histoire naturelle* se trouve cet article singulier sur les pucerons. Il est au moins bien certain que Leuvenhoëck ne s'était point assuré par des expériences que ces petits insectes multipliaient sans accouplement; il n'avait eu là-dessus que de simples conjectures, comme l'a remarqué M. de Réaumur dans ses *Mémoires sur les insectes.* M. de Buffon s'était donc trompé sur ce sujet, et il ne se trompait pas moins assurément sur le motif secret qu'il prêtait à ma critique, et qui contrastait autant avec mon caractère qu'avec les sentiments qu'il m'avait lui-même témoignés. »

Charles Bonnet fut reçu correspondant de l'Académie des sciences en 1783, et Buffon lui donna sa voix; ce qui détruit cette assertion erronée des Mémoires de Bachaumont : « Depuis longtemps, le savant Bonnet de Genève était sur les rangs pour entrer à l'Académie des sciences. Dès qu'il y avait une place vacante parmi les associés étrangers, il était proposé et rejeté. La cabale prépondérante du comte de Buffon, contre lequel il a écrit, lui donnait l'exclusion. M. Bonnet était si dégoûté de se voir ainsi ballotté, qu'il avait pris le parti d'écrire à ses amis de ne plus faire mention de lui. Cependant, à la mort du docteur Pringle, ils ont fait un nouvel effort, et enfin l'ont emporté. Il a été élu à la pluralité, et le Roi vient de confirmer sa nomination. »

Je ne suis donc pas trop étonné que des prêtres ou des abbés tels que MM. Fortis (1) Spallanzani, Fontana, soient palingénésistes ; mais je suis surpris que des philosophes et des médecins, et surtout le célèbre M. Haller, cherchent à donner des forces à une aussi faible chimère.

Tout ceci, monsieur, n'est qu'entre vous et moi, parce que vous m'avez prié de vous écrire sincèrement, et parce que votre ouvrage m'a donné pour vous toute l'estime que vous pouvez désirer de moi. Je vois que vos incertitudes ne sont fondées que sur votre honnêteté, que vous cherchez à rendre justice au mérite de tout le monde, que vous respectez les grands noms, qu'ils vous en imposent même lorsque leurs opinions sont contraires aux vôtres. Tout cela marque la meilleure âme et le cœur le plus vertueux ; je ne crains donc pas de vous dire tout ce que je pense.

Si j'étais jamais assez heureux pour avoir quelques heures de conversation avec vous, monsieur, je suis comme assuré que les idées que vous appelez trop fortes dans mon système sur la génération vous paraîtraient non seulement très naturelles et très simples, mais pleinement confirmées par les ressemblances des enfants à leurs parents et par les ressemblances mi-partie des mulets, sur lesquels je viens de donner quelque chose de nouveau dans le troisième volume in-4° de mes *Suppléments à l'Histoire naturelle.* Je prends de là occasion, monsieur, de vous envoyer ci-joint un mandat sur mon libraire pour qu'il ait à vous donner ce volume, que je vous prie d'agréer. Je crois que vos libraires de Rome sont en correspondance avec M. Panckoucke, et qu'ils ne refuseront pas de vous donner ce volume en leur remettant mon mandat, dont M. Panckoucke leur tiendra compte. Je voudrais aussi vous épargner le port de cette grosse lettre ; mais je suis à ma campagne en Bourgogne, où je ne puis la faire contre-signer (2), et j'ai mieux aimé vous l'adresser directement, pour ne pas vous faire attendre plus longtemps ma réponse.

Je suis très content de votre théorie sur la putréfaction ; vous ne serez peut-être pas d'accord en tout avec les chimistes, mais, comme vous l'insinuez assez, ce n'est point ici une affaire de chimiste, mais de philosophe (*).

(1) L'abbé Jean-Baptiste Fortis, né en 1740, mort le 21 octobre 1803, entra de bonne heure dans les ordres et se fit connaître par des recherches et des publications variées, notamment sur l'histoire naturelle.

(2) On a précédemment vu que Buffon disposait du contre-seing de l'intendance générale des postes.

(*) Buffon ne manque presque aucune occasion de manifester le peu de goût qu'il a pour l'expérimentation. Il est bien évident que si l'on s'était borné, selon son désir, à ne considérer la putréfaction qu'au point de vue physique, on ne serait jamais arrivé à connaître la nature véritable des phénomènes qui l'accompagnent. Dans cette question comme dans toutes celles qui touchent à l'organisation et aux propriétés de la matière, les *vues de l'esprit*, si chères à Buffon, ne suffisent pas. Ces vues peuvent servir de guide à l'expérimentation et à l'observation ; elles peuvent en tirer profit, mais elles sont impuissantes à fournir la solution positive des problèmes scientifiques.

Les chimistes ne voient que par leurs lunettes, c'est-à-dire par leur méthode ; le philosophe doit voir par ses yeux et juger, comme vous l'avez fait, sans préjugés, par la saine raison.

Continuez, monsieur, à vous occuper de cette grande matière ; vos premiers essais me paraissent trop heureux pour ne pas désirer de vous voir suivre cette carrière, qui d'ailleurs convient si fort à votre état, et dans laquelle vous ne pouvez manquer d'acquérir beaucoup de gloire.

Je finis en vous faisant mes remerciements de tout ce que vous avez eu la bonté d'écrire d'obligeant sur mon compte, et en vous assurant des sentiments de ma reconnaissance et de la respectueuse estime avec laquelle j'ai l'honneur d'être, monsieur, votre très humble et très obéissant serviteur.

BUFFON.

(Communiquée par M. Bourrée, ancien juge à Châtillon-sur-Seine, de la famille du diplomate de ce nom.)

LETTRE CCLX

A M. DE BURBURE (1).

25 novembre 1776.

Quoique vous étendiez, monsieur, mon système des molécules organiques au delà des bornes que j'ai cru devoir lui prescrire, je trouve que vous avez mis dans ce grand sujet l'intelligence du génie et la netteté du style jointes à de grandes recherches. Il m'a seulement paru que, dans le recueil des faits que vous avez rassemblés, il y en a quelques-uns qui ne méritent aucune croyance, et je serais fâché, si vous publiiez cet ouvrage, de vous voir taxer d'un peu trop de crédulité. Je vous renverrai votre manuscrit avec quelques marques au crayon qui suffiront pour vous indiquer les passages que je trouve hasardés.

J'ai l'honneur d'être, monsieur, votre très humble et très obéissant serviteur.

LE Cte DE BUFFON.

(Communiquée par M. Deullin.)

(1) Jacques de Burbure, officier de cavalerie, membre de l'Académie de Châlons-sur-Marne, s'est fait connaître par divers mémoires et écrits scientifiques, notamment par *Les phénomènes de la nature expliqués par le système des molécules organiques vivantes* et par *Les transmutations de la matière, prouvées par la décomposition des corps organisés, ou suite du développement des phénomènes expliqués par le système des molécules organiques vivantes.* Aucun de ces ouvrages ne paraît avoir été publié.

LETTRE CCLXI

A M. GUILLEBERT (1).

Montbard, le 29 novembre 1776.

Dès que vous êtes content de mon fils (2) je suis très satisfait, monsieur, et je vous en fais mon compliment et mes remerciements. Je commence à espérer qu'avec votre attention et vos bons soins nous en ferons un homme (3), et je crois que, pour l'encourager à reprendre sans regret le triste train du collège (4), il faut un peu renfler sa bourse, et lui donner un louis, qui lui prouvera mieux qu'un beau discours le bon témoignage que vous m'avez rendu de sa conduite.

Je suis encore ici pour un mois ou cinq semaines. Donnez-moi toujours de temps en temps de vos nouvelles, et soyez sûr que je les reçois avec autant de plaisir que j'en ai à vous assurer des sentiments d'estime et d'amitié que vous m'avez inspirés et que je vous ai voués.

BUFFON.

Embrassez votre jeune ami pour moi, je l'aimerai d'autant plus qu'il vous aimera lui-même davantage.

(Inédite. — Collection Nadault de Buffon.)

LETTRE CCLXII

A MADAME NECKER.

Montbard, le 2 janvier 1777.

Je suis parti, ma chère et très respectable amie, l'esprit rempli de votre image et le cœur pénétré, comblé de vos bontés.

(1) Le dernier précepteur du fils de Buffon. La lettre est adressée à *M. Guillebert, gouverneur de M. de Buffon au collège du Plessis* (aujourd'hui lycée Louis-le-Grand), *rue Saint-Jacques*.

Voir la lettre à Mme Daubenton du 20 juin précédent.

(2) Le précepteur avait, en effet, le droit d'être satisfait de son élève qui témoignait d'une intelligence et d'une sensibilité précoces. Mme Necker rapporte un mot touchant du fils de Buffon à 12 ans : « Il était tombé dans l'eau, son précepteur lui reprocha d'avoir eu peur — J'ai eu si peu peur, dit l'enfant, que, dût-on me donner l'espérance de vivre 100 ans comme mon grand-papa, je consentirais à mourir tout de suite si je pouvais ajouter une année à la vie de mon père... Non pas dans l'instant, ajouta-t-il en se reprenant. Je demanderais un quart d'heure pour jouir du plaisir de ce que j'aurais fait. »

(3) Le fils de Buffon se montra, en effet, un homme par la fermeté de sa mort à 29 ans sur l'échafaud.

(4) Au retour de ses vacances à Montbard près de son père.

Avec ces doux préservatifs, le corps ne pouvait se trouver mal, et je suis bien arrivé, malgré la rigueur de l'air et les mauvais chemins.

Mon premier plaisir, comme mon premier devoir, est de vous offrir mes vœux.

Soyez heureuse, ma toute aimable amie; soyez heureuse autant et aussi longtemps que je le désire et que vous le méritez.

Ce n'est pas un compliment du premier jour de l'an, c'est le sentiment constant de toutes les heures de ma vie. Votre bonheur, la gloire de M. Necker, et quelque part à votre amitié, voilà les seuls objets de mes désirs, et vous les comblerez si vous ne doutez pas de la sincérité des sentiments de reconnaissance, de dévouement et de respect avec lesquels j'ai l'honneur d'être, Madame, votre très humble et très obéissant serviteur,

Buffon.

(Inédite. — Archives de Coppet. — Communiquée par le vicomte d'Haussonville.)

LETTRE CCLXIII

AU PRÉSIDENT DE RUFFEY.

Montbard, le 12 janvier 1777.

J'ai reçu de vos nouvelles avec la plus grande satisfaction, mon très cher Président. En quelque temps que vous me donniez des marques de votre amitié, elles me sont toujours également chères et précieuses ; car il y a peu d'hommes que j'aime et que j'estime autant que vous. Ces sentiments sont aussi invariables qu'ils sont anciens (1) chez moi, et je serais comblé de joie si vous pouviez faire encore cet été une petite partie de Montfort, qui m'assurerait de vous posséder quelques jours à Montbard. J'y suis encore retenu par la mauvaise saison et par un peu de mauvaise santé, car je ne l'ai pas aussi ferme que vous, et j'ai été enchanté d'en juger par moi-même et de voir que l'âge n'a rien diminué de vos forces ni de votre activité.

Quoique j'aie pris la plus grande part à l'établissement de M. votre fils (2), je n'ai pu vous la témoigner comme je l'aurais désiré, pendant mon séjour à Paris; car j'ai d'abord été entraîné par une multitude d'affaires, et, comme je commençais à être un peu débarrassé et que j'espérais pouvoir vous voir à mon aise et vous recevoir avec M. votre fils et sa jeune dame, j'appris à votre hôtel que vous étiez parti deux jours auparavant, et j'eus bien du regret

(1) La première lettre de Buffon au président de Ruffey, par laquelle s'ouvre ce recueil, remonte à l'année 1729.

(2) Frédéric-Henri-Richard de Ruffey, président au Parlement de Bourgogne depuis le 4 mars 1776, avait épousé, le 25 août, Marie-Charlotte Hocquart de Cuœilly, fille d'un trésorier général de l'artillerie, morte à Dijon le 27 décembre 1835, sans enfants. (Voir p. 310, note 2 de la lettre du 27 mars 1776 au président de Ruffey.)

d'avoir manqué cette occasion de vous témoigner ainsi qu'à M. votre fils toute la part que je prenais à votre satisfaction.

Je vous remercie bien sincèrement de la part que vous avez la bonté de prendre à cette statue que je n'ai en effet ni mendiée ni sollicitée, et qu'on m'aurait fait plus de plaisir de ne placer qu'après mon décès. J'ai toujours pensé qu'un homme sage doit plus craindre l'envie que faire cas de la gloire, et tout cela s'est fait sans qu'on m'ait consulté (1).

(1) On lisait deux mois plus tard, le 29 mars 1777, dans les Mémoires de Bachaumont : « On commence à voir au Jardin du Roi une statue de M. le comte de Buffon, dont l'anecdote est curieuse à conserver. M. le comte d'Angiviller, longtemps avant d'être nommé à la dignité qu'il occupe et de présider aux arts, juste admirateur de M. de Buffon et son ami, avait demandé au feu roi (Louis XV) la permission d'ériger une statue à ce grand homme. Sa Majesté voulut s'en réserver l'honneur, et elle fut sur-le-champ commandée à ses frais. Mais, en même temps, il fut convenu avec l'artiste de garder le plus grand secret Le mystère n'a point été trahi, et le monument a été placé au lieu de sa destination en l'absence de M. de Buffon. »

D'après cet autre passage des mêmes mémoires, la statue n'aurait été inaugurée que l'année suivante : « On vient, y est-il dit à la date du 1er juillet 1778, de découvrir la statue de M. le comte de Buffon, qui a été placée au pied de l'escalier du Cabinet d'histoire naturelle. Elle est fort mal située et n'est pas dans le point d'optique qu'il faudrait à ce monument colossal. M. de Buffon est debout, dans l'attitude d'un homme qui compose. Le génie enflamme son visage plein de noblesse; il tient d'une main un poinçon, de l'autre un rouleau, suivant la coutume antique. On lit au bas ces quatre mauvais vers sous le titre d'inauguration :

Le monarque commande, et le marbre respire
Sous les traits de Buffon.
La nature applaudit, et dans tout son empire
Fait révérer son nom.

Ces vers étaient du chevalier de Grignon, qui en composa d'autres que nous avons publiés à la page 461 du tome II de la première édition de la *Correspondance*. (Voir aussi les notes de la lettre du 18 août 1782, de Buffon à son fils.)

Guéneau de Montbeillard et le président Richard de Ruffey ne restèrent pas en arrière; on trouvera plus loin les vers du président de Ruffey. Au surplus, les poésies et les vers qui furent envoyés à cette occasion au Jardin du Roi formeraient un volume.

Le Brun, dans une visite avec Mme Necker au Cabinet du Roi, avait composé ceux-ci :

Buffon vit dans ce marbre. A ses traits pleins de feu
Vois-je de la Nature ou le peintre ou le Dieu?

Sedaine avait voulu, lui aussi, dire son mot; Grimm nous a conservé cet impromptu de Sedaine :

En la forêt de Montbard, de la part des animaux du globe terrestre.

« Homme Pajou, nous te sommes bien obligés. Nous ne savions comment remercier l'homme Buffon de nous avoir peints; et toi avec ton instinct, ton ciseau et du marbre, tu as rendu nos sentiments et sa figure. Tu as donné une idée de son intelligence aussi parfaitement qu'il a rendu la nôtre, avec sa réflexion et la plume d'un de nos camarades.

« Sais-tu qu'il ne faut pas être un sot pour exprimer la reconnaissanc des bêtes? Elle est pure, la nôtre, elle n'est pas comme la vôtre, toujours gâtée par l'amour-propre. Quand nous recevons un bienfait, nous ne croyons pas l'avoir mérité. Nous ne disons pas cela pour toi ; tu dois être, comme l'homme Buffon, bon et honnête. Vous auriez dû tous deux être des nôtres; tu aurais été un lion et lui un aigle. Adieu. »

Mais les improvisations, les pièces d'à-propos et les inscriptions en vers français n'avaient

Vous n'avez pas besoin d'exemple pour vous animer à faire le bien ; vos monuments de bienfaisance, tant à l'Académie qu'ailleurs, valent mieux qu'une statue, car ils sont vivants dans le cœur de tous les honnêtes gens.

Je vous prie de faire mention de moi à M. votre fils, et de faire passer les assurances de mon respects à Mme de Ruffey. Je leur suis très sincèrement dévoué comme à vous, mon très cher Président, et c'est avec un véritable et respectueux attachement que je serai toute ma vie votre très humble et très obéissant serviteur.

BUFFON.

(Collection du comte de Vesvrotte.)

pas tardé à faire place à une inscription latine dont Panckoucke paraît être l'auteur, car elle est accompagnée de son nom sur tous les portraits de Buffon qui la reproduisent :

Naturam amplectitur omnem.

Une main inconnue écrivit au-dessous :

Qui trop embrasse mal étreint.

A en croire Geoffroy Saint-Hilaire, cette inscription et son commentaire sur le socle de la statue de Buffon entièrement nu auraient donné lieu à des plaisanteries équivoques et de mauvais goût jusqu'au jour où la première inscription disparut pour faire place à celle qui y est aujourd'hui :

Majestati naturæ par ingenium.

Ce fut inutilement, hélas! que le fils de Buffon, à la veille de mourir et qui voulait vivre pour la femme qu'il aimait, en appela à la statue de son père, toujours debout en pleine Terreur au Jardin du Roi.

Il écrivait à Fouquier-Tinville, de la prison de la Conciergerie, trois jours avant son exécution : « Tandis que les statues des rois sont en poudre, celle de mon père est debout au Jardin national où le peuple reconnaissant la voit tous les jours. » La statue de Buffon, respectée par la Révolution, a été transportée du vestibule dans une des salles du Muséum. Elle renferme aujourd'hui une relique, son cerveau.

Depuis 1865, une statue de bronze, en pied, œuvre du statuaire Dumont, de l'Institut, a été élevée à Montbard, par une souscription nationale, sur la plus haute plate-forme, entre le cabinet de travail où Buffon a écrit l'*Histoire naturelle*, et la chapelle où il repose.

La statue en pied de Buffon, par le statuaire Oudiné, figure au Louvre parmi celles qui décorent la façade du midi de la cour du Carrousel. Elle se voyait également à l'aile nord de l'Hôtel de ville, avant l'incendie de la Commune, mais le Conseil municipal n'a pas cru devoir l'y rétablir ; l'opinion publique et la presse de tous les partis ont unanimement protesté contre cette suppression de la statue de Buffon, dans un temps où la science salue en lui le précurseur de toutes les grandes découvertes modernes. Le Conseil municipal de la ville de Paris ne s'est pas souvenu que Buffon, étranger à nos discordes politiques, fut, comme particulier, un homme de bien et un philanthrope, comme écrivain une des gloires de la France, comme savant un bienfaiteur de l'humanité.

LETTRE CCLXIV

AU PRÉSIDENT DE BROSSES.

Montbard, le 13 janvier 1777.

Je vous envoie, mon très cher Président, mon chétif portrait (1) et mon cœur qui dans tous temps fait des vœux pour votre bonheur.

M. Panckoucke vous fera sa révérence, et, s'il manque à votre bibliothèque quelqu'un des volumes de mon ouvrage, il pourra vous les faire donner par Frantin (2).

Un bon Anglais de mes amis me prie instamment de vous recommander M. Cambell (3). Vous me ferez plaisir de lui dire que je vous en ai parlé.

Adieu, mon bon ami ; vous savez combien je vous suis tendrement dévoué. Mme Daubenton, qui entre auprès de moi, me prie de vous faire mention d'elle.

Nos respects très humbles à Mme la Présidente.

BUFFON.

(Appartient au comte de Brosses.)

(1) Très beau portrait en buste dans un encadrement ovale, accompagné, à droite, d'un aigle debout sur des minéraux, qui, les ailes éployées, contemple le portrait, et à gauche d'une mappemonde sur laquelle on a jeté une peau de lion, gravé par Vangœlisty d'après Pujos, avec cette dédicace :

G. L. COMTE DE BUFFON
DE L'ACADÉMIE FRANÇAISE, DE CELLE DES SCIENCES, ETC., ETC.
DÉDIÉ A MONSIEUR SON FILS
PAR SON TRÈS HUMBLE ET TRÈS OBÉISSANT SERVITEUR
A. PUJOS.

On lit à propos de ce portrait dans les Mémoires de Bachaumont, du 8 juin 1777 : « Outre la statue élevée à M. de Buffon au Jardin du Roi, par M. le comte d'Angiviller, l'Académie royale des beaux-arts de Toulouse a voulu avoir son portrait. Il a été dessiné d'après nature par M. Pujos, peintre en miniature, associé honoraire de cette compagnie, et gravé par M. Vangœlisty, avec ces vers de Delille :

La nature pour lui, prodiguant sa richesse,
Dans son génie ainsi que dans ses traits,
A mis la force et la noblesse.
En la peignant, il paya ses bienfaits.

(2) Famille de libraires très connue à Dijon pendant le XVIIe et le XVIIIe siècle, mêlée à l'affaire Varennes.

(3) George Cambell, théologien, né en 1719, mort le 6 avril 1796, a écrit de nombreux ouvrages, notamment une *Dissertation sur les miracles*, en 1763, et la *Philosophie de la rhétorique*, en 1776. Il était très tolérant et lié avec la plupart des philosophes et savants de son temps.

LETTRE CCLXV

AU MÊME (1).

Montbard, le 3 mars 1777.

Jamais, mon très cher et respectable Président, je n'ai reçu un présent qui fût plus selon mon cœur que les trois volumes de votre bel ouvrage (2). Je devrais cependant vous gronder de ce qu'étant aussi bon par sa personne, vous l'ayez encore si magnifiquement habillé (3). Il n'avait nul besoin de cette parure, surtout auprès de moi, qui me suis empressé de lire quelques-uns des endroits indiqués par votre lettre.

J'ai regret d'être à la veille de mon départ pour Paris, surchargé d'affaires qui m'empêchent d'en faire la lecture entière; car je suis sûr que j'y verrai partout votre âme et votre génie.

Et combien n'en fallait-il pas pour une pareille production! C'est une divination qui suppose non seulement une profonde connaissance des mœurs et du costume, mais encore exige une hauteur de vue et une finesse de discernement que je ne connais qu'à vous. Je ne vous parle pas du style; quoique simple et majestueux, il pourrait ne pas plaire à nos faiseurs d'historiettes ou de contes moraux (4). Pour moi, je le trouve très convenable à la chose, et sur le tout je vous complimente du meilleur de mon cœur. Je suis persuadé que cet ouvrage vous fera beaucoup d'honneur auprès même des érudits les plus revêches, qui, n'ayant pas entendu votre excellent traité de la mécanique du langage (5), entendront peut-être mieux la belle langue de Salluste en français.

Je vous écrirai de Paris, où je serai dans six jours, tout ce que j'entendrai dire; et pour vous dire d'avance ce que j'en pense, c'est qu'il n'y a pas un

(1) Cette lettre est la dernière de ce recueil adressée par Buffon au président de Brosses, qui mourra pendant un séjour à Paris, le 7 mai de cette même année, et à qui Buffon aura la consolation de fermer les yeux.

(2) Le président de Brosses venait de publier, deux mois avant sa mort, sa traduction de Salluste, occupation de toute sa vie : *Histoire du* VII*e siècle de la République romaine, précédée d'une vie de Salluste* réimprimée en 1808 en tête de la traduction *de Salluste* par Dureau de Lamalle (1777, 3 vol. in-4°).

Autour de cette œuvre principale, le président de Brosses a groupé de nombreux travaux sur Salluste, réunis en un quatrième volume en partie inédit et comprenant le texte latin corrigé d'après les manuscrits originaux d'Allemagne et d'Italie; les fragments mis en ordre avec suppléments; le commentaire latin avec remarques critiques et grammaticales et les noms historiques cités dans la traduction; et une table des fragments avec un catalogue des variantes et un dictionnaire critique des locutions particulières à Salluste.

(3) L'exemplaire offert par le président de Brosses à Buffon était magnifiquement relié.

(4) Allusion au style de Marmontel, auteur des *Contes moraux*.

(5) Le *Traité de la formation mécanique des langues* venait d'être traduit en allemand et réimprimé cette même année à Leipzig.

seul de nous autres Quarante qui eût fait cet ouvrage, non seulement pour la partie de divination, mais pour celle de la précision et de la combinaison des recherches.

Tâchez de venir à Pâques, ou du moins à la Pentecôte. Je séjournerai tout ce temps avant de revenir à Montbard.

Mille respects à Mme la première Présidente, et mille tendresses à votre très cher fils (1).

Adieu, mon très illustre et respectable ami; personne ne vous estime et ne vous aime plus que moi, parce que personne ne vous connaît autant dans toute votre étendue.

BUFFON.

(Communiquée par le comte de Brosses.)

LETTRE CCLXVI

AU PRÉSIDENT DE RUFFEY.

Montbard, le 3 mars 1777.

C'est avec bien de la sensibilité et toute reconnaissance, mon très cher Président, que j'ai reçu les beaux vers dictés par votre amitié (2). Si j'ai différé de vous répondre, c'est que j'aurais voulu vous les envoyer imprimés, et je les avais donnés pour les mettre dans un journal; mais ces Messieurs les journalistes, surtout ceux qui sont poètes eux-mêmes, ne se soucient que de leurs propres vers. Cependant, je crois que les vôtres seront publiés, et, assurément, ils méritent bien d'être rendus publics (3). Quoique trop flatteurs

(1) René, comte de Brosses, né le 13 mars 1771, et que son père allait laisser orphelin à six ans.

(2) C'était une coutume pour les amis de Buffon, et en particulier pour le président de Ruffey et Guéneau de Montbeillard, de célébrer par des vers les événements importants de sa vie et les anniversaires de son foyer domestique.

Nous possédons plusieurs volumes de vers, tant manuscrits qu'imprimés, ayant cette origine.

(3) Voici les vers du président de Ruffey. Ils n'ont pas été publiés.

Dans le Temple de la nature,
La France vient de t'élever
Un monument où la sculpture
A pris soin de nous conserver
Et son hommage et ta figure.
On n'acquérait pareil honneur
Jadis qu'en passant l'onde noire;
Mais, par un surcroît de ta gloire,
Tu vis..... tu règnes dans mon cœur.
D'une amitié de treize lustres
Il a le droit d'être flatté.
Cher Buffon, tes destins illustres
Sont pour toi l'avant-goût de l'immortalité.

pour moi, vous avez su néanmoins y conserver un caractère de noblesse, de simplicité et de vérité, qui ne peut que faire honneur à votre esprit et à votre cœur. Je vous en réitère tous mes remerciements, sans pouvoir vous exprimer combien j'ai été touché de cette marque éclatante de votre estime et de votre amitié.

Je pars dans deux jours pour retourner à Paris (1); donnez-moi vos ordres si je puis vous y être de quelque utilité. Si vous vous déterminez à vendre la terre de Montfort, avertissez-moi; je sais quelqu'un qui pourrait y penser (2).

Mille respects à Mme la présidente de Ruffey et à M. votre fils.

C'est dans ces mêmes sentiments que je serai toute ma vie, mon très cher Président, votre très humble et très obéissant serviteur.

BUFFON.

(Appartient au comte de Vesvrotte.)

LETTRE CCLXVII

A MADAME NECKER.

Le 4 mars.

Voulez-vous bien, mon adorable et très respectable amie, remettre au grand homme la lettre ci-jointe qui contient un petit remerciement de l'attention qu'il a eue de m'envoyer une production singulière que je placerai au Cabinet.

Je saisis cette occasion pour vous redire ce que je voudrais vous répéter sans cesse, que je vous aime et vous aimerai toute ma vie, et que néanmoins je ne pourrai jamais vous aimer autant que vous le méritez ni peut-être autant que je le dois.

BUFFON.

(Publiée, en 1855, dans le *Cabinet historique* de Louis-Paulin Pâris.)

(1) Buffon, qui annonce au président de Ruffey qu'il part dans deux jours pour Paris, écrivait le même jour à son autre ami le président de Brosses, qu'il y sera dans six jours. Cette double indication fait connaître le temps que Buffon mettait à se rendre de Montbard à Paris. Il restait quatre jours en route, ne voyageant qu'à petites journées, jamais la nuit; mais, dans ses voyages, Buffon ne perdait pas son temps. « Quand il voyageait, — dit Mlle Blesseau dans l'intéressante biographie que nous avons publiée à la page 638 du tome II de la première édition de la *Correspondance*, — il était toujours occupé à penser; il prenait des notes, et le soir, arrivé à l'auberge, il les mettait au net. »

(2) Buffon songeait à la terre de Montfort à la fois pour lui et pour les Necker, qui l'avaient chargé de leur trouver une terre en Bourgogne. Mme Necker cherchait le moyen de se rapprocher d'un homme auquel elle avait donné toute son estime et son amitié. Buffon, bien que possédant déjà le comté de Buffon, les seigneuries de Montbard et de Rougemont et des bois considérables, voulait de son côté acheter une terre, et il acheta en effet, après le mariage de son fils, du comte de La Rivière, son ami, la terre de Quincy, à quelques kilomètres de Montbard.

LETTRE CCLXVIII

A FAUJAS DE SAINT-FOND (1).

Au Jardin du Roi, le 28 mars 1777.

A mon retour à Paris, monsieur, j'ai trouvé la collection choisie des matières volcanisées que vous avez eu la bonté de m'envoyer pour le Cabinet du Roi (2), et j'ai reconnu qu'elle a été faite avec autant de discernement que de connaissance. Cela me donne une grande curiosité de lire votre Mémoire (3), et je désirerais qu'il fût déjà publié, parce que je profiterais de

(1) Barthélemy de Faujas de Saint-Fond, géologue, auteur et professeur, né le 17 mai 1741, mort le 18 juillet 1819, un des fondateurs de la géologie. Ses débuts ne furent pas ceux d'un savant; car il a commencé par écrire des vers et par remplir une charge de magistrature, celle de président de sénéchaussée. Mais, frappé par l'aspect des montagnes du Vivarais, aujourd'hui l'Ardèche, qu'il habitait, il avait commencé, dès 1770, ses recherches sur les volcans éteints et s'était mis en rapport avec Buffon, en lui envoyant des échantillons de matières volcaniques et son premier mémoire.

Buffon, appréciant les qualités de ce savant modeste, le fit charger, dans le courant des années 1783 à 1785, d'expériences sur les minéraux, les minerais de fer et les eaux minérales, le fit nommer, en 1785, commissaire du roi pour les mines, et l'attacha définitivement au Jardin du Roi, en janvier 1787, avec le titre d'adjoint au Cabinet pour la correspondance.

Professeur de géologie et administrateur du Muséum à sa réorganisation, Faujas de Saint-Fond a découvert les basaltes de Staffa, la mine de fer de Lavoulte, dans l'Ardèche, et celle de pouzzolane de Chenevary, en Velay.

Nous avons publié, sous le titre de *Journal d'un naturaliste*, à la page 154 du volume que nous avons fait paraître en 1863 : *Buffon, sa famille, ses collaborateurs, ses familiers*, des extraits du carnet de voyage de Faujas de Saint-Fond qui témoignent qu'il était un observateur aussi exact qu'un explorateur intrépide. Il s'est occupé des aérostats avec Guyton de Morveau et Pilâtre de Rosier, et a publié, outre son principal ouvrage *sur les volcans éteints du Vivarais*, de nombreux *Mémoires* sur le même sujet, le compte rendu de ses voyages métallurgiques en Angleterre, en Écosse et aux îles Hébrides, des *Essais de géologie* et une *Histoire du Dauphiné*.

Dans la correspondance qui va suivre, nous verrons Faujas de Saint-Fond pénétrer peu à peu dans l'intimité et la confiance de Buffon, qui, à sa mort, le désignera au baron de Breteuil pour continuer l'*Histoire naturelle* et lui léguera son cœur, auquel le fils de Buffon substituera son cerveau.

Le cerveau ou cervelet de Buffon, que la famille de Faujas de Saint-Fond faillit se voir enlever, en 1829, par un soi-disant homme de lettres, le sieur du Baroux, et que le musée Carnavalet réclamait en 1866, a été remis à l'État par MM. de Faujas et Nadault de Buffon, et, suivant le vœu émis par les professeurs du Muséum en l'an VIII, et par Cuvier en 1827, déposé le 6 octobre 1870 dans le socle de la statue de Buffon par Pajou, avec une inscription commémorative.

(Voir *Dictionnaire Larousse : Verbo* CŒUR et CERVEAU de Buffon et à la fin de ce recueil.)

(2) Buffon remettait scrupuleusement au Cabinet du Roi tous les cadeaux personnels qui lui étaient faits, et tandis qu'il aurait pu se former une collection d'un grand prix, il fut peut-être le seul naturaliste à ne pas posséder un cabinet d'histoire naturelle. (Voir note de la lettre du 2 février 1781 au même.)

(3) *Mémoires sur les bois de cerf fossiles trouvés en 1775 dans les environs de Montélimar*. (Paris, 1776, 1 vol. in-4°; 2e édition en 1779, avec fig. coloriées.)

vos observations et des lumières que vous aurez répandues sur cet objet. J'en ferais même un usage assez prompt, parce que je vais imprimer un volume de supplément à ma *Théorie de la terre* (1), dans lequel l'article des volcans tiendra une place assez considérable, et je serais enchanté de vous citer avec les nouvelles découvertes qu'ont produites vos recherches.

J'ai eu l'honneur de vous répondre, monsieur, avant d'avoir vu votre collection, et je ne me souviens pas bien si je vous ai envoyé un mandat pour les quatre premiers volumes in-4° de la nouvelle édition de mes ouvrages (2). En tout cas, c'est mon intention, et je vous supplie de me marquer si vous avez reçu ce mandat.

Les deux volumes suivants sont sous presse, et toute l'édition pourra être finie dans dix-huit mois. Je vous l'offre, non seulement avec plaisir, mais comme un hommage dû à votre mérite. C'est dans ces sentiments et avec une respectueuse considération que j'ai l'honneur d'être, monsieur, votre très humble et très obéissant serviteur,

BUFFON.

(Collection Nadault de Buffon.)

LETTRE CCLXIX

A M. SONNINI (3).

Paris, le 4 avril 1777.

Je viens de recevoir, monsieur, votre lettre datée de Montpellier du 27 mars, et je joins ici une lettre pour M. Boriès, docteur en médecine à

(1) *Les Époques de la nature.*

(2) La troisième édition in-4° de l'*Histoire naturelle*, qui avait commencé de paraître en 1774 sous le titre d'*Œuvres complètes de M. de Buffon*, dont la partie anatomique de Daubenton avait été supprimée comme dans les éditions in-12, édition dans laquelle Buffon a refondu les Suppléments. Ces 14 volumes comprennent, sous le titre d'*Histoire générale*, 6 volumes parus de 1774 à 1779, et sous le titre d'*Histoire des quadrupèdes*, 8 volumes publiés de 1777 à 1789.

(3) Charles-Nicolas-Sigisbert Sonnini de Manoncour, né le 2 février 1751, mort le 29 mars 1812, était parti en 1772 pour Cayenne, en qualité de cadet, dans le génie de la marine. A la suite de ses voyages de découverte poursuivis avec une rare énergie, il remit à Buffon une collection d'oiseaux rares, et repartit pour la Guyanne avec le titre de lieutenant du génie et le brevet de naturaliste voyageur, correspondant du Cabinet du Roi.

De retour en France, en 1776, il travailla quelque temps à Montbard avec Buffon, qui, le citant dans l'*Histoire des Oiseaux*, dit : « qu'il a fait une étude approfondie sur les oiseaux étrangers, dont il a donné au Cabinet du Roi plus de cent soixante espèces; il ajoute : « Il a bien voulu me communiquer toutes les observations qu'il a faites dans ses voyages au Sénégal et en Amérique; c'est de ces mêmes observations que j'ai tiré l'histoire et la description de plusieurs oiseaux. »

Sonnini a publié, en 1799, une édition de l'*Histoire naturelle* en 127 volumes in-8°, où l'œuvre de Buffon est noyée dans un grand nombre de suites et de suppléments et de morceaux étrangers qui en dénaturent entièrement le caractère. La vie de Sonnini a été éprouvée par des affaires difficiles, par suite de sa légèreté et de son manque d'ordre.

Cette, qui fera encore plus son effet en passant par vos mains. S'il me fait un envoi de poissons préparés (1), je jugerai mieux de la valeur de son secret.

Vous me ferez plaisir de m'envoyer ce que vous avez écrit sur les kakatoës et les loris (2), et il ne restera plus que les perroquets proprement dits, et les perruches de l'ancien continent.

On commence à imprimer le quatrième volume de l'*Histoire des Oiseaux;* il sera fini dans quatre mois, et, si M. Guéneau de Montbeillard se trouve alors en retard (3), je compte commencer le cinquième volume par le long article des perroquets. Ainsi, ne perdez pas de temps, je vous en prie, à travailler sur ce sujet et à m'envoyer tout ce que vous aurez fait.

Puisque vous ramassez des coquilles sur notre côte de la Méditerranée, vous pourriez m'en envoyer une petite caisse, en ne prenant qu'un individu de chaque espèce, et bien conservé; mais il ne faut pas laisser le poisson dans la coquille, pour éviter l'infection. Nous n'avons pas besoin de matières de volcans (4), à moins que ce ne fût quelque morceau qui vous parût singulier...

Votre petit ara (5) ne jure plus, mais il ne prononce que deux ou trois mots; il est bien maigre, et il continue de perdre beaucoup de plumes; il ne veut manger ni pain, ni soupe, ni graines, et ne veut que du sucre et du biscuit, ce qui pourrait le trop échauffer; peut-être il se portera mieux lorsque sa mue sera entièrement passée....

J'ai l'honneur d'être, monsieur, votre très humble et très obéissant serviteur.

BUFFON.

(Publiée dans l'édition de l'*Histoire naturelle* de Sonnini.)

LETTRE CCLXX

AU COMTE DE MAUREPAS.

Au Jardin du Roi, le 16 avril 1777.

Monseigneur,

Daignez faire attention, je vous supplie, à la situation de M. Sonnini de Manoncour. Jetez les yeux sur son mémoire, et, si mes prières peuvent

(1) Le Dr Boriès, de Cette, paraît être l'inventeur des conserves alimentaires. Jean-François-Louis Leclerc Bories, un des quatre sergents de La Rochelle, était de sa famille.

(2) Sonnini, qui figure au nombre des collaborateurs secondaires à l'*Histoire naturelle*, représente dans une courte collaboration à l'*Histoire des Oiseaux* la transition entre Guéneau de Montbeillard et l'abbé Bexon.

(3) Guéneau de Montbeillard était toujours en retard, à la différence de l'abbé Bexon, qui était toujours en avance.

(4) On a vu, par la lettre précédente à Faujas de Saint-Fond, que celui-ci avait abondamment pourvu le Cabinet du Roi de matières volcaniques.

(5) Buffon avait donné cet oiseau à Mme Nadault, sa sœur, qui a fourni sur les perroquets et d'autres oiseaux, notamment sur le serin, des articles à l'*Histoire naturelle*.

ajouter quelque chose à votre équité bienfaisante, recevez-les avec bonté ainsi que les assurances du dévouement et du respect sans borne avec lequel j'ai l'honneur d'être,

Monseigneur,

Votre très humble et très obéissant serviteur.

BUFFON.

(Communiquée par M. Boilly.)

LETTRE CCLXXI

A M. RIGOLEY.

Au Jardin du Roi, le 9 mai 1777.

Comme mon plus proche voisin, monsieur, et comme ayant contribué de vos conseils et de vos soins à l'établissement de mes forges, j'ai l'honneur de vous envoyer la première des affiches (1) que je compte distribuer dans quelques jours pour les affermer. On m'a déjà fait des propositions; mais je

(1) Cette affiche, qui donne une idée de l'importance des forges de Buffon, nous a paru mériter d'être conservée.

FORGES DE BUFFON A AFFERMER. — M. le comte de Buffon fait savoir à qui voudra prendre à bail ses forges, situées dans sa terre de Buffon, près de Montbard en Bourgogne, que les enchères en seront reçues, et les renseignements donnés chez Me Guérard, notaire royal à Montbard, jusqu'au 1er août 1777, qui en fera la délivrance à celui qui fera la condition meilleure.

Il y a cent cinquante arpents de bois, de l'âge de vingt-six à trente ans, pour l'affouage desdites forges, et en sus quarante soitures de prés, et soixante journaux de bonne terre; le tout en quatre pièces qui environnent lesdites forges; lesquels bois et pièces de terre feront partie du bail, qui sera de dix-huit ans.

Ces forges sont solidement bâties et construites tout à neuf; elles sont en plein travail depuis dix ans, et bien approvisionnées de bois, charbons et mines; elles comprennent :

1° Le fourneau à fondre les mines;

2° Une forge à deux feux et deux marteaux roulants;

3° Une autre forge à un feu et à un marteau;

4° Une fonderie avec toutes ses aisances;

5° Une batterie avec un martinet;

6° Deux bocards pour concasser les mines et les laver;

7° Trois pavillons pour loger les maîtres des forges et les commis, dix-sept logements d'ouvriers; trois grandes halles à charbon, remises, écuries, jardins, etc.

« J'ai établi dans ma terre, dit Buffon (*Histoire des minéraux*), un haut fourneau avec deux forges, l'une à deux feux et deux marteaux, et l'autre à un feu et à un marteau; j'y ai joint une fonderie, une double batterie, deux martinets, deux bocards, etc. Toutes ces constructions, faites sur mon propre terrain et à mes frais, m'ont coûté plus de trois cent mille livres; je les ai faites avec attention et économie; j'ai ensuite conduit, pendant douze ans, toute la manutention de ces usines; je n'ai jamais pu tirer les intérêts de ma mise au denier vingt; et, après douze ans d'expériences, j'ai donné à ferme toutes ces usines pour six mille cinq cents livres. Ainsi je n'ai pas deux et demi pour cent de mes fonds, tandis que l'impôt en produit à très peu près autant, et sans mise de fonds, à la caisse du domaine. Je ne cite ces faits que pour mettre en garde contre des spéculations illusoires les gens qui pensent à faire de semblables établissements, et pour faire voir en même temps que le gouvernement, qui en tire le profit le plus net, leur doit protection. »

(Voir note 1re, p. 168 et note 1re, p. 170.)

ne veux pas les délivrer sans concurrence (1), et surtout sans que vous soyez averti le premier. Vous connaissez d'ailleurs tous les sentiments de l'estime et du véritable attachement avec lesquels j'ai l'honneur d'être, monsieur, votre très humble et très obéissant serviteur.

BUFFON.

(Appartient à Mme Morel.)

LETTRE CCLXXII

A L'ABBÉ DODUN.

Paris, le 28 mai 1777.

Voilà, monsieur, une nouvelle demande qui regarde l'abbé de Saint-Belin; j'ai l'honneur de vous l'envoyer afin que vous puissiez la joindre aux autres, et répondre comme vous le jugerez à propos à ce créancier (2).

J'ai l'honneur de vous assurer de mon plus sincère et respectueux attachement.

BUFFON.

(Inédite. — Archives nationales.)

LETTRE CCLXXIII

A MADAME NECKER.

Montbard, le 22 juin 1777.

Madame et très respectable amie,

On doit vous présenter de ma part un muet qui ne laissera pas de vous parler de moi, et que dès lors vous recevrez avec bonté. Cependant il ne vous dira jamais ce que mon cœur me dit tous les jours, et que moi-même je ne pourrais vous exprimer. Mais vous suppléerez à notre défaut d'organes

(1) Buffon aurait désiré que M. Rigoley, dont il connaissait l'honorabilité, l'expérience et la solvabilité, se fût mis sur les rangs.

Par un contrat notarié du 1er avril 1777, les forges de Buffon furent affermées pour neuf ans, moyennant 6,500 livres par an, à Jacques-Alexandre Chesneau de Lauberdière. Ce bail fut prorogé, le 23 septembre de la même année, pour une durée de neuf ans, et le 24 décembre 1782 jusqu'en 1803 avec une augmentation considérable, au prix de 26,000 francs par an, que Buffon n'a jamais touchés. Au contrat était intervenue Angélique-Nicolle Leroux, sa femme. (Voir lettre du 8 avril 1779 à Rigoley.)

Cette location fut pour Buffon une source d'ennuis, de difficultés, de procès et de pertes d'argent, et constitua avec une autre perte dans une société pour le charbon de terre, et le chagrin que lui causa la conduite de sa belle-fille et les cruelles atteintes de la pierre, la suprême épreuve de sa vieillesse.

(2) La liste des créanciers de l'abbé de Saint-Belin était longue, et, pendant que Buffon rendait à sa famille le service de le mettre hors d'état de contracter de nouvelles dettes, il payait en même temps ses créanciers.

par votre céleste intelligence, et vous me pardonnerez ce petit moyen que j'ai cherché de m'approcher de vous, ma tout aimable et très respectable amie.

Buffon.

Mille tendres compliments et respects à M. Necker.

(Archives de Coppet. — Communiquée par la baronne de Staël.)

LETTRE CCLXXIV

A FAUJAS DE SAINT-FOND.

Montbard, le 13 juillet 1777.

J'ai toujours différé, monsieur, de répondre à vos lettres très obligeantes, parce que j'espérais d'abord avoir l'honneur de vous voir à Paris avant mon départ, et ensuite parce que j'imaginais que vous vous aboucheriez avec M. Daubenton, garde du Cabinet, auquel j'ai remis tout ce que vous avez eu la bonté de m'adresser, et que vous pourriez revoir soit au Cabinet, soit entre ses mains.

J'ai déjà une souscription de votre bel ouvrage (1); du moins j'ai donné ordre au sieur Lucas d'en prendre une chez votre libraire, et cela ne m'empêchera pas de recevoir avec plaisir un autre exemplaire de votre main. Cela fera que votre livre ne me quittera pas, et que je l'aurai à Paris et à la campagne.

J'ai l'honneur de vous envoyer ci-joint un petit mot pour M. le comte d'Angiviller, et je suis persuadé qu'il vous procurera la signature de Sa Majesté, comme vous le désirez (2). J'envoie ma lettre à cachet volant, pour que vous la lisiez.

Si vous êtes encore à Paris vers la fin du mois prochain ou au commencement de septembre, j'espère que j'aurai le plaisir de vous y voir, et de vous assurer de tous les sentiments de la respectueuse estime avec lesquels j'ai l'honneur d'être, monsieur, votre très humble et très obéissant serviteur.

Buffon.

(Communiquée par M. de Faujas de Saint-Fond.)

(1) *Recherches sur les volcans éteints du Vivarais et du Velay*, ouvrage refondu en 1803, dans la *Minéralogie des Volcans*.

(2) La souscription du Roi à l'ouvrage sur les volcans, souscription qui fut, en effet, accordée à la demande de Buffon.

LETTRE CCLXXV

A M. JOLLY DES ISTAUX.

Montbard, 27 juillet 1777.

Je ne puis, monsieur, que vous rendre grâce des graines (1) que vous avez eu la bonté de m'envoyer. Comme elles m'ont été adressées de Paris à ma campagne, en Bourgogne, je n'ai pu vous en remercier plus tôt. J'ai renvoyé la plus grande partie au Jardin du Roi, et j'en ai fait semer quelques-unes ici (2); j'espère qu'il en réussira plusieurs ; il n'y en a que peu que nous ne connaissions pas.

Lorsque je serai de retour à Paris, je vous demanderai à voir le morceau de bois pétrifié; mais en attendant vous pourriez, monsieur, le montrer à M. Daubenton le jeune, garde du Cabinet d'Histoire naturelle, qui m'en rendrait compte.

Recevez, monsieur, les assurances de ma reconnaissance et de tous les sentiments avec lesquels j'ai l'honneur d'être votre très humble et très obéissant serviteur.

BUFFON.

(Inédite. — Collection Nadault de Buffon.)

LETTRE CCLXXVI

A L'ABBÉ BEXON (3).

Montbard, le 27 juillet 1777.

Je suis très satisfait, monsieur, et même plus que content; car on ne peut se plaindre que du trop de travail qu'a dû vous coûter la composition des

(1) Buffon, se souvenant de ses études de botanique à Angers, continuait à s'occuper d'horticulture, de jardinage et d'arboriculture au Jardin du Roi et à Montbard.

(2) Les vastes potagers de Montbard, création de Buffon, s'étagent au midi sur sept terrasses du sommet au pied de la colline. Un système ingénieux de canalisation, à ciel ouvert, conduit l'eau des toitures de l'église à de vastes bassins de pierre, où elles sont recueillies pour les arrosages. Sur la plus haute terrasse se voit une ancienne tour qu'il avait convertie en pigeonnier. « J'ai vu tirer, dit-il, quatre cents paires de pigeonneaux d'un de mes colombiers qui, par sa situation et la hauteur de sa bâtisse, était d'environ 200 pieds au-dessus des autres colombiers, tandis que ceux-ci ne produisaient que le quart ou le tiers, tout au plus, c'est-à-dire 100 ou 130 paires. » (Voir lettre du 26 décembre 1787 à Guérard.)

(3) Gabriel-Léopold-Charles-Aimé Bexon, naturaliste et historien, né le 10 mars 1748, mort le 15 février 1784, à trente-sept ans, a succédé à Guéneau de Montbeillard dans la collaboration à l'*Histoire des Oiseaux*. Élevé à Remiremont, docteur en théologie de la Faculté de Besançon, il avait longtemps chassé les oiseaux dans les montagnes des Vosges avant de les décrire. Humbert Bazile nous a conservé le récit de l'arrivée de Bexon au Jardin du Roi. « Un petit abbé bossu et contrefait, mais d'un visage ouvert avec des yeux expressifs se présenta en 1777, au Jardin du Roi. N'ayant pu être reçu, il demanda le secrétaire de M. de Buffon. Il portait un large rabat, un manteau court et une boîte sous le bras. Il me fit voir des minéraux qu'il destinait à M. de Buffon. Lorsque je parlai à celui-ci de la visite de l'abbé, il me dit : « Méfiez-vous de ces inconnus. Ce sont, en général, des mendiants ou « des intrigants qui ne serviraient qu'à me faire perdre mon temps. » Cependant M. de Buffon ayant consenti à recevoir l'abbé Bexon, il lui demanda pourquoi il était venu à Paris.

articles que vous m'avez envoyés. Il y a en général trop d'érudition, et vous ne voudriez pas qu'en comparant ces articles avec ceux qui sont imprimés, on voie qu'on a redoublé de science mythologique et d'érudition assez inutiles à l'*Histoire naturelle* (1). J'en retrancherai donc beaucoup (2) et j'aurai l'honneur de vous envoyer dans peu le premier cahier corrigé de ma main ; cela vous servira d'exemple pour ceux de la suite.

Mais, je vous le répète, monsieur, je suis parfaitement satisfait, et vous pouvez continuer, attaquer la famille des hérons, et suivre ensuite la classe de tous les autres oiseaux de marais. Vous en avez pour du temps, et je trouve que vous en avez beaucoup fait pour le peu de semaines que vous y avez employées. Tâchez, monsieur, de faire toutes vos descriptions d'après les oiseaux mêmes (3), cela est essentiel pour la précision. Je sais bon gré à M. Daubenton le jeune de vous donner toutes les facilités nécessaires.

Recevez les assurances des sentiments de toute l'estime et de tout l'attachement avec lesquels j'ai l'honneur d'être, monsieur, votre très humble et très obéissant serviteur.

BUFFON.

(Publiée en l'an VII dans le *Conservateur* de François de Neufchâteau.)

— « Parce que je me suis senti devenir naturaliste en lisant vos immortels ouvrages, et « je suis parti pour voir l'homme de génie, leur auteur.

— « Laissez-moi vos minéraux et vos notes, et je vous ferai connaître ma décision. »

A en croire la mère de l'abbé Bexon, qui a écrit l'histoire de sa vie (*), sa part de collaboration à l'*Histoire naturelle* se serait étendue aux sept derniers volumes in-4° des *Oiseaux* et au premier volume des *Minéraux*. Antérieurement à sa collaboration à l'*Histoire naturelle*, Bexon avait écrit en 1773 un *Cathéchisme d'agriculture*, et la même année un *Système de fertilisation* attribué à tort à son frère Scipion Bexon, et une *Histoire naturelle de Lorraine*, ouvrages cités par Buffon ; les *Preuves de la Religion*, l'Oraison funèbre de la princesse Charlotte de Lorraine, en 1773, et en 1777 le premier volume qui a seul paru d'une *Histoire de Lorraine*, écrite à vingt-sept ans, et qui lui valut la protection de Marie-Antoinette, à qui cette histoire est dédiée.

D'après le récit de sa mère, l'abbé Bexon aurait été sauveteur.

Ayant un jour rencontré dans la montagne un misérable, exténué de faim et de fatigue et qui ne vivait plus que de fraises des bois, il l'avait emmené chez lui, logé, nourri et placé.

Un autre jour, dans une rue de Paris, il s'était précipité au-devant d'un cheval fougueux qui avait renversé un vieillard ; un soir, enfin, dans un carrefour, il s'était trouvé en présence de deux hommes qui se battaient à l'épée, s'était jeté entre eux ; les avait séparés et réconciliés.

Dans l'importante correspondance qui va suivre entre Buffon et son nouveau collaborateur, on recueillera presque à chaque lettre des témoignages non équivoques de l'estime et de l'affection de Buffon pour l'abbé Bexon, sa mère et sa sœur.

(1) C'étaient les premiers articles que l'abbé Bexon écrivait pour l'*Histoire naturelle* ; il n'avait pas encore eu le temps de se faire à la main de Buffon.

(2) Les fac-similés des manuscrits de Bexon corrigés par Buffon, joints par M. Flourens à son volume des *Manuscrits de Buffon*, publié en 1860, après avoir paru dans le *Journal des savants*, témoignent par le nombre, la nature et l'importance des changements, à quel point le génie de Buffon s'assimilait le travail de ses collaborateurs.

(3) Recommandation souvent renouvelée, qui témoigne de la conscience et de l'exactitude de l'historien.

(*) *Vie de mon fils* (p. 339), imprimée dans le volume de *Buffon, sa famille, ses collaborateurs et ses familiers*. (Paris, Renouard, 1863. 1 vol. in-8° avec 4 portraits gravés sur acier.)

LETTRE CCLXXVII

A MADAME NECKER.

Montbard, le 4 août 1777.

Ma très respectable amie,

Comment avez pu douter un instant du vif et très sincère intérêt que je prends à ce qui vous touche?

Personne au monde n'a peut-être ressenti plus de joie, puisque l'avènement de M. Necker (1) n'a été que l'accomplissement de mes désirs. Vous devez tous deux en être bien persuadés, et, si vous vous rappelez notre conversation de la veille de mon départ, vous reconnaîtrez que non seulement je désirais, mais que je prévoyais tout ce qui est arrivé; et lorsque vous saurez, ma respectable amie, les motifs qui m'ont empêché de vous écrire, vous ne m'en estimerez qu'un peu davantage.

Il faut que vous sachiez qu'au moment même où j'ai appris cette nouvelle qui m'a fait tant de plaisir, et depuis ce moment, j'ai été tourmenté chaque jour de demandes et de sollicitations par tous les gens qui savent que vous et M. Necker avez des bontés pour moi. Je n'ai trouvé d'autre moyen de défaite, qu'en disant que je n'étais point en relation par lettres avec lui; et, comme je n'aime pas mentir non plus qu'importuner mes amis, je ne vous ai point écrit en effet.

Cependant, dans ce grand nombre de gens, il y en a quelques-uns que je ne puis m'empêcher de vous recommander, autant néanmoins que cela pourra s'accorder avec les vues de notre grand homme.

1° M. de Varennes, mon ancien ami, que vous avez vu chez moi, madame, et que vous avez bien voulu recevoir chez vous, homme très honnête, très éclairé et très malheureux (2). Il craint que M. Necker ne veuille pas se servir de lui, et qu'on ne supprime son bureau (3); cependant personne, j'ose le dire, ne le servirait plus fidèlement et plus utilement.

(1) La combinaison qui avait adjoint, le 29 octobre 1776, Necker avec le titre de directeur du trésor au contrôleur général Taboureau de Réaux, n'avait duré que neuf mois. Taboureau, comprenant le ridicule de sa situation, n'avait pas tardé à donner sa démission, et Necker, que le comte de Maurepas persistait à ne pas oser revêtir du titre de contrôleur général pour ne pas lui donner entrée au conseil, à cause de sa religion, avait été nommé, le 29 juin, directeur général des finances pour travailler directement avec le Roi, et, afin d'empêcher toute équivoque sur la nouvelle situation de Necker, M. et Mme Necker avaient immédiatement quitté l'hôtel Leblanc pour s'installer à l'hôtel du Contrôle général, rue Neuve-des-Petits-Champs.

(2) A cause du scandaleux procès que lui faisait son fils Varennes de Béost, qui n'avait pas craint de rendre publics, dans des libelles diffamatoires, ses injustes et outrageants griefs contre son père.

(3) La charge de receveur général des états de Bretagne, dont Jacques Varennes avait été pourvu en 1766, par la protection du prince de Condé, en compensation de celle de greffier des états de Bourgogne, supprimée en 1763, lors de son affaire avec le Parlement de Bourgogne.

2° Deux hommes, M. de Grignon (1), chevalier de Saint-Michel, et M. d'Antic (2), celui-ci recommandé par Mme la duchesse de Villeroy (3), et le premier par son seul mérite, demandent une inspection des manufactures à feu. Cette partie des arts en a grand besoin, et je joins ici ma prière à leurs demandes. M. de Grignon surtout a fait un ouvrage excellent sur les manufactures de fer, et je ne connais personne en France qu'on puisse lui préférer, si l'on établit une place d'inspecteur des forges, comme cela me paraît nécessaire.

Je m'arrête, ma très respectable amie, et je jette au rebut vingt autres demandes, quoiqu'il y en ait encore deux ou trois auxquelles je m'intéresse. Mais, je vous le répète, il m'en coûte beaucoup d'importuner mes amis. Sachant d'ailleurs que vous ne vous mêlez d'aucune affaire, je me borne à vous prier de communiquer ma lettre, et je vous laisse ensuite maîtresse de l'oublier.

Souvenez-vous seulement, ma très respectable amie, des tendres sentiments que je vous ai voués, et avez lesquels je serai toute ma vie, madame, votre très humble et très obéissant serviteur.

BUFFON.

(Archives de Coppet. — Communiquée par la baronne de Staël.)

(1) Le chevalier de Grignon, déjà nommé, voisin de Buffon à Rougemont.

Necker, se rendant l'année suivante à la sollicitation de Buffon, avait créé la place d'inspecteur des forges en faveur du chevalier de Grignon, à qui il avait tenu à annoncer lui-même, le 7 avril 1778, sa nomination en ces termes : « Sur le compte que j'ai rendu au Roi, monsieur, de vos talents et de votre zèle, particulièrement de vos connaissances dans les travaux du fer, Sa Majesté vous a choisi pour visiter dans les différentes provinces les forges, les manufactures en fers et aciers et tous les objets qui y ont rapport. »

On trouvera la lettre complète de Necker, intéressante par les détails qu'elle renferme, à la page 379 de l'ouvrage sur *Buffon, sa famille, ses collaborateurs.*

(2) Paul Bosc d'Antic, chimiste, physicien et métallurgiste, né en 1726, mort le 15 juin 1784, docteur en médecine, correspondant de l'Académie des sciences, collaborateur de l'abbé Nollet et de Réaumur, a dirigé la manufacture de glaces de Saint-Gobain en 1775, a fondé en 1758, sur le conseil de Buffon qui voulait introduire une grande industrie en Bourgogne, la manufacture de glaces de Rouelle, près de Châtillon, où il a eu pour successeur Antoine Allut (voir p. 263 et 312), entreprise qui n'a pas mieux réussi que celle que Bosc d'Antic alla ensuite fonder à Serviers-Labaume, dans le Gard, et à la Margeride, dans la Corrèze. Buffon lui obtint en 1777 une mission en Angleterre pour étudier l'invention alors nouvelle des machines à feu. Il a écrit de nombreux mémoires, recueillis de son vivant en 2 vol. in-12, notamment sur l'*Art de la Verrerie* et *les Arts utiles*. Ses deux fils, l'aîné membre de l'Institut, ont écrit sur l'agriculture, l'histoire naturelle, l'économie politique et la chimie appliquée aux arts.

(3) Jeanne-Louise-Constance d'Aumont de Villequier, duchesse de Villeroy, née en 1731, morte le 1er octobre 1816, à quatre-vingt-six ans, femme du petit-neveu du maréchal de Villeroy, gouverneur de Louis XV, et belle-sœur de la dernière maréchale de Luxembourg, a traduit de l'anglais l'*Histoire de la Grèce*, de Gillies et Goldsmith. Elle avait fait construire, dans son hôtel du faubourg Saint-Germain, une salle de spectacle où Mlle Clairon se faisait entendre après sa retraite du théâtre, en même temps que dans le salon de Mme Necker.

LETTRE CCLXXVIII

A GUÉNEAU DE MONTBEILLARD.

Montbard, le 4 août 1777.

Cher bon ami, dont je me fais honneur d'être en même temps le bon voisin, j'ai lu les ortolans avec plus de plaisir que je ne les aurais mangés. Cependant je les ai envoyés tout de suite à la broche de l'Imprimerie royale, et si les bruants et les bouvreuils sont déjà un peu avancés, vous aurez du temps pour les autres; car ceux de ma composition qui suivent immédiatement le bouvreuil feront cent pages d'impression, en y comprenant les cottingas, qui sont de la vôtre, et qui me paraissent entièrement achevés.

Je vous saurai bien bon gré de profiter de ce petit loisir pour achever la traduction du *Progrès de l'esprit humain*. Le prince de Gonzague (1) en

(1) Le prince Louis de Gonzague, né à Venise en 1745, mort à Vienne en 1819, avait été élevé aux frais de la République. D'un esprit remuant, enclin à l'intrigue, il fit profession de foi de libre-penseur et fréquenta les encyclopédistes et après la Révolution les jacobins. Expulsé de Venise, il séjourna en France où il connut Mme Necker, Buffon et Voltaire, qui l'appelait familièrement le *prince Zigzague*, par allusion à ses incessants voyages. Fixé à Rome, il y fit du bruit par ses intrigues amoureuses, et perdit la pension que lui faisait l'impératrice Marie-Thérèse. Il a écrit: *Essai sur l'esprit humain; Dissertation sur la poésie; De l'influence de l'esprit guerrier des Romains sur la décadence des beaux-arts en Italie et en Grèce; Réflexions sur la démocratie romaine dans l'antiquité.*

« On connaît du prince de Gonzague, dit Grimm, un discours, plein d'esprit et de savoir, sur les découvertes qui ont contribué le plus au progrès de l'esprit humain. »

L'ouvrage parut cette même année à Genève, en un volume grand in-8o, sous le titre : *L'homme de lettres bon citoyen*, discours philosophique et politique de S. A. Mgr le prince Louis Gonzaga de Castiglione, prononcé à l'Académie des Arcades, à Rome, l'année 1776, traduit de l'italien. Il a eu une seconde édition, en 1785, par l'abbé de Piolenc, avec des notes par l'abbé Louis Godard, chanoine de la cathédrale de Semur, tous deux amis de Montbeillard. On trouvera, à la page 278 du t. II de la 1re édition de la *Correspondance*, le fragment d'une très curieuse lettre sur l'amour, et à la page 271 du t. Ier le brevet de membre de la Société des Arcades de Rome conféré à Buffon le 13 février 1777, sur la présentation du prince Louis de Gonzague, qui obtint la même distinction pour Guéneau de Montbeillard en 1782.

Le prince, qui avait rencontré Guéneau de Montbeillard à Montbard, venait de passer six mois chez lui à Semur, et c'est en sa présence que Montbeillard avait traduit son livre. Leur connaissance s'était faite dans les circonstances que voici. Le prince, après avoir lu l'histoire du paon, complimentait Buffon en se félicitant de connaître l'auteur du paon et le paon des auteurs.

« — Votre compliment se trompe d'adresse, » avait répliqué Buffon en prenant par la main Guéneau de Montbeillard qui entrait en ce moment et en le lui présentant.

« En 1777, — dit Mme Guéneau de Montbeillard dans l'intéressante biographie de son mari (*), — le prince Gonzague de Castiglione était venu à Montbard voir M. de Buffon. Ayant su de lui que l'histoire du paon était de Montbeillard, il voulut le connaître. M. de Buffon l'amena à Semur, et ce prince, sensible et passionné pour les sciences et les lettres,

(*) (Publiée à la page 335 du tome II de la 1re édition de la *Correspondance* de Buffon.)

petille de joie et d'impatience, et, à tous égards, il mérite qu'on fasse pour lui ce qu'il désire. Il est enchanté de vous et de ma bonne amie (1); il en parle avec enthousiasme, et me charge même de joindre ses hommages à mes respects pour elle; mais vous devriez tous deux faire la partie de nous venir voir. Sur cela, je vous embrasse et je lui baise les mains.

BUFFON.

Ce qui suit est de la main de Mme Nadault.

Puisque vous avez mis un mot pour la petite bête (2) dans la lettre du grand homme, elle vous remerciera dans sa lettre même et vous dira tout le plaisir que j'ai eu de vous revoir bien portant et si gai. Je vous renvoie la lettre que j'avais emportée hier. En lisant tout haut les *Caractères* de La Bruyère, nous avons trouvé deux phrases qui allaient à merveille à notre Apollon (3), les voici : qu'en pensez-vous?...

(Appartient à la baronne de La Fresnaye.)

LETTRE CCLXXIX

A L'ABBÉ BEXON.

Montbard, ce 14 août 1777.

Je suis bien fâché, monsieur, que vous ayez été malade (4), et je vous conseille très fort de ne pas vous remettre de sitôt à un travail suivi, d'autant que je ne suis pas fort pressé de cet ouvrage. Vous savez qu'on imprime actuellement notre quatrième volume des *Oiseaux* dans lequel sont compris les oiseaux de la liste suivante, que je vous prierai de conserver afin d'y avoir recours :

Les serins, par M. de Buffon (5);

prit, dès la première entrevue, tant d'affection pour M. de Montbeillard, qu'il voulut revenir passer quelque temps avec lui. Il y resta trois mois, et, pendant ce temps, M. de Montbeillard traduisit son discours sous ses yeux et avec lui. L'inclination, les sentiments que le prince et M. de Montbeillard avaient pris l'un pour l'autre devinrent une amitié constante, qu'ils ont entretenue par une correspondance suivie. Ils se séparèrent les larmes aux yeux, et le prince engagea le fils de son ami, qu'il appelait son frère, à faire un voyage en Suisse avec lui; il le ramena et passa encore quelque temps chez M. de Montbeillard. »

(1) Mme Guéneau de Montbeillard, dont Buffon appréciait de plus en plus la haute intelligence, la douceur et l'aimable caractère.

(2) Tandis que Mme de Montbeillard était le *Mouton*, Mme Daubenton le *Hanneton*, Betzy Daubenton le *Moucheron*, le fils de Guéneau de Montbeillard *Fin-Fin*, le fils de Buffon *Buffonnet*, la sœur de Buffon était la *petite Bête*, précisément, a dit Rivarol, « parce qu'elle ne l'était pas du tout. »

(3) Nom sous lequel Mme Nadault désigne le prince de Gonzague, jeune, élégant et d'une belle tournure.

(4) La maladie de l'abbé Bexon avait pour cause sa trop grande assiduité au travail, et nous entendrons désormais Buffon, dans presque toutes ses lettres, chercher à modérer son ardeur.

(5) Une partie de l'article du serin est de la plume de Mme Nadault.

Les linottes, bengalis, sénégalis, mayas, pinçons, veuves, verdiers, grenadins, chardonnerets, tarins, par M. Guéneau de Montbeillard;

Les tangaras, par M. de Buffon;

Les bruans, ortolans, bouvreuils, par M. Guéneau de Montbeillard;

Les colions, manakins, coqs de roche, par M. de Buffon;

Les cothingas, par M. Guéneau de Montbeillard;

Les fourmiliers, agamis, tinamous, canicans, par M. de Buffon;

Les tirans, gobe-mouches, tête-chèvres, hirondelles, martinets, alouettes, par M. de Montbeillard.

Voilà ce qui compose le quatrième volume in-4° dont l'impression en est actuellement à l'article des Tangaras, et voici la distribution du cinquième volume :

Les rossignols, becfigues, fauvettes, gorges-rouges, culs-blancs, lavandières, par M. de Montbeillard;

Les pits-pits et les figuiers, par M. de Buffon;

Les mésanges, soucis, torchepot, grimpereaux, colibris, hupe, guêpiers, par M. de Montbeillard;

Le fournier, le polochion de Commerson (1), les momots ou houtou, les todiers, par M. de Buffon;

Les martins-pêcheurs, les pics et le torcol, par M. de Montbeillard;

Les jacamars, talapio ou pics grimpereaux, par M. de Buffon;

Le coucou, par M. de Montbeillard;

Les ouroucoais ou couroucoas, touracos, barbu, tous les perroquets, aras, amazones, papegais, perruches, cacatoës, loris, moineaux de Guinée, petites perruches à longue et courte queue, barbu, bout de tabac ou anis, barbicans, toucans, toque et calaos, par M. de Buffon.

Voilà ce que comprendra le cinquième volume in-4°, et tous les articles qui me regardent sont composés; mais, comme la plupart sont des oiseaux étrangers et qu'il m'arrive souvent des notes par mes correspondants (2), que j'ai de la peine à démêler et même à lire, je vous en envoie ci-joint, monsieur, un petit paquet à déchiffrer, en vous priant de rapporter les notices et les noms aux oiseaux dont les listes sont ci-dessus, afin que je puisse donner à M. de Montbeillard celles qui le regardent, et conserver les autres pour en faire usage moi-même, s'il y a lieu.

(1) Philibert Commerson, naturaliste voyageur, né en 1727, mort en 1773, correspondant du Jardin du Roi, a fait le tour du monde et a recueilli des observations consignées dans d'importants mémoires manuscrits et formé un riche herbier remis par lui à Buffon, qui a acclimaté au Jardin du Roi l'hortensia, rapporté de Chine par Commerson.

(2) Les correspondants du Jardin du Roi étaient les collaborateurs anonymes de Buffon, qui, au moyen de l'ingénieuse création des brevets de correspondants, avait fait naître et entretenait sur tous les points du globe une émulation qui donnait lieu à des échanges de notes et d'observations dont la science profitait, et aux envois de riches collections que Buffon déposait scrupuleusement au Cabinet du roi.

Mais cela suppose une chose qu'il faut que vous demandiez à M. Panckoucke, c'est de vous donner les trois premiers volumes in-4° de l'histoire des oiseaux, et aussi un exemplaires des bonnes épreuves du quatrième volume à mesure qu'on les imprime, sans quoi vous ne pourriez pas être au courant de l'ouvrage, ni vous reconnaître dans les notices que je vous envoie et que je vous enverrai selon qu'il m'en viendra; vous m'épargnerez par là un travail pénible pour mes yeux (1).

J'ai arrangé ces jours-ci les jabirus et autres oiseaux étrangers qui ont rapport aux cigognes et aux grues, et qui ne me paraissent être ni des cigognes ni des grues. Je vous renvoie sur cela votre cahier corrigé qui pourra vous servir de modèle pour la suite, mais je ne sais pourquoi vous n'avez cité aucune planche enluminée; c'est par où il faut commencer, à la tête de chaque article.

Au reste, monsieur, je suis toujours très satisfait de votre travail, et encore plus des sentiments que vous voulez bien me témoigner.

Je serai bien aise de recevoir les articles que vous m'annoncez; mais encore une fois, ne travaillez qu'à votre aise, au moins jusqu'à ce que vous ayez repris toutes vos forces. Il me semble que l'oiseau rhinocéros est une espèce de calao, et qu'on ne doit pas le ranger parmi les oiseaux qui ont des membranes ou des commencements de membranes entre les pieds; mais je crois que celui dont vous me parlez était vivant chez Mme la marquise de Pont (2), et la description que vous en pourrez faire me fera plaisir.

Il y a longtemps que le prieuré de Saint-Pierre était vacant (3), et promis. Je ne suis point en relation avec MM. les Princes de l'Église, et d'ailleurs il faut s'y prendre de loin lorsqu'on veut en accrocher quelque chose.

Je suis, monsieur, avec le plus sincère attachement, votre très humble et très obéissant serviteur.

BUFFON.

(Inédite. — Communiquée par Mlle Lefebvre, nièce de l'abbé Bexon.)

(1) Non seulement Buffon était myope, mais on l'entend souvent se plaindre de la fatigue de sa vue; aussi avait-il dû recourir de bonne heure à des secrétaires.

(2) De la famille des princes de Pont, marquis de La Châtaigneraie, connus par le duel de Jarnac et La Châtaigneraie sous Henri II.

(3) L'abbé Bexon, pauvre, n'ayant que son travail pour vivre, et qui avait à sa charge une mère âgée et une toute jeune sœur, avait recours au crédit de Buffon, pour obtenir un canonicat qui ajoutât à ses ressources. Quelques années plus tard, Buffon lui procura ce qu'il désirait à Paris même.

LETTRE CCLXXX

A L'ABBÉ DODUN.

Montbard, le 24 août 1777.

J'ai reçu, monsieur, la lettre que vous m'avez fait l'honneur de m'écrire et je vous avoue que j'admire votre bonté et votre humanité toujours également soutenues. Il n'est guère possible de faire changer notre homme de lieu (1), surtout dans les circonstances présentes. Vous verrez par la lettre ci-jointe que sa pension de Nismes, qui fait toute sa subsistance, a été arrêtée de façon que M. Pontier n'a pas pu me payer le semestre échu le 1er juillet dernier. Ayez encore la bonté de voir avec l'abbé ce que c'est que cette dette de 432 livres, à M. de Châtillon, parce qu'au cas qu'elle soit légitime, il faudra prendre des tempéraments pour payer, et j'agirai en conséquence de ce que vous voudrez bien me marquer.

J'ai l'honneur d'être avec un véritable et respectueux attachement, monsieur, votre très humble et très obéissant serviteur.

BUFFON.

(Inédite. — Archives nationales.)

LETTRE CCLXXXI

AU COMTE DE TOURNAY (2).

Montbard, le 24 août 1777.

Je suis fâché, monsieur le comte, que mes affaires me retiennent ici beaucoup plus longtemps que je ne l'avais compté, car je ne pourrai me rendre à Paris que dans le commencement de novembre. En tout temps, vous pouvez disposer de moi surtout lorsqu'il s'agit de la respectable dame et des enfants de notre cher et très illustre ami (3), mais depuis ici je ne

(1) Comme Buffon l'avait prévu dans sa première lettre à l'abbé de Saint-Belin, son inconstance d'humeur l'avait poussé à demander sa sortie de Saint-Lazare presque aussitôt après y être entré. La continuité de l'assistance de Buffon à son beau-frère est un nouveau trait de sa serviabilité, de sa bonté, de sa générosité et de son dévouement aux membres de sa famille.

(2) Claude-Charles de Brosses, comte de Tournay, frère du Président, né à Dijon le 18 mars 1713, mort le 21 janvier 1793, sans avoir été marié. Entré au service en 1729, il a fait les guerres d'Allemagne de 1732 à 1742 et s'est retiré en 1744 capitaine au régiment de Nice, élu de la noblesse en 1745, bailli de Gex de 1741 à 1771, il était très lié avec son frère, avec qui il demeurait. Le président de Brosses avait deux sœurs, Barbette et Charlotte, chanoinesses du chapitre noble de Neuville-les-Dames, près de Lyon; la première, née en 1710, morte en 1750; la seconde, née en 1717, morte en 1776.

(3) Le président de Brosses était mort à Paris le 7 mai 1777, à soixante-huit ans, à

peux rien faire, car je ne suis point en relation de lettres avec M. Necker (1). Si la chose n'est pas faite lorsque je serai de retour, vous aurez la bonté de me le marquer et je ferai par mes amis tout ce qui pourra dépendre de moi.

J'ai l'honneur de vous renvoyer l'éloge (2) dont j'ai été très attendri, mais on n'en dira jamais autant que vous et moi en savons et en sentons.

Je ne puis vous rien dire au sujet de l'instrument auditif (3), ne l'ayant pas vu et en ayant seulement entendu parler assez diversement. Je m'en informerai mieux, mais si cela était d'une utilité bien reconnue, je pense que cela n'aurait pas été laissé dans l'oubli et que l'usage en serait maintenant bien établi; car malheureusement il n'y a que trop de personnes affligées de surdité. Conservez au moins, monsieur le comte, le reste de votre excellente tête et votre bon cœur; je suis enchanté de voir que vous aimez tendrement madame votre belle-sœur (4), assurez-la de mon véritable attachement et de tout mon respect. On dit que ses enfants sont charmants (5), beaux et spirituels; que ne devront-ils pas à cette digne et respectable maman, si elle leur consacre sa jeunesse (6) et ses soins!

J'ai l'honneur d'être avec un sincère et respecteux attachement, monsieur le comte, votre très humble et très obéissant serviteur.

BUFFON.

(Inédite. — Appartient à M. le marquis de Villeneuve-Trans.)

l'hôtel des Monnaies qu'habitait la famille de Fargès à laquelle il était allié par son premier mariage. Il fut inhumé dans l'église Saint-André-des-Arts aujourd'hui détruite. Lebeau, secrétaire perpétuel de l'Académie des Inscriptions, a composé son épitaphe en latin.

(1) Nous avons précédemment entendu Buffon prévenir les Necker qu'il s'était fait une loi de répondre qu'il n'était pas en relation épistolaire avec eux, afin de se défendre des sollicitations.

(2) L'éloge du président de Brosses prononcé devant le Parlement de Dijon, par Bénigne Legouz de Saint-Seine, son beau-père, qui lui avait succédé comme premier président, le 31 juillet 1777.

(3) Le frère du président de Brosses, alors âgé de soixante-quatre ans, était atteint de surdité.

(4) Jeanne-Marie-Bénigne Legouz de Saint-Seine, fille de Bénigne Legouz de Saint-Seine, président à mortier au Parlement de Dijon, et premier président à la mort de son gendre. Mme de Brosses ne survécut qu'un an à son mari, et mourut jeune, au château de Montfalcon, le 1er novembre 1778.

(5) Le président de Brosses avait eu de son second mariage, outre son fils unique, dont il a été précédemment parlé, Agathe-Augustine, mariée à Charles-Esprit du Bois, baron d'Aisy, maréchal de camp; Olympiade, morte en bas âge, et Elisabeth-Pauline, mariée à Guy-Hugues de Macheco, colonel de cavalerie.

(6) Contrairement aux prévisions de Buffon, une mort prématurée devait bientôt enlever Mme de Brosses à ses enfants, à ses devoirs et à ses affections de famille.

LETTRE CCLXXXII

A M. AMELOT (1).

Au Jardin du Roi, ce 19 octobre 1777.

Monseigneur,

J'ai en effet eu l'honneur de vous parler avec éloge (2) d'un ouvrage de botanique composé par le sieur de Lamarck (3), ancien officier au régiment de

(1) Jean-Antoine Amelot de Chaillou, déjà nommé, ministre de Paris, qui avait dans ses attributions l'Imprimerie royale qu'il devait conserver après sa retraite du ministère, avec entrée au Conseil et le titre de ministre sans portefeuille.

(2) Buffon répondait à une lettre du ministre du 17 octobre :

« Je crois me rappeler, monsieur, que la dernière fois que j'ai eu l'honneur de vous voir, vous m'avez parlé avec éloge d'un ouvrage de botanique composé par le sieur de Lamarck, ancien officier au régiment de Beaujolais. Il demande à le faire imprimer aux frais du Roi à l'Imprimerie royale, et que l'édition lui soit remise, prélèvement fait du nombre d'exemplaires que Sa Majesté est dans l'usage de se réserver.

» Comme votre approbation ne peut être que d'un très grand poids pour lui obtenir cette grâce, je vous prie de vouloir bien me mander avec quelques détails votre sentiment sur cet ouvrage, et si vous pensez que sa composition et son utilité le mettent du nombre de ceux qui méritent la faveur que l'auteur sollicite. »

(3) Jean-Baptiste-Pierre-Antoine de Monet, chevalier de Lamarck, botaniste et naturaliste, né le 1er août 1744, mort le 18 décembre 1829, à 85 ans. Le dernier né de sept enfants, il s'engagea à 17 ans au régiment de Beaujolais, dans l'armée du duc de Broglie, en Allemagne; se signala par sa bravoure à la bataille de Wilinghamen le 16 juillet 1761, et conquit les épaulettes d'officier. Mais sa mauvaise santé l'ayant obligé de quitter le service, il se consacra entièrement à la botanique et à l'histoire naturelle.

C'est Buffon qui lui a ouvert la carrière en lui procurant le moyen de faire paraître son premier et plus important ouvrage, la *Flore française*, ou *Description succincte de toutes les plantes qui croissent naturellement en France*, 3 vol. in-8°, 1778 et 1788, ouvrage dans lequel Lamarck inaugure la méthode dichotomique. C'est Buffon qui l'a fait entrer à l'Académie des sciences, en 1779; c'est lui qui l'a fait nommer, en 1781, botaniste du roi; c'est encore son crédit qui l'a fait désigner pour des missions scientifiques dans les Pays-Bas, en Hollande, en Allemagne, en Hongrie, et qui l'a fait nommer, à son retour, conservateur des herbiers du Jardin du Roi; c'est encore sa grande mémoire qui lui a fait obtenir, en 1794, la chaire de zoologie du Muséum. Mais Buffon a surtout donné au chevalier de Lamarck un témoignage éclatant de son estime et de son amitié en lui confiant, en 1781 et 1782, son fils dans ses voyages.

Lamarck a beaucoup écrit, et la *Flore française* a été suivie, dans un intervalle de 51 ans, du *Dictionnaire de botanique* dans l'*Encyclopédie méthodique* de 1783 à 1786, des *Recherches sur les causes des principaux faits physiques* (2 vol. in-8°, 1774); *Mémoires de physique et d'histoire naturelle* (1797, 1 vol. in-8°); *Réfutation de la théorie pneumatique* (1 vol. in-8°, 1796); *Traité d'hydrogéologie* (1 vol. in-8°, 1802); *Annuaire météorologique* (1800 à 1810); *Système des animaux sans vertèbres*, dénomination dont il est l'auteur (1 vol. in-8°, 1801); *Philosophie zoologique*, un de ses principaux ouvrages (2 vol. in-8°, 1809 et 1830); *Cours de zoologie du Muséum pour les animaux sans vertèbres* (1 vol. in-8°, 1812); *Histoire naturelle des animaux sans vertèbres* (7 vol. in-8°, 1815 à 1 22); *Mémoire sur les fossiles*

Beaujolais, et puisque vous permettez, monseigneur, que j'entre dans quelques détails au sujet de la composition de ce même ouvrage et de l'utilité dont il peut être pour l'avancement de cette science, voici ce que je puis en dire, après l'avoir bien examiné.

Le nombre des espèces de plantes est si grand, que l'on a été obligé de faire plusieurs classes de leurs caractères distinctifs, et de les répartir en différents genres pour pouvoir reconnaître chaque espèce sans la confondre avec celles qui lui ressemblent le plus. Il y a près d'un siècle que Tournefort (1), professeur de botanique au Jardin du roi, fit sur les caractères des plantes un livre en trois volumes in-8° qui fut alors imprimé à l'Imprimerie royale par ordre de Louis XIV, et ce livre a encore aujourd'hui beaucoup de célébrité.

Mais comme le nombre des espèces nouvelles s'est prodigieusement multiplié depuis ce temps, la méthode de Tournefort ne les embrasse pas toutes à beaucoup près, et l'étude de la botanique n'est pas aussi facile qu'elle pourrait l'être. Plusieurs auteurs, et particulièrement le professeur d'Upsal Linneus (2), ont fait depuis quelques ouvrages sur le même sujet. Ils ont tous cherché vainement des caractères distinctifs qui pussent s'étendre à

des environs de Paris (1 vol. in-4°, 1823); *Système analytique sur les connaissances positives de l'homme* (1 vol. in-8°, 1830).

Lamarck, pauvre, sans relations, malade et aveugle, discuté comme savant, attaqué comme novateur, a eu pour compensation le tendre attachement d'une fille, l'amitié de Buffon, l'assistance scientifique d'un savant modeste comme lui, Latreille, professeur comme lui au Muséum, et, à la fin de sa vie, la renommée, seul héritage de ses cinq enfants, dont l'ingénieur en chef des ponts et chaussées, Auguste de Lamarck.

(1) Joseph Pitton de Tournefort, botaniste et voyageur, né en 1656, mort en 1708, professeur de botanique au Jardin du Roi en 1683, membre de l'Académie des sciences en 1691, professeur de médecine au Collège de France, fondateur du riche herbier du Muséum, a publié, en 1694, les *Éléments de botanique*, rudiment de la botanique moderne dont s'est servi Linné, qui n'en a pas moins passé sa vie scientifique à combattre Tournefort, son maître.

(2) Charles Linné ou *Linneus* qui, écrivant en latin, avait latinisé son nom, médecin, botaniste et voyageur, né en 1707, mort en 1778, le plus illustre fondateur de la botanique, médecin du roi de Suède, professeur à l'université d'Upsal en 1741.

Né la même année que Buffon, Linné a été divisé d'opinion avec lui, Haller, Adanson et d'autres illustres savants, à qui il n'a ménagé ni les critiques ni les sarcasmes.

Tandis que Buffon, après avoir commencé par critiquer avec vivacité les classifications de Linné, y revenait de bonne foi, Linné est resté fidèle jusqu'à la fin à son animosité contre Buffon, et, un jour qu'il avait trouvé, dans ses herborisations dans les marais de la Suède, un jonc d'une odeur fétide et d'un aspect repoussant, il créa pour lui le genre *Bufoniana*; *bufo* signifie aussi crapaud). Linné, qui s'était lié, dans son voyage en France, avec Bernard de Jussieu, dont la méthode naturelle devait cependant remplacer sa méthode ingénieuse, mais artificielle, avait évité de voir Buffon, et la science ne peut que déplorer ces rivalités entre des hommes de génie dont le bon accord servirait au progrès des connaissances humaines.

La rivalité qui a existé de leur vivant entre Buffon et Linné leur a survécu, et on a pu voir, à la fin du dernier siècle et au commencement de celui-ci, une école de naturalistes français opposer à l'école buffonienne l'école linnéenne. Pendant la période révolutionnaire, le Jardin des Plantes était devenu le théâtre de manifestations hostiles à Buffon, et des

toutes les plantes par une suite constante et continue; mais il se trouve dans l'application de ces caractères tant d'exceptions, que l'étude de la botanique est restée fort difficile et très sujette à l'erreur.

L'ouvrage de M. de Lamark la rendra plus facile et plus sûre. Au lieu de s'astreindre, comme les auteurs que je viens de citer (1), à certains caractères particuliers, il les emploie pour ainsi dire tous, en préférant d'abord les plus frappants pour chaque espèce de plantes, et il épargne la peine de parcourir un grand nombre de classes, de genres et d'espèces, ce qui était nécessaire dans les autres méthodes pour pouvoir parvenir à la connaissance d'une plante nouvelle ou inconnue. D'abord il ne présente que deux caractères à la fois, lesquels sont si généraux, qu'on est toujours sûr d'en trouver un dans la plante inconnue; ce caractère est marqué d'un numéro qui renvoie à deux autres caractères, et dès lors, cette méthode exclut toutes les plantes qui n'ont pas l'un de ces deux premiers caractères. Ensuite, l'on choisit l'un des deux nouveaux caractères qui portent eux-mêmes un numéro, lequel renvoie à deux autres caractères, et ainsi de suite jusqu'au dernier qui est suivi de la dénomination qu'on doit donner à la plante.

Voilà la substance de cette méthode qui, par des exclusions successives, donne la description de la plante à mesure qu'on en cherche le nom, et l'on peut dire que ce moyen est le plus sûr pour reconnaître aisément les différentes espèces de plantes, puisque les caractères les plus apparents et les plus constants sont nécessairement employés de préférence, et l'étude de la botanique en devient beaucoup plus facile, parce que cette méthode ne suppose que très peu de connaissances préliminaires.

Cet ouvrage de M. de Lamark sera, comme celui de Tournefort, en trois volumes in-8°, afin qu'on puisse le porter dans la poche pour étudier dans les campagnes; il n'y aura que dix ou douze planches, et je crois que l'uti-

bandes tumultueuses promenaient triomphalement avec un air de défi le buste de Linné dans le grand établissement élevé par le génie de Buffon aux sciences naturelles.

« L'esprit révolutionnaire, écrit Geoffroy Saint-Hilaire en 1838, imagina de protester contre l'œuvre de Buffon par des courses en l'honneur de Linné. Le buste de l'étranger, déposé religieusement sous le grand cèdre, voilà comment fut entendu, en 1793, à Paris, la glorification de la mémoire de Linné, et il s'agissait bien moins d'honorer la grande renommée de Linné que de protester contre le développement de l'école de Buffon, à laquelle on reprochait de trop accorder au style et aux séductions de l'imagination. »

Nous aimons à saluer dans Geoffroy Saint-Hilaire le premier naturaliste de l'école moderne qui ait reconnu, alors que Cuvier en doutait encore, le génie scientifique de Buffon, précurseur des grandes découvertes modernes, et dans son fils, Isidore Geoffroy Saint-Hilaire, le savant éminent qui avait conçu la pensée de convertir les jardins de Buffon à Montbard en un vaste jardin d'acclimatation, et qui a bien voulu nous associer, en 1854, à la fondation de la Société et du Jardin zoologique d'acclimatation.

(1) A cette date de 1777, Buffon qui, en servant Lamarck, trouve le moyen d'adresser une critique indirecte aux classifications de Linné, n'en avait pas encore reconnu la nécessité par l'expérience.

lité dont il sera le met au nombre des livres qui méritent la faveur que demande l'auteur (1).

J'ai l'honneur d'être, avec tout dévouement et tout respect, monseigneur, votre très humble et très obéissant serviteur.

DE BUFFON.

(Inédite. — Archives nationales.)

(1) La publication de la *Flore française* sous le patronage et grâce à l'intervention de Buffon a été un événement scientifique assez considérable pour qu'il nous ait paru intéressant de donner ici quelques-unes des lettres que renferme le dossier de cette affaire aux Archives nationales. L'appui de Buffon en avait singulièrmeent hâté l'impression; la demande de Lamarck est du 14 octobre, la lettre du ministre à Buffon est du 17, et la réponse de Buffon du 19 :

« C'est aux bontés du roi et particulièrement aux accueils éclairés de ses ministres, disait le chevalier de Lamarck dans sa première demande, que l'illustre Tournefort doit la gloire d'être regardé comme le fondateur et, pour ainsi dire, le père de la botanique. Il jeta le premier les vrais fondements de cette science, et il l'aurait sûrement conduite à la perfection si la mort ne l'eût enlevé dans le milieu de sa carrière.

« Depuis ce temps, M. Linné a présenté la même science sous des points de vue tout à fait différents; il a tâché de renverser tous les principes de M. de Tournefort, dont il s'est cru le rival et a essayé d'étouffer, pour ainsi dire, sa mémoire en affectant de changer le nom des plantes et de ne citer que très rarement les phrases de ce botaniste français. Les travaux de M. Linné sont devenus nécessaires parce que cet auteur a décrit un grand nombre de plantes nouvellement découvertes, mais ses principes, beaucoup moins simples que ceux de M. de Tournefort, ont rendu l'étude de cette science d'une grande difficulté, ce qui fait qu'elle n'est plus cultivée que par un petit nombre d'observateurs oisifs, et peu propres à la rendre utile.

« L'ouvrage que j'ai l'honneur de présenter réunit plusieurs avantages essentiels :

« Il offre d'abord une nouvelle méthode beaucoup plus courte et plus facile que toutes celles qui ont encore paru, et j'ai même démontré qu'elle est la seule qui puisse être utilement employée en histoire naturelle. Il fournit ensuite la collection la plus complète des plantes qui croissent naturellement en France, ouvrage essentiel qui manquait cependant encore à notre nation. Il est écrit en français et par conséquent à la portée de tout le monde, et d'une utilité plus générale. En un mot, les phrases et les noms que M. de Tournefort a donnés aux plantes y sont toujours cités afin que l'on puisse consulter les écrits précieux de ce savant qui a fait honneur à sa patrie, et les usages de chaque plante, soit en médecine, soit dans les arts, y sont indiqués avec le plus grand soin. J'ai fait connaître cet ouvrage en le portant au Jardin du Roi, et j'ai eu la satisfaction de le voir approuver de tous les connaisseurs : j'ai enfin celle de savoir que, vu mon peu de fortune, Monseigneur de La Billarderie, Monseigneur le comte d'Angiviller et Monseigneur le comte de Buffon ont la bonté de solliciter, pour que cet ouvrage soit confié à l'Imprimerie royale, et qu'après que le Roi en aura pris le nombre d'exemplaires qu'il jugera à propos pour sa bibliothèque, le reste me soit remis comme la récompense de mes travaux.

« Je vous supplie, Monseigneur, de m'accorder cette grâce et de vouloir bien donner l'ordre, afin que l'impression en soit achevée pour le printemps prochain. »

On lit dans la seconde demande du botaniste : « Le sieur de Lamarck, ancien officier au régiment de Beaujolais, supplie instamment Votre Grandeur de vouloir bien donner des ordres pour l'impression à l'Imprimerie royale de l'ouvrage de botanique qui lui a été recommandé par Monseigneur le comte de Buffon. »

Les demandes du chevalier de Lamarck sont appuyées, en même temps que par Buffon, par le comte de La Billarderie et le comte d'Angiviller, son frère, survivancier de Buffon, qui ne perd aucune occasion de s'immiscer dans les choses scientifiques.

« Le comte d'Angiviller et son frère se réunissent pour solliciter des bontés de M. Amelot en faveur d'un gentilhomme de leur province, une grâce dont les exemples ne sont pas rares et qui est du plus grand intérêt pour l'aspirant sans être onéreuse pour le Roi. M. de La-

LETTRE CCLXXXIII

A MADAME NECKER.

Au Jardin du Roi, le 29 octobre 1777.

Voici, ma très respectable amie, le mémoire et la lettre pour M. Amelot (1) que M. Necker m'a dit de lui envoyer à cachet volant; vous trouverez que j'ai augmenté ma demande et cependant je crois que vous ne la trouverez pas trop forte. Au reste, tout ceci, ma toute aimable amie, sera votre ouvrage et je suis plus que content, même avant le succès.

Recevez les plus vifs sentiments de ma reconnaissance et de mon respect profond.

BUFFON.

(Inédite. — Archives de Coppet. — Communiquée par le vicomte d'Haussonville.)

LETTRE CCLXXXIV

BILLET A L'ABBÉ BEXON.

Au Jardin du Roi, le 31 octobre 1777.

Je vous envoie, mon cher abbé, des petits oiseaux dont je crois qu'on pourra disposer à la suite des figuiers ou des fauvettes. M. Guéneau de Montbeillard voulait les faire précéder des alouettes, mais je ne crois pas que ce soit leur place et je vous prie de les examiner. Vous m'en direz votre avis dimanche; en attendant, je vous souhaite mille bonjours.

BUFFON.

(Inédite. — Communiquée par Mlle Lefebvre.)

marck, gentilhomme picard, élevé page du Roi, avait été ensuite placé dans le service; il s'y distinguait et pouvait se promettre tous les avantages de cet état, lorsqu'une maladie cruelle qui a duré plusieurs années a forcé sa retraite. Né sans fortune, tous les moyens d'y suppléer se sont évanouis pour lui; il a cherché à se distraire et à se consoler par l'étude; son goût l'a singulièrement entraîné vers la botanique, et il a composé un ouvrage dont les gens instruits portent le jugement le plus favorable en le regardant comme très propre à avancer les progrès d'une science essentiellement utile et dont il est intéressant que l'étude puisse devenir plus courte et plus facile. Ce but peut être rempli par la publication de l'ouvrage de M. de Lamarck; mais tous ceux que le caractère et les mœurs de ce gentilhomme attachent à son sort voudraient que son ouvrage lui fournît une ressource contre l'infortune qui le presse.

« On ne peut espérer un traité favorable dans le commerce d'un ouvrage de ce genre, M. de Lamarck est dans l'impossibilité de fournir aux frais de l'impression.

« Son unique espoir réside dans la grâce qui lui serait accordée de l'édition de son livre à l'Imprimerie royale; son ouvrage est précisément du genre de ceux qui donnent le plus de droit à cette faveur. »

(1) Si, dans les lettres qui précèdent, Buffon s'excuse près des Necker de les solliciter en faveur des demandes qui lui arrivent de toutes parts, cette fois, il ne s'excuse plus parce qu'il s'agit du Jardin du Roi, et tandis qu'il aurait pu obtenir de nombreux avantages personnels par l'amitié du premier ministre, on ne le verra constamment songer qu'au Jardin du Roi, au progrès de la science et à ses amis.

LETTRE CCLXXXV

BILLET AU MÊME.

Ce 22 novembre 1777.

M. de Buffon fait mille amitiés à M. l'abbé Bexon, et il a l'honneur de lui envoyer deux bonnes feuilles et des épreuves avec lesquelles il pourra finir la table des matières.

BUFFON.

(Inédite. — Communiquée par Mlle Lefebvre.)

LETTRE CCLXXXVI

A MADAME DAUBENTON.

Au Jardin du Roi, le 28 novembre 1777.

Le diable se mêle un peu de mes affaires, ma très chère enfant, et je ne crois pas que je puisse partir de Paris avant Noël. J'en suis très fâché; car, indépendamment du plaisir que j'aurais à vous revoir, le grand mouvement de ce pays-ci me fatigue et m'ennuie (1).

Je vous suis obligé des informations que vous me donnez au sujet du chevalier de Bonnard (2); j'en ai fait bon usage, et j'ai le meilleur augure du succès de la demande que j'ai faite pour lui (3). Il m'a chargé de vous faire

(1) Buffon, qui n'aimait pas Paris, n'y faisait chaque année qu'un court séjour nécessité par l'administration du Jardin du Roi. Malgré tous les motifs qui auraient dû l'y retenir, la faveur dont il jouissait à la cour, son crédit près des ministres, les triomphes d'amour-propre que lui ménageaient sa grande renommée et sa popularité, ses affaires faites il s'empressait de regagner sa solitude de Montbard.

Si Voltaire à Ferney, Montesquieu à La Brède, Jean-Jacques Rousseau à Montmorency et Ermenonville, ont fait comme Buffon à Montbard, c'est parce que la retraite protectrice du recueillement et de l'étude est l'inspiratrice des grands ouvrages.

(2) Bernard de Bonnard, littérateur et poète, né à Semur le 22 octobre 1744, mort le 13 septembre 1784, a servi dans l'artillerie et est devenu mestre de camp, chevalier de Saint-Louis.

Buffon avait obtenu, cette même année 1779, sa nomination de sous-gouverneur des enfants du duc de Chartres. Il fut remplacé dans ce poste, le 15 janvier 1782, par la comtesse de Genlis, nommée à sa place *gouverneur* des enfants du duc d'Orléans par le crédit de Mme de Montesson, sa tante. Le jour où le prince vint prendre les ordres du roi, Louis XVI lui tourna le dos. Le chevalier de Bonnard, qui avait été sur le point de suivre le duc d'Harcourt dans son gouvernement du Dauphiné, s'était retiré à Semur, où il mourut avant 40 ans de la petite vérole, victime de son dévouement paternel pour avoir voulu lui-même inoculer son fils. On cite de lui un trait qui fait honneur à sa délicatesse. Une tante l'avait institué son légataire universel : « Ma tante, dit-il, a oublié que nous sommes trois frères, » et il n'accepta que le tiers de l'héritage. Ses poésies (1 vol. in-8o) ont été publiées, en 1791, par Sautreau de Marsy. Garat a écrit son éloge.

(3) La demande de l'emploi de gouverneur des enfants du duc de Chartres.

mille respectueux compliments; cependant il ignore que je vous ai consultée sur sa naissance. En tout, c'est un très bon sujet, et je serai charmé d'avoir contribué à son avancement. Je voudrais qu'il me fût possible de faire de même quelque chose pour votre cher oncle Potot de Montbeillard; mais, tant que Gribeauval (1) aura l'autorité, il n'y a nulle justice à espérer ni de bonnes raisons à faire valoir. Cependant je vous prie de lui dire, lorsque vous aurez occasion de le voir, que M. de Maillebois (2) m'a promis de parler en sa faveur; et il ferait bien lui-même dans cette circonstance d'écrire au chevalier de Bonnard, qui pourrait lui rendre service par M. le duc de Mortemart (3) chez qui il demeure, et par ses autres amis. Votre pauvre oncle est dans le cas d'employer toutes les ressources et toutes les personnes qui lui veulent du bien, et avec cela j'ai grand'peur qu'il n'obtienne rien, par la mauvaise volonté de Gribeauval.

Je viens de remettre à Lucas l'ordre du thermomètre que vous demandez pour M. le Théologal (4); on l'exécutera avec soin, et j'espère qu'il en sera satisfait. Je vous prie de lui faire faire mille et mille sincères compliments de ma part. Embrassez aussi la charmante Betzy; baisez-la, puisqu'elle est si jolie; ce sont là les plaisirs les plus purs de la vie.

Recevez aussi mes tendres et respectueux hommages, ma très chère bonne amie.

BUFFON.

(Collection Nadault de Buffon.)

LETTRE CCLXXXVII

BILLET A L'ABBÉ BEXON.

Ce dimanche soir.

J'ai l'honneur de renvoyer à M. l'abbé Bexon la magnifique ode de M. Le

(1) Jean-Baptiste Vaquette de Gribeauval, né le 15 septembre 1715, mort le 9 mai 1789, était engagé volontaire au Royal-artillerie en 1732, et colonel en 1757, lorsqu'il passa au service de l'Autriche. Nommé par Marie-Thérèse général de bataille, commandant en chef le génie et l'artillerie, il prit une part glorieuse à la guerre de Sept ans, et ne rentra en France qu'en 1772. Lieutenant général en 1765, premier inspecteur de l'artillerie en 1776, il a fait faire à cette arme des progrès considérables; il occupait à l'Arsenal, dont il était gouverneur, l'appartement du maréchal de Biron.

(2) Yves-Marie Desmarest, comte de Maillebois, fils du maréchal de Maillebois, arrière-petit-fils de Colbert, né le 13 août 1715, mort le 14 décembre 1791, lieutenant général depuis 1748, s'est signalé à la prise de Port-Mahon; est connu par ses démêlés avec le maréchal d'Estrées à propos de la bataille d'Hastenbeck, et par un projet de contre-Révolution; était correspondant de l'Académie des sciences.

(3) Louis-Paul de Rochechouart, d'abord prince de Tonnay-Charente, puis duc de Mortemart, né le 29 septembre 1710, mort en 1781, premier gentilhomme de la chambre, pair de France, chevalier du Saint-Esprit, fils du lieutenant général de ce nom et de la fille du duc de Beauvillers, gouverneur du Dauphin.

(4) L'abbé Jacques Berthier, né en 1721, mort en 1789, théologal de l'église de Semur, connu par ses vertus et sa bienfaisance; a laissé quelques écrits et pièces fugitives.

Brun (1) en le priant de remercier ce poète sublime de la gloire et du plaisir qu'il me fait.

A demain. M. l'abbé Bexon aura la voiture à dix heures.

BUFFON.

(Inédite. Communiquée par Mlle Lefebvre.)

LETTRE CCLXXXVIII

A MADAME NECKER.

Au Jardin du Roi, ce 1er décembre 1777.

Ma très aimable et très respectable amie, je suis d'autant plus fâché que M. Chabanon (2) ait quitté la partie qu'il me semblait être sûr de la gagner;

(1) L'ode à Buffon sur ses détracteurs obtint un grand succès et lui fit éprouver un plaisir dont on trouvera la manifestation, parfois un peu naïve, dans les lettres qui suivent. Cependant le style en est précieux et ampoulé et la louange exagérée. On en jugera par ces strophes.

Buffon, laisse gronder l'Envie;
C'est l'hommage de sa terreur;
Que peut sur l'éclat de ta vie
Son obscure et lâche fureur?
Olympe, qu'assiège un orage,
Dédaigne l'impuissante rage
Des aquilons tumultueux;
Tandis que la noire Tempête
Gronde à ses pieds, sa noble tête
Goûte un calme majestueux.

Pensais-tu donc que le Génie,
Qui te place au trône des arts,
Longtemps d'une gloire impunie
Blesserait de jaloux regards?
Non, non, tu dois payer la gloire;
Tu dois expier ta mémoire
Par les orages de tes jours;
Mais ce torrent qui, dans ton onde,
Vomit sa fange vagabonde,
N'en saurait altérer le cours.

Poursuis ta brillante carrière,
O dernier astre des Français!
Ressemble au Dieu de la lumière,
Qui se venge par ses bienfaits.
Poursuis! que tes nouveaux ouvrages
Remportent de nouveaux outrages,
Et des lauriers plus glorieux :
La gloire est le prix des Alcides!
Et le dragon des Hespérides
Gardait un or moins précieux.
. . . .

Flatté de plaire aux goûts volages,
L'Esprit est le dieu des instants;
Le Génie est le dieu des âges,
Lui seul embrasse tous les temps.
Qu'il brûle d'un noble délire,
Quand la Gloire autour de sa lyre
Lui peint les Siècles assemblés
Et leur suffrage vénérable
Fondant son trône inaltérable
Sur les empires écroulés!
. . . .

Cette ode, imprimée dans les œuvres complètes de Lebrun, a été publiée en brochure en 1779. (Paris, Didot l'aîné, in-8°.) On la trouvera dans la première édition de la *Correspondance* (t. 1er, p. 307).

(2) Adolphe-Denis de Chabanon, littérateur, traducteur, auteur dramatique et musicien, né à Saint-Domingue en 1730, mort en 1792, de l'intimité de Mme Necker, était, après Saint-Georges, le meilleur violon de Paris. Reçu à l'Académie des inscriptions en 1760, son admission à l'Académie française le 10 janvier 1780, trois ans après son échec de 1777, en remplacement de Foncemagne, a donné lieu à l'impromptu suivant :

A Foncemagne on veut, dit-on,
Pour le fauteuil soporifique
Faire succéder Chabanon :
Mais son mérite académique?
Aucun. Il est grand violon;
Dans le sein de la Compagnie
Manquant d'accord et d'unisson,
Il rétablira l'harmonie.

Il a écrit une tragédie, *Eponine*, un *Traité de la musique* (1765), des pièces de théâtre, des poésies, des éloges, etc., et traduit, de 1771 à 1773, Pindare, Théocrite et Horace.

ce seul acte de modestie vaut mieux que les talents de tous les autres; je ne m'inquiète plus sur qui tombera le choix, car je crois qu'ils ont éliminé M. Le Mierre (1) et, comme mon rhume dure (2), je continuerai à garder la chambre jusqu'à vendredi, désolé néanmoins de ne vous pas voir, adorable amie, et de savoir votre charmante fille incommodée (3), car j'espère que ce n'est point une maladie grave; j'enverrai pour en savoir des nouvelles, et je prends la plus grande part à vos tendres inquiétudes.

M. Amelot ne m'a rien fait dire, mais que la chose soit faite ou non, ma reconnaissance est et sera la même. Je vous supplie d'en assurer M. Necker.

J'ai eu une conférence avec M. de Tolozan (4) et j'en suis extrêmement satisfait. Il voit et entend bien; je le crois digne de la confiance que notre grand ministre des finances voudra lui accorder.

Je vous souhaite mille bonjours, ma tout aimable amie.

BUFFON.

(Inédite. — Archives de Coppet. Communiquée par le vicomte d'Haussonville.)

LETTRE CCLXXXIX

BILLET A M. HÉBERT (5).

Paris, 4 décembre 1777.

J'ai envoyé à M. Guéneau de Montbeillard vos notes sur un prétendu becfigue d'hiver, et qui s'est trouvé être, selon vous-même, l'*alouette pipi*. Je travaille maintenant d'une manière suivie aux oiseaux, et vous vous trouverez cité plus d'une fois dans leur histoire.

BUFFON.

(Catalogues d'autographes.)

(1) Antoine-Marie Le Mierre, poète et auteur dramatique, né en 1723, mort en 1793, a débuté comme secrétaire du fermier général Dupin qui lui avait laissé la liberté de cultiver les lettres. Il a écrit des poésies et a fait représenter avec succès, de 1758 à 1790, *Hypemnestre*, *Idoménée*, *Artaxercès*, *Guillaume Tell*, *la Veuve du Malabar*, *Barnevelt;* reçu à l'Académie française en 1781.

(2) Quand Buffon, durant son séjour à Paris, était contrarié ou embarrassé pour une élection académique, il gardait la chambre sous prétexte de rhume.

C'est le motif qu'il ne manque jamais d'invoquer pour ne pas assister aux échecs de ses candidats, l'abbé Leblanc, le président de Brosses, Bailly.

(3) Anne-Louise-Germaine Necker, depuis baronne de Staël, alors âgée de 11 ans.

(4) Jacques-François de Tolozan, maître des requêtes, intendant général du commerce, économiste de l'école de Turgot, Trudaine et Malesherbes, un des plus dévoués collaborateurs de l'administration de Necker; il était de l'intimité de Buffon, qui lui a plusieurs fois donné sa procuration, notamment le 30 août 1782, pour signer avec l'abbaye de Saint-Victor échange des terrains nécessaires à l'achèvement du Jardin du Roi.

(5) Receveur général des fermes à Dijon, déjà nommé, de l'intimité de Buffon.

LETTRE CCXC

BILLET A L'ABBÉ BEXON.

Au Jardin du Roi, le 5 décembre 1777.

M. de Buffon fait ses compliments à M. l'abbé Bexon, et le prie de ne venir que dimanche, parce que demain, samedi, il ne pourrait le recevoir. M. l'abbé Bexon en aura d'autant plus de temps pour arranger les fauvettes.

BUFFON

(Publiée dans le *Conservateur* de François de Neufchâteau.)

LETTRE CCXCI

A M. AMELOT.

Paris, au Jardin du Roi, le 8 décembre 1777.

Monseigneur,

Je ne vois pas de moyen de réduire à moindres termes les frais de l'impression du livre de botanique de M. de Lamarck (1); ils seraient même bien plus considérables si je n'avais pas engagé l'auteur à réduire à 1,200 le nombre des exemplaires qu'il aurait désiré faire tirer à 2,000, et à se réduire aussi sur la grandeur des caractères; cela ne peut pas coûter moins de 6,720 livres (2). Mais le Roi aura une espèce de dédommagement de cette dépense; car, indépendamment de l'utilité publique qui en résultera, vous en retiendrez 200 ou 250 exemplaires pour le compte de Sa Majesté, et quand on ne les estimerait que 3 livres le volume, c'est-à-dire à 9 livres chaque exemplaire, cela fait 2,250 livres à diminuer sur les 6,720 livres. Ainsi, la faveur faite à M. de Lamarck est d'environ 4,400 livres, auxquelles en ajoutant 5 ou 600 livres pour les planches gravées, ce sera en tout 5,000 livres, dont néanmoins l'auteur ne tirera pas le produit peut-être en vingt ans (3),

(1) Buffon répondait à une lettre du ministre du 6 décembre, lui communiquant la réponse du 4 du même mois d'Anisson Dupeyron, directeur de l'Imprimerie royale, relative au prix de l'impression de la *Flore française*. « La dépense, dit le ministre, non compris la gravure des planches, sera de près de 6,720 livres. Cet objet est bien considérable, et il serait bien à désirer qu'il y eût quelque moyen de le diminuer. Je vous prie de vouloir bien voir avec l'auteur si cela ne serait pas possible. »

(2) Après l'impression, Anisson Dupeyron proposa au ministre « de se restreindre pour diminuer la dépense, à présenter l'ouvrage seulement au Roi et à la Reine, en comprenant dans la distribution du Roi une partie des personnes qui ont l'*Histoire naturelle*, mais qu'il ne faudra pas étendre aussi loin que la distribution de ce dernier ouvrage. »

(3) La *Flore française* parut en 1778 à l'Imprimerie royale, avec une dédicace au comte d'Angiviller, où l'auteur dit : « J'ai osé quitter une route battue par des savants illustres pour m'en frayer une nouvelle. » Mais, par suite de l'antagonisme de la chambre syndicale

car ces sortes d'ouvrages ne sont à l'usage que de très peu de personnes.

J'ai l'honneur d'être avec tout respect, Monseigneur, votre très humble et très obéissant serviteur.

DE BUFFON.

Je renvoie ci-joint la lettre de M. Dupeyron (1).

(Inédite. — Archives nationales.)

LETTRE CCXCII

A MADAME NECKER.

Au Jardin du Roi, 15 décembre 1777.

Grâce à vos conseils, ma très respectable amie, que j'ai suivis de point en point, mon affaire est enfin décidée : vous le verrez par la lettre que je prends la liberté de vous envoyer et que j'ai reçue ce matin. Je vous dois, ainsi qu'à M. Necker, cette faveur que je n'aurais jamais obtenue sans vous. Je me suis empressé d'aller ce soir pour vous en remercier l'un et l'autre, et je n'ai pas été assez heureux pour vous trouver; j'attendrai donc jeudi avec

de la librairie et de l'Imprimerie royale, la mise en vente du livre donna lieu à un incident dont se plaint le chevalier de Lamarck dans une lettre du 29 mars 1779, et auquel met fin une lettre du lieutenant de police Lenoir, du 6 avril, annonçant qu'il a levé la défense d'afficher.

Le dossier de la *Flore française* aux Archives nationales se complète par une lettre du chevalier de Lamarck au baron de Breteuil, du 14 juin 1788, et par une lettre du 15 juin du comte de Chastenay, compatriote et ami de Buffon, où on lit : « C'est un savant timide, qui vit pauvre, obscur et retiré; il avait l'estime de M. de Buffon, et la mort de ce dernier le laisserait sans appui, si vous lui refusiez le vôtre. »

Voici la lettre du chevalier de Lamarck :

« Le chevalier de Lamarck, de l'Académie royale des sciences, auteur de la *Flore française*, ouvrage approuvé par l'Académie, qui lui servit de titre pour y entrer et lui valut en même temps l'estime de M. le comte de Buffon, qui sollicita et obtint la permission de le faire imprimer à l'Imprimerie royale, a l'honneur de vous représenter qu'en effet le langage français qu'il a le premier introduit dans la botanique et la méthode facile et sûre pour reconnaître les plantes, qu'il a développée dans son livre ont été si favorablement accueillis du public que la première édition épuisée l'oblige d'en donner une seconde perfectionnée et enrichie de toutes les plantes que l'on a découvertes depuis; mais la mort du célèbre naturaliste qui avait présidé à la première oblige le chevalier de Lamarck de présenter lui-même son ouvrage à Monseigneur le Baron de Breteuil, et de le supplier de remplacer ce grand homme en obtenant l'ordre de Sa Majesté pour que la nouvelle édition de la *Flore française* soit, de même que la première, imprimée à l'imprimerie royale, l'exécution typographique d'un pareil ouvrage étant trop difficile pour pouvoir la confier avec espérance de succès à aucun des imprimeurs de Paris. »

Le chevalier de Lamarck n'invoqua pas en vain le grand nom de Buffon. La seconde édition de la *Flore française* fut imprimée comme la première à l'Imprimerie royale, et c'est un honneur pour la carrière scientifique de Buffon d'avoir assuré la publication de cet important ouvrage.

(1) Jacques Anisson-Dupeyron, d'une ancienne famille d'imprimeurs de Lyon, émule des Étienne et des Didot, directeur de l'Imprimerie royale de 1733 à 1783, après son frère et son oncle, mort en 1788, a eu pour successeur, de 1783 à 1792, Étienne-Alexandre-Jacques Anisson-Dupeyron, né en 1748, mort sur l'échafaud révolutionnaire le 25 avril 1794.

impatience; j'irai vous demander à dîner et vous renouveler les protestations des sentiments profonds de reconnaissance et de respect avec lesquels je serai toute ma vie, madame et très respectable amie, votre très humble et très obéissant serviteur.

BUFFON.

Vous voudrez bien, madame, me renvoyer la lettre de M. Amelot.

(Inédite. — Communiquée par M. Étienne Charavay.)

LETTRE CCXCIII

A L'ABBÉ DODUN.

Ce 15 décembre 1777.

Je sens bien, monsieur, que vous deviez être impatient et notre pauvre abbé (1) encore plus; mais je vous proteste que depuis dix à douze jours je n'ai pas eu un seul moment à moi. Je vous envoie d'autre part le modèle de la lettre à M. Amelot, qu'il n'a qu'à copier, et je compte que sous peu de jours nous recevrons l'ordre que nous demandons (2).

J'ai l'honneur de vous envoyer ci-joint une lettre que je reçois de M. Pontier, sur laquelle nous conférerons la première fois que j'aurai celui de vous voir.

Je suis avec un respectueux attachement, monsieur, votre très humble et très obéissant serviteur.

BUFFON.

(Inédite. — Archives nationales.)

LETTRE CCXCIV

BILLET A L'ABBÉ BEXON.

Ce mercredi matin, 24 décembre 1777,

M. de Buffon fait ses compliments à M. l'abbé Bexon; il est forcé de sortir aujourd'hui et demain, et il le prie de ne venir que vendredi matin pour dîner, quoiqu'il ait bien de l'impatience de le voir, mais les affaires l'en empêchent pour ces deux jours-ci.

BUFFON.

(Inédite. — Communiquée par Mlle Lefebvre.)

(1) L'abbé Gabriel de Saint-Belin, à Saint-Lazare depuis le mois de février 1776.
(2) Son transfèrement dans une autre maison.

LETTRE CCXCV

BILLET A L'ABBÉ DODUN.

Ce 26 décembre 1777.

M. de Buffon vient de recevoir l'ordre du ministre pour la translation de M. l'abbé de Saint-Belin; il a l'honneur d'en prévenir M. l'abbé Dodun, auquel il remettra cet ordre quand il voudra, et il lui fait ses très humbles compliments.

BUFFON.

(Inédite. — Archives nationales.)

LETTRE CCXCVI

A MADAME NECKER.

Montbard, le 2 janvier 1778.

Je réponds à ma très respectable amie:

Que je ne crois pas plus qu'elle à la transmigration des âmes (1), mais que je ne puis m'empêcher de croire fermement à leur communication; car je ne reçois pas un billet d'elle où je ne trouve quelques-unes de mes pensées (2), or, elle sait que la pensée est l'essence de l'âme. La mienne participe donc à votre essence divine, et cette communion, qui fait ma gloire, ferait aussi mon bonheur, si nos désirs étaient les mêmes.

« Vous exigez trop, me dira-t-elle.

« A-t-on jamais commencé lettre ou billet par un argument en forme, suivi d'une demande contraignante?

« Soyez content que je pense comme vous, et tâchez seulement de sentir comme moi! »

Eh bien, dans la dispute avec charmant génie Gonzague (3), je pense et

(1) Voir page 261 note 2 de la lettre du 22 mars 1774 à Mme Necker, et à la fin du second volume, ce qui est dit de la religion de Buffon.

(2) Mme Necker, qui a religieusement recueilli les pensées de Buffon dans ses *Mélanges*, publiés après sa mort par son mari, aimait de son côté à lui rapporter les siennes.

Nous citerons au hasard ces quelques pensées des *Mélanges* : « M. de Buffon ne m'a jamais parlé des merveilles du monde sans me faire penser qu'il en était une. »

« M. de Buffon dit que le soleil ne s'enflamme et ne conserve sa chaleur que par la multitude d'objets divers qui tournent sans cesse autour de lui. Notre âme, qui n'est qu'une étincelle, a besoin d'être continuellement agitée; une conversation stérile et monotone anéantit bientôt toutes nos facultés. »

« Je ne garde jamais de montre, disait M. de Buffon. — Je le crois bien, lui répondis-je; vous êtes comme les damnés du P. Bridaine; quand vous demandez : *Quelle heure est-il?* on vous répond : *L'éternité!* »

(3) Le prince Louis de Gonzague de Castiglione, précédemment nommé. (Lettre du 4 avril 1777 à Guéneau de Montbeillard.)

sens comme belle âme Necker : l'esprit sera de son côté, mais toute raison est du nôtre. Il faut bien qu'il y ait plus de grands écrivains que de penseurs profonds, puisque tous les jours on écrit excellemment sur des choses superficielles. Fénelon (1), Voltaire et Jean-Jacques ne feraient pas un sillon d'une ligne de profondeur sur la tête massive des pensées des Bacon (2), des Newton, des Montesquieu ; sons compter celui que vous voyez *un peu colosse depuis qu'il fait corps avec le bien public*. Pour moi, je l'ai toujours vu grand, et tout aussi grand qu'il l'est, noble et élevé autant que ses envieux sont petits et rampants. Je supplie ma très respectable amie de lui faire agréer cet hommage de mon cœur. Je ne pourrai vous faire ma cour à tous deux que dans le mois prochain ; la très mauvaise saison et un peu de mauvaise santé me retiendront ici pendant le gros hiver.

Recevez mes regrets et mes vœux avec cette même bonté que vous m'avez si souvent témoignée, et que je ne puis mériter que par le zèle et le respect que je vous ai voués.

BUFFON.

Mme Daubenton, qui a, dit-elle, eu l'honneur de passer un jour entier avec vous, madame, dans son dernier séjour à Paris, me charge de vous présenter ses respectueux hommages.

(Archives de Coppet. — Communiquée par la baronne de Staël.)

LETTRE CCXCVII

A M. GUYS (3)

Montbard, le 5 janvier 1778.

J'ai, Monsieur, différé de vous répondre au sujet de M. Sonnini de Manoncour, parce que j'ai voulu être pleinement convaincu avant de prendre mon parti sur son compte ; mais je suis obligé de vous dire, Monsieur, que j'ai toutes les raisons du monde d'être mécontent de sa conduite, et que je ne veux plus entretenir de commerce avec lui. Je vous prie donc instamment de ne point accepter les lettres de change qu'il pourrait tirer et de ne point payer celle de trois mille livres ; je voudrais bien aussi que vous n'eussiez pas payé celle de 262 livres, dont vous m'avez parlé.

(1) François de Salignac de La Motte Fénelon, né le 6 août 1651, mort le 7 janvier 1715. Rivarol a dit de l'auteur de *Télémaque* : « Quand la vertu est unie au talent, elle met un grand homme au-dessus de sa gloire. Le nom de Fénelon a je ne sais quoi de plus tendre et de plus vénérable que l'éclat de ses talents. »

(2) François Bacon, né le 22 janvier 1561, mort le 9 avril 1626, maître de la philosophie moderne.

(3) Pierre-Augustin Guys, helléniste et voyageur, précédemment nommé (p. 262 et 306).

Nous n'avons pas reçu la caisse de pétrifications non plus que celle de livres que M. Sonnini a renvoyée, et je vous serai obligé, Monsieur, de me les faire passer le plus tôt que vous pourrez et bien enveloppées de toile cirée ; car ce sont des livres de ma bibliothèque de Paris (1) que je lui avais confiés et il lui en reste encore quelques-uns entre les mains. Je n'étais pas informé de plusieurs faits très graves lorsque je vous ai marqué, Monsieur, que je pourrais faire payer au mois d'avril prochain la lettre de change de 3,000 livres : je vois maintenant que ce serait de l'argent absolument perdu et je voudrais que vous eussiez la bonté d'écrire à M. Magalon (2) de ne pas payer cette somme ; mais je crains qu'il ne soit plus temps, car notre homme a quitté le Caire pour aller à Rosette, d'où il m'écrit et demande encore douze mille francs sous prétexte d'aller en Abyssinie, et tout cela pour ne pas revenir à Paris où il est perdu de dettes et de réputation.

J'en suis sorti le dernier jour de décembre, je vais passer mon hiver à Montbard. J'ai lu avec une grande satisfaction les deux volumes de votre savant *Voyage de Grèce* (3). J'ai aussi fait payer les 79 livres pour le vin de Chypre (4).

Recevez, Monsieur, mes vœux au commencement de cette année et les assurances du sincère et respectueux attachement avec lequel j'ai l'honneur d'être votre très humble et très obéissant serviteur.

BUFFON.

J'oubliais, Monsieur, de vous remercier de l'offre que vous avez la bonté de me faire de quelques mines de Hongrie (5) : nous n'en sommes pas bien fournis au Cabinet du Roi, et si vous m'en envoyez quelques beaux morceaux je pourrai vous donner quelque autre chose en échange.

(1) Sa bibliothèque du Jardin du Roi ; mais la principale bibliothèque de Buffon était à Montbard ; on en trouvera plus loin la description. (Lettre du 10 août 1783 à Faujas de Saint-Fond.)

(2) Jacques Magalon, voyageur français, né le 30 mai 1741, mort le 3 décembre 1820, connu par ses explorations et ses découvertes et les récits qu'il en a laissés.

(3) Après l'édition du *Voyage en Grèce*, en 2 vol. in-8°, de 1776 et non de 1771, — comme on l'a imprimé par erreur à la page 262, — il en a été donné une autre en 4 vol. in-8° en 1783, qui a valu à son auteur des vers de Voltaire et la critique de l'helléniste Larcher. Pierre-Augustin Guys a encore écrit d'autres récits de voyage, des poésies, une *Traduction de Tibulle* en vers français, *Marseille ancienne et moderne* (1 vol. in-8°, 1786). Il avait concouru avec Thomas pour l'éloge de Duguay-Trouin et fut correspondant de l'Institut à sa fondation.

(4) L'auteur du *Voyage en Grèce* avait été successivement négociant à Constantinople, à Smyrne et à Marseille, et la biographie Michaud, qui lui consacre un long article, dit que « s'il avait honoré la profession du commerce par sa probité et la simplicité de ses mœurs, « il ne se distingua pas moins par ses connaissances et ses travaux littéraires. » Buffon n'avait que d'honnêtes gens pour correspondants. Son fils, Pierre-Alphonse Guys, né en 1755, mort en 1812, consul général à Tripoli, auteur de divers écrits et de la *Maison de Molière*, donnée au théâtre en 1787 sous un pseudonyme, avait cette singularité physique qu'il lui manquait une oreille.

(5) Ces minéraux avaient été rapportés par Guys de ses nombreux voyages en Orient, en Italie, dans la Hollande et le Danemark.

J'ai repris l'histoire des oiseaux et je vous enverrai, Monsieur, les volumes qui pourront vous manquer. Les tomes 7 et 8 in-12, qui correspondent au quatrième in-quarto paraîtront dans un mois ou cinq semaines et je vous offre l'in-4°, ou les deux in-12 à votre choix.

(Inédite. — Collection Nadault de Buffon.)

LETTRE CCXCVIII

AU PRÉSIDENT DE RUFFEY

Montbard, le 9 janvier 1778.

J'ai été enchanté, mon très cher Président, de recevoir de vos nouvelles à Montbard, où je suis arrivé depuis quelques jours, et je ne doute pas de la sincérité ni de la constance de votre amitié ; j'en juge par la mienne, qui ne se démentira jamais. Je voudrais bien que quelque affaire de votre terre de Montfort vous y appelât pendant mon séjour à Montbard, où je compte rester jusqu'après Pâques ; et, à propos de cette terre où M. de Chaumelle (1) est venu cet automne, on croit dans le pays que c'est à lui qu'elle appartiendra. Il me semble cependant, mon cher Président, que ce n'était pas tout à fait là votre intention.

Ce n'est point un traité sur la vieillesse, mais seulement quelques réflexions en cinq ou six pages que vous trouverez dans mon quatrième volume de Supplément à l'*Histoire naturelle*, dont je vous envoie le mandat, que vous pourrez prendre chez M. Frantin.

Mille respects, je vous supplie, à Mme la présidente de Ruffey, et mille très humbles compliments et amitiés à M. votre fils. Je serai toute ma vie, avec les mêmes sentiments que vous m'avez connus, votre très humble et très obéissant serviteur.

BUFFON.

(Appartient au comte de Vesvrotte.)

LETTRE CCXCIX

A L'ABBÉ BEXON

Montbard, le 19 janvier 1778.

J'ai reçu avec grand plaisir, mon cher abbé, les jolis oiseaux, et avec plus de satisfaction encore les honnêtes et aimables sentiments de votre cœur ; je vous prie de compter sur les miens et de témoigner à madame votre mère et à mademoiselle votre sœur (2) le désir que j'aurais de mériter leur amitié,

(1) Beau-frère du président de Ruffey.

(2) L'abbé Bexon était le seul soutien d'une mère infirme et d'une toute jeune sœur.

et le regret que j'ai de n'avoir pas eu le temps, avant mon départ, d'aller partager avec elles la douceur de vos pénates que vous peignez si bien, conservez cette union, mon cher abbé, et aimez-vous réciproquement, c'est le bonheur de la vie.

J'ai ici le prince de Gonzague (1), et je n'ai pas encore eu le temps de jeter les yeux sur vos oiseaux ; il a lu avec transport l'ode de M. Le Brun ; nous y avons substitué les variantes que vous m'avez envoyées, et comme je l'ai lue et relue nombre de fois, j'ai cru que notre sublime poète et sincère ami pourrait approuver quelques autres variantes que ma pauvre Uranie met aux pieds de son Apollon.

1° J'ai transposé la seconde strophe et j'en ai fait la huitième où elle me semble convenir beaucoup mieux.

2° Dans le premier vers de la cinquième, actuellement quatrième strophe, j'ai écrit *la cédant le métal à l'ignorance avare*, au lieu de *la cédant la richesse*, etc.

3° Dans la sixième, actuellement la cinquième strophe, j'ai écrit *sur l'Olympe jaloux*, au lieu de *dans l'Olympe jaloux* et, dans la même strophe, j'ai écrit *rassemble sur la terre, ses rayons précieux qu'épanche l'œil du jour*.

4° Strophe dix j'ai écrit *ah ! l'Érèbe*, au lieu de *et l'Érèbe*.

5° Strophe onze, j'ai écrit *rugissant elle sort de sa noire caverne*, au lieu de *elle fuit en grondant sa lugubre caverne*.

6° Strophe quatorze, j'ai écrit *elle dit, et hurlant*, au lieu de *elle dit, et courant*.

7° J'ai mis la note sur Mme de Buffon (2) par une étoile à la strophe 24, au vers *oui, tu vois son épouse*.

8° On pourrait mettre aussi par une étoile en note à la douzième strophe aux mots *marbre odieux* : « Louis XV ordonna en 1773 la statue en marbre de M. de Buffon ; elle a été exécutée par M. Pajou et placée à l'entrée des

Ils vivaient ensemble unis par les liens les plus étroits et jouissaient en paix, bien que dépourvus de toute fortune, de la douce intimité du foyer domestique. Peu à peu Buffon s'attachera à la mère et à la sœur de l'abbé Bexon; il leur confiera son fils et il les attirera à Montbard, et leur viendra en aide avec la délicatesse qu'il mettait à toutes ses bonnes actions. « L'abbé Bexon, — dit Humbert Bazile, — avait présenté sa sœur, Mlle Hélène Bexon, à M. de Buffon, qui n'avait pas tardé à la prendre en amitié. Elle était simple et gaie, et possédait les plus rares vertus. Sans aucune fortune et entièrement dévouée aux soins que réclamait une mère infirme, elle consacra sa jeunesse à l'accomplissement des plus rigoureux devoirs. » La mère de l'abbé Bexon mourut très âgée, la même année que Buffon, en 1788; elle avait eu treize enfants dont trois seulement ont survécu. Elle a écrit sous le titre : *Vie de mon fils*, une touchante biographie de l'abbé Bexon, que nous avons publiée, en 1863, à la page 339 du volume sur *Buffon, sa famille et ses collaborateurs*. Hélène Bexon, née le 12 février 1755, morte le 25 janvier 1830, mariée en 1787 à Henri Lefebvre, secrétaire du Dauphin, dont la fille nous a obligeamment communiqué les lettres que nous publions.

(1) Précédemment nommé.

(2) Cette note ne se trouve pas sur l'ode de Lebrun, imprimée en 1779 par Didot l'aîné, la seule que nous ayons pu consulter.

cabinets d'histoire naturelle en 1777 par l'ordre de Sa Majesté Louis XVI (1). »

Dans la strophe douze, le sublime auteur a fait une variante, le mot *complice* se trouve deux fois, et c'est par cette raison que j'ai écrit *la gloire est sa compagne*.

Faites part de tout ceci à M. Le Brun et ajoutez-y mes plus tendres compliments ; j'ai déjà vu dans la *Gazette de Paris* un éloge de cette belle ode, et cela m'a fait grand plaisir.

Si vous voulez avoir des feuilles imprimées des *Époques* (2), le plus court est d'en parler à M. Panckoucke qui vous les fera donner.

Le travail que vous avez fait pour le dépouillement des Voyageurs au sujet des oiseaux d'eau ne sera pas inutile ; cependant il ne faudrait dépouiller que les ouvrages les plus nouveaux, c'est-à-dire ceux qui ont paru depuis 20 ou 25 ans, car j'ai fait moi-même autrefois le dépouillement des Voyageurs plus anciens, et M. Guéneau de Montbeillard a commencé de me renvoyer une partie des matériaux que je lui avais donnés pour ce travail (3), et je vous envoie moi-même ci-joint le petit nombre de notices que j'ai pu trouver sur les pics et les martins-pêcheurs, auxquels vous travaillez. Il y en a de beaucoup plus étendues sur les hérons, que je vous ferai passer lorsque vous voudrez ; et, en me prévenant d'avance des objets qui vous occuperont, je vous enverrai successivement les notices relatives.

Je vous prie, mon cher Monsieur, de m'envoyer le numéro de la planche enluminée et le numéro de la figure qui représente le figuier jaune.

Je vous demande aussi de faire la description du barbu du Sénégal indiqué dans les planches enluminées numéro 746, fig. 2, et encore la description du barbu du cap de Bonne-Espérance numéro 688, fig. 1re.

Je profiterai de votre remarque au sujet du roitelet vert d'Edwards (4). Adieu, mon cher abbé, je vous embrasse bien sincèrement et je vous exhorte à ne pas vous excéder de travail.

BUFFON.

(Inédite. — Communiquée par Mlle Lefebvre.)

(1) On lit dans l'édition de 1779 : « Louis XV ordonna, en 1773, la statue en marbre de M. de Buffon. Elle a été exécutée par le célèbre Pajou et placée à l'entrée des cabinets d'histoire naturelle, en 1777, par l'ordre de S. M. Louis XVI. Si les titres pouvaient ajouter quelque chose au génie, on rappellerait que les terres de M. de Buffon ont été érigées en comté par le feu roi. »

(2) *Les Époques de la nature*, qui devaient paraître dans le 4e volume des suppléments à l'*Histoire naturelle*.

(3) « M. de Montbeillard a continué de travailler avec M. de Buffon jusqu'à l'*Histoire des oiseaux aquatiques exclusivement.* » (Biographie de Guéneau de Montbeillard, par sa femme.)

(4) George Edwards, naturaliste et voyageur anglais, né en 1693, mort le 23 juillet 1773, de la Société royale de Londres, a écrit une *Histoire naturelle des oiseaux* en anglais et en français, 1745 à 1751, 4 vol. in-4° avec 210 pl. en couleur, et en 1758 un supplément en 3 vol. avec 151 pl. sous le titre de *Glanures d'histoire naturelle*. Il a encore écrit *Histoire naturelle de la Caroline* et des mémoires dans les *Transactions philosophiques*.

LETTRE CCC

AU MÊME.

Montbard, le 21 janvier 1778.

Mon très cher abbé,

Voilà vos petits oiseaux que je vous renvoie bien barbouillés (1) ; cependant leur ramage m'a fait grand plaisir par la manière dont vous l'exprimez. Vous avez dû recevoir il y a deux jours un premier paquet qui contient l'ode de M. Le Brun et des petites notices sur les martins-pêcheurs et les pics ; je garde le torcol qui est à peu près de leur famille, et je vous prie de m'envoyer la description du touraco avec la notice que j'en ai donnée à M. Daubenton. Je ferai usage de votre note pour le troglodyte. M. Guéneau de Montbeillard vient de faire le vrai roitelet, et ces deux articles se suivront dans l'impression. Lorsque vous aurez travaillé le martin-pêcheur, vous pourrez me l'envoyer séparément des pics, qui sont une longue et grande besogne par le nombre.

Adieu, mon très cher abbé ; mille sincères et tendres compliments à vos dames.

BUFFON.

(Inédite. — Communiquée par Mlle Lefebvre.)

LETTRE CCCI

AU MÊME.

Montbard, le 2 février 1778.

Je vous remercie, mon cher Monsieur, de vos notes sur le touraco, sur les quatre barbus, sur le figuier à ventre et tête jaune, et j'en ai fait usage.

Je viens de donner à Trécourt (2) la note des extraits qu'il faut copier sur les pics et martins-pêcheurs ; mais il faut peut-être quelques jours pour faire cette copie, ainsi vous ne pourrez guère les avoir avant huitaine. C'est en effet dans l'*Histoire générale des voyages*, jusqu'au dixième volume, que l'on a pris quelques-uns des articles ; ainsi, vous ferez bien, mon cher Monsieur, de ne dépouiller que les derniers volumes, et je vous enverrai, à mesure que vous travaillerez, les extraits qui auront rapport à chaque oiseau.

(1) Il suffit, pour avoir une idée de la manière dont Buffon corrigeait ses manuscrits et ceux de ses collaborateurs, de consulter les fac-similés des manuscrits de l'abbé Bexon, corrigés par Buffon, publiés par M. Flourens, dans son volume des *Manuscrits de Buffon*.

(2) Jacques Trécourt, secrétaire et homme d'affaires de Buffon pendant neuf ans, précédemment nommé.

Vos remarques sur les variantes de la belle ode sont justes, et particulièrement celle de l'Olympe : il faut *dans* et non pas *sur*. Au reste, c'est au sublime auteur de cette pièce à faire de mes petites remarques tel usage qu'il jugera à propos.

Je remercie Madame votre mère de la bonté qu'elle a eue de recevoir mon fils (1) et j'ai toujours regret de n'avoir pu la recevoir un jour chez moi avant mon départ. Faites-lui mes amitiés et respects, ainsi qu'à votre aimable sœur.

Vous connaissez les sentiments d'estime et d'attachement avec lesquels j'ai l'honneur d'être, Monsieur, votre très humble et très obéissant serviteur.

BUFFON.

(Inédite. — Communiquée par Mlle Lefebvre.)

LETTRE CCCII

A MADAME NECKER

Montbard, le 2 février 1778.

Tous les jours et à presque toutes les heures de ma vie, mon cœur s'élève délicieusement à vous, ma très respectable et tout aimable amie.

Je vous vois au milieu du tourbillon d'un monde inquiet, environnée de mouvements orageux, pressée d'importunités ennuyeuses, conserver votre caractère inaltérable de bonté, de dignité, et ne pas perdre ce sublime repos, cette tranquillité si rare qui ne peut appartenir qu'à des âmes fermes et pures que la bonne conscience et la noble intention rendent invulnérables.

Je vous admire tous deux autant que je vous aime ; mais je vous dois à tous deux plus que de l'amitié, plus que du respect. Je jouis de ma reconnaissance autant que vous pouvez jouir de vos bienfaits.

M. Dufresne (2) m'a prévenu, de la manière la plus honnête, que mon affaire est comme terminée ; vous y avez répandu le souffle de vie. Depuis le premier de l'an jusqu'à la fin de mes jours, vous animez tout ce qui respire auprès de vous, et dans l'éloignement vos lettres font mon bonheur.

Adieu, mon adorable amie ; mille respects à notre grand homme, et mille tendresses à votre charmante enfant.

BUFFON.

(Archives de Coppet. — Communiquée par la baronne de Staël.)

(1) A une de ses sorties du collège Du Plessis.

(2) Bertrand Dufresne, qu'il ne faut pas confondre avec Dufresne de Saint-Léon, né en 1736, mort le 22 février 1801, successivement receveur général des finances à Rouen, intendant général des fonds de la marine et des colonies, premier commis pendant les deux ministères de Necker, directeur du Trésor, conseiller d'État. Ce fut lui qui la porta à Bâle,

LETTRE CCCIII

A L'ABBÉ BEXON

Montbard, le 5 février 1778.

Je vous envoie, mon très cher abbé, la copie de tous les articles sur les pics et martins-pêcheurs, tirée des extraits. J'ai vérifié que l'*Histoire générale des voyages* n'a été extraite que jusques et y compris le sixième volume; ainsi vous pouvez commencer votre travail à la Bibliothèque du Roi, en commençant par le septième volume. Cela nous sera très utile; mais il faut vous borner à extraire seulement les articles qui ont rapport aux oiseaux qui nous restent à donner, et dont je crois vous avoir laissé la liste, en commençant par les perroquets, qui doivent être à la tête du sixième volume. Je vous envoie ci-joint le travail que j'ai fait sur cette famille si nombreuse d'oiseaux (1), et je vous prie, mon cher monsieur, de vous en occuper de préférence, lorsque vous serez quitte des pics et des martins-pêcheurs.

Vous voudrez bien suivre ma distribution et ma méthode pour les perroquets.

Je les divise d'abord en deux grandes classes : ceux de l'ancien continent et ceux du nouveau monde.

Dans la première classe, je place :

1° Les kakatoës, sur lesquels vous trouverez un petit cahier de six pages ;

2° Les perroquets proprement dits, sur lesquels je n'ai encore rien recueilli, et que vous travaillerez tout à neuf;

3° Les loris, sur lesquels je vous envoie un cahier de six pages.

Dans la classe du nouveau continent, les premiers sont :

1° Les aras, sur lesquels vous trouverez environ vingt-quatre pages d'écriture ;

2° Les amazones, un cahier de vingt-huit pages ;

3° Les papegais, huit pages.

J'y joins un cahier de notes intitulé : *Les perroquets*, et qui a treize pages.

à Necker, après son premier ministère, la délibération des états généraux provoquée par Lally-Tollendal, et le rappelant au pouvoir. Député au Conseil des Cinq-Cents et au Corps législatif, Dufresne devint sous le Consulat conseiller d'État et directeur général du Trésor. Il habitait la belle terre du Plessis-Piquet, possédée depuis par l'éditeur Hachette. On rapporte que Necker ayant dit à un financier qui lui recommandait Dufresne : — Qui me répond de lui? — Moi, dit le financier. — Vous parlez comme Corneille, répliqua Necker. Au retour de l'audience, le financier dit à son protégé avec découragement : « Il ne faut rien espérer, car M. Necker m'a dit que je parlais comme une Corneille. »

(1) Le détail de cette lettre témoigne, comme les précédentes, de la nature du travail que Buffon demandait à ses collaborateurs. Il leur envoyait les matériaux, leur donnait son plan et revoyait leur travail; mais jamais il ne s'est entièrement désintéressé de la rédaction d'une partie quelconque de l'*Histoire naturelle*, qui est bien réellement l'œuvre de sa pensée et de sa plume.

Ensuite viennent les perruches, dont il faut faire un traité séparé, et qui doit suivre celui des perroquets, en distingant, autant qu'il est possible, les perruches de l'ancien continent de celles du nouveau, et aussi celles qui, dans chaque continent, sont à queue longue ou à queue courte, à queue étagée et non étagée, etc. Vous trouverez sur cela trois cahiers, l'un de vingt-deux, le second de huit, et le troisième de vingt et une pages.

Voilà une bien longue et bien ennuyeuse besogne, dont néanmoins nous sommes plus pressés que d'aucune autre, et je vous serai très obligé de ne vous occuper des oiseaux de rivage que quand vous aurez épuisé nos perroquets. Je vous enverrai dans huitaine la copie de tous les extraits qui ont rapport aux perroquets, et qui ne laissent pas d'être considérables. Ce travail me fait peur pour vous aussi bien que pour moi, car je suis persuadé que nous ne nous en tirerons pas à moins de cent trente pages d'écriture.

Je travaille au préambule, qui sera court (1), et qui ne contiendra que les qualités particulières et les rapports qui distinguent ces oiseaux de tous les autres, et qui leur donnent, par la faculté d'imiter la parole, quelque relation avec cette faculté de l'homme. S'il vous vient quelques idées (2) sur la nature en général de ces oiseaux, vous me ferez plaisir aussi de me les communiquer. Surtout ne vous pressez pas, mon très cher abbé; ménagez vos petites entrailles, et ne vous excédez sur rien, pas même sur le désir de m'obliger. Je compte que vous en avez pour plus de deux mois; mais, lorsque cet article sera achevé, j'aurai plus de trois cents pages pour l'impression, car tous les articles suivants sont faits jusqu'aux hérons, et il ne faut songer à ces hérons qu'après les perroquets.

Le cinquième volume ne laisse pas d'avancer. M. Mandonnet (3) doit vous envoyer une épreuve pour rectifier un passage italien d'Oliva (4) qui a été mal copié, et que je n'ai pu vérifier ici, ayant prêté ce livre à M. de Mont-

(1) Le préambule des perroquets est un des chefs-d'œuvre de Buffon.

(2) Nous avons mis en relief, dans la première édition de la *Correspondance*, le cas que Buffon faisait de l'imagination. Une de ses expressions favorites était : Il y a là de l'idée. Il aimait à lire ses écrits à sa famille, à ses intimes, à ses visiteurs, aux étrangers et provoquait leurs critiques. « Il n'y a, avait-il coutume de dire, si sotte remarque dont un bon esprit observateur ne puisse tirer profit. »

(3) Jacques Mandonnet, de la famille de l'échevin de Montbard dont on a entendu Buffon se plaindre amèrement, était un lettré et un homme de goût, secrétaire de l'ordre du Saint-Esprit, qui s'était chargé de surveiller l'impression de l'*Histoire naturelle* et d'en revoir les épreuves.

Buffon a dit de lui : « Le fait nous a été communiqué par un homme aussi véridique qu'éclairé, auquel je suis redevable d'une partie des soins et des attentions que j'ai éprouvées à l'Imprimerie royale pour l'impression de mes ouvrages. » (*Histoire de l'oie.*)

(4) L'abbé Jean Oliva, littérateur et antiquaire, né le 11 juillet 1689, mort le 19 mars 1757, professeur de belles-lettres au collège d'Azolo. Secrétaire du conclave à la mort de Clément XI, il suivit le cardinal de Rohan en France en 1722 et rédigea le catalogue de sa riche bibliothèque en 25 volumes in-folio; il a écrit de nombreux mémoires d'érudition en latin et a donné en 1716 une traduction italienne du *Traité des études* du cardinal de Fleury.

beillard (1). Je vous prie de corriger les fautes qui se trouvent dans ce passage.

J'ai reçu vos notes et celles de M. Daubenton sur les barbus, et j'en fais usage.

Toutes les personnes qui ont entendu lire la belle ode de M. Le Brun s'accordent à l'admirer; mais toutes conviennent aussi qu'elle est un peu trop longue, et qu'il y trois ou quatre strophes moins belles que les autres, qu'on pourrait en retrancher. Je n'ai pas besoin de vous avertir, mon cher monsieur, de ne faire usage de cet avis qu'avec le plus grand ménagement; c'est pour la plus grande gloire de l'auteur que nous parlons ici.

Je vous renouvelle, avec le plus grand plaisir, les sentiments d'estime et de véritable attachement avec lesquels j'ai l'honneur d'être, monsieur, votre très humble et très obéissant serviteur.

BUFFON.

(Publiée par François de Neufchâteau et Flourens.)

LETTRE CCCIV

AU MÊME.

Montbard, le 11 février 1778.

Je viens, mon très cher abbé, de recevoir nos calaos, sur lesquels vous avez fait un travail méthodique dont je suis parfaitement content. J'ai écrit un billet à M. Daubenton le jeune (2), pour qu'il ait à nommer calao du Malabar, et non pas calao des Philippines, celui que nous avons vu vivant. Je le prie de faire aussi une planche enluminée des quatre becs du calao rhinocéros, du calao à casque rond, du calao des Philippines et du calao d'Afrique, et, au moyen de cette représentation de becs, tout deviendra plus clair.

Vous comptez onze espèces de calaos; je les réduis à dix, parce que le calao à bec rouge du Sénégal, qui est le vrai tock dont j'avais fait la description à part, est le même oiseau que le calao à bec noir du Sénégal. Celui-ci est

(1) On trouvera plus loin une lettre de Mme Daubenton à Guéneau de Montbeillard par laquelle elle lui réclame ce volume.

(2) Buffon avait confié à Edme-Louis Daubenton, déjà nommé, cousin germain de Louis-Jean-Marie, la surveillance des planches enluminées de l'*Histoire des Oiseaux,* dans laquelle il le cite en rendant hommage à son zèle, à son exactitude et à son dévouement. Il dit, dans l'avertissement du premier volume : « On reconnaîtra partout la facilité de M. Martinet, qui a dessiné et gravé tous ces oiseaux, et les attentions éclairées de M. Daubenton le jeune, qui seul a conduit cette grande entreprise; je dis grande, par le détail immense qu'elle entraîne et par les soins continuels qu'elle suppose. Plus de quatre-vingts artistes et ouvriers ont été employés continuellement depuis cinq ans à cet ouvrage, quoique nous l'ayons restreint à un petit nombre d'exemplaires; et c'est bien à regret que nous ne l'avons pas multiplié davantage... M. Daubenton a beaucoup contribué à la perfection de tout l'ouvrage en se chargeant de faire dessiner, graver et enluminer avec soin les oiseaux, à mesure qu'il a été possible de se les procurer. »

l'oiseau jeune, et l'autre à bec rouge est l'oiseau adulte. Ce fait m'a été assuré par M. Sonnini, qui m'a dit avoir élevé de ces oiseaux au Sénégal; mais comme vous avez observé un rudiment d'excroissance sur le bec noir que vous n'avez pas vu sur le bec rouge, il se pourrait que ce fût ce même bec noir qui fût l'oiseau adulte, et le bec rouge l'oiseau jeune. Ceci n'est qu'un doute, qui peut-être même n'est pas fondé; car il y a des oiseaux, tels que les pigeons, qui ont de petites protubérances sur le bec quand ils sont jeunes, et qui s'effacent en vieillissant. Il se pourrait donc, en effet, que le calao à bec noir fût le jeune, et l'autre l'adulte. Quoi qu'il en soit, il me paraît certain que tous deux ne font que le même oiseau.

Une seconde observation, c'est que le calao décrit par Petiver (1), d'après Kamel (2), dans les *Transactions philosophiques*, n'est pas le même que notre calao des Philippines. C'en est une espèce voisine, ou du moins une variété. Vous n'aurez, pour en être assuré, qu'à comparer la description de tous deux. Je vous enverrai l'article entier de ces oiseaux dès qu'il sera copié.

Je vous remercie aussi de la bonne note que vous m'avez donnée sur le joli touraco; au reste, vous verrez par l'ébauche de ce travail qu'il y aura encore beaucoup à retoucher (3), et j'attendrai vos réflexions et vos observations pour l'achever. Le préambule même n'est pas encore, à beaucoup près, comme je le désirerais. J'ai interposé les descriptions du calao à casque rond, et celles du calao d'Abyssinie, etc.

Je viens de recevoir une lettre de M. Le Brun, avec son ode sur la campagne d'Italie du prince de Conti (4); il y a de très belles strophes et de magnifiques images; mais en tout cette ode n'est pas aussi sublime que celle qu'il m'a adressée. On y reconnaît néanmoins le pinceau du génie dans plusieurs endroits. J'aurai l'honneur de lui répondre dès que j'aurai quelques moments de loisir; mais actuellement les ouvriers des bâtiments et des travaux de mes forges m'occupent prodigieusement ; j'ai bien de la peine à dérober quelques heures pour nos oiseaux.

(1) Jacques Petiver, naturaliste anglais, botaniste et collectionneur, né en 1649, mort le 20 avril 1718, a laissé sur l'histoire naturelle de nombreux travaux, et a fait faire à cette science de grands progrès. Il avait réuni une collection considérable et formé un herbier dont il a donné le catalogue cité avec éloges par Césalpin et Linné. Il a publié à Londres, dans les *Transactions philosophiques*, les observations de Kamel.

(2) Georges-Joseph Kamel, ou Camelli, né en 1680, mort en 1725, missionnaire aux îles Philippines, a adressé à la Société royale de Londres d'importants mémoires sur les productions naturelles de ces îles. Linné a donné son nom à la fleur importée du Japon, le *Camelia*.

(3) Buffon, qui n'était jamais satisfait de ce qu'il écrivait, retouchait sans cesse ses ouvrages; puis il oubliait pendant des mois et même des années ses manuscrits renfermés dans un meuble de son cabinet de travail; ensuite il les reprenait, les revoyait, les corrigeait, les faisait recopier et les corrigeait encore. C'est à cette longue incubation et à cette sévère revision du style que les *Époques de la nature*, qui auraient été recopiées jusqu'à dix-huit fois, doivent leur perfection. La bibliothèque du Muséum d'histoire naturelle possède une de ces copies.

(4) Louis-François, prince de Conti, né en 1717, mort en 1776, s'est signalé dans la cam-

Je suis très fâché qu'on ait si mal servi la Bibliothèque du Roi, et je tâcherai, à mon retour, de lui procurer un meilleur exemplaire de mes ouvrages. Vous ferez mes compliments à M. Le Brun, ainsi qu'à M. l'abbé Desaunais (1). Vous ferez mes hommages très sincères à Mme votre mère et à Mlle votre sœur, et j'espère que vous ne douterez jamais de tous les sentiments d'amitié avec lesquels j'ai l'honneur d'être, mon cher monsieur, votre très humble et très obéissant serviteur.

BUFFON.

Vous trouverez ci-joint tout ce que j'ai pu recueillir sur les perroquets.

Vous pourriez peut-être me dire, mon cher abbé, ce que c'est qu'un M. Champlain de La Blancherie (2), qui se dit à la tête d'une société littéraire, qui demeure à l'ancien collège de Bayeux, rue de la Harpe. Il m'a écrit une grande épître, comme si tous les gens de lettres devaient s'intéresser à son entreprise, qui se réduit à une espèce de journal, sous le titre de *Nouvelles de la République des lettres*. Je crois que tout cela n'est écrit que pour avoir des souscriptions, et je suis étonné que notre ami Panckoucke (3) ne s'oppose pas à tous ces nouveaux journaux qui font tort au siens.

BUFFON.

(Publiée par François de Neufchâteau et Flourens.)

pagne d'Italie en 1744, à la bataille de Coni et dans la campagne de Flandres par la prise de Mons et Charleroy, en 1746. Son fils unique, dernier représentant de la branche de Bourbon-Conti, est mort en 1814 à Barcelone.

(1) L'abbé Desaunais, compatriote et ami de l'abbé Bexon, connu par ses succès oratoires.

(2) Si Buffon eût été moins absorbé par ses travaux, il eût pu lire dans les *Feuilles à la main*, à la date du 19 juin 1778 : « Rien de plus plaisant que l'importance que mettent ici à leurs petits projets nos faiseurs de spéculations. Un sieur de La Blancherie a imaginé une *Correspondance générale sur les sciences, la littérature, les arts et la vie des gens de lettres et des artistes de tous les pays*, et il se propose d'en publier tous les détails par quinzaine, sous le titre de *Nouvelles de la République des lettres et des arts*. Il tient aussi des assemblées hebdomadaires sous le nom de *Rendez-vous de la République des lettres*. Or, qu'est-ce que cet agent général des savants, des gens de lettres, des artistes et des étrangers distingués? Un jeune audacieux qui n'est connu par aucun talent. Où tient-il ses assemblées? Dans un galetas du collège de Bayeux, où il n'y a pas même de chaise et où il faut rester debout depuis trois heures jusqu'à dix du soir que durent ses séances. Enfin, qu'y fait-on? On y cause comme dans un café, d'une façon plus incommode seulement. Qu'y voit-on? Des choses qu'on trouverait chez tous les artistes, et qui y seraient encore mieux, parce que ce serait chaque jour et à toute heure. Où sont ses correspondances? Dans un gros livre dans lequel il a écrit l'adresse de quelques savants et artistes étrangers qu'il a apprise. Quant à son journal, on reçoit bien l'argent pour les souscriptions, mais rien ne paraît. Malgré l'approbation que l'Académie des sciences, on ne sait pourquoi, a jugé à propos de donner à ce projet le 20 mai, sur le rapport de MM. Franklin, Leroi, le marquis de Condorcet et Lalande, on peut assurer que c'est jusques à présent l'idée la plus folle, la coterie la plus plate et la correspondance la plus vide. » Une fondation du même genre en 1781 au Palais-Royal, par Pilâtre du Rozier, sous le nom de *Musée*, et où on vit le bailli de Suffren couronner en public le buste de Buffon, acheva de faire tomber l'entreprise de La Blancherie.

(3) Charles-Joseph Panckoucke, fils d'un libraire de Lille qui a laissé de nombreux écrits; auteur lui-même, a publié, outre les ouvrages cités à la page 165, une traduction libre de Lucrèce, des livres de pédagogie et des brochures politiques. Son ouvrage, *De l'homme et*

LETTRE CCCV

A MADAME NECKER.

Montbard, le 19 février 1778.

Tous les jours, madame et très respectable amie, vous me donnez de nouvelles marques de vos insignés bontés; tous les jours, je vous ai de nouvelles obligations.

Pindare Lebrun (1) est transporté de l'accueil que vous avez fait à son ode sur le prince de Conti, et il est si flatté de ce que vous avez eu la bonté de lui dire sur la mienne, qu'il me prie de l'aider à vous en marquer sa respectueuse reconnaissance. Je m'en acquitte avec grand plaisir, toutes les occasions de m'entretenir avec vous, mon adorable amie, étant chères à mon cœur.

Votre amour pour le bien (2), votre discernement exquis, toutes vos hautes vertus me sont toujours présentes, et les traits de cette amitié particulière dont vous m'honorez me sont si glorieux, que je n'en échappe aucun (3).

Je vois par une lettre de M. de Schouwalow (4) que vous avez eu la bonté,

de la reproduction des différents individus (1761, in-12) est une défense de l'*Histoire naturelle*. Il avait fondé le *Journal de politique et de littérature*, dirigé par Linguet, et après lui par La Harpe et Suard, son beau-frère. Linguet, qui avait intenté un procès à Panckoucke et publié contre lui des Mémoires violents, avait fondé un journal en concurrence avec le sien.

Panckoucke, éditeur de l'*Encyclopédie*, de l'*Histoire naturelle*, du *Répertoire universel de jurisprudence*, de l'*Abrégé des voyages* de La Harpe, etc., et un des plus grands éditeurs du XVIIIe siècle, dirigeait à la fois le *Mercure*, le *Journal français*, rédigé par Palissot et Clément, le *Journal des dames*, par Dorat, etc. Ce fut au retour d'un voyage en Angleterre qu'il fonda le *Moniteur universel*, qui a été pendant plus d'un demi-siècle l'organe officiel du gouvernement français. Sa maison, l'ancien hôtel de Thou, était devenue le rendez-vous des gens de lettres. Il était en correspondance avec Voltaire, Buffon et Rousseau.

(1) Lebrun s'était donné à lui-même le surnom de Pindare.

(2) Mme Necker, qui avait établi au contrôle général un bureau de secours sous le nom de Bureau de charité, origine des bureaux de bienfaisance, a fondé à Paris l'hospice qui porte son nom et qui réalisait au point de vue de l'humanité un progrès considérable dans l'hygiène et les soins aux malades. Elle en avait rédigé le règlement et s'occupait de son administration et de sa comptabilité avec un zèle et un succès qui permirent à Necker de la nommer, avec l'approbation publique, dans son compte rendu au roi.

(3) On trouvera, à propos d'une lettre de Buffon à Mme de Genlis du 21 mars 1787, qui fut rendue publique et fit beaucoup de bruit, la réponse de Buffon à Charles-Guillaume Lambert, maître des requêtes, conseiller honoraire au Parlement de Paris, un instant contrôleur général des finances, sur l'emploi du verbe *échapper* dans le sens actif.

(4) André, comte de Schouwalow, né en 1720, mort en 1789, fils du feld-maréchal Pierre Iwanow de Schouwalow, favori de l'impératrice Élisabeth, succéda à son père dans les faveurs de la czarine; chambellan de Catherine II, littérateur et poète, chargé par l'impératrice de propager le goût des lettres dans son empire, il a fait de nombreux séjours à Paris, où il vécut dans l'intimité des gens de lettres et des philosophes. Une partie de la correspondance littéraire de La Harpe lui est adressée : « Vous écrivez, lui dit La Harpe, comme si vous viviez à Paris, et plusieurs de nos auteurs écrivent comme s'ils vivaient à

madame, de lui parler avec éloge de mon ouvrage sur les *Époques*. Vous voudriez porter ma réputation aux extrémités de la terre. Que ne vous dois-je pas à tous égards, ma tout aimable amie! Je ne pourrai jamais m'acquitter avec vous; mais au moins recevez les assurances des sentiments constants et profonds de mon tendre respect et de mon entier dévouement.

BUFFON.

(Archives de Coppet. — Communiquée par la baronne de Staël.)

LETTRE CCCVI

A M. HÉBERT (1)

Montbard, le 26 février 1778.

M. l'abbé Bossut (2) m'avait prévenu, mon cher monsieur, avant mon départ de Paris, que M. Huvier (3) avait bien travaillé, et qu'il le croyait en état de soutenir l'examen. Il faut l'exhorter à continuer, et je ne doute pas qu'il ne soit reçu l'année prochaine.

Mme Allut m'a écrit que son mari était à Paris et qu'elle croyait que son père s'était enfin rendu à ses instances. J'en serais bien aise, car jamais la machine de la manufacture (4) ne pourra se soutenir que par le concert de tous ceux qui y sont intéressés.

J'ai repris depuis six mois mon travail sur l'*Histoire des oiseaux*, et c'est avec grand plaisir que je trouve souvent l'occasion de citer votre nom. Le quatrième volume in-4° est achevé d'imprimer, aussi bien que les deux cents premières pages du cinquième volume.

Je crois, mon très cher monsieur, que vous feriez bien pour votre santé de reprendre vos anciennes habitudes de chasse et d'exercice; c'est le

Saint-Pétersbourg. » De son côté, Voltaire disait de lui : « C'est un prodige pour l'esprit, les grâces et la philosophie, et l'impératrice de Russie écrit en prose aussi bien que son chambellan en vers, » et l'opposait « à ces grands seigneurs welches qui n'ont pas daigné apprendre l'orthographe. » Ailleurs, il le compare à Tibulle, et le nomme le *Mécène de la Russie*. Dorat et Parny ont justement loué l'*Épître à Ninon* du comte de Schouwalow. Son fils, le comte Paul, lieutenant général, aide de camp de l'empereur Alexandre, chargé de conduire Napoléon à l'île d'Elbe, dut le protéger contre la populace à Orgon et à Avignon.

(1) Déjà nommé. L'adresse de la lettre porte les titres suivants : « Receveur général des gabelles et traites foraines, et trésorier de l'extraordinaire des guerres à Dijon. »

(2) L'abbé Charles Bossut, géomètre, né le 11 août 1730, mort le 14 janvier 1814, avait remplacé, en 1768, Camus à la fois à l'Académie des sciences et comme examinateur des élèves du génie.

(3) Charles Huvier, littérateur, né en 1757, mort le 21 octobre 1823.

(4) La manufacture de glaces de Rouelle, près de Châtillon-sur-Seine, fondée par Bosc d'Antic, dirigée par Antoine Allut, précédemment nommés. (Lettre du 1er juin 1774 à Guyton de Morveau, note 3, page 265.)

moyen le plus sûr de diviser la lymphe, car je crois en effet que votre mal vient d'épaississement et de stagnation.

Venez à Montbard dès que le temps sera bon. Mme Allut désire y venir aussi. Je décrirai des oiseaux et vous en chasserez.

Il ne faut pas vous inquiéter de cette interruption dans les pulsations du pouls ; toute ma vie le mien a été intercadent ; il me manque une pulsation sur quatre. Cette différence, qui dépend de la conformation, ne produit aucun mauvais effet. Je ne craindrais pour votre état que l'affaiblissement de l'estomac par les remèdes, et je suis persuadé qu'en conservant vos forces vous vous rétablirez (1) ; personne ne le désire plus ardemment que moi, par les sincères et tendres sentiments de l'amitié et de tout l'attachement avec lequel j'ai l'honneur d'être, monsieur, votre très humble et très obéissant serviteur.

BUFFON.

(Communiquée par M. Marette.)

LETTRE CCCVII

A LEBRUN.

Montbard, le 26 février 1778.

Je vous remercie, monsieur, de la charmante lettre que vous venez de m'écrire (2) et dont je vous renvoie le brouillon que j'ai respecté, n'ayant pas regardé les ratures (3).

Je n'avais nul doute que vous ne fussiez accueilli et même recherché par Mme Necker (4) : elle aime les grands talents, et elle les estime au delà même de ce qu'ils valent chez les personnes vertueuses. Vous ne pouvez donc manquer de lui plaire à tous égards, en vous montrant tel que vous êtes, et lui parlant toujours vrai.

(1) Buffon, qui avait fait son droit à Dijon et une année de médecine à Angers, se souviendra de ses études juridiques dans ses nombreux procès, et de ses études de médecine dans les crises de sa douloureuse infirmité et pour les maladies de ses amis, et nous le verrons envoyer des consultations à ses avocats et des conclusions à ses procureurs, et nous entendrons fréquemment son entourage et ses amis se plaindre de ce qu'il discutait avec ses médecins et de son peu de déférence pour leurs prescriptions.

(2) La correspondance de Lebrun avec Buffon et Mme Necker a été publiée dans le recueil de ses œuvres. Nous en avons donné des extraits dans les notes de la première édition de la *Correspondance* (t. II, p. 297).

(3) Lebrun, en adressant sa lettre à Buffon, lui en avait envoyé par mégarde le brouillon raturé.

(4) Mme Necker, à qui Lebrun avait fait hommage de son ode, lui avait répondu :

« M. de Buffon m'avait fait partager sa reconnaissance et son admiration pour la belle ode où vous peignez d'un ton aussi élevé que le sujet les travaux de ce peintre de la nature, et cette maladie d'un seul homme qui alarma l'Europe entière. J'ai vu le sublime vieillard verser beaucoup de larmes sur des mânes adorés que vous avez fait revivre dans vos vers, et ces larmes sont un triomphe bien digne de vous. »

Vous devez avoir reçu, monsieur, une lettre de moi la semaine dernière; mais je suis toujours enchanté de chaque occasion qui se présente de vous assurer des sentiments de toute mon estime, de ma reconnaissance et de ceux du respectueux attachement avec lequel j'ai l'honneur d'être, monsieur, votre très humble et très obéissant serviteur.

BUFFON.

(Publiée, en 1811, dans les *Œuvres* de Lebrun.)

LETTRE CCCVIII

A l'ABBÉ DODUN.

Montbard, 28 février 1778.

Vous m'avez fait grand plaisir, monsieur, de me donner de vos nouvelles et je vous réitère encore mes remerciements de tous les soins charitables que vous avez la bonté de prendre du pauvre abbé. Je vois qu'il est parfaitement content et j'en suis bien aise; je vais donner ordre au sieur Lucas de vous remettre, monsieur, les 28 livres que vous avez avancées; mais je ne puis prendre aucun parti pour les autres demandes; j'ai écrit deux fois depuis que je suis ici au sieur Pontier, syndic du diocèse de Nismes, et je n'ai reçu de lui ni compte ni réponse; je trouve les procédés de cet homme fort extraordinaires; vous savez qu'il est comptable de deux semestres échus; je lui ai marqué qu'il pouvait payer sur cela le sieur de Châtillon, et deux autres créanciers qui avaient fait opposition; mais comme cela n'absorbait pas les mille cinquante livres, qu'il eût à m'envoyer le reste par une lettre de change. Il y a plus d'un mois que je lui ai écrit pour la seconde fois, et comme je n'ai point eu de réponse, je ne sais où nous en sommes pour la recette; il faut donc un peu temporiser sur la dépense. L'abbé ferait bien d'écrire à M. Pontier que je suis mécontent de ce qu'il ne me répond pas et le prier de le faire au plus tôt, après quoi nous penserons au couvert d'argent et au fauteuil.

J'ai l'honneur d'être, monsieur, avec un véritable et respectueux attachement, votre très humble et très obéissant serviteur.

BUFFON.

(Inédite. — Archives nationales.)

LETTRE CCCIX

A LEBRUN.

Montbard, le 3 mars 1778.

Il n'était guère possible, monsieur, de faire une réponse plus convenable, plus agréable, que celle que vous avez faite à Mme Necker (1), et je suis persuadé qu'elle en aura été flattée, et qu'elle vous recevra avec empressement lorsque vous vous présenterez. Seulement, j'entends dire que, depuis quelques jours, elle n'a reçu personne, parce que Mlle sa fille est malade (2).

Les vers que vous lui avez adressés dans votre lettre sont d'un bon goût et dignes de vous. Je ne doute pas que votre ode ne vous fasse encore plus d'honneur que celle sur M. le prince de Conti, quoique celle-ci ait été reçue avec applaudissements par tous les connaisseurs.

L'arrivée de M. de Voltaire (3) va faire qu'on s'occupera et qu'on parlera plus de poésie que jamais; ce serait une raison de publier cette magnifique ode plus tôt que vous ne le comptiez, monsieur (4); je parle ici beaucoup plus pour votre gloire que pour la mienne. Cependant j'avoue que, dans un ouvrage d'une aussi grande sublimité, on gagne toujours en différant.

L'idée de rappeler le nom du fils dans la bouche de la mère (5) ne peut

(1) Voici un passage de la lettre de Lebrun à Mme Necker, publiée à la page 299 du tome II de la première édition de la *Correspondance:* « Pouvais-je être trop impatient, « Madame, de vous témoigner ma vive et respectueuse reconnaissance pour tant de bontés « que je dois à cette indulgence, caractère de tous les belles âmes, et surtout à votre « tendre amitié pour M. de Buffon? Votre lettre m'a fait connaître, Madame, une manière « de sentir et de penser aussi élevée que délicate, et qui peint mieux votre âme que n'aurait « pu faire le peintre de la nature. »

(2) Le vicomte d'Haussonville a donné, dans son *Salon de Mme Necker,* d'intéressants et piquants détails sur la nature des rapports de la mère et de la fille; leur ardente et commune tendresse pour Necker devint fréquemment entre elles une cause de froissement et de secrète rivalité.

(3) Voltaire, âgé de quatre-vingts ans, qui avait abandonné depuis plus de vingt ans Paris pour Ferney, s'était décidé à y revenir sur les instances de Mme Denis, sa nièce. Ce fut son dernier voyage. Il descendit à l'hôtel du marquis de Villette, à l'angle de la rue des Saints-Pères, sur le quai qui porte aujourd'hui son nom. Depuis le jour de son arrivée jusqu'à sa mort, le 30 mai 1778, Voltaire fut l'objet d'un continuel triomphe. A la première représentation d'*Irène*, au Théâtre-Français, à laquelle il assista, son buste fut couronné sur la scène et son nom frénétiquement acclamé; la foule le ramena chez lui à la lueur des torches.

(4) L'ode de Lebrun à Buffon parut l'année suivante chez Didot l'aîné :

Ode à M. le comte de Buffon par M. Lebrun, suivie d'une épître sur la bonne et la mauvaise plaisanterie (brochure de 8 pages in-8°) avec une page de notes; elle a été traduite en italien, en 1782, par la comtesse Paolina Secco Suardo Grismondi; nous l'avons reproduite à la page 288 du t. II de la première édition de la *Correspondance.*

(5) Voici ces vers :

J'étais épouse et mère.
Un fils et mon époux font, seuls, tous mes regrets,
Qu'il vive pour mon fils, c'est vivre encore pour moi...

que faire un grand effet; et, comme j'ai commencé à vous parler avec toute liberté, je crois que votre amitié me pardonnera lorsque je lui dirai que je supprimerais la strophe qui commence par :

Là, cédant la richesse, etc.

Elle n'est pas de la beauté des autres.

On a aussi trouvé que la narration de la maladie était trop longue, et si l'on pouvait, en effet, des quatre strophes, dont la première commence par :

L'une au souffle brûlant, etc.

n'en faire que deux, ce bel ouvrage serait également nerveux partout.

Je voudrais de tout mon cœur trouver une occasion de vous en marquer ma reconnaissance, et vous ne pouvez me faire plus grand plaisir que de me la procurer; mais je ne connais point le premier président, et très peu d'autres personnes du Parlement, et je ne sais si je pourrai vous être utile dans votre procès (1).

J'ai l'honneur d'être, avec toute estime et tout attachement, monsieur, votre très humble et très obéissant serviteur.

BUFFON.

(Publiée dans les *Œuvres* de Lebrun.)

LETTRE CCCX

A L'ABBÉ BEXON.

Montbard, le 3 mars 1778.

Vous travaillez tant et si bien, mon très cher abbé, que je dois par tous les moyens vous en marquer ma reconnaissance. Je vous prie donc d'accepter 600 livres (2) que Lucas vous portera dans douze ou quinze jours, et vous m'en enverrez un reçu motivé comme les précédents, pour votre travail sur l'*Histoire naturelle* jusqu'au 1er juillet prochain. Je serais charmé que cette petite augmentation pût vous faire jouir plus longtemps de la présence de votre chère maman et de votre très aimable sœur.

Je viens de revevoir les pics, et il ne reste que les martins-pêcheurs pour compléter ma partie du cinquième volume. M. Guéneau fera le reste, et, je crois, ne fera rien de plus (3).

(1) Lebrun, après quatorze ans de mariage, soutenait contre sa femme un long et scandaleux procès où il avait tous les torts. D'un caractère irascible, vaniteux et inconstant, enclin à la contradiction et à la satire, il s'était fait un nombre considérable d'ennemis.

(2) Daubenton et Guéneau de Montbeillard avaient donné à Buffon une collaboration entièrement désintéressée; celle de l'abbé Bexon était payée. Buffon l'avait voulu ainsi, parce qu'il savait l'abbé Bexon pauvre et le seul soutien de sa mère et de sa sœur.

(3) Voir p. 373, note 1re, et lettre du 3 janvier 1779 à Guéneau de Montbeillard.

Le sixième volume commencera par les perroquets, dont je vous envoie ci-joint le préambule, d'après lequel vous pourrez diriger vos vues particulières. Je vais travailler les pics, dont je n'ai lu que le premier article, qui me paraît très bien, et j'attendrai celui des martins-pêcheurs, pour voir tout le parti qu'on peut tirer de ces sujets comparés.

Je vous embrasse, mon très cher monsieur, un peu à la hâte, car la poste presse.

BUFFON.

(Publiée par François de Neufchâteau et Flourens.)

LETTRE CCCXI

A L'ABBÉ DODUN.

Montbard, le 8 mars 1778.

Je ne reçois qu'aujourd'hui, monsieur, votre lettre du 1er mars, et je reçois en même temps une réponse du sieur Pontier (1), que je vous envoie avec celle du sieur Millot (2) pour que nous écrivions de concert avec vous, monsieur, audit Millot, et moi au sieur Pontier. Vous me marquerez donc le plus tôt que vous pourrez ce que vous voulez que j'écrive et je suivrai en tout votre avis.

Je suis toujours très aise de recevoir de vos nouvelles et d'avoir des occasions de vous renouveler les sentiments du sincère et respectueux attachement avec lequel j'ai l'honneur d'être, monsieur, votre très humble et très obéissant serviteur.

BUFFON.

(Inédite. — Archives nationales.)

LETTRE CCCXII

BILLET A L'ABBÉ BEXON.

Montbard, le 22 mars 1778.

M. de Buffon fait mille compliments à M. l'abbé Bexon, et il a l'honneur de lui envoyer ci-joint les notes relatives aux oiseaux-mouches et coli-

(1) Syndic du diocèse de Nîmes, frère du chirurgien accoucheur Pierre Pontier, né en 1711, mort en 1789, syndic du collège de chirurgie de la ville d'Aix, plusieurs fois nommé (voir notamment, p. 304, lettre du 27 janvier 1776 à l'abbé Dodun).

(2) Jacques-André Millot, chirurgien, né à Dijon en 1738, mort à Paris le 12 août 1811, membre de l'Académie de chirurgie. Célèbre accoucheur, élève de Vermont, accoucheur de Marie-Antoinette, auteur d'un grand nombre d'ouvrages de médecine, notamment de l'*Art d'améliorer les générations humaines; Moyen de parvenir à une longue vie sans infirmités;* du *Nestor français* ou *Guide moral et physiologique pour conduire la jeunesse au bonheur* (1807); de la *Médecine perfective ou Code des bonnes mères* (1809), etc.

bris ; il a reçu avec plaisir les perroquets et les martins-pêcheurs ; il a fait quelques changements dans la distribution des premiers, et, lorsqu'il aura achevé les uns et les autres, il en écrira plus long à M. l'abbé Bexon. En attendant, il lui fait ses remerciements, et ses compliments très humbles à Mme sa mère et à Mlle sa sœur.

M. l'abbé Bexon trouvera dans les affiches ci-jointes (1) un article qui peut intéresser sa famille.

BUFFON.

(Inédite. — Appartient à Mlle Lefebvre.)

LETTRE CCCXIII

AU MÊME.

Montbard, le 30 mars 1778.

Je vous envoie, mon très cher abbé, toutes mes notes sur les hérons, les courlis et ibis, les spatules, le pélican, le cygne, et une petite note sur le martin-pêcheur ; et comme ce paquet était assez gros, je vous enverrai une autre fois les oiseaux guerriers, car je crois que ce sont les mêmes que ceux que vous appelez oiseaux combattants. Je joindrai à ce second envoi les notes sur les cigognes, la demoiselle de Numidie, le jabiru, l'oiseau royal ; mais je ne conçois pas comment vous avez pu achever les perroquets en aussi peu de temps (2), et je vous prie d'en bien vérifier les descriptions avant de me les renvoyer, car je n'en suis point pressé.

Vous me ferez plaisir au contraire de m'envoyer tout de suite l'article des martins-pêcheurs ; car, comme ils doivent aller avec les pics, et que j'ai un arrangement à prendre avec M. Guéneau pour les articles qui doivent entrer dans le cinquième volume, il est nécessaire que je sache combien cet article des martins-pêcheurs contiendra de pages, et je vous serai obligé de me l'écrire tout de suite.

Vous ne me marquez pas si le préambule des perroquets vous a fait plaisir ; il me semble que la métaphysique de la parole y est assez bien jasée (*). Au reste, vous me faites trop de remerciements, et, quoique je sois

(1) Les affiches de Bourgogne, par Jean-Baptiste Mailly. (Voir la lettre au même du 21 mai.)

(2) Il y avait, en effet, lieu d'être surpris de la rapidité avec laquelle l'abbé Bexon avait achevé le travail au sujet duquel Buffon lui écrivait le 5 février : « Voilà une bien longue et bien ennuyeuse besogne... Ce travail me fait peur pour vous aussi bien que pour moi... Je compte que vous en avez pour plus de deux mois. » L'abbé Bexon était prêt avant le terme.

(*) Au point de vue de la forme, le jugement que Buffon porte sur les considérations relatives au langage dans l'histoire du perroquet est juste ; il n'en est pas de même des idées, qui sont fausses.

très sensible à la reconnaissance que vous avez la bonté de me marquer, je vous prie de croire que je n'avais pas besoin de nouvelles protestations pour être assuré de votre amitié.

Je compte aussi sur celle de votre chère maman et de votre charmante sœur, et, comme vous ne parlez pas de leur départ, j'ai quelque espérance de les retrouver à mon retour, qui cependant ne sera guère que vers le 15 mai.

Faites-leur mes compliments très humbles, mon cher monsieur, et soyez sûr de tous les sentiments d'estime et d'amitié avec lesquels j'ai l'honneur d'être votre très humble et très obéissant serviteur.

BUFFON.

(Publiée par François de Neufchâteau et Flourens.)

LETTRE CCCXIV

A MADAME NECKER.

Montbard, ce 3 avril 1778.

Voici, ma noble et très respectable amie, des œuvres de charité (1) que je propose, et je sais que cela ne vous a jamais fâchée (2).

Jetez les yeux sur la supplique pathétique qu'on m'a adressée pour vous la faire passer. J'ai été touché de l'état prétendu ou vrai de cette pauvre petite famille, et comme M. le prince de Gonzague était présent lorsque j'ai reçu leurs papiers, il m'a donné quatre louis, auxquels j'en ai ajouté deux de ma part, que j'ai envoyés à ces pauvres honteux, qui espèrent aussi quelque chose de vos bienfaits; et quel honneur pour moi de me trouver en communauté avec vous, ma très respectable amie, qui ne respirez que le bien et qui ne cessez d'en faire.

Autre charité, peut-être encore mieux placée, ce serait de continuer à vous intéresser pour M. Potot de Montbeillard, dont je prends la liberté de vous adresser la lettre, parce que vous y reconnaîtrez des traits de votre bienveillance jusque dans la manière dont M. Dufresne (3) vient de rendre service à ce brave officier, qui était atteint d'une maladie mortelle, et ayant épuisé toutes ses ressources et consommé sa fortune au service du roi (4),

(1) Voir sur la charité, la bienfaisance et l'humanité de Buffon, p. 156, note 1re.

(2) Tous les contemporains de Mme Necker s'accordent à louer sa vertu, sa charité et sa bienfaisance.

(3) Premier commis du contrôle général des finances précédemment nommé (voir p. 375, note 1re).

(4) Cet officier distingué, que Buffon honorait de son amitié et auquel il témoigna un constant intérêt, n'eut pas une carrière heureuse. Il s'était trouvé en opposition avec le grand maître de l'artillerie, Gribeauval, qui ne l'oublia pas, et ni l'intervention de Buffon ni l'appui d'amitiés considérables ne purent lui faire obtenir une faveur à laquelle lui donnaient cependant droit son savoir, son désintéressement et ses services.

a droit d'espérer une reversion à ses enfants d'une partie de ses pensions de retraite. M. le Directeur général a eu la bonté de lui répondre favorablement. MM. de Mortemart (1), d'Harcourt (2) et de Maillebois sollicitent pour lui ; mais la malheureuse affaire de l'artillerie (3) lui a fait un ennemi de M. de Gribeauval et il craint, avec quelque raison, de ne pas obtenir sa juste demande. Je vous serai véritablement obligé, ma très bonne et très respectable amie, si vous vouliez bien en parler à M. Necker.

Enfin voilà encore un troisième objet de charité dans la lettre de Mme Vilchaut : ce serait de rétablir à son mari les 300 livres de gratification que lui avait accordées M. l'abbé Terray (4), sur la caisse du commerce, en faveur de sa manufacture de porcelaine ; cette grâce me paraît très bien placée ; mais, dans le moment présent, n'est-il pas bien difficile de faire des grâces d'argent ?

Ne faites donc de tout ceci que ce que vous voudrez, ma tout aimable amie, et soyez sûre que je ne vous en respecterai ni ne vous en adorerai pas moins.

BUFFON.

(Inédite. — Collection du duc de Broglie.)

LETTRE CCCXV

A L'ABBÉ BEXON.

Montbard, le 22 avril 1778.

M. de Buffon fait mille compliments à M. l'abbé Bexon, qui trouvera dans ce paquet :

1° Les notes relatives à la cigogne ;

2° Celles pour la grue ;

3° Celles pour les demoiselles de Numidie, oiseau royal, etc. ;

4° Celles pour le phénicoptère ou flammant ;

5° Celles des oiseaux guerriers, des paons de mer, que l'on appelle aussi combattants, et quelques-unes qui ont rapport au butor et aux autres oiseaux du genre des hérons.

(1) Déjà cité, p. 362, note 3.

(2) François-Henri, duc d'Harcourt, né le 12 janvier 1726, mort le 22 juillet 1802, fils du maréchal de France de ce nom, a pris part avec son père à la création du port de Cherbourg ; maréchal de camp en 1758, lieutenant général en 1762, gouverneur de Normandie en 1783 et chargé en 1787 de présider à l'éducation du premier Dauphin, fils de Louis XVI. Il a écrit un *Traité de la décoration des jardins*, des pièces de théâtre et a été reçu à l'Académie française en 1789.

(3) Sans doute ses articles sur l'artillerie dans l'*Encyclopédie méthodique*.

(4) L'abbé Joseph-Marie Terray, contrôleur général des finances de 1767 à 1774, précédemment nommé (p. 199, note 4). Son testament a été reçu dans la même étude que le testament de Buffon.

Il s'en trouvera quelques-unes qui sont incertaines et qui peuvent appartenir à d'autres genres, que M. l'abbé Bexon mettra en réserve, si elles n'ont point de rapport avec les oiseaux sur lesquels il a travaillé.

Nous attendons l'article des martins-pêcheurs.

BUFFON.

(Inédite. — Communiquée par Mlle Lefebvre.)

LETTRE CCCXVI

AU MÊME.

Montbard, le 27 avril 1778.

Vous devez avoir reçu, mon cher monsieur, les notes que j'ai recueillies sur les oiseaux-mouches et colibris; il y a quatre ou cinq jours que je les ai adressées par la poste à Lucas. Je viens aussi de remettre à un homme qui part aujourd'hui pour Paris un paquet à votre adresse où vous trouverez les notes que vous m'avez demandées au sujet des oiseaux d'eau, sur lesquels vous avez travaillé; et ce paquet vous sera aussi remis par le sieur Lucas qui le recevra dans le courant de cette semaine.

Je suis très content de tout votre travail, tant sur les perroquets que sur les martins-pêcheurs. J'ai cru devoir changer quelque chose à l'ordre de distribution des perroquets, et ne point mêler ceux de l'ancien continent avec ceux du nouveau; j'ai aussi un peu augmenté le préambule, et voici mon ordre de distribution :

1° Les kakatoës;

2° Les perroquets proprement dits;

3° Les loris, qui finissent par les loris-perruches ou loris à longue queue,

4° Les perroquets à longue queue également étagée;

5° Les perruches à queue longue inégale;

6° Les perruches à courte queue.

Les perroquets du nouveau continent.

1° Les aras;

2° Les amazones;

3° Les criks;

4° Les papegais;

5° Les perruches à longue queue et égale (j'ai appelé perriches celles de l'Amérique, pour les distinguer des perruches de l'ancien continent, et ce nom, perriches, est assez en usage);

6° Les perriches à longue queue inégale;

7° Les perriches à queue courte.

Par cette distribution, l'énumération du grand nombre de ces oiseaux devient très claire, et on saisit aisément les différences.

Je vais faire à peu près la même chose pour les martins-pêcheurs, en séparant ceux de l'ancien continent de ceux de l'Amérique, et en les divisant en grands, moyens et petits, comme vous l'avez fait.

Au reste, ces derniers oiseaux, qui naturellement devraient être mis après les pics, en ne considérant que la forme du bec, ne laissent pas d'en différer par tant d'autres caractères, qu'on ne risque rien de les en éloigner et de les placer ailleurs, et peut-être après les hirondelles-martinets, d'où leur est venu le nom de martinets-pêcheurs ou martins-pêcheurs.

Je crois, mon cher monsieur, qu'on vous remet, de l'Imprimerie royale, les feuilles à mesure qu'on les imprime; car j'ai vu plusieurs corrections de votre main sur les nomenclatures. J'ai écrit à M. Mandonnet que c'était par inadvertance que l'on a mis l'article des todiers entre celui du pitpit et celui du pouillot, et je le prie de me renvoyer cet article des todiers, qui doit aller après celui des martins-pêcheurs.

Mais notre cinquième volume a déjà trois cent cinquante pages d'imprimées, y compris l'article des demi-fins de M. Guéneau de Montbeillard, et il ne peut contenir que les articles suivants :

1° Le pitpit;

2° le pouillot;

3° Le troglodyte ;

4° le roitelet;

5° les mésanges;

6° Le torchepot;

7° les grimpereaux;

8° Les pics et les pics-grimpereaux.

Ainsi les martins-pêcheurs sont nécessairement rejetés au sixième volume.

Vous avez raison de dire qu'on peut vraiment se plaindre de la fécondité de la nature en même temps qu'on l'admire; vous avez mille occasions d'employer cette jolie phrase, qui est d'ailleurs de toute vérité.

Je vous remercie, mon cher monsieur, du surcroît de travail que vous m'avez envoyé au sujet des nids du Tonquin et des ours marins. Ce dernier article me servira pour mon volume de supplément aux quadrupèdes, et je ne serais pas d'avis de renvoyer le premier à l'article des hirondelles, parce que nous ne savons pas quelle espèce d'hirondelle fait ce nid. Il y a même plus d'apparence que c'est un martin-pêcheur, puisque vous avez si bien établi que l'alcyon est le même oiseau; et par conséquent les notices que vous avez déjà recueillies sur ce nid, et celles que vous trouverez dans le paquet que je joins ici, pourront faire un article intéressant à la suite de nos martins-pêcheurs; et lorsque j'aurai revu cet article, je vous en enverrai la copie corrigée, à laquelle vous retrancherez, ajouterez ou changerez ce que vous jugerez nécessaire.

Recevez les assurances de ma tendre amitié, et mes respectueux hommages pour votre bonne et chère maman et votre aimable sœur.

BUFFON.

(Publiée par François de Neufchâteau et Flourens.)

LETTRE CCCXVII

A LA COMTESSE PAOLINA SECCO SUARDO GRISMONDI (1).

Montbard, ce 29 avril 1778.

Les plus vifs regrets ont succédé aux instants délicieux que Madame la comtesse de Grismondi a eu la bonté de passer auprès de M. de Buffon. Son apparition lui a paru un phénomène céleste revêtu de toutes les grâces de la nature humaine. L'impression en est si forte qu'il n'a cessé de s'en occuper et d'en échauffer ses amis, dont deux ont entrepris à sa prière la traduction des charmants sonnets (2); ils sont bien au-dessous de l'original : mais quel hommage ne serait pas au-dessous de Vous, Madame, si l'on vous offrait autre chose que ce qui vient de vous-même.

BUFFON.

(Publiée en Italie en 1833. — Communiquée par le marquis Camposi.)

LETTRE CCCXVIII

A L'ABBÉ DODUN.

Montbard, le 6 mai 1778.

J'ai toujours de nouveaux remerciements à vous faire, Monsieur, des peines et soins que vous donne notre malheureux abbé; il n'y a rien à faire au sujet de sa pension de Nismes que d'en attendre les échéances. J'ai laissé entre les mains du sieur Pontier, receveur du diocèse de Nismes, le peu qui res-

(1) Paolina Secco Suardo, comtesse Grismondi, d'une ancienne maison de Bergame, poète et littérateur, de l'Académie des Arcades de Rome et de plusieurs Académies italiennes, a laissé des sonnets et des vers écrits avec facilité et une traduction en vers italiens d'une partie des *Géorgiques*, de Delille. Elle avait été mise, par le prince de Gonzague, en rapport avec Buffon à qui elle avait rendu visite à Montbard l'année précédente.

Cette lettre et la suivante ont paru en 1833, en italien, à l'occasion d'un mariage, sous le titre de : « Lettera di illustri litterati scritte alla celebra poetissa Paolina Grismondi, etc. Bergamo-Manoleni. »

(2) Guéneau de Montbeillard et le président de Ruffey.

tait des deux derniers semestres, que les dettes et frais ont presque absorbé, et j'attendrai le 1er juillet, c'est-à-dire l'échéance du 1er semestre de cette année, pour tirer une lettre de change sur le sieur Pontier en joignant aux 525 livres de ce semestre 200 et quelques livres qui restent entre ses mains. Nous aurons donc alors plus de 700 livres; mais aussi il y a un an que je n'ai rien touché et que j'ai toujours avancé.

Le chevalier de Saint-Belin m'a en effet remis 48 livres et me prie de les faire donner au Père Ancelin, procureur des Cordeliers de Paris; je l'ai écrit dans le temps au Sr Lucas, le Père Ancelin a reçu les 48 livres et sans doute l'abbé ne les aura pas laissé moisir entre ses mains.

M. le chevalier de Saint-Belin m'a aussi remis 150 livres dont je lui ai donné une reconnaissance, et dont il faut que M. l'abbé de Saint-Belin vous donne sa quittance pour l'année payée d'avance pour sa rente viagère. J'ai gardé ces 150 livres qu'il faut que vous ayez la bonté de porter en recette sur le compte de l'abbé.

J'espère, Monsieur, que dans trois semaines je pourrai retourner à Paris où je serai enchanté de vous voir et de vous renouveler tous les sentiments du très sincère et très respectueux attachement avec lequel j'ai l'honneur d'être votre très humble et très obéissant serviteur.

BUFFON.

(Inédite. — Archives nationales.)

LETTRE CCCXIX

FRAGMENT DE LETTRE A GUÉNEAU DE MONTBEILLARD.

Le 17 mai 1778.

Voilà, mon cher bon ami, vos vers charmants (1) et tels que je voudrais les envoyer. Ne pourrait-on pas, au lieu de *héros*, substituer l'homme vain? Je l'aimerais mieux que *héros*. Je ne crois pas qu'il y ait rien à changer dans tout le reste. Ce serait le plus grand dommage du monde de supprimer ce beau vers:

Variant sans dessein leur céleste langage.

Car ce vers peint mieux notre nymphe que tous les autres. Le mot *sans dessein* y fait merveille; il n'y a que la parenthèse qui choque peut-être

(1) Ces vers, en réponse au sonnet de la comtesse de Grismondi à Buffon, commencent ainsi :

Un buste, une statue, un temple, des autels,
Le doux bruit de ce vent qu'on nomme Renommée,
Les honneurs du triomphe et l'amour des mortels,
Toute cette vaine fumée,
Un héros en jouit; pour Buffon ce n'est rien;
Son cœur préfère un autre bien;
La gloire est pour les dieux, le bonheur pour le sage.

votre critique trop délicate; mais c'est une imperfection très petite, pour une très grande beauté.

BUFFON.

(Publiée par Bernard d'Héry.)

LETTRE CCCXX

A LA COMTESSE DE GRISMONDI.

Montbard, ce 18 mai 1778.

Recevez, Madame la comtesse, avec cette gracieuse indulgence qui vous est naturelle, une réponse à votre dernier sonnet par le traducteur des deux premiers ; il y a un peu de désordre dans l'arrangement des derniers vers, mais ce désordre vient de moi, car je n'ai jamais voulu supprimer les vers en parenthèses qui me rappellent vivement *des beaux yeux le céleste langage*.

Votre version italienne des vers de M. l'abbé Delille me paraît bien supérieure à l'original (1), par l'élégance et par le coloris; elle a paru de même à d'autres connaisseurs et au prince Gonzague, qui veut bien se charger de vous remettre une lettre et de vous présenter mon fils (2). Je veux qu'il soit frappé de votre image au point de m'en parler souvent; c'est une consolation que je me ménage, si je n'ai pas le bonheur de vous retrouver à Paris, où j'arriverai néanmoins les premiers jours du mois prochain.

Que vous dirai-je en attendant, Madame la comtesse, sinon que je suis comblé de vos bontés et pénétré des sentiments d'estime et d'amitié dont vous voulez bien m'honorer; que je voudrais les mériter en vous livrant toute mon âme; que son plaisir le plus délicieux serait d'occuper quelquefois la vôtre, et de recevoir de vos nouvelles de temps en temps?

Je vous supplie aussi de faire agréer mes respectueux hommages à M. le comte de Grismondi, à M. le chevalier Mocenigo (3), et mes remerciements à M. l'abbé dont j'ai reconnu la main dans votre lettre.

J'ai l'honneur d'être, avec le plus sincère et le plus tendre respect, Madame la comtesse, votre très humble et très obéissant serviteur.

BUFFON.

(Publiée en Italie en 1833. — Communiquée par le marquis Composi.)

(1) On trouvera plus loin, dans une lettre à Mme Necker, un mot de Buffon sur l'abbé Delille, qui témoigne qu'il n'était pas un juste appréciateur de son talent.

(2) Le fils de Buffon avait quatorze ans et son père, qui avait résolu de le faire voyager de bonne heure afin de lui former l'esprit, l'avait déjà envoyé en Suisse avec son gouverneur, voyage dans lequel il avait vu Voltaire.

Nous ne croyons pas que le projet de voyage en Italie, dont on ne trouve aucune trace dans la correspondance de Buffon, ait été réalisé. Les seuls voyages de son fils paraissent avoir été en Suisse, en Hollande, en Allemagne avec le chevalier de Lamarck, et en Russie.

(3) De l'illustre maison italienne de ce nom qui a fourni des doges à Venise, des généraux d'armée, des écrivains et des historiens.

LETTRE CCCXXI

A L'ABBÉ BEXON.

Montbard, le 21 mai 1778.

Je suis enchanté, monsieur le Prieur (1), de la bonne nouvelle et de ce petit titre, en attendant un plus grand; car, quoique sans ambition, vous avez le mérite qu'il faut pour en obtenir les fruits, et tous ceux qui vous connaissent ne peuvent manquer de s'intéresser à votre avancement. Je vois que le petit surcroît de fortune, loin de diminuer votre activité pour le travail, semble au contraire l'augmenter, et je le trouverais bon si je ne craignais pour votre santé. M. Panckoucke, qui vous est sincèrement attaché, le craint aussi bien que moi. Aussi, par grâce d'amitié, prenez du relâche ; au lieu de finir nos oiseaux en six mois ou un an, prenez dix-huit mois ou deux ans, et je serai encore plus que satisfait.

Lucas vous remettra mes notes sur les bécasses, les pluviers, les vanneaux, la poule sultane et le messager ; je vous apporterai aussi, puisque vous le désirez, tous les autres papiers qui ont rapport aux oiseaux d'eau. Je n'ai que la dixième édition de Linneus, et c'est celle qu'il faudra toujours citer, d'autant que les réformes ou additions qu'il a fait faire sont fort indifférentes.

Je ne connais pas l'*Essai de l'histoire naturelle de la Guyane*, en anglais; il faudra prier M. Panckoucke de le faire venir pour mon compte.

Vous auriez dû, mon cher Prieur, me marquer le nom de la personne de Dijon à laquelle vous avez écrit au sujet de la feuille du 7 avril dernier. J'ignore, comme vous, le motif de la demande mentionnée dans cette feuille, et c'est peut-être les gens qui travaillent à une histoire de Bourgogne (3), qui ont besoin de ces éclaircissements sur votre famille. Je vais en écrire à M. Frantin, imprimeur de ces feuilles, et à M. Mailly (4) qui en est l'auteur, et par lesquels seuls nous pouvons être instruits.

(1) L'abbé Bexon, que nous avons précédemment entendu solliciter Buffon pour obtenir un prieuré, venait d'être nommé chanoine de la Sainte-Chapelle de Paris. Il devait cette faveur à l'intervention directe de Buffon près de Marie-Antoinette. Quelques années après, Buffon lui fit obtenir la charge de grand chantre. (Voir p. 353, note 3, et lettre du 8 janvier 1781.)

(2) Charles Linné, rival de Buffon, précédemment cité.

(3) *Description historique et topographique du duché de Bourgogne*, par M. Courtépée, prêtre, sous-principal préfet du Collège de Dijon ; 1re édition, Dijon, 7 vol. in-8°, 1778 à 1780. 2e édition sous le titre de *Description générale et particulière du duché de Bourgogne*. Dijon, 4 vol. in-8°, 1848.

Il a été aussi publié *Histoire abrégée du duché de Bourgogne*, 1 vol. in-12, 1777.

L'abbé Claude Courtépée, né le 3 janvier 1721, mort le 11 avril 1782, professeur de géographie au collège des Godrans, collaborateur à l'*Encyclopédie méthodique*.

(4) Jean-Baptiste Mailly, né le 16 juillet 1744, mort le 26 mars 1794, professeur d'histoire au collège des Godrans, membre de l'Académie de Dijon en 1770, fondateur, en 1776, de

Envoyez-moi toujours vos oiseaux-mouches et colibris; j'aurai le temps de les recevoir et d'y travailler avant mon départ; car je ne suis pas sûr de pouvoir partir avant le 7 ou le 8 du mois prochain. Je vous embrasse et fais mille tendres respects à vos dames.

BUFFON.

(British Museum. — Publiée par François de Neufchâteau et Flourens.)

LETTRE CCCXXII

A M. LEROY (1).

Au Jardin du Roi, ce 4 juillet 1778.

Je n'ai, Monsieur, reçu qu'hier au soir en rentrant chez moi votre lettre et votre mémoire, au sujet de la durée du privilège (2); je viens aussi de recevoir,

la première feuille périodique qui ait été imprimée à Dijon. Ses principaux ouvrages sont: l'*Esprit de la Fronde* en 1772, discours *sur l'utilité des études historiques* en 1777, où il fait un bel éloge de Buffon, et l'*Esprit des Croisades* en 1780.

(1) Charles-Georges Leroy, né en 1723, mort en 1789, administrateur et littérateur, premier commis du ministère de la Maison du Roi, lieutenant des chasses du parc de Versailles, a écrit, sous le titre de *Réflexions sur la jalousie* (1772), une défense de Montesquieu, Buffon et Helvétius, contre les attaques de Voltaire qui lui a répondu (1772); *Lettres sur les animaux*, adressées à la comtesse d'Angiviller (1762 et 1769), avec deux autres éditions en 1781 et 1802; *Portraits de Louis XV et de la marquise de Pompadour*, d'autres ouvrages et de bons articles à l'*Encyclopédie méthodique*.

On a trouvé en 1771 le premier commis Leroy mêlé à l'intrigue qui a enlevé à Buffon la survivance de sa charge d'intendant du Jardin du Roi (p. 202). Il lui écrivait à cette date de Versailles: « M. le duc d'Aumont, avec qui je soupai hier ici, m'a fait part, monsieur, de la conversation qu'il a eue avec vous. Il sait combien je suis de vos amis; il m'a paru désirer que je vous disse ce que je pense de M. d'Angiviller. Il est mon ami depuis vingt ans; c'est un homme de beaucoup d'esprit, et je n'en connais point de plus vertueux... Il a plus de quarante ans et, suivant le cours de son ordinaire, M. votre fils se trouvera en état de lui succéder à l'âge où on peut confier les places d'administration. Je voudrais bien que M. d'Angiviller, que j'aime et estime infiniment, pût obtenir votre amitié qu'il mérite à tous égards. Vous pouvez le demander au chevalier de Chatellux, qui est aussi de vos amis et qui vous est fort attaché. J'espère que votre séjour à Montbard achèvera de rétablir votre santé et je vous prie de vouloir bien quelquefois m'en donner ou faire donner des nouvelles. »

Cette lettre témoigne que le premier commis Leroy était de l'intimité de Buffon comme ses autres collègues de l'administration, les premiers commis Leschevin, Devaisne, Dufresne, La Chapelle, Salgat-Bergon, etc.; et c'est avec raison que Geoffroy Saint-Hilaire a fait ressortir l'habileté de la politique de Buffon, qui savait s'attirer les bonnes grâces et l'amitié des premiers commis, plus profitables au succès des affaires que la faveur même du ministre, parce que les ministres s'en vont et que les commis restent. Mais on doit ajouter que les relations amicales entretenues par Buffon pendant plus de cinquante ans avec les directeurs des différents ministères avaient aussi pour cause l'attrait et la sympathie que son caractère bon, généreux, ouvert, franc et loyal ne manquait jamais d'inspirer à ceux avec qui il était en rapport.

(2) Pour la concession de l'exploitation d'une mine de charbon de terre à Vassy (Haute-Marne), dont on entendra Buffon parler le 8 octobre suivant au chevalier de Grignon (p. 412, note 2).

ce matin, une lettre de M. Leschevin (1) à ce sujet; il serait nécessaire que j'eusse l'honneur de vous voir avant d'envoyer ce mémoire à M. le comte de Maurepas, parce qu'il me semble qu'on peut y faire une objection. Je ne sortirai pas de la matinée aujourd'hui ni demain. M. Leschevin me marque aussi que vous me ferez l'honneur de venir tous deux dîner lundi; ainsi l'affaire ne peut tarder que jusqu'à ce jour tout au plus, mais je crois qu'il est nécessaire de changer quelque chose au mémoire.

Mille sincères et respectueux compliments.

BUFFON.

(Inédite. — Collection Nadault de Buffon.)

LETTRE CCCXXIII

A MADAME NECKER.

A Montbard, ce 25 juillet 1778.

Madame et très respectable amie,

Je suis bien arrivé; mais comme les grands regrets font faire des réflexions profondes, je me suis demandé pourquoi je quittais volontairement tout ce que j'aime le plus, vous que j'adore, mon fils que je chéris (2).

En examinant les motifs de ma volonté, j'ai reconnu que c'est un principe dont vous faites cas, qui m'a toujours déterminé, je veux dire l'ordre dans la conduite et le désir de finir les ouvrages que j'ai commencés et que j'ai promis au public, car je suis ici dans une solitude absolue, sans autre compagnie que celle de mes livres, compagnie fort insipide, surtout les premiers jours.

Vous pourriez croire que c'est l'amour de la gloire qui m'attire dans le désert et me met la plume à la main; mais je vous proteste, ma belle et respectable amie, que j'ai eu plus de peine à vous quitter que la gloire ne

(1) Jean-Matthieu Leschevin, premier commis du contrôle de la Maison du Roi, également en rapport avec Buffon en 1771, lors de l'affaire de la survivance (p. 203), était aussi de son intimité, ainsi qu'en témoigne ce passage d'une de ses lettres à cette date : « J'embrasse de tout mon cœur votre aimable enfant. »

Nous le retrouverons mêlé en 1778, 1781 et 1786, à une autre affaire, également désagréable pour Buffon, une société pour l'exploitation et l'épuration du charbon de terre, fondée sous le patronage de Necker, où se rencontreront pareillement les noms des premiers commis La Chapelle, Salgat-Bergon et où Buffon mettra de l'argent qu'il perdra.

Le fils du premier commis Leschevin, Philippe-Xavier Leschevin de Précour, né en 1771, mort en 1814, commissaire en chef des poudres et salpêtres à Dijon, a donné des mémoires à l'Académie de Dijon et au *Magasin encyclopédique* et a laissé des travaux scientifiques et littéraires estimés. M. Amanton, de Dijon, a écrit une notice sur sa vie.

(2) La tendresse de Buffon pour son fils est un des traits touchants de son caractère.

pourra jamais me donner de plaisir, et que c'est le seul amour de l'ordre (1) qui m'a déterminé.

Je mets mon bonheur à vous faire part de ce qui se passe dans mon cœur, et je demande au vôtre quelque mouvement de tendresse et d'amitié.

Mille respects à M. Necker. Je fais tous les jours des vœux pour sa gloire.

BUFFON.

(Inédite. — Archives de Coppet. Communiquée par Mme la baronne de Staël.)

LETTRE CCCXXIV

A L'ABBÉ BEXON.

Montbard, le 3 août 1778.

J'ai reçu, mon cher monsieur, votre premier et second paquet ; et, comme notre *carte* (2) est ce qu'il y a de plus pressé, je vous la renvoie avec mes observations.

(1) L'amour de l'ordre est un autre trait du caractère et du génie de Buffon. Mallet-Dupan a dit de lui : « De l'ordre, il en met partout. »

Buffon apportait, en effet, un ordre minutieux et une méthode scrupuleuse dans la distribution de sa vie, de ses travaux et de ses affaires, dans l'administration du Jardin du Roi et de sa fortune, qu'il avait rendue considérable. Ses qualités d'administrateur l'avaient fait nommer de bonne heure trésorier de l'Académie des sciences, et la lourde comptabilité du Jardin du Roi, pour laquelle il n'avait aucun aide, déposée aux Archives nationales, et qui se solde au profit de sa famille par une créance de 315,000 francs, est irréprochable. Il tenait lui-même ses livres domestiques et le compte de ses forges. Il dressait chaque année une sorte d'inventaire de ses revenus et de ses charges. Nous possédons trois de ces carnets pour les années 1786 et 1787, carnets que nous avons publiés à la p. 81 du volume sur *Buffon, sa famille, ses collaborateurs et ses familiers*. Les sommes les plus minimes y sont inscrites à côté des plus grosses ; nous y relevons celles-ci :

« Il m'est dû pour la permission du jeu de quilles trois livres par an, que le R. P. Ignace reçoit pour moi.

« Il m'est dû pour la location de la halle de Buffon, ce que le R. P. Ignace Bougot peut en tirer, savoir, quatre livres du sieur Tribolet et plus ou moins des marchands qui viennent y étaler.

« Il m'est dû pour la location du moulin à vent de Buffon, ensemble une soiture trois quarts en deux pièces de prés, la somme de deux cents livres par les nommés Boblain.

« Il m'est dû par le R. P. Ignace Bougot le droit de pêche que je lui ai affermé dans ma rivière de Buffon, la somme de trente livres y compris la tonture des osiers. »

Il avait invariablement fixé l'emploi de son temps, l'heure de son lever, de son coucher, de ses repas, ses heures de travail et de repos, le temps de ses voyages, et jamais il n'a enfreint la règle qu'il s'était tracée. Il apportait dans son travail et ses papiers le même ordre que dans sa vie et ses affaires. Il conservait le moins possible de papiers, ayant coutume de dire qu'en les amassant on finirait par être enseveli sous eux. Aussi n'a-t-on trouvé à sa mort aucun manuscrit et seulement quelques fragments de la volumineuse correspondance dont il était le centre.

(2) Cette carte des deux parties polaires du globe depuis le 60e degré de latitude a été publiée en 1782 dans les *Notes justificatives des Époques de la nature*, sixième volume

1° Il faut que la calotte de glace solide, qui s'étend depuis le pôle jusqu'aux glaces flottantes, soit marquée de hachures d'autant plus noires qu'on approche plus près du pôle; ce qui représentera la vaste étendue de cette portion du globe envahie par les glaces. Je l'ai donc fait ombrer au crayon sur l'épreuve de la carte que je vous renvoie.

2° Il faut marquer sur cette carte les glaces flottantes trouvées par le capitaine Bouvet (1) aux 48e et 49e degrés de latitude, et qui ne sont pas représentées; et comme ces glaces flottantes sont situées sous les 48e, 49e, 50e et 51e degrés de latitude, et en longitude, de 15 à 30 degrés du Cap de Bonne-Espérance, cette partie de la carte serait défectueuse et ne répondrait pas à l'explication que j'en donne. Ainsi il est absolument nécessaire d'y marquer toutes ces glaces flottantes qui sont vis-à-vis le Cap de Bonne-Espérance, et qui se trouvent sous la latitude des 48e, 49e, 50e et 51e degrés, dans l'étendue de 15 degrés de longitude, c'est-à-dire depuis le 15e au 30e du méridien de Londres à l'est, qu'il sera aisé de réduire au méridien de Paris.

3° J'ai fait marquer à l'encre quelques îles de glaces flottantes au 49e degré de latitude, sous les 55e et 60e de longitude est, parce qu'on n'avait indiqué les glaces flottantes que jusqu'au 50e degré.

4° J'en ai fait de même marquer plus qu'il n'y en avait sur la carte au 58e degré de latitude, et sous la longitude de 80 à 90 degrés est, et jusqu'au 15e de longitude est.

5° Il faut marquer par une gravure plus forte les terres de Sandwich et de l'île de Géorgie, sous les latitudes de 55 à 59 degrés, découvertes par Cook (2). Je dis qu'il faut que cette gravure soit plus forte, afin que l'on dis-

des *Suppléments*. Elle signale les glaces reconnues par les navigateurs, en prévenant qu'il faut réduire d'après le méridien de Paris les indications du méridien de Londres, réduction qui se fait par le changement de deux degrés en moins à l'*est*, et en plus à l'*ouest*.

(1) Le capitaine Bouvet, gouverneur des îles de France et de Bourbon, a cru avoir découvert en 1739 une île ou pointe de terre australe à laquelle il avait donné le nom de *Cap de la Circoncision;* mais ce qu'il avait pris pour un continent n'était qu'un amas de glaces flottantes. Son fils, le comte Athanase-Hyacinthe Bouvet de Logier, né en 1769, mort en duel en 1825, compromis dans la conspiration de Georges Cadoudal, condamné à mort en 1804, enfermé dans une forteresse par suite d'une commutation de peine, évadé en 1812, maréchal de camp et gouverneur de l'île Bourbon en 1814, a publié en 1819 un ouvrage sur cette île.

(2) Jacques Cook, navigateur et écrivain, né le 27 octobre 1728, mort en 1779, connu par ses trois voyages autour du monde : en 1768 avec Banks, devenu naturaliste en lisant Buffon; en 1772 où il découvrit la Nouvelle-Calédonie et en 1776. Cook est connu dans les lettres par le récit de ses voyages publiés en 1773, 1777 et 1784; les deux premiers ont été traduits par Suard en 1774 et 1778, le troisième par Demeunier en 1785.

Forster, qui avait accompagné Cook dans son second voyage, en avait communiqué le journal manuscrit à Buffon, qui nomme le capitaine Cook le plus grand des navigateurs et dont il dit :

« M. Cook, dont nous ne pourrons jamais louer assez la sagesse, l'intelligence et le courage... On assure que M. Cook a entrepris un troisième voyage, et que le passage dans la mer de glace est l'un des objets de ses recherches; nous attendons avec impatience le résultat de ses découvertes, quoique je sois persuadé d'avance qu'il ne reviendra pas en

tingue ces terres d'avec les glaces, et il faudra aussi les indiquer par leurs noms, ainsi que toutes les autres terres.

6° J'ai aussi augmenté le nombre des glaces flottantes qui se trouvent sous le 59e degré, à 9 ou 10 degrés de longitude ouest, ainsi que celles qui se trouvent à peu près sous le même parallèle, depuis le 60e jusqu'au 80° de longitude ouest, et jusqu'au 180e; en sorte que la carte sera beaucoup moins imparfaite après ces corrections, auxquelles je vous prie de ne pas perdre de temps, afin de pouvoir m'en envoyer promptement une épreuve (1).

Je sens, mon cher monsieur, combien cela vous détourne, et en même temps j'admire que vous ayez encore le temps de faire des oiseaux. M. de Montbeillard a voulu terminer le cinquième volume aux grimpereaux (2), et il est en effet assez gros, car il contient cinq cent quarante-six pages, et il y en aura peut-être trente-quatre de table des matières, à laquelle je travaille actuellement. Cela fera donc cinq cent quatre-vingts pages avec vingt-neuf planches; ainsi ce volume sera plus gros qu'aucun des précédents.

Nos jolis oiseaux-mouches vont donc commencer le sixième volume, et comme les perroquets doivent suivre immédiatement, je vous les enverrai dans huit ou dix jours, afin que vous les lisiez attentivement avant de les livrer à l'impression. Je vous adresserai ce paquet, qui sera gros, par la diligence, ou plutôt je l'adresserai à Lucas, qui vous le remettra, et j'y joindrai une vingtaine de dessins d'oiseaux qu'il faudra donner à M. Desève pour les faire graver (3); car ces gravures doivent entrer dans le sixième volume, et quelques-unes dans le cinquième.

Je lirai avec grand plaisir votre article du vanneau, et j'ai revu ces jours-ci ceux de la cigogne et de la grue avec satisfaction.

Je vous renvoie ci-joint votre cahier d'extraits des voyageurs, dont j'ai fait usage comme vous verrez par la copie ci-jointe de l'explication de la carte géographique. Je vous prie de lire cette explication avec attention, dans laquelle vous changerez les longitudes par la différence du méridien de Londres à celui de Paris. Je vous prie aussi d'y faire telles additions et cor-

Europe par la mer glaciale de l'Asie; mais ce grand homme de mer fera peut-être la découverte du passage du Nord-Ouest, depuis la mer Pacifique à la baie d'Hudson... Cette découverte achèverait de le combler de gloire. »

(1) L'importance que Buffon attache à la bonne exécution de cette carte est motivée sur les conséquences qu'il tire de l'accumulation des glaces aux pôles pour démontrer le refroidissement progressif du globe.

(2) C'était la fin de la collaboration de Guéneau de Montbeillard; il était pressé d'en finir.

(3) Henri Desève, dessinateur et graveur attaché au Jardin du Roi, qui a dessiné la plus grande partie des planches de l'*Histoire naturelle*, n'a pris aucune part à celles des oiseaux, entièrement exécutées par Martinet.

Il a donné, avec Daubenton le jeune, d'intéressantes descriptions d'animaux et d'oiseaux disséqués par Mertrude. On a également de lui des descriptions de quadrupèdes et d'oiseaux dans l'*Histoire naturelle*.

rections que vous jugerez à propos; après quoi vous voudrez bien me la renvoyer; car je ne veux la livrer à l'impression qu'après la carte, tant australe que boréale, entièrement terminée.

Je suis enchanté que vous soyez content de votre nouveau logement. Mille tendres respects à vos dames.

BUFFON.

Faites, je vous prie, mes compliments à M. Daubenton le jeune, en lui disant qu'il me fera plaisir de vous donner une demi-douzaine de colibris et oiseaux-mouches bien équipés, et même d'autres bijoux si vous en voulez en échange de vos beaux cailloux des Vosges. Mlle Blesseau et Trécourt vous remercient de votre souvenir.

(Publiée par François de Neufchâteau et Flourens.)

LETTRE CCCXXV

AU MÊME.

Ce 11 août 1778.

M. de Buffon fait mille tendres compliments à M. l'abbé Bexon. Voilà la table des matières du cinquième volume des oiseaux qu'il vient d'achever et qu'il prie M. l'abbé Bexon de revoir avec son exactitude ordinaire et de la livrer à l'impression le plus tôt qu'il pourra; il voudra bien dire à M. Mandonnet d'envoyer à Montbard les épreuves de cette table et celles de la table des chapitres et des titres de ce même cinquième volume.

J'ai aussi corrigé ces jours-ci l'article des vanneaux dont je suis bien content, quoique ce soient des oiseaux assez insipides et qui ne sont bons qu'à manger.

M. l'abbé Bexon a dû recevoir aussi un gros paquet de dessins et de papiers que j'ai envoyés au sieur Lucas, par la diligence qui a dû arriver à Paris hier 11 du courant.

Mille amitiés et respects à mesdames Bexon.

BUFFON.

(Inédite. — Communiquée par Mlle Lefebvre.)

LETTRE CCCXXVI

BILLET AU MÊME.

Au Jardin du Roi, ce mardi 13 août 1778.

M. de Buffon est obligé d'aller demain à Versailles, et il prie M. l'abbé Bexon de remettre au jeudi sa visite et le dîner de demain ; il l'embrasse bien sincèrement et présente ses hommages à ses dames.

BUFFON.

(Inédite. — Communiquée par Mlle Lefebvre.)

LETTRE CCCXXVII

A FAUJAS DE SAINT-FOND.

Versailles, le 14 août 1778 (1).

J'ai reçu, Monsieur, les *Recherches sur la Pouzzolane* (2) que vous m'avez fait l'honneur de m'adresser. Je vais les lire avec attention ; les morceaux que j'ai vus de vous sur l'histoire naturelle étant bien propres à inspirer de l'intérêt pour celui-ci, et d'ailleurs la matière est par elle-même de nature à redoubler cet intérêt.

Vous m'annoncez une chose fort agréable en m'apprenant que l'impression de votre ouvrage sur les *Volcans du Vivarais* (3) sera achevée dans le

(1) C'est la seule lettre de ce recueil qui soit datée de Versailles où Buffon avait été obligé de séjourner pour les affaires du Jardin du Roi. « Il n'est allé que trois fois à Versailles, dit Mlle Blesseau, la première, pour faire ses remerciements au Roi de l'érection de ses terres en comté ; les deux autres, pour présenter deux discours en sa qualité de Directeur de l'Académie française. » Cette réserve de la part d'un homme que ses détracteurs ont représenté comme vaniteux et jaloux à l'excès de ses privilèges et titres nobiliaires, et jouant au grand seigneur en affectant des prétentions non justifiées à une ancienne origine, comme un courtisan altéré d'hommages et d'honneurs, est la meilleure défense de Buffon. Écrivain, grand seigneur, qualifié et titré, ayant les petites entrées de la Chambre, privilège aussi rare que recherché, réservé aux représentants des grandes maisons de France et qui donnait le droit de pénétrer à toute heure dans les appartements privés du Roi sans être ni appelé ni annoncé ; recherché par Louis XV et la marquise de Pompadour qui se plaignait de la rareté de ses visites, et ensuite par Louis XVI et Marie-Antoinette, qui ne laissaient échapper aucune occasion de lui témoigner publiquement leur estime, il eût été naturel que Buffon profitât de toutes les circonstances, tandis qu'on le voit constamment préférer à la cour, à la popularité, aux honneurs aux plaisirs, sa sévère retraite de Montbard.

(2) Terre volcanique, qui mêlée à la chaux forme un mortier qui durcit dans l'eau, provenant de la mine de Chenevary-en-Velay, découverte par Faujas de Saint-Fond.

(3) *Recherches sur les volcans éteints du Vivarais et du Velay*, avec un discours sur les volcans brûlants, des mémoires analytiques sur les schorls, la zéolithe, les basaltes, etc ,

courant de ce mois. Je sais qu'il est attendu ici avec une grande impatience.

Je vais concerter avec quelqu'un des officiers des bâtiments quelques essais de la pouzzolane que vous m'avez envoyée, quoique, à dire vrai, je craigne fort que cela soit difficile pour cette année, car, dans six semaines ou deux mois, la saison des ouvrages sera passée. Lorsque j'aurai besoin de l'ouvrier que vous avez en main, je vous en ferai part; car à le faire partir dans ce moment, il y aurait du risque à ce qu'il ne trouvât pas à être employé.

Si vous trouvez le moyen de procurer à Paris le quintal de la pouzzolane à raison de 3 livres 10 sous ou 4 livres le quintal, il y a tout lieu de penser qu'elle n'y paraîtra pas chère. Mais j'ai encore bien de la peine à le croire, à moins que vous n'employiez la route de la Loire et du canal de Briare, — sur quoi, au surplus, je verrai avec plaisir les moyens que vous aurez imaginés pour cela.

J'aurai l'attention que vous désirez de ne communiquer qu'à très peu de personnes les recherches sur la pouzzolane que vous m'avez adressées.

J'ai l'honneur d'être, Monsieur, votre très humble et très obéissant serviteur.

BUFFON.

(Inédite. — Bibliothèque de Berlin; provient de la collection du général Radouvitz. Nous en devons la communication à l'obligeance de M. Pertz, conservateur de la bibliothèque royale de Berlin.)

LETTRE CCCXXVIII

A MADAME CHARRAULT (1).

Montbard, le 15 août 1778.

J'envoie, ma très chère Madame, chercher votre berline (2), et si elle peut me convenir, il faudra bien que vous ayez la bonté d'en recevoir au moins le prix de 800 livres qu'elle est estimée sur votre dernier inventaire. Je con-

(1 vol. in-f°, avec 20 pl. Paris, 1778, et non 1768, ainsi que l'indique à tort Bouillet), ouvrage qui posait les fondements d'une science nouvelle, la géologie, développée après Faujas de Saint-Fond par le minéralogiste Haüy. « M. de Faujas de Saint-Fond, dit Buffon, a très bien observé toutes les matières produites par les volcans; ses recherches assidues et suivies pendant plusieurs années, et pour lesquelles il n'a épargné ni soins ni dépenses, l'ont mis en état de publier un grand et bel ouvrage sur les volcans éteints, dans lequel nous puiserons le reste des faits que nous avons à rapporter, en les comparant avec les précédents. » (*Histoire des minéraux.*)

(1) Mme Charrault de Chazelle, née Huberte d'Espoisses, cousine germaine de Buffon, précédemment nommée.

(2) On a déjà vu Buffon se préoccuper de se procurer une voiture suspendue pour diminuer, pendant ses voyages de Paris, les cahots de la route qui lui faisaient endurer des souffrances de plus en plus pénibles, surtout sur le pavé de Fontainebleau à Paris.

nais toute votre bonne volonté, mais il n'est pas juste que vous me fassiez présent d'une chose aussi considérable. Je vous enverrai donc cette somme et quelque chose pour le cocher lorsque j'aurai essayé cette voiture.

M. Guéneau de Mussy (1) m'a écrit ce que vous avez fait au sujet de cette vilaine femme de Semur et de ses enfants ; je crois que cela les contiendra certainement, et je trouve que vous avez pris le bon parti de ne point faire de procès.

Mes compliments, je vous prie, à M. votre fils (2). C'est avec les sentiments inviolables d'un véritable et respectueux attachement que j'ai l'honneur d'être, ma très chère Madame, votre très humble et très obéissant serviteur.

BUFFON.

M. le chevalier de Saint-Belin (3) a été très sensible, Madame, aux politesses et amitiés que vous avez faites à son enfant (4).

(Inédite. — Appartient au comte Perrot de Chazelles.)

LETTRE CCCXXIX

A L'ABBÉ DODUN.

Montbard, le 23 août 1778

J'aurais été enchanté, Monsieur, de vous voir et de vous embrasser avant mon départ et vous m'avez fait grand plaisir en me donnant de vos nouvelles ; j'écris au sieur Lucas de vous remettre ma réponse et en même temps la somme de 184 livres 12 sols que vous avez eu la bonté d'avancer (5).

Il faut vous en tenir là pour le moment et ne rien donner à l'abbé, car je n'ai rien reçu de l'argent que j'attendais de Nismes, quoique j'aie tiré une lettre de change de sept cent et quelques livres; le sieur Pontier, syndic du diocèse, s'est contenté de me marquer qu'il la payerait s'il ne venait pas

(1) François Guéneau de Mussy, frère de Guéneau de Montbeillard, déjà cité.

(2) Jean-Baptiste-Marie Charrault, écuyer, gentilhomme de la grande vénerie du Roi.

(3) Antoine-Ignace, chevalier, puis marquis de Saint-Belin-Mâlain, beau-frère de Buffon, précédemment nommé (p. 182, note 4, et p. 302, note 2).

(4) Georges-Louis-Nicolas, vicomte de Saint-Belin, né en 1765, mort en 1825. Entré au service le 1er janvier 1780, capitaine aux dragons de Bourbon en 1787, aide-major général de l'infanterie en 1788, figure au testament de Buffon du 4 décembre 1787 : « .... Je donne et lègue à M. le vicomte de Saint-Belin, mon neveu et mon filleul, un diamant de la valeur de huit mille livres. » (P. 302, note 2.)

(5) La correspondance de Buffon avec l'abbé Dodun, qui touche à sa fin, témoigne qu'à l'amour paternel et au culte de l'amitié il joignait le sentiment de la famille; car, pendant qu'il payait les dettes de l'abbé de Saint-Belin, il assurait le sort de sept frères et sœurs, et la famille de Saint-Belin, d'une ancienne et illustre maison, mais pauvre, a témoigné sa reconnaissance en inscrivant le nom de Buffon parmi ses bienfaiteurs.

quelque nouvelle assignation ou saisie; il m'envoie en même temps un tas de paperasses de procureurs, mais point d'argent jusqu'à présent (1); ensuite, au lieu de 555 livres, c'est près de 1,300 livres dont je suis en avance actuellement pour l'abbé. Ainsi nous ferons bien de ménager jusqu'à ce que nous soyons un peu plus avancés, car pour être rempli en entier je crois, comme vous le dites très bien, qu'il faudra bien des années.

J'ai l'honneur d'être avec un sincère et respectueux attachement, Monsieur, votre très humble et très obéissant serviteur.

LE Cte DE BUFFON.

(Inédite. — Archives nationales.)

LETTRE CCCXXX

A FAUJAS DE SAINT-FOND.

Montbard, le 25 août 1778.

Je viens, Monsieur, de recevoir aujourd'hui 25 la lettre que vous m'avez fait l'honneur de m'écrire ; et comme vous me pressez pour la réponse, je n'ai eu que le temps de parcourir les feuilles et les planches de votre grand ouvrage sur les volcans, qui ne peut que vous faire un honneur infini, tant pour la netteté du style que par la précision de l'exécution des planches. Vos observations sur le courant des laves de Villeneuve-de-Berg (2) offrent un beau problème aux naturalistes ; mais j'ai vu avec plaisir que vous touchez au but pour l'explication des phénomènes. La matière calcaire était en effet dans un état de mollesse lorsque la lave s'y est introduite, et l'on doit regarder ce volcan de Villeneuve comme un volcan sous-marin qui a agi dès le temps que les bancs calcaires se sont formés. Et, à l'égard des morceaux calcaires qui se trouvent dans la lave, on peut croire qu'ils y ont été déposés par l'infiltration de l'eau dans les cavités et boursouflures de l'intérieur de ces laves.

Tout cela s'accorde avec la bonne théorie, et vous êtes, Monsieur, plus en état que personne de saisir toutes les relations particulières qui confirment les rapports généraux de cette théorie.

J'ai l'honneur de vous envoyer les feuilles imprimées de ce que j'ai écrit sur les volcans à la suite d'un traité qui a pour titre *les Époques de la nature*. Ce volume, qui fera le cinquième de mes Suppléments à l'*Histoire*

(1) Ce n'est pas la première fois que nous entendons Buffon manifester sa mauvaise humeur de ce que le syndic du diocèse de Nîmes, qu'il ne nomme que le sieur Pontier, profitait de sa générosité vis-à-vis de son beau-frère pour remettre directement aux créanciers de l'abbé de Saint-Belin l'argent qu'il touchait pour lui.

(2) Commune du département de l'Ardèche, arrondissement de Privas, connue par les basaltes de la *chaussée de l'Ardèche*.

naturelle, aurait paru depuis plus de six mois, si la gravure d'une carte géographique très importante n'en eût pas retardé la publication qui ne sera que pour le mois de novembre (1).

Je reste à Montbard jusqu'à la Toussaint,et vous me ferez honneur et un véritable plaisir, si vous voulez bien vous y arrêter à votre retour de Paris.

Je serai enchanté de vous renouveler les sentiments de la véritable estime et du respectueux attachement avec lequel j'ai l'honneur d'être, Monsieur, votre très humble et très obéissant serviteur.

Cte DE BUFFON.

(Communiquée par M. Faujas de Saint-Fond.)

LETTRE CCCXXXI

A L'ABBÉ BEXON.

Montbard, 9 septembre 1778.

Voilà, mon cher Monsieur, deux épreuves corrigées du tome six des oiseaux, que je vous serai obligé de remettre à l'Imprimerie royale, et je viens d'adresser à M. Guéneau de Montbeillard les notes de M. Deshayes (2) sur le tâcó, coucou de Saint-Domingue.

Voici aussi l'épreuve de la carte avec les observations que j'ai faites et que vous trouverez sur le feuillet d'autre part (3); je les crois toutes impor-

(1) On a pu déjà constater par la lettre de Buffon à l'abbé Bexon du 3 août 1778, quelle importance il attachait à cette carte dont l'exécution, en présence de l'exactitude que Buffon reconnaît à l'abbé Bexon, n'avait pu être retardée que par de nouveaux changements émanant de lui.

(2) Émile-Jules Deshayes, député pour le commerce de la Guadeloupe, à qui Buffon venait de conférer le brevet de correspondant du Cabinet du Roi.

(3) *Observations sur la carte des deux pôles.* — La feuille jointe à la lettre renferme les observations suivantes :

1° Il me semble que les glaces trouvées par Barentz (*) près du détroit de Waïgats doivent faire continuité avec celles qui sont au nord-ouest de la Nouvelle-Zemble jusqu'au cap Nassau ;

2° Il faudrait mieux marquer le banc de glaces depuis le Spitzberg au nord de la Nouvelle-Zemble;

3° Il faudrait aussi continuer de marquer les glaces tout le long des côtes du vieux Groenland jusqu'au détroit de Fröbisher, car il est certain qu'on ne peut plus aujourd'hui aborder sur toute la longueur de cette côte;

4° Il faut écrire Szalaginski et non pas Scleginskoi pour le cap de l'Asie; ce dernier nom ferait équivoque avec celui de la ville de Seleginskoi, et le vrai nom de ce cap est Szalaginski;

5° Je crois que ce cap Szalaginski est ici terminé trop carrément et qu'il faudrait l'étendre d'environ un degré de plus vers le nord;

(*) Guillaume Barentz, pilote hollandais, auteur de deux voyages dans la mer glaciale, en 1594 et 1596.

tantes et il ne faut pas faire tirer cette carte avant de m'en avoir envoyé une nouvelle épreuve avec les corrections que je demande. J'y ai joint copie de mon explication de la carte, afin que vous puissiez considérer le tout avec votre attention ordinaire.

Je lirai ces jours-ci l'article des pluviers et je ne doute pas que ce ne soit avec satisfaction ; je vous ai envoyé, il y a plus de huit jours, celui des oiseaux d'eau ; cependant vous ne me marquez pas que vous l'ayez reçu.

Je vous serai obligé de continuer à talonner Desève pour la vignette du cinquième volume, pour les gravures de ce même cinquième volume et pour les dessins du sixième, dans lequel je vois en effet qu'on ne pourra guère se dispenser de mettre trente-huit ou trente-neuf planches. Vous avez bien fait de garder les dessins qui doivent entrer dans le septième et le huitième volume.

Je vous remercie, mon très cher abbé, de votre bienfait à M. Manuel (1); j'espère qu'il ne démentira pas la bonne opinion que nous avons de lui ; faites-lui mes compliments et engagez-le de faire tout ce qui dépendra de lui pour plaire à Mme de Lowendahl (2) et à Mme sa mère : elles ont toutes deux trop de mérite pour qu'il soit difficile de s'y attacher.

J'attendais une occasion pour écrire à Mme de Genlis (3), mais le chevalier

6° On ferait bien aussi de semer des glaces tout autour de ce cap Szalaginski jusqu'au 70e degré de la côte des Tschuchis ;

7° Il faut marquer bien plus évidemment qu'on ne l'a fait l'entrée de l'amiral de Fonte (*) sur la côte occidentale de l'Amérique et même graver sur notre carte toute la suite de la grande rivière et de l'archipel désignés dans la relation de Fonte. Je crois que vous trouverez le tout marqué sur la carte de M. de Lille, et comme j'insiste sur la probabilité de ces découvertes faites par de Fonte, il me semble qu'il est absolument nécessaire de l'indiquer ici;

8° La carte australe est parfaitement bien : il n'y manque qu'un groupe d'îles de glaces aux 62e et 63e degrés de latitude où je l'ai marqué à la plume sur l'épreuve que je renvoie en attendant que M. l'abbé Bexon veuille bien m'en renvoyer une autre.

(1) Pierre-Louis Manuel, né à Montargis en 1751, mort sur l'échafaud, le 14 novembre 1793, procureur de la Commune de Paris, député à la Convention, avait commencé par être précepteur des enfants du banquier Tourton, associé de Necker.

(2) Belle-fille du maréchal de Lowendahl.

Ulric-Frédéric Woldemar, comte de Lowendahl, maréchal de France, descendant de Frédéric III, roi de Danemark, né en 1700, mort en 1755, après avoir servi tour à tour l'Autriche, la Pologne, la Russie et la France, et s'être signalé à Fontenoy et par la prise de Berg-op-Zoom.

(3) Félicité-Stéphanie Ducrest de Saint-Aubin, comtesse de Genlis, née le 25 janvier 1746, morte à 84 ans, le 31 décembre 1830, mariée à quinze ans, dans des circonstances romanesques, au comte Bruslart de Genlis, depuis marquis de Sillery, a successivement pris les noms de Genlis, Sillery et Bruslart.

Élevée par la générosité du fermier général La Popelinière, grande musicienne, jouant avec le même art du clavecin, de la mandoline, de la vielle et de la harpe, connue par la versatilité de son caractère, par les intrigues et les singularités de sa vie, auteur d'innombrables écrits, a joué, comme Mme de Staël, un rôle politique aux premiers jours de la

(*) Bartolome de Fontes ou Fuentes, navigateur espagnol, président du Chili; il aurait découvert l'archipel Saint-Lazare, aujourd'hui archipel Prince-of-Wales. Cette découverte lui est contestée.

de Bonnard est parti sans que je l'aie vu (1). Comme je n'ai plus guère que six semaines à demeurer ici, j'aime mieux vous conduire moi-même auprès de cette belle dame que de vous y envoyer avec une lettre ; d'ailleurs votre aimable sœur sera plus digne encore d'être présentée lorsqu'elle arrivera avec une langue de plus, car je compte, vu son intelligence et sa bonne volonté, qu'elle lit déjà l'*Aminte* et le *Pastor fido* (2). Dites-m'en des nouvelles ainsi que de votre chère bonne maman, et soyez persuadés tous trois de tous les sentiments d'amitié et d'attachement que vous m'avez si justement inspirés.

LE Cte DE BUFFON.

Voilà une petite note de M. de Montbeillard.

(Inédite. — Communiquée par Mlle Lefebvre.

LETTRE CCCXXXII

A M. DE VAINES (3).

Montbard, le 10 septembre 1778.

Qu'on serait heureux, monsieur, quand on a le petit malheur d'être auteur, si l'on ne donnait ses livres qu'à des gens qui savent en juger, je ne dis pas

Révolution, sous le Consulat et l'Empire. Nièce de Mme de Montesson, mariée secrètement au duc d'Orléans, Philippe-Egalité. Nommée à la place du chevalier de Bonnard *gouverneur* de ses enfants Louis-Philippe, le duc de Chartres, le duc de Montpensier, le comte de Beaujolais, Mme Adélaïde, elle a inauguré le système de l'éducation par les yeux au moyen des images. Elle avait un grand ascendant sur l'esprit du prince et contribua avant Mmes Elliot et de Buffon à l'éloigner de la cour. Mme de Genlis, étroitement liée à Buffon, qu'elle nommait *son père* depuis que le prince Henri lui avait donné ce nom, et que Buffon, par un juste retour, appelait amicalement *sa fille*, n'a laissé passer aucune occasion de lui rendre hommage. Elle le consultait sur ses écrits. « Un matin de l'année 1782, dit Humbert Bazile (p. 44), on me remit un pli à l'adresse de M. le comte de Buffon. « C'est, dit-il en l'ouvrant, « un manuscrit de Mme de Genlis. » Il me passa la lettre pour lui en donner lecture, Mme de Genlis lui envoyait le manuscrit des *Veillées du château*. M. de Buffon me chargea de lui en rendre compte, et j'écrivis sous sa dictée une lettre dont Mme de Genlis vint le remercier et dont elle se fit honneur. »

Elle avait débuté par des comédies jouées par ses filles et publiées, de 1771 à 1785, sous le titre de *Théâtre d'éducation à l'usage des jeunes personnes*. Ses principaux ouvrages sont : *Lettres sur l'éducation; Adèle et Théodore* et *Annales de la vertu* (1782); *les Veillées du château* (1784); *la Religion considérée comme base du bonheur et de la véritable philosophie* et *Pièces tirées de l'Écriture* (1787); *Contes moraux* (1802-1803); ses *Mémoires* (1825), et un grand nombre de *Romans historiques*. Nous avons publié de jolies lettres de Mme de Genlis à la page 346 du t. II de la première édition de la *Correspondance*.

(1) Après que Mme de Genlis l'eut remplacé au Palais-Royal dans l'emploi de *gouverneur* des enfants du duc d'Orléans.

(2) Héros et héroïne d'une pièce de Mme de Genlis.

(3) Alors premier commis des finances, conseiller d'État sous l'Empire, homme de lettres, déjà nommé (p. 276, note 4).

comme vous, monsieur, dont le discernement est excellent, mais comme je voudrais au moins être jugé, avec justice et bonne foi! Et cependant rien n'est si rare. Je ne vois que des éloges outrés ou des critiques injustes, et quoique votre lettre soit trop flatteuse, comme vous tirez du fond des choses tout ce qu'elle contient d'éloges, je vous en fais mes très sincères remerciements, en attendant que j'aie l'honneur de vous voir cet automne et de vous donner le cinquième volume des Suppléments que vous trouverez peut-être plus intéressant que le quatrième (1).

J'ai l'honneur d'être avec un respectueux attachement, monsieur, votre très humble et très obéissant serviteur.

BUFFON.

(Bibliothèque nationale, cabinet des manuscrits, publiée par Flourens.)

LETTRE CCCXXXIII

A GUÉNEAU DE MONTBEILLARD.

Montbard, le 11 septembre 1778.

Mon très cher bon ami, je suis pénétré de reconnaissance de tout ce que vous avez la bonté de faire pour moi. Vos premiers vers étaient d'un cœur sublime (2), et les derniers sont d'un esprit charmant (3). Je ne crois pas que vous ayez jamais gâté personne, et vous ne voudriez pas commencer par votre meilleur ami. Je reçois donc vos éloges sans m'en enorgueillir; je les reçois comme les sentiments précieux de votre estime, qui fait la partie la plus essentielle de mon bonheur.

(1) Lorsque parut le cinquième volume des *Suppléments*, qui renferment les *Époques de la nature*, Buffon avait soixante et onze ans. Grimm écrit six mois après cette date, au mois d'avril 1779 : « Nous possédons enfin l'ouvrage de M. de Buffon, qui nous avait été annoncé depuis si longtemps, les *Époques de la nature*. De tous les écrits de cet homme célèbre, c'est celui qu'il prétend avoir médité le plus, celui qu'il semble avoir travaillé avec une prédilection toute particulière; celui qu'il regarde comme le dernier résultat et le plus précieux monument de toutes ses études et de toutes ses recherches. Si le système établi dans cet ouvrage ne paraît pas à tous les lecteurs également solide, on avouera du moins que c'est un des plus sublimes romans, un des plus beaux poèmes, que la philosophie ait jamais osé imaginer... »

(2) Les vers de Guéneau de Montbeillard à la comtesse de Grismondi, dont Buffon le félicitait le 17 mai.

(3) Guéneau de Montbeillard, après avoir lu les *Époques de la nature*, avait écrit au bas de la septième époque :

O jour heureux qui vis naître Buffon,
Tu seras à jamais, chez la race future,
Pour les amis du beau, de la raison,
Une époque de la Nature.

On verra Florian renouveler cet à-propos lors de sa réception à l'Académie française, et on entendra La Harpe l'en blâmer. (Lettre du 25 décembre 1783 à Florian.)

Nous sommes ici tous très inquiets de la santé de Mme de Montbeillard. Assurez-la de mon tendre respect, et de la part que j'y prends en mon particulier.

Je crois que M. Deshayes doit avoir actuellement son brevet, que j'avais fait expédier avant mon départ de Paris, et que M. Daubenton le jeune s'est chargé de lui envoyer; mais cela n'empêchera pas qu'à mon retour dans ce pays, je ne lui écrive pour lui marquer notre satisfaction des notes et des mémoires qu'il a bien voulu nous communiquer.

Bonsoir, mon bon ami. Voilà un bon temps pour les vendanges de Chevigny; vous voyez que nous y pensons d'avance.

BUFFON.

Appartient à la baronne de La Fresnaye.)

LETTRE CCCXXXIV

BILLET A L'ABBÉ BEXON.

Montbard, le 25 septembre 1778.

Je souhaite mille bonjours à M. l'abbé Bexon, et je suis enchanté de le savoir de retour et content de son voyage de Saint-Remy (1); je n'ai pas le temps de lui écrire aujourd'hui, mais cela ne tardera pas.

BUFFON.

(Inédit. — Communiqué par Mlle Lefebvre.)

LETTRE CCCXXXV

A MADEMOISELLE HÉLÈNE BEXON (2).

Montbard, le 1er octobre 1778.

Je vous prie, ma charmante enfant, de faire ma paix avec le méchant abbé, qui me gronde de ce que je ne lui écris pas, tandis que j'ai mille fois plus de torts avec vous, mademoiselle, et vous êtes assez bonne pour ne pas vous en plaindre. Vous verrez combien je vous en sais gré lorsque je serai de retour, et je compte que ce sera avant la fin de ce mois. Mille tendres respects à votre chère maman, et mille amitiés, avec ces paperasses, à notre cher abbé, en attendant que j'aie l'honneur de lui écrire.

BUFFON.

(Publiée par François de Neufchâteau et Flourens.)

(1) Hameau dans le département des Vosges, arrondissement de Saint-Dié, près de Raon-l'Étape, où l'abbé Bexon avait des membres de sa famille.

(2) Alors âgée de 22 ans, déjà nommée (p. 371, note 2 de la lettre du 19 janvier 1778).

LETTRE CCCXXXVI

A L'ABBÉ BEXON.

Montbard, le 7 octobre 1778.

Vous avez raison, mon très cher abbé, de vous plaindre, et cependant je n'ai pas d'autre tort que de n'avoir pu disposer de mon temps. Depuis plus d'un mois je n'ai pas cessé d'avoir du monde, et encore aujourd'hui je n'ai pu faire autre chose que corriger les feuilles que je vous envoie et lire les mémoires de M. Domaschneff que j'ai cru devoir y joindre, quoiqu'ils ne contiennent pas choses de grande importance. Cependant je vous prie de comparer sa carte manuscrite avec la partie de la nôtre où sont représentées les côtes du Kamtchatka.

J'ai rétabli le mot *pica* au lieu de *plica*, qui d'abord m'avait paru plus convenable; au reste, ce mot importe peu.

Votre toute aimable sœur a dû vous remettre des papiers que je lui ai adressés la semaine dernière. Lisez, je vous prie, avec attention l'explication de la carte géographique et renvoyez-la-moi avec vos réflexions toujours bonnes; il sera encore temps de la faire imprimer à mon retour vers la fin de ce mois.

J'ai reçu les articles des pluviers, de la bécasse, de l'huîtrier, et je reçois aujourd'hui celui de la bécassine; vous ne courez pas, vous volez au travail comme les oiseaux à leurs plaisirs; mais je crains toujours que vous n'en preniez trop et je serais encore content quand vous n'en feriez qu'à moitié. Nous ne pouvons plus manquer de suivre l'imprimerie, et notre ami M. Panckoucke devrait bien prendre le parti de faire graver par d'autres que par les gens employés par Desève, sans cela nos volumes encombreront longtemps ses magasins; il m'écrit encore aujourd'hui pour s'en plaindre, mais ce n'est pas ma faute; exhortez-le à prendre un parti sur cela.

M. Guéneau de Montbeillard m'a envoyé ces jours derniers son article des coucous, qui contiendra près de soixante pages; j'en ai été très content; c'est l'un des articles les plus difficiles de l'histoire des oiseaux et il s'en est très bien tiré (1). Je compte donc que l'impression n'arrêtera pas, d'autant que si le petit nombre des articles qui lui restent n'était point achevé après les coucous imprimés, je pourrais donner les pics ou quelques-uns des autres oiseaux qui me restent pour ce volume, et grâce à votre diligence j'ai déjà plus d'un tiers de copie pour le 7e volume, dans lequel il me semble que le grand article des hérons est celui qui nous pressera le plus, car il doit suivre les grues et les cigognes.

(1) On aime à entendre Buffon encourager ses collaborateurs, leur prodiguer la louange et les citer dans l'*Histoire naturelle*.

Le petit préambule des pluviers sera charmant et je n'ai pas de grands changements à y faire. La *moult sote bête* bécasse est aussi fort bien ; je n'ai pas encore eu le temps d'y donner la dernière main.

Je suis charmé que vous ayez été satisfait de votre voyage de Saint-Remy : mon fils ne pouvait pas être en meilleure compagnie (1) et vous avez beaucoup contribué à l'agrément de ce voyage. M. et Mme de La Billardrie (2) m'en ont tous deux écrit avec leur amitié ordinaire. Je vous prie de dire à mon fils, dont je viens de recevoir une lettre, qu'il est le maître de son Touraco et que je ne l'empêche pas d'en disposer à sa plus grande satisfaction ; mais que c'est M. Guillebert qui est le maître de la disposition des permissions de chasse (3) et que tout ce que je puis faire, c'est de prier M. Guillebert de les lui accorder, toujours en supposant qu'il le mérite.

Vous voudrez bien aussi, mon très cher abbé, faire mes amitiés à M. Guillebert et lui dire que M. Lucas me demande mon fils pour conduire sa nouvelle épouse à l'église ; je n'y vois pas d'inconvénient et je suis bien aise d'en prévenir M. Guillebert; mais il ne faut en rien dire à mon fils que la veille ou le jour même de la cérémonie.

Je me fais une grande fête de vous revoir tous et je vous prie de le témoigner à votre chère maman et à votre charmante sœur. Ne tardez pas, s'il est possible, à me renvoyer une nouvelle épreuve de notre carte.

Adieu, je vous embrasse bien sincèrement.

BUFFON.

(Inédite. — Communiquée par Mlle Lefebvre.)

LETTRE CCCXXXVII

AU CHEVALIER DE GRIGNON (4).

Montbard, le 8 octobre 1778.

M. de Tolozan, monsieur, a passé quatre jours à Montbard, et il a dû vous écrire que nous vous avions regretté. Il a voulu voir M. votre fils (5), et lui

(1) Buffon, qui recherchait toutes les occasions de faire voyager son fils en France et à l'étranger, parce qu'il avait inscrit les voyages dans son programme d'éducation, venait de le confier à l'abbé Bexon pour une excursion dans les Vosges, comme il l'avait précédemment confié à M. Laude pour une excursion sur les côtes de Normandie, et à M. Guillebert pour son voyage en Suisse.

(2) Frère et belle-sœur du comte d'Angiviller.

(3) Le fils de Buffon devait être un grand chasseur et un des officiers les plus distingués de la Vénerie du Roi, en même temps qu'un adroit tireur et un audacieux écuyer; ses équipages de chasse étaient cités pour leur luxe et leur élégance.

(4) Déjà nommé.

(5) Étienne de Grignon, fils unique du chevalier de Grignon, a dirigé les forges de Buffon de 1774 à 1777. Buffon écrivait de lui à son père le 20 octobre 1774 : « Vous devez

a témoigné tous les sentiments d'estime et d'amitié que vous méritez. Il lui a fait une exhortation à laquelle je me suis réuni, pour lui faire sentir qu'il doit se conduire de manière à ne pas vous déplaire; et il nous a paru par ses réponses que nous avons au moins réussi à le faire différer sur un établissement que vous n'approuvez pas. Il se propose d'aller vous voir à Saint-Dizier (1) lorsque vous y passerez; mais avec cela je crains fort qu'il ne persiste dans son projet, car il a loué une maison à Rougemont, et les habits de noce sont déjà, dit-on, tous achetés, et il soutient de plus qu'il n'est pas possible de renouer le mariage projeté.

M. de Tolozan a dû vous écrire pour vous engager, monsieur, à revenir à Paris plus tôt que vous ne comptiez, et je crois en effet que cela est nécessaire pour avoir le temps de faire vos rapports au conseil et donner de la solidité à votre commission. D'ailleurs, je serais très aise que vous fussiez à Paris pendant les mois de novembre et de décembre; car je pars d'ici le 25 ou le 26 de ce mois pour n'y rester que jusqu'à Noël, et, quelques affaires que vous puissiez avoir dans la province, je crois qu'il faut préférer celles de Paris.

Je vous remercie des informations que vous me donnez au sujet des mines de charbon de terre du Dauphiné. Je vois avec regret qu'il n'y aura guère moyen d'en tirer parti. Il faut espérer qu'on sera plus heureux dans la mine de Vassy (2), dont nous aurons incessamment la concession, et où j'ai dit à M. de Tolozan que vous seriez le maître de l'inspection des travaux. Vous

être très satisfait d'avoir un enfant qui vous fait honneur ». — « Cependant, dit Humbert Bazile, ce fils tourna mal; il avait épousé contre le gré de son père Mlle Caillet, d'une ancienne famille de Rougemont... Ce mariage et le caractère bouillant de M. de Grignon causèrent de cuisants chagrins à son père. » (Voir p. 270, note 2.)

(1) Saint-Dizier, dans la Haute-Marne, lieu de naissance du chevalier de Grignon.

(2) Vassy, sous-préfecture de la Haute-Marne. Il ne paraît pas que cette mine de charbon ait été exploitée; mais Buffon n'en a pas moins été un des premiers à pressentir l'avenir du charbon de terre comme aliment des forces industrielles et commerciales du pays. Il a écrit à l'article du fer, *Histoire des minéraux* : « Bientôt on sera forcé de s'attacher à la recherche de ces anciennes forêts enfouies dans la terre, et qui, sous une forme de matière minérale, ont retenu tous les principes de la combustibilité des végétaux, et peuvent les suppléer non seulement pour l'entretien des fours et fourneaux nécessaires aux arts, mais encore pour l'usage des cheminées et des poêles de nos maisons, pourvu qu'on donne à ce charbon minéral les préparations convenables. » Il dit encore dans les *Époques de la Nature*, 3e époque : « Les détritus des substances végétales sont le premier fond des mines de charbon ; ce sont des trésors que la nature semble avoir accumulés d'avance pour les besoins à venir des grandes populations. Plus les hommes se multiplieront, plus les forêts diminueront; les bois ne pouvant plus suffire à leur consommation, ils auront recours à ces immenses dépôts de matières combustibles, dont l'usage leur deviendra d'autant plus nécessaire que le globe se refroidira davantage. Néanmoins, ils ne les épuiseront jamais, car une seule de ces mines de charbon contient peut-être plus de matière combustible que toutes les forêts d'une vaste contrée. »

La fondation de l'Ecole des mines par Louis XVI date de 1783. Son premier directeur fut Joseph Douci de Laboullay, avec le titre d'intendant général des mines, minières et substances terrestres de France.

voyez, monsieur, que ceci presse encore votre retour, et que par toutes sortes de raisons vous ferez bien d'arriver à Paris le plus tôt qu'il vous sera possible.

J'ai l'honneur d'être avec tout attachement, monsieur, votre très humble et très obéissant serviteur.

BUFFON.

(Appartient à M. de Grignon.)

LETTRE CCCXXXVIII

A L'ABBÉ BEXON.

Montbard, ce 16 octobre 1778.

Voilà, mon très cher abbé, les trois feuilles des oiseaux corrigées et dont il faudra m'envoyer une seconde épreuve à cause du remaniement.

Je profiterai de vos observations sur l'explication de la carte géographique et j'attendrai pour la renvoyer la nouvelle épreuve que vous m'annoncez, car l'impression ira encore plus vite que notre gravure.

Je fais tous mes arrangements pour arriver à Paris les derniers jours de ce mois, et ce n'est pas une petite affaire ; car il m'en reste beaucoup à terminer ; elles m'empêchent même de vous écrire aujourd'hui plus au long. Je vous embrasse et fais mille amitiés et respects à vos dames.

Le Cte DE BUFFON.

(Inédite. — Communiquée par Mlle Lefebvre.)

LETTRE CCCXXXIX

A M. HÉBERT.

Paris, ce 20 novembre 1778.

... J'ai reçu une lettre de M. Allut que les créanciers de la manufacture ont nommé pour syndic (1). Il me propose de prendre au moins une demi-

(1) La manufacture de glaces, fondée en 1758 à Rouelle, près de Châtillon-sur-Seine (Côte-d'Or), sur l'initiative de Buffon, qui voulait doter sa province d'une grande industrie, par Paul-Bosc d'Antic, restaurateur de la manufacture de Saint-Gobain, fondateur des manufactures de glaces de Serviers-Labaume dans le Gard, et de la Margeride, dans la Corrèze, à qui Buffon avait fait donner, l'année précédente, par Necker, une mission scientifique en Angleterre pour y étudier l'application encore nouvelle des machines à feu. (Lettres des 1er juin 1774 et 26 avril 1776 à Guyton de Morveau, du 4 août 1777 à Mme Necker et du 26 février 1778 à M. Hébert, p. 263, 312, 349 et 381.)

action (1); mais je refuserai comme vous, ne voulant pas me mêler dans cette affaire autrement que je ne l'ai fait jusqu'ici, c'est-à-dire en sollicitant les personnes qui peuvent y rendre service. Cependant, je trouve que vous faites un trop grand sacrifice si vous abandonnez toute votre créance pour un tiers.

Je recommanderai avec plaisir et tout de nouveau M. Huvier à M. l'abbé Bossut, et j'en parlerai aussi à M. Amelot, dont la recommandation fera certainement un effet plus prompt que la mienne.

Le quatrième volume in-4° de l'*Histoire des oiseaux* vient enfin de paraître; je vous le remettrai ou je vous l'enverrai comme vous jugerez à propos.

Je travaillais ces jours derniers l'article du merle d'eau, dans lequel je rapporte tout au long vos observations qui sont très bonnes et toutes neuves. Il en est de même de celles que vous avez faites sur les hérons; mais ce volume ne paraîtra pas de sitôt. Le cinquième volume est achevé d'imprimer; on termine les gravures, et il doit paraître au commencement de janvier.

Il n'y a pas grand'chose de nouveau dans ce pays où je ne resterai que le moins que je pourrai, parce que les affaires me surchargent trop.

Faites-moi l'amitié de me donner de vos nouvelles et soyez sûr, mon très cher monsieur, de mon inviolable et respectueux attachement.

BUFFON.

(Inédite. — A appartenu à feu M. le docteur Vaussin, d'Orléans.)

LETTRE CCCXL

A LA COMTESSE DE GRISMONDI.

Au Jardin du Roi, à Paris, ce 9 décembre 1778.

Madame et très respectable amie,

Je n'ai pas autant de torts que mon adorable comtesse a droit de le croire. J'ai bien reçu sa première lettre datée du temps de son départ de Paris, mais je n'ai point eu celle qu'elle avait confiée à M. le comte de Pompéi (2).

(1) Buffon, administrateur aussi sage qu'éclairé, s'est constamment abstenu d'engager ses capitaux dans des entreprises financières ou industrielles, et nous savons, d'ailleurs, qu'il n'avait jamais d'argent malgré son opulent revenu, à cause des avances considérables qu'il faisait pour le Jardin du Roi. Une seule fois, en 1781, on le verra se départir de sa prudente réserve pour s'intéresser à une société industrielle fondée pour la recherche et l'exploitation des mines de charbon sur notre territoire, à cause de son caractère d'intérêt national et d'utilité publique.

(2) Jérôme Pompéi, créé comte par l'empereur Joseph II. Philologue et littérateur littérateur italien, né en 1731, mort le 4 février 1780. Traducteur des *Vies de Plutarque*.

D'ailleurs les contretemps se sont accumulés; je suis arrivé à Paris le jour même que l'objet de mes vœux les plus empressés venait d'en sortir ; je me disposais à vous aller voir le lendemain et j'appris avec un véritable chagrin votre départ, madame, et la perte de toute mon espérance : votre lettre me fut ensuite renvoyée de Montbard, je la lus et relus vingt fois comme la seule chose qui pût adoucir ma douleur, et j'ai renfermé mes regrets dans mon cœur qui ne pouvait vous suivre que de bien loin dans un voyage aussi précipité. On vous avait déjà tirée trop brusquement de votre trop court séjour de Montbard, et pour mon malheur il vous est arrivé la même chose à Paris; cela m'a flétri le cœur tant pour moi que pour vous, car je ne crains pas, ma très respectable amie, de vous dire que dans le peu de moments que j'ai eu le bonheur de vous voir, vous m'avez inspiré les sentiments les plus profonds d'une respectueuse estime et les mouvements les plus vifs de l'amitié la plus tendre.

Je joins à ma lettre les vers que vous me paraissez désirer, qui ne sont pas encore imprimés, et que l'auteur doit publier incessamment (1); je serais enchanté et en même temps fort honoré si vous preniez la peine, madame la comtesse, de les traduire en votre langue; vous ajouteriez de nouvelles grâces à la force et à l'énergie que vous y remarquerez sans doute, et mon nom tracé de votre main charmante m'en deviendra plus cher.

Le prince Gonzague n'est point à Paris; il en est parti au mois d'août pour se rendre, disait-il, à Venise, mais il s'est arrêté à Marseille, et j'ai appris indirectement qu'il y était encore il y a trois semaines (2).

J'ai mille remerciements et respects à vous faire, madame la comtesse, de la part de mon jeune fils (3), qui se souvient des bontés dont vous l'avez comblé, et qui demande instamment de commencer son voyage d'Italie par quelques moments de séjour à Bergame. Que ne puis-je m'y transporter aussi, et vous renouveler de vive voix les sentiments profonds de toute l'amitié et du très tendre respect avec lesquels je serai toute ma vie, madame la comtesse, votre très humble et très obéissant serviteur.

LE Cte DE BUFFON.

(Publiée en 1833. — Communiquée par le marquis Camposi.)

(1) L'ode de Lebrun, qui parut l'année suivante.

(2) Pour son mariage avec une fille du peuple. (Voir sa notice, p. 350, note 1re de la lettre du 4 août 1777 à Guéneau de Montbeillard.)

(3) Le fils de Buffon était alors âgé de quatorze ans.

LETTRE CCCXLI

A MADAME NECKER.

A Paris, ce 4 janvier 1779.

Ma très respectable et meilleure amie, j'ai été sensiblement touché de la bonté avec laquelle M. Necker s'est offert de parler à M. l'évêque d'Autun (1) en faveur de mon frère (2), religieux de l'ordre de Cîteaux (3) ; je prends donc la liberté, madame, de vous envoyer un mémoire dont je le supplie de faire usage ; comme je dois vous prouver, ma très respectable amie, que je ne vous demande pas votre protection pour un mauvais sujet (4), je vous supplie encore de jeter les yeux sur les quatre lignes soulignées de la lettre que son Général, l'abbé de Cîteaux (5), écrit à mon frère, et dans laquelle il lui marque sa surprise de ce qu'il est encore prieur, c'est-à-dire de ce qu'il n'a pas pu devenir abbé (6). Je n'ai pas voulu mettre en avant ce

(1) Yves-Alexandre de Marbeuf, né à Rennes en 1732, mort à Lubeck le 15 avril 1799, successivement vicaire général à Rouen, évêque d'Autun le 22 février 1767, en remplacement de Nicolas de Rouillé. Conseiller d'honneur ecclésiastique au Parlement de Dijon, le 5 décembre 1774, président en cette qualité des états généraux de la province de 1775, député à l'Assemblée du clergé en 1770, archevêque de Lyon le 29 octobre 1788, remplacé à l'évêché d'Autun par l'abbé de Talleyrand que certains biographes ont représenté à tort comme ayant eu des relations avec la première femme du fils de Buffon pendant ses séjours en Bourgogne, l'évêque d'Autun était commandeur de l'ordre du Saint-Esprit et avait la feuille des bénéfices.

(2) Charles-Benjamin Leclerc de Buffon, second frère du naturaliste, né à Montbard le 22 juillet 1712, mort le 13 novembre 1782, alors prieur de l'abbaye du Petit-Cîteaux et vicaire général de son ordre, qui a donné ses soins dévoués à Buffon pendant sa grave maladie de 1771 (t. Ier, p. 197), a collaboré à la *Collection académique*, à l'*Encyclopédie méthodique* et à d'autres recueils de science et d'agriculture. Il ne nous a pas paru être le même que dom Buffon, porté, en 1761, sur le premier annuaire de la Société royale d'agriculture de France, entre Buffon et Daubenton, avec le titre de prieur de l'abbaye de Saint-Germain-des-Prés de Paris. (Voir p. 81, note 1re.)

(3) Célèbre abbaye de Bourgogne dont la fondation remonte à l'an 1098 ; chef de nombreux ordres répandus en France et à l'étranger, qui a fourni à l'église saint Bernard, des papes et des saints. Boileau, qui a dépeint dans le *Lutrin* la mollesse des moines de Cîteaux, avait visité l'abbaye, en 1683, avec Louis XIV. Les deux plus grands monastères du moyen âge, Cîteaux et Cluny, étaient en Bourgogne.

(4) Le prieur de Cîteaux n'était pas, en effet, *un mauvais sujet;* c'était un religieux simple, studieux et bienfaisant; c'était de plus un savant et un écrivain de mérite.

(5) François Trouvé, né en 1716, mort le 6 mai 1797, docteur en théologie de la Faculté de Paris, abbé général de Cîteaux le 25 novembre 1748, conseiller-né au Parlement de Dijon le 18 décembre 1749, élu du clergé en 1754, restaurateur de l'abbaye dont il fut le dernier abbé.

(6) Charles-Benjamin Leclerc de Buffon fut nommé le 15 juin 1779, cinq mois après cette lettre, abbé commendataire de l'abbaye du Rivet, par l'évêque d'Autun, à son titre d'évêque chargé de la feuille des bénéfices; mais des difficultés ne tardèrent pas à naître entre l'évêque et l'abbé du Rivet, par suite de l'importance de la somme que l'évêque prélevait sur les revenus de l'abbaye. (Voir lettre de Buffon à son fils du 7 mai 1782.)

témoignage de M. l'abbé de Cîteaux et je n'en parle pas dans le mémoire parce que, s'il n'est pas bien avec M. l'évêque d'Autun, cela nuirait plus à mon frère que cela ne pourrait lui servir; mais je suis bien aise que vous, madame, et M. Necker, qui avez tous deux tant de bontés pour moi, vous soyez assurés que vous demandez une chose juste et pour un sujet qui le mérite.

Je compte sortir jeudi prochain pour la première fois, et avoir le bonheur de dîner avec vous (1), mon adorable amie; recevez, en attendant, les sentiments de ma vive reconnaissance et de mon plus tendre respect.

BUFFON.

(Inédite. — Archives de Coppet. — Communiquée par le vicomte d'Haussonville.)

LETTRE CCCXLII

A GUÉNEAU DE MONTBEILLARD.

Au Jardin du Roi, le 5 janvier 1770.

J'étais déjà informé, mon cher bon ami, du décès de M. Potot de Montbeillard, et, quoique ce ne soit qu'une queue de mort, je n'en suis pas moins affligé. Nous travaillons à obtenir un traitement honnête pour sa veuve et ses enfants. M. le comte de Maillebois (2) s'y porte de très bonne grâce, et ce ne sera pas notre faute s'ils ne sont pas bien traités.

Voilà les beaux coucous finis. Suivent trois articles de ma composition; après quoi l'on imprimera vos huppes et guêpiers, que j'ai trouvés très bien, comme tout ce qui sort de votre plume. Les têtes-chèvres et hirondelles finiront le volume (3).

(1) Nous avons fait remarquer plus haut que Buffon choisissait de préférence, pour dîner chez les Necker, d'autres jours que le vendredi, qui était celui où Mme Necker réunissait à sa table les gens de lettres.

(2) Déjà nommé (p. 230).

(3) C'était la fin de la collaboration de Guéneau de Montbeillard, qui n'avait accepté qu'à regret la succession de Daubenton et uniquement pour rendre service à Buffon, ainsi que le constate Mme Guéneau de Montbeillard dans l'intéressante biographie qu'elle a consacrée à son mari : « Après avoir quitté, dit-elle, la *Collection académique*, cet ouvrage qu'il avait presque créé, tant il en avait amélioré le plan, il paraissait bien éloigné de s'engager dans aucune autre entreprise qui l'obligeât encore à prendre des termes fixes, et il ne se serait jamais déterminé à travailler à l'histoire des oiseaux sans le motif de l'amitié. M. de Buffon convalescent déclarait avoir absolument besoin d'aide.. Il s'engagea, fit plus qu'il n'avait promis et rédigea l'histoire du Coq... c'est ainsi qui se trouva engagé. »

Daubenton, susceptible, ombrageux et jaloux, ne pardonna pas à Guéneau de Montbeillard de l'avoir remplacé. Celui-ci écrivait de Paris, à sa femme, au commencement de sa collaboration les 11 et 22 janvier 1773 : « A propos de froid, il fait bien froid au Jardin du Roi; notre docteur (Daubenton) est à la glace; il ne peut être fâché que de ce que je me

Vous vous êtes aperçu, mon bon ami, que dans le quatrième volume on a très mal à propos transposé réciproquement le verdier à la place du bruant. C'est une faute dont il faut tenir note pour en faire mention à l'errata du cinquième volume, dont les gravures sont presque achevées, et qui doit par conséquent se publier bientôt.

Mon rhume, qui me retient depuis un mois en chambre, est diminué depuis que le froid est augmenté; cependant, comme nous avions ce matin sept degrés et demi, je n'ose encore m'exposer à prendre l'air; mais dès qu'il s'adoucira, j'irai le respirer sur la montagne de Montbard. Mon fils vous assure de son respect et fait ses compliments à son camarade d'il y a dix ans (1). Permettez-moi de l'embrasser comme notre camarade d'aujourd'hui. J'écris un mot à ma bonne amie sur la perte qu'elle vient de faire (2).

BUFFON.

(Appartient à la baronne de La Fresnaye.)

suis chargé d'une besogne qu'il ne voulait point faire; car je ne veux pas croire qu'il soit mortifié de ce que mon travail a eu quelque succès. Quel que soit son motif, il aura bien honte lorsqu'il saura le fond de mes procédés. J'ai travaillé hier six heures d'horloge aux oiseaux... Notre homme cherche à se rapprocher, mais je suis indigné. Il me boude pour avoir eu les procédés les plus nobles; il aura bien honte quand il le saura. Je n'ai consenti à travailler aux oiseaux qu'après qu'il m'a assuré lui-même qu'il n'y travaillerait jamais. S'il savait ce secret, il ne pourrait me blâmer; et s'il en savait un autre, il n'oserait me regarder... il m'offrit bien de me donner connaissance de quelques faits relatifs à l'ornithologie qu'il croyait nouveaux, je l'ai reçu très froidement; il m'offrit de l'argent, j'ai refusé. »

Désormais, Guéneau de Montbeillard n'entreprendra plus de nouveaux articles pour les oiseaux ; il s'occupera un instant des insectes que sa femme remettra à sa mort à l'*Encyclopédie méthodique*, mais cette lettre de Buffon donne réellement la date de la fin de la collaboration de Guéneau de Montbeillard à l'*Histoire naturelle*, et désormais les deux amis ne collaboreront plus qu'à des mariages et à des bonnes œuvres.

(1) Le fils unique de Guéneau de Montbeillard, ami d'enfance du fils de Buffon, désigné sous le nom de *Fin-Fin* et dont il a déjà été plusieurs fois question dans cette *Correspondance*. François Guéneau de Montbeillard, né le 11 avril 1759, mort le 18 février 1847, tenait de son père et de sa mère une intelligence supérieure. Il avait, à quatorze ans, un talent extraordinaire sur le violon qui le rendait l'émule de son compatriote Jean-Benjamin-François-Edme Nadault. François Guéneau de Montbeillard, capitaine aux dragons de Belzunce, maire de Semur en 1809, destitué aux Cent-Jours et, en 1818, par le ministère Decazes; a traduit de l'anglais, en 1836, la *Famille américaine*, et a écrit, en 1842, une tragédie en vers, *Venise sauvée*, d'après Olway. De ses trois enfants, François-Léon Guéneau de Montbeillard, né en 1800, reçu dans les gardes de la Porte du Roi en 1814, capitaine de cavalerie en 1827, démissionnaire en 1833 pour satisfaire ses goûts pour l'étude et les voyages, est mort en 1852. Les deux autres sont vivants : François-Roger, né en 1813, intendant militaire, et Élisabeth-Isaure de Montbeillard, née en 1802, mariée, en 1827, à Noël-Frédéric-Armand, baron de La Fresnaye, ornithologiste distingué.

(2) La mort du colonel d'artillerie Potot de Montbeillard, frère de Mme Guéneau de Montbeillard, arrivée le 20 décembre 1778.

LETTRE CCCXLIII

A MADAME GUÉNEAU DE MONTBEILLARD.

Au Jardin du Roi, le 5 janvier 1779.

Si je pouvais, madame et bonne amie, tempérer votre affliction en la partageant, je serais moi-même soulagé d'une partie du chagrin que je ressens de la perte que nous venons de faire. Je joins mes sollicitations à celles de tous ses amis pour que les pauvres enfants soient un peu bien traités, et j'ai quelque espérance que nous réussirons. J'écris par ce même courrier à votre cher mari, et je lui marque que je serai dans peu à Montbard. J'espère que j'aurai le bonheur de vous voir tous deux et de vous renouveler les sentiments de tout l'attachement et du respect avec lesquels je serai toute ma vie, ma très chère dame, votre très humble et très obéissant serviteur.

BUFFON

(Appartient à la baronne de La Fresnaye.)

LETTRE CCCXLIV

A M. GUYS.

A Paris, au Jardin du Roi, ce 6 janvier 1779.

J'ai reçu, Monsieur, de vos nouvelles avec bien du plaisir et j'accepte volontiers les quinze ou dix-huit bouteilles de vin de Chypre que je vous prie de m'adresser à Montbard avec la note du prix de ce vin. Vous ne me parlez pas, Monsieur, de ce que je peux vous devoir relativement au sieur Sonnini ; je crois qu'il reste encore 262 livres que vous pourrez tirer sur moi quand vous le jugerez à propos ; je me suis beaucoup trop avancé avec cet homme qui m'a trompé ; nous venons de recevoir sa caisse d'oiseaux d'Égypte; il n'y avait rien de rare.

J'ai l'honneur de vous offrir mes vœux au renouvellement de cette année, et les assurances de toute l'estime et du respectueux attachement avec lequel j'ai l'honneur d'être, Monsieur, votre très humble et très obéissant serviteur.

LE Cte DE BUFFON.

(Inédite. — Collection Nadault de Buffon.)

LETTRE CCCXLV

AU MÊME.

A Paris, au Jardin du Roi, ce 17 janvier 1779.

J'ai fait remettre, Monsieur, les 262 livres qui vous étaient dues à M. Courtois, qui a dû vous en donner avis.

Je vous serais très obligé, Monsieur, si vous vouliez bien toucher une somme de 525 livres qui est due par M. Pontier, syndic du diocèse de Nismes, pour les six mois échus au 1er janvier dernier de la pension de M. l'abbé de Saint-Belin, mon beau-frère. J'ai l'honneur de vous envoyer ci-joint ma quittance en qualité de son fondé de procuration, et je suis persuadé qu'en envoyant cette quittance à quelqu'un de vos amis à Nismes, M. Pontier payera sans difficulté; si cependent il avait fait quelques frais relatifs aux affaires de M. l'abbé de Saint-Belin, il sera juste de lui en tenir compte. Enfin, lorsque vous aurez reçu cet argent vous voudrez bien retenir ce que je vous devrai pour le vin de Chypre que vous avez eu la bonté de m'offrir, et vous me ferez passer le montant du reste en un effet sur Paris ou sur Lyon. Vous voyez, Monsieur, combien je compte sur votre bonne amitié en vous donnant tous ces soins.

J'ai l'honneur d'être avec un sincère et respectueux attachement, Monsieur, votre très humble et très obéissant serviteur.

LE Cte DE BUFFON.

(Inédite. — Collection Nadault de Buffon.)

LETTRE CCCXLVI

A M. HÉBERT.

Montbard, le 17 février 1779.

Comme je viens, mon très cher Monsieur, de faire une acquisition considérable de M. de Saint-Mémin et sur laquelle j'ai déjà payé une somme de quarante-cinq mille livres, il me conviendrait, si cela vous était à peu près égal, de différer d'un an le payement du billet de 8,250 livres que je vous dois à l'échéance du 20-30 mai prochain. Si cela vous est possible, je payerai d'avance les intérêts de cette année de plus sur le pied de 400 livres ou bien je vous enverrai un autre billet de 8,662 livres 10 au terme du 20-30 mai 1780 et vous me renverriez celui de 8,250 livres qui échoit cette année.

Comme M. de Serilly a été conservé dans sa place de trésorier, je crois qu'il pourra vous laisser tranquille au sujet de votre cautionnement.

J'ai envoyé par l'ordinaire dernier des effets à M. Dubard pour m'acquitter auprès de M. Campan (1) d'une somme de 7,863 livres que je dois pour des bois du roi (2), et j'espère qu'à votre recommandation et par amitié pour moi il voudra bien terminer cette affaire.

Me voici à Montbard pour jusqu'au commencement de juin et je voudrais bien me flatter de l'espérance de vous y voir. J'ai des premières épreuves des oiseaux que je pourrai vous remettre : c'est bien la moindre chose pour toutes les bonnes notices que vous nous avez données. Le cinquième volume in-4° des oiseaux paraîtra dans le courant de mars ; l'impression du sixième est fort avancée et je ferai seul les septième et huitième volumes auxquels j'ai déjà travaillé et qui contiendront tous les oiseaux d'eau, savoir ceux de rivage et ceux à pieds palmés.

Je n'ai pas aujourd'hui le temps de causer plus longtemps avec vous et vous me ferez grand plaisir de me donner de vos nouvelles et de celles de Mme Hébert et de votre cher fils.

Vous connaissez les anciens et inviolables sentiments d'amitié et d'attachement avec lesquels j'ai l'honneur d'être, mon très cher monsieur, votre très humble et très obéissant serviteur.

Le Cte de Buffon.

(Inédite. — Bibliothèque de Rouen.)

LETTRE CCCXLVII

A M. RIGOLEY (3).

Montbard, 5 mars 1779.

M. Morel de Viliers (4), m'écrit, monsieur, qu'il vous a parlé chez moi du tort

(1) Frédéric-Jules Campan, premier commis au contrôle général des finances, fils d'un secrétaire du Cabinet de la Reine, mari de Mme Campan, née en 1752, morte en 1822, alors lectrice de Marie-Antoinette, et, sous l'Empire, directrice de la maison d'Écouen, auteur de *Mémoires sur Marie-Antoinette* (1822), et d'un *Traité d'éducation des femmes* (1823). Mme Campan était elle-même fille d'un premier commis au département des affaires étrangères.

(2) A son titre de seigneur engagiste du domaine du Roi à Montbard qui comprenait une étendue considérable de bois.

(3) Jacques Rigoley, métallurgiste, d'une famille de Montbard, était alors directeur des forges et hauts fourneaux d'Aisy-sous-Rougemont, canton d'Ancy-le-Franc (Yonne), appartenant au comte de La Guiche, avec qui Buffon aura des difficultés pour l'extraction du minerai de fer. Jacques Rigoley, auteur d'un petit manuel estimé sur l'*Art du Charbonnier*, a été utile à Buffon dans la construction et l'exploitation de ses forges et dans quelques-unes de ses expériences sur le fer. Le jour où il quittera l'industrie, Buffon lui fera obtenir comme retraite la direction du bureau de la poste de Montbard dont son père avait été précédemment titulaire. Il est étranger à la famille de MM. Rigoley de Juvigny et d'Ogny, l'un conseiller honoraire au Parlement de Metz, l'autre directeur général des postes, tous deux de l'intimité de Buffon.

(4) « Jacques Morel de Brévandes, seigneur engagiste de la terre de Villiers-le-Duc, dit Courtépée, y exploitait une forge et des hauts fourneaux. »

que le fourneau de Sainte-Clotilde peut faire à la forge d'Aisy et à celle de Buffon (1), et que vous lui aviez répondu que vous engageriez M. de La Guiche à se joindre aux opposants, et il me sollicite pour m'y joindre aussi ; mais, comme j'ai eû l'honneur de vous le dire, je ne ferai sur cela que ce que vous ferez, et je suivrai volontiers l'exemple de M. de La Guiche que vous feriez bien de pressentir à cet égard. M. Morel doit revenir ici le lendemain de la mi-carême avec Mme sa femme et Mlle sa fille, c'est-à-dire vendredi prochain, et je serais très aise que cette nouvelle occasion pût vous engager vous-même à y venir dîner avec nous.

Les sept coupes successives de vingt arpent chacune du bois des Montaut viennent d'être vendues soixante-treize livres l'arpent au sieur Le Bœuf, et en vérité ils n'en valent pas 50.

J'ai l'honneur d'être avec tout attachement, monsieur, votre très humble et très obéissant serviteur.

BUFFON.

(Inédite. — Bibliothèque de Dijon, fonds Baudot.)

LETTRE CCCXLVIII

FRAGMENT DE LETTRE A MADAME NECKER.

Paris, le 15 mars 1779.

Quelle joie, mon adorable amie !

Une lettre de votre main dans le temps que je vous croyais trop faible pour écrire (2) !

Quel saisissement de plaisir en la lisant ! Je la porte de mes lèvres à mon cœur, cette charmante lettre ; je lui donne sans nombre ce que votre bonté m'accorde quelquefois ; et ces expressions si touchantes sur ma santé, sur la durée de mes jours, raniment en moi le désir de vivre pour toujours vous aimer...

.... J'irai donc dans quinze jours jouir de tout mon bien en vous voyant, et vous protestant, ma tendre et très respectable amie, que toute mon existence est à vous.

BUFFON.

(Collection Boutron.)

M. Morel, ancien président du tribunal civil de Dijon, dont le fils, émule de Cham et de Gavarni, s'est fait un nom comme dessinateur et caricaturiste sous le pseudonyme de Stop ! était de cette famille.

(1) La création d'une nouvelle forge dans le Châtillonnais.

(2) La délicate santé de Mme Necker, qui avait voulu faire dans sa vie une part pour la direction d'une maison importante, pour son salon et ses relations avec les gens de lettres et la cour, une autre pour sa correspondance, pour son mari et sa fille, une autre pour son journal et la méditation, ne résistait pas toujours à la multiplicité de ses devoirs.

LETTRE CCCXLIX

BILLET A L'ABBÉ BEXON.

Au Jardin du Roi, ce lundi matin 27 mars 1779.

Je ne dîne point aujourd'hui chez moi (1); ainsi je prie *mon vénérable lévite* de ne venir que demain mardi; mille compliments et respects et remerciements à vos dames.

BUFFON.

(Inédite. — Communiquée par Mlle Lefebvre.)

LETTRE CCCL

A M. RIGOLEY.

Paris, le 8 avril 1779.

Je vous suis très obligé, monsieur, de tous les mouvements que vous avez bien voulu vous donner pour mes affaires à Autun. J'ai écrit à Me Duchemin (2) que je le priais de faire arrêter la veuve Moleure (3), et il faut espérer que sa détention nous produira quelque remboursement.

(1) Il dînait chez Mme Necker.

(2) Me Duchemain, procureur à Autun.

(3) On lit à la page 72 du livre manuel des revenus de Buffon, écrit en entier de sa main : « Il m'est dû par M. Claude Moleure, prêtre dans l'évêché d'Autun, professeur d'humanités à Nolay, un principal de onze cent soixante et six livres treize sols et huit deniers.... Reçu par les mains de M. Rigoley les deux années d'arrérages de cent seize livres treize sols quatre deniers.... Remis par M. Duchemain la même somme. » Au bas de la page est écrit d'une autre main : « On ne peut rien tirer de cette rente; le prêtre qui la doit est émigré, et d'ailleurs il est pauvre au delà de tout ce que l'on peut dire. »

La mère de l'abbé Claude Moleure était veuve d'un marchand de fer, débiteur de Buffon. « Celui-ci, qui s'était rendu insolvable par sa mauvaise conduite, et qui n'avait pu lui payer une somme assez considérable, dit le P. Ignace, ayant été emprisonné à la requête d'autres créanciers, on avait proposé un accommodement à M. de Buffon qui avait répondu : « Je ne le fais poursuivre qu'à raison de sa mauvaise conduite; » mais son fils ecclésiastique étant venu à Montbard implorer sa commisération, M. de Buffon lui avait remis une partie de sa dette et lui avait donné plusieurs années pour payer, bien qu'il ne jouît encore d'aucun bénéfice ecclésiastique, après quoi il l'exhorta à toujours respecter son père.

— Comment êtes-vous venu, lui dit-il?

— A pied, monsieur le comte, comme doit le faire un solliciteur qui ne peut pas payer sa dette.

— Veuillez, lui dit M. de Buffon, accepter ces six louis pour vous en retourner.

Ceci se passait pendant qu'il était à sa toilette; s'adressant alors à celui qui l'accommodait : ce que je viens de faire, dit-il, aurait dû avoir lieu sans témoin. Profitez-en du moins pour apprendre qu'une bonne action reçoit toujours sa récompense.

Le P. Ignace rapporte un autre trait de la générosité de Buffon, vis-à-vis d'un autre abbé :

« Celui-ci, professeur au collège de Noyers, était venu le voir sur un mauvais cheval de louage. M. de Buffon, qui descendait de son cabinet de travail pour dîner, ayant aperçu

Je lui marque aussi d'après votre avis, monsieur, qu'il faut s'arranger avec Dupasquier pour des payements à terme, et je crois que M. de Lauberdière (1) sera comme moi forcé de prendre ce parti, quoiqu'il ait bien peu d'espérance d'être jamais payé de ce mauvais débiteur. Je marque à Me Duchemin de m'envoyer un modèle de procuration que je lui renverrai signé, pour qu'il puisse faire cet arrangement. Comme tout cela coûtera des frais, je vous prie instamment, monsieur, de les faire avancer par votre procureur, et je vous en remettrai le montant, ainsi que les six livres que M. Tomassin (2) a dépensées pour ses frais de visite de la mine de charbon. J'ai enfin la permission de la faire ouvrir, et je ne tarderai pas à y envoyer un

ce cheval malade qu'un garçon d'auberge promenait, ordonna qu'on le conduisît à ses écuries où il mourut. En prenant congé de l'abbé, qui ne connaissait pas encore la mort de son cheval, il lui remit seize louis, en lui disant : « C'est pour vous dédommager de la perte de votre cheval. »

L'abbé lui ayant écrit une lettre de remerciements, il me chargea de lui envoyer huit nouveaux louis en me disant que cet abbé à qui il avait trouvé de l'esprit, suivant son habitude d'en trouver à tout le monde, connaissait bien les devoirs de son état et que c'est une science que tout le monde n'a pas. »

Ni l'abbé Claude Molcure ni sa mère ne paraissent, d'après ce qui précède, avoir tenu leurs engagements, ce qui explique la rigueur de Buffon à l'égard de celle-ci. (Voir lettre du 15 février 1781 à M. de Repas.)

« M. de Buffon, dit Hérault de Séchelles, est facile à tromper, quel que soit l'ordre extrême qu'il mette dans ses affaires. »

La bienfaisance et la générosité de Buffon se complétaient, en effet, par la confiance et la bonté. Mais lorsque sa confiance avait été une fois trompée et qu'il était victime de la mauvaise foi, il devenait inexorable et exerçait ses droits avec rigueur.

(1) Jacques-Alexandre Chesneau de Lauberdière, fermier des forges de Buffon depuis le 1er mai 1775, et en qui il avait une telle confiance que, moins d'un an après ce premier bail, le 24 décembre de la même année, il lui consentait une prorogation pour une durée totale de 21 ans. L'acte est écrit en entier de la main de Buffon :

« Nous soussignés, Georges-Louis Leclerc, comte de Buffon, d'une part ; et Jacques-Alexandre Chesneau de Lauberdière et, de son autorité, dame Anne-Nicolle Le Roux, mon pouse, d'autre part, sommes convenus de ce qui suit, savoir : Que nous, lesdits sieur et dame de Lauberdière, ayant pris à titre de bail par acte passé devant Guérard, notaire à Montbard, le 1er août 1777, de nous comte de Buffon, les forges de Buffon pour neuf années qui ont commencé le 1er mai 1775, et ensuite, par second bail passé devant Favier, notaire à Paris, le 23 septembre de ladite année 1777, pour neuf autres années, à commencer au 1er mai 1787 et finir le 1er mai 1796. Lesdits sieur et dame de Lauberdière, désirant de continuer de tenir à bail lesdites forges pour un plus grand nombre d'années; nous comte de Buffon, *voulant leur témoigner la satisfaction de leur bonne gestion,* avons consenti à continuer lesdits baux pour sept années de plus, dont la première commencera le 1er mai 1796, et finira au 1er mai 1803, aux mêmes clauses et conditions portées et énoncées dans les baux précédents, c'est-à-dire pour la somme de vingt-six mille cinq cents livres par chaque année, payable par moitié de six mois en six mois, au moyen de la jouissance des mêmes terres et prés qui y sont énoncés et d'une coupe annuelle de cent cinquante arpents de bois, suivant l'état détaillé...

« Fait double à Montbard, le 24 décembre 1782. »

On verra bientôt Lauberdière, dont Buffon loue la *bonne gestion*, lui faire perdre des sommes importantes (lettre du 6 février 1785 à Guéneau de Montbeillard). Il fut, à vrai dire, le seul fermier des forges de Buffon, exploitées avant lui par Buffon lui-même, et qui, après lui, n'ont plus été louées ou ne l'ont été qu'à des fermiers qui ne payaient pas.

(2) Frédéric Tomassin, ingénieur des mines de la province de Bourgogne.

ingénieur (1). Il est bien à désirer que le charbon de cette mine soit abondant et de bonne qualité. On n'a pas trouvé les réponses au mémoire (2) suffisantes à quelques égards ; mais l'ingénieur sera chargé des recherches et informations qui restent à faire.

J'ai l'honneur d'être avec le plus véritable attachement, monsieur, votre très humble et très obéissant serviteur.

LE Cte DE BUFFON.

(Appartient à Mme Morel.)

LETTRE CCCLI

A M. MACQUER (3).

Au Jardin du Roi, le 12 avril 1779.

Je me suis fait un plaisir, monsieur, de déférer à votre recommandation en faveur de M. Brongniart (4), et je l'ai nommé à la place de démonstrateur en chimie aux écoles du Jardin du Roi. Vous devez être persuadé que ma première attention était de vous donner une personne qui vous fût agréable et qui eût en même temps un mérite reconnu du public.

J'ai l'honneur d'être avec un sincère et respectueux attachement, monsieur, votre très humble et très obéissant serviteur.

BUFFON.

(Manuscrits de la Bibliothèque nationale, Supplément français.)

LETTRE CCCLII

A L'ABBÉ BEXON.

Montbard, ce 15 juin 1779

Je suis bien arrivé, mon très cher abbé, et j'ai été enchanté de recevoir aussi promptement de vos nouvelles avec un bel ibis aussi savant qu'un chanoine de Memphis.

(1) La mine de charbon de terre de Vassy, dont on a entendu Buffon entretenir M. Leroy le 4 juillet 1778 et le chevalier de Grignon le 8 octobre.

(2) Le mémoire sur la mine de Vassy dont Buffon parle à M. Leroy dans sa lettre du 4 juillet 1778.

(3) Pierre-Joseph Macquer, chimiste, de l'Académie des sciences, professeur au Jardin du Roi, déjà nommé, p. 207, note 1re, lettre du 4 juin 1771.

(4) Auguste-Louis Brongniart, chimiste, de la famille des savants de ce nom, né en 1734, mort le 24 février 1804 ; professeur au collège de pharmacie, premier apothicaire de Louis XVI succéda cette même année à Rouelle dans la place de démonstrateur de chimie du Jardin du Roi, et fut attaché au cours de Fourcroy. Il devint, à la réorganisation du Muséum, titulaire de la chaire de chimie appliquée aux arts. On a de lui *Tableau analytique des combinaisons et des décompositions de différentes substances* (1778).

Je vous en renvoie la copie corrigée *pour la première fois* (1), et, avant d'entrer dans les oiseaux d'eau, vous voudrez bien ne pas oublier l'article des combattants ou paons de mer; c'est le seul qui manque à la liste des oiseaux de rivage. J'ai égaré celle des oiseaux du huitième volume qui doit commencer par le vanneau, le courlis de terre, les pluviers, etc., et vous me ferez plaisir de m'envoyer cette liste jusqu'aux pingouins et aux manchots, qui doivent terminer notre besogne. Passez aussi à votre loisir auprès de M. Mandonnet pour le prier de faire commencer notre septième volume dont la première feuille est composée, mais dont je n'ai pas l'épreuve ici; il sera nécessaire de m'envoyer toutes les épreuves à commencer par la première page de ce septième volume. Il me manque aussi la suite des bonnes feuilles du sixième volume, je ne les ai que jusqu'à la page 560 inclusivement.

M. Panckoucke est arrivé dimanche assez tard avec M. l'abbé Remy (2); ils sont actuellement à Semur, auprès de M. de Montbeillard, et comptent revenir demain mercredi et repartir pour Paris par la diligence du lundi 21. Je n'ai pas encore vu le projet de l'extrait des *Époques* par M. l'abbé Remy.

Adieu, mon très cher abbé; mille tendres compliments à vos dames; vous ne pouvez me faire plus de plaisir que de me donner souvent de vos nouvelles et des leurs.

BUFFON.

(Inédite. — Communiquée par Mlle Lefebvre.)

LETTRE CCCLIII

A MADAME NECKER.

Montbard, le 23 juillet 1779.

Ma très respectable amie,

J'ai pris congé avec bien du regret; j'avais la larme à l'œil en vous quittant tous deux (3), et cet attendrissement s'est souvent renouvelé depuis sans s'être attiédi, car c'est pour la vie que je me suis dévoué et à l'un et à l'autre : je m'en fais une gloire et j'y attache mon bonheur. J'aurais pu et peut-être dû vous l'écrire, mais je fais peu de cas du sentiment en récit; et souvent ceux qui en ont le moins ont le plus de paroles.

(1) Nouveau témoignage de la manière de travailler de Buffon. Il est *enchanté* du travail que lui envoie l'abbé Bexon sur l'ibis; mais, néanmoins, il le corrige et lui renvoie la *copie corrigée pour la première fois;* ce qui signifie qu'il se réserve, après les corrections de l'abbé, de revoir et de corriger encore.

(2) L'abbé Joseph Remy, rédacteur de l'*Année littéraire*, auteur d'un projet d'*Extrait des Époques de la nature*, destiné à rassurer la Sorbonne et le parti dévot.

(3) Nouvelle manifestation de la sensibilité de Buffon et de la profondeur de l'attachement qui l'unissait aux Necker.

Je vais vous consulter.

Croyez-vous, ange de mes lumières, car vous les avez souvent rectifiées, croyez-vous que le sentiment puisse s'exprimer autrement que par les faits?

Le papier, ce me semble, ne peut recevoir l'empreinte de ce qui se grave au fond du cœur; on n'y trace que le produit de l'esprit et non les sensations de l'âme. Je l'éprouve en voulant vous peindre celles qui me sont le plus chères. Et vous-même, ma belle et noble amie, vous qui êtes mon guide et mon modèle en sentiment, avez-vous jamais pu rendre autrement que par de grandes actions les sublimes élans de cette tendresse divine qui fait le fond de vos vertus, et qui se répand par votre bienfaisance sur l'humanité tout entière?

Et même en amitié n'est-ce pas encore par les faits que vous vous exprimez? M'avez-vous jamais dit autant que vous avez fait pour moi? Mais pourrai-je à mon tour faire quelque chose pour vous? J'ai beau tenir mémoire de vos bienfaits, de vos insignes bontés, de vos attentions particulières, je ne sais nul moyen de m'acquitter que dans votre propre cœur, auquel je voudrais joindre le mien, mon adorable amie.

Le nommé La Place m'est absolument inconnu, et je n'ai nul besoin d'un domestique.

Je joins ici un avis au sujet d'une terre (1) qui n'est qu'à trois quarts de lieue de mon manoir; je serais enchanté qu'elle vous convînt; je crois qu'on pourrait l'acquérir au denier trente.

BUFFON.

(Inédite. — Appartient au duc de Broglie.)

LETTRE CCCLIV

BILLET A L'ABBÉ BEXON.

Montbard, ce 26 juillet 1779.

Voilà vos trois oiseaux, mon cher abbé; je serais très fâché si votre santé avait souffert d'un travail trop assidu.

Au lieu de finir cette année, prenez un an au delà, pour peu que cela vous incommode; je serai toujours en état de suivre l'imprimerie, car je n'ai pas encore vu la première épreuve du tome VIIe. Faites-moi le plaisir de passer à l'Imprimerie royale et de savoir à quoi tiennent des délais si longs.

Mille tendres compliments à la chère maman et à l'aimable sœur.

BUFFON.

(Inédite. — Communiquée par Mlle Lefebvre.)

(1) La terre de Montfort, sur la route de Montbard à Semur, dont il a déjà été parlé, et que le président de Ruffey manifestait l'intention de vendre après la mort de sa belle-mère.

LETTRE CCCLV

A GUÉNEAU DE MONTBEILLARD.

Montbard, le 30 juillet 1779.

Je vous supplie, mon cher bon ami, de lire l'article de ce journal qui me concerne (1), et la réponse que j'ai projeté d'y faire. Vous me rendrez

(1) L'article du nº 18 du *Journal de littérature, des sciences et arts* de l'abbé Grozier (t. IV, p. 53), consiste dans une lettre précédée d'un avertissement de l'abbé Grozier ainsi conçu :

« La singulière estime que j'ai toujours manifestée pour M. le comte de Buffon doit me mettre à l'abri de tout soupçon de malveillance envers cet écrivain célèbre. La publicité que je donne à cette lettre est une nouvelle preuve de l'intérêt que je prends à sa gloire. Depuis que les *Époques* ont paru, j'entends de toutes parts qu'on se chuchote à l'oreille l'imputation que cette lettre renferme. J'ai donc cru devoir la publier, afin de mettre M. de Buffon à portée de faire cesser ces bruits, soit en expliquant la nature des secours qu'il peut avoir tirés des manuscrits de Boulanger, soit en niant qu'il ait fait aucun des emprunts qu'on lui reproche.

« Le 14 juillet 1779.

» Je vous prie, monsieur, d'insérer dans votre journal le fait dont je vais avoir l'honneur de vous instruire. C'est que M. le comte de Buffon a singulièrement profité, pour son livre des *Époques de la nature*, d'un ouvrage manuscrit de Boulanger, intitulé : *Anecdotes de la nature*. Le commentaire des premiers versets de la *Genèse* est entièrement de Boulanger, dont les idées systématiques sont totalement refondues dans l'ouvrage de M. de Buffon, qui y a réuni son système particulier. Ce manuscrit, qui est resté longtemps entre mes mains et qui a passé dans celles de M. de Buffon, était de format in-4º avec dix-sept cartes. Il appartenait à M. Burdin, qui demeurait à Tours. M. Dutens me le fit remettre : je voulus le faire imprimer au profit des héritiers de l'auteur; je m'adressai à Marc-Michel Rey, qui m'a répondu deux lettres à ce sujet. Par la lecture de ce manuscrit, je vis que les opinions religieuses n'y étaient point conformes à la vérité évangélique, et qu'il augmenterait la collection, inutile à l'humanité, des opinions philosophiques. Je le prêtai à M. Lattré, géographe-graveur, qui en fit voir ou copier les cartes à M. Bonn. J'ai fait voir le manuscrit à MM. Mauduit, professeur au Collège royal, Le Bègue de Prêle, l'abbé Le Blond, etc., etc. M. Desmarets, de l'Académie des Sciences, l'a gardé plus d'un an entier. Boulanger expose dans cet ouvrage sa théorie de la terre, dans laquelle il attribue la formation des montagnes à l'éruption des grandes bassins : celui de la Marne est pris pour exemple. La carte gravée dans l'ouvrage de M. de Buffon est une de celles qui accompagnaient le manuscrit; les autres ne sont pas moins curieuses, et elles sont très joliment dessinées. C'est M. Dutens qui m'a demandé ce manuscrit pour le remettre à M. le comte de Buffon : j'ai été surpris de le retrouver en partie sous son nom. Voici la note que Boulanger avait écrite sur une feuille volante, et qu'il avait mise en tête de son manuscrit; j'ai conservé cette feuille :

« La première partie de cet ouvrage est assez complète; c'est mon ouvrage de jeu-
« nesse, qu'il fallait retoucher, mes idées ayant changé. (Ce sont les *Époques de la na-
« ture*.) La seconde partie contient les premières lueurs de mon système général sur l'his-
« toire des hommes, surtout sur la partie religieuse. La partie politique est ailleurs sous
« le titre d'*Origine du despotisme*, et je travaillais à réunir le tout sous le titre d'*Anecdotes
« sur l'histoire de l'homme*, et j'aurais fait un ouvrage particulier de ce qu'il y a de phy-
« sique dans ce présent recueil. »

« Si l'on niait le fait que j'allègue, on n'a qu'à produire le manuscrit original entier,

service de m'en dire votre avis (1), et je ne doute pas qu'il ne soit excellent.

Si vous pouviez venir ces jours dîner avec notre Intendant (2), je suis persuadé qu'il en serait très flatté. Nous dînerons à Montbard (3) le dimanche et le mardi, mais le lundi nous irons dîner à la forge.

Je vous embrasse, mon très cher bon ami.

BUFFON.

le déposer chez un officier public ou aux manuscrits de la Bibliothèque du Roi, où je comptais le placer un jour, et obtenir un désaveu des personnes que je nomme et qui sont existantes. Je vous envoie, monsieur, la feuille autographe de la note que je viens de copier; elle servira de point de comparaison avec le corps de l'écriture du manuscrit; et je vous autorise à la déposer dans le lieu qu'aura choisi M. de Buffon pour produire le manuscrit. Comme je ne suis d'aucune secte, et que j'y renonce pour jamais, j'écris la vérité, et je désire que vous ayez le courage de la faire imprimer.

» GOBET. »

(1) Il en fut de ce projet de réponse comme de tous les autres préparés par Buffon ou ses amis à propos des attaques contre la *Théorie de la terre*, les *Époques de la nature*, son *Système sur la génération*, etc., il n'eut pas de suite. Buffon disait : « La discussion ne convainc personne, l'avenir nous jugera. »

(2) Dupleix de Bacquencourt, intendant de la province depuis l'année 1774.

(3) A Montbard comme à Paris, le dîner de Buffon était à deux heures. « Son dîner, — dit Humbert Bazile, — durait une heure, deux quelquefois. C'était son seul repas. Il s'y montrait d'une extrême sobriété, et il avait adopté, à la fin de sa vie, un régime sévère qui consistait à ne plus prendre qu'un bouillon et deux œufs frais; il buvait peu de vin; je ne lui ai jamais vu prendre ni café ni liqueurs; il mangeait peu de viande, du poisson de préférence, et beaucoup de fruits au dessert. » Aussi les personnes qui l'entouraient, Mme Nadault sa sœur, Mme Daubenton, Mlle Blesseau étaient-elles sans cesse préoccupées d'entretenir sa table des plus beaux fruits de la contrée. Une lettre de Mme Daubenton à Guéneau de Montbeillard témoigne de cette constante sollicitude.

Elle lui écrit : « Vous ne croiriez peut-être pas que, malgré les grands jardins de M. de Buffon et l'abondance des fruits, il est dans la disette; et je profite de ce que vous m'avez reproché de ne pas vous avoir prévenu dans le temps des cerises... On n'a ici que des prunes encore vertes et de mauvaises reines-claudes en assez grande abondance pour faire un dessert qui ait assez bonne mine, mais dont M. de Buffon ne peut rien manger. Si vous aviez à partager avec lui quelques fruits distingués, ou si on trouvait à en acheter au marché ou dans les jardins vous lui rendriez service. Il désire des pêches, des perdrigons bien mûrs, des mirabelles, quelques reines-claudes bien mûres, des poires, etc. Si vous aviez quelque chose, ne serait-ce qu'une très petite quantité pour lui tout seul, des pêches par trois ou quatre, j'enverrai les chercher et on les remettra à lui-même ou à Mlle Blesseau pour que ses gens ne les mêlent pas avec les fruits dont il se plaint. Il ne m'a pas chargée de venir en demander, et je ne l'ai pas prévenu de ma démarche parce qu'il peut arriver que vos fruits ne soient pas plus mûrs que les nôtres, et que je ne veux pas lui donner d'espérances vaines. »

« Il aime à dîner longtemps, rapporte Hérault de Séchelles. C'est à dîner qu'il met son esprit et son génie de côté... En général, sa conversation est négligée; on le lui a dit, et il a répondu que c'était le moment de son repos. »

« Volontiers il restait longtemps à table, ajoute le chevalier de Buffon, non qu'il aimât la table, mais parce qu'il s'y délassait de ses méditations profondes par des conversations très gaies, très simples... Il appelait cela mettre son esprit au repos. »

Buffon, dont la batterie de cuisine était en argent massif, tenait à honneur d'avoir une bonne table où venaient, chaque jour, s'asseoir de nombreux convives, et son cuisinier, mis sur la scène en 1823, était le principal personnage de sa maison avec le jardinier en chef de ses jardins.

C'est à M. Guillebert, gouverneur de mon fils, qui m'a donné le premier la nouvelle de cette incartade, que j'adresse la réponse dont j'ai l'honneur de vous envoyer copie.

(Appartient à la baronne de La Fresnaye.)

LETTRE CCCLVI

AU MÊME.

Montbard, le 6 août 1779.

Grand merci, mon cher bon ami, tant à vous qu'à l'abbé Berthier (1), de cette gazette (2) qui m'a fait quelque plaisir à lire, et dont j'ai gardé copie en cas de besoin, quoique je sois encore plus déterminé que jamais à garder un silence absolu. Car je suis informé par les lettres d'aujourd'hui que c'est un piège que le journaliste, d'accord avec Gobet (3) et quelques autres, voulait me tendre, et que ledit journaliste n'avait d'autres vues que de donner de la vogue à son journal. En m'engageant à y mettre une réponse, il comptait en augmenter le débit, et il a grand besoin de cette ressource, puisqu'il ne s'en vend pas trois cents.

Notre Intendant est parti à midi, très satisfait de vous avoir vu, ainsi que M. votre fils et M. de Mussy, qu'il aime très sincèrement.

Je vous embrasse, mon cher bon ami, et vous aime encore mieux, car c'est de tout mon cœur.

BUFFON.

(Appartient à la baronne de La Fresnaye.)

(1) L'abbé Joseph-Étienne Berthier, oratorien, physicien et philosophe, né le 31 décembre 1702, mort le 15 novembre 1783, de l'Académie des sciences et de la Société Royale de Londres, lié avec Jean-Jacques. D'Alembert disait de lui qu'il était fanatique de la science et Louis XV l'avait surnommé plaisamment le *Père Tourbillon*, à cause de son attachement à la philosophie de Descartes. Il a collaboré au *Journal des savants* et a donné des *Lettres sur l'électricité* et la *Physique des comètes* (1760), deux *Traités de physique* (1755 et 1763) et une *Histoire des premiers temps du monde* (1784). Son frère Guillaume-François Berthier, né le 7 avril 1704, mort le 15 décembre 1782, garde de la Bibliothèque du Roi, attaché à l'éducation des enfants du Dauphin, père de Louis XVI, a rédigé le *Journal de Trévoux* de 1745 à 1763.

(2) Le journal de l'abbé Grozier.

(3) Nicolas Gobet, chimiste et naturaliste, né en 1735, mort en 1781, garde des archives de Monsieur en 1771 et secrétaire du comte d'Artois, a collaboré avec Faujas de Saint-Fond, son ami; a donné avec lui une édition des œuvres de Bernard Palissy et a publié seul des notices historiques et scientifiques et *Sacre et couronnement de Louis XVI* (1 vol. in-8°, 1755); *Observations de Pallas sur la formation des montagnes* (1 vol. in-12, 1782), etc.

LETTRE CCCLVII

A L'ABBÉ BEXON.

Montbard, le 8 août 1779.

Voilà, mon très cher abbé, les feuilles C et D de notre septième volume. J'ai renvoyé les deux précédentes par l'ordinaire dernier, à l'adresse du sieur Lucas, que je charge de les remettre à l'Imprimerie royale. Vous ferez bien, mon cher ami, d'exhorter M. Mandonnet, en lui faisant mes compliments, pour tâcher de regagner le temps assez long qu'on a perdu. Je vous envoie en même temps votre article du grèbe et du castagneux, qui a dû, en effet, vous coûter beaucoup de recherches et de discussion. Mais, encore un coup, mon très cher abbé, nous sommes bien en avance vis-à-vis de l'impression (1); par conséquent, n'en prenez qu'à votre aise, car je ne cesserai de craindre pour votre santé que quand je vous verrai moins ardent au travail. Eh! qu'importe que les oiseaux soient achevés cette année ou six mois plus tard? cela m'est bien égal. Je conçois que cet ouvrage doit fort vous ennuyer, et c'est pour cela qu'il faut le couper, en allant tantôt auprès de la belle comtesse (2), tantôt auprès du bon marquis (3), et le plus souvent encore auprès de mon frère (4) et de mon fils.

Au reste, je vois avec le plus grand plaisir que votre ouvrage ne se sent point du tout de la précipitation avec laquelle vous voudriez l'achever; tout m'y paraît exact et même scrupuleusement vu. Comme j'ai les yeux très fatigués, je ne relis pas les nomenclatures, et je vous prie d'y donner une double attention.

Je suis maintenant très décidé à ne faire aucune réponse au sujet du manuscrit Boulanger (5). Je n'ai jamais lu moi-même ce manuscrit; c'est Trécourt

(1) C'était tout le contraire de ce qui avait lieu avec Guéneau de Montbeillard, qui était toujours en retard.

(2) La comtesse de Grammont, dame du palais, par qui l'abbé Bexon était familièrement reçu, et à qui il dut la faveur de dédier à Marie-Antoinette son *Histoire de Lorraine*, dont il n'a paru qu'un volume. Il était également reçu dans l'intimité de la duchesse de Grammont, belle-sœur de la comtesse, de son nom Béatrix de Choiseul-Stainville, sœur du duc de Choiseul, ministre des affaires étrangères, femme du gouverneur de la Navarre et du Béarn, chanoinesse de Remiremont, née en 1730, connue par le courage avec lequel elle monta sur l'échafaud, le 17 avril 1794, en même temps que la duchesse du Chastelet qu'elle avait inutilement cherché à sauver.

(3) Le marquis de Talaru, premier maître d'hôtel de la reine, de l'intimité de Buffon.

(4) Le chevalier de Buffon.

(5) Nicolas-Antoine Boulanger, philosophe et mathématicien, né le 11 novembre 1722, mort le 16 septembre 1759, à 37 ans, employé dans le corps des ponts et chaussées, auteur de l'*Antiquité dévoilée*, publiée après sa mort par le baron d'Holbach (1766), des *Recherches sur l'origine du despotisme oriental* (1763), de *Dissertations*, d'articles dans l'*Encyclopédie* et des *Anecdotes de la nature*, ouvrage qui a donné lieu à l'attaque dirigée contre Buffon. Aucun des ouvrages de Boulanger n'a été publié de son vivant. On lui en attribue d'apocryphes.

qui m'en a lu quelques endroits et qui m'a fait l'extrait de ce qui regardait le cours de la Marne, dont je vous ai remis à vous-même la petite carte. Voilà tout ce que j'ai tiré de ce manuscrit, que je connaissais d'avance par la lettre que Boulanger m'avait écrite en 1750 ; en sorte qu'ayant alors jeté cette lettre, j'ai de même jeté le manuscrit comme papier très inutile. Mais je vois qu'il n'est pas nécessaire d'en convenir aujourd'hui ; il vaut mieux laisser ces mauvaises gens dans l'incertitude, et, comme je garderai un silence absolu, nous aurons le plaisir de voir leurs manœuvres à découvert. Je viens de lire un extrait de mon ouvrage dans le numéro 18 du même journal Grosier. Il est clair que c'est un guet-apens et un piège qu'on a voulu me tendre, en voulant me forcer de répondre à la lettre Gobet, parce que le journaliste (1), dont l'extrait est pitoyable et de mauvaise foi, s'est bien douté que je ne répondrais pas à sa critique, mais que je serais obligé de paraître pour me défendre de la calomnie.

Le seul fait d'avoir lu publiquement à l'Académie de Dijon, en 1772, le premier discours des *Époques*, qui en renferme tout le plan, suffit pour confondre les calomniateurs, puisque le mannscrit Boulanger ne m'a été remis que trois ans après. Et voilà ce que peuvent dire mes amis avec d'autant plus d'assurance, qu'il en a été fait mention, lors de la lecture, dans les feuilles hebdomadaires de Bourgogne, imprimées à Dijon (2). Il faut donc laisser la calomnie retomber sur elle-même, et je suis très aise que vous en pensiez ainsi.

Faites mille tendresses de ma part à votre très respectable mère et à votre tout aimable sœur. J'ai eu le plaisir de parler d'elles et de vous avec M. et Mme de Genouilly (3), qui sont venus dîner hier ici. Ils vous aiment beaucoup tous deux, parce qu'ils vous connaissent bien tous deux ; et moi aussi, mon très cher abbé, je vous aime d'autant mieux que je vous connais davantage.

BUFFON.

(Publiée par François de Neufchâteau et Flourens.)

(1) Jean-Baptiste-Gabriel-Alexandre, abbé Grosier, né le 17 mars 1743, mort le 20 décembre 1823, a écrit dans le *Journal de littérature, des sciences et des arts*, dans l'*Année littéraire* de Fréron, qu'il a continuée seul après sa mort, et a laissé une *Histoire générale de la Chine*, d'après les manuscrits du P. de Mailla. Buffon cite son *Journal de physique*.

(2) Buffon se trompe d'un an. On lit, en effet, dans les feuilles imprimées à Dijon : « A la séance publique du 5 août 1773, tenue dans le grand salon de l'hôtel Grammont, on a lu le *Discours de M. de Buffon sur les Époques de la nature*. A la même séance, les *Stances à M. de Buffon, par M. Baillot*, ont été lues par M. de Morveau.

(3) Étienne de Pampelune, marquis de Genouilly, gouverneur de Vézelay, où a été prêchée la 2e croisade par saint Bernard; chef des écuyers de la reine, possédait à sept lieues de Semur le beau château de Villiers-le-Haut, restauré en 1641 par Oudry. Il entretenait avec Buffon des relations de voisinage.

LETTRE CCCLVIII

A MADAME CHARRAULT.

Montbard, ce 19 août 1779.

Je suis vraiment fâché, ma chère madame, que ce soit votre santé qui vous ait empêchée de venir à Montbard, où j'aurais été charmé de vous voir. Si vous y venez dans le commencement de septembre, et peut-être jusqu'au 20, vous m'y trouverez encore ; mais je crois que je serai obligé de retourner à Paris vers la fin de ce mois de septembre ou, au plus tard, les premiers jours d'octobre.

Votre cocher va remener la voiture. Vous faites très bien, madame, de l'envoyer à Dijon et de la faire mettre dans les affiches : c'est le meilleur moyen de vous en défaire avec quelque avantage.

Mme de Tanlay (1) la mère vient de faire le mariage de Mlle de Chastenay (2) l'aînée avec M. de Malartic (3), premier président de Perpignan. Je crois que vous connaissez et que vous avez vu à Tanlay cette demoiselle de Chastenay, qui était chanoinesse de Neuville (4) et qui a environ trente-quatre ou trente-cinq ans. La noce va se faire à Châtillon, chez Madame sa mère.

M. votre fils (5), qui vous sert de secrétaire, voudra bien recevoir ici mes compliments et amitiés.

Mon fils n'est plus auprès de moi. Je le laisse à Paris jusqu'à ce que ses études soient un peu plus avancées.

(1) Julie-Esprit de Saint-André, fille du comte de Saint-André, lieutenant général des armées du Roi, mort en 1792, mariée à Jean Thévenon, marquis de Tanlay, baron de Thorcy, conseiller au Parlement de Paris, et, en 1782, premier président de la cour des monnaies.

(2) Sœur du comte de Chastenay-Lanty, de Châtillon-sur-Seine, colonel et voyageur, député aux états généraux en 1811, qui apostillera en 1788 une demande du protégé de Buffon, le chevalier de Lamarck, au baron de Bretenil (voir note 1, p. 366); nièce d'Eugénie du Châtelet, chanoinesse de Remiremont, connue par son esprit et la manière brillante dont elle faisait les honneurs du salon de sa belle-sœur, Mme Henri de Chastenay, née de La Guiche.

(3) André de Malartic n'était pas premier président, mais président du conseil souverain du Roussillon, qui n'avait qu'un président et un avocat général. Son neveu, avocat général au même conseil, est passé au Parlement de Paris et ensuite au Conseil du Roi. Son frère, Anne-Joseph-Hippolyte, comte de Malartic, né en 1730, mort en 1800, lieutenant général en 1792, servit au Canada et aux Antilles, fut commandant en chef de la Guadeloupe en 1769 et gouverneur de l'île de France et de l'île Bourbon en 1792. Il a protégé cette colonie contre les sanglants désordres de la Révolution, l'a vaillamment défendue contre les Anglais et a mérité que la population reconnaissante lui élevât un monument avec cette inscription : *Au Sauveur de la colonie.*

(4) Neuville-les-Dames ou Les Comtesses, chapitre de dames nobles près de Lyon, dont faisaient partie les deux sœurs du président de Brosses.

(5) Jean-Baptiste-Marie Charrault, que l'on verra reparaître dans le cours de cette correspondance.

Adieu, ma chère madame, ménagez votre santé, je vous renouvelle avec toute satisfaction les assurances du très véritable et très respectueux attachement avec lequel j'ai l'honneur d'être votre très humble et très obéissant serviteur.

BUFFON.

(Inédite. — Appartient au comte Perrot de Chazelles.)

LETTRE CCCLIX

BILLET A L'ABBÉ BEXON.

Ce 24 août 1779.

Mille compliments à M. l'abbé Bexon de la part de M. de Buffon, qui le prie de vouloir bien encore revoir les nomenclatures avant de rendre les épreuves pour les tirer.

BUFFON.

(Inédit. — Communiqué par Mlle Lefebvre.)

LETTRE CCCLX

A MADAME NECKER.

Montbard, ce 30 août 1779.

Aidez-moi, ma très respectable bonne amie ; je n'eus jamais plus besoin de votre secours.

On veut enfermer, ombrager, infecter le Jardin du Roi, en plaçant tout auprès tous les chevaux et voitures des fiacres de Paris (1). J'écris par cet ordinaire une longue lettre à notre grand homme, votre digne mari. Appuyez-moi, je vous supplie ; rien ne serait plus douloureux pour moi que de voir, après quarante ans de soins et de travaux pour cet Établissement, détruire tout l'agrément et toute l'utilité que je me suis efforcé de lui procurer. M. Amelot (2) a dû lui en écrire aussi ; mais je compte plus sur votre

(1) Les héritiers du marquis de Magny, après avoir loué, le 1er avril 1777, l'hôtel de ce nom, limitrophe du Jardin du Roi, à un sieur Verdier, maître de pension, l'avaient vendu, en 1779, à la Compagnie des fiacres de Paris. Buffon en deviendra acquéreur le 10 juin 1787 et fera élever, sur son emplacement, le grand amphithéâtre du Muséum. On verra par la suite le sieur Verdier, blessé dans ses intérêts, se faire le détracteur de mauvaise foi de la grande mémoire de Buffon.

(2) Ministre de Paris, précédemment nommé. Ce ministère, qui correspond aujourd'hui au ministère de l'intérieur, était aussi désigné sous le nom de ministère de la maison du Roi. La correspondance de Buffon montre qu'après l'appui du comte de Maurepas, il avait joui du même crédit près de Necker, d'Amelot et du baron de Breteuil.

bonne volonté, ma noble amie, que sur celle de qui que ce soit au monde. J'aurai le bonheur de vous revoir dans les premiers jours d'octobre. Recevez mon tendre et profond respect en attendant mes adorations.

BUFFON.

(Archives de Coppet. — Communiquée par la baronne de Staël.)

LETTRE CCCLXI

A MADAME CHARRAULT.

Montbard, ce 4 septembre 1779.

Je ne sais en vérité, ma très chère madame, comment vous marquer toute ma reconnaissance. J'ai trouvé chez moi à mon retour à Paris une pièce d'excellent vin blanc que je crois être du Varennes-Reuillon (1) tout pareil à celui dont vous avez déjà eu la bonté de me faire présent l'année dernière; c'est vraiment du vin délicieux et je ne puis assez vous dire combien je serais content si vous me permettiez de vous en payer le prix; il doit être fort cher vu sa très bonne qualité et il est plus que juste que vous me fassiez la grâce de m'en marquer le prix.

Je serais enchanté de recevoir de vos nouvelles et de celles de monsieur votre fils qui est auprès de vous. Si vous avez aussi du bon vin de Tanlay (2) prêt à boire dans cette année, je pourrais en acheter deux pièces. J'en emmènerais une à Paris où je dois retourner au mois de mars. J'y ai vu quelquefois M. l'abbé d'Espoisses (3) avec lequel j'ai eu le plaisir de parler de vous, madame, et de Messieurs vos fils. Celui qui est en Normandie désirerait s'établir (4) à ce qu'il m'a dit. Je lui ai répondu que vous ne vous y opposeriez pas s'il trouvait un parti convenable, et que j'étais persuadé que vous le traiteriez toujours en bonne mère, mais qu'il fallait qu'il le méritât par son respect et sa conduite (5).

(1) Nom d'un des grands vignobles de Bourgogne.

(2) Mme Charrault, qui avait une fortune patrimoniale considérable, possédait à Tanlay, connu par le magnifique château de ce nom, le fief de Plancey, dont elle avait hérité de Charlotte Charrault, veuve de Jacques Levarrier de Jussey.

(3) L'abbé d'Espoisses, petit-fils de Jean-Baptiste d'Espoisses, juge châtelain et prévôt de la châtellenie de Montbard, connu par un long et retentissant procès qu'il perdit contre Jean Nadault, élu aux états généraux, maire de la ville dont il défendait les libertés contre les prétentions féodales du châtelain. La fille de Jean-Baptiste d'Espoisses était la grand'mère de Buffon qui avait fait placer son portrait dans son cabinet de travail à Montbard.

(4) Pierre-Jean-Hubert Charrault.

(5) Le 26 juillet 1775, Buffon recommandait au président de Brosses le procès de Mme Charrault, sa cousine issue de germaine, qui possédait 100,000 livres de rentes en terres (p. 289), et le 15 novembre il lui confiait, sous le sceau de l'amitié, que son fils était l'héritier substitué de Mme Charrault, sa plus proche parente (p. 296).

Donnez-moi, je vous prie, des nouvelles de votre santé et soyez persuadée, ma très chère madame, de l'intérêt très vif que j'y prendrai toute ma vie, et des sentiments sincères et véritables avec lesquels j'ai l'honneur d'être votre très humble et très obéissant serviteur.

LE Cte DE BUFFON.

(Inédite. — Appartient à M. le comte Perrot de Chazelles.)

LETTRE CCCLXII

BILLET A L'ABBÉ BEXON.

Ce 14 novembre 1779.

Je souhaite mille bonjours à M. l'abbé Bexon, et j'ai l'honneur de lui envoyer les deux dernières épreuves et le cahier manuscrit du bitume (1) qu'il me fera le plaisir de lire avec son attention ordinaire.

BUFFON.

(Inédit. — Communiqué par Mlle Lefebvre.)

LETTRE CCCLXIII

A GUÉNEAU DE MONTBEILLARD.

Au Jardin du Roi, le 15 novembre 1779.

Vous savez, mon cher bon ami, que je suis assez hardi pour parler et très poltron pour répondre. Je mets donc pour le moment présent mon salut dans la fuite, et je pars dimanche pour arriver à Montbard le jour suivant ou le lendemain.

Mais pour que le fils de Buffon héritât de cette grande fortune, il fallait que Mme Charrault mourût sans enfants ou que ses enfants restassent célibataires. Cependant Buffon, dans cette lettre du 4 septembre 1779, encourage les projets de mariage d'un fils de Mme Charrault. Le 21 décembre, il l'engage à venir à Montbard pour causer de l'établissement de son fils; le 7 avril 1781, il le marie, en collaboration avec Guéneau de Montbeillard, à Mlle Marie Lestre de Semur, et enfin au mois de novembre 1784 il est parrain avec Mme Guéneau de Montbeillard du premier enfant de J.-B. Charrault. Cette naissance détruisait à jamais tout espoir que cette grande fortune pût un jour revenir à son fils; mais de semblables calculs ne pouvaient entrer dans la grande âme de Buffon. (Voir lettres des 12 avril, 11 mai, 6 et 7 juin, 13 juillet et 12 août à Guéneau de Montbeillard, et du 7 novembre 1784 à Mme de Montbeillard.) Buffon avait agi de même à l'égard de la succession de Maupertuis, dont il était l'exécuteur testamentaire, et à l'égard de la succession de l'abbé Sallier, qui l'avait fait son légataire et dont il rendit le patrimoine à sa famille. (Lettres du 24 avril 1751 à l'abbé Le Blanc, p. 78, note 6, et du 11 février 1761 au président de Brosses, p. 120.)

(1) Témoignage que Buffon s'occupait dès cette époque de l'histoire des minéraux.

Il n'y a pas encore de dénonciation en forme et par écrit (1), et je ne pense pas que cette affaire ait d'autre suite fâcheuse que celle d'en entendre

(1) Afin d'éviter aux *Époques de la nature* la censure de la Sorbonne, Buffon avait eu recours à la plume de l'abbé Remy (voir p. 425, lettre du 15 juin 1779 à l'abbé Bexon) et il avait eu soin de faire précéder son livre d'une déclaration d'orthodoxie qui était un essai de conciliation entre la science et la *Bible*. Ces précautions n'empêchèrent pas que la Sorbonne ne s'occupât des *Époques de la nature*.

L'abbé Royou les avait dénoncées à la Faculté de théologie dès le commencement du mois.

« Depuis longtemps, disent les *Mémoires* de Bachaumont aux dates des 9 novembre, 25 décembre 1779 et 10 février 1780, les dévots gémissaient de voir un nouvel ouvrage de M. de Buffon se répandre dans le public avec approbation et privilège, sans essuyer aucune contradiction des théologiens ; ce sont les *Époques de la nature*, ouvrage hardi, où, fixant la formation du monde, il établit un système absolument destructeur de la *Genèse*, qu'il s'efforce cependant de concilier avec ses idées. Enfin le docteur Ribalier a dénoncé l'ouvrage au *prima mensis* dernier. Il a fait frémir toute la Faculté de théologie du danger où se trouve la foi, si on laisse subsister une telle impiété, et on a nommé des commissaires pour examiner le livre. »

« La Sorbone s'occupe toujours de la censure du nouveau livre de M. de Buffon ; mais M. Amelot ayant écrit que Sa Majesté désirait qu'on ne prononçât pas définitivement avant d'avoir entendu l'accusé, il se flatte que cette recommandation aura son effet, et qu'on attendra son retour de Montbard où il est allé. Le comité des docteurs nommés pour exprimer les propositions condamnables est présidé par M. Asseline, l'abbé Paillard tient la plume comme rédacteur. »

« La dénonciation du livre de M. de Buffon intitulé *Histoire naturelle générale et particulière*, contenant les *Époques de la nature*, avait été faite en Sorbonne par un docteur auquel la Faculté de théologie n'a pas grande confiance; cependant le syndic Ribalier n'avait pu se dispenser de la recevoir et de nommer des commissaires pour l'examiner. Ils étaient d'avance, ainsi que tous les théologiens, bien convaincus des erreurs répandues dans l'ouvrage; mais, vu la vieillesse de l'auteur, vu la considération dont il jouit, vu la protection de la Cour, vu l'espèce d'hommage qu'il a rendu au dogme par des tournures dont ils ne sont point dupes, ils ont cru devoir fermer les yeux sur ce nouvel attentat contre la foi, et regarder le système du philosophe comme un *radotage* de sa vieillesse ; en conséquence, sans aucune approbation du livre, il ne sera donné aucune suite à la censure. »

Non content d'avoir dénoncé les *Époques de la nature*, l'abbé Royou fit paraître, le 1er décembre 1779, une *Analyse et Réfutation des Époques de la nature*, suivie le 11 janvier 1780 d'une seconde critique ayant pour titre : *Le monde de verre de M. le comte de Buffon réduit en poudre, ou Réfutation plus complète de sa nouvelle théorie de la terre, développée dans son ouvrage des Époques de la nature*.

« Plaignons M. de Buffon, dit l'auteur, d'avoir eu la témérité de vouloir arracher son voile à la nature et ses secrets au Créateur. J'ai combattu avec force ses erreurs, parce que son autorité leur donnait un grand poids; mais je n'en rends pas moins hommage à cette imagination brillante, à ce coloris enchanteur qui nous ont rendu si agréable l'étude importante de la nature. Respectons le génie même dans sa chute ; et si le livre des *Époques* pouvait affaiblir le sentiment de vénération qu'on doit éprouver pour l'auteur, qu'on se rappelle ses anciens travaux et qu'on se dise :

« Mais il a écrit l'*Histoire naturelle*. »

« Que dire d'un ouvrage qui vient de paraître, écrit Grimm en mars 1780 : *Le monde de verre réduit en poudre, ou Analyse et Réfutation des Époques de la nature de M. le comte de Buffon*, par M. l'abbé Royou, chapelain de l'ordre de Saint-Lazare, et professeur du collège de Louis-le-Grand? On peut juger, par le seul titre de ce livre, de la modestie et du bon goût de notre critique, digne successeur de l'illustre Fréron, plus savant que lui peut-être, tout aussi impartial, mais un peu moins plaisant. L'objet de cette docte analyse est de prouver que le système des *Époques* n'est qu'un tissu de suppositions gratuites, de faits

parler et de m'occuper peut-être d'une explication aussi sotte et aussi absurde que la première qu'on me fit signer il y a trente ans (1).

L'espérance de vous revoir, mon bon ami, est en vérité la plus grande satisfaction que je me promette pendant mon prochain séjour.

Mille tendres respects à ma bonne amie qui est la vôtre.

Je vous embrasse tous deux de tout mon cœur.

BUFFON.

(Communiquée par la baronne de La Fresnaye.)

LETTRE CCCLXIV

A M. ANDRÉ (2).

Paris, le 17 novembre 1779.

Quoique votre lettre m'ait affligé, monsieur, par le vif intérêt que je prends à notre ami le P. Ignace (3), je n'en suis pas moins sensible à l'attention que vous avez eue de m'en donner des nouvelles. Il faut qu'il ait cruellement souffert pour avoir blanchi tout d'un coup ; et, quoiqu'il soit hors de danger, je crains encore que sa convalescence ne soit longue. Exhortez-le, je vous en prie, à tous les ménagements nécessaires. Je compte arriver lundi ou mardi tout au plus tard, et je ne tarderai pas à venir le voir, car il fera très bien de ne pas sortir de sitôt. J'espère aussi jouir du plaisir de vous voir, monsieur, aussi souvent que vous voudrez bien me faire cet honneur. Les sentiments que vous m'avez inspirés me le font désirer, et vous pouvez être très persuadé de la véritable estime et du très sincère attachement avec lesquels j'ai l'honneur d'être, monsieur, votre très humble et très obéissant serviteur.

LE Cte DE BUFFON.

(Appartient à Mme veuve André.)

imaginaires, de contradictions palpables ; qu'il blesse également la saine raison et l'autorité des Écritures; qu'il est contraire aux principes de la mécanique, aux observations astronomiques, aux faits les plus constants de l'histoire naturelle. Et voici le secret de cette puissante démonstration : c'est, en deux mots, de faire valoir avec une audace merveilleuse toutes les objections que M. de Buffon a bien voulu se faire à lui-même, et de dissimuler, avec le même art, toute la force de ses réponses. Il n'en est pas moins vrai que ce livre a fait une sorte de sensation. »

(1) Les manuscrits de Buffon au Muséum renferment une copie des objections de la Sorbonne et un projet de réponse de l'abbé Bexon. Flourens a publié ces deux documents dans son volume des *Manuscrits de Buffon* (pièces justificatives, p. 253 à 280).

(2) Benjamin-Edme André, curé de Saint-Remy, près de Montbard, voisin du P. Ignace, curé de Buffon, s'est marié après la Révolution et a eu un fils, élève distingué de l'École polytechnique, et une fille mariée à M. Labouré, capitaine d'artillerie.

(3) Le P. Ignace Bougot, dit le capucin de Buffon, curé de Buffon, près de Montbard, déjà nommé (p. 192, note 1re de la lettre du 17 août 1770 à Guéneau de Montbeillard).

LETTRE CCCLXV

A L'ABBÉ BEXON.

Montbard, le 3 décembre 1779.

Voilà, mon très cher abbé, les deux feuilles d'épreuves corrigées, je les ai gardées deux jours croyant qu'il en viendrait deux autres et que je pourrais renvoyer les quatre à la fois ; mais je vois, comme vous le dites, qu'ils ont un accès de lenteur et je crains qu'il ne soit long, et qu'il ne dure peut-être autant que mon absence, à moins que votre charmante activité n'y mette ordre.

N'ayant pas encore arrangé mes idées (1) pour la continuation des minéraux, et ne pouvant sortir à cause des mauvais temps, je me suis occupé à revoir les oiseaux du huitième volume et à commencer par l'ibis ; il y en a déjà cent pages auxquelles je trouve bien meilleur mine qu'elles n'avaient auparavant, et je vais continuer à donner quelques coups de peigne aux suivantes. J'ai aussi fait la table des matières du septième volume jusqu'à la page 256 qui est la dernière bonne feuille que j'aie entre les mains. Vous me ferez plaisir de demander la suite de ces bonnes feuilles et de me l'envoyer afin que je puisse continuer cette table ; il me manque aussi la première feuille des chapitres du sixième volume que je vous prie de demander et de m'envoyer en même temps. M. de Montbeillard s'est chargé de faire seul la table des matières de ce sixième volume ; ainsi dès que l'impression de la copie que vous avez remise à M. Mandonnet sera achevée, on pourra imprimer cette table des matières du sixième volume et ensuite celle du septième. Vous trouverez encore ci-joint votre manuscrit des hasles auquel vous verrez que j'ai encore changé quelque chose.

Je vous embrasse, mon très cher monsieur, et je fais mille tendres compliments à vos dames.

Donnez-moi des nouvelles de M. de La Billardrie, si vous en savez.

Je ne songeais pas que Trécourt n'avait pas encore pu copier l'article du hasle ; ainsi je ne vous l'enverrai que dans quelques jours.

LE Cte DE BUFFON.

(Inédite. — Communiquée par Mlle Lefebvre.)

(1) Expression bonne à retenir lorsque c'est Buffon qui parle.

LETTRE CCCLXVI

A PANCKOUCKE (1).

Montbard, 13 décembre 1779.

Je reçois, monsieur, votre lettre, et la réponse que vous aviez projeté de faire aux deux lettres de l'*Année littéraire* (2); je reconnais bien là votre zèle et votre amitié pour moi, mais je vous prie de ne pas faire imprimer cette réponse. Rien ne me déplairait autant que d'entrer en lice directement ou indirectement avec de pareilles gens; le mépris du silence est tout ce qu'ils méritent, et je veux que mes amis soient sur cela tout aussi tranquilles que je le suis moi-même.

Supprimez donc cette réponse, dans laquelle d'ailleurs il y a plusieurs méprises, qui pourraient vous faire tort aussi bien qu'à moi. Je les ai même fait souligner et barrer, et je vous les montrerai quand vous viendrez à Montbard, dans le mois prochain.

Mais encore un coup, qu'il n'en soit point question dans votre *Mercure*(3); cela ne me convient à aucun égard, et, de tout ceci, rien ne me plaît que votre bonne volonté dont je n'ai jamais douté (4). Plusieurs de mes amis m'ont parlé des ces feuilles, et aucun ne me conseille d'y répondre; il faut, m'écrit un homme très sensé, laisser ces aboyeurs se casser le nez contre vos montagnes; *il faut*, m'écrit un autre, *vous souvenir de la chanson des*

(1) Charles-Joseph Panckoucke, éditeur et auteur, plusieurs fois nommé (p. 165, note 3).

(2) *L'année littéraire* de Fréron.

(3) Panckoucke, fondateur du *Moniteur universel*, était à cette date l'éditeur du *Mercure* et d'autres journaux.

(4) L'éditeur de l'*Hitoire naturelle* ne laissait passer, en effet, aucune occasion de témoigner sa bonne volonté et ses sentiments à Buffon. Auteur peu heureux de la première inscription de sa statue : *Naturam amplectitur omnem*, il avait fait paraître l'année précédente, en 1778, sous le titre de *Génie de Buffon* et avec l'épigraphe de l'Anti-Lucrèce : *Naturæ genium, patriæ decus ac decus ævi*, le premier recueil connu des morceaux choisis de Buffon, genre de publication qui s'est multiplié à l'infini depuis le commencement de ce siècle. Malgré le petit format du livre, il l'avait fait précéder d'un avant-propos où on lit : « La Nature a pris soin de former celui qui devait avoir la gloire de nous dévoiler ses secrets... Le rival de Lucrèce et de Platon, M. de Buffon, est autant supérieur à Aristote et à Pline que la saine philosophie de nos jours l'emporte sur les erreurs de l'ancienne physique... L'*Histoire naturelle*, la plus utile et la plus belle production de ce siècle, est un monument d'éloquence et de génie, auquel l'antiquité n'a rien à opposer, et qui fera l'admiration des âges futurs... Partout on voit à la fois un philosophe, un orateur, un poète inspiré par l'amour de la vérité... Il peut fournir des exemples de tous les genres de beautés... Il a eu le talent rare de mettre les matières les plus abstraites à la portée des esprits les plus communs, et sa plume leur a prêté des ornements dont, jusqu'à lui, elles n'avaient pas paru susceptibles... Si les hommes se peignent dans leurs écrits, quelle idée l'*Histoire naturelle* ne doit-elle pas nous donner de son auteur?... Personne n'ignore que M. de Buffon s'est rendu immortel en réunissant des vertus mâles à des talents supérieurs... Son nom est écrit dans les Fastes de l'Univers. »

B....., pour les détruire il ne faut que les laisser faire. Mes amis de ce pays-ci pensent de même; mais, quand tous penseraient autrement, je persisterais toujours à ne faire ni permettre qu'on fasse aucune réponse à ces barbouilleurs de papier.

Je travaille tous les jours à la table des matières de notre septième volume des oiseaux, et M. Guéneau s'est chargé de faire la table du sixième. L'impression du septième volume, étant actuellement à près de cinq cents pages, il ne tardera pas à être achevé; je vous prie donc, monsieur, de voir avec Desève, et avec M. l'abbé Bexon, où nous en sommes pour les gravures, afin que nous puissions mettre en vente ce volume dans un mois ou six semaines.

On m'écrit que l'argent regorge au Trésor royal, et que l'emprunt a été rempli en six jours; ainsi il faut espérer qu'il ne sera pas toujours aussi rare. Je crois même que si vous ne trouvez pas à placer mes billets, je pourrai vous les reprendre, si vous me les apportez, dans le mois de janvier.

J'ai l'honneur d'être, avec tout attachement, monsieur, votre très humble et très obéissant serviteur.

LE Cte DE BUFFON.

(Inédite. — Collection Nadault de Buffon.)

LETTRE CCCLXVII

A L'ABBÉ BEXON.

Montbard, ce 20 décembre 1779.

Je reçois, mon très cher abbé, votre lettre avec l'article du cormoran et les notices sur le granit, la craie et l'ambre gris (1). Je n'ai pas encore eu le temps d'en rien lire, mais ce qui me presse le plus c'est de vous témoigner la peine que je ressens de cette espèce de langueur dont vous vous plaignez et qui vous est si peu naturelle qu'elle ne peut pas durer. Prenez du temps, mon cher ami, reposez-vous, ne vous inquiétez pas d'affaires et encore moins d'études jusqu'à ce que vous vous trouviez mieux.

Voilà les deux dernières épreuves; elles finissent à la page 496, et nous avons encore les barges, les chevaliers, les maubèches, etc. Ainsi le volume sera tout à fait assez gros sans y ajouter les petits articles que nous avions tirés du huitième. La table des matières de ce septième volume, à laquelle j'ai travaillé tous les soirs (2), est fort avancée et fournira vingt-huit ou trente

(1) L'ardeur que l'abbé Bexon mettait au travail et qui allait jusqu'à compromettre gravement sa santé, et qui devait abréger ses jours, l'avait engagé à se charger des minéraux en même temps que des oiseaux.

(2) C'est un nouveau témoignage que, dans la composition de son grand ouvrage, Buffon ne se réservait pas uniquement les sujets qui l'intéressaient pour renvoyer le reste à ses collaborateurs, mais qu'il savait prendre sa part des travaux fatigants et arides, tels que la rédaction d'une table.

pages. M. de Montbeillard s'est chargé de la table des matières du sixième volume; mais elle ne sera peut-être pas aussitôt faite que la mienne, et pour ne pas faire chômer l'imprimerie je serais d'avis de vous envoyer auparavant cent soixante pages du huitième volume, à commencer par l'ibis, que j'ai toutes bien revues et corrigées de nouveau. C'est là presque tout ce que j'ai fait depuis mon retour ici; je ne me suis point encore occupé de minéraux, et j'ai eu un petit déplaisir en revoyant le manuscrit que j'ai fait il y a quatre ans de la suite du *Supplément à l'Histoire des animaux;* il se trouve que M. Panckoucke, ayant toujours retardé de faire imprimer ce volume sous prétexte qu'il y faut un trop grand nombre de planches, m'a mis dans le cas d'être prévenu sur plusieurs articles piquants et nouveaux par des étrangers anglais, hollandais, etc., et que je suis obligé de refaire plusieurs de ces articles pour me remettre au courant. Le livre aura donc moins de valeur réelle pour les curieux que s'il eût été donné il y a quatre ans; néanmoins, il sera plus complet qu'il n'aurait pu l'être, et je suis bien déterminé à le faire imprimer au moment de mon retour à Paris. J'ai réduit les planches à cinquante-deux ou cinquante-trois, et j'écrirai incessamment à M. Desève, pour les faire graver : j'aime mieux différer l'impression des minéraux, car, si j'attendais encore un an ou deux à publier ce supplément aux animaux, je serais obligé de le retravailler une troisième fois comme je le fais aujourd'hui pour la seconde, ce qui me déplaît assez pour ne pas retomber dans le même cas une seconde fois, car il me faudra peut-être six semaines ou deux mois pour rétablir ce volume tel qu'il doit être.

Vous avez très bien pensé sur la réponse de M. Panckoucke. Il lui convient moins qu'à personne d'écrire pour ma défense : je lui ai marqué très expressément que je ne voulais pas que sa réponse parût, qu'il y avait des méprises (et en effet il y en a); il m'aurait compromis et se serait fait bafouer. Je désire que mes amis restent aussi tranquilles que je le suis sur toutes ces ordures dictées par l'ignorance et dans la vue d'obtenir quelques bénéfices sous prétexte de venger la religion (1). Je suis très persuadé que cette réponse de M. Panckoucke lui a été inspirée par son zèle et par son amitié pour moi; mais, je vous le répète, elle n'aurait fait qu'un très mauvais effet et je vous prie de lui dire encore qu'il ne peut mieux faire que de la supprimer.

Je voudrais bien que votre ambassade auprès de M. le Directeur général (2) pût se différer jusqu'à mon retour, car Mme Necker ne se mêle pas d'affaires et surtout de celles qu'on ne peut pas assez expliquer par lettre; il me semble d'ailleurs que c'est à MM. vos confrères à écrire en corps à M. le

(1) Cette manière de voir si nettement exprimée et que semble partager l'abbé Bexon permet d'induire que ce serait à l'insu de Buffon et pour sa satisfaction personnelle que l'abbé, prêtre en même temps que collaborateur à l'*Histoire naturelle*, aurait préparé le projet de réponse à la Sorbonne, retrouvé dans ses papiers et publié en 1860 par Flourens. (Voir p. 436, note 1.)

(2) M. Necker.

Directeur général, qu'ils vous ont donné leurs pouvoirs pour traiter des échanges projetés. Vous porterez cette lettre vous-même un jour d'audience et la lui présenterez ; il ne manquera pas de l'envoyer à quelqu'un de ses bureaux et c'est là où vous aurez besoin de recommandation plutôt qu'auprès de lui, car vous sentez qu'il ne s'occupera de votre affaire que quand son homme de confiance lui en aura fait le rapport ; il serait donc fort inutile d'en écrire d'avance, et vous saurez mieux ce que vous avez à demander lorsque vous aurez discuté votre affaire avec celui de ses premiers commis auquel il l'aura renvoyée.

Dans le courant de janvier, mon très cher abbé, je ne manquerai pas de vous faire tenir quelque argent.

Adieu, je vous embrasse, ainsi que vos deux dames, de tout mon cœur.

LE Cte DE BUFFON.

(Inédite. — Communiquée par Mlle Lefebvre.)

LETTRE CCCLXVIII

A MADAME CHARRAULT.

Montbard, le 21 décembre 1779.

Vous êtes, ma très chère madame, infiniment trop honnête et trop noble : la pièce de vin blanc que vous m'avez envoyée vaut au moins dix louis, car elle est encore meilleure que celle de l'année passée que je vous dois également. En vérité, on ne fait pas des cadeaux aussi considérables, surtout vous ayant demandé, madame, exprès et comme commission cette seconde pièce. Ainsi je vous prie de m'en accuser le prix. Je prendrai aussi et à la même condition, c'est-à-dire que vous m'en direz le prix, deux ou trois demi-muids de votre vin vieux ; vous pouvez me l'envoyer avec le petit quartaut que vous destinez à Mme Nadault, ma sœur, lorsqu'il vous plaira. J'en rembourserai le prix à votre voiturier, et je suis persuadé d'avance que, puisqu'il est de votre goût, je trouverai ce vin bon. Le blanc est réellement excellent.

Je ne compte retourner à Paris que vers le 10 ou le 15 mars. Je suis enchanté que votre santé vous permette de voyager et vous ne pourriez me faire un plus grand plaisir que de venir passer un jour ou deux à Montbard. Nous causerons de l'établissement de M. votre fils cadet. J'ai pris beaucoup d'estime de M. votre fils aîné (1) par la manière dont il se conduit et par la satisfaction qu'il vous donne.

(1) Jean-Baptiste Charrault, dont nous verrons Buffon, dans les lettres qui suivent à Guéneau de Montbeillard, négocier et conclure le mariage avec Mlle Lestre, fille du docteur Lestre, de Semur.

Je voudrais aussi y contribuer, ma très chère madame, par les témoignages de mon amitié et par la vérité des sentiments du tendre et respectueux attachement avec lequel j'ai l'honneur d'être votre très humble et très obéissant serviteur.

LE Cte DE BUFFON.

(Inédite. — Appartient au comte Perrot de Chazelles.)

LETTRE CCCLXIX

A M. RIGOLEY.

Montbard, ce 22 décembre 1779.

J'ai à vous remettre, monsieur, une somme de 326 livres et quelques sous qui vous est due, pour le fer que vous avez fourni à M. Chargrasse, pour la fouille que l'on fait à Vassy (1), et vous me ferez plaisir de m'envoyer promptement votre quittance et je remettrai l'argent à la personne que vous en chargerez.

J'ai l'honneur d'être avec tout attachement, monsieur, votre très humble et très dévoué serviteur.

BUFFON.

(Inédite. — Communiquée par Mme Morel.)

LETTRE CCCLXX

A L'ABBÉ BEXON.

Montbard, le 24 décembre 1779.

Voilà le cormoran que je vous envoie, mon très cher monsieur, avec les premières corrections, car j'en ai fait de plus grandes sur la seconde copie; mais en tout il est bien, et il n'a pas laissé de vous coûter beaucoup de temps pour les recherches.

Je vous ai dit par ma dernière lettre que je m'étais fort occupé à relire tous nos articles du huitième volume. Je compte que tout ce qui est fait, jusques et compris le cormoran, fera au moins trois cent trente pages d'impression ; à quoi ajoutant quarante pages, tant pour la table des matières que pour celle des chapitres, cela fait déjà trois cent soixante-dix pages pour ce volume, qui, d'ailleurs, contiendra vingt-neuf planches. Il ne nous

(1) Nouvelle manifestation de l'importance que Buffon attachait aux fouilles commencées à Vassy, par son ordre, pour la recherche et l'exploitation de la mine de charbon dont il a été fréquemment question dans les lettres qui précèdent.

faut donc plus qu'environ deux cents ou deux cent vingt pages au plus pour achever ce huitième volume; et voici l'ordre dans lequel je désirerais que vous eussiez la bonté d'en préparer le travail.

Après le cormoran, nous pouvons placer les fous et les frégates, dont il y a sept espèces dans Brisson (1); les paille-en-queue ou oiseaux des tropiques, trois espèces; l'anhinga, une espèce; le bec-en-ciseaux, une espèce; les hirondelles de mer, sept espèces; et enfin les goélands et les mouettes, quinze espèces, avec les plongeons, six espèces. J'imagine que ces articles sont suffisants pour achever ce huitième volume, et, s'ils excédaient les deux cent vingt pages, nous pourrions en ôter les plongeons.

Je fais cet arrangement dans la vue de commencer le neuvième volume par le bel article du cygne (2), en le continuant par les oies, les canards, souchets, morillons, sarcelles, etc., et de là passant aux pétrels, puffins, albatros, pingouins, etc., et finissant par le manchot, qui de tous les oiseaux l'est le moins. Vous me direz que ce restant d'oiseaux, que je destine à commencer le neuvième volume, n'en fera que le tiers ou peut-être le quart, c'est-à-dire cent cinquante ou deux cents pages; mais nous y joindrons les articles de suppléments, qui en feront au moins autant, et ensuite la correspondance des noms, qu'il faudra prendre en faisant le dépouillement de tout l'ouvrage, depuis le premier volume jusqu'au neuvième, ce qui, seul, fera plus de cent pages, et cent trente y compris la table des matières, en sorte que ce neuvième volume sera tout aussi gros que les autres.

Ainsi vous avez le temps de bien peigner votre beau cygne; mais je ne vous conseille pas de vous en occuper, non plus que des oies, des canards et des autres oiseaux estropiés qui doivent entrer dans ce neuvième volume, et de vous attacher actuellement à ceux qui doivent terminer le huitième.

M. de Montbeillard m'écrit aujourd'hui qu'il m'enverra dans huit jours la table entièrement faite du sixième volume, et je vous la ferai passer tout de suite pour la remettre à l'Imprimerie royale, parce que je vois qu'ils sont bientôt au bout de leur copie, qui finit à l'article du cincle, et que la table du sixième volume doit être imprimée la première après cet article, qui fait la fin du septième volume. J'ai aussi beaucoup avancé la table de ce septième volume, parce que je la continue sur les épreuves à mesure qu'elles m'arrivent; mais il faudrait m'envoyer incessamment sept bonnes feuilles qui

(1) Mathurin-Jacques Brisson, physicien naturaliste, né le 20 avril 1723, mort le 23 juin 1806, maître de physique et d'histoire naturelle des enfants de France, censeur royal, membre de l'Académie des sciences en 1759, et de l'Institut à sa fondation. Avec ses traités de physique (1780 et 1789), on a de lui : *Ornithologie ou Méthode contenant la division des oiseaux en ordres, sections, genres, espèces et leurs variétés,* paru en 1765, ouvrage cité par Buffon.

(2) Rivarol dit, en parlant de l'histoire du cygne : « Il y a là vraiment du talent, d'habiles artifices d'élocution, de la limpidité et de la mollesse dans le style, et une mélancolie d'expression qui, se mêlant à la splendeur des images, en tempère heureusement l'éclat. »

doivent être actuellement tirées, depuis la page 300 jusqu'à la page 416. C'est la seule chose qui me manque pour que cette table puisse être complètement achevée.

Je vous assure, mon cher abbé, que quoique je n'aie pas, à beaucoup près comme vous, la grande fatigue de ce travail, il me pèse néanmoins beaucoup, et que je désire autant que vous d'en être quitte, et de ne plus travailler sur des plumes (1).

Adieu, je vous embrasse, ainsi que vos bonnes et aimables dames.

BUFFON.

(Publiée par François de Neufchâteau et Flourens.)

LETTRE CCCLXXI

A MADAME NECKER

A Montbard, ce 30 décembre 1779.

Du jour où je vous ai connue, ma belle et noble amie, je date mon bonheur; et celui du royaume, du jour que M. Necker en a pris les rênes.

Il est donc juste et bien permis au jour du nouvel an de vous offrir des vœux pour votre propre bonheur, et les élans de mon cœur pour la gloire si bien méritée de votre très illustre époux.

Vous avez vous deux autant d'admirateurs qu'il y a de gens honnêtes et bien pensants; mais je puis le disputer à tous, et je veux l'emporter sur tous par les sentiments profonds de reconnaissance, de tendresse et de respect que j'ai consacrés à ma grande et première amie.

Sa dernière lettre m'assure qu'elle me rend la justice d'en être persuadée; je lui rends à mon tour mille grâces de ses bontés et la supplie de me les continuer.

BUFFON.

(Inédite. — Appartient au duc de Broglie.)

(1) Voir la savante introduction de M. le Dr de Lanessan.

FIN DU PREMIER VOLUME.

TABLE

LETTRES

DU PREMIER VOLUME PAR ORDRE CHRONOLOGIQUE

ANNÉE 1729

Année 1738

Année 1751

Année 1759

Année 1766

— 1767 —

— 1768 —

— 1769 —

Année 1770

— 1771 —

— 1772 —

— 1773 —

Année 1773

— 1774 —

— 1775 —

Année 1776

— 1777 —

ANNÉE 1777

— 1778 —

Année 1778

— 1779 —

Année 1779

FIN DE LA TABLE DU PREMIER VOLUME.

Paris. — Imp. Vve P. Larousse et Cie, rue Montparnasse, 19.

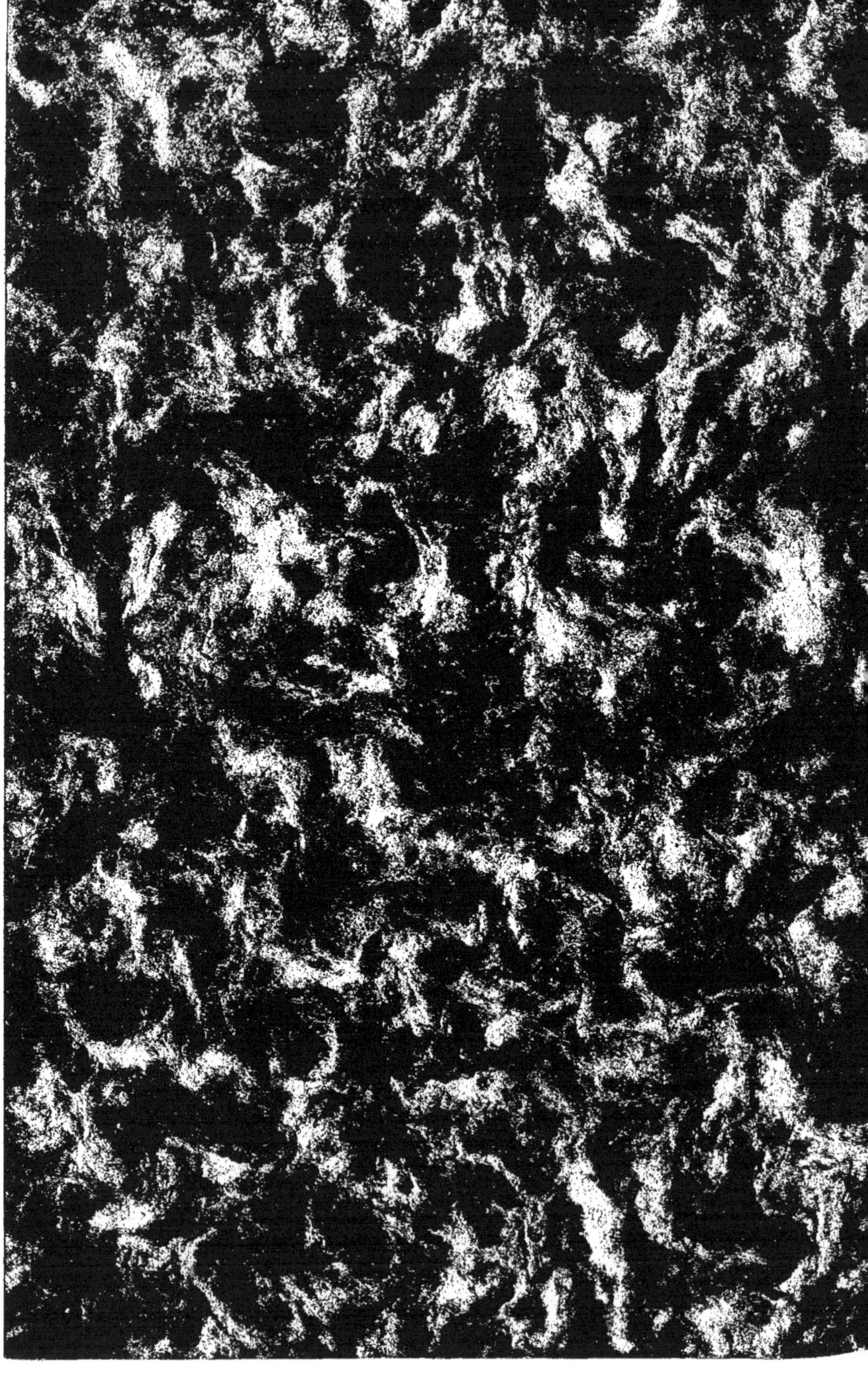

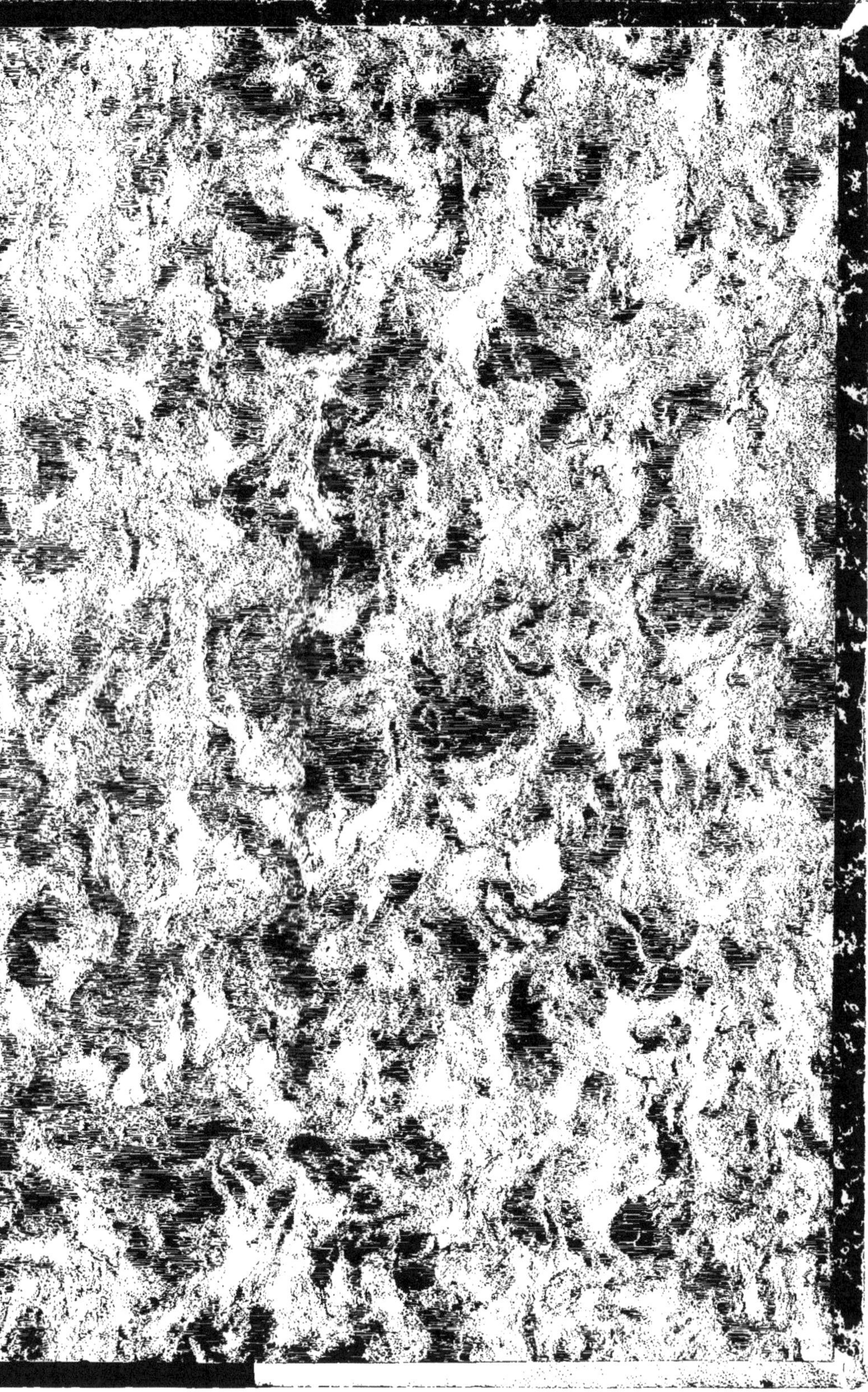

www.ingramcontent.com/pod-product-compliance
Ingram Content Group UK Ltd.
Pitfield, Milton Keynes, MK11 3LW, UK
UKHW012002240726
13965UKWH00001B/104